中国科学院大学研究生教材系列

高等构造地质学

第三卷 专题知识与实践

侯泉林 等 编著

科 学 出 版 社
北 京

内 容 简 介

《高等构造地质学》按照“思想方法与构架—新理论与应用—专题知识与实践—知识综合与运用”思路构思，分四卷先后出版。本书为第三卷，是本套教材的核心卷，以中小尺度构造为重点内容，同时兼顾与显微构造和大地构造的衔接和延伸。主要包括节理、面理、线理、韧性剪切带、逆冲推覆构造、走滑构造、变质核杂岩等传统构造地质学内容，以及特殊类型的褶皱、应变分配、自洽多尺度模拟方法等新理论和新方法。

主要读者对象为高等院校（研究所）地质学专业研究生，也可供地质学领域高年级本科生及大学教师和科研工作者参考。

图书在版编目（CIP）数据

高等构造地质学. 第三卷，专题知识与实践 / 侯泉林等编著. —北京：科学出版社，2020. 8

中国科学院大学研究生教材系列

ISBN 978-7-03-065855-5

Ⅰ. ①高…　Ⅱ. ①侯…　Ⅲ. ①构造地质学 – 研究生 – 教材　Ⅳ. ① P54

中国版本图书馆CIP数据核字（2020）第148548号

责任编辑：韩　鹏　张井飞 / 责任校对：张小霞

责任印制：肖　兴 / 封面设计：北京东方人华科技有限公司

科学出版社 出版

北京东黄城根北街 16 号

邮政编码：100717

http://www.sciencep.com

北京建宏印刷有限公司印刷

科学出版社发行　各地新华书店经销

*

2020年8月第　一　版　开本：787 × 1092　1/16

2025年5月第五次印刷　印张：27 1/4

字数：643 000

定价：298.00元

（如有印装质量问题，我社负责调换）

总　序

研究生是科学人生的关键阶段，与本科和中学阶段不同，它既有扩充拓展深化知识的功能，又有知识专门化专业化的功能，更有研究创新能力培养训练的功能。我认为教与学的方式可以分为三个层次，不同阶段其侧重点不同。

第一层次：知识传授与汲取——知识拥有；

第二层次：科学问题研讨，解决科学问题能力的培养——知识运用；

第三层次：发现和提出科学问题，创新能力的培养——知识创新。

大学之前，主要是第一个层次；大学阶段要从第一层次扩展到第二层次；研究生阶段要扩展到第三层次，且以第三层次为重点。

只要上了研究生，不管将来是否从事本专业的工作，都要不遗余力地努力学习，因为研究生不仅仅是学知识，更主要的是能力的培养，进而发现自己的发展潜能。不管从事什么工作，能力是通用的。

科学是一种理论化的知识体系，更是人类不断探索真理的一种认识活动。现代社会条件下，科学也是一种社会建制，科学的发达水平、公民的平均科学素养，是衡量一个国家文明程度和综合国力强弱的重要指标。北京大学老校长蒋梦麟先生曾指出：“强国之道，不在强兵，而在强民。强民之道，惟在养成健全之个人，创造进化的社会。所谓教育，就是为了达此目的之方法也。”作为知识体系，科学是逻辑连贯的、自洽的；作为活动，科学是不断修正自身，不断发展；作为社会建制，科学是人类文化的最重要组成部分，科学为技术提供指导。科学精神就是实事求是，勇于探索真理和捍卫真理的精神。主要包括：求实精神、创新精神、怀疑精神、宽容精神等几个方面，其中最主要的，是求实与创新，不求实就不是科学，不创新科学就不会发展。著名地质学家孙贤鉥先生指出：“业余选手总是沉醉于自己的成绩中，而职业选手——真正的科学家总是看到自己的不足。”要成为一名真正的科学家，必须经受严格的科学训练。

研究生开展研究工作要调研和思考三个问题：

- 为什么要做这项研究？
- 还有其他人在做或做过相关的研究工作吗？已经做到了什么程度？
- 别人是怎样做的？有无借鉴的价值？如何超过前人的工作？

构造地质学有其自身学科特点，主要表现在以下方面：

时间跨度大：地球长达 42 亿年的变形历史，从前寒武纪变形到现代地裂缝；早期变形可能被后期变形改造、破坏殆尽，造成对早期变形的识别困难，但辨认各期变形特色，建立变形期次、序列，重塑变形历史和过程又是构造地质学的重要任务。

尺度跨度大：从整个地球到晶格位错，以超宏观到超微观构成特色，而且其原理具有普适性，与自然现象最为贴近，这有别于其他学科。因此需要注意：①从更大的区域去理解小区域构造，避免“只见树，不见林”；②正确处理大尺度构造和小尺度构造之间的关系，避免以小代大；③忠实于野外现象，谨防以假乱真。

层次跨度大：上地壳—中地壳—下地壳—岩石圈—地幔—地核；板块构造—大陆漂移—磁条带对称分布—海底扩张—地幔对流—登陆局限性—逆冲、裂谷、走滑断层—地体—层圈构造—地幔柱构造。涉及地球整体及各圈层的相互作用。

应用和服务对象跨度大：涉及固体矿产资源（构造成矿控矿、断层阀模式等）、油气资源（构造圈闭作用）、工程建设（地基和大坝选址）、各类地质灾害（包括地震、滑坡、泥石流等）、环境保护以及全球环境变化（青藏高原隆升与气候关系）等。这是其他学科所不能媲美的。

学科跨度大：构造地质学除自身的知识体系外，还涉及岩石学、矿物学、地层古生物学、地球化学、地球物理学等方面的知识，它不仅记录了历次构造－热事件，而且是重要研究手段；构造地质学是地球科学中的上层建筑，起统帅作用。因此，构造地质学家不仅要有深厚的构造地质学功底，而且要有广博的地质学知识和扎实的野外基本功。

在地球科学领域中，各分支学科均拥有稳定的研究队伍，有各自的研究方法和技术手段，建立了各具特色的科学思维方式，能比较得心应手地研究本学科所面临的主要科学问题。然而，随着社会和科学的发展，地球科学家所面临的许多重大科学命题，却往往要求综合性的、跨学科的研究工作。这种以综合（synthesis）为主导的研究工作，已成为地球科学所面临的重大挑战，这正符合构造地质学的学科特点。因此这既是构造地质学和构造地质学家面临的严峻挑战，也是难得的机遇。

随着我国经济实力的提升，我国构造地质学研究也相应取得长足进展，拥有了国际上最先进的仪器设备；研究领域日趋扩展，地壳→岩石圈→软流圈；大陆→大洋；本土→国外；微观→超微观；定性→定量；现象描述→理论创新（如最大有效力矩准则及其扩展、广义断层模式等）。但与国际先进水平相比仍有差距，存在明显不足，主要表现在如下方面：①模仿多于创新，整体表现为跟踪为主，近些年来在有些方面显示出了领先端倪。②缺乏稳定的研究基地，泛泛提出的模式多，公认的模式和新理论产出少。我国拥有各种类型的造山带，但没有一个能够像阿尔卑斯造山带研究的那样精细，它尽管没有太多的年龄数据，但却成为“构造地质学”的摇篮，构造地质学家的“朝圣地”。③实验和定量研究手段创新偏少，购买国外的先进仪器多，自己研发的装备少。④对方法学研究重视不够，缺乏后劲，近些年来有所改观。⑤知识不够宽厚，基础知识和实践经验明显不足，我们的教材与发达国家相比明显逊色。⑥在广泛利用现代化仪器分析的同时，野外地质有被边缘化或弱化之趋势，年轻地质学家的野外基本功有趋弱现象。⑦学术风气相对浮躁，存在“著书不立说”现象。作为研究生，对这些现象要有清醒的认识，要脚踏实地，力戒浮躁！

“构造地质学”（tectonics）按照研究对象尺度不同，可分为大地构造学（简称“大构造”，geotectonics）、（中小尺度）构造地质学（简称“小构造”，structural geology）、显微构造地质学（简称“显微构造”，microstructural geology），乃至超显微构造地质学（简称“超显微构造”，super-microstructural geology）。本教材侧重于“小构造”，但同时注重与“大构造”以及“显微构造”的衔接和延伸。此外，考虑到目前研究生通常对某一学科知识掌握的比较好，但对学科知识的综合运用相对薄弱的情况，力图使本教材能体现思想性、综合性、系统性、实用性和前沿性。

广义的“构造地质学”是地质学科的核心和基础，俗称地质学的三大件之一（三大件是指构造地质学、岩石学、地层古生物学）。构造地质学科本身有其独特的一面，它不仅具有很强的知识体系，而且具有明显的哲学色彩，其思想方法独特，涉及面宽，有较强的探索性。所以有人说“构造地质学”是地质学的统帅性学科。鉴于此，本教材的结构按照“思想方法与构架—新理论与应用—专题知识与实践—知识综合与运用”思路构思，分四卷先后出版。

第一卷　思想方法与构架：科学哲学与地质学思维方式、地球科学革命与启示、板块构造学的基本内容和思想方法。

第二卷　新理论与应用：以岩石变形理论为基础，以最大有效力矩准则的分析和应用为核心，进而探讨广义断层模式和岩石不同变形准则的联合与应用问题等。

第三卷　专题知识与实践：构造形迹（面理、线理等）、构造岩石特征、逆冲推覆构造、伸展构造、走滑构造、韧性剪切带、变质核杂岩等。

第四卷　知识综合与运用：碰撞造山带及其大地构造相分析方法、造山带研究中的若干问题、造山带研究实例分析、构造作用与成矿等。

此外，针对容易混淆和误解的一些问题，或者当前使用中有些混乱的概念，以附录的方式附于每卷之后，以便学生学习和讨论。

按说研究生不应有固定教材，而是随着学科的发展而不断修正和补充，所以与其说是教材倒不如说是参考教材更为贴切。研究生的专业课程并没有统一的教学大纲，这为各个大学和教授本人根据具体情况和自身特色因材施教提供了空间。本教材主要是作者在中国科学院大学（简称“国科大”，原中国科学院研究生院）地球科学学院多年讲授“高等构造地质学”研究生核心课程、“碰撞造山带研究方法”和“板块边缘地质学”等研究生研讨课程，郑亚东教授讲授的“构造地质学新进展”以及作者在河南理工大学开设的“构造地质学系列讲座”等的基础上，经不断修正、补充完善综合而成。因涉及内容较多，不同专业研究生可根据需要选择不同部分阅读。本教材若能为研究生在课程学习阶段提供参考、有所裨益，作者就已很感满足，除此之外并无其他奢望。本教材并未邀请名师作序，主要担心书中会有错误和不妥之处，影响大师之声誉。教材中若有任何错误和问题均由作者本人负责。

这里要特别感谢中国科学院大学地球与行星科学学院的吴春明教授和闫全人教授，还有中国科学院地质与地球物理研究所的王清晨研究员，是他们的多次鼓励才使我下决心撰写本教材。本教材实际上是整个学科组集体劳动的成果，在各卷的前言中会分别予以致谢。本教材得到了多个研究项目的支持，主要包括：国家重点研发计划“深地资源勘查开采”重点专项（编号：2016YFC0600401）、国土资源部行业科研专项项目（编号：201211024-04）、岩石圈演化国家重点实验室开放课题（编号：开 201605）、国家自然科学基金重点项目（编号：41030422；90714003）、中国科学院战略性先导科技专项项目（编号：XDA05030000）等。

这里要特别感谢我的博士生导师，中国科学院地质与地球物理研究所的孙枢院士和李继亮研究员、硕士生导师钟大赉院士；我在北京大学进修时的指导老师郑亚东教授和刘瑞珣教授；我的构造地质学启蒙老师，河南理工大学的康继武教授；博士后阶段的合作导师，中国科学院高能物理所的柴之芳院士等，他们的学术思想和科学精神都深深地影响着我。遗憾的是，在第一、二卷书稿成稿之时，恩师孙枢先生和康继武先生不幸辞世，谨以本教材寄托哀思！

书中一些观点仍存在争论或还很不成熟，有些内容仍在讨论和完善之中。作者认为，这正是研究生教材与本科生教材的不同所在。此外，由于作者水平所限，疏漏和错误之处一定不少，恳请读者和广大师生不吝指教，以便今后修正完善。

于中国科学院大学　雁栖湖校区

2018 年 4 月

前 言

第三卷"专题知识与实践"是《高等构造地质学》这套教材的核心卷，主要体现以下特点。

（1）突出重点，明晰概念。以中小尺度构造为内容重点，同时兼顾与显微构造和大地构造的衔接和延伸。对基本概念进行详细剖析和精确定义，对有争议的概念进行充分讨论，以使学生了解其来龙去脉和发展趋势，进而培养学生对构造地质学的学习兴趣。对容易误解或经常被错用的基本概念和理论，除在正文中予以深入讨论辨析外，还特别地以问答形式附于书后（如附录 5），以期进一步明晰讨论，以正视听。

（2）注重理论，强化实践。对重要理论和方法进行深入剖析，而且与第二卷"新理论与应用"相互呼应、紧密结合，将理论应用于实际问题分析。例如，对伸展褶劈理（C′）及其与运动学涡度（W_k）关系的讨论等。为强化和指导实践，精选了大量包含各种构造现象的野外和镜下照片，附于相应章节之后，供学生分析应用，以提高学生野外识别和直观认知能力；同时提供分析参考答案，供学生参考。

（3）重视经典，兼顾前沿。以介绍经典构造地质学的内容为主，同时兼顾构造地质学的前沿理论和方法，使构造地质学的经典内容与前沿色彩相得益彰。例如，构造岩石学部分增加了 L- 构造岩和高压构造岩问题、褶皱部分引入了伸展褶皱（extensional folds）的概念、走滑构造部分引入了应变分配（strain partitioning）的概念等。此外，充分吸纳了加拿大 Western University 姜大志教授在中国科学院大学开设的高级强化课程"多尺度构造分析与模拟"（Multiscale structural analysis and modeling）的部分内容（见第 11 章），以使学生在充分了解构造地质学新理论和新方法的基础上，能够更深入地思考构造地质学的发展趋势。

（4）淡化特色，接轨国际。科学无国界，充分借鉴国外教材的优点，在学术上力求与国际接轨，避免闭门造车、自创体系。特别是，重墨讨论和分析了长期以来国内教材与国际学术共识不协调或不一致的一些基本观点和概念，并尽可能调整或纠正，达成统一。例如，国内教材一直将节理划分为张节理和剪节理两类，而国外教材则强调节理都是引张性质；国内教材所使用的破劈理术语并不符合劈理的概念，等等。

本卷章节大致按照传统构造地质学的内容顺序安排。撰写过程中主要参阅了 Fossen（2016）的 *Structural Geology*、Davis 等（2012）的 *Structural Geology of Rocks and Regions*、Twiss 和 Moores（2007）的 *Structural Geology*、Passchier 和 Trouw（2005）的 *Microstructural Geology* 和 McClay（1992）的 *Thrust Tectonics* 等国外教材，也参阅了国内各类构造

地质学和显微构造地质学教材，以及姜大志教授的文稿、张进江和赵桂萍教授的“显微构造地质学”和张长厚教授的“逆冲推覆构造”课件等资料。

本卷主要执笔人的大致分工：第 1 章 1.3 节由赵中岩（中国科学院地质与地球物理研究所）和侯泉林执笔，1.4 节由卢茜（加拿大 Western University）和侯泉林执笔；第 10 章由林伟（中国科学院地质与地球物理研究所）执笔；第 11 章由姜大志和卢茜执笔，向必伟博士（东华理工大学）也参加了编撰工作；其他章节均由侯泉林执笔，最后由侯泉林修改统编。主要内容反映了作者多年的教学和科研成果。博士研究生程南南和石梦岩（现为河南理工大学教师）帮助查阅资料、清绘图件，并承担了全部文字校对工作。作者经常就有关问题向北京大学郑亚东教授和张进江教授、加拿大 Western University 姜大志教授、中国科学院地质与地球物理研究所郭敬辉研究员、中国地质大学（北京）颜丹平教授等请教和讨论，张进江教授还帮助修改补充了部分稿件内容，使笔者受益匪浅。中国科学院地质与地球物理研究所肖文交院士、中国科学院大学地球与行星科学学院闫全人教授、吴春明教授和柴育成教授等就一些问题提出了宝贵意见，并推荐相关资料。中国科学院大学地球与行星科学学院刘庆副教授、郭谦谦副教授、孙金凤副教授、张玉修副教授、张吉衡副教授、宋国学副教授和博士后研究人员何苗博士、陈艺超博士等就有关内容提出宝贵意见并提供相关资料。中国科学院大学地球与行星科学学院博士研究生韩雨贞（现为山西省科技厅工程师）、王瑾（现为太原理工大学博士后）和硕士研究生赵腾格、刘宏伟等同学，加拿大 Western University 博士生卢茜同学等帮助查阅资料且承担了其他相关工作。三位匿名评审专家对书稿提出了很好的建议。此外，还有一些问题在中国科学院大学地球与行星科学学院“构造组会”和构造地质“微信群”中进行了讨论。总之，本教材是集体智慧的结晶。在此，对所有提供帮助的同仁谨表谢忱！还要特别感谢中国科学院大学教材出版中心的资助和大力支持！

由于作者水平和学识所限，不当之处在所难免，敬请读者不吝批评指正！

于中国科学院大学　雁栖湖校区

2019 年 12 月 8 日

目　录

第 1 章　构造岩石学基础

1.1　构造岩的概念与类型

构造岩（tectonite）或断层（裂）岩（fault rock）即形成于断裂带（剪切带）中的变形岩石，由于断层的剪切作用使原来的岩石发生了充分的变化而形成。有关构造岩的研究已有 100 多年的历史。起初人们认为，构造岩是脆性变形的产物，即破裂起主导作用，所以又称为碎裂岩或断裂构造岩，并按碎裂程度分为断层角砾岩—碎裂岩—糜棱岩，这种认识一直持续了将近一个世纪。

20 世纪 70 年代之后，随着对地壳深层次的变形及其有关岩石的深入研究，以及有关岩石变形实验研究，对构造岩，特别是糜棱岩的研究才有了突破性进展。认识到，糜棱岩并非脆性破裂后经强烈研磨而成的产物，而是韧性变形的产物。所以将构造岩分为两大系列：碎裂岩系列——脆性系列，代表地壳浅部断层带的产物；糜棱岩系列——韧性系列，代表地壳深部剪切带的产物。不同类型构造岩的形成主要取决于岩性、围压（深度）、温度、流体、应变速率，以及运动学等因素。

Sibson（1977）发现，脆性断层的岩石通常没有面理化，而糜棱岩有很好的面理化特征，据此提出了构造岩的分类方案，进一步区分已胶结的和未胶结的类型，然后根据碎斑的大小以及基质含量、重结晶程度等进一步细分。这一分类方案和思路影响非常广泛，沿用至今。但此分类中未能注意到有些脆性断层岩有时也会表现出面理化现象，如断层泥等，以及构造岩的变质作用，同时其结构分类方案比较复杂，尤其对初学者不易读懂。Fossen（2016）在 Sibson（1977）结构分类方案的基础上进行了简化，语义更为明确。本教材采用的构造岩结构分类方案是二者的结合（表 1.1）。尽管有些碎裂岩也会表现出面理构造，但其变形机制是脆性变形；糜棱岩基质的变形机制主要为塑性变形。从表 1.1 可以看出，二者不难区分。

表 1.1　构造岩的结构分类

	面理不发育	面理发育
未胶结	断层角砾（能见碎块＞30%）	?
	断层泥（能见碎块＜30%）	面理化断层泥

续表

<table>
<tr><td></td><td colspan="2">面理不发育</td><td colspan="6">面理发育</td></tr>
<tr><td rowspan="6">已胶结</td><td colspan="2">玻化岩 / 假玄岩</td><td colspan="6">?</td></tr>
<tr><td colspan="2">角砾岩（碎块＞ 5mm）
细角砾岩(1mm ＜碎块＜ 5mm)
微角砾岩（碎块＜ 1mm）</td><td colspan="4"></td><td>0 ～ 10%</td><td rowspan="4">基质含量</td></tr>
<tr><td rowspan="3">碎裂岩系列（碎裂作用使基质颗粒减小）</td><td>初碎裂岩</td><td rowspan="4">糜棱岩系列</td><td rowspan="3">塑性变形使基质颗粒减小</td><td colspan="2">初糜棱岩</td><td>10% ～ 50%</td></tr>
<tr><td>碎裂岩</td><td>糜棱岩</td><td rowspan="2">千糜岩</td><td>50% ～ 90%</td></tr>
<tr><td>超碎裂岩</td><td>超糜棱岩</td><td>90% ～ 100%</td></tr>
<tr><td colspan="2"></td><td colspan="2">重结晶使基质颗粒增大</td><td colspan="3">变余糜棱岩</td></tr>
<tr><td>变质程度</td><td colspan="2">未变质→极低变质</td><td colspan="6">低变质→中或高变质</td></tr>
<tr><td>深度 /km</td><td colspan="2">0 → 10</td><td colspan="6">→ 25</td></tr>
</table>

注：据 Sibson（1977），Marshak 和 Mitra（1988），Fossen（2016），朱志澄和宋鸿林（1990）等分类修改补充。

1.1.1 断层角砾和断层泥

断层角砾（fault breccia）和断层泥（fault gouge）是未固结的断层岩，系脆性地壳上部（通常 4km 以浅）的断层作用的产物，其中断层角砾以能见岩石碎块为主（＞ 30%，图 1.1），基质为同成分的碎屑岩。若碎块定向排列明显，则表现为构造透镜体带。如果基质超过了 70%（即碎块＜ 30%），则称为断层泥（图 1.2），系原岩经断层强烈研磨的结果，往往呈膏泥状，矿物颗粒细小，肉眼难以辨认。断层泥术语有时也用于沉积地层中断层中心强烈改造的黏土或页岩。断层泥形成过程中常伴随有压溶作用，使方解石、长石及石英等矿物减少，而泥质、碳质和黏土矿物等显著增多，逐渐成为断层泥的主要成分。断层泥有时因矿物定向排列而发育面理构造，可称为面理化断层泥［图 1.2（b）、（c）；表 1.1］。

图 1.1 断层角砾

（a）广西那坡逆冲断层带断层角砾（侯泉林摄于 2014 年）；（b）北京怀柔怀北镇水泥厂北侧正断层的断层角砾，右侧发育 R- 和 R′- 破裂（C 为断层面）（侯泉林摄于 2004 年）

这些未固结的断层岩往往成为非孔隙岩石的流体通道，但同时对断层孔隙岩石又可起到断层封堵作用。

图 1.2　不同类型的断层泥

（a）无面理化断层泥，北京密云水库南侧拆离断层（侯泉林摄于 2004 年）；（b）弱面理化断层泥，湘东老山坳断层（侯泉林摄于 2014 年）；（c）强面理化断层泥，镜下单偏光，新疆（胡玲等，2009）

1.1.2　玻化岩

玻化岩（pseudotachylyte；buchite）是一种具有独特组构的凝聚性玻璃或非常细粒的断层岩。最早由 Shand（1916）提出，用于描述南非 Parijs 地区一种由冲击作用形成的呈脉状的暗色的隐晶质岩石，由暗色基质及其中少量的矿物或围岩碎片包裹体组成（图 1.3）。如此奇特的名字主要是因为它与镁铁质火山玻璃即玄武玻璃（tachylyte）非常相似，颜色较深，常呈黑色或黑绿色，而其物质构成又显然不是火山成因，故又称假玄武玻璃，或假玄岩、假熔岩（图 1.3）。

玻化岩因其特殊的几何特征构成了与其他脆性构造岩明显的区别。它通常发育在特征的几何背景下：面状主断脉（main fault vein），可形成于表面（generation surface）；可达几毫米厚的不规则注入脉（injection vein），从主断脉分叉进入围岩[图 1.3（b）、图 1.4；参阅第 7 章图 7.2]。主断脉通常呈平面状，宽度可达几厘米，在露头上表现为平直的带状。主断脉在野外很难识别，尤其是在与早期岩层或面理平行的情况下；注入脉在露头上比较明显，易于识别。有时玻璃基质可呈流动构造[图 1.3（c）]或粉状构造[图 1.3（d）]。玻化岩与围岩界限截然明显，发育冷凝边，主断脉边界平直[图 1.3（b）、图 1.4、图 1.5]。

图 1.3　玻化岩（或假玄武玻璃）

（a）玻化岩，喜马拉雅（张进江 2018 年提供）；（b）面理化角闪岩中的玻化岩，面理被玻化岩所切，呈断层注入脉方式，其中有矿物碎片（Passchier and Trouw，2005）；（c）浅色及暗色假玄岩流动构造，内含少量石英碎斑，浅色条带为脱玻化所致，单偏光，内蒙古大青山（胡玲等，2009）；（d）具碎粉状构造的假玄岩，残余少量石英碎斑，单偏光，内蒙古大青山（胡玲等，2009）

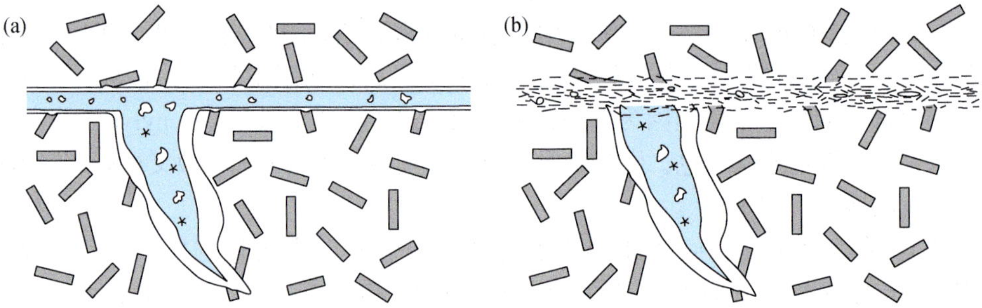

图 1.4　玻化岩发育状态示意图（据 Passchier and Trouw，2005）

（a）典型玻化岩包括主断脉和注入脉，内部成分分带和典型包体。脉体与围岩边界明显，围岩中的云母颗粒在玻化岩脉与围岩接触处被侵蚀；（b）主断脉的玻化岩已再活化为糜棱岩带。因其均匀细粒的特征和注入脉残余，可能把糜棱岩误认为假玄岩

玻化岩被认为是岩石在高应变速率下，沿脆性断层面快速滑动（0.01 ～ 1m/s）产生的摩擦热而局部部分熔融所致。通常认为，玻化岩的形成与陨石撞击、火山口崩塌、破火山口塌陷，以及地表超级断层的巨大滑坡等事件有关，如此玻化岩脉厚度会超过

1cm；然而，玻化岩脉厚度通常小于 1cm，认为与一般构造背景下脆性断层上的地震活动有关。大部分玻化岩形成于上地壳至中地壳。但是，有报道称，有些形成于地壳的更深部位，相当于麻粒岩相甚至榴辉岩相深度（Austrheim and Boundy，1994；Boundy and Austrheim，1998；Clarke and Norman，1993）。

在 750 ～ 1600℃温度下的熔融被认为发生于假玄岩的主断脉（Austrheim and Boundy，1994；Camacho *et al.*，1995；Lin and Shimamoto，1998；O' Hara，2001；Di Toro and Pennacchioni，2004）。一些熔体可能侵入到主断脉分叉到围岩的小断层中［图 1.3（b）、图 1.4、图 1.5］，如此小体积的熔体会迅速冷却到围岩的温度。结果使沿断层面和分叉的注入脉熔体淬火成为玻璃质或极细小颗粒状的隐晶质物质［图 1.3（b）、图 1.4、图 1.5］。有证据表明，有些假玄岩在熔融之前发生破碎。玻化岩通常与石英或方解石脉的生长无关，通常出现在块状、干燥、低孔岩石中，如花岗岩、片麻岩、麻粒岩、辉长岩和角闪岩。这是因为多孔岩石中的流体在加热时会降低断层面上的有效正应力，因此无法产生足够的摩擦热来导致局部熔融。因此，假玄岩通常在多孔沉积岩中难以发现（也有个别例外，见 Killick，1990）。在大理岩里也难以发现假玄岩，由于碳酸盐在高温下发生分解，导致断层面上的正应力降低和碳酸盐岩的塑性流动，从而阻止了高差异应力的积累。可能看起来有点奇怪，假玄岩是高温（熔化）的产物。与低温脆性断裂带有关，而这种局部熔融很少在高级韧性剪切中见到。在脆性断裂带中，弹性应变能可长期保存，并在几秒钟内释放到沿断层的小范围岩石中；在韧性剪切带中，热量在较大范围的岩石中连续散失，因此通常不足以引起显著的温度上升。

假玄岩的基质通常为黑色、深棕色、绿色或红色，相对均匀，但可能包含厚度不规则的成分层，大致沿脉的轮廓［图 1.4（a）］。该成分层通常表现为不同的颜色层，认为是围岩选择性熔融的结果。该层也可形成褶皱甚至平行于围岩位移方向的鞘褶皱，认为是熔体流动所致（Berlenbach and Roering，1992）。基质中有时会有杏仁状气孔（Maddock *et al.*，1987；Magloughlin，1989，1998a，b）。

显微构造和实验证据表明，大部分假玄岩的形成都经历了最初阶段的碎裂作用，以致被熔融的物质是碎块而不是整个围岩（Swanson，1992；Spray，1995；Ray，1999，2004；Fabbri *et al.*，2000）。含水的镁铁质矿物优先被破碎成细颗粒碎屑，其中包裹较大的长石和石英碎块。随后的熔融优先选择这些基质，残留下石英和长石碎块，但也可能部分熔化这些残余碎块。甚至可能出现从无熔体的碎裂岩到包含一些熔体的碎裂岩再到假玄岩的过渡性构造岩类型，主要由断层带的应变速率和热量的增加所致。假玄岩的熔融温度很难确定，因为它们不是形成于平衡熔融状态。可以从微晶石成分或基质中是否存在不同熔点的矿物获得一些信息，如云母为 550 ～ 650℃，长石为 1100 ～ 1500℃，以及辉石、干燥石英的熔融温度为 1700℃（Toyoshima，1990；Lin，1994）。

一些黑色的碎裂岩、岩层，以及由黑色矿物如绿泥石和电气石充填的脉在野外甚至薄片下很难与假玄岩区别。其主要区别在于：①与围岩的截然界线；②注入矿脉的出现；③熔融的证据，如基质包体中相对缺乏云母、辉石和角闪石等矿物，以及这些矿物在与脉的接触处被腐蚀；④存在球晶和脱玻化构造；⑤没有同生的石英或方解石脉。大多数假玄岩的化学成分与寄主岩石（围岩）几乎相同，而其他类型的脉或碎裂带通常与围岩成分不同。

关于玻化岩的成因曾存在两种不同的观点：

（1）熔融观：岩石在高应变速率下发生变形、局部高温熔融又迅速冷凝而形成。

（2）爆裂观：在高应变速率下岩石发生“爆裂”，形成密集的裂隙，将岩石切割成粉末状，尔后再由粉末凝聚而成。

1995 年，Spray 进行了花岗岩的快速滑动导致熔融的实验研究，结果表明玻化岩的形成过程是上述两种观点的综合，而不是孤立的过程。Spray（1995）认为玻化岩的形成过程为：初始破裂发生时，岩石先形成粗大碎块，而没有熔融现象；随后，磨碎作用使碎块逐渐变细，引起碎块表面能急剧增加（可达 3000 多倍），当磨碎作用达到临界应变速率时，由破裂和弹性应变产生的热量超过系统散发的热量，熔融作用开始发生。因此，磨碎是熔融作用的前提，研磨和熔融是玻化岩形成过程的不同阶段。

前已述及玻化岩与糜棱岩难以共生的问题。但确有共生情况，即在韧性剪切带的糜棱岩中发育玻化岩，如苏格兰西北的莫因断层（Sibson，1980）、南极 Heimefrontfjella 的糜棱岩状片麻岩（图 1.5；Fossen，2016），以及桐柏大别地区的韧性剪切带（翟淳，1988）中均发现玻化岩和糜棱岩共生现象。假熔岩是断层摩擦和研磨的产物，而糜棱岩是塑性变形，二者又如何能共生呢？针对此问题，有如下几种解释可以参考（详细讨论见第二卷第 4 章 4.5 节）：

在韧脆性过渡带附近，韧性剪切带中的糜棱岩上隆进入脆性域，动力学上叠加假熔岩（Passchier，1982；Koch and Masch，1992）；

推测地震带断裂向下扩展，在缺水的中地壳韧性域中高应变速率下形成脆性假熔岩（Sibson，1980；Glikson and Mernagh，1990）；

剪切带糜棱岩中的假熔岩后经糜棱岩化，如澳大利亚 Redbank 剪切带和 Woodraffe 逆冲断层，研究者用韧性域中的塑性失稳，高应变速率下产生温度突然上升导致熔融来解释糜棱岩 - 假熔岩的交替活动（Sibson，1980；Hobbs *et al.*，1986；White，1996）。

图 1.5 南极 Heimefrontfjella 地区糜棱岩状片麻岩中的注入脉状玻化岩（据 Fossen，2016）

1.1.3 构造角砾岩

构造角砾岩属脆性变形的断层岩，Sibson（1977）称之为压碎角砾岩（crush breccia），系指 90% 以上由大小不等的岩石碎块（毫米级及以上；基质＜ 10%）紧密胶结而成的坚硬岩石，颗粒大小混杂，无定向排列，胶结物主要为硅质或钙质，以及断层作用过程中研磨形成的细微矿物颗粒（图 1.6）。根据颗粒的大小可进一步细分为角砾岩（碎块> 5mm）、细角砾岩（1mm <碎块< 5mm）、微角砾岩（碎块< 1mm）（表 1.1）。

图 1.6　构造角砾岩

注意：角砾略显定向排列。（a）侯泉林 2017 年摄于河南嵩山；（b）侯泉林 2014 年摄于北京密云云蒙山；（c）石英岩中的断层角砾岩，具有不同大小的角砾状碎块，意大利阿尔卑斯山（Passchier and Trouw，2005）

1.1.4　碎裂岩系列

碎裂岩与构造角砾岩的区别在于碎块与基质的比例，碎裂岩基质的比例在 10% 以上。随着构造作用增强，研磨作用的持续进行，碎块越来越少，粒间基质越来越多，碎块会被基质完全包围，呈残留碎斑状，甚至最后整个岩石几乎全部变为碎粉，基质接近 100%（图 1.7）。基质主要为因断层压碎和研磨作用而成的岩石细微颗粒，达到一定温度后变得坚硬，对岩石起胶结作用，使碎裂岩成为固结的坚硬岩石。通常认为碎裂岩形成于 5km 以深。按照基质含量可进一步细分为初碎裂岩［protocataclasite，基质 10% ～ 50%；图 1.7（a）］、碎裂岩［cataclasite，基质 50% ～ 90%；图 1.7（b）、（c）］、超碎裂岩［ultracataclasite，基质 90% ～ 100%；图 1.7（d）］（表 1.1）。碎裂岩系列岩石一般不变质或极低变质。

碎裂岩系列岩石中，若原岩成分和结构仍可辨认，命名时可以加上原岩名称，如花岗初碎裂岩等；若原岩难以确定，则直接称碎裂岩、超碎裂岩等；也可以将主要矿物参与命名，如长英质碎裂岩等。

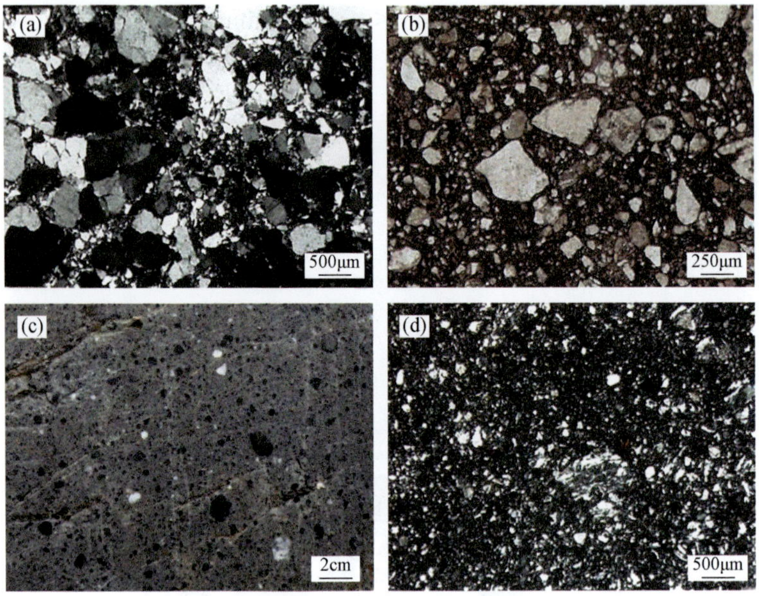

图 1.7 不同类型的碎裂岩

（a）初碎裂岩，原岩为石英岩，碎基含量＜50%，正交偏光，河北尚义（胡玲等，2009）；（b）碎裂岩，原岩结构已难辨，碎基含量＞50%，单偏光，河北尚义（胡玲等，2009）；（c）石灰岩碎裂岩，基质含量＞50%，美国犹他州普罗沃 Wasatch 伸展断裂主要滑动面下盘（据 Fossen，2016）；（d）超碎裂岩，碎基含量＞90%，正交偏光，河北尚义（胡玲等，2009）

1.1.5 糜棱岩系列

糜棱岩（mylonite）来自拉丁语，意即把东西磨碎。最早是 Lapworth（1885）描述莫因断层中的岩石时首先提出来的。当时认为，糜棱岩是一种细粒的具有强烈面理化的岩石，是在脆性破碎和研磨作用下形成的，不伴有组分的重结晶作用。Christie（1958）发现莫因断层的糜棱岩普遍发育重结晶现象，但认为是后期构造重结晶所致，没有打破是脆性变形的认识。直到 20 世纪 60 年代，金属学的位错理论在构造地质学中得到广泛应用，同时，透射电子显微镜分析技术揭示了岩石变形机制的一系列新证据，进而使人们对糜棱岩的显微构造、组构特征及成因机制等有了新的认识，即充分认识到晶体塑性变形在糜棱岩形成和演化过程中的重要作用。1981 年美国召开的彭罗斯国际会议上，对糜棱岩的显微构造、变形机制、形成条件及命名原则等进行了广泛讨论，普遍认为糜棱岩有三个基本特征：细粒化；出现在较窄的带内；具有增强的面理和线理。

严格讲，糜棱岩并非真正的断层岩，因为它不是发育在断层带而是发育于韧性剪切带，尽管 Sibson（1977）称之为断层岩。糜棱岩的关键特征是发育面理构造（一般为 S-C 两组面理），通常也表现出拉伸线理，并且大量证据表明至少有一种主要造岩矿物发生了塑性变形（图 1.8）。糜棱岩形成的压力（深度）和温度较其他断层岩更高，如石英塑性变形的温度在 300℃以上，相当于 10 ～ 15km 深度的压力（影响岩石变形因素的讨论详见第二卷第 4 章）。因此，糜棱岩往往发生了一定程度的变质作用，从低变质到高变质都可能发生，所以命名时也可加上变质程度，如绿片岩相糜棱岩、角闪岩相糜棱岩等。

S-C 面理是糜棱岩的重要特征之一。S- 面理主要是由矿物或矿物集合体的优选方位平行于剪切带应变椭球体的 *XY* 面而形成的面理；C- 面理实际上是一系列平行于剪切带边界的间隔排列的小型强剪切应变带，常由更细小的颗粒或片状矿物如云母组成（图 1.8）。

依据岩石中变形碎斑和基质的含量、性质以及结构等，糜棱岩系列岩石可进一步细分为初糜棱岩［protomylonite，基质含量 10% ～ 50%；图 1.8（a）］、糜棱岩［mylonite，基质含量 50% ～ 90%；图 1.8（b），（c）］、超糜棱岩［ultramylonite，基质含量 90% ～ 100%；图 1.8（d）］（表 1.1），其演化序列大致反映了应变程度逐渐增高的规律（也不尽然，见下文）。若基质含量过低（＜ 10%），可称为糜棱岩化 XX 岩。

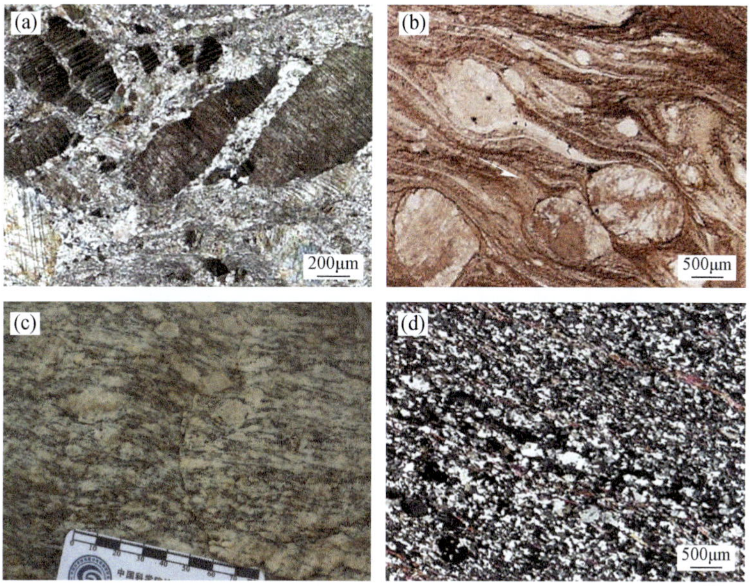

图 1.8　不同类型的糜棱岩

（a）大理岩初糜棱岩，方解石发育核幔构造，残斑内机械双晶发育，基质含量＜ 50%，正交偏光，河北尚义（胡玲等，2009）；（b）花岗质糜棱岩（高绿片岩相），基质含量＞ 50%，除长石呈残斑外，石英和黑云母均完全重结晶，正交偏光，河北迁安（胡玲等，2009）；（c）花岗质糜棱岩，基质＞ 50%，北京怀柔（侯泉林摄于 2016 年）；（d）花岗质超糜棱岩（低角闪岩相），基质＞ 90%，正交偏光，河北尚义（胡玲等，2009）

千糜岩（phyllonite）是一种细粒富含云母的糜棱岩，是典型的经强烈剪切的低级变质泥岩，其特征类似于千枚岩。有人认为是超糜棱岩。

糜棱岩系列构造岩的最后一个端元，变余糜棱岩，是变形作用之后发生了明显的静态重结晶作用的糜棱岩，是在显微镜下表现为大小相当、形状规则的等轴无应变颗粒，但其面理和糜棱结构在手标本上仍可辨认的一类糜棱岩（表 1.1）。

需要说明的是，以上糜棱岩的分类也存在一些不足之处。一是基质颗粒大小与残斑大小的判定有一定随意性；二是发育于高变质岩或细粒或单矿物岩石中的糜棱岩通常不发育斑岩，应属超糜棱岩，如此超糜棱岩并不代表其应变程度就高于糜棱岩或初糜棱岩。韧性剪切带和糜棱岩特征的进一步讨论详见第 7 章。

1.1.6 复杂构造岩

由于许多剪切带长期活动或可能重新活化，因此在同一剪切带中，会有不同类型的构造岩互相叠置。最常见的是横切糜棱岩的脆性构造岩（图 1.9），因为糜棱岩形成于较深层次，在它到达地表之前必须经过脆性破裂区域。这种脆性构造的叠加作用通常容易识别。然而，对部分矿物发生了脆性破裂变形的低级糜棱岩，与叠加了碎裂岩的糜棱岩也许难以区分。在碎裂岩沿细窄条带切割糜棱岩中所有矿物的情况下可以区分。

图 1.9 脆性变形叠加于韧性变形之上而成的构造岩

北京怀柔青龙峡，侯泉林摄于 2016 年

比较少见的叠加类型是脆性构造岩的韧性变形。韧性变形的碎裂岩或角砾岩确有发生（Guermani and Pennacchioni，1998），但如果韧性变形太强烈是难以识别的。有些假玄岩脉在固结后经历韧性变形，这种情况即使叠加了强烈的韧性变形也比较容易识别。事实上，在许多地方，假玄岩脉似乎是糜棱岩带的首选成核部位［图 1.4（b）；Allen，1979；Sibson，1980；Passchier，1982，1984；Passchier *et al.*，1990；Takagi *et al.*，2000］。识别韧性变形的假玄岩是非常重要的，因为脆性变形阶段的存在表明要么是地壳浅层变形，要么是异常高应变速率的标志（Passchier *et al.*，1990；Passchier and Trouw，2005）。

假玄岩的弱韧性变形的证据是扁平状包体和基质中云母的优选定向（Passchier，1982，1984）。强变形的假玄岩脉难以与薄的超糜棱岩带相区分。超糜棱岩的标志可能是富含黑云母、石英和长石等矿物的超细（< 5μm）均匀基质，以及孤立的石英残斑，但几乎没有其他矿物碎屑，石英包体中有硫化物集合体，以及超糜棱岩与围岩之间的截然边界（Passchier，1982，1984）。假玄岩的韧性变形通常在主断脉，注入脉可能变形较弱，仍可辨认。如果怀疑糜棱岩可能有假玄岩前身，则应在野外或手标本上观察是否有注入脉存在。变质岩中任何窄的暗色糜棱岩带都应检查是否有假玄岩构造的残余。

假玄岩的韧性变形可能是变质条件增加到岩石韧性变形的深度之后发生的一次单独的构造事件所致（Passchier *et al.*，1990），或者在假玄岩形成的水平上发生的韧性变形；

后者可能发生在韧性变形域与脆性变形域之间的过渡地带（参阅第 7 章图 7.2；Sibson，1980；Passchier，1982，1984）。在此条件下，假玄岩脉可能很快结晶为细颗粒集合体。进而在高差异应力的持续作用下，假玄岩结晶的细晶粒集合体可能通过扩散辅助晶界滑动而发生韧性变形，而大颗粒的围岩则保持相对刚性（Sibson，1980；Passchier，1982，1984）。

我们必须清楚，糜棱岩和其他变质岩一样，记录的是主要峰期和退变质条件。如此之前的脆性断裂作用和糜棱岩化都会被重结晶作用全部覆盖。因此，许多变质地体的早期重要的逆冲构造都没有任何脆性构造岩。

1.1.7　不同构造岩的叠加与鉴别

构造岩的误判也是比较常见的事情，在野外鉴别和区分不同构造岩时有时会遇到困难，因此要尤其注意细节。

剪切带中的暗色细粒岩石可能是超糜棱岩、碎裂岩或假玄岩。在低孔隙岩石如花岗岩、片麻岩中，与围岩具有截然边界和注入脉的平面状暗色脉可能是假玄岩。假玄岩的另一特征是彩色环带，中心和边缘具有不同的颜色，并可延伸到注入脉之中。

如果暗色断层物质向围岩呈逐渐过渡方式，或者是在沉积岩中，那很可能是碎裂岩。超糜棱岩与围岩也可能具有截然的界线，但缺乏注入脉和彩色环带。其特点是发育良好的集合线理和面状优选定向，但这些只是在非均匀的超糜棱岩中，而块状的均匀的细粒超糜棱岩则没有。薄片下，脉 - 围岩接触关系以及残斑等特征有助于鉴别。云母的截然侵蚀边界是假玄岩的典型特征；超糜棱岩和碎裂岩具有不太清晰的边界，超糜棱岩中通常在相邻的大颗粒中有重结晶作用，而碎裂岩则在相邻颗粒中有破裂作用以及大量的流体和固体包裹体。

具有残斑的粗粒糜棱岩偶尔会与斑岩、流纹状熔结凝灰岩，甚至一些细粒层状沉积岩相混淆。有时，糜棱岩可通过集合线理的存在易在野外识别，也可以利用薄片下观察到的被幔残斑、矿物鱼，以及细粒的重结晶基质等来判别。

面理化的碎裂岩与初级糜棱岩可能非常类似。二者都发育面理和不对称构造，如残斑、矿物鱼和剪切条带，并且可以作为剪切指向的判别标志。面理化的碎裂岩与断层磨光面（擦痕面）和擦痕或纤维有关，而低级糜棱岩则发育透入性集合线理。面理化碎裂岩中，石英表现为细的破裂集合体；而糜棱岩中石英表现为动态重结晶。

在高级片麻岩中，识别韧性剪切带比较困难。要注意区分片麻岩与糜棱岩（参阅附录 3）。一般情况下，所有岩石都有一定程度的变形，且变形程度的差异很小。高级糜棱岩具有比围岩更强的组构、较强的形状优选取向、恒定取向的颗粒线理以及等斜褶皱等。遗憾的是，在高级别韧性剪切带中剪切指向标志十分罕见。

对于再次活动的剪切带，断层的互相叠加非常普遍。最普遍的是脆性断层叠加于糜棱岩之上，表现为由糜棱岩角砾构成的碎裂岩（图 1.9），偶尔也会见到糜棱岩叠加于脆性构造岩之上。如果脆性断层岩石的滑移方向不同，且有两个不同方向的擦痕或纤维群落叠置，则有时可以识别出脆性构造岩的叠加期次。糜棱岩叠加糜棱岩可能很难区分。

然而，如果它们的变质级别不同，低级糜棱岩趋于占据较小的岩石体积，以致低级糜棱岩呈枝状，将高级糜棱岩分割成透镜状。如果两种糜棱岩具有不同的形状优势方向，尤其是线理，则比较容易识别。如果在同一糜棱岩带中发现了不同方向的两组物线理，一个可能是由于转换挤压（transpression）（Passchier，1998），另一更可能的是两期变形（Passchier and Trouw，2005）。然而，如果这两期糜棱岩是平行的，那么只能通过显微构造来区分，如长石的脆性或韧性行为，以及集合线理或颗粒线理的发育等（图 1.10）。

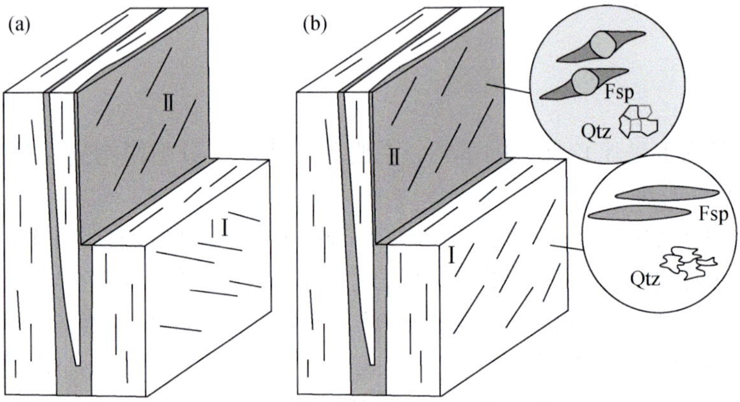

图 1.10 不同变形期次糜棱岩带的叠加示意图（据 Passchier and Trouw，2005）

（a）早期糜棱岩（Ⅰ）被晚期窄的剪切带（Ⅱ）所切，其线理方向不同，野外便可识别；（b）后期的低级糜棱岩（Ⅱ）与早期的高级糜棱岩（Ⅰ）具有相同的线理方向。如此，在野外很难区分，但根据其显微构造特征可以识别：早期的活动温压条件高，可见长石的塑性变形和石英的 GBM（grain boundary migration，颗粒边界迁移）式重结晶；后期的变形温压条件低，长石表现为脆性和重结晶，石英为 SGR（subgrain rotation，亚晶粒旋转）式重结晶（石英颗粒被放大）。Fsp- 长石；Qtz- 石英

1.2 构造岩与构造层次

以上讨论了构造岩的主要类型和特征，可以看出不同类型构造岩形成于相应的构造层次。所谓构造层次是指岩石圈内显示一种主导变形机制的不同区段。在不同的构造层次中，其构造样式和岩石变形行为均表现出不同的特点，具有不同的变形机制；在同一构造层次中，岩石具有相似的变形特点，受统一的主导变形机制所控制（详见第二卷第 4 章 4.5 节）。反之，不同的构造岩和断层（剪切带）代表了相应的构造层次（图 1.11）。通常认为，浅层（一般＜ 4km）以脆性破裂为主，形成未胶结的断层岩，如断层角砾和断层泥；上地壳（4 ～ 10km）以脆性碎裂作用为主，形成胶结的断层岩，如断层角砾岩和碎裂岩系列岩石；过渡带（对于长英质岩石而言，10 ～ 15km）以脆 - 塑性变形为特征，可形成面理化的碎裂岩；中下地壳（＞ 15km）以塑性剪切变形为主，形成糜棱岩类构造岩，从浅至深依次发生绿片岩相—角闪岩相—麻粒岩相以及榴辉岩相的变质作用（图 1.11；参阅第 7 章图 7.2）。

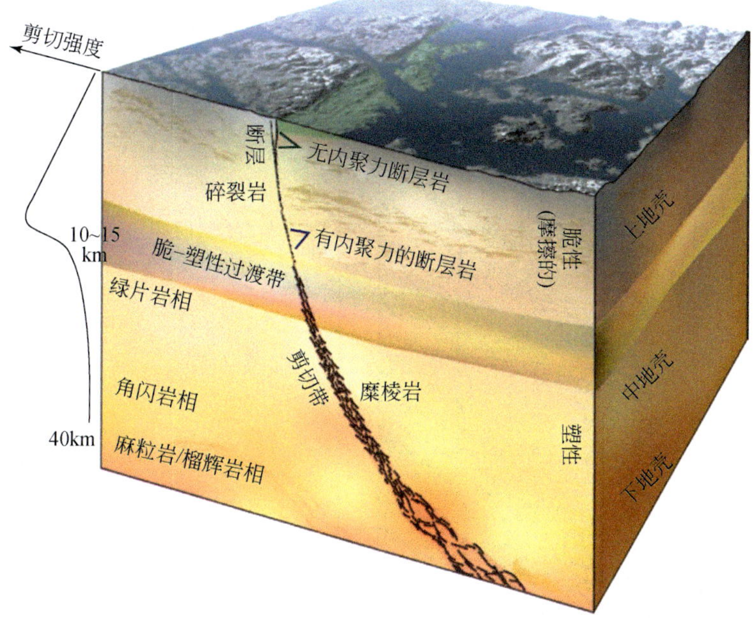

图 1.11　构造岩及相应断层和韧性剪切带的构造层次关系模式图（据 Fossen，2016）

脆性－塑性的转换是渐变的，对花岗质岩石而言，其转换深度通常为 10 ～ 15km。左侧曲线表明：中上地壳，岩石的剪切强度随着深度的增加而增强；中下地壳，岩石强度随深度的增加而减弱

不同矿物发生塑性变形的难易程度不同，也就是说发生塑性变形所需的温压条件（深度）不同，按其能干性从弱到强的大致顺序以及塑性变形的大致深度为：方解石—白云石—石英（中上地壳，10 ～ 20km）—白云母—黑云母—碱性长石—斜长石（中下地壳，20 ～ 30km）—角闪石—辉石（下地壳，25 ～ 35km）—橄榄石（上地幔，35km 以深）—金刚石。Carter 和 Tsenn（1987）以构造层次的观点，对不同层次中起主导作用的变形机制及相应变质相进行了总结（图 1.12）。这样，如果观察到斜长石的塑性变形，可以怀疑该岩石是否曾经历过麻粒岩相的变质作用等，然后再寻求其他方面的证据。

以上所述地壳深度是建立在重力处于均衡的基础之上，即地壳厚度与莫霍面深度一致，一般地壳厚度 30 ～ 40km。然而，造山带地区陆壳厚度远远大于此，如喜马拉雅地区大于 70km。因此，在构造岩与构造层次的研究中，应注意非正常构造层次及超高压变质糜棱岩的研究，如大别山新店含金刚石榴辉岩发育有明显的面理和 a- 型褶皱（见第一卷图 4.52）。

值得注意的是，尽管构造岩特别是糜棱岩类岩石与构造层次关系密切，但影响糜棱岩形成的因素较多，除了温压条件外，应变速率和流体等的影响也不可小觑，绝非完全由构造层次特别是地壳深度所控制。侯泉林等（1995）在闽西南二叠系石英砂岩中发现了毫米级的浅层次（约 2km）的微型韧性剪切带，带内石英强烈塑性变形，长短轴比可达近 100:1，带外石英没有任何变形（图 1.13）。尽管其机理尚不完全清楚，但至少说明，在合适的温度、压力、流体以及应变速率等条件下，地壳浅层次的长英质岩石也可以发生强烈的塑性变形。

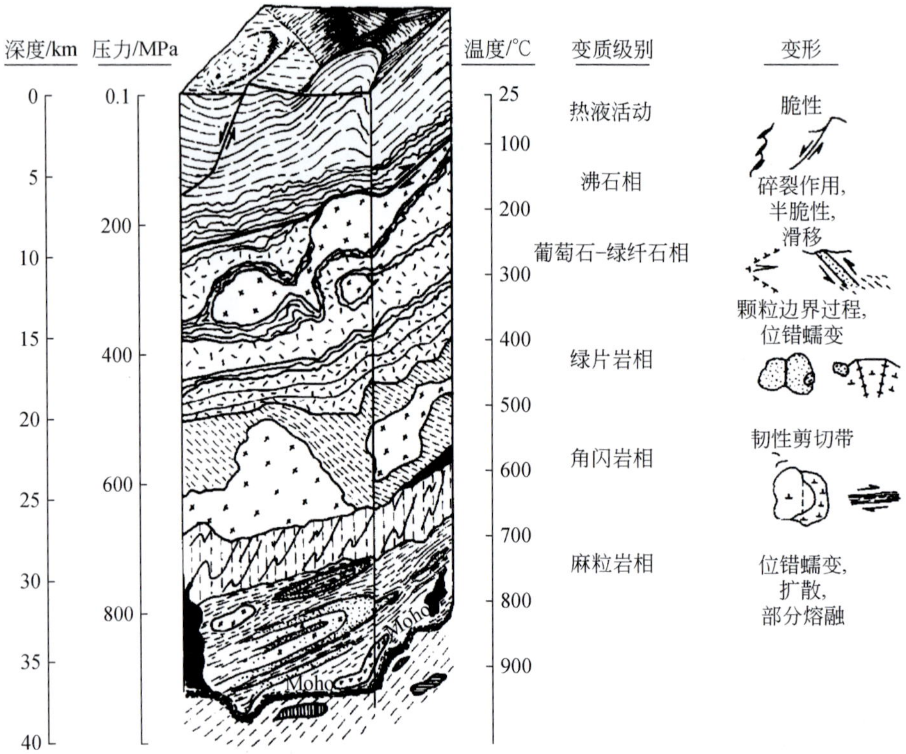

图 1.12　大陆地壳构造综合模式图（据 Carter and Tsenn，1987）

图 1.13　闽西南二叠系石英砂岩中的浅层次微型韧性剪切带（据侯泉林等，1995）

注意：带内石英强烈塑性变形；带外石英几乎不变形

1.3　高压 - 超高压构造岩及其意义

高压 - 超高压构造岩与高压 - 超高压变质岩一样，是个非常重要的命题，然而与高压 - 超高压变质岩不同的是，高压 - 超高压构造岩的存在与否长期以来饱受争议。这里单列一节进行讨论，旨在引起读者重视，并能针对有关问题开展进一步研究工作。

大陆物质的深俯冲与折返是 20 世纪后期固体地球科学的重大进展之一。它表明，不仅洋壳可以俯冲到上地幔深度，而且密度相对较小的大陆地壳物质也可以俯冲到上地幔深度，并且折返回地表（详见第一卷第 4 章 4.4 节）。超高压变质岩是大陆地壳岩石俯冲到上地幔深度，在超高压变质环境下（2.5 ～ 4.5GPa，600 ～ 900℃）形成的。在此环境下，陆壳岩石的主要造岩矿物，如石英、斜长石、角闪石、辉石和云母等，转化为柯石英、石榴子石、绿辉石 / 硬玉、蓝晶石和多硅白云母等在上地幔环境下稳定存在的高压 - 超高压变质矿物。这些矿物的转化导致俯冲陆壳物质的结构、构造、物理化学和流变学性质的转变，从而为研究大陆物质深俯冲过程、物质的交换和转化、流体的活动与性质、岩石的流变学特征及其对深俯冲的影响，以及超高压变质岩的折返机理等提供了基础。

研究表明，大陆地壳物质深俯冲和折返是一个“快进”（fast-in）和“快出”（fast-out）的过程（Gebauer *et al.*，1997；Rubatto and Hermann，2001；Harcker *et al.*，2003；Zheng *et al.*，2003；Baldwin，2008）。在这一过程中，超高压变质岩经历了长距离的构造搬运和构造应力的作用。然而，在过去的三十多年里，构造地质学家对已经发现的高压 - 超高压变质岩地质体的构造研究，揭示了大量的角闪岩相和绿片岩相构造变形，却极少发现与超高压变质期相关的构造和变形（Henry *et al.*，1993；Michard *et al.*，1995；Xue *et al.*，1996；Stockhert and Renner，1998；Ratschbacher *et al.*，2000；Renner *et al.*，2001；Stockhert，2002；Fauer *et al.*，2003）。与此同时，在超高压变质岩中发现了许多原生岩浆岩和火山岩构造（Zhang and Liou，1997；Bruno *et al.*，2001；Oberhänsli *et al.*，2002；Lenze and Stöckhert，2007；Fang and Zhao，2019）。据此提出，在深俯冲带内，差异应力强度较低，只有几个兆帕（MPa），小于位错蠕变所需的应力强度（Stockhert and Renner，1998；Stockhert，2002），应变以溶解 - 沉淀（dissolution-precipitation）方式为主。这种认识成为当前的主流认识。我国学者在苏鲁超高压变质带的仰口地区首次发现了超高压韧性剪切构造岩，并开展了详细研究工作，揭示了在超高压变质条件下，位错蠕变仍然是矿物和岩石的主要变形机制之一，流体助力的扩散蠕变（fluid enhanced diffusion creep）是另一个重要的变形机制（Fang and Zhao，2019）。在大陆物质深俯冲带内应力强度可达几十个兆帕以上（Zhao *et al.*，2005a），高应变主要集中在韧性剪切带内（赵中岩等，2002；Zhao *et al.*，2003，2005b；方爱民和赵中岩，2004），而大部分超高压变质体则未经历强烈变形。超高压韧性剪切带很可能是超高压变质体的折返通道和润滑带。有关研究还有待进一步深入。

1.3.1 弱变形榴辉岩的显微构造特征和变形机制

榴辉岩是高压变质岩的主要岩石类型，其构造和显微构造特征反映了其在深俯冲和折返过程中经历的构造变形和主导构造变形的变形机制。静态结晶（static crystallization）的榴辉岩中，主要造岩矿物如绿辉石、蓝晶石和石榴子石呈现粒状，未发生明显定向排列，显现或不显现波状消光，颗粒之间呈现三连点接触［图 1.14（a）、（b）］。弱变形榴辉岩发育了明显的形态组构（shape preferred orientation），绿辉石、蓝晶石、多硅白云母呈定向排列［图 1.14（c）］。绿辉石呈长柱状，矿物的长轴大体平行面理方向定向排列。颗粒的边界清晰，相邻颗粒在平行长轴（平行面理）的边界上有压溶现象，表现为一个颗粒边界向内凹进而另一个颗粒的边界向外凸出（indentation）（图 1.15）。绿辉石与多硅白云母和蓝晶石之间呈长颗粒平滑接触，常见绿辉石被多硅白云母“切削”（truncation）

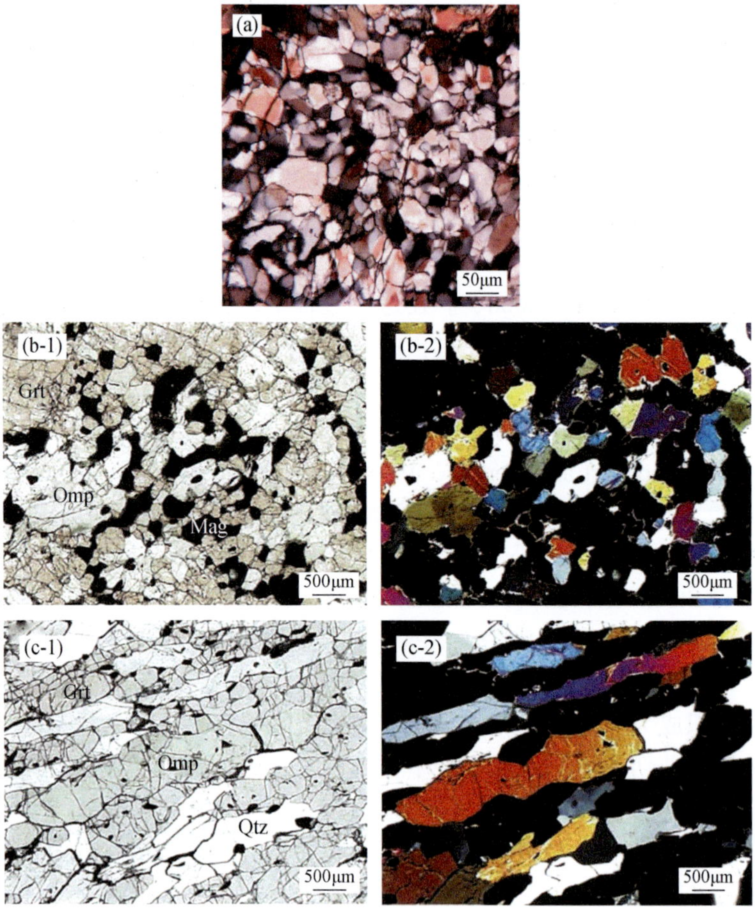

图 1.14 不同定向程度的榴辉岩（据 Zhao *et al.*，2005；胡玲等，2009）

（a）静态结晶的榴辉岩，绿辉石和石榴子石呈现粒状，未发生定向排列，颗粒之间呈现三连点接触，正交偏光，山东仰口；（b）没有定向排列的榴辉岩，主要矿物为石榴子石和绿辉石，磁铁矿为晚期退变析出，（b-1）为单偏光，（b-2）为正交偏光，江苏东海；（c）强定向的榴辉岩，主要矿物为石榴子石和绿辉石，少量多硅白云母和石英，（c-1）为单偏光，（c-2）为正交偏光，江苏东海。Grt- 石榴子石；Mag- 磁铁矿；Omp- 绿辉石；Qtz- 石英

（图 1.16），是典型的压溶（pressure solution）特征。弱变形的榴辉岩显微构造表明其主要变形机制为溶解－沉淀方式。

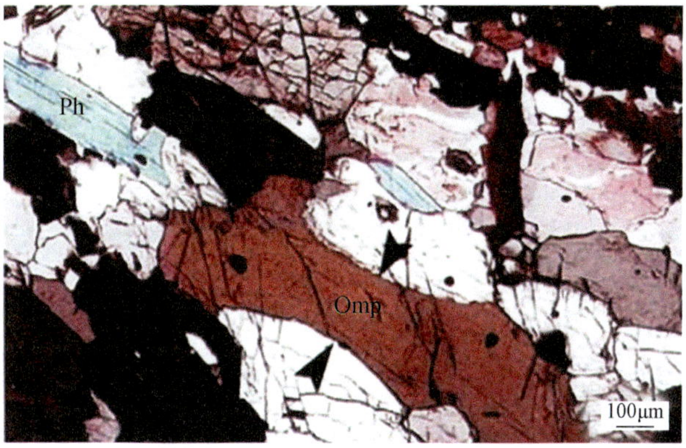

图 1.15　定向排列的绿辉石矿物颗粒间的压溶坑现象（箭头所示）（据 Zhao *et al.*，2005）

正交偏光，山东仰口。Omp- 绿辉石；Ph- 多硅白云母

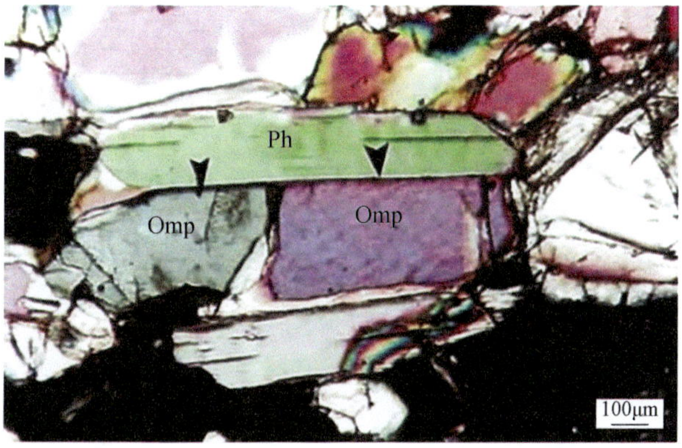

图 1.16　绿辉石与多硅白云母接触时的“切削”（truncation）现象（据 Zhao *et al.*，2005）

正交偏光，山东仰口。Omp- 绿辉石；Ph- 多硅白云母

1.3.2　高压－超高压变质糜棱岩显微构造特征和变形机制

迄今为止，在全球范围已经发现的二十多个超高压变质岩地体中仅有我国苏鲁超高压变质带的仰口发现了超高压韧性剪切构造岩（Zhao *et al.*，2003，2005；Fang and Zhao，2019）和挪威西部片麻岩地区发现了高压韧性剪切带（Terry and Heidelbach，2006）。

在山东仰口柯石英榴辉岩相糜棱岩中，绿辉石、蓝晶石均表现为动态重结晶。绿辉石经动态重结晶发生细粒化，亚晶粒和核幔构造发育（图 1.17），表明以亚颗粒旋转动态重结晶为恢复机制的位错蠕变是主要的变形机制。

蓝晶石塑性流变表现为近于平行（001）面的亚晶界发育，亚晶粒和动态重结晶（图 1.18）。动态重结晶的颗粒大小不等，有不规则的锯齿状边界，表明边界迁移是其主要的恢复机制。

图 1.17　（a）绿辉石发生动态重结晶，细粒化，重结晶的颗粒定向排列构成明显的形态组构；（b）绿辉石的亚晶粒和核幔构造（据 Zhao *et al.*，2005）

正交偏光，山东仰口。Omp- 绿辉石；Ph- 多硅白云母

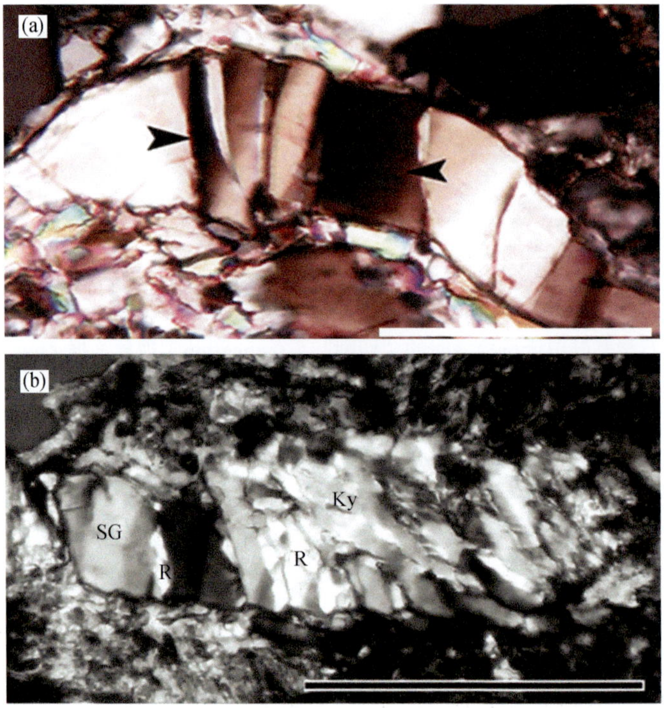

图 1.18　榴辉岩糜棱岩显微照片（据 Zhao *et al.*，2005）

（a）蓝晶石近于平行（001）面的亚晶界发育（箭头），形成亚晶粒构造，比例尺 0.1mm，正交偏光；（b）蓝晶石（Ky）发生动态重结晶，细粒化颗粒（R），颗粒大小不等，具有不规则的锯齿状边界，一些大的亚晶粒（SG）具有相对直的亚晶粒边界和近于平行（001）的长条形，比例尺 0.2mm，正交偏光。山东仰口

柯石英榴辉岩相糜棱岩变形的温压条件估算为 $P\approx3.3$GPa，$T\approx624$℃。这表明在约

110km 的上地幔深度，以亚晶粒旋转和边界迁移为恢复机制的位错蠕变仍然是榴辉岩造岩矿物的主要变形机制。

大陆地壳以花岗质岩石为主，花岗质岩石在陆壳深俯冲过程中的变质作用及流变学性质的变化对陆壳深俯冲和折返有十分重要的影响。山东仰口超高压韧性剪切混杂岩为开展该项研究提供了独一无二的优越条件。在仰口各种弱变质弱变形的花岗质岩石块体以及它们的糜棱岩同时存在。图 1.19 展示了下地壳麻粒岩相二辉石花岗岩①及其糜棱岩。花岗岩的主要原生矿物组合是紫苏辉石、普通辉石、斜长石、钾长石、黑云母和石英。在韧性剪切带内，原生矿物基本被高压－超高压变质矿物取代，仅残存少量普通辉石残斑。显微构造研究显示花岗质糜棱岩变形机制是位错蠕变和流体助力的扩散蠕变（fluid enhanced diffusion creep）。辉石、钾长石和云母都显示了亚晶界、亚晶粒、核幔构造，指示亚晶粒旋转为主的动态重结晶机制（图 1.20、图 1.21）。

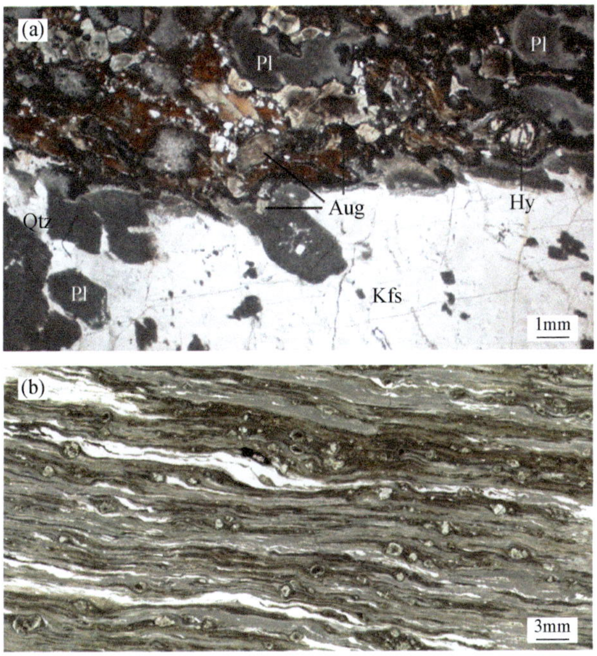

图 1.19　（a）麻粒岩相二辉石花岗岩保存了原岩矿物组合和岩浆岩结构；（b）麻粒岩相二辉石花岗岩糜棱岩，大部分原生矿物已经细粒化，并转化为高压－超高压变质矿物。单偏光，山东仰口（据 Fang and Zhao，2019）

Aug- 普通辉石；Hy- 紫苏辉石；Kfs- 钾长石；Pl- 斜长石；Qtz- 石英

流体助力的扩散蠕变表现在斜长石假晶中黝帘石和多硅白云母含水矿物和蓝晶石、石英取代钙长石的高压变质反应［图 1.21（c）］。钾长石动态重结晶颗粒之间常有一层白色薄膜，电子探针分析表明其成分为钾长石但富含镁，这证明在变形过程中富含阳离子的流体在粒间活动［图 1.21（d）］。糜棱岩中辉石残斑的压力影位置沉淀了金红石，

① 二辉石花岗岩是一种麻粒岩相的变质岩。

这些金红石来源于分解的黑云母和钛铁矿，并且经过流体的长距离搬运至应力较低的压力影区沉淀（图 1.22）。

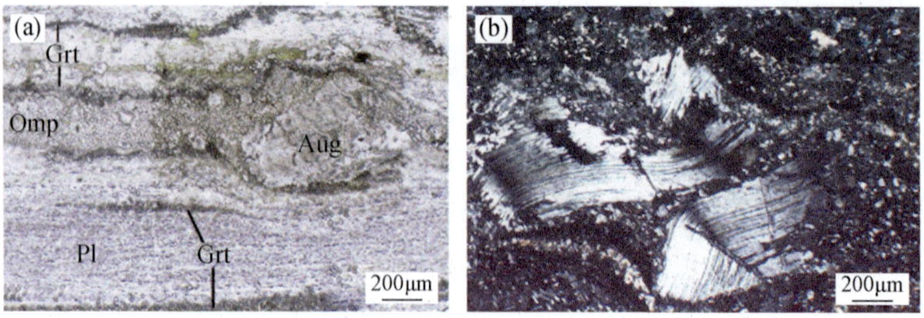

图 1.20　花岗质糜棱岩的显微照片（据 Fang and Zhao，2019）

（a）绿辉石（Omp）、石榴子石（Grt）和斜长石假晶（Pl）的细长条带构成的糜棱岩面理。所有矿物均发生细粒化，普通辉石残斑（Aug）具有核幔构造。单偏光；（b）辉石（100）< 001 >晶系滑动产生的扭曲变形和机械双晶。破裂的辉石裂缝中及边部细粒化的颗粒已转化为绿辉石。正交偏光，山东仰口

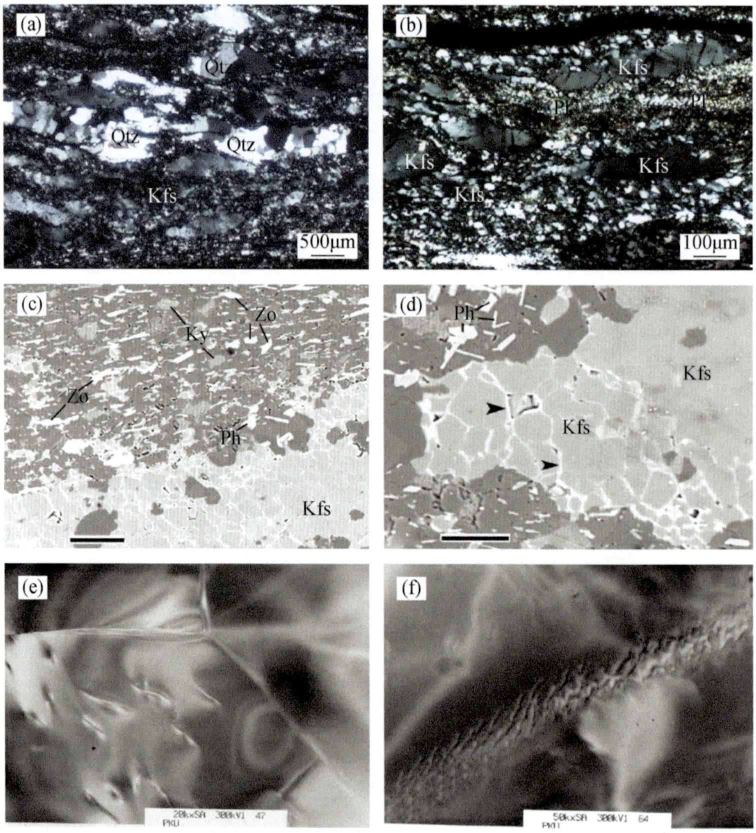

图 1.21　糜棱岩中钾长石的塑性流变（据 Fang and Zhao，2019）

（a）钾长石（Kfs）和石英（Qtz）条带，钾长石细粒化，残斑具有核幔构造，石英已静态恢复；（b）钾长石（Kfs）、斜长石（Pl）假象和石榴子石条带，钾长石细粒化和核幔构造；（c）电子背散射图像，斜长石条带中的蓝晶石（Ky），黝帘石（Zo）和多硅白云母（Ph），比例尺：50 μm；（d）钾长石的动态重结晶颗粒间呈现白色薄膜，指示粒间流体活动，比例尺：20 μm；（e）TEM 图像：钾长石动态重结晶颗粒内部的密集刃位错；（f）TEM 图像：钾长石的位错网格

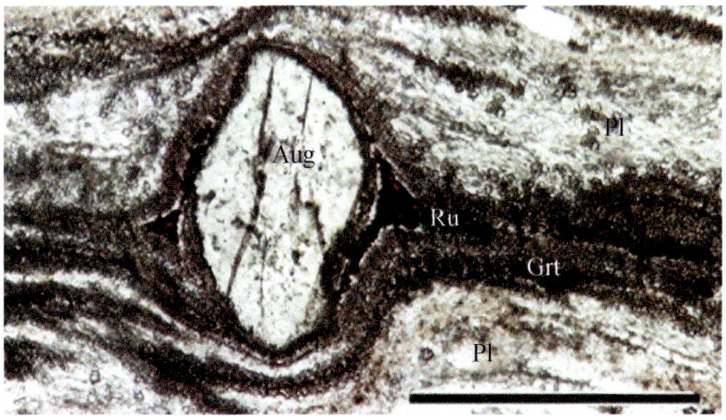

图 1.22　糜棱岩中普通辉石残斑及压力影中沉淀的金红石（据 Zhao *et al.*，2003）

Aug- 普通辉石；Ru- 金红石；Grt- 石榴子石；Pl- 斜长石；比例尺：0.5 mm，单偏光，山东仰口

1.3.3　大地构造意义

大陆物质深俯冲和超高压变质岩折返的构造模式的建立需要客观证据支持。然而，到目前为止没有任何一种模式提供出有利的构造依据。无论大规模的超高压块体折返还是隧道流（channel flow）模型都需要有一个低黏度的润滑剂或润滑带来承载所需的高应变速率。山东仰口的超高压韧性剪切构造岩为建立新的构造模型提供了重要线索。全面深入地研究仰口超高压韧性剪切构造岩的俯冲变形变质过程和折返的变形变质过程应该是未来研究的发展方向。

1.4　L- 构造岩

1.4.1　概述

在第二卷中，我们讨论了纯剪切、简单剪切和次简单剪切问题（见第二卷第 1 章）。诚然，在中地壳和下地壳复杂的韧性变形带中可同时包含多个不同的变形组分，而且往往是非平面应变。遗憾的是自然界中可靠的有限应变标志十分罕见。地质学家们在野外工作中总希望能对三个方向的变形情况给予评判，因此不得不根据韧性变形岩石的形态组构对有限应变的几何形状做出假设，这就需要区分构造岩的组构特征。根据变形岩石中构造组构的形态和方向，可将构造岩分为 L- 构造岩、LS- 构造岩和 S- 构造岩。

仅发育强烈的透入性拉伸线理（L），而没有明显地可见面理（S），称之为 L- 构造岩［图 1.23（a）、图 1.24］，岩组学中也称为 B 构造岩，表明收缩应变（constrictional strain）；仅发育强烈的透入性面理（S），而没有可见的拉伸线理（L）的构造岩称为 S- 构造岩［图 1.23（b）、图 1.25］，表明压扁应变（flattening strain）；既发育强烈的透入性面理（S），又发育强烈的透入性拉伸线理（L），线理位于面理上的构造岩称为 SL- 或 LS- 构造岩［图 1.23（c）、图 1.26、第二卷图 1.24］，表明近于平面应变（plain

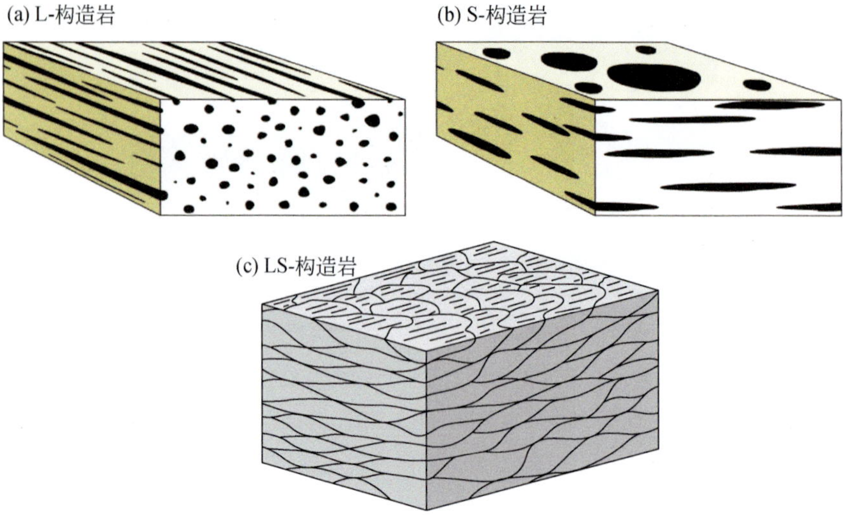

图 1.23　构造岩分类示意图

（a）L- 构造岩，即岩石变形主要由线理构造（L）控制；（b）S- 构造岩，即岩石变形主要由面理构造（S）控制［（a）和（b）据 Fossen，2016］；（c）LS- 构造岩，既发育线理又发育面理，线理位于面理上（Davis *et al.*，2012）

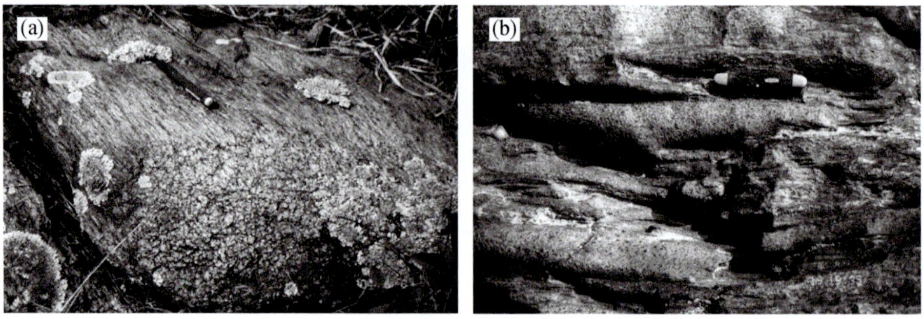

图 1.24　L- 构造岩（据 Sullivan，2013）

（a）美国怀俄明州拉勒米山脉童子军营花岗闪长岩的 L- 构造岩，铅笔平行于透入性的线理（Sullivan 摄于 2006 年）；（b）美国加利福尼亚州南克拉马斯山鸽子灯塔高应变带的变形凝灰角砾岩中的扁形碎屑（Sullivan 摄于 2009 年），比例尺小折刀长约 9.8cm

strain；参阅第二卷图 1.34）。

相对其他构造岩类来说，L- 构造岩在自然界的分布并不算广泛，有关研究也相对较少。然而，L- 构造岩可形成于多种不同尺度的地质环境中，其中包括但又不仅限于褶皱枢纽带（如 Holst and Fossen，1987；Sylvester and Janecky，1988；Poli and Oliver，2001；Solar and Brown，2001；Sullivan，2006），缩短、伸展以及平移的韧性剪切带（如 Hossack，1968；Chapman *et al.*，1979；Flinn，1992；Fossen，1993；Fletcher and Bartley，1994；Lin and Jiang，2001；Sullivan，2009），密度驱动的垂向构造域（如 Balk，1949；Hoy *et al.*，1962；Bouhallier *et al.*，1995），刚性体周围的构造挤出带（如 Dias and Ribeiro，1994；Piazolo *et al.*，2004），大型造山带下地壳的近水平流动带（Poli

图 1.25　S- 构造岩（侯泉林 2018 年摄于河南；滚石）

照片中近水平的面理发育，但面理上未见明显的 a- 线理；车钥匙长度约 7cm

图 1.26　LS- 构造岩（侯泉林 2018 年摄于河南）

既有强烈的面理 S（垂直方向），面理上又发育强烈拉伸的线理 L（左侧面）

and Oliver，2001；Duclaux *et al.*，2007；Dumond *et al.*，2010），以及超高压地体等（Zulauf，1997；Kurz *et al.*，2004）。转换拉张带的数值模拟表明 L ＞ S 和 L- 构造岩的分布范围十分广泛（Dewey *et al.*，1998；Fossen and Tikoff，1998；Jiang and Williams，1998），这可能是下地壳转换拉张的普遍特征。

L- 构造岩通常与常见的 LS- 构造岩甚至 S- 构造岩在空间上紧密相连。L-、LS- 和 S- 构造岩之间的这些空间变化关系可为我们提供如何区分中和下地壳应变方式的重要信息，但是这种应变现象在文献中往往被忽视。对 L- 构造岩的性质和意义认识的缺乏，部分原因是认识 L- 构造岩的成因比较困难，它需要对通常经历了复杂的多期变形历史的地区进行详细填图和三维构造分析。总之，现有的有关 L- 构造岩形成的知识框架并不十分明确，一般教材尤其国内教材中很少或几乎没有相关方面的介绍。也可以看出，L- 构造岩具有丰富的构造内涵，而 S- 构造岩，如板岩、片岩以及片麻岩等严格讲不属于构造岩范畴，而属于变质岩范畴（参阅附录 3）。Sullivan（2013）和 Yang 等（2019）对 L- 构造岩进行了很好的总结，本节以此为基础，摘其重点，对韧性剪切带的收缩型 L- 构造岩进行重点讨论。

1.4.2 收缩型 L- 构造岩的识别

视觉上的 L- 构造岩可形成于多种环境，如两组透入性平面的叠加可形成强烈发育的透入性线理，即铅笔构造（pencil cleavage），褶皱轴面对先期面理的构造叠加以及面理面上发育的褶纹枢纽（crenulation fold axes of a compositional layering）均可形成视觉上的线理发育（详见第 6 章），构成 L- 构造岩。这些经多期叠加形成的 L- 构造岩并非收缩型 L- 构造岩，经细致的野外填图和构造分析便可辨别。然而，我们更加关注的是收缩型 L- 构造岩，它能够提供更多的构造运动学和动力学信息。因此，我们有必要建立识别收缩变形存在的标志。真正的收缩变形通常可以形成独特的显微构造特征和晶体组构模式，可用来区分收缩型 L- 构造岩与其他类型的 L- 构造岩。

1. 矿物形态组构

在收缩或近于收缩变形过程中通常会形成一套独特的显微构造。在与线理平行的面（面理）上观察到的收缩型 L- 构造岩的变形组构与在垂直于 LS- 甚至 S- 构造岩面理（平行于线理）的面上观察到的组构非常相似（Fletcher and Bartley，1994；Sullivan，2006，2009；Sullivan and Beane，2010）。形状各异的矿物长轴整齐排列；变斑晶和残碎斑晶通常呈现择优排列；动态重结晶矿物集合体呈现形态择优取向；成分条带和溶解 - 沉淀特征与晶粒排列平行。然而，在垂直于收缩型 L- 构造岩线理的面上，则表现出一套独特的显微构造特征，这可以用来判断真正的收缩变形。此面上变斑晶和残碎斑晶的长轴不显示择优取向（Fletcher and Bartley，1994；Solar and Brown，2001；Sullivan，2009）。具有强烈各向异性形状的矿物，如角闪石或辉石被优选定向，底切面通常在垂直于线理的面上，但这些矿物的中间轴几乎不显示优选取向（Sullivan，2006，2009）。在垂直于线理的面上观察时，云母的基本解理轨迹呈随机排列，但（001）面始终与线理基本保持垂直（Ramsay and Huber，1983；Fletcher and Bartley，1994；Sullivan，2006；Sullivan and Beane，2010）。在具组分分离的 L- 构造岩中，石英长石域可被云母域所包围和分离。同样，若 L- 构造岩以流体扩散为重要变形机制，在垂直于线理的面上通常观察到残斑被不溶矿物所包围。如果存在剪切条带（shear band）或微剪切带，将与线理相协调并随机分布（Fletcher and Bartley，1994）。最后，L- 构造岩中的动态重结晶的聚晶体一般不会在垂直于线理的面上表现出晶形择优取向，尽管存在大量的晶格变形和动态重结晶的证据，如波状消光、亚颗粒发育、缝合的颗粒边界和新生晶胞成核等（Fletcher and Bartley，1994；Sullivan，2006，2009；Sullivan and Beane，2010）。

2. 矿物晶体组构

石英是韧性变形过程中最容易认识的矿物晶体组构之一，而且普遍认为石英 *c* 轴和 *a* 轴的几何学与有限应变几何形态系统相关（例如，Tullis *et al.*，1973；Tullis，1977；Lister and Hobbs，1980；Price，1985；Schmid and Casey，1986；Law，1987；Barth *et al.*，2010；Sullivan and Beane，2010）。绿片岩相条件下的共轴收缩，石英光轴可形成如下关系：石英 *c* 轴关于线理方向具有 130° ～ 160° 开角环带，*a* 轴具有 60° ～ 70° 开角环带［图 1.27（a）］（Lister and Hobbs，1980；Schmid and Casey，1986；Barth *et al.*，2010；Sullivan and Beane，2010）。随着温度的升高，石英 *c* 轴环带加宽，而且在角闪岩相条件下，当菱面＜ *a* ＞以滑移为主导时，可以形成单一的 *c* 轴环带组构［图 1.27（b）］（Barth *et al.*，2010；Sullivan and Beane，2010）。然而，石英 *a* 轴组构对温度变化的敏感性要小得多，因为石英达到中角闪岩相条件时，晶体＜ *a* ＞方向的滑移主要表现为晶体塑性变形（Schmid and Casey，1986；Stipp *et al.*，2002）。石英 *a* 轴组构同样是非共轴变形样品

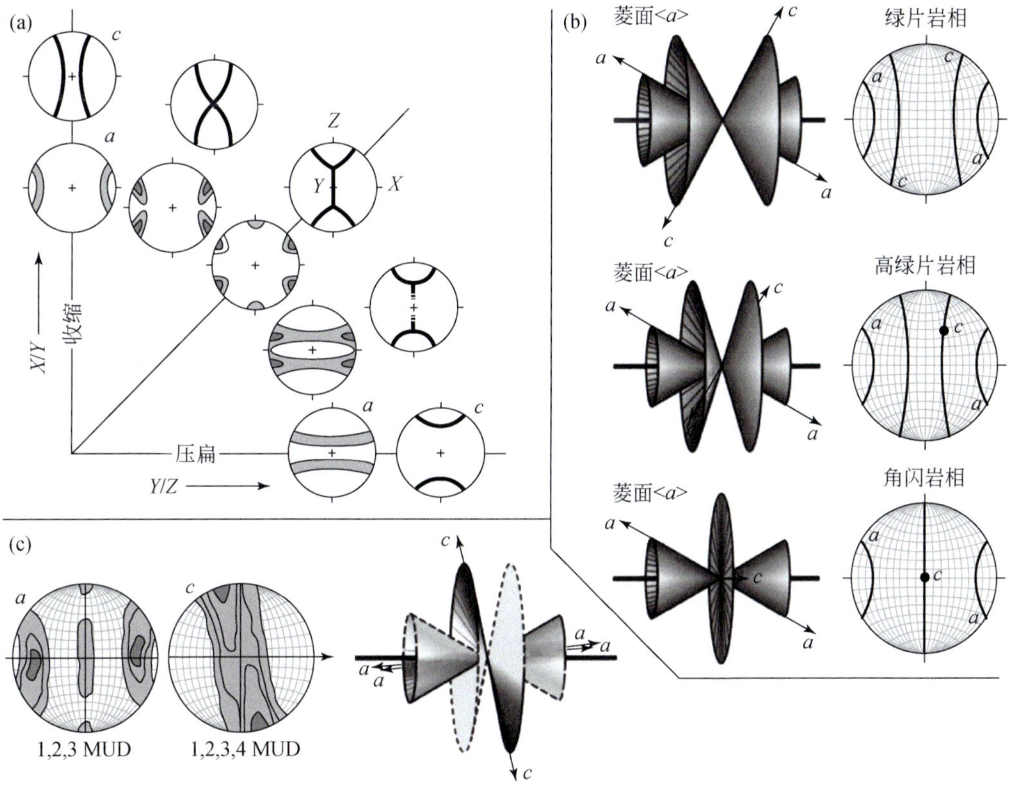

图 1.27　石英组构几何学特征（据 Sullivan，2013）

（a）绿片岩相条件下共轴变形的石英晶体组构几何图形预测（据 Schmid and Casey，1986），*X*、*Y*、*Z* 分别代表应变椭球的长、中、短轴；（b）变形温度增加对共轴收缩变形过程中形成的石英晶体组构影响的立体卡通示意图（据 Sullivan and Beane，2010）。*a* 轴组构的几何形状保持不变，两个对称的轴锥在立体网上表现为两个小圆环带；*c* 轴组构环带的开角随着变形温度的升高而增大，菱面＜ *a* ＞和底面＜ *a* ＞的滑移变得更为重要；（c）低角闪岩相条件下非共轴近收缩变形的晶体组构几何学（据 Sullivan and Beane，2010）。剪切面位于 *a* 轴极大值定义的平面上，靠近图的东－西线。注意：小圆 *a* 轴环带比 *c* 轴环带更容易识别

有限应变几何学的良好指示标志，而且在较宽的变形条件范围下，可识别出代表收缩变形的石英 *a* 轴组构的特征双环带［图 1.27（b）、（c）］（Sullivan and Beane，2010）。

通常通过扩散辅助晶界滑移而变形的矿物，如云母、角闪石和辉石，在经历收缩变形时，可能同样表现出独特的晶体组构模式。云母可能表现为底面法线大致关于线理对称的 *c* 轴环带［图 1.28（a）］（Ramsay and Huber，1983；Sullivan and Beane，2010）；而辉石和角闪石则可能表现为与线理平行的 *c* 轴极密［图 1.28（b）］以及关于线理对称的 *a* 轴和 *b* 轴环带［图 1.28（c）、（d）］。经历平面应变变形的岩石，云母颗粒的底面法线、辉石和角闪石的 *a* 轴可能均围绕宏观面理法线聚集（Compton，1980；Ramsay and Huber，1983；Kurz *et al.*，2004；Díaz-Azpiroz *et al.*，2007），而辉石和角闪石的 *c* 轴可能呈相对线理更为弥散极密，表现出向宏观面理迹线平行的环带过渡的趋势［图 1.28（b）～（d）］（Kurz *et al.*，2004；Díaz-Azpiroz *et al.*，2007）。

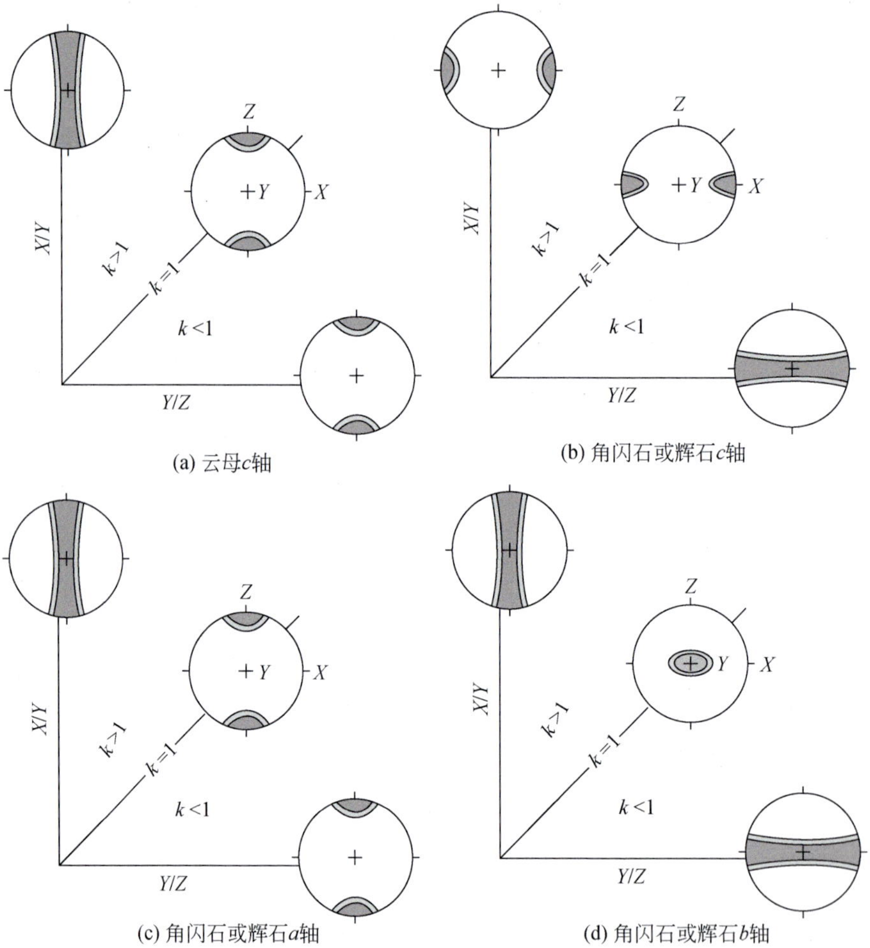

图 1.28　扩散辅助晶界滑移各向异性矿物变形的可能晶体组构模式（据 Sullivan，2013）

（a）不同应变状态下云母从极至底面的模式图；（b）不同应变状态下角闪石和辉石 *c* 轴组构模式图；（c）不同应变状态下角闪石和辉石 *a* 轴组构模式图；（d）不同应变状态下角闪石和辉石 *b* 轴组构模式图。*X*、*Y*、*Z* 分别代表有限应变椭球体的长、中、短轴

1.4.3　L- 构造岩的形成机理

在韧性变形带中，决定应变几何形态和应变路径以及驱使应变配分的机理可以用层级分配的方式来思考，其中低层级机制参数符合高层级参数。第一层级作用机制指宏观区域构造或板块构造背景下的变形带的运动几何学。形成不同块体应变路径的外部构造运动几何形态的实际构造环境包括垂向伸长的单斜走滑挤压、平行位移方向伸长的倾向滑动剪切带，以及隧道流。第二层级作用机制包括变形带边界的局部变化，例如，走滑挤压剪切带的受阻弯曲、倾向滑动剪切带的断坡，以及隧道流中隧道的变窄等。第三层级作用机制包括构造条件和流变学的内部变化。第二和第三层级作用机制主要在局部形成相差悬殊的运动几何形态，或将块体外部变形的不同分量划分成不同的区域。

1. 第一层级作用机理

在均匀变形过程中，形成 L- 构造岩的最显著的运动学框架是完全收缩的共轴变形（Flinn，1962）。然而，均匀变形的数值模拟和理论研究表明，六种端元的单斜非共轴运动几何形态也可以形成强烈的收缩应变，从而形成 L ＞ S- 和 L- 构造岩［图 1.29（a）］。此外，这些几何形态，许多都包括了大的甚至占主导地位的简单剪切分量（Dewey *et al.*，1998；Fossen and Tikoff，1998；Jiang and Williams，1998；Lin *et al.*，1998；Tikoff and Fossen，1999）。这些模型的一个有趣特点是，由于共轴变形分量的应变积累比简单剪切（非共轴）的应变积累更快，所以有限应变椭球体的形态在整个变形过程中是一直变化着的［图 1.29（b）～（d）］（Means *et al.*，1980；Tikoff and Fossen，1995）。对于任何给定的运动几何形态，精确的应变路径是共轴变形和简单剪切（非共轴变形）的分量增量相对大小的函数，或是运动学涡度（W_k）的函数（Dewey *et al.*，1998；Fossen and Tikoff，1998；Tikoff and Fossen，1999；有关涡度的讨论参阅第二卷第 1 章 1.3 节）。最常用的运动几何形态或许是加厚 / 变窄剪切，其与涡度向量平行的共轴缩短与沿剪切带法线方向的伸长相吻合［图 1.29（a）］（Dewey *et al.*，1998；Fossen and Tikoff，1998；Dewey，2002）。推测以简单剪切为主的增厚 / 变窄剪切变形为强烈的收缩应变，而完全的长应变椭球体只在应变路径的某一点上存在［图 1.29（b）；有关应变椭球讨论参阅第二卷第 1 章 1.2 节图 1.34］（Tikoff and Fossen，1995；Dewey *et al.*，1998）。实际上，如果露头上没有可识别的面理，这类 L- 构造岩可能是沿着弗林图解收缩轴附近的应变路径发育的［图 1.29（b）；Sullivan，2013］。图 1.29（a）中其他五个端元的单斜运动几何图形同样可以在收缩域形成，但只有加厚 / 变窄剪切和伸长 / 变窄剪切能够形成非零简单剪切分量的完全收缩变形［图 1.29（c）、（d）］（Fossen and Tikoff，1998）。然而，这些端元之间的运动几何形态也同样会形成完全的收缩变形。例如，当平行于涡度矢量的缩短分量大于垂直于涡度矢量的缩短分量时，在类似于伸长剪切的运动几何条件下可以形成完全收缩变形。除了一个以外，其他所有端元的运动几何形态均包括平行于涡度矢量的共轴缩短分量（图 1.29；Sullivan，2013）。当运动学涡度 $W_k > 0.5$ 时，唯一的异常值——加宽剪切——也会产生整体压扁应变［图 1.29（d）］（Fossen and Tikoff，1998）。因此，区域上平行于涡度矢量的缩短作用是产生大范围收缩应变的最可靠的形式之一。

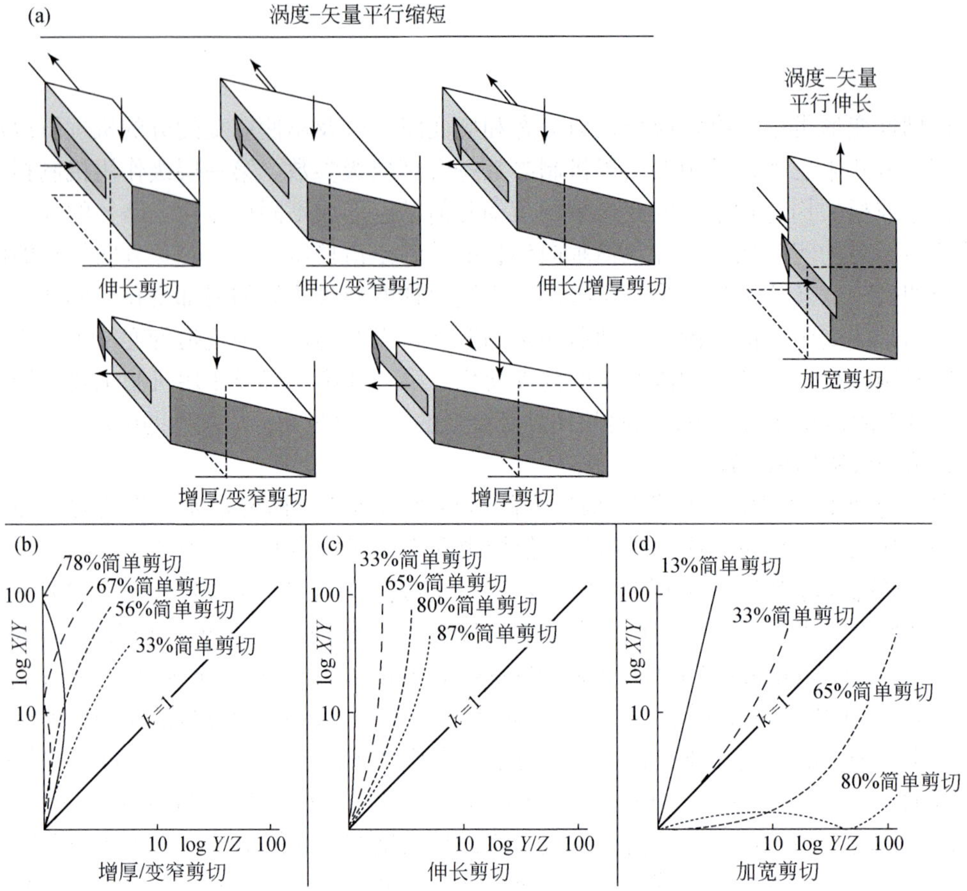

图 1.29 收缩变形的端元单斜运动几何形态和应变路径（据 Sullivan，2013）

（a）导致收缩变形的端元单斜运动几何形态。注意：不隐含地理坐标，不同的变形分量可以是任何方向；（b）不同简单剪切分量的增厚 / 变窄剪切的应变路径，当路径在 *X*/*Y* 轴时，发生理想的收缩应变；（c）不同简单剪切分量的伸长剪切的应变路径；（d）不同简单剪切分量的加宽剪切的应变路径。*X*、*Y*、*Z* 分别代表有限应变椭球体的长、中、短轴

所有这些数值模拟和简单的概念模型均假定稳态均匀变形。因此，它们不能解释在自然界变形带中所观察到的所有有限应变模型，因为自然界的变形带会受到第二层级和第三层级的各种作用机制的影响，而很少仅经历稳态变形。然而，这些模型确实证明了多个非共轴变形几何体可能在收缩场中发展成大的应变域，并且它们确实为分析变形组构所记录的潜在运动几何特征提供了重要的概念型工具。

2. 第二层级作用机理

在三维中，剪切带通常会偏离经典的直边模型。这些偏离包括：剪切带边界的凹凸不平；走滑、转换挤压（transpressional）和转换拉张（transtensional）剪切系统中的弯曲拉分和弯曲挤压部位；以倾向滑动为主的剪切系统中的前断坡、侧断坡和斜断坡；韧性剪切系统中各段之间的转换带；复杂网格式剪切带之间的交汇区。每一个偏差都会导致应变的非均匀性和局部的非平面应变，并且这些几何形态大部分都能在合适的条件下具

有形成 L- 构造岩的局部环境。

（1）剪切带边界变化情形

Flinn（1961）用非比例模拟模型研究了变形带法线方向的收缩，外加具有矩形凹凸不平围岩边界的高应变带中，物质向外挤出变形带的情况。该模型表明，高应变带边界的线性凹凸不平造成了局部汇流，导致沿该带法线方向缩短和平行于隧道方向伸长的收缩变形。带的宽度必须小于凹凸不平的深度，才能使汇流进入凹槽（Flinn，1961）。这些结果适用于整体压扁变形，而整体平面应变或收缩变形很可能有利于向高应变带的线性凹凸不平边界的汇流，并有利于 L- 构造岩的发育（图 1.30）。此时，**L- 构造岩的线理方向与剪切带位移方向是平行的。**

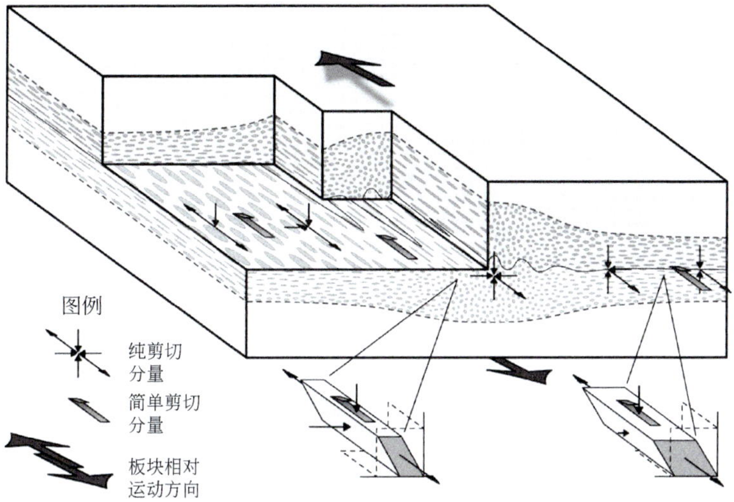

图 1.30　高应变带中线性凹凸不平边界的局部收缩变形示意图（据 Sullivan，2013）

高应变带经历垂直于运移方向的缩短同时平行于运移方向的伸长；线性隧道集中于一个相对较小的近水平且垂直于运移方向的缩短分量上，整体变形几何特征与图 1.29（a）的伸长剪切框架相似。还应注意，在 L- 构造岩域中的不同流变单元具有褶皱轴平行于最大伸长方向的褶皱作用

剪切带的弯曲部位同样是有利于形成局部 L- 构造岩的重要部位。例如，在转换挤压剪切带的弯曲受阻（挤压）部位，剪切带法线方向的收缩加之铅直方向的伸长，与局部平行于运动方向的收缩相结合［图 1.31（a）］（Lin and Jiang，2001），进而随着物质的挤出，形成近直立的、垂直于运移方向的 L- 构造岩组构。在包括剪切带法线方向收缩的同时垂直于（构造）运移方向伸长的所有剪切带的断坡或弯曲部位，具有类似的几何学特征，均可形成与运动方向垂直的 L- 构造岩。需要强调的是，**此时 L- 构造岩的拉伸线理方向与剪切带的运动方向相垂直，而不平行。**在走滑剪切带的释放弯曲（走滑拉分）部位，简单剪切作用可能局部产生平行于运移方向的伸长和铅直方向的缩短［图 1.31（b）］，从而形成与剪切系统运移方向大致平行的 L- 构造岩组构。类似的几何学特征还可形成于倾向滑动剪切带的前断坡部位，导致大致平行于整体运动方向的 L- 构造岩形成。**此时的 L- 构造岩的线理方向与剪切运动方向大致平行。**

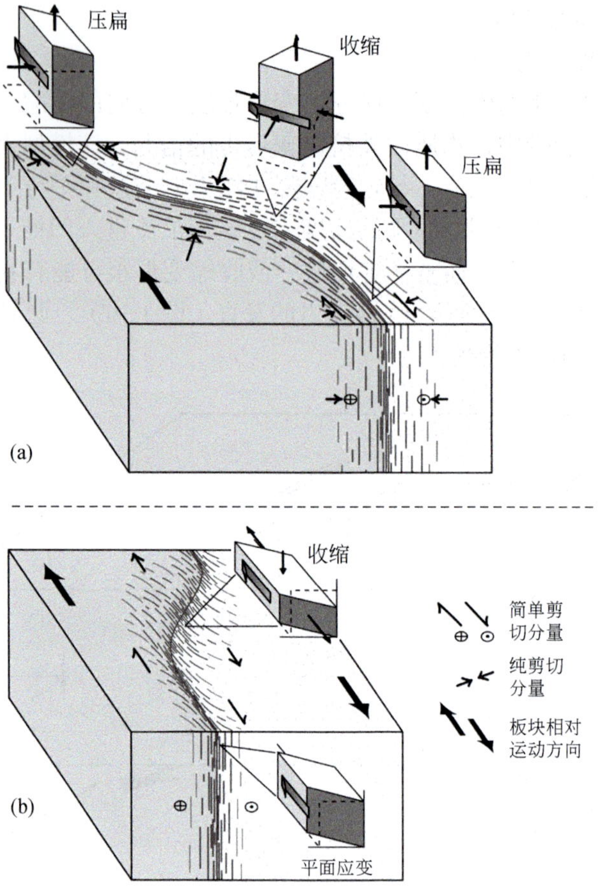

图 1.31 右旋走滑剪切带中受阻(挤压)弯曲(a)和释放(引张)弯曲(b)立体示意图(据 Sullivan,2013)

(a)转换挤压(扭压)剪切带的受阻弯曲部位,沿剪切带法线方向的缩短与局部平行于(构造)运移方向的缩短作用相结合,形成与图 1.29(a)中变宽剪切几何形态相似的收缩变形几何特征;(b)右旋走滑剪切带的放开弯曲部位,近于铅直方向的缩短,加之平行运动方向的伸长,与简单剪切相结合,形成与图 1.29(a)伸长 / 变窄剪切几何形态相似的收缩变形

(2)密度驱动的垂直构造情形

底辟作用已被称为不同地壳就位方式的一种机理,如盐丘、深成岩和片麻岩穹窿等。上升底辟的概念模型和数值模拟表明,这些构造的特点是沿穹窿中部向上流动,然后沿穹窿外部边缘向下流动(Talbot and Jackson,1987;Cruden,1988,1990)。这种流动几何学特征导致底辟穹窿周边的压扁应变和穹窿中心的收缩应变(图 1.32)。此外,围绕着上升底辟的向下回流,在穹顶下的拖尾或茎部形成收敛流动,因此这一区域也可能形成 L- 构造岩(图 1.32)(Cruden,1990)。深成岩和片麻岩穹窿的深层构造推测也是由底辟上升就位的,只是很少被观察到。

底辟内收缩组构的保存很大程度上取决于有关岩石的应变历史。由于物质在上升底辟构造内循环,中心处的初始收缩组构被转换到底辟构造的外侧,叠加一个压扁应变

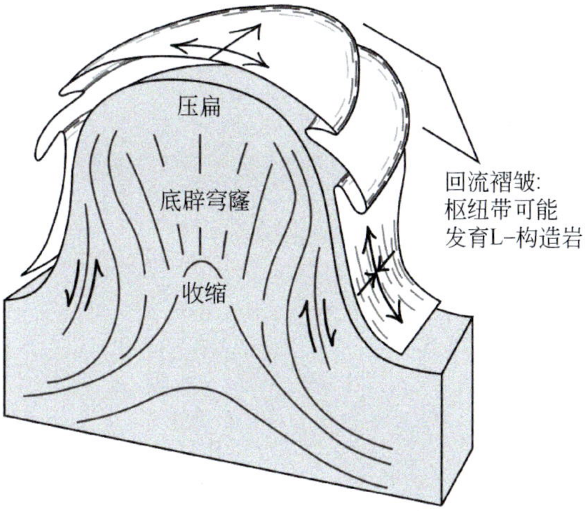

图 1.32　底辟穹窿示意图（据 Whitney *et al.*，2004；Sullivan，2013）

穹窿中心和拖尾部位发生收缩应变；上升底辟周围的回流褶皱的枢纽带可能发育 L- 构造岩

（Talbot and Jackson，1987；Cruden，1990）。如果该系统的循环速率足够快，物质可能在底辟构造中多次循环，收缩应变与压扁应变多次叠加，形成复杂的应变历史（Cruden，1990）。此外，底辟构造的围岩可能同样经历收缩变形，从而形成 L- 和 L > S- 构造岩。

与底辟类似的还有绿岩带中常见的沉落作用（sagduction）（Bouhallier *et al.*，1995；Chardon *et al.*，1996，2002；Lin，2005）。沉落作用与底辟作用的几何学特征类似，只是物质流动的方向相反。一般这种类型的 L- 构造岩的研究可通过野外填图来识别和解释。

3. 第三层级作用机理

一些连续非稳定态变形如褶皱枢纽部位发育 L- 和 L >> S- 构造岩（图 1.33）（例如，Holst and Fossen，1987；Sylvester and Janecky，1988；Snoke *et al.*，2001；Solar and Brown，2001；Sullivan，2006）。在褶皱形成过程中褶皱枢纽不断地迁移，因此枢纽段的最大缩短方向在与枢纽垂直的面上不断旋转，但是最大伸长方向保持与枢纽方向平行，形成局部的收缩型变形场，最终形成在褶皱枢纽区域发育的与枢纽方向平行的 L- 构造岩。

从运动学来讲，褶皱枢纽部位和转换挤压剪切带的弯曲部位的 L- 构造岩都是连续非稳定应变积累形成的。在褶皱的岩层和弯曲的高应变带中速度梯度场［$L_{ij}(x)$，速度梯度张量，是一个关于空间位置 x 的函数］是非均一的，它随空间位置的变化而变化。当物质在非均一的速度梯度场中运动时，应变积累是非稳定的。每一个时间增量（Δt）上的变形增量可以表示为：

$$F_{ij}=\delta_{ij}+L_{ij}(x)\Delta t$$

其中，$F_{ij}(x)$ 是位置梯度张量；δ_{ij} 是克罗内克函数，$\delta_{ij}=\begin{cases}1 & i=j\\0 & i\neq j\end{cases}$。有限应变积累可以表示为：

$$F=F^{n}\cdots F^{2}F^{1}$$

其中，F^{i} 表示第 i 个应变增量。

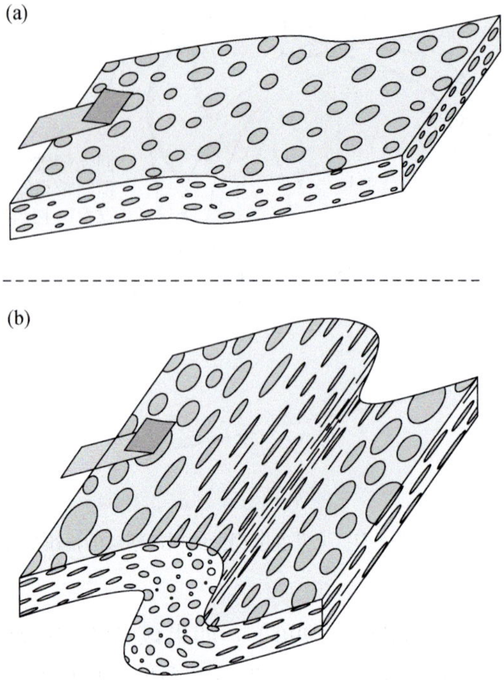

图 1.33 褶皱枢纽带演化过程中应变标志递进旋转卡通图（据 Sullivan，2013）

（a）阶段 1—早期变形增量形成的 S ＞ L- 构造岩组构；（b）阶段 2—应变标志发生旋转，致使褶皱枢纽区应变椭球的长轴平行于最大缩短方向，形成 L- 和 L ＞ S- 构造岩

因此，这种连续非稳定变形从运动学角度来说与多期变形叠加并没有本质上的不同。

1.4.4 有关问题讨论

1. 转换拉张模型问题

Sanderson 和 Marchini（1984）提出了均匀转换拉张（transtension）变形模型（图 1.34），认为在整个转换拉张带中会产生均匀的收缩型应变场，从而发育 L ＞ S- 或 L- 构造岩

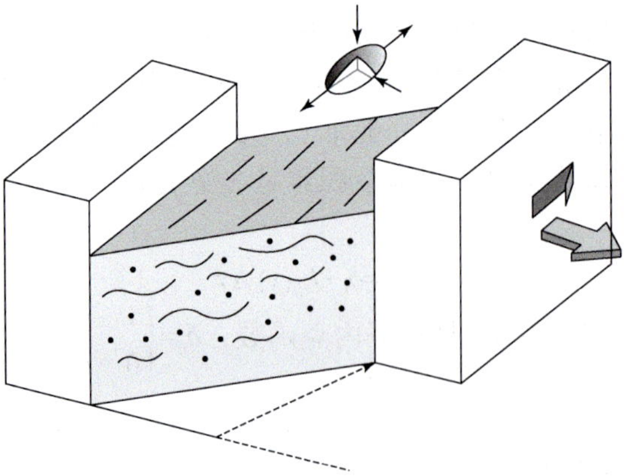

图 1.34 转换拉张背景下 L- 构造岩形成示意图（据 Sanderson and Marchini，1984）

（Dewey *et al.*，1998；Fossen and Tikoff，1998；Lin *et al.*，1998；Jiang and Williams，1998；Dewey，2002；Fossen *et al.*，2013），并被认为是下地壳转换拉张的普遍特征。然而，目前为止，自然界由均匀转换拉张变形而产生的大面积分布的 L- 构造岩的实例报道十分罕见。Yang 等（2019）认为，Sanderson 和 Marchini（1984）的均匀转换拉张变形模型只是一个概念模型，岩石圈中可能并不存在这样的变形模式。

在以往的研究中，有关转换拉张的概念也有些模糊。Robin 和 Cruden（1994）指出，这个概念具有两层含义：①指斜向离散的板块边界条件（Harland，1971）；②指一种均匀的变形模式（Sanderson and Marchini，1984），包括与剪切带垂直的纯剪作用和与剪切带平行的简单剪切作用。尽管斜向离散型的板块边界条件在自然界比较常见，但是这种边界条件下岩石圈往往并不表现为均匀的简单剪切 + 拉伸的变形。在斜向离散的板块边界条件下，自然界常见的构造组合方式为：脆性变形域的上地壳往往发育大量正断层以及相关的褶皱（图 1.35）（Tempelrnan-Kluit，1986；Yin，1991；Umhoefer *et al.*，2007；Lewis，2007；Lewis *et al.*，2007；Seiler *et al.*，2010；Fossen *et al.*，2013），但下地壳的

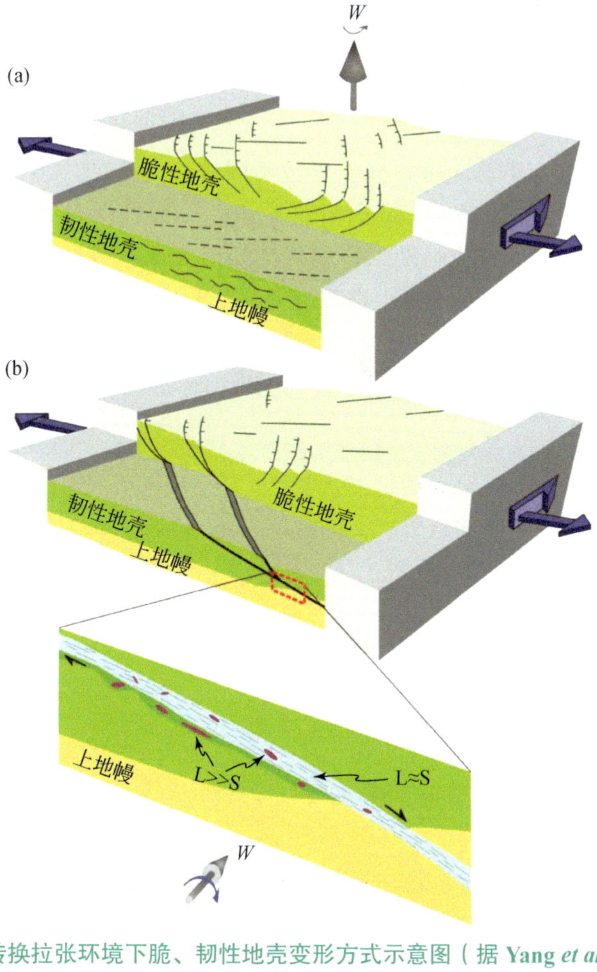

图 1.35　转换拉张环境下脆、韧性地壳变形方式示意图（据 Yang *et al.*，2019）

上地壳发育低－高角度正断层及相关褶皱，下地壳发育 Sanderson 和 Marchini 式均匀的减薄拉伸变形（a）或低角度正断层为主的滑脱构造或剪切带（b）。L- 拉伸线理；S- 面理；*W*- 涡度

变形方式并不明朗。有学者认为，Sanderson 和 Marchini（1984）的均匀转换拉张变形模型是斜向离散板块运动中下地壳韧性变形的普遍变形模式［图 1.35（a）］（Fossen and Tikoff，1998；Lin *et al.*，1998；Dewey，2002）。然而，目前有关斜向拉伸变形域内的观测结果并不支持这种模型，即尚未观测到大规模分布的 L- 构造岩。此外，岩石圈变形更倾向于应变局部化，即应变域趋向于收缩变小，而不是均匀的伸展变宽（Ramsay，1980；Jiang and White，1995；Alsop and Holdsworth，2004）。下地壳韧性变形域更有可能发育低角度拆离断层或剪切带［图 1.35（b）］（Ramsay，1980；Jiang and White，1995；Yang *et al.*，2019；Alsop and Holdsworth，2004）。因此，转换拉张的具体变形模式还有待进一步研究。

2. 应变分配问题

在自然界中，L- 构造岩往往呈独立块状分散于 S- 构造岩或 LS- 构造岩中（Scheiber *et al.*，2012；Bhattacharyya *et al.*，2015；Da *et al.*，2017）。并且多数 L- 构造岩的发育往往受控于构造岩的岩性，多发育在花岗质岩石等能干性较强的岩石中，而周围能干性相对较弱岩石则往往为 S- 构造岩或 LS- 构造岩。理论模型和数值模拟研究（Lister and Williams，1983；Jiang，1994a，b；Sullivan，2008，2013；Yang *et al.*，2019）表明这一类 L- 构造岩的发育是岩石圈中不同岩块对区域构造边界应变分配（strain partitioning）的结果（参阅第 9 章 9.4 节）。

由于岩石圈物质的流变学性质差异，导致不同岩块内部的应变分配不同（Lister and Williams，1983）。Yang 等（2019）的研究结果表明，在简单剪切或以简单剪切为主的压剪性剪切带中，相对于围岩较强硬的岩块包体相对容易积累收缩型应变，从而发育 L- 构造岩；较软弱的围岩则更容易积累压扁型应变，从而发育 S- 构造岩或 LS- 构造岩。

思 考 题

1. 构造岩的基本类型及其特征。
2. 不同类型构造岩及其对应的构造层次。
3. 如何看待高压 - 超高压构造岩？
4. L- 构造岩的形成机理。
5. 线理与剪切指向的关系？
6. L- 构造岩与褶皱枢纽的关系？

参 考 文 献

方爱民，赵中岩. 2004. 山东仰口地区超高压变质岩混杂带的组成及其构造变形. 岩石学报，20(5): 1087 ～ 1096

笪梁超，牛漫兰，李秀财等. 2017. 柴北缘二郎洞地区 L 构造岩变形特征及其地质意义. 地质科学，52(4): 1 ～ 20

侯泉林，李继亮，孙枢等. 1995. 浅层次韧性剪切带的发现及其形成机理讨论. 科学通报，4(7): 636 ～ 638

胡玲，刘俊来，纪沫等. 2009. 变形显微构造识别手册. 北京：地质出版社，1 ～ 96

翟淳 . 1988. 桐柏北部韧性剪切带中假玄武玻璃的成因 . 地质论评 , 34(6): 203 ～ 212
朱志澄 , 宋鸿林 . 1990. 构造地质学 . 武汉 : 中国地质大学出版社 , 1 ～ 331
赵中岩 , 方爱民 , 俞良军 . 2002. 柯石英榴辉岩相变质构造岩 : 超高压变质岩构造形迹 . 科学通报 , 47(12): 946 ～ 950
Allen A R. 1979. Mechanism of frictional fusion in fault zones. Journal of Structural Geology, 1: 231 ～ 243
Alsop G I, Holdsworth R E. 2004. Flow processes in faults and shear zones. Geological Society, London, Special Publications, 224(1): 1 ～ 9
Austrheim H, Boundy T M. 1994. Pseudotachylytes generated during seismic faulting and eclogitization of the deep crust. Science, 265: 82 ～ 83
Balk R. 1949. Structure of Grand Saline salt dome, Can Zandt County, Texas. American Association of Petroleum Geologists Bulletin, 33: 1791 ～ 1829
Barth N C, Hacker B R, Seward G E, *et al*. 2010. Strain within the ultrahigh-pressure Western Gneiss region of Norway recorded by Quartz CPOs. In: Law R D, Butler R W H, Holdsworth R E, *et al*. (eds). Continental Tectonics and Mountain Building: The Legacy of Peach and Horne. Geological Society, London, Special Publication, 335: 661 ～ 678
Berlenbach J W, Roering C. 1992. Sheath-fold-like structures in pseudotachylytes. Journal of Structural Geology, 14: 847 ～ 856
Bhattacharyya K, Dwivedi H V, Das J P, *et al*. 2015. Structural geometry, microstructural and strain analyses of L-tectonites from Paleoproterozoic orthogneiss: insights into local transport-parallel constrictional strain in the Sikkim Himalayan fold thrust belt. Journal of Asian Earth Sciences, 107(1): 212 ～ 231
Bouhallier H, Chardon D, Choukroune P. 1995. Strain patterns in Archean domeand-basin structures: the Dharwar craton (Karnataka, South India). Earth and Planetary Science Letters, 135: 57 ～ 75
Boundy T M, Austrheim H. 1998. Deep crustal eclogite-facies pseudotachylytes. In: Snoke A, Tullis J, Todd V R (eds). Fault Related Rocks—A Photographic Atlas. New Jersey: Princeton University Press, 126 ～ 127
Bruno M, Compagnoni R, Rubbo M. 2001. The ultra-high pressure coronitic and pseudomorphirous reactions in the metagranodiorite from the Brossasco-Isasca Unit, Dora-Maira Massif, western Italian Alps: a petrographic study and equilibrium thermodynamic modeling. Journal of Metamorphic Geology, 19: 33 ～ 43
Carter N L, Tsenn M C. 1987. Flow properties of continental lithosphere. Tectonophysics, 136: 27 ～ 63
Clarke G L, Norman A. 1993. Generation of pseudotachylite under granulite facies conditions, and its preservation during cooling. Journal of Metamorphic Geology, 11: 319 ～ 335
Chapman T J, Milton N J, Williams G D. 1979. Shape fabric variations in deformed conglomerates at the base of the Laksefjord Nappe, Norway. Journal of the Geological Society of London, 136: 683 ～ 691
Chardon D, Choukroune P, Mudlappa J. 1996. Strain patterns, decollement and incipient sagducted greenstone terrains in the Archaean Dharwar Craton (South India). Journal of Structural Geology, 18(8): 991 ～ 1004
Chardon D, Peucat J J, Jayananda M, *et al*. 2002. Archean granite - greenstone tectonics at Kolar (South India): interplay of diapirism and bulk inhomogeneous contraction during juvenile magmatic accretion. Tectonics, 21(3): 1016
Christie J M. 1958. Dynamic interpretation of the fabric of a dolomite from the Moine thrust-zone in north-west

Scotland. American Journal of Science, 256: 159 ～ 170

Camacho A, Vernon R H, Fitz Gerald J D. 1995. Large volumes of anhydrous pseudotachylyte in the Woodroffe Thrust, eastern Musgrave Ranges, Australia. Journal of Structural Geology, 17: 371 ～ 383

Compton R R. 1980. Fabrics and strains in quartzites of a metamorphic core complex, Raft River Mountains, Utah. In: Crittenden Jr. M D, Coney P J, Davis G H (eds). Cordilleran Metamorphic Core Complexes. Geological Society of America Memoir, 153: 271 ～ 279

Cruden A R. 1988. Deformation around a rising diapir modeled by creeping flow past a sphere. Tectonics, 7: 1091 ～ 1101

Cruden A R. 1990. Flow and fabric development during the diapiric rise of magma. Journal of Geology, 98: 681 ～ 698

Davis G H, Reynolds S J, Kluth C F. 2012. Structural Geology of Rocks and Regions (3rd ed.). Hoboken: John Wiley and Sons, Inc., 1 ～ 839

Dewey J F. 2002. Transtension in arcs and orogens. International Geology Review, 44: 402 ～ 439

Dewey J.F, Holdsworth R E, Strachran R A. 1998. Transpression and transtension zones. In: Holdsworth R E, Strachran R A, Dewey J F (eds). Continental Transpressional and Transtensional Tectonics. Geological Society, London, Special Publication, 135: 1 ～ 14

Di Toro G, Pennacchioni G. 2004. Superheated friction-induced melts in zoned pseudotachylytes within the Adamello tonalites (Italian Southern Alps). Journal of Structural Geology, 26: 1783 ～ 1801

Dias R, Ribeiro A. 1994. Constriction in a transpressive regime: an example in the Iberian branch of the Ibero-Armorican arc. Journal of Structural Geology, 16: 1543 ～ 1554

Díaz-Azpiroz M D, Lloyd G E, Fernández C. 2007. Development of lattice preferred orientation in clinoamphiboles deformed under low-pressure metamorphic conditions. A SEM/EBSD study of metabasites from the Aracena metamorphic belt (SW Spain). Journal of Structural Geology, 29: 629 ～ 645

Duclaux G, Rey P, Guillot S, *et al*. 2007. Orogen-parallel flow during continental convergence: numerical experiments and Archean field examples. Geology, 35: 715 ～ 718

Dumond G, Goncalves P, Williams M L, *et al*. 2010. Subhorizontal fabric in exhumed continental lower crust and implications for lower crustal flow: Athabasca granulite terrane, western Canadian Shield. Tectonics, 29(2): 1 ～ 32

Fabbri O, Lin A, Tokushige H. 2000. Coeval formation of cataclasite and pseudotachylyte in a Miocene forearc granodiorite, southern Kyushu, Japan. Journal of Structural Geology, 22: 1015 ～ 1025

Fang A M, Zhao Z Y. 2019. Deformation-enhanced HP-UHP metamorphic transformation of twopyroxene granite in ductile shear zones at Yangkou, Sulu UHP metamorphic belt, China. Journal of Structural Geology, 124: 8 ～ 22

Faure M, Lin W, Monie P, *et al*. 2003. Exhumation tectonics of the ultrahigh-pressure metamorphic rocks in the Qinling orogen in east China: new petrological-structural-radiometric insights from the Shandong Peninsula. Tectonics, 222(3): 1018

Fletcher J M, Bartley J M. 1994. Constrictional strain in a non-coaxial shear zone: implications for fold and rock fabric development, central Mojave metamorphic core complex, California. Journal of Structural Geology, 16:

555 ～ 570

Flinn D. 1961. On deformation at thrust planes in Shetland and the Jotunheim area of Norway. Geological Magazine, 98: 245 ～ 256

Flinn D. 1992. Comment on "Ophiolitic mylonites in the Lizard complex: ductile extension in the lower oceanic crust". Geology, 19: 954

Fossen H. 1993. Linear fabrics in the Bergsdalen nappes, southwest Norway: implications for deformation history and fold development. Norsk Geologisk Tidsskrift, 73: 95 ～ 108

Fossen H. 2016. Structural Geology (Second Edition). New York: Cambridge University Press, 1 ～ 528

Fossen H, Tikoff B. 1998. Extended models of transpression and transtension and application to tectonic settings. In: Holdsworth R E, Strachran R A, Dewey J F (eds). Continental Transpressional and Transtensional Tectonics. Geological Society, London, Special Publication, 135: 15 ～ 33

Fossen H, Teyssier C, Whitney D L. 2013. Transtensional folding. Journal of Structural Geology, 56: 89 ～ 102

Gebauer D, Schertl H P, Brix M, *et al*. 1997. 35 Ma old ultrahigh-pressure metamorphism and evidence for very rapid exhumation in the Dora Maira Massif, Western Alps. Lithos, 41: 5 ～ 24

Guermani A, Pennacchioni G. 1998. Brittle precursors of plastic deformation in a granite: an example from the Mont Blanc Massif (Helvetic, western Alps). Journal of Structural Geology, 20: 135 ～ 148

Hacker B R, Calvert A, R.Y. Zhang R Y, *et al*. 2003. Ultrafast exhumation of ultrahigh-pressure diamond-bearing metasedimentary rocks of the Kokchetav Massif, Kazakhstan. Lithos, 70: 61 ～ 75

Harland W B. 1971. Tectonic transpression in Caledonian Spitsbergen. Geological Magazine, 108(1): 27 ～ 41

Henry C, Michard A, Chopin C. 1993. Geometry and structural evolution of ultra-high-pressure and high-pressure rocks from the dora-maira massif, western Alps, Italy. Journal of Structural Geology, 15(8): 965 ～ 981

Hobbs B E, Ord A, Teyssier C. 1986. Earthquakes in the ductile regime? Pure and Applied Geophysics, 124(1-2): 309 ～ 336

Holst T B, Fossen H. 1987. Strain distribution in a fold in the West Norwegian Caledonides. Journal of Structural Geology, 9: 915 ～ 924

Hossack J R. 1968. Pebble deformation and thrusting in the Bygdin area (southern Norway). Tectonophysics, 5: 315 ～ 339

Hoy R B, Foose R M, O' Neill B J. 1962. Structure of Winnfield salt dome, Winn Parish, Louisiana. American Association of Petroleum Geologists Bulletin, 46: 1444 ～ 1459

Jiang D. 1994a. Vorticity determination, distribution, partitioning and the heterogeneity and non-steadiness of natural deformations. Journal of Structural Geology, 16(1): 121 ～ 130

Jiang D. 1994b. Flow variation in layered rocks subjected to bulk flow of various kinematic vorticities: theory and geological implications. Journal of Structural Geology, 16(8): 1159 ～ 1172

Jiang D, White J C. 1995. Kinematics of rock flow and the interpretation of geological structures, with particular reference to shear zones. Journal of Structural Geology, 17(9): 1249 ～ 1265

Jiang D, Williams P F. 1998. High-strain zones: a unified model. Journal of Structural Geology, 20: 1105 ～ 1120

Killick A M. 1990. Pseudotachylite generated as a result of a drilling "burn-in". Tectonophysics, 171:

221 ～ 227

Koch N, Masch L. 1992. Formation of Alpine mylonites and pseudotachylytes at the base of the Silvretta nappe, Eastern Alps. Tectenophysics, 204(92): 289 ～ 306

Kurz W, Ekkehard J, Hundenborn R, *et al*. 2004. Microstructures and crystallographic preferred orientations of omphacite in Alpine eclogites: implications for the exhumation of (ultra-) high-pressure units. Journal of Geodynamics, 37: 1 ～ 55

Lapworth C. 1885. The highland controversy in British geology: its causes, course and consequences. Nature, 32: 558 ～ 559

Law R D. 1987. Heterogeneous deformation and quartz crystallographic fabric transitions: natural examples from the Moine Thrust zone at the Stack of Glencoul, northern Assynt. Journal of Structural Geology, 9: 819 ～ 834

Lenze A, Stöckhert B. 2007. Microfabrics of UHP metamorphic granites in the Dora Maira Massif, western Alps-no evidence of deformation at great depth. Journal of Metamorphic Geology, 25: 461 ～ 475

Lewis J C. 2007. Fine-scale partitioning of contemporary strain in the southern Walker Lane: Implications for accommodating divergent strike-slip motion. Journal of Structural Geology, 29(7): 1201 ～ 1215

Lewis J C, Twiss R J, Pluhar C J, *et al*. 2007. Multiple constraints on divergent strike-slip deformation along the eastern margin of the Sierran microplate, SE California. Geological Society of America Special Papers, 434: 107 ～ 128

Lin A. 1994. Glassy pseudotachylyte veins from the Fuyun fault zone, northwest China. Journal of Structural Geology, 16: 71 ～ 84

Lin A, Shimamoto T. 1998. Selective melting processes as inferred from experimentally generated pseudotachylytes. Journal of Asian Earth Sciences, 16: 533 ～ 545

Lin S. 2005. Synchronous vertical and horizontal tectonism in the Neoarchean: Kinematic evidence from a synclinal keel in the northwestern Superior craton, Canada. Precambrian Research, 139(3-4): 181 ～ 194

Lin S, Jiang D. 2001. Using along-strike variations in strain and kinematics to define the movement direction of curved transpressional shear zones: an example from northwestern Superior Province, Manitoba. Geology, 29: 767 ～ 770

Lin S, Jiang D, Williams P F. 1998. Transpression (or transtension) zones of triclinic symmetry: natural example and theoretical modeling. In: Holdsworth R E, Strachran R A, Dewey J F (eds). Continental Transpressional and Transtensional Tectonics. Geological Society, London, Special Publication, 135: 41 ～ 57

Lister G S, Hobbs B E. 1980. The simulation of fabric development during plastic deformation and its application to quartzite: the influence of deformation history. Journal of Structural Geology, 2: 355 ～ 371

Lister G S, Williams P F. 1983. The partitioning of deformation in flowing rock masses. Tectonophysics, 92(1-3): 1 ～ 33

Maddock R H, Grocott J, van Nes M. 1987. Vesicles, amygdales and similar structures in fault-generated pseudotachylites. Lithos, 20: 419 ～ 432

Magloughlin J F. 1989. The nature and significance of pseudotachylite from the Nason terrane, North Cascade Mountains, Washington. Journal of Structural Geology, 11: 907 ～ 917

Magloughlin J F. 1998a. Amygdules within pseudotachylyte. In: Snoke A, Tullis J, Todd V R (eds). Fault Related

Rocks——A Photographic Atlas. New Jersey: Princeton University Press, 92 ～ 93

Magloughlin J F. 1998b. Amygdules and microbreccia collapse structure in a pseudotachylyte. In: Snoke A, Tullis J, Todd V R (eds). Fault Related Rocks——A Photographic Atlas. Princeton University Press, New Jersey, 94 ～ 95

Marshak S, Mitra G. 1988. Basic Methods of Structural Geology. Prentice Hall, Englewood Cliffs, New Jersey

Means W D, Hobbs B E, Lister G S, *et al*. 1980. Vorticity and non-coaxiality in progressive deformations. Journal of Structural Geology, 2: 371 ～ 378

Michard A, Henry C, Chopin C. 1995. Structures in UHP rocks: a case study from the Alps. In: Coleman R, Wang X (eds). Ultrahigh Pressure Metamorphism, Cambridge University Press, 132 ～ 158

Oberhansli R, Martinotti G, Schmid R, *et al*. 2002. Preservation of primary volcanic textures in the ultrahigh-pressure terrain of Dabie Shan. Geology, 30(8): 699 ～ 702

O' Hara K D. 2001. A pseudotachylyte geothermometer. Journal of Structural Geology, 23: 1345 ～ 1357

Passchier C W. 1982a. Pseudotachylyte and the development of ultramylonite bands in the Saint-Barthelemy Massif, French Pyrenees. Journal of Structural Geology, 4(1): 69 ～ 78

Passchier C W. 1984. The generation of ductile and brittle shear bands in a low-angle mylonite zone. Journal of Structural Geology, 6: 273 ～ 281

Passchier C W, Hoek J D, Bekendam R F, *et al*. 1990. Ductile reactivation of Proterozoic brittle fault rocks: an example from the Vestfold Hills, East Antarctica. Precambrian Research, 47: 3 ～ 16

Passchier C W. 1998. Monoclinic model shear zones. Journal of Structural Geology, 20: 1121 ～ 1137

Passchier C W, Trouw R A J. 2005. Microtectonics (Second Edition). Berlin: Springer-Verlag, 1 ～ 366

Piazolo S, Alsop G I, Nielsen, B M, *et al*. 2004. The application of GIS to unravel patterns of deformation in high grade terrains: a case study of indentor tectonics from west Greenland. In: Alsop G I, Holdsworth R E, McCaffrey K J W, *et al*. (eds). Flow Processes in Faults and Shear Zones. Geological Society, London, Special Publication, 224: pp. 63 ～ 78

Poli L C, Oliver G J H. 2001. Constrictional deformation in the central zone of the Damara orogen, Nambia. Journal of African Earth Sciences, 33: 303 ～ 321

Price J P. 1985. Preferred orientations in quartzites. In: Wenk H R (eds). Preferred Orientations in Deformation Metals and Rocks: An Introduction to Modern Texture Analysis. Orlando: Academic Press, 385 ～ 406

Ramsay J G. 1980. Shear zone geometry: a review. Journal of Structural Geology, 1 ～ 2: 83 ～ 99

Ramsay J G, Huber M I. 1983. The techniques of modern structural geology. In: Strain Analysis, vol. 1. New York: Academic Press Inc., 1 ～ 307

Ratschbacher L, Hacker B R, Webb L E, *et al*. 2000. Exhumation of the ultrahigh-pressure continental crust in east central China: cretaceous and cenozoic unroofing and the Tan-Lu fault. Journal of Geophysical Research, 105(B6): 13303

Ray S K. 1999. Transformation of cataclastically deformed rocks to pseudotachylyte by pervasion of frictional melt: inferences from clast-size analysis. Tectonophysics, 301: 283 ～ 304

Ray S K. 2004. Melt-clast interaction and power-law size distribution of clasts in pseudotachylytes. Journal of Structural Geology, 26: 1831 ～ 1843

Renner J, Stöckhert B, Zerbian A, *et al*. 2001. An experimental study into the rheology of synthetic polycrystalline coesite aggregates. Journal of Geophysical Research: Solid Earth, 106(B9): 19411 ～ 19429

Robin P Y F, Cruden A R. 1994. Strain and vorticity patterns in ideally ductile transpressional zones. Journal of Structural Geology, 16(4): 447 ～ 466

Sanderson D J, Marchini W R D. 1984. Transpression. Journal of Structural Geology, 6(5): 449 ～ 458

Sibson R H. 1977. Fault rocks and fault mechanisms. Journal of the Geological Society, 133: 191 ～ 213

Sibson R H. 1980. Transient discontinuities in ductile shear zone. Journal of Structural Geology, 2: 165 ～ 171

Sibson R H, Robert F, Poulsen K H. 1988. High-angle reverse faults, fluid-pressure cycling, and mesothermal gold-quartz deposits. Geology, 16(6): 551 ～ 555

Scheiber T, Pfiffner O A, Schreurs G. 2012. Strain accumulation during basal accretion in continental collision——A case study from the Suretta nappe (eastern Swiss Alps). Tectonophysics, 579: 56 ～ 73

Schmid S M, Casey M 1986. Complete fabric analysis of some commonly observed quartz C-axis patterns. Geophysical Monograph, 36: 263 ～ 286

Seiler C, Fletcher J M, Quigley M C, *et al*. 2010. Neogene structural evolution of the Sierra San Felipe, Baja California: evidence for proto-gulf transtension in the Gulf Extensional Province? Tectonophysics, 488(1-4): 87 ～ 109

Shand S J. 1916. The pseudotachylyte of Parijs (Orange Free State) and its relation to "trap-shotten gneiss" and "flinty crush-rock". Quarterly Journal of the Geological Society, 72: 198 ～ 221

Snoke A W, Rowe D W, Yule J D, *et al*. 2001. Petrologic and structural history of Tobago, West Indies: a fragment of the accreted Mesozoic oceanic-arc of the southern Caribbean, Boulder, Colorado. Geological Society of America, Special Paper, 354: 54

Solar G S, Brown M. 2001. Deformation partitioning during transpression in response to Early Devonian oblique convergence, northern Appalachian orogen, USA. Journal of Structural Geology, 23: 1043 ～ 1065

Sullivan W A. 2006. Structural significance of L tectonites in the eastern-central Laramie Mountains, Wyoming. Journal of Geology, 114: 513 ～ 531

Sullivan W A. 2008. Significance of transport-parallel strain variations in part of the Raft River shear zone, Raft River Mountains, Utah, USA. Journal of Structural Geology, 30: 138 ～ 158

Sullivan W A. 2009. Kinematic significance of L tectonites in the footwall of a major terrane-bounding thrust fault, Klamath Mountains, California. Journal of Structural Geology, 31: 1197 ～ 1211

Sullivan W A. 2013. L tectonites. Journal of Structural Geology, 50: 161 ～ 175

Sullivan W A, Beane R J. 2010. Asymmetrical quartz crystallographic fabrics produced during constrictional deformation. Journal of Structural Geology, 32: 1430 ～ 1443

Stipp M, Stünitz H, Heilbronner R, *et al*. 2002. The eastern Tonale fault zone: a "natural laboratory" for crystal plastic deformation of quartz over a temperature range from 250 to 700 °C. Journal of Structural Geology, 24: 1861 ～ 1884

Stockhert B. 2002. Stress and deformation in subduction zones: insight from the record of the exhumed metamorphic rocks. In: De Meer S, Drury M R, De Dresser J H P, *et al*. (eds). Deformation Mechanisms, Rheology and Tectonics: Current Status and Future Perspectives. Journal of the Geological Society, Special

Publications, 200: 255 ～ 274

Stockhert B, Renner J. 1998. Rheology of crustal rocks at ultrahigh pressure. In; Hacker B R, Liou J G (eds). When Continents Collide: Geodynamics and Geochemistry of Ultrahigh Pressure Rocks, Kluwer Academic Publishers, 57 ～ 95

Swanson M T. 1992. Fault structure, wear mechanisms and rupture processes in pseudotachylyte generation. Tectonophysics, 204: 223 ～ 242

Spray J G. 1995. Pseudotachylyte controversy: fact or fiction? Geology, 23: 1119 ～ 1122

Sylvester A G, Janecky D R. 1988. Structure and petrofabrics of quartzite and elongate pebbles at Sandviksfjell, Bergen, Norway. Norsk Geologisk Tidsskrift, 68: 31 ～ 50

Takagi H, Goto K, Shigematsu N. 2000. Ultramylonite bands derived from cataclasite and pseudotachylyte in granites, northeast Japan. Journal of Structural Geology, 22: 1325 ～ 1339

Talbot C J, Jackson M P A. 1987. Internal kinematics of salt diapirs. American Association of Petroleum Geologists Bulletin, 71: 1068 ～ 1093

Tempelrnan-Kluit D, Parkinson D. 1986. Extension across the Eocene Okanagan crustal shear in southern British Columbia. Geology, 14(4): 318 ～ 321

Terry M P, Heidelbach F. 2006. Deformation-enhanced metamorphic reactions and the rheology of high-pressure shear zones, Western Gneiss Region, Norway. Journal of Metamorphic Geology, 24: 3 ～ 18

Tikoff B, Fossen H. 1995. The limitations of three-dimensional kinematic vorticity analysis. Journal of Structural Geology, 17: 1771 ～ 1784

Tikoff B, Fossen H. 1999. Three-dimensional deformations and strain facies. Journal of Structural Geology, 21: 1497 ～ 1512

Toyoshima T. 1990. Pseudotachylyte from the Main Zone of the Hidaka metamorphic belt: Hokkaido, northern Japan. Journal of Metamorphic Geology, 8: 507 ～ 523

Tullis J. 1977. Preferred orientation of quartz produced by slip during plane strain. Tectonophysics, 39: 87 ～ 102

Tullis J, Christie J M, Griggs D T. 1973. Microstructures and preferred orientations of experimentally deformed quartzites. Geological Society of America Bulletin, 84: 297 ～ 314

Whitney D L, Teyssier C, Vanderhaeghe O. 2004. Gneiss domes and crustal flow. In: Whitney D L, Teyssier C, Siddoway C (eds). Gneiss Domes in Orogeny. Geological Society of America, Special Paper, 380: 15 ～ 33

Yang R, Jiang D, Lu L X. 2019. Constrictional strain and linear fabrics as a result of deformation partitioning: A multiscale modeling investigation and tectonic significance. Tectonics, 38: 1 ～ 21

Yin A. 1991. Mechanisms for the formation of domal and basinal detachment faults: a three-dimensional analysis. Journal of Geophysical Research, 96(B9): 14577 ～ 14594

Zhang R Y, Liou J G. 1997. Partial transformation of gabbro to coesite bearing eclogite from Yangkou, the Sulu terrain, eastern China. Journal of Metamorphic Geology, 15: 183 ～ 202

Zhao Z Y, Fang A M, Yu L J. 2003. High- to ultrahigh-pressure (UHP) ductile shear zones in the Sulu UHP metamorphic belt, China: implications for continental subduction and exhumation. Terra Nova, 15(5): 322 ～ 329

Zhao Z Y, Wei C J, Fang A M. 2005. Plastic flow of coesite eclogite in a deep continent subduction regime:

microstructures, deformation mechanisms and rheologic implications. Earth and Planetary Science Letters, 237: 209 ～ 222

Zheng Y F, Fu B, Gong B, *et al*. 2003. Stable isotope geochemistry of the ultrahigh pressure metamorphic rocks from the Dabie-Sulu orogen in China: implications for geodynamics and fluid regime. Earth Science Reviews, 62: 105 ～ 161

Zulauf G. 1997. Constriction due to subduction: evidence for slab pull in the Mariánské Lázné complex (central European Variscides). Terra Nova, 9: 232 ～ 236

第 2 章　特殊类型的褶皱

褶皱是一种引人注目、颇受关注的构造，几乎可以在任何类型岩石、构造背景和深度范围内形成，是地球上最显著和普遍的塑性变形构造。鉴于此，褶皱在地质学成为一门科学之前很久就得到了人们的认识、推崇和探索（莱昂纳多·达·芬奇在大约 500 年前就讨论过这些问题）。人们对褶皱的认识随着时间的推移而改变，现代褶皱理论的基础基本上形成于 20 世纪五六十年代。无论是微观、中尺度或宏观尺度上的褶皱，都是透视局部乃至区域变形历史的重要窗口，如造山带以发育一系列褶皱系统为特征，而且不同构造环境具有不同的褶皱形态、类型和组合方式，后陆（腹陆）以阿尔卑斯式褶皱为特征，前陆带以侏罗山式褶皱为特征。因此褶皱蕴含了一个地区的变形类型，以及运动学和大地构造学的重要信息。此外，褶皱还具有重要的经济意义，既可作为油气资源圈闭，也可用于寻找和开采矿石及其他矿产资源。考虑到大学教材已对褶皱进行了比较详细的介绍，故本章重点讨论几种特殊类型的褶皱和褶皱作用。

2.1　膝　　褶

膝褶（kinks）是自然界一种较为普遍的构造变形样式，是层状岩石在外力挤压过程中潜在的破裂或变形方式（图 2.1），是调节岩石变形的重要构造样式。膝褶带是中、上

图 2.1　不同类型的膝褶带（kink-bands）（据 Fossen，2016）

（a）糜棱岩化的斜长辉长岩中的共轭膝褶带，挪威西部的卑尔根；（b）阿曼海相沉积层中的膝形褶皱

地壳流变的重要构造现象，是岩石脆韧性变形的典型产物。从地壳浅层次脆性变形到深层次韧性变形，膝褶和膝褶带构造是岩石连续变形的重要记录方式。对膝褶构造的认识已由早期对矿物晶体内微观膝褶的观测发展到对地震资料中大型膝褶带的精细识别，从造山带内膝褶变形的观测到对盆地内膝褶带的观测和解释，从膝褶带几何学定性描述和试验模拟到对其形成机制的理论探讨（张波等，2010，2012）。这些研究使得膝褶带理论研究内涵更加丰富，也更加适用。

2.1.1 膝褶的几何学特征

膝褶（kinks）是一种特殊的褶皱类型，属岩石连续变形范畴，是缩短方向与岩石层面（或面理）近平行时发育的变形样式（图 2.1）。有膝褶、膝形褶皱（kink fold）和膝褶带（kind-bands）等广泛使用的概念。膝褶发育尖锐的或平缓弯曲的枢纽。膝形褶皱是指在某一种膝褶化作用机理下形成的单斜几何形态褶皱。Suppe 等（1992）曾用“尖棱褶皱或弯曲褶皱（angular or curved folds）”来表述膝形褶皱构造。膝褶带为一个狭窄条带，由一组近平行的界面围限，带内先期发育的面理或层理发生偏转进入新的方向，带内具有一致的层厚［图 2.2（a）］，属连续变形范畴；其几何学特征是由平直两翼构成的不对称膝状褶皱，平缓的翼长、陡倾的翼短，具有尖棱狭窄的转折端［图 2.2（a）、（b）］；膝褶带的层间滑动局限于膝褶带的陡翼内［图 2.2（c）］。因此，单个膝褶带具有尖棱狭窄的转折端［图 2.2（c）］，而共轭膝褶带间的背斜具有平直的箱形转折端［图 2.1（a）、图 2.2（b）］。与弯滑褶皱的差异在于，弯滑褶皱的两翼发育层间滑动，通常形成圆滑的转折端［图 2.2（d）］。

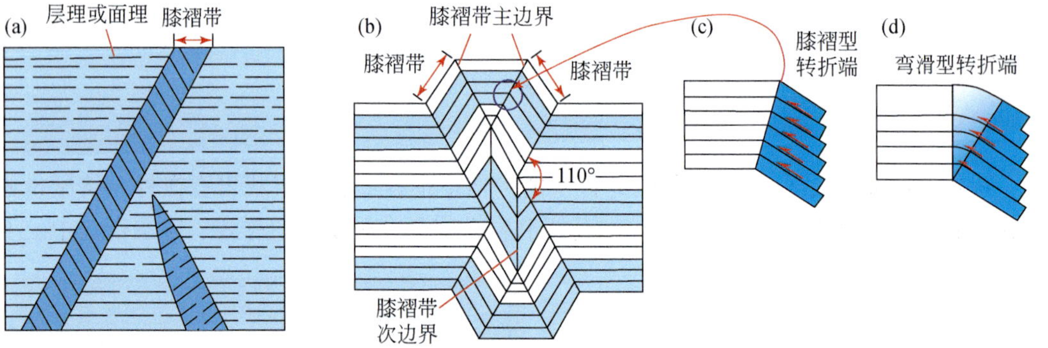

图 2.2 理想膝褶带几何特征示意图

（a）面理或层理穿透两个相互平行的膝褶面发生角度的改变，并导致膝褶带两侧面理发生了相对错位，膝褶带呈锥形消亡在一点（Rousell，1980）；（b）共轭膝褶带交叉；（c）膝褶型转折端形成的褶皱；（d）弯滑型转折端形成的褶皱［（b）～（d）据张波等，2010］

膝褶带常出现在均质、强各向异性的矿物和岩石中，如云母、板岩、千枚岩、片岩和层状岩石，其规模与层状构造的发育程度有关，云母中的膝褶带出现在显微镜下，板岩、千枚岩和片岩中膝褶带常见于岩石露头中［图 2.1（a）］，而沉积岩中的膝褶带一般需通过填图或地震反射剖面予以查明。膝褶带平缓的长翼一般代表面理或层理变形前的产状，陡倾的短翼表明面理或层理在膝褶带内发生了旋转。

剖面上，膝褶带沿长度方向逐渐呈锥形消亡于一点［图 2.2（a）］，或者通过变窄进入某个狭窄的剪切带；膝褶带几何样式必然引起面理或层理的相对位移；膝褶带通常以共轭对样式产出，引起共轭膝褶带和共轭褶皱［图 2.1（a）、图 2.2（b）］；膝褶带相互穿插决定了膝褶褶皱枢纽或膝褶轴的方向［图 2.2（b）］。膝褶带枢纽处容易形成构造高点，共轭膝褶带之间的“V”形褶皱具备构造高位特征，有利于油气藏的形成。

许多野外观测发现，膝褶带常呈单斜或共轭对产出，且两者间的夹角多为 110° ~ 120°，即钝角对着主压应力方向，膝褶带边界与长翼间的夹角大约为 55°［图 2.2（b）］（Ramsay，1980；Weiss，1968；Gay and Weiss，1974；郑亚东等，2007b；张波等，2010，2012）。

2.1.2 影响膝褶的因素

1. 先存面理和加载方向

强烈面理化的岩石，如片岩和千枚岩、薄板状的沉积岩和火山岩，常形成膝褶或膝形褶皱（图 2.3）。表面上，膝褶类似于挤压褶皱（buckle folds）或挠曲滑动褶皱（flexural-slip folds），实际上并不相同。膝褶的层间滑动非常局部化，仅限于膝褶带之内，而带外岩层没有滑动。膝褶带的形状反映了其自身的剪切方向：“Z”形膝褶称为右旋膝褶；“S”形膝褶称为左旋膝褶（图 2.4）。膝褶的轴面称为膝褶面；膝褶带即面理发生扭折的狭窄条带（图 2.4），往往在露头上表现得非常清楚［图 2.1（a）、图 2.3（a）］。

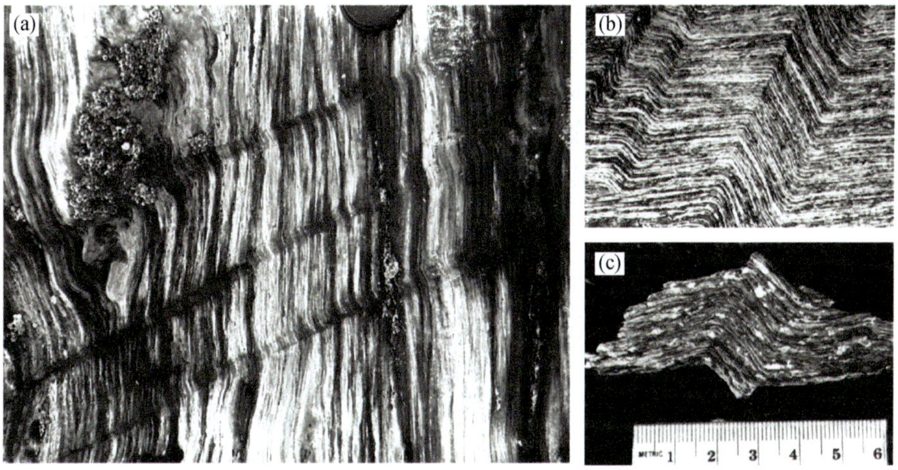

图 2.3 不同尺度的膝褶构造（据 Davis *et al.*，2012）

（a）英格兰西南部德文郡泥盆系千枚岩中的膝褶带；（b）片岩中显微尺度的膝褶；（c）加拿大独步新布伦瑞克（New Brunswick）北部奥陶系石英绢云母片岩中的膝褶构造

研究表明，当变形时的缩短方向与面理或层理平行，膝褶带趋于共轭出现。如果缩短方向不完全与面理或层理一致，缩短方向与面理或层理斜交 10° 左右形成不对称共轭膝褶带，一组陡倾，一组倾角较缓。缩短方向与面理或层理交角 30° 左右，膝褶带一般只发

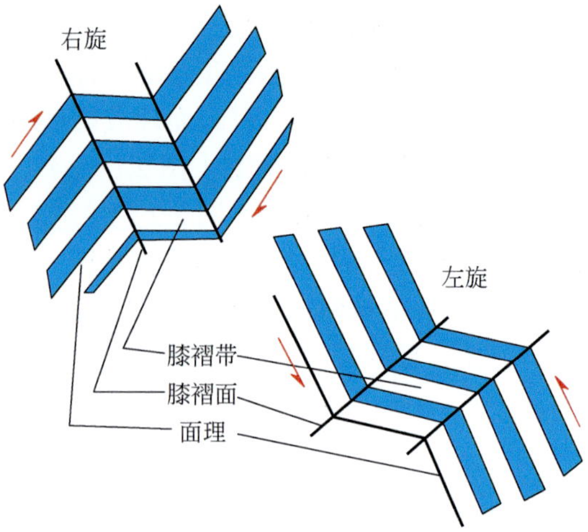

图 2.4 右旋和左旋膝褶及其要素图示（据 Davis *et al.*，2012 修改）

育单组（Johnson，1977；郑亚东等，2007）。这是否与最大有效力矩的方位有关，值得思考和探索（参阅第二卷第 8 章）。

膝褶的形成长期以来是个颇具争议的问题。Paterson 和 Weiss（1966）成功地再现了在围压下和平行岩层缩短作用下，高面理化真实岩石标本中膝褶的形成和渐进演化过程，从而破解了膝褶之谜（参见第二卷图 5.6）。研究结果表明，膝褶系统的几何形状、强烈的平面各向异性（即强面理化）的取向，以及加载方向之间存在着密切的关系。顺层加载首先产生共轭膝褶带（第二卷图 5.6 缩短 10%）。随着缩短的不断进行，膝褶带的宽度逐渐增加到被一组对称的尖棱褶皱（chevron folds）所取代（第二卷图 5.6 缩短 30% 以上），也就是说共轭膝褶带的进一步发展可形成尖棱褶皱（图 2.5）。这一发展过程是从膝褶带的局部滑移（仅限于膝褶带内；变形局部化）发展到贯穿整个弯曲滑移的过程。郑亚东等（Zheng *et al.*，2004）发现，尽管随着变形程度的增加，膝褶带的数量和宽度不断增加，但共轭锐角却保持不变，在 70° 左右，并且他们运用最大有效力矩准则对共轭膝褶带的形成给出了新的力学解释（参阅第二卷第 5 章第 5.2 节）。

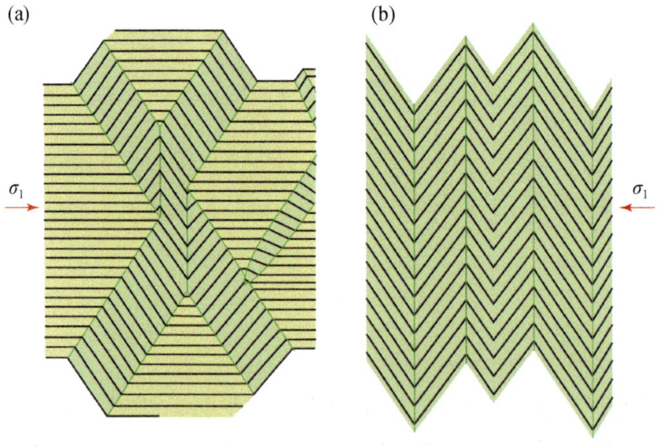

图 2.5 共轭膝褶带向尖棱褶皱的演化图示（据 Fossen，2016）

（a）可通过共轭膝褶带的取向确定主压应力 σ_1 的方向；（b）膝褶带的持续生长可形成尖棱褶皱

2. 层间的黏滞性

膝褶要求层间有很强的接触关系即黏滞性（Rechs and Johnson，1978）。必须在局部克服了这种内聚力，才能在局部发生层间滑移（变形局部化），从而形成膝褶带。Ghosh（1968）认识到，膝褶的形成在很大程度上取决于层间的黏合程度。有趣的是，Ghosh（1968）在每次试验中，都保持层的强度、厚度和间距，以及加载方向不变，仅通过添加或减少各层之间的润滑剂量（润滑脂）来调节各层间的内聚力。结果发现，当层间润滑比较充分时，平行黏土层方向的缩短产生了光滑、圆形正弦褶皱。在另一个极端条件下，即各黏土层间不涂润滑剂，当模型黏土层直接摩擦接触时，产生了膝褶。因此，膝褶的产生与层间的黏滞程度有关。

3. 膝褶作用方式

Twiss 和 Moores（1992）很好地总结了膝褶演化的不同方式。有些情况下，膝褶带在材料中发生迁移［图 2.6（a）、（b）］。例如，膝褶带可以形成垂直于面理的初核，然后逐渐旋转并加宽，以适应平行于岩层的缩短［图 2.6（a）］。或者，膝褶带可能与面理斜交，只在宽度上扩展（不改变方向），以满足平行面理方向的缩短（Stewart and Alvarez，1991）［图 2.6（b）］。另一模式就是膝褶在材料中并不移动。在整个缩短事

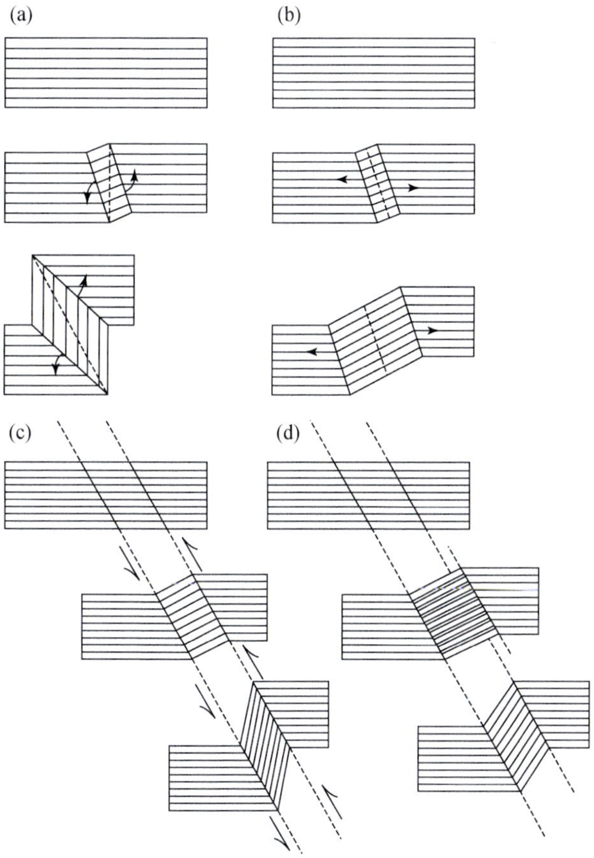

图 2.6　膝褶形成的四种方式（据 Davis *et al.*，2012）

（a）、（b）膝褶在岩石中迁移的两种方式；（c）、（d）膝褶的方向和宽度保持不变的两种方式

件过程中，边界方向和间隔保持固定，平行层的缩短作用通过与固定边界平行的简单剪切［图 2.6（c）］或膝褶带内（岩）层的刚体旋转［图 2.6（d）］来完成。在野外露头，可以通过识别其几何形状来区分其可能类型。

值得注意的是，膝褶带随平行层的缩短而旋转的模式［图 2.6（a）］与 Paterson 和 Weiss（1966）的模式即膝褶带方向保持不变（第二卷图 5.6）不尽相同。因此，共轭膝褶带的夹角是否随变形程度的变化而变化是个值得探索的问题（参阅第二卷第 5 章）。

2.1.3 膝褶带形成机理讨论

1. 膝褶带形成模式与成矿意义

膝褶带生长机理长期以来备受关注，也颇具争议。Rondeel（1969）提出膝褶带的扩张增厚是通过膝褶带枢纽面旋转方式来迁移的，这样的方式将引起膝褶带内部岩层产状与外部岩层产状间夹角 φ 随膝褶带扩展而逐渐增大［图 2.7（a）］。Honea 和 Johnson（1976）进行弹性多层膝褶作用的数值模拟，试验结果表明：膝褶带的宽度与弯曲刚度、剪切强度、岩层局部初始倾斜等因素有关，但理论仅仅适用于滑动面平行挤压轴的情况。随后，Weiss（1980）提出膝褶带宽度扩张生长的两个模式［图 2.7（a）、（b）］，但他强调当 φ 角值小于 60° 时，“生长模式 1”比“生长模式 2”更为重要；当连续生长的膝褶带内部岩层的旋转角度 φ 大约为 60° 时，生长模式 2 占主要地位。其他的试验结果也暗示，在褶皱作用的早期，膝褶带增宽方式类似于“生长模式 1”（Kirschner and Teixell，1996）。

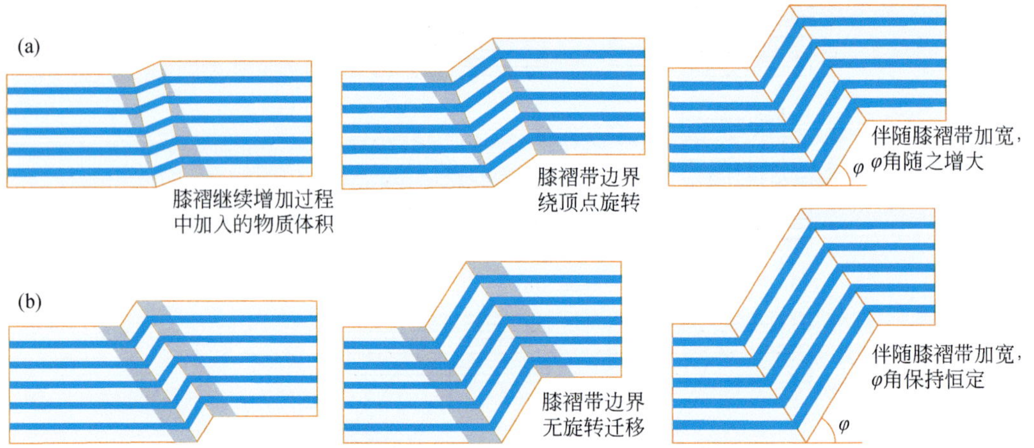

图 2.7 膝褶带增宽模式图（据 Weiss，1980）

（a）膝褶带宽度增加模式 1：随着膝褶带的扩张，φ 角增大；（b）膝褶带宽度增加模式 2：当膝褶带扩张时，φ 角始终保持恒定

目前，比较认可的两种观点（图 2.8）：一种观点认为，枢纽的侧向迁移所引起的扩展形成膝褶带［图 2.8（a）、（b）］（Stewart and Alvarez，1991）；而另一种观点强调，膝褶翼绕固定的枢纽旋转［图 2.8（c）、（d）］。野外观测和多层介质试验结果暗示活动枢纽膝褶化作用的解释似乎更为合理（Stewart and Alvarez，1991）。

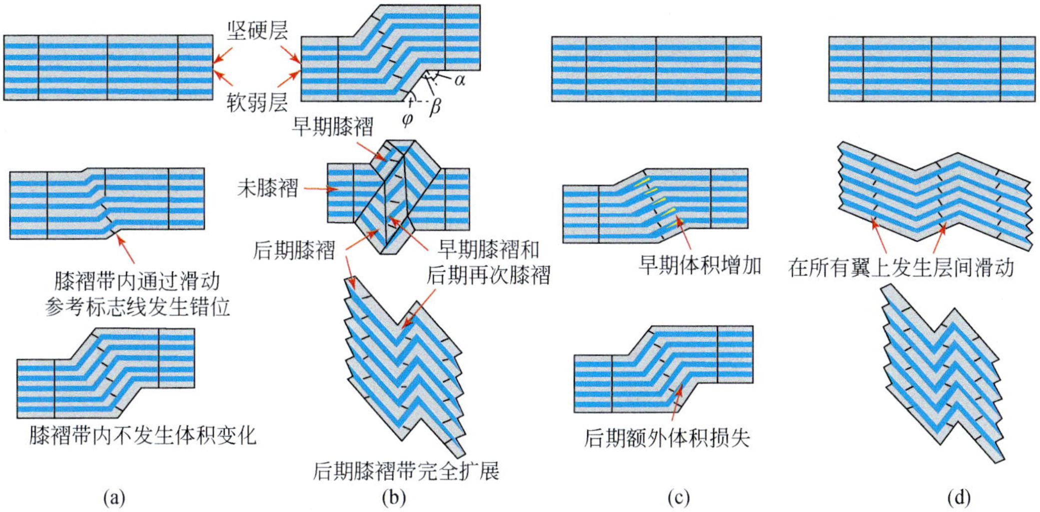

图 2.8 理想状态下的膝褶和"V"形褶皱的 4 种生长机理图（据 Stewart and Alvarez，1991）

（a）活动枢纽膝褶生长和膝褶带形成过程；（b）活动枢纽"V"形褶皱作用通过活动枢纽膝褶带的交叉和扩展产生；（c）固定枢纽膝褶化：固定的膝褶带边界之间区域的地层旋转；（d）固定枢纽"V"形褶皱作用：岩层相对于固定的枢纽发生旋转产生层弯曲和紧闭褶皱。注意：（b）和（d）已扩展为尖棱褶皱（chevron folds）；灰色条带代表机械性质各向同性的能干层，其内部没有剪切；红色条带是非能干层，可以发生内部剪切

枢纽迁移模式（hinge-migration model）认为：膝褶带初始态为透镜状，沿纵向迁移，随着应变递增，膝褶带侧面通过侧向迁移而促使膝褶带加宽［图 2.8（a）］。在生长全过程，膝褶带平分内、外岩层（或面理），即 $\alpha=\beta$，体积和面理（或岩层）空间守恒。而固定枢纽模式（fixed-hinge model）认为：在无限小应变中，膝褶面的物质位置和 α 是确定的，随着应变的逐渐加强，带内岩层发生旋转，这样 β 角会发生变化；在旋转的过程中，体积和面理空间发生改变［图 2.8（c）］。这两个模型在自然界都有各自的实例，但也存在一些膝褶带不符合这两个模型的情况。

Verbeek（1978）提出判别膝褶带生长类型的通用方案，即使用膝褶带内外角大小关系进行识别。在理想活动枢纽膝褶生长模型中，内外膝褶角大小相等即 $\beta=\alpha$［图 2.9（a）］；另一种情况，如果膝褶带内总体积增大［图 2.9（b）］，在固定枢纽褶皱生长模型中，内外角度关系表现为：$\beta>\alpha$［图 2.9（b）］。

为了验证 Verbeek（1978）提出的这种关系，Stewart 和 Alvarez（1991）对意大利

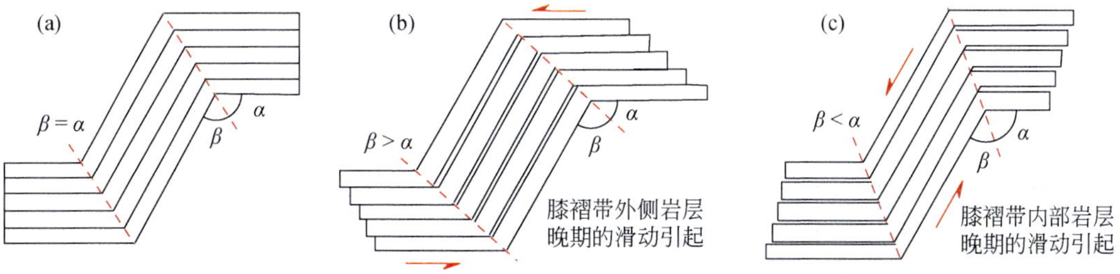

图 2.9 膝褶带内外岩层顺层滑动对膝褶带内、外角关系的影响效果图（据 Stewart and Alvarez，1991）

Umbriamarche Apennines 褶皱区内膝褶带进行了大量细致的测量和统计，发现在活动枢纽机制控制下的膝褶化过程中，两角很少有相等的情况，进一步的分析显示，β 和 α 角度关系主要受控于膝褶带内或膝褶带外岩体顺层面的微弱滑动，当层间滑动发生在膝褶带内部时，$\beta < \alpha$［图 2.9（c）］；当层滑发生在膝褶带外侧时，$\beta > \alpha$［图 2.9（b）］。微量的层滑都可能对 β 和 α 角的差异产生很大的影响，且微弱的变形对 β 和 α 角产生明显改变，而与膝褶作用无关（Stewart and Alvarez，1991）。

尽管理论上膝褶带的层间滑动仅限于带内，但实际上带外也会发生小的顺层滑动。从膝褶带不同的生长模式可以看出（图 2.8、图 2.9）：膝褶化过程中，膝褶带内和膝褶带外岩层的弯曲与层间滑动是主要的变形方式，这种变形方式将在膝褶带内或膝褶带外形成丰富的张性破裂（微裂缝）［图 2.8（c）、图 2.9（b）、（c）］。膝褶带的形成从几何上要求前后体积守恒：$\beta > 90°$ 时，岩层长度缩短，厚度增大；$\beta < 90°$ 时，岩层长度拉长，厚度减薄。然而，许多天然和实验形成的膝褶带内常出现矿脉充填的各种张裂空间（参见第二卷第 4 章图 4.10），表明带内岩层缺乏足够的可塑性，岩层长度和厚度不能满足变形所要求的变化。如果岩层长度保持不变，带内的体积变化（扩容）与 α 和 β 之间关系为：$\Delta=\sin\beta/\sin\alpha-1$（Ramsay，1967；Ramsay and Huber，1983）。因此，膝褶带形成早期为：$\beta > \alpha$，膝褶带表现为扩容作用［图 2.9（b）］，带内面理或层理间厚度（t_1）大于带外面理或层理间厚度（t_0），膝褶带内岩层趋于增厚；$\beta=90°$ 时，膝褶带厚度达到最大；如果岩层的厚度不变，带内体积便增大，变形后带内空间体积的增大必然造成带内真空或低压，产生泵吸作用和流体闪蒸（参阅程南南等，2018；Cheng *et al.*，2019；侯泉林和刘庆，2020），将周边的高压流体（热液或油气流体）吸入并伴随矿物沉淀析出，形成膝褶带内顺层剥离而充填的矿脉或岩脉（Andeson，1966；Ramsay，1967；Ramsay and Huber，1983）。当带内夹角 β 增至 90° 以后（$\beta < \alpha$）带内流体压力增大，岩层长度趋于加长、厚度趋于减薄，形成与层理近垂直的张裂隙［图 2.9（c）］；流体趋于流入这些低压空间和挤入膝褶带旁侧形成鞍状矿脉或油气聚集。因此，膝褶带有利于流体的运移和聚集。Stubley（1990）的理论研究结果也支持膝褶带内张裂隙的出现，他认为最大主压应力 σ_1 与膝褶带外部岩层间的夹角大小可能对已有膝褶带的改造起主要控制作用。郑亚东等（2007a）曾利用断层阀模式对柴达木盆地油泉子构造的膝褶带进行油气评价。

2. 力学机理争鸣

就有关膝褶带的报道来看，无论天然的和实验形成的共轭膝褶带，其面对缩短或挤压一侧的夹角一般为 110° ～ 120°，即钝角对着挤压方向［图 2.1（a）、图 2.5、图 2.10］（Paterson and Weiss，1966；Ramsay，1980；Zheng *et al.*，2004；郑亚东等，2007b）。这就提出构造地质学中的一个难以解释的问题：为什么共轭膝褶带间的夹角为钝角？因为根据斜直线型库仑准则，共轭断裂间面对主压应力的夹角为锐角（许多岩石为 60° 左右）。Anderson（1966）根据膝褶带边界与长翼（带外）的夹角 α 一般小于膝褶带与短翼（带内）的夹角 β，而 β 大致与膝褶带边界垂直，将带内沿岩层的剪切与张开视为张剪性脆性破裂，以满足库仑准则的要求：张剪性裂隙的取向与主压应力方向间的夹角小于 45°。这种解释的问题是：一是将膝褶带所控制的次级断裂取向作为控制膝褶带本身取向的依据；二是这些次级断裂与主压应力方向的初始夹角近于 0°，而不是 30° 左右；三是共轭角 60° 左右的库仑断裂为剪裂隙，而不是张剪性裂隙（郑亚东等，2007b）。Paterson 和 Weiss（1966）对千枚岩实验研究证明，大约缩短量 10% 时开始出现共轭膝褶带，初始夹角 110° ～ 120°。该夹角在缩短量应变 50% 前不随缩短量增加而增大（第二卷第 5 章图 5.6）。郑亚东等（Zheng *et al.*，2004；郑亚东等，2007b）运用最大有效力矩准则对这一相当稳定的夹角给出了合理的定量解释（参阅第二卷第 2、5 章第 2.3 节和 5.2 节）。

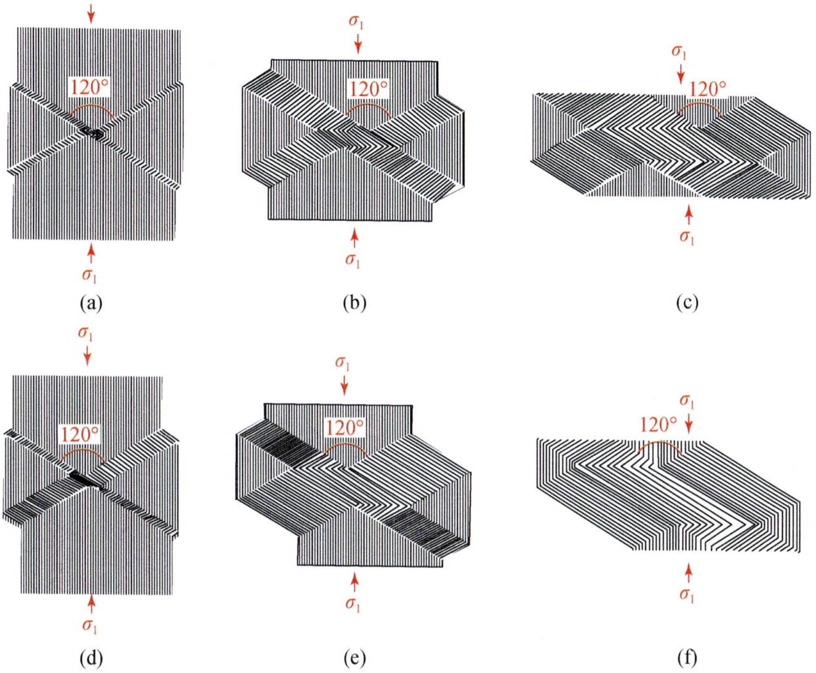

图 2.10　千枚岩面理平行缩短方向形成的共轭膝褶带（据 Paterson and Weiss，1966）

北京大学郑亚东教授对膝褶构造有几点认识和思考，供大家参考和思考：① 膝褶带是非均匀变形，变形集中在膝褶带内，是变形局部化产物（即韧性剪切带），所以不能用均匀变形理论来解释，只能用最大有效力矩准则来解释。②沿膝褶带的长翼（带外）没有剪切滑动和变形，剪切滑动集中在短翼（带内）。这一点和褶皱过程中因顺层滑动所产生的弯滑褶皱有本质区别：膝褶带外不伴随层间剪切滑动；弯滑褶皱、拖曳褶皱等则与层间滑动密切相关，且左行顺层剪切导致 S 型拖曳褶皱、右行顺层剪切产生 Z 型拖曳褶皱。③无论缩短作用是否平行于面理，理论上膝褶带都应共轭产出［图 2.1（a）］，但可能不对称（第二卷第 5 章图 5.7），在同一露头，其表现可共轭，或只见其中一组（图 2.3）；因为不是共轭组合，力矩无法达到平衡，岩体将旋转而不变形（郑亚东私人通信，2019）。究竟如何？需要对“变形局部化的共轭性与力矩平衡问题”进行进一步思考和探索！

2.2 侧生褶皱和侧生构造

在许多应变带或糜棱岩带中，往往有斜切面理或岩层的脉、裂隙、小断层及剪切条带等不连续面。这些不连续面被称为“异质体”或“斜切元素”（crosscutting elements，CE；Coelho *et al.*，2005）（图 2.11）；这些被切的面理、层理或其他标志层被称为寄主元素（host element，HE）。有证据表明这些异质体是在糜棱岩形成过程中侵入或发育的，它们与寄主元素的相互作用可以形成不对称构造，称为**侧生构造**（flanking structures），异质体两侧的相应褶皱称为**侧生褶皱**（flanking folds）（图 2.11）（Passchier，2001；Grasemanna and Stüwe，2001），如本卷第 5 章 5.2 节中讨论的伸展褶劈理就是侧生构造的例子之一。意寓着**侧生褶皱晚于异质体的形成，尽管看上去好像侧生褶皱被异质体所切**。侧生构造有时可作为剪切指向标志。

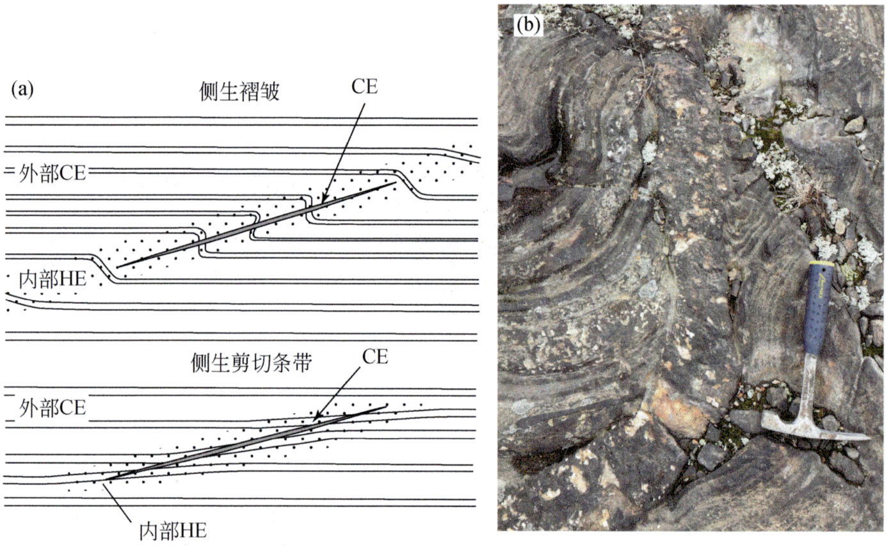

图 2.11　侧生构造和侧生褶皱

（a）两种类型的侧生构造（flanking structures）图示：侧生褶皱（flanking folds）和侧生剪切条带（flanking shear-bands）。这里寄主元素（HE，岩层）在异质体（CE，脉）附近发生偏转。偏转部分即为内部 HE（黑点区），向外（外部 HE）没受影响（据 Passchier，2001）。（b）片麻岩中的侧生褶皱，加拿大安大略省 Sudbury（侯泉林摄于 2019 年）

2.2.1　侧生褶皱类型和形态

1. 侧生褶皱类型

目前为止，有关侧生构造和侧生褶皱的分类并没有成熟的方案。Grasemann 等（2003）根据侧生褶皱形态以及与异质体（CE）滑动等之间的关系，将侧生褶皱分为以下几种（图 2.12）。

1）s- 型侧生褶皱（s-type flanking folds）：随着与缩短性滑移面（CE）的同向剪切作用（co-shearing）而发育，因其同向滑移（synthetic displacement）而得名［图 2.12（a）］。

2）a- 型侧生褶皱（a-type flanking folds）：随着与滑移面（CE）的反向剪切作用（counter-shearing）而发育，因其反向滑移（antithetic displacement）而得名［图 2.12（b）］。

3）剪切条带型侧生褶皱（shear bands）：随着与伸展性滑移面（CE）同向的剪切作用（co-shearing）而发育，因滑移面（CE）与剪切条带（shear bands）相同而得名［图 2.12（c）］。

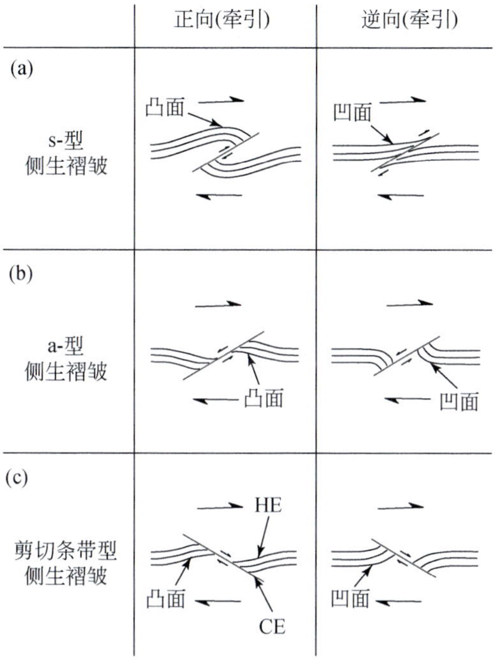

图 2.12　侧生褶皱类型（据 Grasemann *et al.*，2003）

（a）s- 型侧生褶皱（s-type flanking folds），与缩短性滑移面同向剪切作用下形成；（b）a- 型侧生褶皱（a-type flanking folds），与滑移面反向剪切作用下形成；（c）剪切条带型侧生褶皱（shear bands），与伸展性滑移面同向剪切作用下形成。HE- 由与剪切带方向平行的标志线构成的寄主元素（host element）；CE- 斜切元素，即嵌入 HE 中的滑移面

此外，Grasemann 和 Stüwe（2001）还提出了一种 n- 型侧生褶皱，即 CE 未发生滑移情况下而形成的侧生褶皱（图 2.13）。该类侧生褶皱的形成可能与异质体（CE）的旋转有关。值得注意的是，所有类型的侧生构造都引起了正向或反向牵引构造，即侧生褶皱。

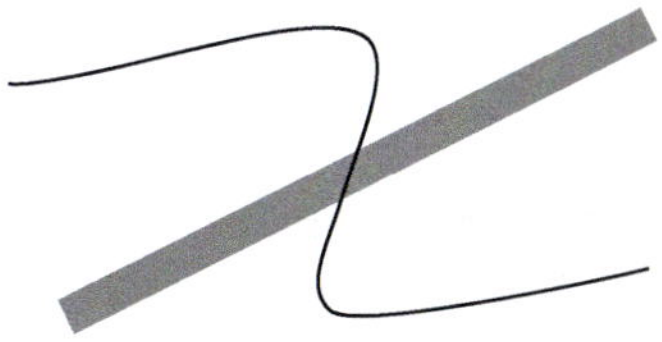

图 2.13　n- 型侧生褶皱（据 Grasemann and Stüwe，2001）

2. 侧生褶皱形态

侧生褶皱（flanking folds）最早由 Gayer 等（1978）和 Hudleston（1989）提出，Druguet 等（1997）、Passchier（1997）、Zubriggen 等（1998）以及 Grasemann 等（1999）等进行了实例研究。Zubriggen 等（1998）展示了角闪岩相层状片麻岩中侵入岩脉（CE）的侧生褶皱[图 2.14（a）]。无论是哪种类型的侧生褶皱，在野外都非常常见，尤其是中—高级片麻岩地体中的侵入花岗岩脉和镁铁岩脉异质体（CE）[图 2.14（a）、（f）；图 2.15（a）～（c）、（e）、（f）]，或者部分熔融脉异质体（CE）[图 2.14（b）～（d）]，沿大理岩[图 2.15（d）]和板岩中的块状或纤维状碳酸盐岩脉异质体也可见到侧生褶皱（Passchier and Urai，1988）。侧生褶皱似乎在中—高级变质岩中最为常见。

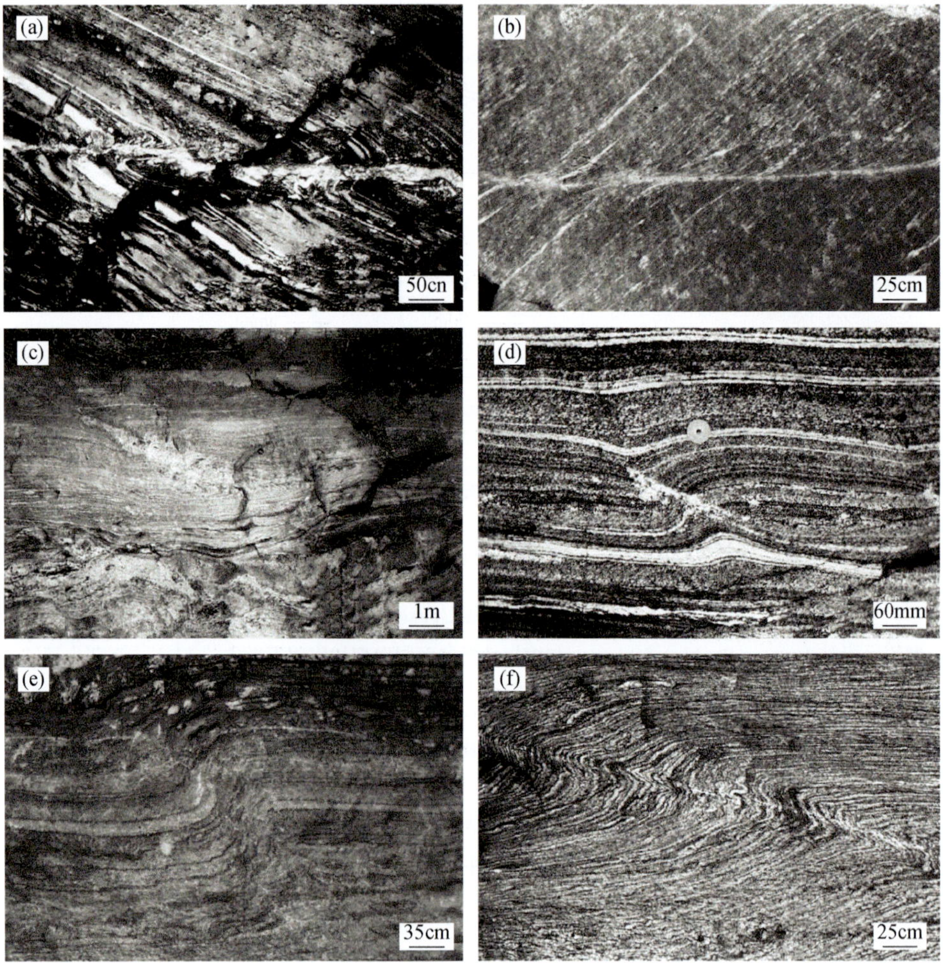

图 2.14　不同类型的侧生褶皱（据 Passchier，2001）

（a）层状片麻岩中花岗闪长岩脉异质体（CE）的侧生褶皱链，意大利阿尔卑斯 Strona-Ceneri 带；（b）花岗质片麻岩中淡色异质体（CE）的侧生剪切条带，意大利阿尔卑斯巴尔马吉亚（Valmaggia）；（c）高级片麻岩中淡色异质体（CE）的侧生褶皱链，斯里兰卡中部；（d）条带状高级片麻岩中淡色异质体（CE）的短 a- 型侧生褶皱，西格陵兰 Nagssogtoquidian 造山带；（e）脆性破裂异质体（CE）的 a- 侧生褶皱，纳米比亚（非洲）高科带（Kaoko Belt）；（f）云母片岩中伟晶岩脉异质体（CE）的侧生褶皱链，东比里牛斯山（欧洲西南部）

侧生褶皱规模通常在毫米至数米尺度范围内。如果岩石中标志线（HE）透入性发育，侧生褶皱可形成褶皱链，与异质体（CE）中部趋于平行，轴面通常与异质体平行［图 2.14（a）、（c）、（f）；图 2.15（e）、（f）；Gayer *et al.*，1978；Grasemann *et al.*，1999）。褶皱链中的褶皱在振幅、形状和波长上变化很小，即使在不同厚度的层中也是如此［图 2.14（a）、（f）］。侧生褶皱通常是平行褶皱，但在紧闭侧翼褶皱的情况下，有时也会观察到相似褶皱（Gayer *et al.*，1978；Hudleston，1989）。CE 与内部 HE 通常大角度相交，侧生褶皱通常以简单褶皱对产出，偶尔也会形成非常不规则的寄生褶皱［图

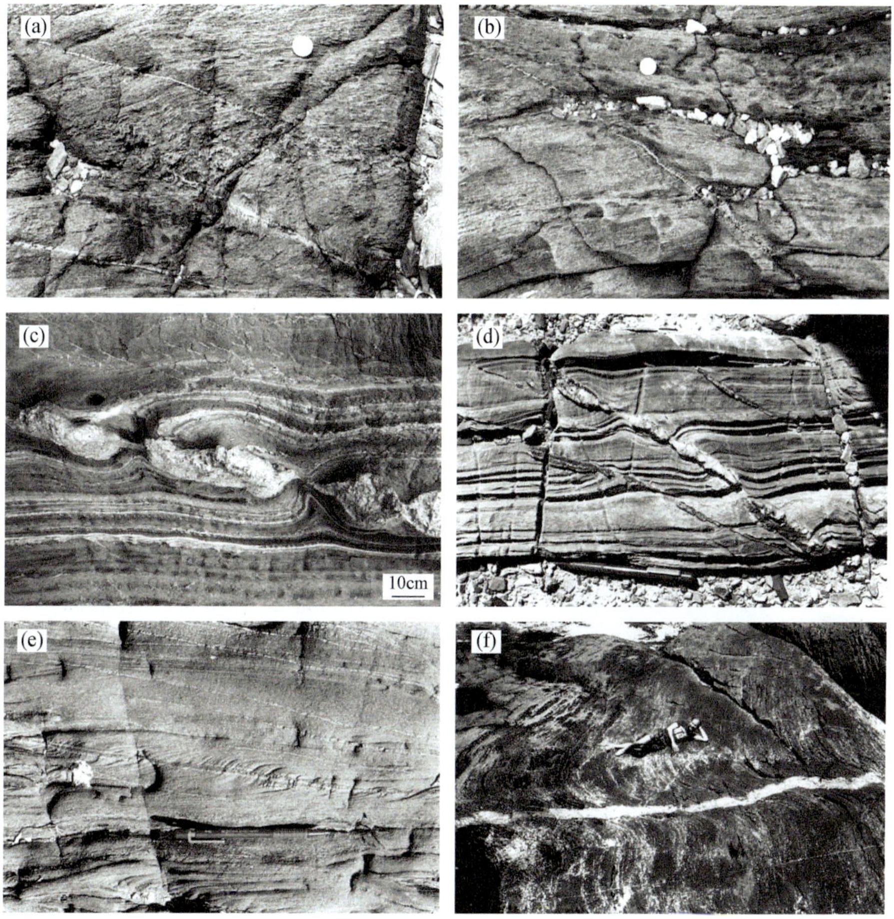

图 2.15　野外各类侧生褶皱（据 Passchier，2001）

（a）切过云母片岩的三条近平行的伟晶岩脉（CE）。中间的脉有个蚀变边，云母片岩已被石英 - 电气石所取代；下边的脉没有蚀变边；上边一条在钱币下方有个蚀变晕。侧生褶皱仅与上边和中间脉的蚀变边有关。比里牛斯山十字架海角（Cap-de-Creus）。（b）切过云母片岩的伟晶岩脉（CE）。脉的下部有蚀变边缘，云母已被石英 - 电气石所取代；脉的上部（硬币左侧）没有蚀变边。侧生褶皱只与下部的蚀变脉有关。东比利牛斯山。（c）层状变泥质岩中石香肠化的伟晶岩脉（CE）。岩层（HE）变形为与布丁相关的侧生构造。纳米比亚下汗河（Lower Khan River）。（d）变质灰岩中的碳酸盐岩脉（CE）。灰岩中的岩层（HE）已变形为与布丁构造相关的具有侧生褶皱的侧生构造。纳米比亚高科带（Kaoko Belt）。（e）切过片岩的一系列平行的细伟晶岩脉。侧生褶皱仅围绕中部和最下部有蚀变边的伟晶岩脉发育。纳米比亚高科带。（f）层状花岗质片麻岩中，与变形的伟晶岩脉（CE）有关的米级尺度的侧生褶皱。照片底部细的伟晶岩脉没有侧生褶皱发育。巴西里约热内卢（Rio de Janeiro）

2.14（f）]。有些侧生褶皱沿混合岩脉（CE）旁侧发育，岩脉与围岩边界有扩散［图 2.14（c）、（d）]，这类褶皱的几何形状通常不太规则。

2.2.2　侧生褶皱的运动学指向问题

侧生构造的运动学指向问题相当复杂，至今仍在探索之中。这里仅对有关问题作简略介绍。

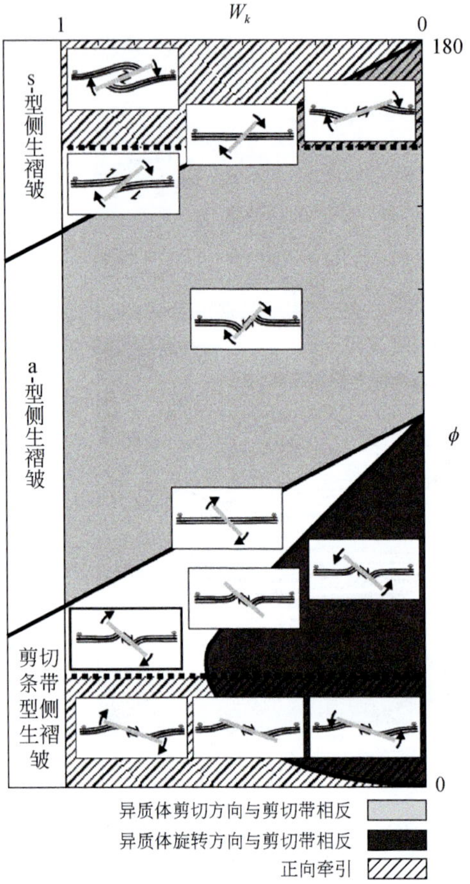

图 2.16　右旋剪切作用下瞬时侧生褶皱发育过程（说明见正文；据 Grasemann *et al.*, 2003）

W_k- 剪切带运动学涡度；ϕ - 异质体（CE）与剪切带边界的夹角

从图 2.2.2 可以看出，剪切条带型侧生褶皱与指示相反剪切方向的 a- 型侧生褶皱具有非常相似的几何形态，因此很容易造成运动学上的错误解释。然而，正确辨别侧生褶皱类型不仅可以提供运动学信息，还可以提供运动学涡度（W_k）的定量信息（Grasemann *et al.*，2003）。Grasemann 等（2003）通过数值模拟，建立了运动学涡度（W_k）、异质体（CE）与剪切带之间的夹角（ϕ），以及流动类型（流脊间的夹角）对不同侧生构造的制约关系（图 2.16），可在实际运用中予以参考和借鉴。

2.2.3　实例简介*

加拿大安大略 Sudbury 局部地区 Gowganda 组变质碎屑岩地层中发育一组轴面劈理和一组辉绿岩墙（图 2.17），岩层褶皱靠近岩墙愈加紧闭（图 2.18）。看似岩墙切过褶皱和轴面劈理，应晚于劈理。然而，辉绿岩墙年龄为 2.22Ga，而轴面劈理切过了一套冲击角砾岩层（图 2.19），冲击事件为 1.85Ga，也就是说褶皱和轴面劈理晚于 1.85Ga，因此岩墙早于褶皱和劈理。这一看似矛盾的地质事实，用侧生构造观点反而很容易理解：该岩墙即为异质体（CE），其旁侧即为侧生褶皱及其轴面劈理。

* 本野外实例系加拿大 Western University 姜大志教授于 2019 年 5 月带领作者野外考察中所介绍和观察。

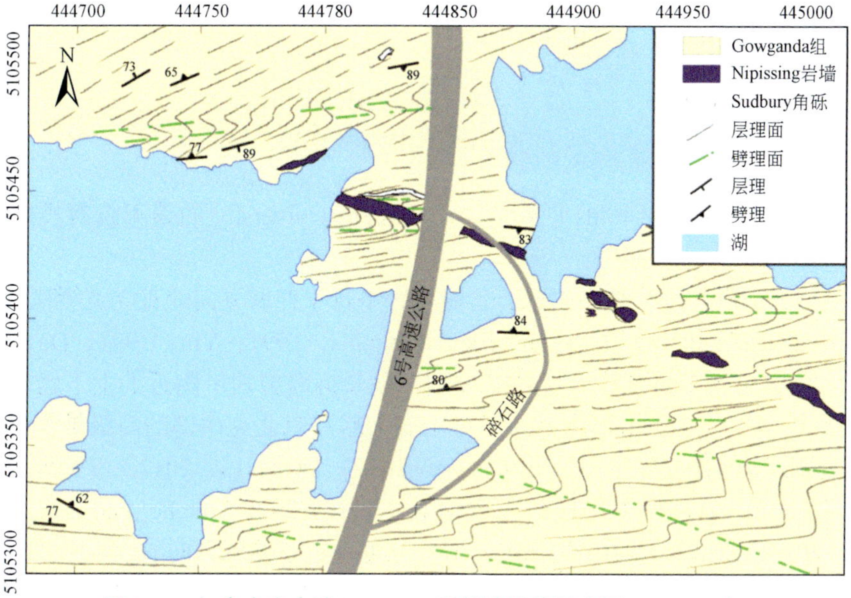

图 2.17　加拿大安大略 Sudbury 局部地质简图（据 Li，2012）

注意图中的辉绿岩墙（紫色）和劈理线（绿色）

图 2.18　加拿大安大略 Sudbury 变砂岩中的辉绿岩墙及其侧生褶皱（侯泉林摄于 2019 年）

注意：褶皱靠近岩墙愈加紧闭

图 2.19　切过冲击角砾岩的劈理（侯泉林摄于 2019 年）

（加拿大安大略 Sudbury）

2.3 伸展褶皱简介

伸展褶皱（extensional folds）系加拿大 Western University 的姜大志教授新近提出的概念①。

北美西部科迪勒拉变质核杂岩区，普遍发育平行于伸展方向的直立宽缓褶皱（John，1987；Davis and Lister，1988；Spencer and Reyndds，1991；Yin，1991；Davis，1993；Fletcher，1994）。拆离剪切带、糜棱岩面理，以及拆离剪切带附近的上下盘岩层均发生褶皱［图 2.20（a）］。类似的褶皱还发育于安大略和魁北克西部的高级推覆体中，其中近水平面理被褶皱［图 2.20（b）］（Culshaw *et al.*，1994；Li，2012）。野外证据表明，这些褶皱系伸展作用过程中形成的纵弯褶皱（Yin，1991；Fletcher and Bartley，1994；Singleton，2013；Brown *et al.*，2016），但并未见垂直于伸展方向的近水平挤压作用证据（Jiang and Li，2019）。姜大志等将这类褶皱称之为伸展褶皱（extensional folds）（Jiang and Li，2019）。

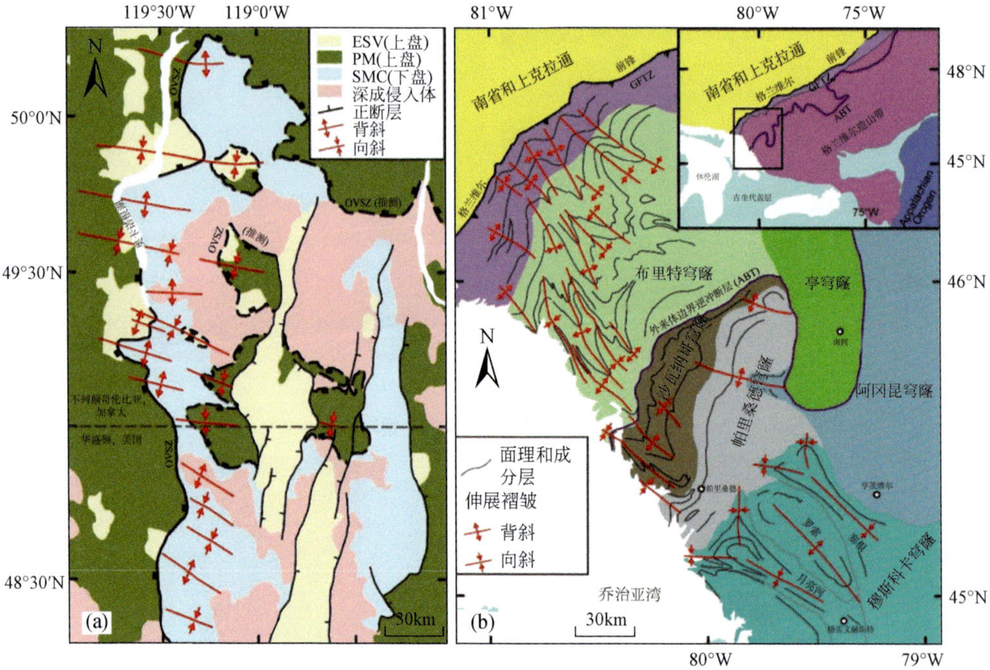

图 2.20 大陆伸展背景下的伸展褶皱（据 Jiang and Li，2019）

（a）北美西部奥卡纳根谷（Okanagan Valley）剪切带和舒斯瓦普（Shuswap）变质核杂岩地质简图，反映了跨区的紧闭和开阔的伸展褶皱。褶皱形成于约 54 ～ 48Ma 的伸展过程中。PM- 古生界和中生界岩石；ESV- 始新统沉积岩和火山岩；（b）加拿大安大略和魁北克西部地质简图，反映了高级变质推覆体中形成于约 1020Ma 的直立伸展褶皱

① Jiang D, Li C. 2019. Solving the conundrum of extensional folding in metamorphic core complexes.（手稿）

伸展褶皱概念的提出挑战了纵弯褶皱形成于垂直于枢纽方向挤压作用的传统认识。那么，伸展褶皱是如何形成的呢？姜大志认为，解决这一问题的关键是要修正长期以来对自然变形和运动学模型的单尺度观念（Jiang and Li，2019）。其研究结果表明，在板块尺度的伸展和转换拉张变形中，能干层中的配分应力场可以很自然地导致伸展褶皱形成。将发育伸展褶皱的能干层看作岩石圈中的流变包裹体，而不是夹于系统边界并受系统边界条件约束的无限延伸的岩板，有助于理解伸展褶皱的形成（详见 Jiang and Li，2019）。

伸展褶皱的概念刚刚提出，同时也为我们留出了进一步研究的空间。

思　考　题

1. 膝褶的主要特征。
2. 膝褶的形成机理。
3. 侧生褶皱类型。
4. 侧生褶皱的意义。
5. 伸展褶皱的概念及形成机理。

参考文献

程南南，刘庆，侯泉林等．2018. 剪切带型金矿中金沉淀的力化学过程与成矿机理探讨．岩石学报，34(7): 2165 ～ 2180

李忠权，刘顺．2010. 构造地质学（第三版）. 北京：地质出版社，1 ～ 285

侯泉林，刘庆等．2020. 剪切带型矿床成矿的岩石构造环境及力化学过程．北京：科学出版社，1 ～ 175

张波，李生福，张进江等．2010. 膝褶、膝褶带、共轭膝褶带——一种可能的新型油气构造样式．天然气工业，32(2): 32 ～ 39

张波，张仲培，郑亚东等．2012. 膝褶带构造及其地球物理正演．北京大学学报（自然科学版），48(1): 105 ～ 115

郑亚东，莫午零，张文涛等．2007a. 柴达木盆地油气勘探新思路．石油勘探与开发，34(1): 13 ～ 18

郑亚东，王涛，王新社．2007b. 最大有效力矩准则及相关地质构造．地学前缘，14(4): 49 ～ 60

Anderson T B. 1966. Kink-bands and related geological structures. Nature, 210: 1249 ～ 1251

Brown S R, Andrews G D M, Gibson H D. 2016. Corrugated architecture of the Okanagan Valley shear zone and the Shuswap metamorphic complex, Canadian Cordillera. Lithosphere, 8: 412 ～ 421

Cheng N, Hou Q, Shi M, et al. 2019. New insight into the genetic mechanism of shear zone type gold deposits from Muping-Rushan metallogenic belt (Jiaodong Peninsula of Eastern China). Minerals, 9(12): 775

Coelho S, Passchier C, Grasemann B. 2005. Geometric description of flanking structures. Journal of Structural Geology, 27(4): 597 ～ 606

Culshaw N G, Ketchum J W F, Wodicka N, *et al*. 1994. Deep crustal ductile extension following thrusting in the southwestern Grenville Province, Ontario. Canadian Journal of Earth Sciences, 31: 160 ～ 175

Davis G A, Lister G S. 1988. Detachment faulting in continental extension；perspectives from the Southwestern

U.S. Cordillera. Geological, Society of America Special Papers, 218: 133 ～ 160

Davis G A, Fowler T K, Bishop K M, *et al*. 1993. Pluton pinning of an active Miocene detachment fault system, eastern Mojave Desert, California. Geology, 21(7): 627 ～ 630

Davis G H, Reynolds S J, Kluth C F. 2012. Structural Geology of Rocks and Regions (3th edition). Hoboken: John Wiley and Sons

Druguet E, Passchier C W, Carreras J, *et al*. 1997. Analysis of a complex high-strain zone at Cap de Creus, Spain. Tectonophysics, 280: 31 ～ 45

Fletcher J M, Bartley J M. 1994. Constrictional strain in a non-coaxial shear zone: implications for fold and rock fabric development, central mojave metamorphic core complex, California. Journal of Structural Geology, 16: 555 ～ 570

Fossen H. 2016. Structural Geology (Second Edition). New York: Cambridge University Press, 25 ～ 254

Gay N S, Weiss L E. 1974. The relationship between principal stress direction and the geometry of kinks in foliated rocks. Tectonophysics, 21: 287 ～ 300

Gayer R A, Powell D B, Rhodes S. 1978. Deformation against metadolerite dykes in the Caledonides of Finnmark, Norway. Tectonophysics, 46: 99 ～ 115

Ghosh S K. 1968. Experiments of buckling of multilayers which permit interlayer gliding. Tectonophysics, 6: 207 ～ 249.

Grasemann B , Kurt Stüwe. 2001. The development of flanking folds during simple shear and their use as kinematic indicators. Journal of Structural Geology, 23(4): 715 ～ 724

Grasemann B, Fritz H, Vannay J Y. 1999. Quantitative kinematics flow analysis from the main central thrust zone (NW-Himalaya, India): implications for a decelerating strain path and the extrusion of orogenic wedges. Journal of Structural Geology, 21: 837 ～ 853

Grasemann B, Kurt S, Vannay J C. 2003. Sense and non-sense of shear in flanking structures. Journal of Structural Geology, 25(1): 19 ～ 34

Honea E, Johnson A M. 1976. Development of sinusoidal and kink folds in multilayers confined by rigid boundaries. Tectonophysics, 30(3/4): 197 ～ 239

Hudleston P J. 1989. The association of folds and veins in shear zones. Journal of Structural Geology, 11: 949 ～ 957

John B E. 1987. Geometry and evolution of a mid-crustal extensional fault system: Chemehuevi Mountains, southeastern California. Geological Society, London, Special Publications, 28(1): 313 ～ 335

Johnson A M. 1977. Styles of Folding: Mechanics and Mechanisms of Folding of Natural Elastic Materials. New York: Elsevier Scientific Pub. Co., 1 ～ 406

Kirschner D L, Teixell A. 1996. Three-dimensional geometry of kink bands in slates and its relationship with finite strain. Tectonophysics, 262(1/4): 195 ～ 211

Li C. 2012. An investigation of deformation structures and their tectonic significance across the Grenville Front Tectonic Zone in the Vicinity of Sudbury, Ontario, Canada. Ph.D thesis, Western University

Passchier C W. 1997. Vein-margin folds. EGU abstract supplement Terra Nova, 9: 373

Passchier C W. 2001. Flanking structures. Journal of Structural Geology, 23(6): 951 ～ 962

Passchier C W, Urai J L. 1988. Vorticity and strain analysis using Mohr diagrams. Journal of Structural Geology, 10: 755 ~ 763

Paterson M S, Weiss L E. 1966. Experimental deformation and folding in phyllite. Geological Society of America Bulletin, 77(4): 343 ~ 374

Ramsay J G. 1967. Folding and Fracturing of Rocks. New York: McGraw-Hill

Ramsay J G. 1980. Shear zone geometry: a review. Journal of Structural Geology, 2(1-2): 83 ~ 99

Ramsay J G, Huber M I. 1983. The Techniques of Modern Structural Geology, Volume 1: Strain Analysis. New York: Academic Press

Reches Z, Johnson A M. 1978. Development of monoclines. Part II. Theoretical Analysis of Monoclines. In: Matthews V (ed). Laramide Folding Associated with Basement Block Faulting in the Western United States. Geological Society of America Memoir, 151: 273 ~ 311

Rondeel H. 1969. On the formation of kink bands. Nederlandse Akademie van Wetterschapper, 72: 317 ~ 329

Rousell D H. 1980. Kink bands in the Onaping Formation, Sudbury Basin, Ontario. Tectonophysics, 66(1/3): 83 ~ 97

Singleton J S. 2013. Development of extension-parallel corrugations in the Buckskin-Rawhide metamorphic core complex, west-central Arizona. Geological Society of America Bulletin, 125: 453 ~ 472

Spencer J E, Reynolds S J. 1991. Tectonics of Mid-Tertiary Extension along a transect through west central Arizona. Tectonics, 10: 1204 ~ 1221

Stewart K G, Alvarez W. 1991. Mobile-hinge kinking in layered rocks and models. Journal of Structural Geology, 13(3): 243 ~ 259

Stubley M P. 1990. The geometry and kinematics of a suite of conjugate kink bands, southeastern Australia. Journal of Structural Geology, 12(8): 1019 ~ 1031

Suppe J, Chou G, Hook S. 1992. Rates of folding and faulting determined from growth strata. In: Mcclay K (ed). Thrust Tectonics. New York: Chapman and Hall, 105 ~ 122

Twiss R J, Moores E M. 1992. Structural Geology. New York: W. H. Freeman and Company, 1 ~ 532

Weiss L E. 1968. Flexural slip folding of foliated model materials. In: Baer A J, Norris D K (ed). Proceedings Conference on Research in Tectonics. Ottawa: Canada Geological Survey, 68 ~ 52

Weiss L E. 1980. Nucleation and growth of kink bands. Tectonophysics, 65(1/2): 1 ~ 38

Verbeek E R. 1978. Kink bands in the Somport slates, westcentral Pyrenees, France and Spain. Geological Society of America Bulletin, 89: 814 ~ 824

Yin A. 1991. Mechanisms for the formation of domal and basinal detachment faults: a three-dimensional analysis. Journal of Geophysical Research, 96(B9): 14577 ~ 14594

Zheng Y D, Wang T, Ma M B, *et al*. 2004. Maximum effective moment criterion and the origin of low-angle normal faults. Journal of Structural Geology, 26(2): 271 ~ 285

Zubriggen R, Kamber B S, Handy M R, *et al*. 1998. Dating synmagmatic folds: a case study of Schlingen Structures in the Strona-Ceneri Zone (Southern Alps, northern Italy). Journal of Metamorphic Geology, 16: 403 ~ 414

第3章 节理和脉

3.1 节　　理

节理（joint）实际上就是没有明显位移（肉眼不能看出）的断层，是地壳上部发育最为广泛的一种构造，几乎所有露头都可见到节理。多数节理是由于沿着裂隙的原始内聚力损失而发育起来。随着破裂开始出现之后，多数节理特别是张节理局部和全部为次生矿物或原来矿物的重结晶作用所愈合，称为脉（vein）。如果破裂传播比较慢，愈合作用与破裂传播作用同时进行，那么只有节理的末梢附近才是真正的破裂。

节理为矿液上升、渗透、沉淀成矿提供了条件；是石油、天然气、地下水的通道和储集场所；节理的大量发育为水库、大坝等工程带来隐患；节理的性质、产状和展布规律与褶皱、断层以及区域构造有成因联系，因此，节理的研究是区域构造分析的基础。

3.1.1　节理的概念和特征

节理实际上是只有很小（许多情况下几乎不可见）的宽度，没有或可忽略剪切位移量的破裂（fracture）。大部分节理是伸展破裂（I型破裂或张开型），包含了少量的伸展应变（即张裂作用），尽管如此小的位移往往难以辨别。平行于节理壁的微量剪切位移也可能发生，针对这种情况，国外的教材称之为混合型或混合破裂；如果平行于节理壁的位移超过了垂直于节理壁的位移，则称为剪破裂（shear fracture），而不叫节理（如Fossen，2016）。从这个意义上讲，运动学是节理定义的关键。因此国外教材通常对节理这样定义（Fossen，2016）：节理是具有小的伸展位移但没有或几乎没有沿壁位移的破裂。也就是说国外的教材并不把具有剪切性质的破裂当作节理，或者说节理仅指具有引张性质的破裂（参阅图3.1）。

然而，长期以来，国内教材对节理的描述，是按照力学性质将节理分为剪节理和张节理两类，并强调剪节理是剪应力作用的结果，张节理是张应力作用的结果，而且对剪节理和张节理分别作了详细描述（如徐开礼和朱志澄，1984；朱志澄和宋鸿林，1990；朱志澄，1999；朱志澄等，2008；李忠权和刘顺，2010；罗金海等，2018）。那么，如何理解国内外教材对节理认识上的差异，读者可自行判断和运用。为了与国际接轨，本教材将节理仅限于张节理范畴，而将“剪节理”称为剪破裂或节理状剪破裂。

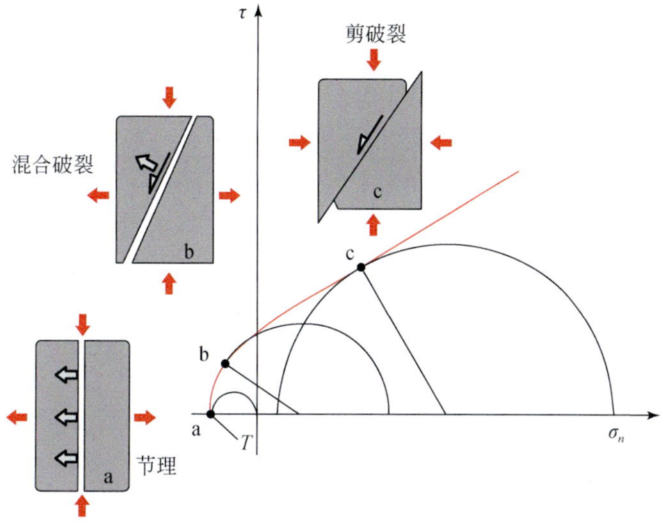

图 3.1　节理应力状态示意图（据 Fossen，2016）

理想情况下，节理是指几乎没有剪应力的张破裂，在应力莫尔圆上位于破裂包络线与横坐标轴交点的应力状态（a）；其他位置的破裂分别叫混合破裂（b）和剪破裂（c）

节理有时表现为截然的不连续面，明确地确定了显微尺度、手标本尺度以及露头尺度下岩石的结构，突然地改变了岩石的力学性质，尤其是其内聚力（图 3.2）。内聚力的丧失是节理化岩石的重要特征。鉴于此，节理控制着一些地方的地形地貌特征，许多地质公园的一些奇异自然景观与此有关。有时，节理使岩石边坡变得不稳，导致一系列的岩石垮落和崩塌。

图 3.2　沉积岩中的密集节理

（a）江苏徐州大别山泥灰岩中的密集节理（侯泉林摄于 2005 年）；（b）挪威奥斯陆 Hovedøya 的钙质页岩中的密集节理，页岩中有镁铁质岩墙侵入，使岩层扭曲，表明节理有轻度的剪切变形（Fossen，2016）

一个节理由两个节理壁构成，较长的节理宽度可达数厘米，但通常只有几毫米。更宽的伸展破裂称为裂隙，被次生矿物充填的裂隙称为脉，但节理和裂隙之间并没有严格的界限。实际上，节理的特征之一就是相对于其长度来说只有微小的伸展位移，而节理的长度可以从毫米级到数百米规模。那么，如何确定是节理还是其他类型的破裂呢？引入一个概念，张开度或缝宽（aperture），是指垂直于破裂壁方向的位移或破裂的张开程度。剪破裂和断层相对于长的位移量要比节理大得多，如一条 100m 长的节理，其最大缝宽可能不足几毫米，而一条 100m 长的断层往往会有 1m 的（剪切）位移。

有关节理的缝宽与长度的数据比较少，可能是因为缝宽一般小而多变，野外难以测量。此外，许多节理形成后就封闭了，所以原来的缝宽也就不得而知。具体地说，当驱使节理传播的内部流体压力下降时，节理可能就关闭了，这可能在一个节理生长脉冲之后迅速发生。有关脉、裂隙以及岩墙的缝宽与长度的关系如图 3.3 所示，断层的宽度与位移也有类似关系：长的脉、裂隙和岩墙通常也具有较大的缝宽。节理（脉）缝宽的数据大部分落在图的下部，而且图中没有一条脉的长度超过 1m，而裂隙和岩墙则分布在较宽的范围内（图 3.3）。

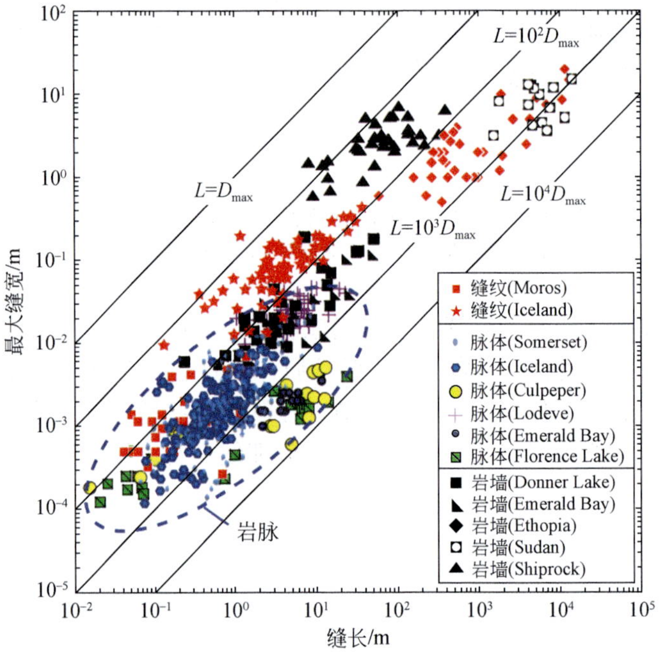

图 3.3 缝宽与缝长关系图（据 Fossen，2016）

缝长（L）：从一端到另一端的水平方向上的距离；缝宽（D）：裂隙、脉（节理）以及岩墙垂直壁方向的最大位移（宽度）

值得注意的是，至少一些被矿物质充填的节理（脉）保留了节理的原始缝宽，前提是节理充填矿物在节理形成过程中（或在节理闭合前）生长。同样，岩墙可能也反映了一些节理的原始缝宽。但节理在后期应力条件发生改变后会重新打开，因此对节理缝宽的处理会比脉的缝宽和断层位移的处理复杂得多。

在应对与流体有关的实际问题时，如油气资源等，对节理缝宽的测量和计算是非常重要的。

3.1.2 节理的运动学和应力特征

如果将节理限于是一种伸展构造或 I 型破裂，即垂直于最小主应力方向（σ_3，图 3.1），那么问题就简化多了。我们可以用节理来确定古应力场；同样，也可以根据已知或模拟出的应力场来预测潜在的节理方向。那么，对于一些节理表现出的剪切位移分量该如何理解呢？这可解释为在不同方向应力场作用下的剪切再活动，此时的 σ_3 与节理已不再垂直。我们知道，一旦节理形成将代表薄弱构造，而薄弱构造很容易以某种方式被新的构造应力场再激活。许多研究实例表明，节理在剪切作用下会再活动。然而，有些情况下很难区分是两阶段变形（即伸展后另一应力场的剪切）形成的被剪切的节理，还是具有小的位移的剪破裂。被剪切节理的一个特征就是相对于断层而言，它们会显示出相对于长度的较小的剪切位移。

节理是张开型的破裂，在莫尔包络线上主要位于正应力为负的部分，即纵向的剪应力轴的左侧（图 3.1）。图中正应力为负的一侧同样有张剪性破裂，既有张性也有剪性的成分。因此，具有少量剪切位移分量的节理也可能形成于这种混合破裂［图 3.1（b）］，而不一定是应力场改变造成的节理再活动。如果岩石埋藏较深，在莫尔图解中位于纵坐标右侧，我们需要在初始节理形成中建立一个内部流体压力，以抵消并超过寄主岩石中的最小主压应力 σ_3。

我们知道，剪破裂趋于形成锐夹角约 60° 的共轭破裂系（详见第二卷第 2 章 2.2 节），或者当进入莫尔图解的引张区域（左侧）时其夹角会稍微小些（图 3.1）。因此，当我们发现两个具有如此角度关系的节理系时，我们需要考虑它们是形成于剪切，还是混合型裂隙。这时，需要寻找其位移证据，探求两组之间的相对年龄关系，以及其分布方向的区域解释等。如果我们在这两组中找到了剪切的证据，并且仍然认为它们是以纯的伸展破裂开始的，那么就需要用三个阶段的变形来解释：① σ_3 垂直于初始节理的应力场引起的变形；② σ_3 垂直于第二期节理的新应力场引起的变形；③ σ_H（最大水平压应力）与两组节理系斜交，使其再活动，形成剪破裂。另外一种解释，即两组同时以剪切或混合断裂方式开始，只需要一期变形（一个应力场）。所以我们选择哪种模型，对于认识该地区的区域应力场或变形历史具有非常重要的意义。因此，即使从定义上讲，节理代表了伸展破裂，但我们应该注意如何甄别野外节理状的剪破裂的性质，是伸展性质的节理，还是节理状的剪切破裂或混合破裂。

从这个意义上讲，国内教材对节理，尤其是对剪节理的认识有其科学性和应用价值。按照库仑破裂准则（详见第二卷第 2 章），岩石受到应力作用时，首先形成的是两组共轭的剪破裂，即前文中的节理状的剪破裂，相当于国内教材中的剪节理（参阅朱志澄和宋鸿林，1990；李忠权和刘顺，2010；罗金海等，2018）。有关张节理和剪节理（节理状剪破裂）的讨论，国内各类构造地质学教材中均有详细介绍，这里不再赘述。

3.1.3　节理的形成

节理，以及伸展破裂，通常是由构造过程、加载、卸载，或温度变化等引起的应力的响应（图 3.4）。由于负载会产生向下增加的挤压应力状态，同时也会产生张应力，尤其在地壳上部。实际上，张应力只能在地壳很浅的深度，通常在几百米的深度以浅形成。靠近地表的脆性层中，张应力会产生节理、裂隙等，在最小主应力为负值（拉张）时形

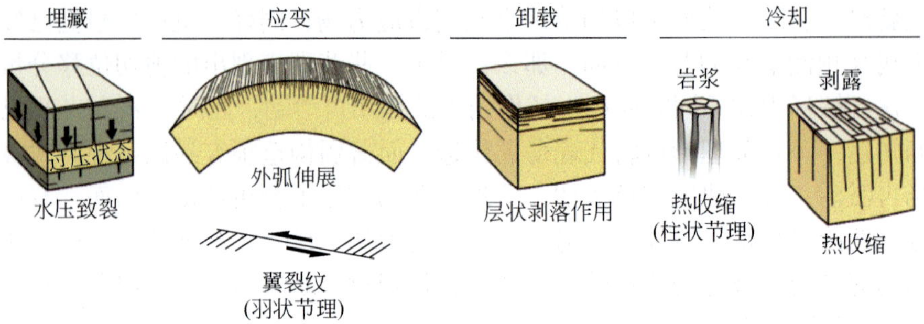

图 3.4　地壳中节理发生的方式（据 Fossen，2016）

成的伸展破裂有时也称拉张破裂。

伸展破裂也可在地壳深部形成，但需借助于裂缝流体压力方可。换句话说，就是需要一定的流体压力才能在岩石缺陷中（节理可能成核）或现有（微）裂纹尖端部位形成有效拉伸应力。当流体压力超过最小主应力（σ_3）和岩石抗拉强度时就会产生破裂，称之为水力压裂。

孔隙压力增加对破裂的影响如图 3.5 所示：孔隙流体压力的增加将莫尔圆向左侧推移（平均应力减小），当莫尔圆接触破裂包络线时，最小主应力（σ_3）仍为正，形成剪破裂［图 3.5（a）］；在较低的差异应力下，当包络线与莫尔圆接触点在纵坐标左侧（拉伸区域）时，则形成张破裂（节理）［图 3.5（b）］。可用如下公式表达岩石抗张强度（T）、最小主应力（σ_3）和流体压力（P_f）之间的关系：

$$P_f > \sigma_3 + T \tag{3.1}$$

因此，孔隙流体压力不仅要超过岩石的总应力，而且要超过岩石断裂所需的拉应力（抗张强度）。在沉积岩中，P_f 代表孔隙中拥有的水、油或天然气的压力，对于岩浆岩来说，P_f 是岩浆压力。

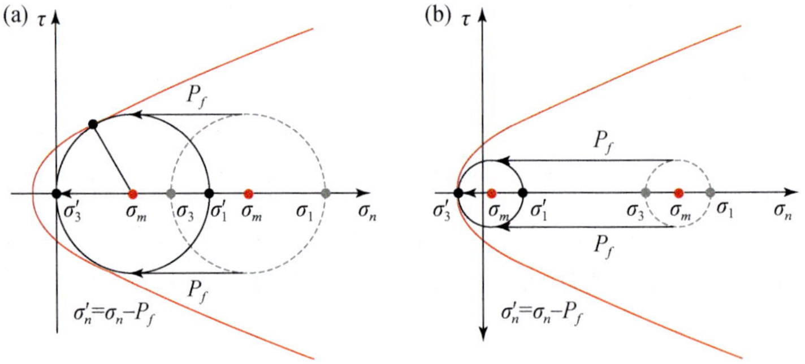

图 3.5　岩石中孔隙流体压力增加的影响（据 Fossen，2016）

（a）孔隙流体压力增加，莫尔圆向左侧推移（平均应力减小），当破裂包络线与莫尔圆相切时，σ_3 仍为正，此时形成剪破裂；（b）低差异应力状态下，包络线在拉伸区域与莫尔圆相接处，形成张破裂（节理）

节理形成的另一个条件是低或中等的差异应力。如果差异应力过高，莫尔圆接触破裂包络线并非在抗拉强度点（图 3.1 中的 a 点），这样将形成剪破裂而不是节理（图 3.1

中的c点）。

另外，节理的形成并不意味着区域或远场应力是拉伸的，而主要与节理成核位置的局部应力条件有关；对于节理的传播，主要与节理的尖端有关。

3.1.4 节理与构造应力和应变

1. 节理与构造应力

构造应力是节理发育的直接原因，无论是在伸展过程还是收缩体制下。在阿巴拉契亚高原，与Alleghanian褶皱枢纽大致垂直的陡倾节理被认为是受到构造挤压形成的[图3.6(a)，组Ib]。构造挤压和相应的缩短作用将沉积岩中的承压岩石抬升到可形成节理的位置。这种节理，又称为交叉褶皱节理，暗示了平行于褶皱轴的小量伸展（是否存在伸展褶皱？

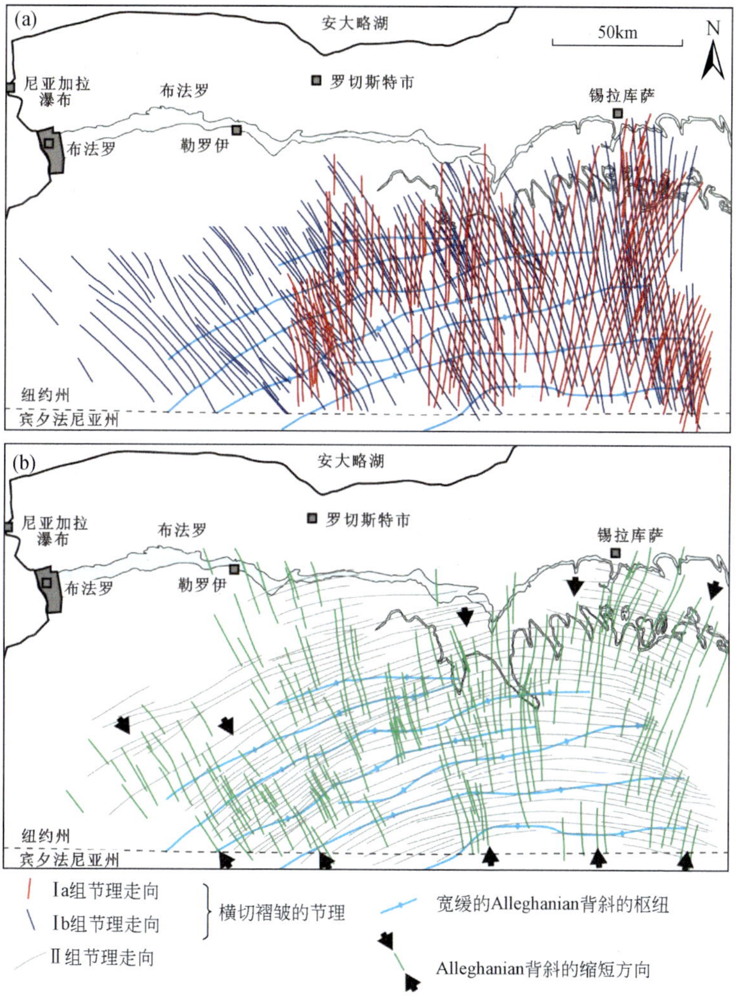

图3.6 阿巴拉契亚Alleghanian高原的节理痕迹（据Engelder and Geiser，1980；转引自Fossen，2016）

Engelder和Geiser（1980）通过填图，将节理分为不同成因的若干组；其中一组节理（组II）与褶皱枢纽大致平行，垂直于Alleghanian的缩短方向可结合第 2 章有关内容思考）。在这一地区，褶皱枢纽限定了一个宽拱形（图 3.6），与平行于枢纽的伸展相一致。Engelder 和 Geiser（1980）对阿巴拉契亚高原的节理和节理模式进行了详细的调查，同样发现了与缩短方向轻度斜交的第二组交叉褶皱节理[图 3.6(a)，组 Ia]。两组节理［图 3.6（a）：组 Ia 和 Ib］在年龄上重叠，如果我们假设节理记录最大水平应力的方向，这意味着应力方向必须在节理形成过程中有所变化。有意思的是，这一应力方向的变化导致了与原缩短方向夹角小于 18° ～ 30° 的新的节理发育，而原来的节理没有被任何新的剪切作用所激活。实际上，在发育节理的沉积岩中，两组小角度相交（并没有剪切证据）的节理并不少见。相比之下，两组正断层通常不会有如此小的方向差异（夹角）；形成新的节理（张性）要比产生新的断裂或剪破裂更容易，因为岩石的抗拉强度低于其剪切强度。

这些节理相对于造山褶皱的方向以及与劈理的年龄关系（露头观测表明，这些节理在有的地方早于、有些地方晚于劈理）揭示了 Alleghanian 节理的构造成因［图 3.6（a）］。然而，值得提醒的是，构造节理也需要由垂向荷载（覆盖层）所产生的高流体压力。显然，这是由埋深引起的孔隙流体压力增加、水平缩短引起的超压增加，以及阿巴拉契亚高原构造应力分量共同作用导致了节理的形成，而构造应力控制了节理的方向。

以上是通过浅层次的脆性节理的精细解剖，分析造山构造的经典实例。我国有关方面研究的报道尚少，特别是与区域构造和造山作用的结合还有待加强。

2. 节理与应变和位移

应变场可以产生节理群并控制它们的分布和取向。一个经典的例子是收缩状态下，平行于岩层缩短过程中节理的形成。在如此简单的形式下，我们会期望在枢纽带形成平行于褶皱枢纽和垂直于岩层的节理。这是因为弯曲的能干层的外弧处于伸展状态（图 3.7）。

一般来说，与褶皱相关的变形，特别是节理的形成，与表面曲率相关，其中的想法是，岩层方向变化越突然，节理的密度越高［如图 3.7（c）］。这只是一个简单的模型，在某些情况下比较吻合；但在另一些情况下，曲率和节理密度之间的关系并不明显。

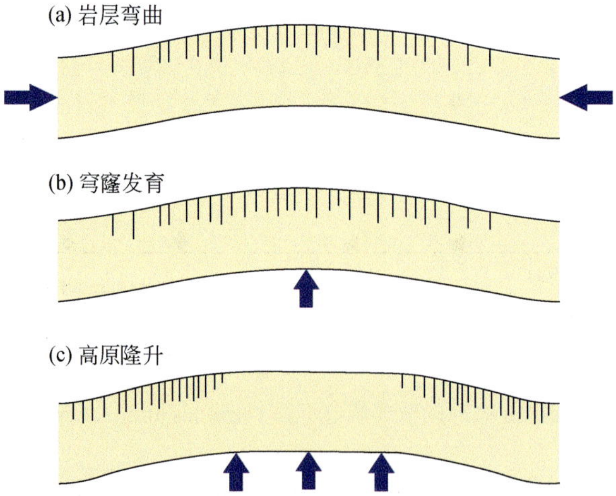

图 3.7　应变控制下的节理发育模式（据 Fossen，2016）

褶皱过程中的外弧伸展形成的节理群受褶皱大小和形状的控制。这可能属于地壳或岩石圈尺度的隆升或穹窿，与造陆构造过程，如碰撞构造事件有关，也可能与软流圈的对流 / 热过程有关。即使与这类构造有关的应变太小，无法产生节理群，它们也可能在与剥露作用、冷却过程或其他应力来源结合过程中产生影响。

在小尺度上，节理或断层在剪切中的重新活动会在末端区域的一侧产生局部延伸，而在另一侧则产生收缩。伸展侧通常会发育高角度节理，称为翼状裂隙，可以指示剪切带的剪切指向（图 3.8）。

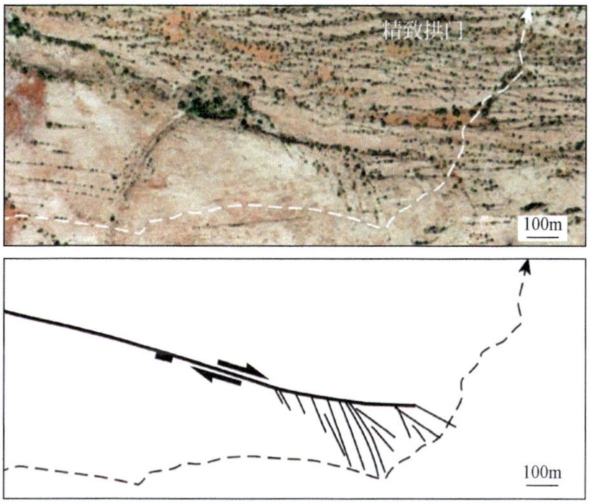

图 3.8　砂岩中与正断层末端作用有关的节理（据 Fossen，2016）

该马尾状或翼状裂纹（节理）可被认为是现存正断层经轻微右旋剪切再活动所致；美国犹他州 Arches 国家公园

3.1.5　节理的生长与形态

根据格里菲斯理论（见第二卷第 2 章有关部分），剪破裂不能在自己的（破裂）面上扩展，而往往产生新的拉张裂纹（即羽状裂纹，也可产生其他裂纹，见图 3.9），相比之下，伸展破裂则是更容易扩展成长的构造。理想情况下，伸展破裂将从成核点（起源点）呈放射状生长，以致在传播前沿的任何一点都表现为椭圆形状（图 3.10 和 3.11 中的橙色

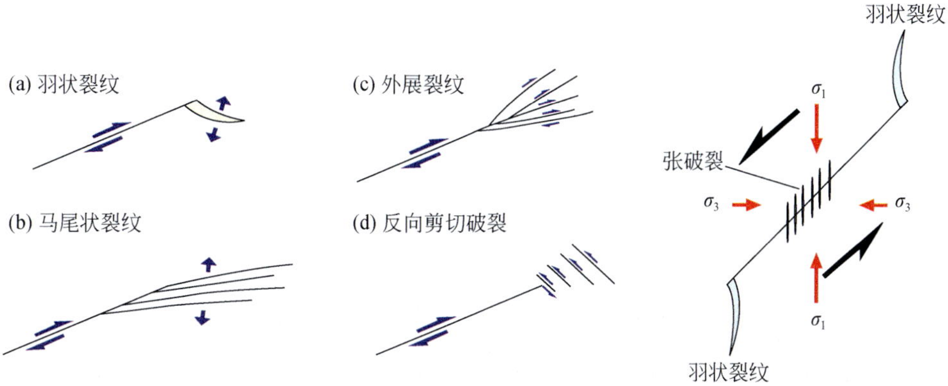

图 3.9　剪破裂末端的微破裂及力学解释（据 Fossen，2016）

线）。节理启动后，扩展速率增加，达到声速的一半，节理表面变得粗糙，直至扩展速度过快，裂纹尖端的应力重新调整或应力振荡导致其弯曲。具体地说，由于节理尖端区的高应力和局部的非均匀性，尖部出现分叉和离面微裂纹（图 3.9）。结果是长而窄的节理表面的不规则性限定了羽状构造发育（图 3.12 中的蓝色线）。羽状构造反映了沿羽轴的传播方向（图 3.10、图 3.11）。一般来说，从成核点开始，羽式图案表现得比较明显。

图 3.10 节理表面羽式构造的解释（据 Fossen，2016）

橙色线代表不同阶段的节理尖端线，垂直于白色的羽式线；红色剪头指示局部扩展方向。英国 Somerset

图 3.11 节理表面的羽式构造（据 Fossen，2016）

（a）挪威 Telemark 变杂砂岩中节理表面弱的截止线或肋骨线（橙色线）和羽式构造（白色线）；（b）美国犹他州纳瓦霍 50m 高的砂岩悬崖上呈椭圆形排列的截止线（橙色线），揭示了椭圆形的生长模式。红色剪头表示节理的局部扩展方向［（a）同］，白色圈代表节理成核点（起源点）；（c）挪威西部 Stord 变流纹岩中沿裂缝排列的雁列式锯齿边（弯曲锯齿构造，twist hackles）

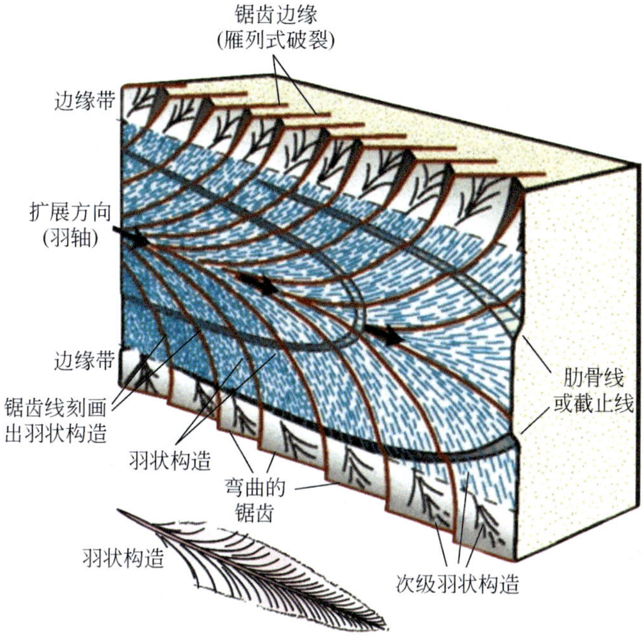

图 3.12　节理传播表面形态特征示意图（据 Hodgson，1961；转引自 Fossen，2016）

肋骨线可以被认为是时间线，而由锯齿线（hackles）构成的羽状构造则刻画出了节理的传播方向

当主破裂通过两种力学性质不同的岩层界面或其他边界时，局部应力方向会发生改变，尤其在界面边界处形成一系列被弯曲的节理或弯曲锯齿构造，称为边缘带［图 3.11（c）］。由于新改变的 σ_3 局部与主破裂的剪切分量叠加，使弯曲锯齿构造呈雁列式排列（如图 3.13 重叠部分），而且锯齿构造趋于与 σ_3 垂直，故发生弯曲（图 3.13）。

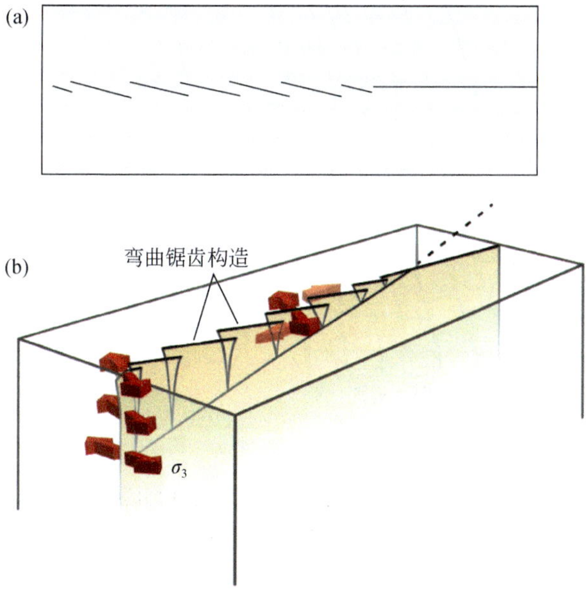

图 3.13　伸展破裂到达力学性质不同的岩层界面时发生弯曲（据 Fossen，2016）

（a）平面图示；（b）三维图示。注意 σ_3 的水平扭曲和由此产生的破裂（锯齿构造）。比较图 3.11（c）中的锯齿构造

伸展破裂趋于以脉冲式生长。每个传播脉冲都倾向于以平面外传播结束，减速或完全停止，直至足够的能量或流体压力累积，以启动下一个脉冲。最小传播速度的位置呈抛物线型的不规则形状（在块状岩石中呈椭圆形），被称为**肋骨线或截止线**（arrest line）（图3.12）。肋骨线将主破裂面分解成**锯齿带**（hackle zone），垂直于羽状裂纹线［图3.11（a）、（b）］，这些构造共同提供了关于伸展破裂生长历史的独特信息。细粒岩石（如粉砂岩）的节理以发育羽状构造为特征，但砂岩、花岗岩等粗粒岩石中也可见到截止线。

3.1.6 节理的相互作用与相对年龄

在岩石中通常发育不止一组节理，那么我们会比较关心其相对年龄（或先后顺序）。评估节理的相对年龄可能比较困难，因为有关节理差别太小。换句话说，横切关系也许根本不明显。然而，一些重要线索隐藏于节理的相互作用方式中。

如图3.14（a）显示的模式，其中第1组是连续的，第2组即正交的一组受第1组的限制，通常被称为**T-型交叉节理**。在这种情况下，第2组节理被连续且相对年轻的第1组节理所截切是合理的。理论上讲，相邻的节理会对现存的破裂施加一微小的剪切，在交切点的右手边是右旋的，而另一边是左旋的。然而，这种位移量太小，难以探测到。若一组规则节理截切不规则节理，则形成不连续节理［图3.14（b）］。

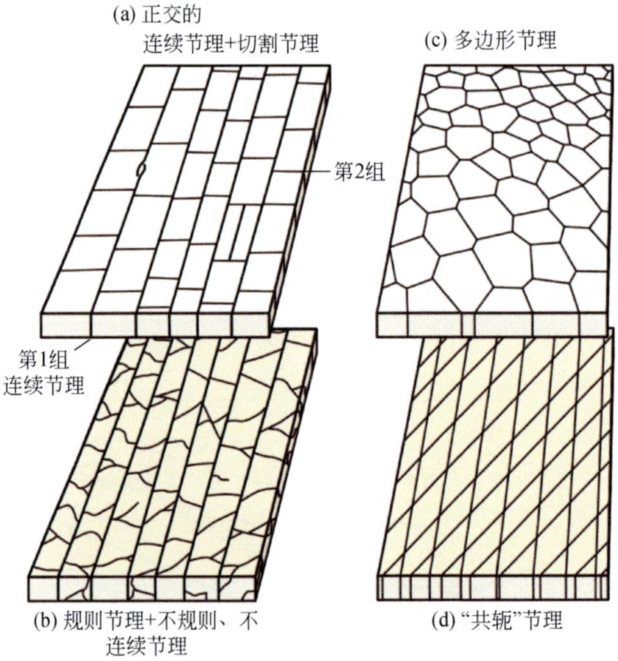

图3.14 节理模式的一般类型（据Fossen，2016）

注意："共轭"节理系并非真正的共轭，因为两组节理可能形成于不同的时间和不同的应力场；正交节理也可形成于同一构造应力场

数值模拟发现，一旦某（岩）层中的节理达到饱和程度，σ_3的方向会从垂直于节理方向调整到平行于节理方向（Fossen，2016）。这样会产生与第1组节理相垂直的新的一

组节理，形成如前所述的典型的 T- 型交叉节理。最有趣的是，两组互相垂直的节理［如图 3.14（a）］可在远场应力方向没有任何变化的情况下形成（Fossen，2016）。也就是说，**在同一区域构造应力场中，可依次形成两组互相垂直的节理**。但并非共轭节理。

还有一种特殊的节理样式，称为多边形节理，也称 **Y- 型交叉节理**［图 3.14（c）］，通常在短时间内快速形成。熔岩和浅层侵入体中的柱状节理就是这种节理，它随着熔岩或岩浆的冷却和收缩（热收缩）快速形成。许多教材中对柱状节理都有详细介绍，这里不再赘述。

X- 型交叉节理由两组不同年龄的、斜交的节理系构成。与图 3.14（d）所示的斜交节理不同，最早的一组节理通常由侧向延伸比较稳定的一组节理组成，而第二期节理却被频繁中断。这种节理系看上去可能很像共轭节理，但如果它们是共轭的，将不得不被解释为剪切或混合成因的裂隙或破裂，而不是真正意义上的节理，因为节理只有张性的。因此，“共轭节理”术语的使用必须谨慎，因为“共轭”通常意味着破裂是同时发生的。

如果两组节理相互斜交，可以预期因与早期节理的相互作用而使第二期节理发生偏移，如何偏移取决于远场应力（remote stress）沿早期裂隙是拉张还是压缩（如图 3.15 所示）。应力偏转，后期节理也偏转，而且节理发生弯曲表明其相对年轻。

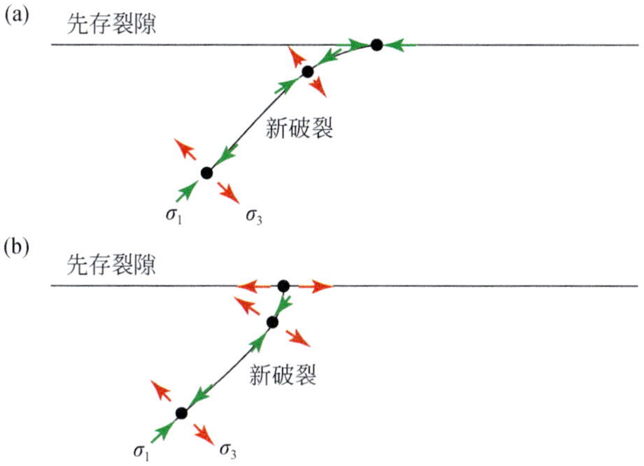

图 3.15　现有裂隙附近破裂扩展方向的局部调整（据 Dyer，1988 修改；转引自 Fossen，2016）

新破裂向着先存破裂扩展过程中尽可能与 σ_3 保持垂直。如果新破裂顺着先存裂隙弯曲（a），表明远场主压应力 σ_1 沿先存裂隙压缩；如果新破裂对着先存裂隙弯曲（b），那么 σ_1 和 σ_3 很可能具有相似的强度，且 σ_3 沿先存裂隙方向拉伸

平行节理，只要它们间的距离足够近，也会产生相互作用。现有节理端部会使远程应力场发生偏转（如图 3.16），而第二个节理端部将按照新产生的局部应力场进行扩展，具体地说，就是沿着 σ_1 的方向、垂直于 σ_3 的方向扩展。精确的路径或几何形状将取决于远程应力场，但是，对于较年轻的节理端部可能会出现钩状的几何形状［图 3.16、图 3.17（a）］。如果两个节理同时相对传播，会形成双钩形构造［图 3.17（b）］。例外的情况是，差异应力很高，在这种情况下，两者将保持直线，而两个端部相距太远，以至于它们的应力场无法相互作用。在没有其他节理干扰的情况下，单个节理扩展会在末端形成呈雁列式排列的弯曲裂纹边缘带［图 3.17（c）］。

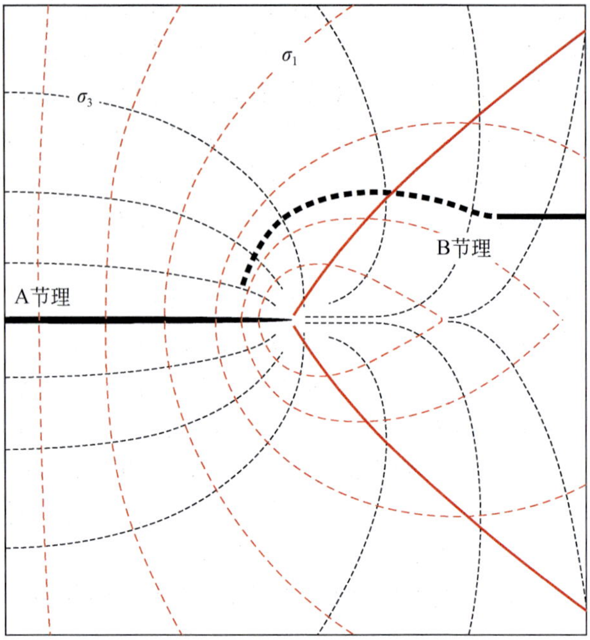

图 3.16　节理端部主应力方向变化（据 Olson and Pollard，1989；转引自 Fossen，2016）

节理 A 端部主应力 σ_1 与 σ_3（张应力）总是互相垂直。如果第二个节理（节理 B）自右侧扩展，会在该应力场控制下形成一个钩形节理（虚线）。实际上，在第二个节理扩展过程中，其端部也会对应力场产生动态扰动，要更准确地预测由此产生的钩形节理形状，则需按时间逐步建模

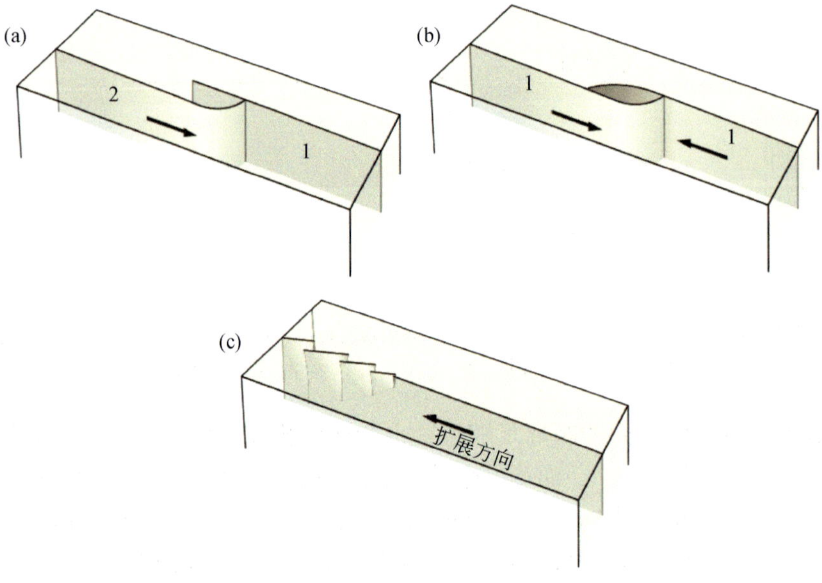

图 3.17　节理端部相互作用图示（据 Fossen，2016）

（a）节理 2 向节理 1 扩展并弯曲；（b）两个节理同时相向扩展，二者均偏移弯曲；（c）节理扩展形成的呈雁列式排列的扭曲裂纹边缘带。这些排列方式可告诉我们节理的扩展方向

3.2　脉

3.2.1　脉的形成

脉（vein）通常是指岩石中的破裂或裂隙中充填的由富水流体沉淀所形成的次生矿物。构造地质学家一般对脉壁打开过程中形成的同步充填脉尤为感兴趣。而另外一种脉即充填于地壳最上部已经打开的裂隙或裂缝中的脉，尽管可能含有有价值的矿甚至宝石等，但是它们不能反映裂隙的打开历史，所以这类脉不在我们的讨论范围之内。

构造地质学家发现，不同类型的脉中蕴含着压力或应变信息，特别是同期伸展型脉，也就是当裂缝打开时充填于裂缝中的次生矿物，这种脉与岩石变形的运动学有密切关系，可指示母脉（或裂隙）的剪切指向（图 3.18）。这种现象在野外非常常见，但应特别关注母脉（或裂隙）的剪切作用是再活动，还是同期作用。

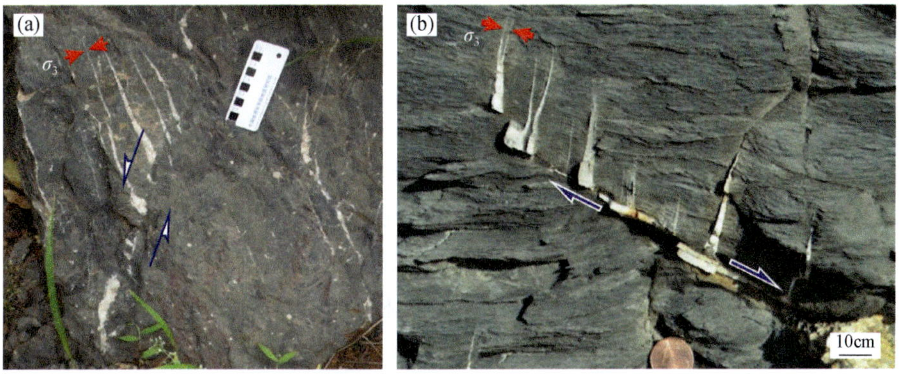

图 3.18　不同岩石中的石英或方解石脉

（a）左旋剪切作用派生的伸展性脉（侯泉林摄）；（b）母脉的右旋剪切作用派生的伸展性脉（Fossen，2016）。紫色半箭头指示母脉的剪切指向。注意，母脉的剪切作用可能使脉再活动

脉与节理相似，只是充填了一种或多种次生矿物，如石英、方解石、绿帘石或绿泥石等，但形状变化较大，通常比节理短而宽。脉也可以由超压流体所致，类似于岩墙，形成于高围压条件下（如岩石圈深处），但最常见的还是上地壳环境。

流体提供了脉的充填矿物，且往往含有平行取向的长条形晶体，矿物的长条形伸张习性是由特定的生长环境所致（图 3.19），因此其形态特征可为分析脉的形成过程提供线索。设想石英或方解石晶体集合体中的一个裂隙一旦打开，新的晶体物质就可以从流体溶液中沉淀到现有的晶体上。当脉体矿物晶体在孔洞和开放裂隙中自由生长时，会形成大致等轴和随机取向的晶体，称为块状（或亮晶）结构［图 3.19（a）］。如果相邻晶体以相似的速度生长，会形成长块状晶体；不适合晶体学取向生长的晶体则生长缓慢，甚至变薄和尖灭，它们相邻的晶体会直接接触［图 3.19（b）］。生长竞争过程可以导致少量等

轴晶粒的聚集，但是如果生长竞争受到限制，如构造应力的施加，就会产生许多拉伸状晶体［图 3.19（c）］，甚至纤维状晶体［图 3.19（d）］，因为晶体总是沿着最小主应力 σ_3 的方向生长。从纤维状到长块状和块状晶体颗粒是渐变关系。纤维状是极端的细长状晶粒，具有平行的边界，宽度为 10 ～ 350μm，长宽比最大（可达 100：1），且宽度相对稳定；长块状和拉伸状晶粒的长宽比较小，但会持续变细（图 3.19）。

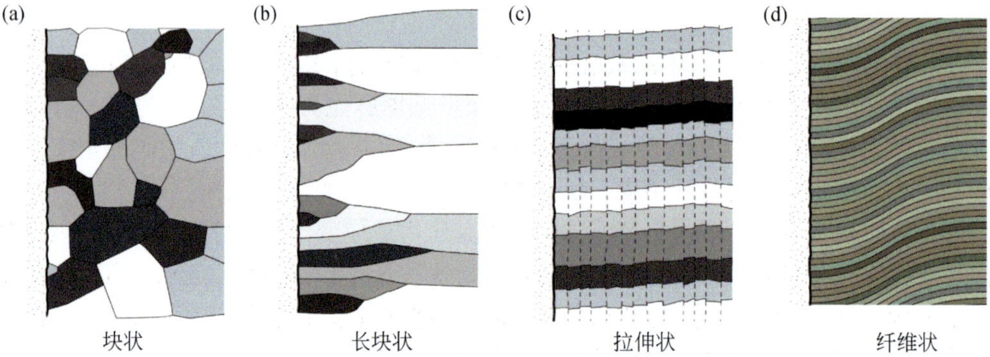

图 3.19 脉体晶体形貌特征（据 Fossen，2016）

（a）块状；（b）长块状（有竞争生长）；（c）拉伸状：虚线代表多个破裂事件；（d）纤维状

3.2.2 脉的内部结构和脉的类型

在孤立的裂缝中，矿物纤维生长可以相同的速率从两边扩展到不断扩大的空隙中。这一过程可称为双轴生长（bitaxial growth）。结果形成一个以中心平面对称的脉，在中心面上沉淀新的物质。在薄片中，这个平面看起来是一条清晰的线，称为中线（median line）（图 3.20）。中线通常以细小的不透明颗粒和细长的晶体纤维的不连续分布为表征。

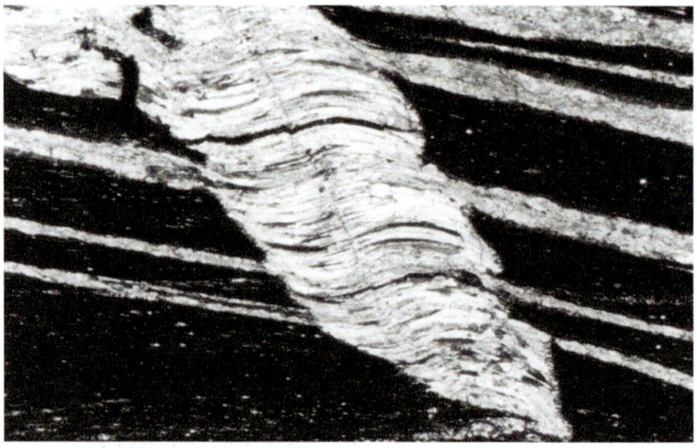

图 3.20 板岩中背向生长的方解石纤维脉（据 Passchier and Trouw，2005）

注意：中线（median line）清晰可见

脉体的矿物纤维总是沿着 σ_3 的方向生长。按脉体的生长方式可分为同生脉（syntaxial vein）、异生脉（antitaxial vein）、复合脉（composite vein）和紊生脉（ataxial vein）等（图 3.21、图 3.22）。

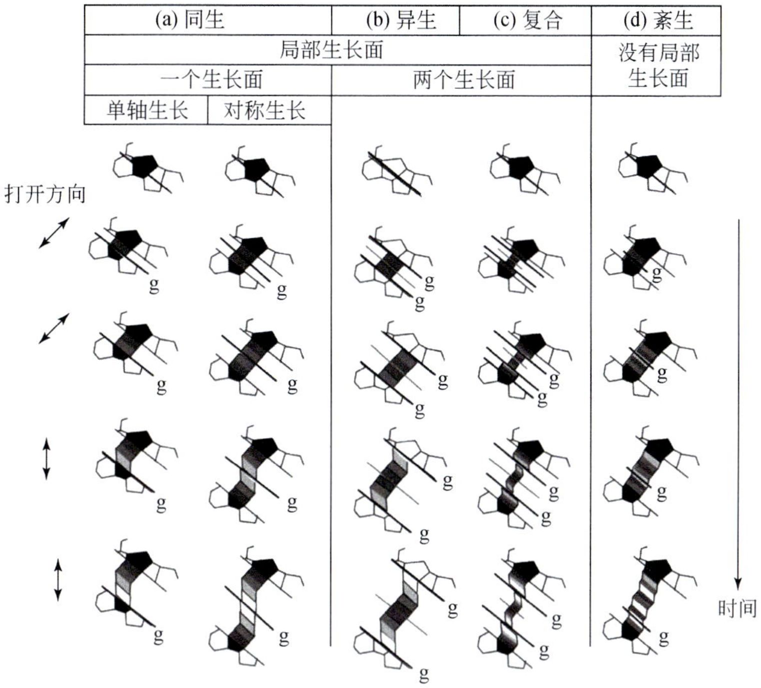

图 3.21　脉的基本类型（据 Passchier and Trouw，2005）

（a）同生脉（syntaxial vein）：最老纤维脉沿裂隙边缘生长，中间线表示生长面的最终位置。单轴生长情况下不发育中线；（b）异生脉（antitaxial vein）：纤维脉由中间向两侧生长，最老部分沿中线生长，两个生长面固定在与围岩的接触面上；（c）复合脉（composite vein）：同生和异生复合，两个生长面出现在脉体的最新接触部分；（d）紊生脉（ataxial vein）：纤维脉充填物连续生长但没有固定生长面，纤维脉中新老纤维充填物混生，不发育中线。最新生长面由粗黑线表示（g）

1. 同生脉（syntaxial vein）

同生脉意即脉体物质来源于脉壁本身，故得名。当长条形的矿物纤维从脉壁向脉的中心生长时，以使矿物最老的部分总是最靠近脉壁的部分［图 3.21（a）、图 3.23（a）］。一旦此过程开始，从能量上讲更有利于原有晶体的生长而不是新晶粒的生成，而且向着脉的中心部位生长。如果这个裂隙是开放的（充满了流体），很可能只在地壳浅部层次，那么在晶体生长前缘会有一个小的晶体面，即中线，它反映了原始破裂的形状。所以，同生脉是由矿物在裂隙中心线处生长所形成［图 3.21（a）、图 3.23（a）］。

需要说明的是，现行文献中，多根据脉体的生长方向，将“syntaxial vein”译为“对向生长脉”或“对生脉”。本教材之所以没有沿用该译法，主要考虑：①“syntaxial”并无“对向生长”之意；②无论是脉还是应变影（压力影）的分类并非根据矿物纤维的生长方向，而是根据矿物生长的物质来源；③如果译为“对向生长”，那么应变影的生长则恰好相反（见第 7 章 7.6 节），同一个单词在不同内容中译为不同的中文容易造成混乱或误解，徒增烦恼。同理，将“antitaxial vein”译为“异生脉”（见后）。

有时，由于中线两侧脉的生长速度不均匀，同生脉会形成一条偏离中心的中线。极端情况下，脉会只从一侧向中心生长，缺乏中线，称为单轴生长脉（unitaxial vein）［图 3.21（a）、图 3.22］。

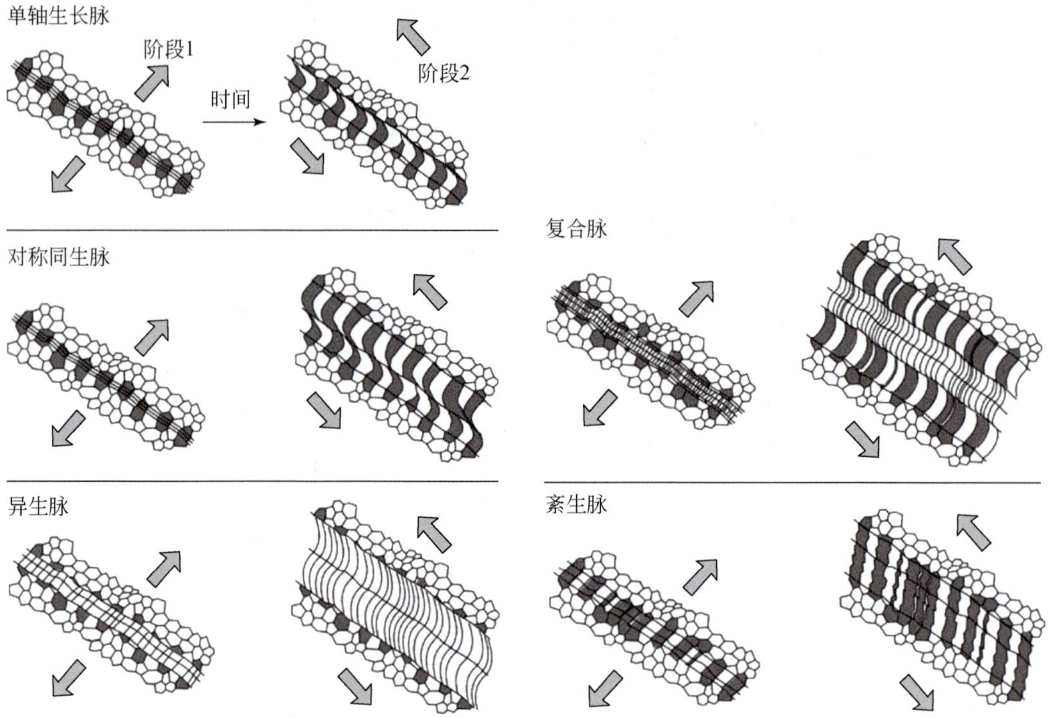

图 3.22 纤维脉体的五种类型及其发展过程（说明见正文；据 Passchier and Trouw，2005）

岩壁相对运动方向的变化（箭头所示）可以引起脉体中生长纤维的弯曲。注意，脉体纤维的弯曲方向取决于脉的类型；紊生脉（ataxial vein）中的连续（stright）纤维指示脉壁的平均位移方向

同生脉与脉壁的矿物组成相同。此外，新生长的长形矿物颗粒显示出与它们成核的脉壁上的矿物颗粒相同的光学取向。因此，对于石英砂岩或石英岩，脉的矿物将是石英，而对于石灰岩或大理石将是方解石。多数情况下，同生脉的矿物中几乎不含包裹体。

同生脉可以是一次破裂事件形成，一旦伸展破裂形成并打开，晶体便从两侧向中间生长，直到部分或完全填充裂缝。当晶体并排生长时，它们在生长方向上变长（长块状），但因个体生长速率的差异（竞争生长）使一些晶粒变宽，而另一些晶粒在长度方向变窄[图 3.23（a）]。由于晶体的生长速度在不同的晶体方向上是不同的，所以晶体倾向于择优的晶体取向，比如石英，生长速度最快的方向是光学 c 轴，它将与裂缝壁呈高角度方向发展。这可以通过在显微镜下插入石膏板（交叉极）检查。

同生脉也可由多次破裂事件形成。随着晶体生长的持续，在断裂过程或破裂事件中所产生的空间会被部分或全部充填，这一过程称为**愈合**，当愈合不完全（含有微小的空隙或杂质）而使中线成为薄弱面，额外的变形将导致沿中线出现新的裂缝。反复开裂和不断地愈合过程称为**裂隙－封堵机理（生长）**（Ramsay，1980）。当裂隙的扩张速度比矿物生长速度快时，在中间会留下空隙[图 3.24（a）]。

2. 异生脉（antitaxial vein）

异生脉意即脉体物质并不来源于脉壁而得名。有些脉是由具有真正的纤维构造的矿

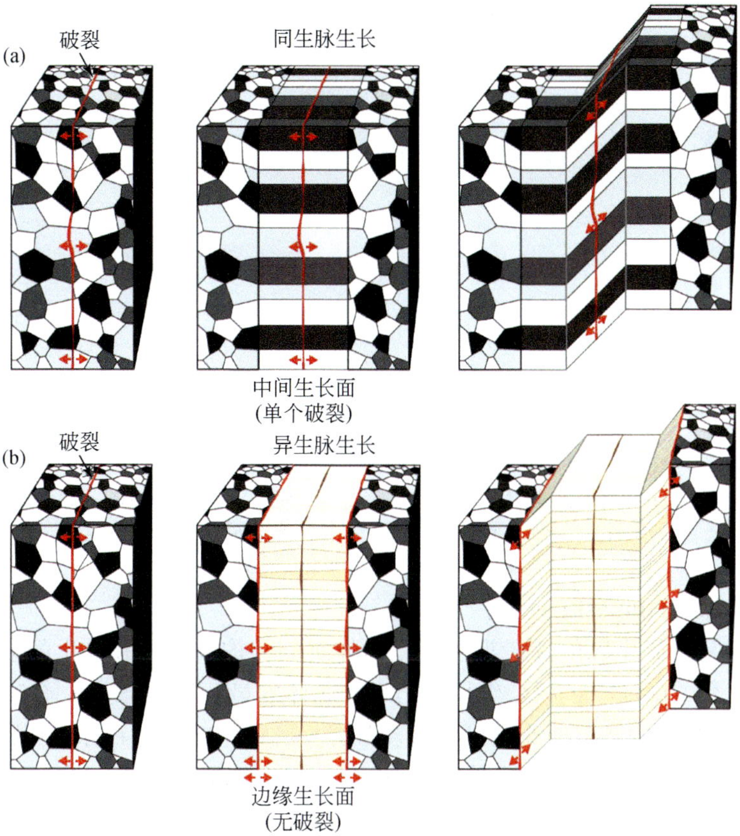

图 3.23　同生脉和异生脉的生长图解（据 Fossen，2016）

红色线代表矿物纤维生长的位置

物组成，其成分与脉壁矿物不同。因此，它们与脉壁的矿物晶体没有结晶学上的关系。对这种脉的解释是从中间向脉壁生长，即与同生脉相反［图 3.21（b）、图 3.22、图 3.23（b）］。中间带在脉的中部，脉分别沿两个脉壁的边缘逐渐生长变宽。如果两侧边缘的增长速度不同，则中间带会偏离中心，然而对称的异生脉相当常见。有文献称为背向生长脉或背生脉。

异生脉发育有细小等轴颗粒或围岩碎片所限定的弱的中面，通常位于纤维集合体的中部，代表脉体充填的初始成核位置（图 3.20）。中面上的物质在脉形成的初始阶段就已形成，即最老部分位于中线位置，两个生长面固定在与围岩的接触面上［图 3.21（b）、图 3.24（b）］。异生脉通常由矿物纤维而不是长条状的矿物晶体组成，脉体对称，单个纤维在中线上可以是连续的，这与同生脉形成了明显对照。矿物纤维从初始脉（中线）的外侧壁上开始向外生长，纤维的尺寸在一定程度上受控于初始脉的晶粒大小。纤维在两壁上的生长并非裂隙 - 封堵机制，因为纤维生长中沿生长表面没有进一步破裂。因此，纤维在生长过程中几乎没有显示出竞争生长或新晶粒成核的迹象，这与同生脉的细长状矿物竞争生长形成对照。

图 3.24 英国萨默塞特（Somerset）不同类型脉的生长特征（据 Fossen，2016）

（a）同生脉：节理张开速度比矿物生长速度快，长块状结构；（b）异生石膏脉：中心有一条略微倾斜的中线（指甲的顶端），表明初始破裂的位置。纤维从中线向脉的边缘生长

3. 复合生长脉（composite vein）

复合生长脉是指异生脉的片段夹于同生脉体之间，构成同生和异生的复合生长脉。这种脉可以有三个“中线”，两个生长面出现在脉体的最新接触部分［图 3.21（c）、图 3.22］。事实上，目前为止，所观察到的大多数异生脉纤维状方解石脉均在脉壁接触处有较薄的石英－绿泥石自生体，因此可归类为复合脉（Hilgers and Urai，2002）。

4. 紊生脉（ataxial vein）

裂隙－封堵机制并非总是约束于同一条线（中线）的重复开裂。在每次开裂事件之间，如果密封作用比较完全，很可能在另一位置形成新的裂隙。如果一个新的裂隙形成于先前形成的脉的晶体中，晶体将生长的更长或被拉伸，故又称拉伸脉（stretching vein）（图 3.21、图 3.22）。紊生脉矿物纤维充填物连续生长但没有固定生长面，纤维脉中新老纤维充填物混生，呈锯齿状（不规则）边缘，不发育中线［图 3.21（d）、图 3.22）］。因此，不发育中线是紊生脉和单轴脉的特征。图 3.19（c）展示了这种类型的脉，其中垂直虚线表示多个破裂事件分隔的各个生长事件对应的区域。

另一种情况，新的裂缝形成在围岩中，而不是脉中。这种情况，一些围岩被包含到脉中。还应注意，一些脉可能会随着脉向尖端变窄而由伸展变为同生脉的情况。总之，拉伸脉是在脉体内或外的新位置上反复开裂的结果。

脉体纤维一般形成于浅变质（浅层变质作用），到 350°C 左右的中绿片岩相变质阶段。在较高的温压条件下，晶体启动塑性变形机制，先前形成的纤维很可能重结晶。

3.2.3 脉的排列方式

脉有不同的排列方式，不同的形成环境，但它们总是暗示垂直它们的伸展作用，成为有效的应变指示标志。发现呈阵列排列或带状分布的脉并不少见，其中各脉相互平行，同时又斜交于该带的包络面（线）（图 3.25、图 3.26）。

图 3.25 葡萄牙粉砂岩中的雁列式石英脉（据 Fossen，2016 修改）

注意：与脉垂直的一组劈理（白色虚线）；脉和劈理显示一定程度的旋转（反 S 形），指示右旋剪切（参阅图 3.23）；该脉有长形石英晶体组成

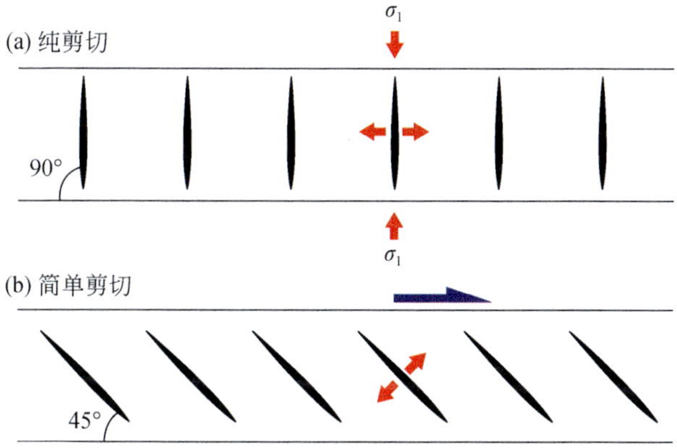

图 3.26 纯剪切和简单剪切下脉的发育

强调脉的方向相对于由脉构成的带的不同：纯剪切脉与带呈 90°；简单剪切脉与带呈 45°

我们经常使用“雁列脉”（en echelon vein）术语，这里的“echelon”是个老的法语词，指梯子的台阶。这种排列确定了一个带，为了确定这个带是否真的发生了简单剪切或其他非共轴变形，需要考察尖端是否与该带呈 45°（图 3.26、图 3.8、图 3.25）。这是因为最大瞬时拉伸方向（ISA_1，见附录 4）总是与剪切带呈 45° 关系（θ=45°，见第二卷图 1.41）。基于此，脉的尖端记录了最后的应变增量。

脉的雁列式排列通常构成以 σ_1 方向线为轴的镜像对称的共轭组合（图 3.27）。可能的排列方式和运动学方式与共轭断层相似，只是断层或剪切裂隙被脉的排列所取代。因此，它们可以容纳纯剪切或更一般的三维共轴应变。

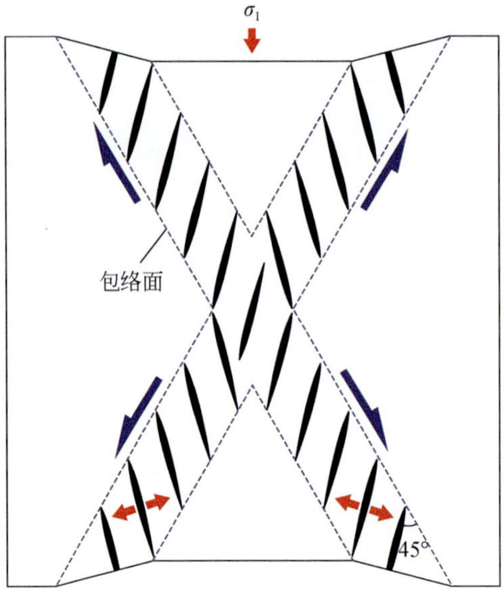

图 3.27 共轴应变场中的共轭脉系示意图（据 Fossen，2016）

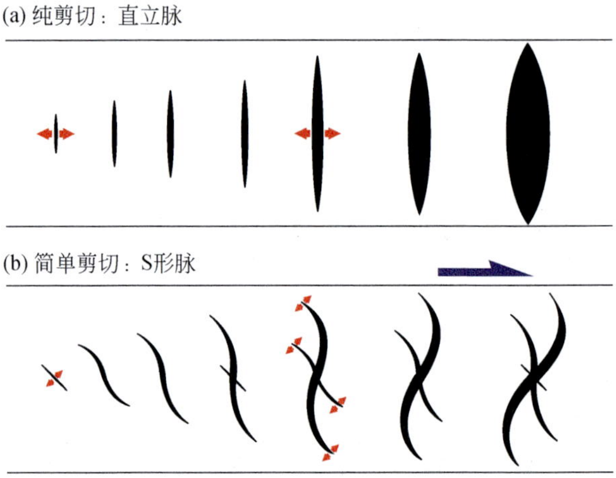

图 3.28 脉的递进演化过程（据 Fossen，2016 修改）

（a）纯剪切；（b）右旋简单剪切。自左向右应变逐渐增强

随着应变的积累，脉阵列的演化过程如图 3.28 所示。对于纯剪切，演化比较简单，脉长和脉宽（厚度）逐渐非旋转增长。然而，对于简单剪切，脉的中心部分会旋转，而逐渐扩展的尖端与剪切带间的夹角总是接近于 45°。结果使弯曲的脉体在某一点上可能被第二，甚至第三代脉所截切（图 3.28；参阅第二卷图 1.23）。

如果矿物纤维或细长的矿物颗粒发育于弯曲的拉伸裂缝脉中，它们可能具有复杂的形状，并且可以用来指示剪切方向（图 3.29）。晶粒的弯曲样式取决于其生长时的性质。异生脉晶体颗粒与拉伸裂缝的外部形状的弯曲方向相同；同生脉晶体颗粒与拉伸裂缝的外部形状弯曲方向相反，据此可以判断剪切带的剪切指向（图 3.29）。实际情况可能更为复杂。

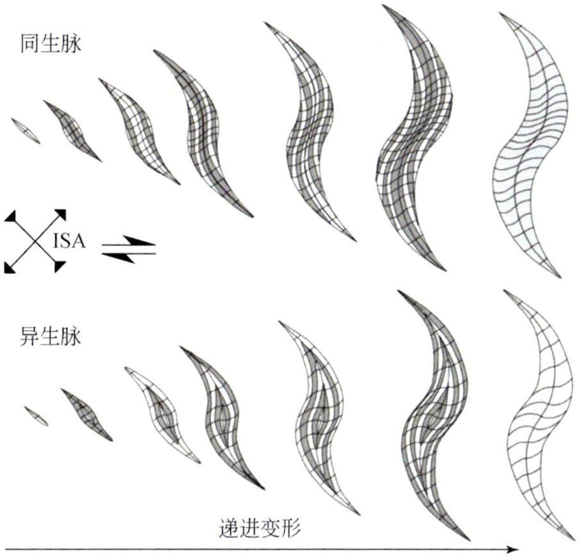

图 3.29　右旋剪切过程中张性裂隙及其脉体纤维生长过程示意图（据 Passchier and Trouw，2005）

上图：同生脉；下图：异生脉

3.2.4　实例分析

图 3.30 为福建大田下三叠统溪口组（T_{1x}）石英砂岩中的方解石脉（侯泉林等，1995）。按照前面有关不同类型脉的特征，该脉为方解石脉，与两壁的石英砂岩在岩性和矿物成分方面均无相同之处；矿物纤维均匀整齐，过中线连续，并未显示竞争性生长特征，因此，应为异生脉。按照矿物纤维总是沿 σ_3 方向生长之原则，该裂隙脉初期为张性脉，后期兼具右旋走滑性质，使矿物纤维生长方向发生了偏转。

读者可根据照片，给出其他更为合理的解释。

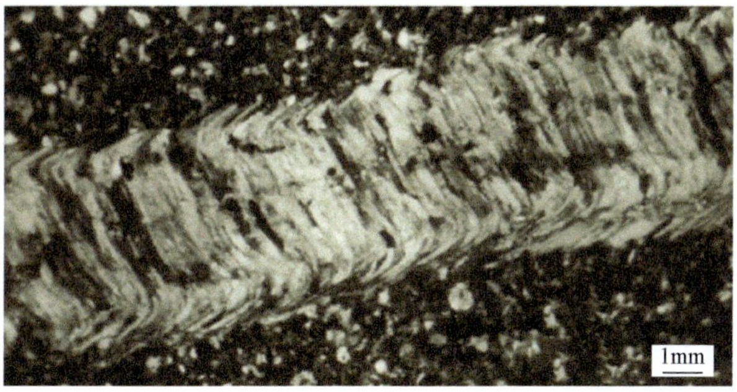

图 3.30　福建大田下三叠统溪口组石英砂岩中的方解石脉（据侯泉林等，1995）

注：正交偏光显微照片

总之，节理和脉是地壳最上部常见的脆性构造，对岩石强度、岩墙侵入、流体流动，以及隧道开挖和地下施工等都有重要影响。它们包含着有关区域构造发展后期的重要信息，尽管复杂的联合模式可能难以理解和辨别。节理和脉可概括为以下特征：

1）节理和脉都是伸展构造，脉体垂直于脉壁或平行于张应力 σ_3 方向生长。

2）许多是当流体压力超过区域挤压应力时形成的水力致裂，故为张性构造。

3）节理趋于大范围分布，而不是局限于局部地区。

4）节理和脉都优先形成于能干性岩层中。

3.3 显微脉实例介绍

以下照片主要引自胡玲等（2009）编著的《变形显微构造识别手册》，同学们可参考分析脉的类型及其所指示的剪切指向（图 3.31）。

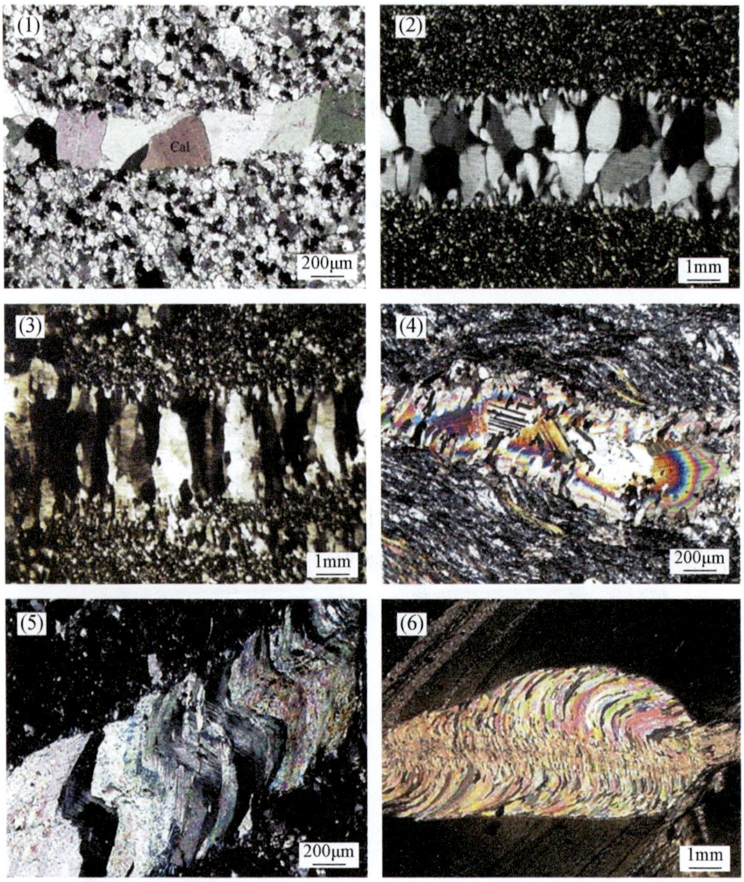

图 3.31 不同类型的显微脉

照片说明：以上照片均为正交偏光，说明仅供参考，也许有其他更合理的解释。（1）单向一次性生长的方解石脉，张性脉；（2）对称同生石英脉，张性脉；（3）对称异生石英脉，张性脉；（4）不对称多阶段同生方解石脉，张性脉；（5）不对称多阶段异生方解石脉，早期张性，晚期右旋剪切；（6）不对称多阶段异生方解石脉，早期张性，晚期右旋剪切；（7）多阶段多成分同生脉（白云石－石英），中间为空洞

思 考 题

1. 何为节理？国内外教科书对节理的定义和分类有何异同？你的看法是什么？
2. 节理与构造应力和应变的关系如何？
3. 节理的生长和传播方式如何？
4. 脉的类型和特征？
5. 如何利用脉的生长方式判别剪切指向？

参考文献

侯泉林，李培军，李继亮．1995. 闽西南前陆褶皱冲断带．北京：地质出版社，1～107

胡玲，刘俊来，纪沫等．2009. 变形显微构造识别手册．北京：地质出版社，1～96

罗金海，梁文天，于在平．2018. 构造地质学．北京：高等教育出版社，1～371

徐开礼，朱志澄．1984. 构造地质学．北京：地质出版社，1～243

朱志澄．1999. 构造地质学（第二版）. 武汉：中国地质大学出版社，1～262

朱志澄，宋鸿林．1990. 构造地质学．武汉：中国地质大学出版社，1～331

朱志澄，曾佐勋，樊光明．2008. 构造地质学（第三版）. 武汉：中国地质大学出版社，1～226

Dyer R. 1988. Using joint interactions to estimate paleostress ratios. Journal of Structural Geology, 10(7): 685～699

Engelder T, Geiser P. 1980. On the use of regional joint sets as trajectories of paleostress fields during the development of the Appalachian Plateau, New York. Journal of Geophysical Research: Solid Earth, 85(B11): 6319～6341

Fossen H. 2016. Structural Geology (Second Edition). New York: Cambridge University Press, 25～254

Hilgers C, Urai J L. 2002. Microstructural observations on natural syntectonic fibrous veins: implications for the growth process. Tectonophysics, 352(3-4): 257～274

Hodgson R A. 1961. Classifcation of structures on joint surfaces. American Journal of Science, 259: 493～502

Olson J, Pollard D D. 1989. Inferring paleostresses from natural fracture patterns: a new method. Geology, 17(4): 345～348

Passchier C W, Trouw R A J. 2005. Microtectonics. Springer Science & Business Media, 1～366

Ramsay J G. 1980. The crack-seal mechanism of rock deformation. Nature, 284(5752): 5～13

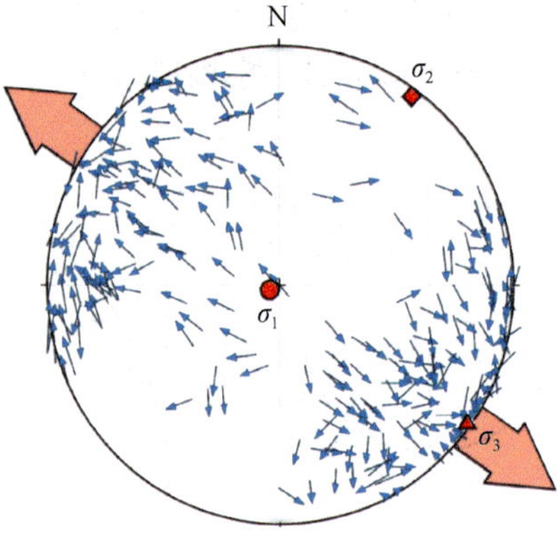

图 4.12 挪威卑尔根西部的基底片麻岩断层数据的切向线理图解（据 Fossen，2016）

σ_1 可以确定，但 ϕ 值，尽管原则上可以通过与图 4.13 比较确定，实际上如此情况下很难确定。这种情况相当普遍，其中部分原因可能是断层方向的变化太过有限

在古应力分析时之所以要格外谨慎，主要因为如下原因：一是取决于我们识别该断层群形成于同一个稳定的应力场中的能力；二是应力场在所研究的区域范围内是均匀的。我们知道，断层的相互作用以及任何的机械分层都会扰乱应力场，因此这个假设很可能只是一个近似情况。古应力分析的结果必须与野外实际和特定地点的情况相一致。

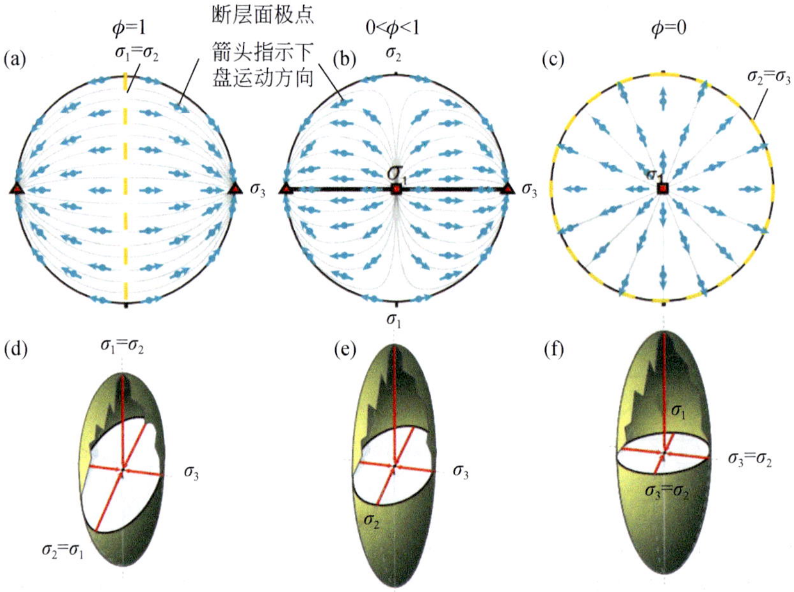

图 4.13 断层切向线理图解与应力莫尔圆关系示意图（据 Fossen，2016；Twiss and Moores，2007）

（a）～（c）断层极点（法线）极射赤平投影图。箭头指示下盘相对上盘的运动。该模式是考虑不同方向断层的情况下形成的，并假定运动方向与各面最大剪应力方向平行。该模式取决于用 ϕ 表示的各主应力之间的比率。将野外资料在图解中投图，可以估计主应力方向和 ϕ 值。（d）～（f）对应的应力椭球形态

4.3　断层滑动数据的运动学分析

4.3.1　断层面解

所谓**断层面解**（fault-plane solution）是指包含通过诸多地震台网观测所获得的由地震引发的初始运动信息的极射赤平投影图。它由两个分别代表压缩运动和拉张运动的正交平面组成，其中一个平面代表断层方向。沙滩球式的投影图反映了断层（正断层、逆断层，或其他）滑动方向和主应力轴的大致位置（图 4.14）。

断层面解是在绘制地震震源周围 P- 波或 S- 波分布图时发现的。其基本原理是断层（不管是正断层、逆断层，还是其他断层）的滑动方向控制着地震波的分布。实际断层面和与之互补直交的理论剪切面共同构成一对节面（nodal planes），利用不同地震台站观察到的 P- 波初动信息能够识别出该节面（即 P- 波的初动节面），并能够确定是压缩的还是拉伸的，因正 P- 波是压缩波，它的到达使台站受到来自地下的一个突然挤压；负 P- 波是膨胀波，它使台站受到一个突然拉伸。将一对节面投到极射赤平投影图上即构成著名的“沙滩球”式（“beach-ball”-style）的投影图（图 4.14）。从几个地震台站获得的有关初至波的信息（压缩 P 或拉伸 T）可用来约束两个节面的方位和运动方向，这就是震源机制。断层面及其互补的界面将投影图分割为不同象限，P- 轴和 T- 轴投于象限中间位置。不同的“沙滩球”指示了不同的震源机制或断层运动方向（图 4.14）。

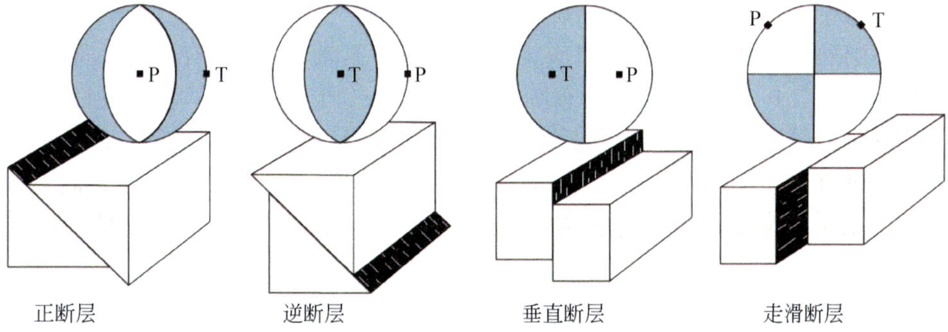

图 4.14　不同类型断层的“沙滩球”式极射赤平投影图（据 Fossen，2016）

除非进行余震等资料分析，否则，仅根据地震资料（P- 波和 S- 波）无法判断哪一个节面代表实际的断层面。只有 P- 轴和 T- 轴是已知的，而 P 和 T 与 σ_1 和 σ_3 并不完全对应（图 4.15），尽管以往通常如此假设。由于地壳拥有一些薄弱带（构造），许多地震都是由于先存断裂的再活动所致，因此断层方向与应力场之间没有确切的关系。然而，我们知道 σ_1 必须位于 P- 域之内，σ_3 必须位于 T- 域之内。这样，对不同方向断层的多次地震的观测可以提供一个数据的分布状态，从而增加了很好地估计应力轴的机会。原则上，我们可以根据这些数据通过应力反演来估计主应力。

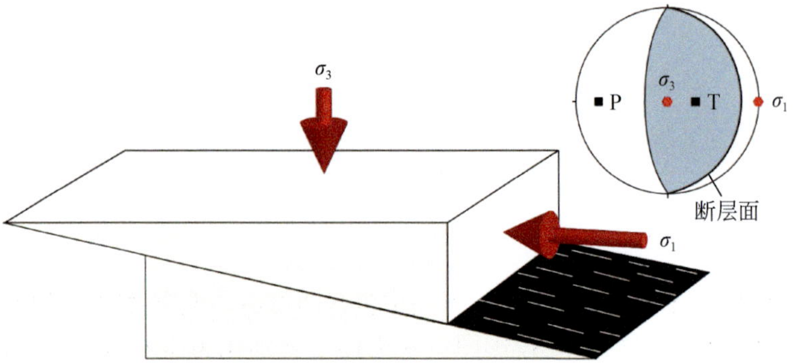

图 4.15 低角逆冲断层主应力与 P- 和 T- 轴关系图（据 Fossen，2016）

低角逆冲断层的 σ_1 总是水平的，σ_3 是直立的；P- 轴和 T- 轴总是平分节面，所以只有断层与 σ_1 成 45° 夹角时，P- 轴和 T- 轴才会与 σ_1 和 σ_3 相对应

4.3.2 运动学资料的运用

基于断层滑动数据来反演古应力的方法主要是依据把地壳过于简单化的华莱士 - 博特假说的基础上，将应力和滑动联系起来。鉴于此，有些人更倾向于采用纯运动学的方法来处理应变或应变速率而不是应力。在图 4.16 所示方法上，运动学分析方法主要是将断层面和与滑动有关的线理投于施密特网上。根据断层方向和滑动方向，参照上述断层面解方式，找到每一个断层面的 P- 轴和 T- 轴。这些轴分别是收缩象限和伸展象限的对称轴。它们彼此垂直，并包含在垂直于断层面的平面中。断层面也包含着线理（即滑移方向），而且 P- 轴和 T- 轴分别与断层面成 45° 夹角（图 4.16）。T 和 P 的位置取决于断层的滑动方向（如正断层、逆断层、左旋或右旋走滑断层）。

一个断层群中的每一个断层都对应着一对 P- 轴和 T- 轴。对于具有不同方向的断层群，最终得到的是一个 P- 轴和 T- 轴的分布图。理想情况下，它们应该被与所投图一致的两个互相垂直的面所分开。两平面的交点线代表了 *Y*（中间应变轴）的位置，而 *Z* 和 *X* 分别位于 P 和 T 所在区域的中间［图 4.16（c）］。这就给出了古应变轴的方位，而只有另外增加了每条断层的位移和面积信息后才能获得相应应变的大小。运动学方法可以通过计

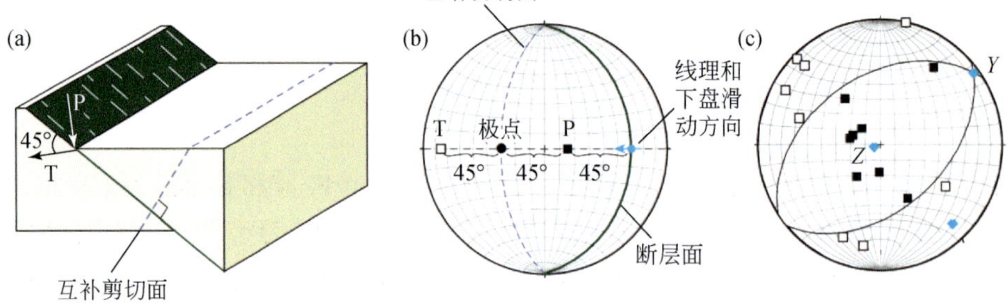

图 4.16 断层数据的运动学分析（据 Fossen，2016）

（a）一个简单的正断层；（b）断层、线理和运动方向的施密特网投图，展示了与断层面夹角成 90° 的互补剪切面，以及分别平分两剪切面的 T- 轴和 P- 轴；（c）16 个不同方向断层的资料，每个断层投点方式如图（b）。理想情况下，P- 轴和 T- 轴应分别投于由两个互相垂直面所分开的两个区域。如果不是，就是条件不符合，例如，它们可能是在两个不同的应力场中形成的。尽管少数几个数据在最低限，但表明是北西拉伸和垂直缩短，即伸展机制

算机程序快速实现，多数情况下，这种方法得到的应变轴与上一节所描述的用断层滑移数据反演得到的应力轴非常相似。运动学方法还依赖于均匀应变场和在不同变形阶段产生的滑移信息的正确分期配套。

以上，简要介绍了确定断层滑动方向的方法，进而结合其他脆性构造来获得古应力信息。但是，我们都应该清楚地意识到，任何情况下应力都不能直接观察到，而只能从应变模式中去推导。从应变推导应力一定要做一些假设。因此，从变形岩石中提取应力信息时，一定要未雨绸缪。在思想上，明确以下几个问题：

1）一些运动学判别指标可以帮助确定滑动面的位移方向，这是最起码的训练（具体训练见下节）。

2）节理和脉垂直于最小应力轴方向延展，因此是有用的古应力指标。

3）共轭断层是另一组有用的构造，可以快速估计应力场。

4）断层滑动数据可以反演主应力的方向和应力椭球体的形状。

5）复杂的断层滑动数据集可能包含了两个或两个以上应力场下形成的滑动面，因此必须分开讨论才能得到有用的结果。

需要说明的是，此处主要运用脆性断层来讨论断层滑动方向，在应力和应变方面并不仔细也不深入，有兴趣的读者可以查阅有关文献。

4.4 野外运动学分析实践

4.4.1 实践训练

如前所述，可利用断层派生构造如 T、R、R′、P 和 S 等进行断层剪切指向的判断（图 4.17）。

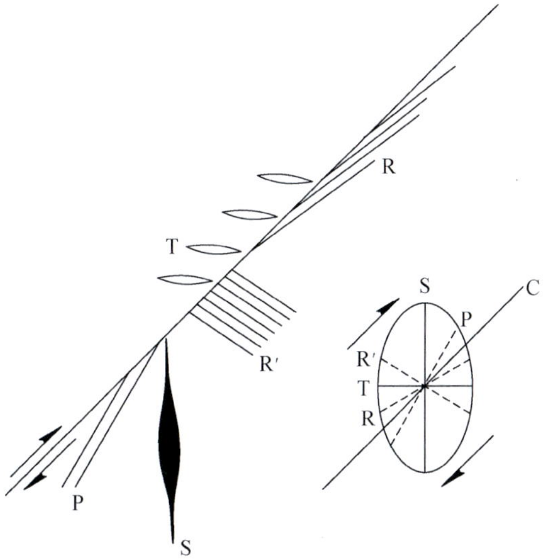

图 4.17 断层及其派生构造关系示意图

字母含义同图 4.2

按照上述原则，分析下列野外照片（图 4.18）中各次生破裂性质，并判别主破裂（断层）运动方向（剪切指向）。

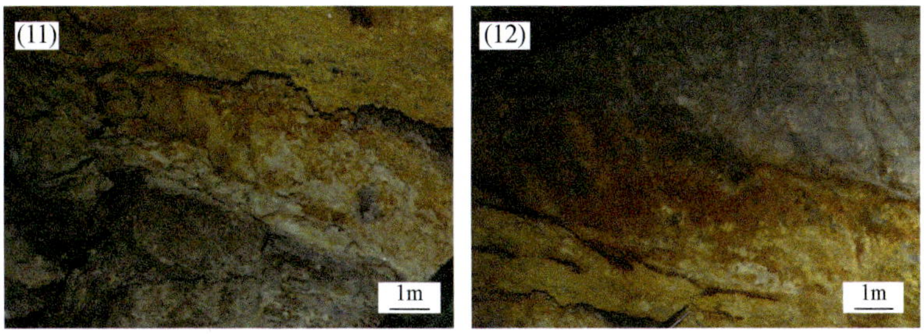

图 4.18　野外运动学分析实践

4.4.2　分析参考

野外运动学分析参考见图 4.19。

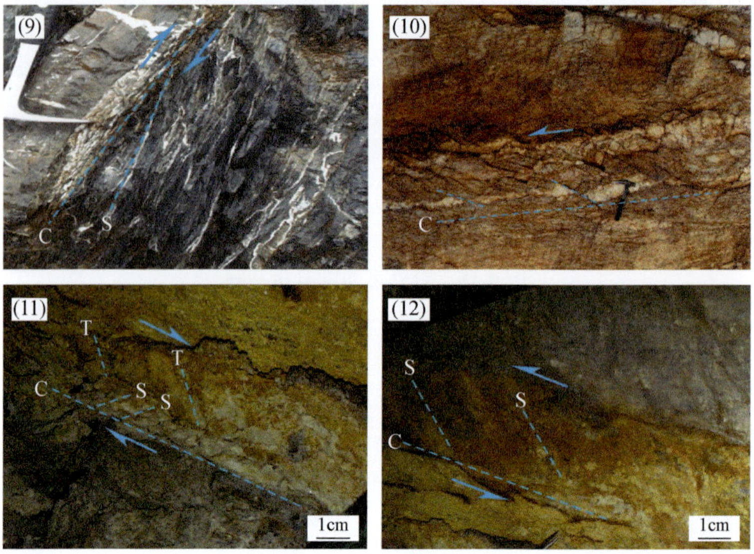

图 4.19 野外运动学分析参考

照片说明：（1）剪切带中的 T- 破裂及充填的脉体；（2）剪切带中呈弧形弯曲的 S- 破裂，韩国泉州大昌里（侯泉林摄于 2008 年）；（3）剪切带中的 T- 破裂及充填的脉体，韩国全罗北道平原（侯泉林摄于 2008 年）；（4）剪切带中的 T- 破裂及充填的脉体；（5）剪切带中的 S- 破裂，韩国青山（侯泉林摄于 2008 年）；（6）剪切带中的 S- 破裂，韩国太白盆地（侯泉林摄于 2009 年）；（7）剪切带中的 S- 和 P- 破裂；（8）湘东老山坳剪切带中发育的 R-、R′- 和 S- 破裂（侯泉林摄于 2015 年）；（9）钙质泥岩中的 S- 破裂，广西那坡 T_1（侯泉林摄于 2016 年）；（10）多米诺构造（郑亚东提供）；（11）～（12）湘东老山坳剪切带中发育的 T- 和 S- 破裂（侯泉林摄于 2015 年）

思 考 题

1. 次级破裂的类型及其发育规律是什么？
2. 如何利用断层滑动资料反演古应力？
3. 如何运用断层滑动数据进行运动学分析？
4. 野外如何运用次级破裂等现象判别断层剪切指向？

参考文献

程南南，刘庆，侯泉林等．2018．剪切带型金矿中金沉淀的力化学过程与成矿机理探讨．岩石学报，34(7)：2165 ～ 2180

侯泉林，刘庆等．2020．剪切带型矿床成矿的岩石构造环境及力化学过程．北京：科学出版社，1 ～ 175

宋超，卫巍，侯泉林等．2016．湘东茶陵地区老山坳剪切带特征及其与湘东钨矿的关系．岩石学报，32(5)：1571 ～ 1580

Anderson E M. 1951. The Dynamics of Faulting. 2 nd Edition. Edinburgh: Oliver and Boyd, 1 ～ 206

Blenkinsop T G. 2000. Deformation microstructures and mechanisms in minerals and rocks. Dordrecht: Kluwer Academic Publishers, 1 ～ 150

Bos B, Peach C J, Spiers C J. 2000. Frictional-viscous flow of simulated fault gouge caused by the combined effects of phyllosilicates and pressure solution. Tectonophysics, 327: 173 ～ 194

Cheng N, Hou Q, Shi M, *et al*. 2019. New insight into the genetic mechanism of shear zone type gold deposits from Muping-Rushan Metallogenic Belt (Jiaodong Peninsula of Eastern China). Minerals, 9: 775

Conrad R E, Friedman M. 1976. Microscopic feather fractures in the faulting process. Tectonophysics, 33: 187 ～ 198

Fossen H. 2016. Structural Geology (Second Edition). New York: Cambridge University Press, 1 ～ 510

Friedman M, Logan J M. 1970. Microscopic feather fractures. Geological Society of America Bulletin 81: 3417 ～ 3420

Japan and their implications for tectonic history. Journal of Structural Geology, 23: 1167 ～ 1178

Kanaori Y, Kawakami S, Yairi K. 1991. Microstructure of deformed biotite defining foliation in cataclasite zones in granite, central Japan. Journal of Structural Geology, 13: 777 ～ 786

Lin A. 1999. S-C cataclasite in granitic rock. Tectonophysics, 304: 257 ～ 273

Lin A. 2001. S-C fabrics developed in cataclastic rocks from the Nojima fault zone,

Logan J M, Friedman M, Higgs N G, et al. 1979. Experimental studies of simulated gouge and their application to studies of natural fault zones. US Geol Surv Open-file Rep, 79 ～ 1239: 305 ～ 343

Passchier C W, Trouw R A J. 2005. Microtectonics. Springer Science & Business Media, 1 ～ 366

Petit J P. 1987. Criteria for the sense of movement on fault surfaces in brittle rocks. Journal of Structural Geology, 9: 597 ～ 608

Strating E H H, Vissers R L M. 1994. Structures in natural serpentinite gouges. Journal of Structural Geology, 16: 1205 ～ 1215

Tanaka H. 1992. Cataclastic lineations. Journal of Structural Geology, 14: 1239 ～ 1252

Teufel L W. 1981. Localization of deformation along faults: Implications to fault zone permeability. Geological Society of America Bulletin, 13: 565

Twiss R J, Moores E M. 2007. Structural Geology, 2nd edition. New York: H. W. Freeman and Company

第 5 章　面理和劈理

面理（foliation）和劈理（cleavage）是指岩石中发育的透入性面状构造。由构造作用形成的面理与褶皱和线理密切相关，构成变质岩中最常见的面状构造类型，其广泛发育对认识和理解岩石变形历史尤为重要。因为大部分面理与缩短方向垂直，所以在缺乏应变标志的地方，构造面理可以提供有效的应变信息。本章主要介绍一些重要术语，进而讨论几种主要面理的特征和形成过程。

现行的大学《构造地质学》教材（朱志澄，1999；朱志澄等，2008；李忠权和刘顺，2016；罗金海等，2018）对（次生）面理和劈理都有比较详细的论述，为了避免重复，本章主要针对一些容易混淆的概念和内容进行讨论。

5.1　面理和劈理的概念

5.1.1　面理

在构造地质学中，“面理”（foliation，也有人翻译为“叶理”）通常是指变质岩中的各种平面或曲面状构造，但其本身含义也包括原生沉积层理和岩浆分层即原生层理。一些构造地质学家倾向于“面理”术语指由构造应变形成的面状构造。我们通常所说的次生面理是应力和应变作用的产物，而且大部分与构造应力有关，可称之为构造面理（tectonic foliation）。也有一些非构造次生面理，如压实作用形成的面理，即是一种重要的非构造次生面理。本教材所指的**面理通常是由构造变形作用形成的构造面理，包括劈理、片理、片麻理以及糜棱岩面理等**。面理按照其形貌特征可分为**连续面理**（continuous foliation）和**间隔面理**（spaced foliation），间隔面理又根据是否有褶纹发育而细分为**断离劈理**（disjunctive cleavage）和**褶劈理**（crenulation cleavage）（图 5.1）。按照埋藏深度或温度，以及面理域宽度等，面理和劈理可大致分为如图 5.2 所示的几种类型。

面理是一种组构，也就是说单个的面，如一条断层或一个节理，不能叫面理。但是即使一块手标本上充满了互相平行的破裂，但因缺乏内聚力，也不能叫面理。尽管面理化的岩石通常容易沿面理方向裂开，但需要外力来克服其内聚力。也就是说，**面理化的岩石尽管沿面理方向可能容易裂开，但仍具有内聚力**（Fossen，2016）。面理可以由组分分层、不同粒度和扁平物体（如砾石）分带，再结晶片状或板状矿物定向排列成毫米级宽的带（域），以及密集分布的内聚微破裂和微褶皱（褶纹）带表现出来。

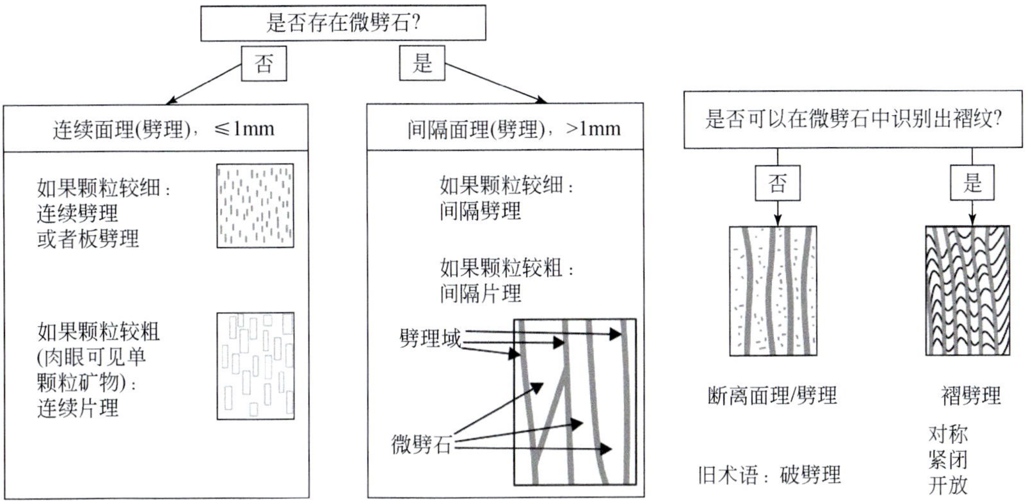

图 5.1　面理（劈理）的形貌特征分类（据 Passchier and Trouw，2005）

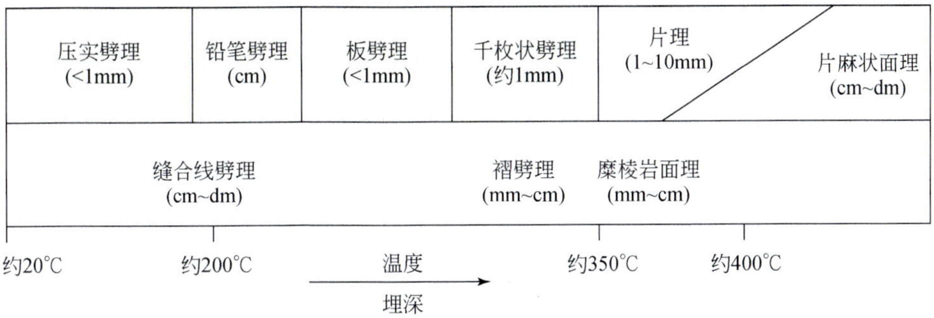

图 5.2　主要劈理和面理类型及其形成环境示意图（据 Fossen，2016 修改）

按照埋藏深度或温度、面理域宽度顺序，温度为大致对应关系。图中压实劈理严格讲不属于构造面理

5.1.2　劈理

劈理（cleavage）代表着岩石分裂或切割成或多或少平行面的能力。劈理是面理的一个大的亚类，是面理构造的低温段，在富含板状矿物的岩石中发育最好。劈理是一种由潜在分裂面将岩石按一定方向分割成平行密集的薄片或薄板的次生面状构造，但并非所有面理化的岩石都优先沿面理裂开。劈理发育于强烈变形但轻度变质（低绿片岩相及以下）或基本不变质的岩石中，而在片麻岩或片岩中则以先存面理褶皱方式形成褶劈理。劈理具有明显的各向异性特征，发育程度往往与岩石中所含片状矿物的数量、矿物粒度及其定向的程度有密切关系。

劈理和面理在手标本尺度上都是透入性的，但其面理间隔要素不同。一般情况下，劈理面间隔＞1mm，或在手标本上可以辨别出单个劈理面或带的劈理，归于间隔劈理（spaced cleavage）［图 5.3（a）、（b）；图 5.4；图 5.5］。劈理面状要素间隔≤ 1mm

的劈理归为连续劈理（continuous cleavage）［图 5.3（c）、（d）］。自然，发育连续劈理的岩石可分裂成比发育间隔面理的岩石更薄的薄片或薄板。按照传统分类，劈理可分为流劈理、褶劈理以及破劈理（破劈理问题后文专门讨论）。

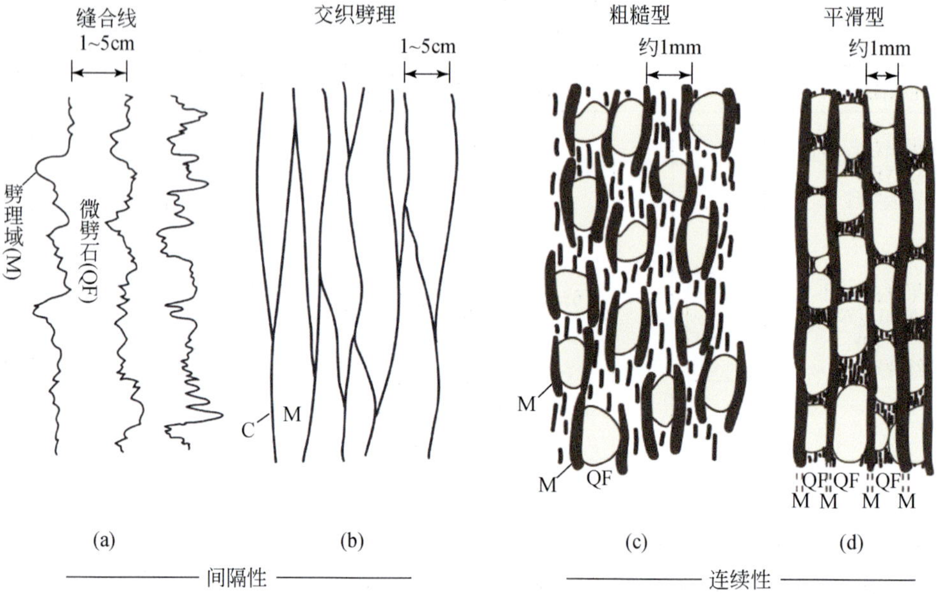

图 5.3 断离劈理类型（据 Fossen，2016 修改）

断离劈理（disjunctive cleavage）是相对褶劈理而言的，它是与任何先存面理无关的一类劈理，包括：缝合线［灰岩，图 5.3（a）］和交织劈理［砂岩，图 5.3（b）］，通常是间隔性的（劈理域 M ＞ 1mm）；细粒岩石中的连续劈理（劈理域 M ≤ 1mm），可再分为粗糙型［图 5.3（c）］和平滑型［图 5.3（d）］两种，粗糙型可发展为平滑型。各劈理域（M）被微劈石（QF）所分割

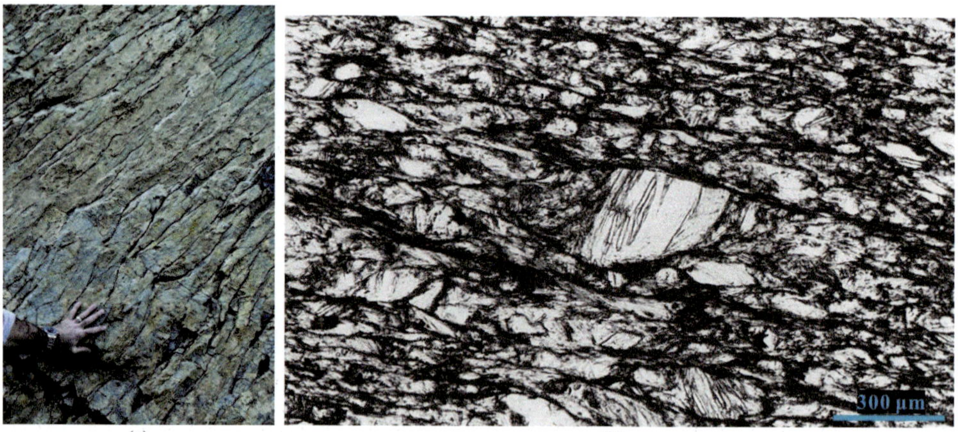

(a) (b)

图 5.4 间隔劈理（spaced cleavage）

（a）灰岩中的间隔劈理，平行于岩层方向的缩短作用，垂直于 Z 轴方向（Fossen，2016）；（b）间隔劈理，微劈石中有绿泥石堆积（Passchier and Trouw，2005）

需要说明的是，要注意区分岩石的劈理（cleavage）与矿物的解理（cleavage），矿物的解理是矿物沿特定晶面发生破裂的趋势，其英文单词是同一个词，但概念完全不同。

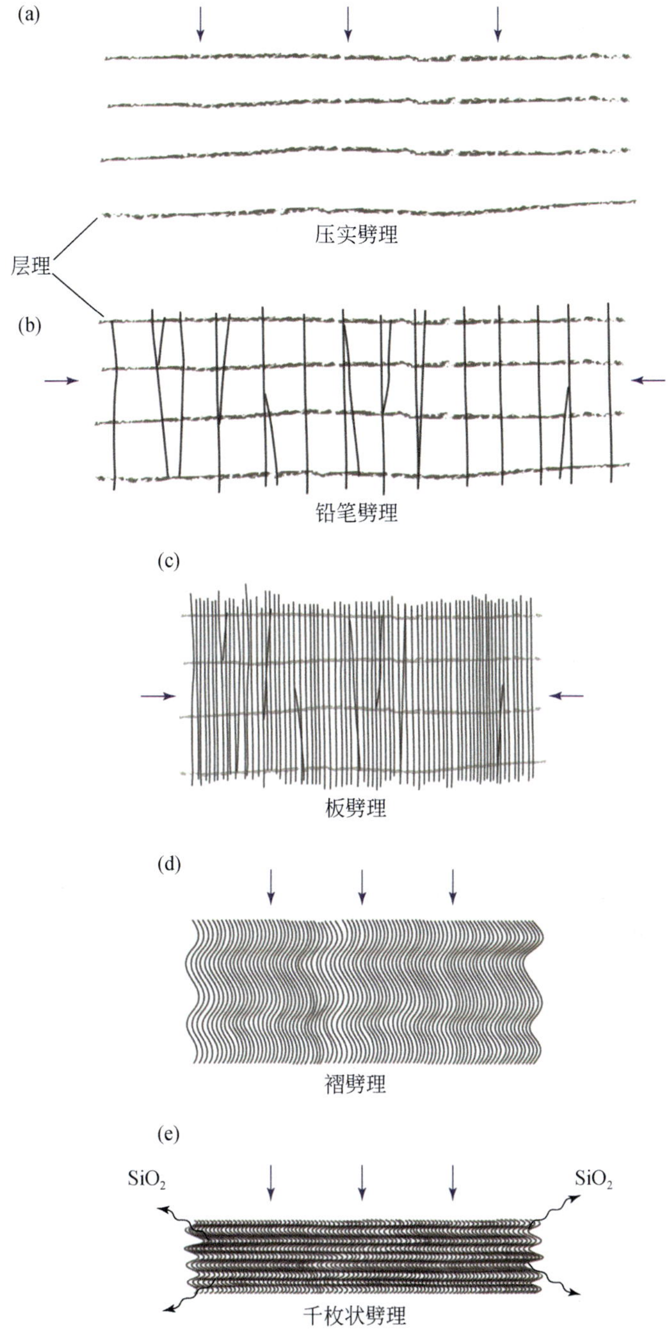

图 5.5　泥岩中劈理的发育过程（据 Fossen，2016）

5.1.3　铅笔劈理和断离劈理

铅笔劈理（pencil cleavage）　沉积岩受到水平构造应力作用会导致沉积岩层逐渐水平缩短，从而形成构造面理，造山带的前陆带非常有利于形成此类构造面理。在页岩变形到一定程度时，次生劈理与原生层理均表现的一样明显，黏土矿物分别沿 S_1（次生面理）和 S_0（原生面理）的方向展布。当页岩同时沿着 S_1 和 S_0 破裂成铅笔状碎片时便形成铅笔劈理（图 5.5）。铅笔劈理也称铅笔构造（pencil structure），是指**页岩中两种不同方向的劈理将页岩破碎成铅笔状的碎片，由典型的压实作用与构造应变，或两组不同方向构造劈理的组合所产生**［图 5.5（b）、图 5.6］。这种纯粹的构造铅笔劈理往往与同一变形过程中逆冲断层的断坡有关，因此可形成两个方向的构造劈理。

图 5.6 奥斯陆（挪威）Fornebu 加里东期前陆褶皱冲断带页岩中的铅笔劈理（据 Fossen，2016）

断离劈理（disjunctive cleavage） 它是用来描述没有先存面理的低级变沉积岩石，如泥岩、砂岩和石灰岩中的早期构造劈理的术语，这是相对褶劈理而言的，也就是说断离劈理与先存面理没有关系，不受其影响，可以与之相切，但绝非先存面理褶皱所致（图 5.7）。根据劈理域的形态，断离劈理可分为缝合线型、交织型、粗糙型和光滑型（图 5.3）。通常说的破劈理（fracture cleavage）可归为此类，但建议不再使用破劈理术语（详见本章第 5.5 节讨论）。

其他一些劈理类型，如板劈理、千枚劈理（图 5.5），以及常见的褶皱轴面劈理等不再赘述，可参阅现行大学教材。

图 5.7 石英 - 云母千枚岩中的断离劈理（Passchier and Trouw，2005）

劈理域：近水平的富黑云母层；微劈石：石英 - 云母层

需要强调的是，构造面理和劈理主要是通过不等轴颗粒机械旋转、动态重结晶、晶体塑性变形等优选定向排列以及岩石中易溶矿物的压溶作用所形成。大部分构造面理和劈理垂直或近于垂直于最大缩短轴的方向，如 S- 面理等；也可以平行于剪切位移方向，如糜棱岩面理（C- 面理）和伸展褶劈理（C′），但随着应变量的增加 S- 面理倾向平行于 C- 面理。构造面理和劈理是重要的应变带标志。伸展褶劈理（C′）是一种特殊的剪切条带（shear bands），后文专门讨论。

5.2　褶劈理和伸展褶劈理

5.2.1　褶劈理

岩石变形过程中，如果 ISA（瞬时伸长轴，见第二卷第 1 章）的方向发生局部或区域性的变化，或者有后期劈理形成，那么先期形成的构造面理可能会受到后期劈理（S_2 或 S_3…）的影响。褶劈理趋于垂直于最大缩短方向（Z），新形成的劈理叠加于先存面理之上。如此的叠加劈理往往由先存面理褶皱成小褶皱而表现出来，故称之为褶劈理（crenulation cleavage），也称为滑劈理（slip cleavage）或应变滑劈理（strain slip cleavage）。所以，**褶劈理是切过先存连续面理的一种不连续劈理**。它由先存连续面理形成紧密间隔、平行排列的褶皱发展而成，对称或不对称。在压溶作用下褶皱翼部（一般陡翼）的长英质矿物含量减少，而层状硅酸盐，如云母或石墨等矿物富集，并使翼部变窄，形成大致平行于微褶皱轴面的劈理域（cleavage domain），因云母矿物富集，故也称为 M 域；微褶皱的转折端石英、长石相对集中，形成微劈石（microlithon），也称 QF 域或 Q 域，其中保存先存连续面理的特征，且先存面理与褶劈理往往呈小角度相交（图 5.8）。

褶劈理是由矿物旋转定向或重结晶新矿物定向排列，或先存面理褶皱等所致，多是在低变质条件下形成于富含层状硅酸盐且面理发育的各种变质程度的岩石中，宏观条件下也可发育各类褶劈理（图 5.9）。

根据先存面理与二次应力场之间的角度关系，褶劈理可以是对称的或不对称的，如果主压应力（缩短方向）平行于先存面理，则可能形成对称褶劈理，两翼等长（图 5.10）；否则，会形成不对称的褶劈理，两翼呈“S”或“Z”形的不对称小褶皱（图 5.8；图 5.9）。

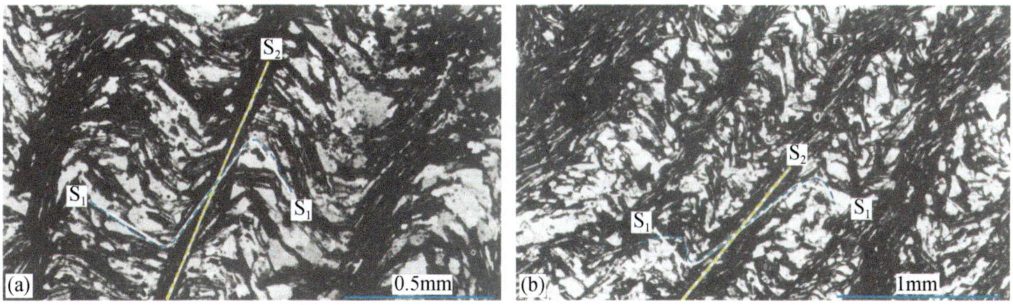

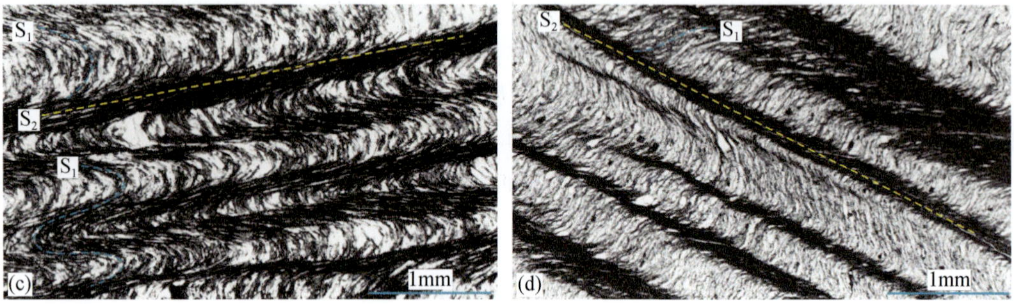

图 5.8 不同类型的褶劈理

褶劈理的分异作用十分普遍，原均匀分布的石英和云母构成的岩石分异为分别富含石英和富含云母的层交替出现，即褶劈理（S_2）。（a）～（b）先存面理（S_1）可穿过褶劈理（S_2），富云母层中的云母片并不严格平行于分异层即褶劈理（S_2），而是从原来平行于先存面理方向向平行于褶劈理方向旋转（Hobbs *et al.*，1976）；（c）千枚岩中具对称微形褶皱的褶劈理，劈理域（微褶皱翼）和微劈石（褶皱枢纽带）构成了面理（Passchier and Trouw，2005）；（d）带状褶劈理，劈理域从照片左下部的 25% 到右上角的 50% 左右（引自 Passchier and Trouw，2005）。注意从劈理域到微劈石间成分的逐渐变化

图 5.9 不同形式的宏观褶劈理

（a）河南嵩山九龙潭变质岩褶劈理，右上部显示分隔褶劈理特征，左下部显示带状褶劈理特征（侯泉林摄于 2017 年）；（b）美国亚利桑那州西部中生代变质岩带状褶劈理；（c）间隔褶劈理（spaced crenulation cleavage）陡倾切割褶皱组构和成分岩层；（d）加拿大安大略省 Sudbury 元古界变质粉砂岩的带状褶劈理（侯泉林摄于 2019 年）（b 和 c 均转引自 Davis *et al.*，2012）

可以连续追踪到先存面理的褶劈理称为带状褶劈理（zonal crenulation cleavage），或渐变褶劈理（gradational crenulation cleavage）（图 5.8）。相反，若劈理域（M 域）截切

图 5.10　对称褶劈理形成示意图（据 Fossen，2016）

微劈石（QF 域）中的连续面理，使相邻的 QF 域截然分开，无法连续追踪到先存面理的褶劈理称为分隔褶劈理（discrete crenulation cleavage）［图 5.9（a）、图 5.11］。这两种褶劈理在露头上可呈过渡关系［图 5.9（a）］。

褶劈理仅限于先存面理发育良好，至少部分是由层状硅酸盐矿物限定的岩石，常见于云母富集的岩层，而在相邻的贫云母层中则不发育［图 5.11（a）］。新形成的褶劈理的波长与被影响的先存面理的厚度密切相关，即较厚的劈理域厚度形成较长的褶劈理波长。这与褶皱的层厚与波长的关系类似，而且黏度比也起着非常重要的作用。同样，褶劈理与褶皱作用之间有着密切关系，可参阅现行大学《构造地质学》教材，这里不再赘述。

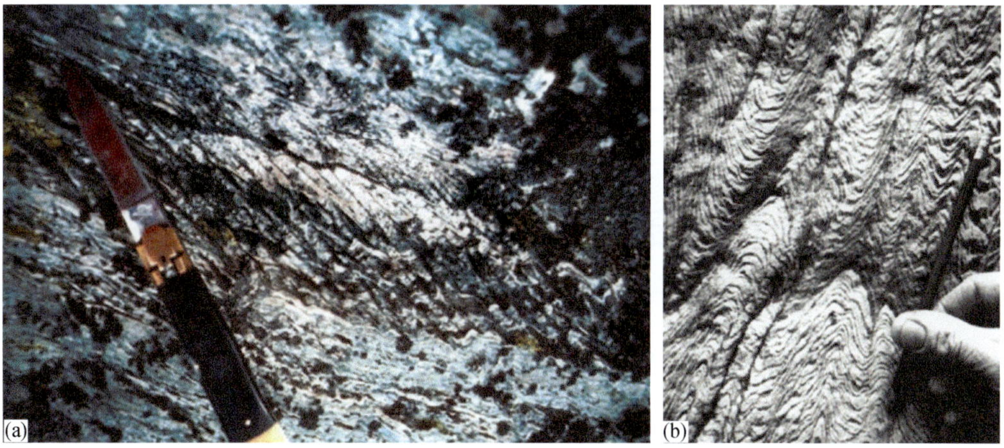

图 5.11　不对称分隔褶劈理

（a）糜棱岩面理形成的不对称褶劈理，中部为富云母的分隔褶劈理（discrete crenulation cleavage），而上下临近层更富含石英，褶劈理不甚发育（Fossen，2016）；（b）分隔褶劈理，褶皱的片理被褶劈理截然所切（转引自 Davis *et al.*，2012）

图 5.12 和图 5.13 展示了褶劈理形成和发育各阶段的示意特征和实际组构表现，我们可以发现褶劈理发育的任何阶段，从先存面理的微弱皱缩到强烈的褶劈理发育，其中的重结晶和压溶作用等均会导致明显的 QF-M 构造。此外，影响褶劈理发育的还有一些其他因素，如流体相的存在和活动、可溶性矿物的存在和新矿物的生长等。在强烈劈理发育阶段，在手标本上已无法识别先存面理（图 5.12 阶段 4），尽管显微镜下可以辨别（图 5.8）。

大部分岩石的褶劈理发育过程会按照图 5.12 中从 a1 到 b5 的路径演化（比照图 5.14），其演化过程通常伴随着横跨劈理方向的逐渐缩短作用，最后先存面理完全被置换，甚至褶劈理会演化成千枚状面理甚至片理（图 5.13、图 5.14）。如果没有重结晶和新晶粒生长，在低温条件下完成面理的完全置换似乎非常困难，这可能正是先存面理在低级变质岩中仍能得到较好保存的原因 [图 5.12；图 5.13（a4）、（a5）]。

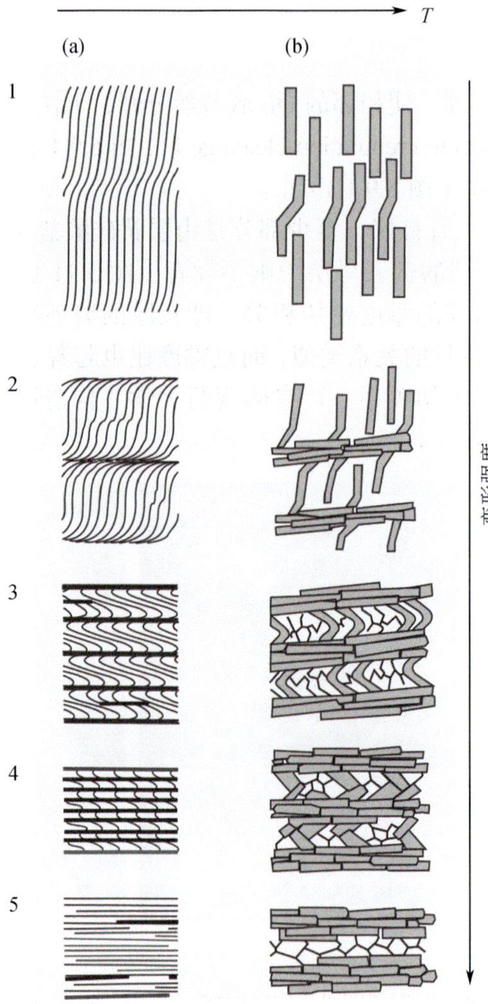

图 5.12　随着变形强度和温度的增加，褶劈理的发育过程示意图（据 Passchier and Trouw，2005）

在较低温度 [低绿片岩相，图 5.12（a）]，褶劈理形成的主要机制是溶液迁移和颗粒旋转的分异作用；而较高温度下 [图 5.12（b）]，重结晶和颗粒生长（包括新矿物生成）可能是主要因素。阶段 1，原始面理 S_1 形成了宽缓的褶纹，但 S_2 劈理尚未明显表现出来。些许重结晶作用可能在二期（D_2）褶皱的枢纽部位已经发生。阶段 2，褶纹更加紧闭，可见分隔褶劈理 S_2，但 S_1 仍然是主要组构。阶段 3，新的劈理已发展得相当广泛，以致达到岩石中 S_2 与 S_1 大致相当的程度。较高温条件下，可见称之为多边形弧（polygonal arcs）的重结晶微褶皱，尤其 b3 中。阶段 4，S_2 明显占优势，S_1 仅在一些残余褶皱枢纽部位才可以辨认出来。b4 阶段中，沿 S_2 的新生长的颗粒占主导地位。最后，阶段 5，S_1 完全被 S_2 置换，S_1 已无法辨认。图 5.13 为与之对应的实例照片

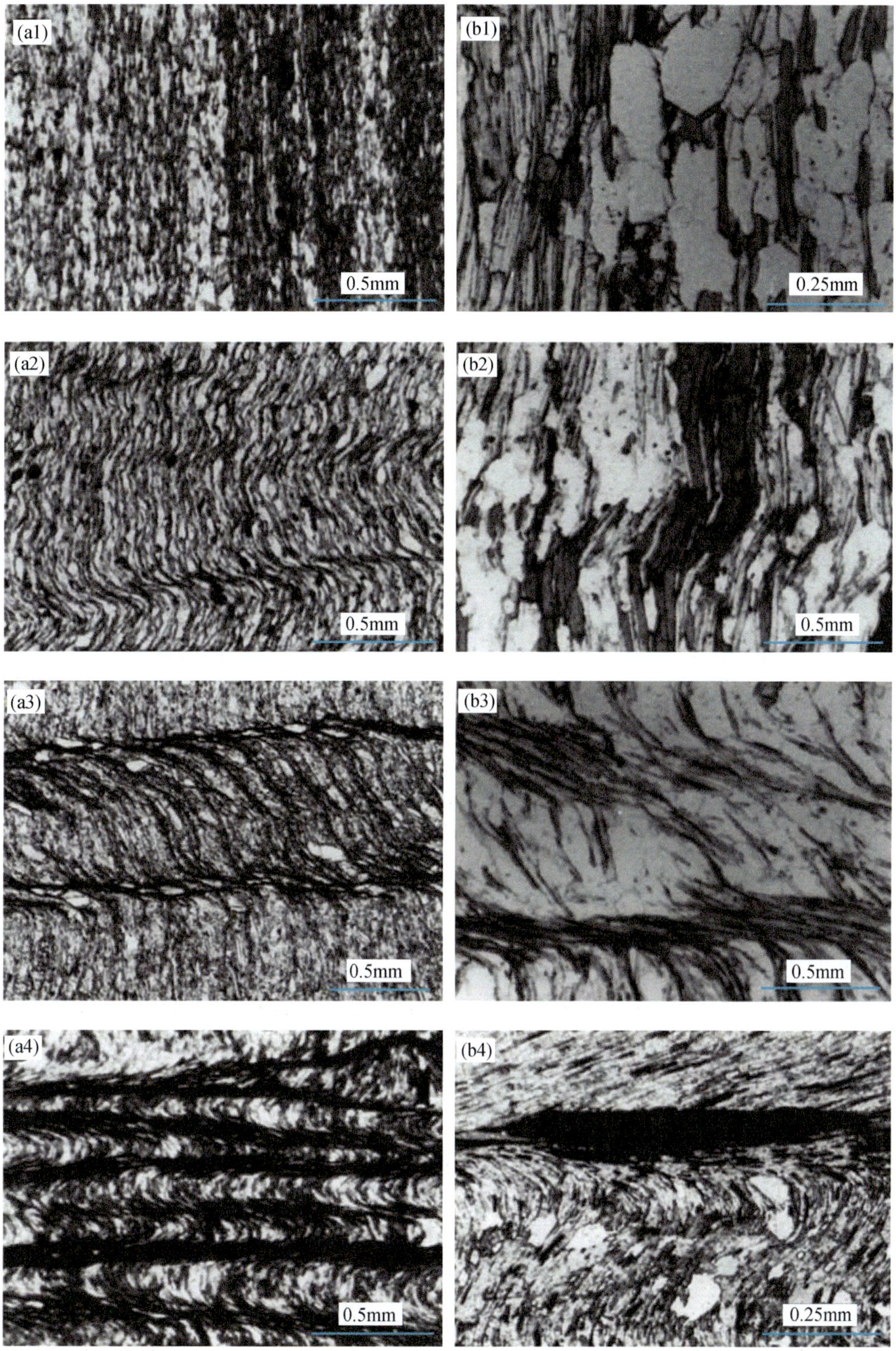
(a1)
0.5mm
(b1)
0.25mm
(a2)
0.5mm
(b2)
0.5mm
(a3)
0.5mm
(b3)
0.5mm
(a4)
0.5mm
(b4)
0.25mm

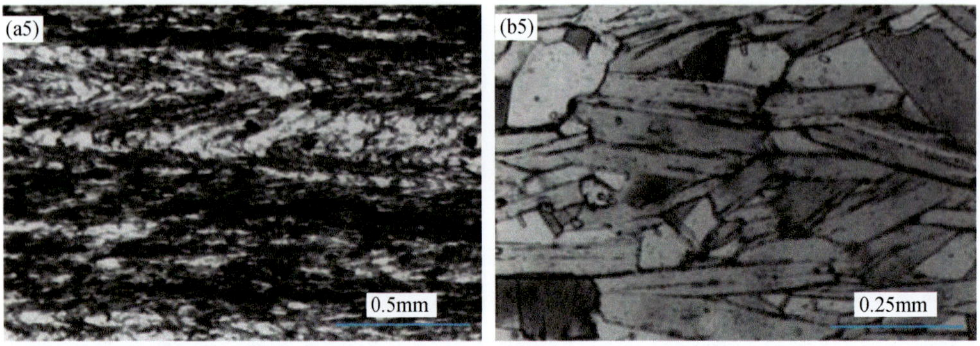

图 5.13 与图 5.12 对应的不同温度和变形阶段的面理实例（据 Passchier and Trouw，2005）

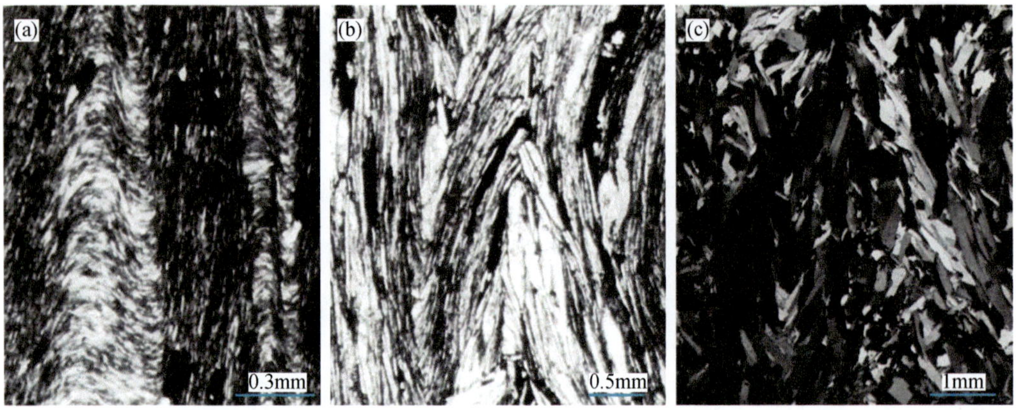

图 5.14 随着云母颗粒生长褶劈理逐渐消失的过程（据 Passchier and Trouw，2005）

（a）具有竖直方向褶劈理的细粒千枚岩（低绿片岩相）；（b）褶劈理形成后有云母生长的粗粒千枚岩（低角闪岩相）；（c）粗云母片岩，显示残影褶皱（ghost folds）或多边形弧形组构（角闪岩相）。不太规则的片理即为云母生长演化的结果

5.2.2 伸展褶劈理及相关问题讨论

1. 伸展褶劈理特征

千枚状劈理和片岩中的面理并非总是共轴缩短变形的结果，反而往往是受到简单剪切的影响或是由简单剪切作用所形成。在非共轴剪切作用过程中，会发育一种看上去与轴面劈理相似，以小角度切割糜棱岩面理（C- 面理）的**剪切条带**（shear bands），因该剪切条带是通过先存的 S- 面理的伸展而非缩短作用形成，且貌似褶劈理，故也称为“伸展褶劈理”（extensional crenulation cleavage，缩写为 ECC 或 C′）（图 5.15），以便与其他挤压缩短的褶劈理相区分，也有人称为正滑褶劈理（normal-slip crenulation cleavage）。伸展褶劈理与应变椭球并无直接关系，但它可为韧性剪切带剪切指向的判别提供重要信息（图 5.16）（见后文和第 7 章），也可能显示出与局部剪切或滑移有关的条纹。

需要强调的是，尽管我们可能难以区分一般的褶劈理与伸展褶劈理，但伸展褶劈理与褶皱并没有直接联系，它并非由先存面理（如 S- 面）经褶皱发展而成。例如，图 5.15 中 S- 面在 C′- 面附近的轻度弯曲是牵引褶皱，属侧生褶皱（flanking folds，见第 2 章），略晚于或与 C′ 近同期发育，而且 C′ 与最大缩短方向并不垂直。因此，伸展褶劈理（C′）既不是轴面劈理，也不是褶劈理。伸展褶劈理实际上是韧性剪切带中发育的一种平行的间隔性剪切条带，属主动面理，因此用“剪切条带”（shear bands）术语显得更为贴切。

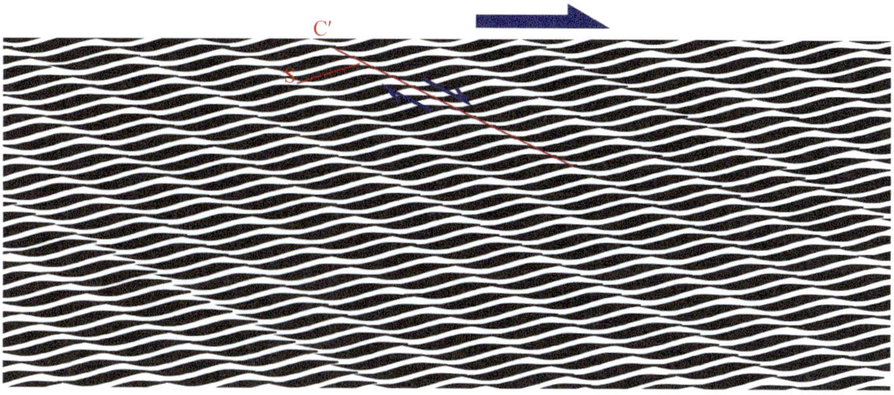

图 5.15　剪切条带（伸展褶劈理 C′）形成示意图（据 Fossen，2016）

图 5.16　利用 C′ 判别剪切指向（侯泉林摄于 2006 年）

北京密云云蒙峡

伸展褶劈理（C′）是韧性剪切带中的重要面理之一，表现为一系列近于平行的小剪切带，以小角度横切方向优选的云母层或成分层构成的主面理（S-面理），与剪切带边界（C-面理）斜交（图 5.16、图 5.17、图 5.18）。有人认为，C′ 与 C 的夹角为 15° ～ 35°（Dennis and Secor，1987；Passchier，1991；Blenkinsop and Treloar，1995），但郑亚东等（Zheng *et al.*，2004）认为该夹角 ≤ 35°，并运用“最大有效力矩准则”给予了解释（详见第二卷第 2 章 2.3 节和第 6 章 6.2 节）。C′ 主要发育于强烈面理化的糜棱岩中，如千糜岩和糜棱岩化的云母片岩等；但即使在此类岩石中，也通常不会延伸到弱的面理化层中（如石英岩层；图 5.17）。通常，稍老面理（S）和 C′ 的交线与其上的集合线理或颗粒线理垂直，表明 S 和 C′ 都是在糜棱岩变形事件中形成的。然而，C′ 中可能有异常的矿物成分，通常指示了退变质条件（McCaig，1987；Norrell *et al.*，1989）。剪切带中通常只有一组

C′型剪切条带发育，但偶尔也会出现不太发育的另一组C′（Harris and Cobbold，1985；Behrmann，1987）。

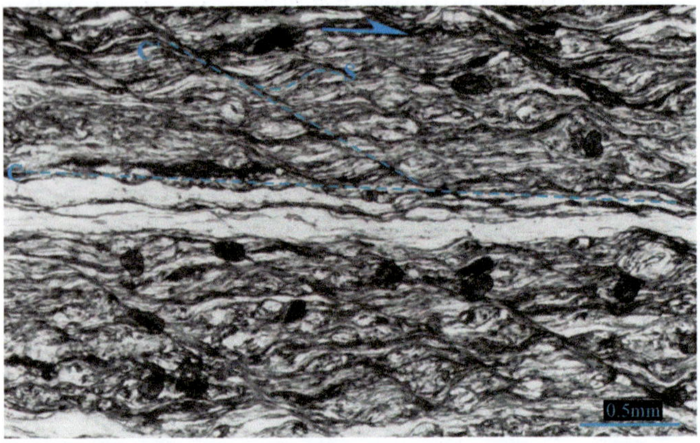

图 5.17 云母片岩中斜切主面理（S）的伸展褶劈理（C′）（据 Passchier and Trouw，2005）

注意：劈理并未延续进入中部的浅色石英条带中，说明面理的发育与岩性有关；C′自左上至右下，指示右旋剪切；照片平行于线理垂直于面理；一些黑色圆形斑块可能是薄片问题。土耳其曼德列斯地块

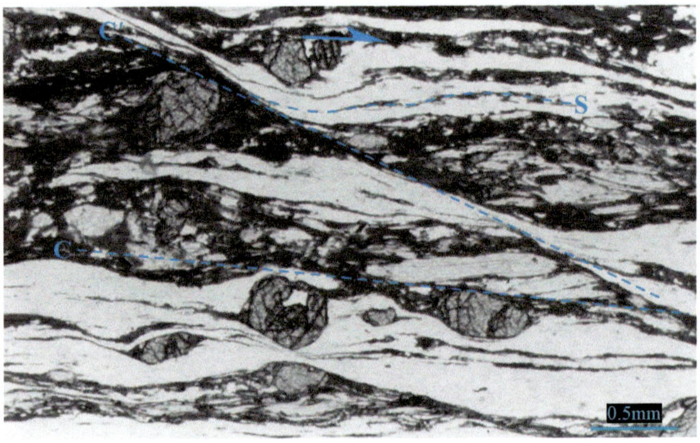

图 5.18 石英 - 长石 - 黑云母 - 石榴石糜棱岩中的伸展褶劈理（C′）（据 Passchier and Trouw，2005）

指示右旋剪切；照片平行于线理垂直于面理。瑞典 Marsfjällen

2. 问题讨论

目前为止，伸展褶劈理（C′）的发展发育过程和机理还不是十分清楚，似乎是在剪切带活动后期，在矿物优选定向已经形成之后发展起来的，而且可能代表了在强各向异性物质中有利于能量流动分配的结果（图 5.19；Platt and Vissers，1980；Platt，1984；Dennis and Secor，1987；Passchier，1991；Hafner and Passchier，2000；Passchier and Trouw，2005）。在各向同性岩石中，应该有两组共轭剪切条带（shear bands）在最小瞬时伸长轴（ISA_3）两侧发育［见第二卷第 5 章图 5.1（a）、（c）］，且与糜棱岩面理（C）小角度相交的一组较另一组更为发育。强烈面理化的糜棱岩可能具有很强的机械各向异性，从而抑制了较陡一组剪切条带的发育（图 5.19），并使主面理与较陡一组面理间的夹角减小（Cobbold *et al*.，1971；Cobbold，1976；Platt and Vissers，1980）。

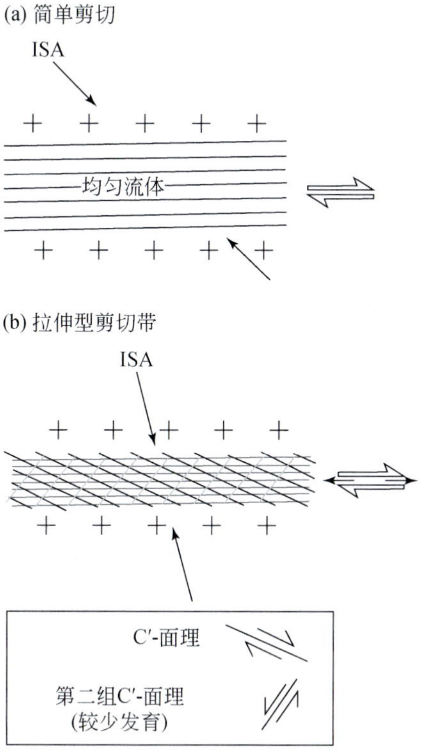

图 5.19　伸展褶劈理（C′）发育过程示意图（据 Passchier and Trouw，2005）

C′型剪切条带发育于剪切带活动的后期，在 S- 面理形成之后；理论上，剪切条带可在两个方向上发育，但只有与糜棱岩面理（C）呈小角度相交的一组得以实现。注意：缩短方向必须相对于剪切带较陡，以使剪切带呈伸展状态

剪切条带的几何形状对糜棱岩在其生长过程中可能的流动状态施加了一个几何限制；剪切条带之间的片段可能是同向旋转的，也可能是相反的，这取决于剪切带的运动学涡度（W_k）和体积变化（Passchier，1991），以及与基质之间的黏性差。如果 C′ 之间的微劈石是相对刚性的，则微劈石必然向相反方向旋转，而剪切条带两侧岩石必须平行于该带伸展（图 5.19；Passchier and Trouw，2005）。有迹象表明，C′在“拉伸型”（stretching）剪切带中特别发育（Passchier，1991b；Hafner and Passchier，2000）。当 C′ 形成时，如果剪切带为简单剪切，则 C′ 必须是同向旋转的，微劈石必然正在变形（Passchier and Trouw，2005）。然而，郑亚东等（Zheng *et al.*，2004）则认为 C′ 为一材料不变量，无论变形程度如何，无论何种岩石和变形方式，C′ 始终与 σ_1 保持约 55° 的夹角不变，即 C′ 不会因持续的简单剪切作用而旋转（详见第二卷第 2 章 2.3 节和第 6 章 6.2 节）。

尽管自然界发育有大量伸展褶劈理（C′），但其力学解释和形成机理仍有分歧。Fossen（2010，2016）和罗金海等（2018）分别在其《构造地质学》教材中指出，C′ 面理的形成机制可能类似于脆性断层中的里德尔剪切（R，详见第 4 章 4.1 节）。然而，我们知道，脆性体制下，R 和 R′ 的形成符合岩石的莫尔－库仑破裂理论，属岩石力学理论范畴；而 C′ 则是岩石塑性变形的产物，主要属岩石流变学理论范畴。R 与剪切带（C- 面）的锐夹角相当于内摩擦角的一半（$\phi/2=45°-\theta$），多数岩石的内摩擦角为 30° 左右，最大不超过 60°，也就是说 R 与 C- 面的夹角多在 15° 左右，最多不会超过 30°。前已述及，C′ 与 C 的夹角为 15° ～ 35°（Dennis and Secor，1987；Passchier，1991；Blenkinsop and Treloar，1995）；郑亚东等（Zheng *et al.*，2004）认为该夹角≤ 35°。它们之间并无太多交集。因此，C′ 与 R 的形成机理和发育位置可能并不具有相似性。

郑亚东等（Zheng *et al.*，2004）运用自己提出的"最大有效力矩准则"对 C′ 剪切条带的成因机制给出了独到解释（详见第二卷第 2 章 2.3 节和第 6 章 6.2 节），并运用 C′ 求解剪切带的运动学涡度（W_k）（详见第二卷第 6 章 6.9 节）。按照最大有效力矩准则对 C′ 的解释，C′ 与糜棱岩面理（C）的夹角为 0° ～ 35°，主压应力 σ_1 与 C′ 的夹角始终保持 55° 关系，那么运用运动学涡度公式 W_k=sin 2ξ（ξ 为 σ_1 与 C- 面理法线的夹角；详见第二卷第 6 章 6.9 节）求出的运动学涡度最大值 $W_{k\,\max}$=sin 2・35°=sin 70° ≈ 0.94。也就是说按照最大有效力矩准则对 C′ 的解释，无法求出剪切带运动学涡度 W_k=1 的情形，即不存在完全简单剪切的韧性剪切带。

对此，郑亚东教授认为，C′ 系糜棱岩面理（C）变（位）形分配（partitioning；有人译为"分解"）的产物，当 C′ //C 时，表明剪切带未发生变（位）形分配，根据 C′ 法求出的运动学涡度最大值（$W_{k\,\max}$ ≈ 0.94）相当于剪切带两特征向量（流脊；详见第二卷第 1 章 1.3 节）间的夹角 α 为 20°（W_k=cos 20° ≈ 0.94）。因此，郑亚东认为，天然剪切带的运动学涡度（W_k）最大是 0.94，而不可能等于 1，即自然界的剪切带最多是近简单剪切而不可能是完全简单剪切的产物。现流行的"扑克牌"式的完全简单剪切模式，纯属人为想象，自然界和实验均难以实现，即不可能形成厚度不变的韧性剪切带。原生或初始剪切带，在与 C′ 呈 55° 夹角的 σ_1 的作用下，变形过程势必导致剪切带厚度减薄。根据二维运动学涡度定义（参阅第二卷第 1 章 1.3 节），W_k=1 的情形，很可能是发生在再次活动或经改造（reworking）的剪切带，也就是说在最大有效力矩控制下形成的初始或原生剪切带，因后期构造事件的主压应力作用方向的变化，有些与剪切带成 45°，有些甚至＜ 45°，会形成厚度不变（W_k=1）或厚度增加的剪切带（W_k ＜ 0）。但是，加厚的剪切带，不可能是变（位）形的产物，只能是后期改造所致（郑亚东，2018 函告）。

总之，以上的解释有一定合理性，对客观认识韧性剪切带的特征很有意义；另一方面也说明 C′ 发育的力学机理仍是一个有待探究的问题。

5.3 面理的发育

5.3.1 面理与褶皱

早在 19 世纪前半叶（Sedgwick，1835；Darwin，1846），人们就认识到，面理与褶皱轴面表现出一致的几何关系，形成于同一变形阶段，称之为轴面面理或轴面劈理（如 Hobbs *et al.*，1976）。实际上，褶皱轴面与面理并不完全平行，而是相对于轴面的对称分布，呈扇形，称之为面理扇［图 5.20（a）］。面理从一种岩性层到另一岩性层中时会发生折射，称为面理或劈理折射，并且能干性岩层中岩层黏度大，劈理密度小，与层面夹角大；而软弱岩层黏度小，劈理密度大，与层面夹角小［图 5.20（a）、图 5.21］。这种面理扇化和面理折射可能与岩石黏度差异性引起的应变分配（strain partitioning；见后文讨论）有关（Treagus，1983，1999），或在平行初始岩层方向缩短后，褶皱翼中的能干岩层被动旋转所致。有时面理甚至会垂直于轴面［图 5.20（b）］，这可能是在纵弯褶皱作用下，褶皱岩层外侧的弧形弯曲会引起枢纽部位垂直于轴面、平行于岩层面方向的伸展，导致局部枢纽部位垂直于层面的缩短作用，而使局部面理平行于岩层［图 5.20（b）］。因此，剪切带中的面理无需与褶皱有关。

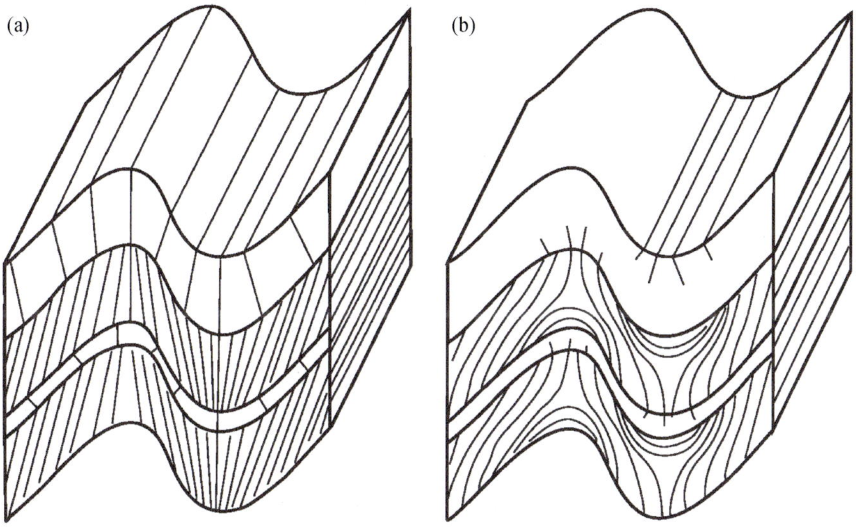

图 5.20　纵弯褶皱中轴面劈理（面理）方向的变化（据 Passchier and Trouw，2005）

（a）能干岩层中的面理折射。不仅面理方向发生折射，形态也发生了改变，砂质能干层中通常表现为断离劈理（disjunctive cleavage），而泥质软弱层则表现为连续劈理；（b）岩层能干性差异越大，面理方向变化越大

图 5.21　劈理折射（河南嵩山九龙潭，侯泉林摄于 2017 年）

注意：软弱层中的褶劈理与岩层夹角较小（约 40°），且密度较大；在能干层（中间浅色层）中折射后夹角增大（约 75°），且比较稀疏

5.3.2 面理与构造应变椭球 *XY* 面的关系

在讨论这一问题之前先明确几个有关应变的概念（参阅第二卷第1章1.1节、1.2节）：

成岩应变（diagenetic strain）：由压实和脱水等成岩作用引起的应变。

构造应变（tectonic strain）：通常是成岩后的构造变形作用引起的应变。

增量应变（incremental strain）：增量的应变，即无限小应变。

有限应变（finite strain）：相对增量应变而言的，是构造应变的一部分，即在一定时期内积累的应变，由无数个无限小应变累加而成的应变。

总应变（total strain）：通常这一术语指的是岩石的总累积应变，包括成岩应变和构造应变。

自从19世纪中叶，人们认识到（次生）面理与褶皱轴面之间的对称关系之后（如Sorby，1853），就认为面理可能与有限应变椭球的 *XY* 面平行。更具体地说，人们现在仍比较普遍地认为，许多面理大致追随于其形成阶段的构造应变的 *XY* 面。然而，完全的平行是十分罕见的。

按照面理形成的动力学过程，可分主动面理和被动面理：

主动面理（active foliation）是指由剪切条带或应力活动面，如糜棱岩中的C-面理等，构成的面理，通常与有限应变的 *XY* 面不平行，即与应变积累无关。

被动面理（passive foliation）作为物质的均匀流动面，应变过程中随着应变积累而被动旋转，如糜棱岩中的S-面理等，大部分连续面理属被动面理。如果形成于随机组构，那么在细粒岩石中会形成连续面理，在粗粒岩石中形成间隔面理（Gary，1978）。还有就是通过颗粒或岩石碎屑的压扁形成形态上的优选定向。理想情况下，被动面理平行或近于平行于构造应变的 *XY* 面［图5.22（a）、（c）；Williams，1972］。然而，如果存在早期的各向异性，则会有几种可能性：如果早期的面理与缩短方向高角度相交，它可能向新的方向旋转，而不发展成褶皱或新的面理［图5.22（b）］。如果早期的各向异性面与缩短方向斜交，则可能发育与先存面理斜交的新面理，并逐渐取代早期面理［图5.23（a）］，许多断离劈理情况如此；另外，早期的各向异性可能引发微褶皱作用或微剪切带的发育，而新的面理则沿着褶皱的轴面或剪切带方向发育［Hobbs *et al.*，1982；图5.23（b）］。Mawer 和 Williams（1991）描述了在非共轴递进变形过程中，连续面理变形形成褶皱枢纽的情况，即新形成的褶皱枢纽处新生云母过度生长，使得褶皱枢纽难以辨认，并形成与构造应变的 *XY* 面斜交的混合面理［图5.23（b）］。即使是普通的板状劈理通常也取代了成岩面理，因此不一定完全平行于构造应变的 *XY* 面［图5.23（a）］。总之，**除非应变非常强，否则，面理与构造应变的 *XY* 面通常是斜交的**。

一般“主动面理”，如褶皱翼或剪切条带等，永远不会平行于构造应变轴，除非它们通过旋转而变成被动面理（Rajlich，1991）。有些面理看上去是“被动”的面理，但很容易作为剪切运动面被激活（Bell，1986）。许多实例都证明了这种“重新激活”，即在面理形成过程中或形成之后，沿着面理面的剪切运动。

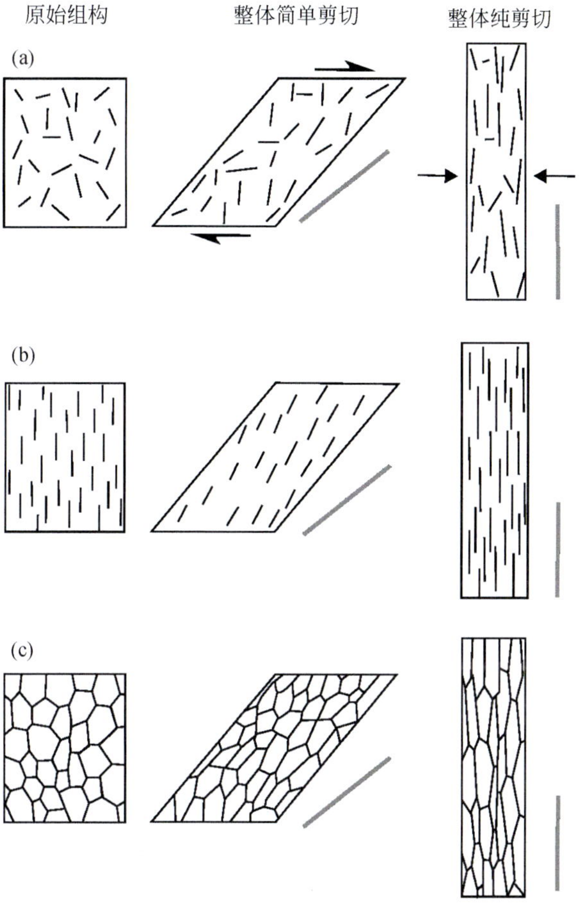

图 5.22　递进简单剪切和纯剪切过程中面理的变化（据 Passchier and Trouw，2005）

（a）柱状或面状矿物的初始随机排列；（b）柱状或面状矿物初始择优取向；（c）初始等轴颗粒，形成颗粒形状的优选定向。灰色线段代表了有限应变的 *XY* 面方向

还有一种非常重要的面理叫“**斜向面理**”或“**斜面理**”（oblique foliation），**它仅代表构造应变最后阶段的增量应变，可用于指示剪切指向，但与构造有限应变的 *XY* 面并不平行**［图 5.23（c）、图 5.24；Ree，1991；Passchier and Trouw，2005）］。糜棱岩中的斜面理发育于单矿物域中，以轻微拉长的形状优选定向的小颗粒（通常是动态重结晶颗粒）集合体表现出来。这些小颗粒的优选方向与成分分层、云母优选方位，以及拉长的石英颗粒和石英条带（quartz ribbon）等所代表的构造应变椭球 *XY* 面（有限应变 S-面）斜交［图 5.23（c）、图 5.24］。此外，碳酸盐岩矿物以及橄榄石等也会形成斜面理（Schmid *et al.*，1987；de Bresser，1989；Barnhoorn *et al.*，2004；van der Wal *et al.*，1992；Zhang and Karato，1995；Passchier and Trouw，2005）。设想它们是在非共轴变形过程中，晶粒的被动变形和旋转导致晶粒的不断拉长，以及颗粒边界迁移、破裂或微剪切带发育产生等轴状颗粒的相互作用的综合结果［图 5.23（c）］（Means，1981；Ree，1991；Herwegh and Handy，1998；Passchier and Trouw，2005）。递进变形过程中，

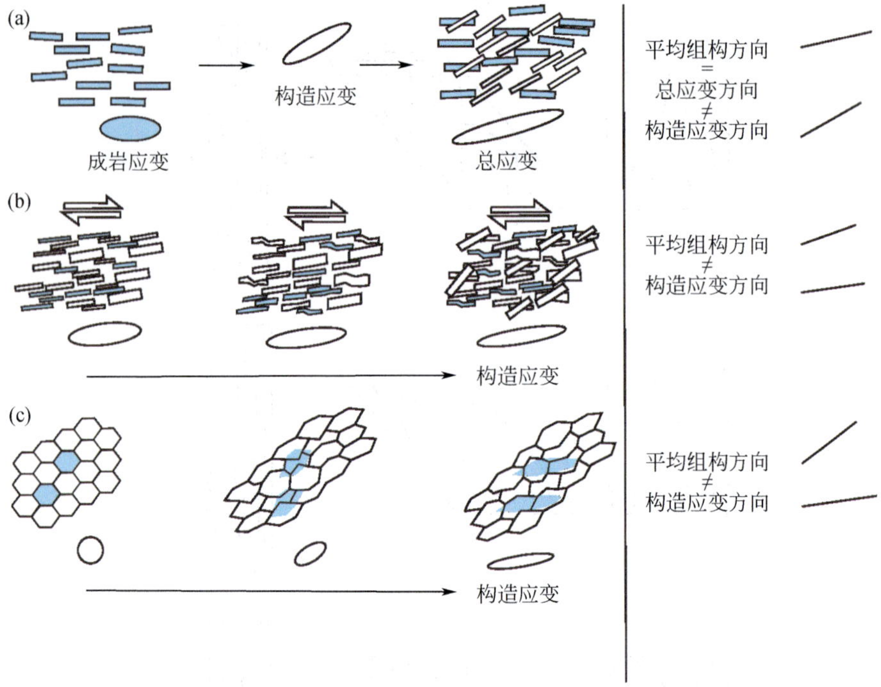

图 5.23　面理与构造应变的 *XY* 面不平行的三种情形（据 Passchier and Trouw，2005）

（a）新生长的云母（白色）叠加于早期的成岩面理（蓝色晶体）之上，导致面理具有与构造应变轴倾斜的混合方向；（b）在非共轴流动中，先存面理也许会发展成微褶皱，而且定向的新生云母在枢纽处发育，结果使平均组构方向与构造应变主轴斜交；（c）动态重结晶颗粒的集合体形成的一组斜面理（oblique foliation），仅代表了变形最后阶段的增量应变（与最大瞬时伸张轴 ISA_1 平行），与有限应变椭圆（S- 面）斜交。左侧两个蓝色区域代表最初包含在两个晶粒中的物质，这两个区域在递进变形中被拉伸且旋转（代表有限应变椭圆），而这些重结晶颗粒却都保持着相同的方向，呈稍微扁长的形状（增量应变椭圆面），与有限应变轴面（S- 面）斜交

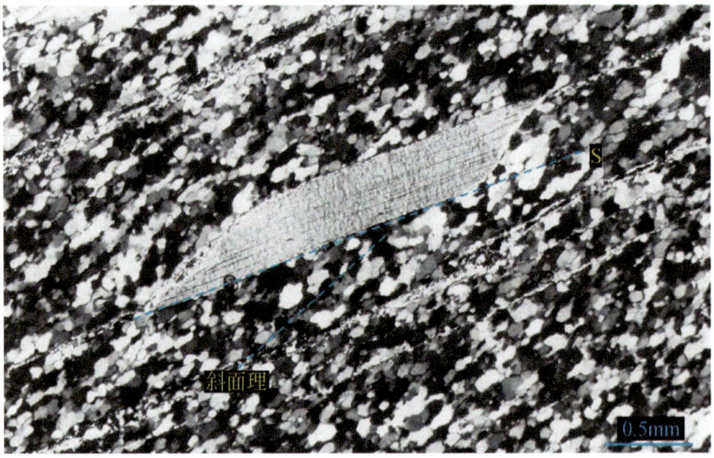

图 5.24　石英糜棱岩中石英动态重结晶形成的斜面理（oblique foliation）和云母鱼构造（据 Passchier and Trouw，2005）

注意：斜面理与云母鱼（S- 面理）斜交，指示右旋剪切，说明见正文。巴西米纳斯吉拉斯

斜面理保持相对固定的方向，一般与 C- 面理夹角≤ 45°，角度的大小与剪切带的运动学涡度（W_k；参阅第二卷第 1 章 1.3 节）、重结晶机理，以及组构发育与破坏过程有关。因此，**在某种程度上斜面理是应变不敏感面理，它只代表变形历史的最后阶段的增量应变（平行于最大瞬时伸长轴 ISA_1），与有限应变的 S- 面理，如糜棱岩中拉长的石英颗粒或带状石英，斜交**［图 5.23（c）］（参阅 Passchier and Trouw，2005）。为了便于理解，打个比喻，也许不够恰当，有限应变的 S- 面理与斜面理之间的组构关系犹如河床与鹅卵石的关系。

需要说明的是，尽管面理即使是被动面理也与 *XY* 面并不完全平行，但在低变质阶段形成的劈理，如板劈理、部分褶劈理、千枚状劈理，以及糜棱岩中拉长的石英和石英条带等构成的 S- 面理等，通常认为代表了有限应变椭球的 *XY* 面（图 5.25；Fossen，2016）。实际工作中应根据具体情况注意区分运用。

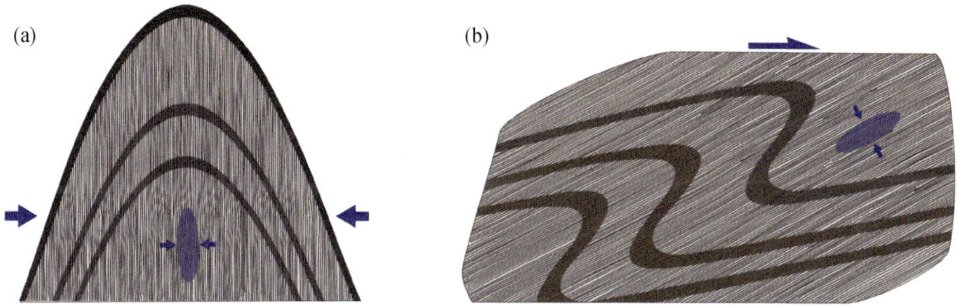

图 5.25　缩短方向（箭头）、应变椭球和劈理关系图示（据 Fossen，2016）

（a）板岩中直立褶皱；（b）剪切带

5.3.3　面理与应变和体积损失

与面理发育有关的溶液转移在多大程度上导致了体积改变，目前还不十分清楚。有文献提到面理的缩短值高达 70%，但大多数观测值则为 30% 左右（Gray，1979；Southwick，1987）。据报道，体积损失高达 80%，特别是在极低变质和低级变质条件下板劈理的发育过程中（图 5.26）（Ramsay and Wood，1973；Wright and Platt，1982；Etheridge *et al.*，1983；Beutner and Charles，1985；Ellis，1986；Wright and Henderson，1992；Goldstein *et al.*，1995，1998）。另一方面，许多研究也表明，伴随着劈理的形成几乎没有或没有明显的体积变化（Waldron and Sandiford，1988；Wintsch *et al.*，1991；Tan *et al.*，1995；Saha，1998；Davidson *et al.*，1998）。从理论上看，在较深的地壳水平上，大规模的体积损失恐怕是次要的，因为必须要有大量的流体流经岩石才能带走溶解中的物质（Engelder，1984；Bhagat and Marshak，1990），然而，Goldstein 等（1998）辩解到，增生混杂带中有大量的水流经岩石，如此情况预计会有很大的体积损失。困难的是，在变形岩石中很难直接测量面理发育过程中的体积损失，毕竟保存完好的能够进行绝对有限应变测量的笔石（Goldstein *et al.*，1998）是非常例外的。体积变化的效应在某些情况下可能会被高估，因为有证据表明，垂直面理方向的缩短（部分溶解构造和化石；图 5.27）通常比较清楚，而与面理平行方向伸长的证据（例如黄铁矿周围的纤维、布丁状的云母）却很容易被忽视（图 5.28）。

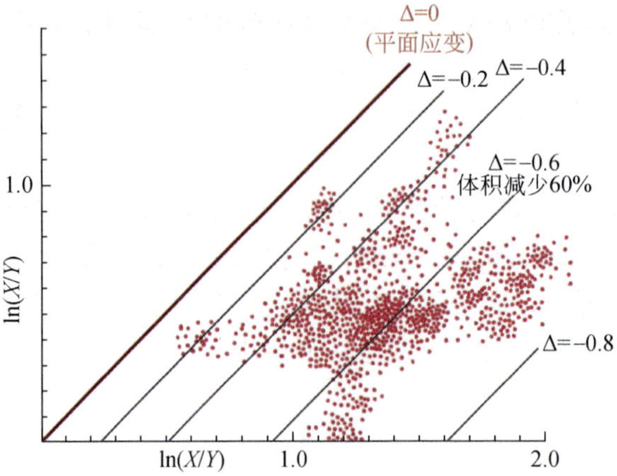

图 5.26 发育板劈理的板岩的应变椭球弗林图解（转引自 Fossen，2016）

所有数据全部落在压扁区域；Δ-体积损失因子（参阅 Fossen，2016 第 2 章）；数据来自 Ramsay 和 Wood（1973）

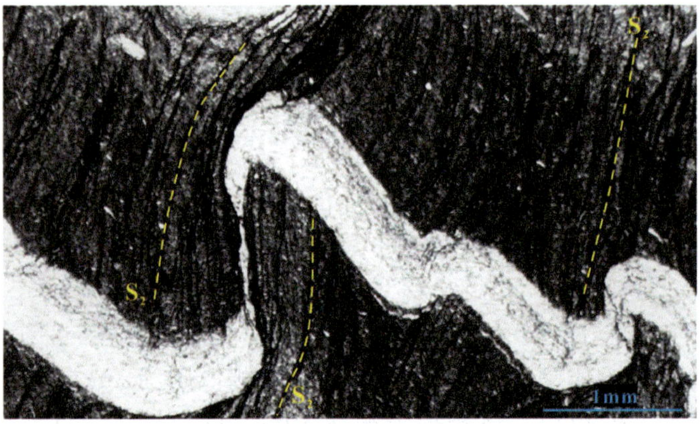

图 5.27 垂直于劈理方向的缩短和溶解（据 Passchier and Trouw，2005）

近竖直方向的褶劈理（S_2，黄色虚线）叠加于近水平方向的板劈理（S_1）之上（$S_1//S_0$；尺度原因，S_1 不易观察到）；褶劈理发育过程伴随着溶解效应。浅色富石英条带的近竖直方向的褶皱翼的迅速变薄处与邻近云母层中 S_2 面的明显暗缝相吻合，暗示了褶皱翼方向的优选溶解

褶劈理发育可能与微劈石体积增加和劈理域体积减小有关，而整体变形可能大致保持体积恒定（图 5.28）（Erslev and Mann，1984；Lee *et al.*，1986；Waldron and Sandiford，1988；Bhagat and Marshak，1990；Wintsch *et al.*，1991；Mancktelow，1994；Stewart，1997；Saha，1998；Passchier and Trouw，2005）。泥质岩中，石英、钠长石以及云母可以互相交换，而锆石、磷灰石和金红石则基本上是惰性（Southwick，1987；Waldron and Sandiford，1988；Williams *et al.*，2001）。

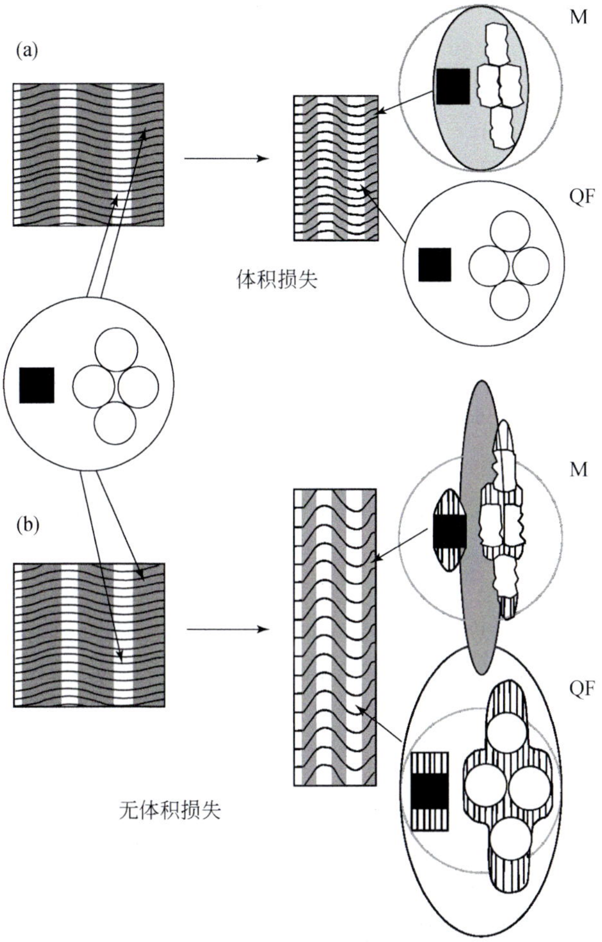

图 5.28　平面应变中褶劈理发育的两个端元模式（据 Passchier and Trouw，2005）

左侧方框显示的是褶劈理发育的初始状态，放大的示意图中（左中），给出了四个石英颗粒（白色）、一个黄铁矿立方体（黑色）和一个被动标志圆，右侧矩形中显示了劈理域（M，灰色）和微劈石（QF，白色）的变形情况。这两种情况的局部应变和体积损失均用变形标志圆的椭圆形状和原始圆的轮廓来表示（没按比例）。（a）劈理域有明显的体积损失，而微劈石未变形。劈理域中石英颗粒部分溶解，但在石英或黄铁矿晶粒附近没有矿物纤维生长；（b）体积恒定变形，其中劈理域的体积损失是由微劈石的体积增加来补偿的。劈理域中石英颗粒部分溶解，但在劈理域和微劈石（竖直条纹）中有纤维繁盛生长；黄铁矿立方体旁边也有纤维生长。如果没有黄铁矿立方体或类似的物体存在，或者石英上的过度生长不清楚，那么就很难区分（a）和（b）的情况

5.3.4　面理与岩性和变质环境

在次生面理的形成过程中，岩性和变质环境各自发挥着不同程度的作用。

在泥质岩中，机械旋转、压溶转移、结晶、重结晶和定向成核等都是相互竞争的过程。许多情况下，在构造面理发育之前成岩面理（S_0）已经形成。有些情况下，在极低级或未变质的条件下，因应力诱导的溶液迁移或微剪切带的发育和旋转形成与成岩组构斜交的劈理域（Goodwin and Tikoff，2002），没有或很弱的褶皱作用，形成间隔面理（图 5.3）。大部分情况下，是在成岩面理中发育微形褶皱（机械旋转），这一初始阶段之后，是溶

液在枢纽与褶皱翼之间迁移，通常石英从翼部向枢纽迁移（Williams，1972；Cosgrove，1976；Gray，1979；Waldron and Sandiford，1988），而劈理域中云母发生同构造结晶或重结晶作用（Tullis，1976；White and Knipe，1978；Knipe，1981；White and Johnston，1981；Lee *et al.*，1986；Kisch，1991）。这些作用被认为主要与温度有关，溶液转移是发生在比同构造结晶和重结晶作用更低级的条件下（Kanagawa，1991；Kisch，1991），因此，溶液转移之后才伴随着同构造结晶作用（Weber，1981）。在没有变形的情况下，随着温度的升高，云母生长，择优取向得到进一步加强（Siddans，1977；Weber，1981；Ishii，1988）。在一些板岩中，可能不存在褶皱作用和旋转阶段，面理是在没有机械旋转情况下由同构造晶体生长而成（Woodland，1982；Gregg，1985；Ishii，1988）。

初始面理形成以后，与先存面理小角度相交的新的缩短作用可能会引起次生面理的发育；同样，早期面理可能因新劈理域的发育而被褶皱或转动，也许溶液迁移或云母以及其他矿物（如长石等）的新矿物生长占主导地位。这会导致断离劈理或褶劈理的形成。如果分异作用强烈，同时伴随重结晶作用，早期面理就会变得模糊，进而成分层（compositional layering）发育。分异层（differentiated layering）也常用来表述这类构造，但由于沉积层与次生层很难区分，所以宜采用非成因术语成分层。

在砂岩中，细粒岩石形成连续面理，粗粒岩石则形成间隔面理（Gray，1978）；另外，通过溶液迁移和云母生长（Gregg，1985）以及微剪切带发育（Goodwin and Tikoff，2002），可形成云母膜。

在灰岩中，面理发育与温度和云母含量密切相关。在低温条件下，溶液迁移和孪晶非常重要，可以导致拉长的碳酸盐岩颗粒的优选定向，以及粗颗粒中的间隔面理（缝合线）。原生云母含量高的灰岩，可发育板劈理和劈理束。也有报道，伴随着方解石的溶出，伊利石 + 高岭石 + 石英 + 锐钛矿在劈理域中生长（Davidson *et al.*，1998）。灰岩中低温条件下云母的被动旋转主要是由于云母的择优取向（Alvarez *et al.*，1976；Mitra and Yonkee，1985；Kreutzberger and Peacor，1988）。在高温条件下，晶体的塑性流动以及孪晶则显得很重要，面理主要由拉长的颗粒构成。无论如何，灰岩中的面理不如泥质岩中发育的好。

在低变质条件下，变形的变基性岩，因角闪石、绿泥石、绿帘石、云母以及不同成分的透镜的择优取向，形成连续面理或间隔面理。其中机械旋转和新矿物的定向生长比溶液迁移更为重要。在中、高变质条件下，矿物的定向生长和晶体塑性变形是面理发育的主要机制。

在许多造山带中，劈理开始出现以劈理前缘（cleavage front）为标志，它代表了劈理发育和不发育的界线（Mattauer，1973；Holl and Anastasio，1995）。尽管劈理前缘强烈依赖于变形程度和岩性，但是估计最小需 200MPa 的压力，相当于 5 ~ 7km 埋深（Engelder and Marshak，1985），以及对于泥硅质碎屑岩最小约 200°C，灰岩约 175°C 的温压条件（Groshong *et al.*，1984）。总之，**劈理的密集发育代表了应变带的存在**。

5.4 面理叠置

面理可以帮助获得有关应变、变质条件以及叠加关系的信息。上节讨论了面理与构

造应变椭球 *XY* 面的关系。特别是连续面理可以用于近似识别应变的 *XY* 面。面理被认为是由组构要素的机械旋转而成的，理论上可以用来估算有限应变的大小。

如果面理是由平行矿物所限定，在没有结晶后变形的情况下则显示“生长组构”（图 5.29），那么这些面理必然是在这些矿物稳定的变质环境下形成的。由自形角闪石形成的面理必然形成于角闪石稳定的环境。然而，必须注意区分先存面理在变形后的变质条件下的生长，而产生了新的矿物（图 5.14），其中较老的矿物组合有助于辨别。

在许多发育叠加面理的区域，“主面理”可能是在峰值变质环境下形成，而后来的事件则主要是以在较低的变质或更干燥的环境下使主面理产生较弱和较小的透入性面理为特征。这可能是因为，在渐进式变质作用过程中，水一般通过变形过程中有利于矿物完全重结晶的矿物反应被释放掉了。变质峰期后，岩石的大部分水分被脱掉，重结晶作用很难再进行，则主要表现为早期组构的褶皱、畸变或糜棱岩化等形式的变形。

图 5.29　由平行排列的黑云母、白云母和石英晶体显示的生长组构（growth fabrics）——连续片理（据 Passchier and Trouw，2005）

面理间的叠置关系可能是研究岩体构造演化框架的有效工具，尤其适合在岩石薄片上进行观察研究，因为它们具有透入性，而且通常组构要素的尺寸比较小。建立一系列面理序列的原理并不复杂：如果发育微褶皱，那么褶皱面总比沿轴面发育的组构要素或切割褶皱的组构要素要早些。任何与褶皱轴面有关的面通常与该褶皱有关，但斜切褶皱的面理面比褶皱要年轻（图 5.30）。

对板岩和片岩带中常见事件序列的概括有助于说明如何分析其重叠关系（图 5.31；Hobbs *et al.*，1976，1982）。在第一期变形阶段（D_1），根据其在褶皱 D_1（通常不对称）中的位置，可知发育了与岩层以不同角度相交的透入性板劈理。在长翼中，S_1 和 S_0 之间的夹角非常小，以至于在野外乃至在薄片上都无法分辨（图 5.31）。板劈理（S_1）可能是间隔性的或连续性的，但普通显微镜下观察一般看不出是褶劈理，但在电子显微镜下观察，可能会显示褶劈理特征，即与层理平行的成岩面理的微褶皱。

变形第二阶段（D_2），通常形成褶劈理，即 S_1 发生褶皱（图 5.31）。根据变形程度以及相应变质环境中颗粒的生长，可知其变形阶段和形态（图 5.12、图 5.13）。

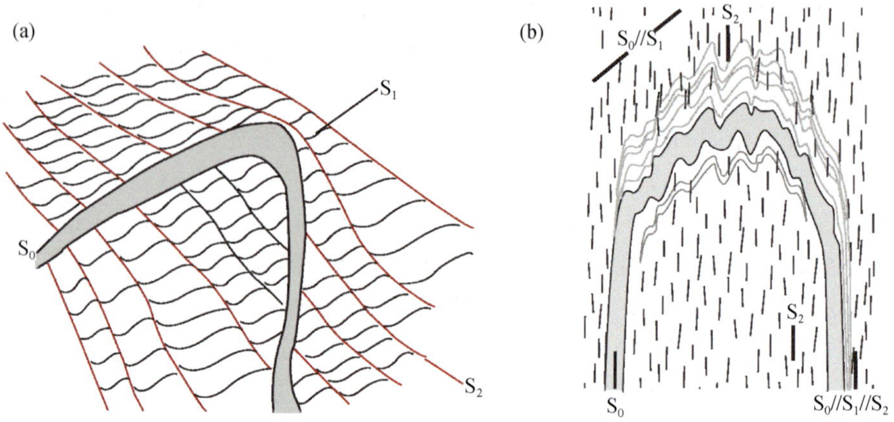

图 5.30　面理与褶皱关系示意图（据 Passchier and Trouw，2005）

（a）D_1 期褶皱（变形），层理（S_0，黑色粗线）褶皱为沿褶皱轴面的 S_1 面理（左倾短线，黑色细线）；D_2 期变形，泥质岩层中 S_1 被褶成褶劈理（S_2，右倾长线，红色），在两翼切割 D_1 期褶皱。注意，S_2 在褶皱枢纽周围受阻出现偏离；（b）D_2 期等斜褶皱，翼部 S_0 // S_1 // S_2；枢纽部位 S_2 与 S_1 // S_0 斜交

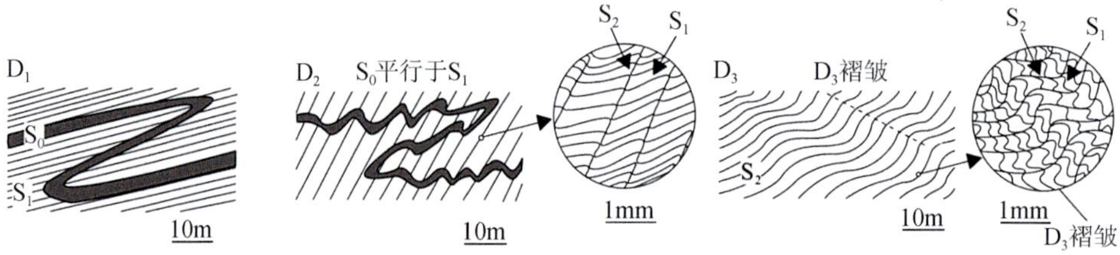

图 5.31　板岩和片岩中常见的面理发育序列示意图（据 Passchier and Trouw，2005）

典型的显微构造在右侧放大显示；说明见正文

变形的第三个阶段，可以通过辨认 S_2 褶劈理的再褶皱而识别（图 5.31、图 5.32）。这在有些情况下可能会产生有趣的构造，因为根据它们的方向，某些翼可以再折叠起来，而另一些则会伸直（图 5.33、图 5.34）。后期的变形阶段可以通过类似的方式加以识别，即早期的面理再褶皱叠置（图 5.35）。

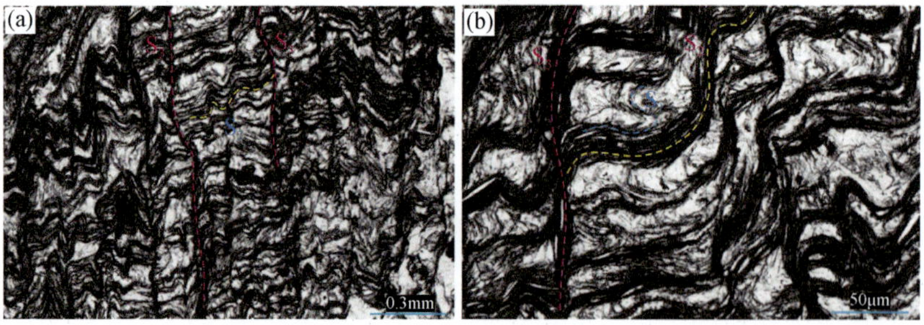

图 5.32　面理多次叠加实例

（a）褶劈理 S_3（红色虚线，竖直方向）的微劈石中为劈理的褶皱，即较早一期的褶劈理 S_2（黄色虚线，近水平方向）。S_2 和 S_3 分别相当于图 5.12 的 3 和 4 阶段；（b）是（a）中 S_2 微劈石中 S_1 褶皱（蓝色虚线）的细节放大。奥地利东阿尔卑斯，（a）、（b）转引自 Passchier 和 Trouw（2005）；（c）片麻理石英脉（S_1）褶成褶皱（S_2），S_2 再褶为 S_3，加拿大安大略 Sudbury（侯泉林摄于 2019 年）

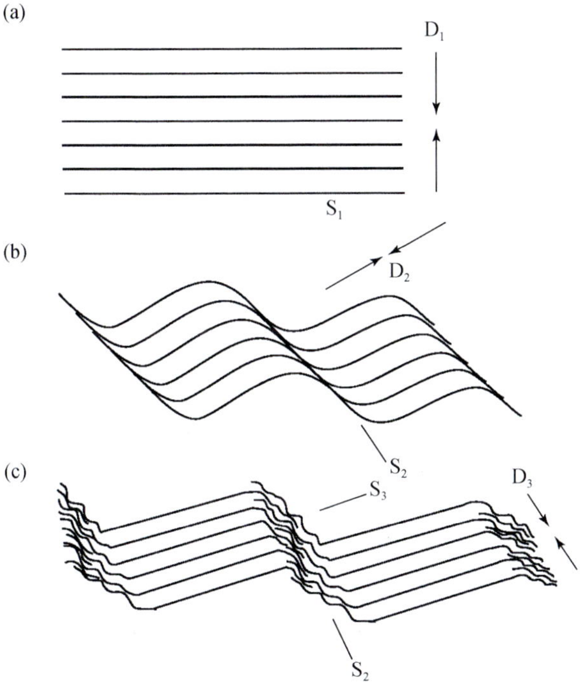

图 5.33　二次面理（S_2）被 D_3 选择性再褶皱事件序列示意图（据 Passchier and Trouw，2005）

（a）竖直方向的挤压形成 S_1；（b）D_2 的斜侧向挤压形成陡的分异性褶劈理；（c）D_3 的斜向挤压导致 D_2 褶皱的翼部因其方向不同而发生选择性再褶皱，另外的翼部却逐渐展开，直到 S_1 近似平行于 D_3 褶皱的轴面为止。注意，选择性再褶皱中老的面理（S_1）几乎不受影响

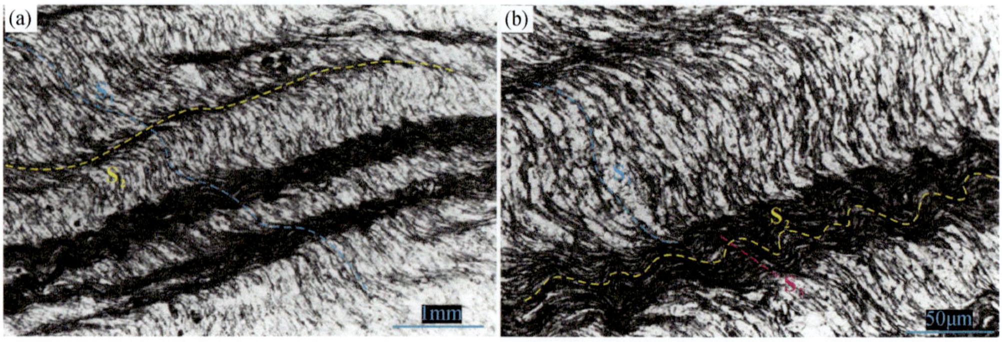

图 5.34 二次面理选择性再褶皱（据 Passchier and Trouw，2005）

（a）细的间隔性断离劈理（S_1 自左上至右下）变形为分异性褶劈理（S_2 左下至右上），S_2 在 D_3 期变形中发生褶皱，形成 S_3［（b）中劈理域内部］。这是图 5.33 叠加事件序列的实际例子，巴西圣保罗；（b）是（a）的细节放大照片

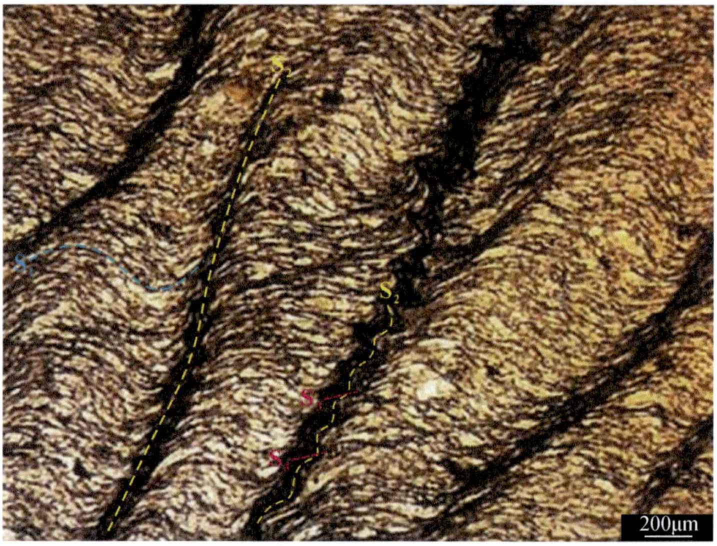

图 5.35 三期面理叠加（据 Passchier and Trouw，2005；转引自胡玲等，2009）

早期面理（S_1）矿物定向近水平；第二期面理（S_2）暗色矿物比较集中；第三期面理（S_3）由 S_2 褶皱表现。正交偏光

这类分析的主要问题是如何建立从一个薄片到另一个薄片，从一个露头到另一个露头，甚至从一个区域到另一个区域的面理间的相互关系。这是一件用一般规则难以解决的事情，但下面的建议可能会有所帮助（同时参阅 Williams，1985）。岩石中的变形可能很不均匀，尤其是在后峰期变质的变形，例如，在一些狭窄的条带内 D_3 或 D_4 的变形标志很常见，但其他地方则没有。当然，剪切带是这种变形局部化的最典型的例子。另一方面，峰期变质条件下形成的面理通常分布范围广，而且大范围内连续。然而，由于岩性的变化，面理的变化可能也会非常突然，例如由于缺乏板状矿物来限定面理，强烈的面理带可能在钙硅酸盐岩石接触处突然消失。在面理的相关性分析中，要特别注意它们与变质作用的关系，因为变质条件通常在不同的露头之间变化不会太大，除非变质期后有断裂作用发生。少数情况下（例如，Lominneurg and Lebit，1998），连续的变形阶段仅产生了一

组单个劈理，代表了总应变椭球体。

尤其是在野外，侵入岩脉或岩墙对于区分变形期次及其不同时期的伴生面理具有重要意义。这些岩体可能在相对较短的时间内侵入，根据其成分和分布可在较大范围内被识别对比。被脉切割的构造较老，而较年轻构造的褶皱作用、剪切作用或其他变形会影响到岩脉。这里要特别注意侧生褶皱（flanking folds）的情况（详见第 2 章）。

5.5　有关破劈理问题讨论

讲到劈理，一般教科书都会介绍一种特殊的劈理类型——破劈理（fracture cleavage）。但是，仔细阅读国内外教材中有关破劈理的表述，常有自相矛盾或欠严谨之处。这里将此问题专门拿出来讨论，以供读者参考。

5.5.1　国内教材有关“破劈理”的论述

国内教材有关“破劈理”的概念一般是这样描述的：破劈理是指岩石中一组密集的剪破裂面，破裂面定向与岩石中矿物排列方向无关。破劈理面的间隔一般为数毫米至数厘米。破劈理与剪节理的区别只是发育程度和平行排列程度的不同，当其间隔超过数厘米时，便称作剪节理。同时指出，从原意来看，破劈理与剪节理之间并无明显的界线（如徐开礼和朱志澄，1984；朱志澄和宋鸿林，1990；朱志澄，1999；朱志澄等，2008；李忠权和刘顺，2010；罗金海等，2018）。

5.5.2　问题讨论

一般国外《构造地质学》教材将节理仅限定于张破裂范畴，并不存在剪节理（shear joints）之说法，而有剪破裂（shear fracture）之表述（详见第 4 章）（如 Fossen，2016）。那么，如果按国内教材中有关“破劈理”之定义，即密集的剪破裂，那么，破劈理与国际惯例的“节理”（即张破裂）之间并无交集，二者不存在界线不清问题。

前已述及，面理化的岩石尽管沿面理方向容易裂开，但仍具有内聚力（Fossen，2010，2016；详见本章 5.1 节）。当然，劈理作为构造面理的主要亚类，自然具有内聚力。然而，破劈理完全是岩石的脆性破裂行为，与岩石中的矿物排列毫无关系，也就是说破劈理已不具有内聚力（仅有摩擦力）。再者，有关劈理的成因类型有四种，包括机械旋转、重结晶、压溶作用和晶体塑性变形等（如朱志澄和宋鸿林，1990；朱志澄，1999；朱志澄等，2008；罗金海等，2018），并未包括脆性剪破裂。也就是说，形成劈理的四种成因类型均无法形成破劈理。因此，无论从劈理的特征，还是成因机制来看，破劈理并不属于劈理范畴，而仅仅是密集的破裂而已。

Fossen（2010，2016）在他的《构造地质学》教材中是这样表述破劈理的：一组酷似劈理的密集排列的破裂。但是一般劈理包含横跨劈理的缩短，而破劈理则包含沿该构造面的剪切或横贯该构造的伸展。所以，“破劈理”一词含义有点混乱，最好省略。

因此，建议摒弃“破劈理”概念，至于密集的破裂，无论其是伸展的，还是剪切的破裂，分别直接使用“密集的张破裂”（或“密集节理”）、“密集的剪破裂”显得概念更为准确和清晰。

此外，这里并未提及国内教材中有关劈理的传统分类，如流劈理、破劈理、滑劈理问题。主要考虑这三种劈理术语的表述多有争议，而且概念界限模糊，很难把握和运用。

5.6 运动方向判定实践

大部分劈理是垂直于缩短方向（伸展褶劈理除外），与次生脆性破裂一样，可用来判断剪切指向。与剪切带的锐夹角指示对盘运动方向，而伸展褶劈理（C′）与 C- 面理的锐夹角指示本盘的运动方向。

5.6.1 实践训练

以下为作者拍摄的野外照片（图 5.36），利用前面所学知识，分析照片中的构造现象，并判断运动方向或主应力方向。

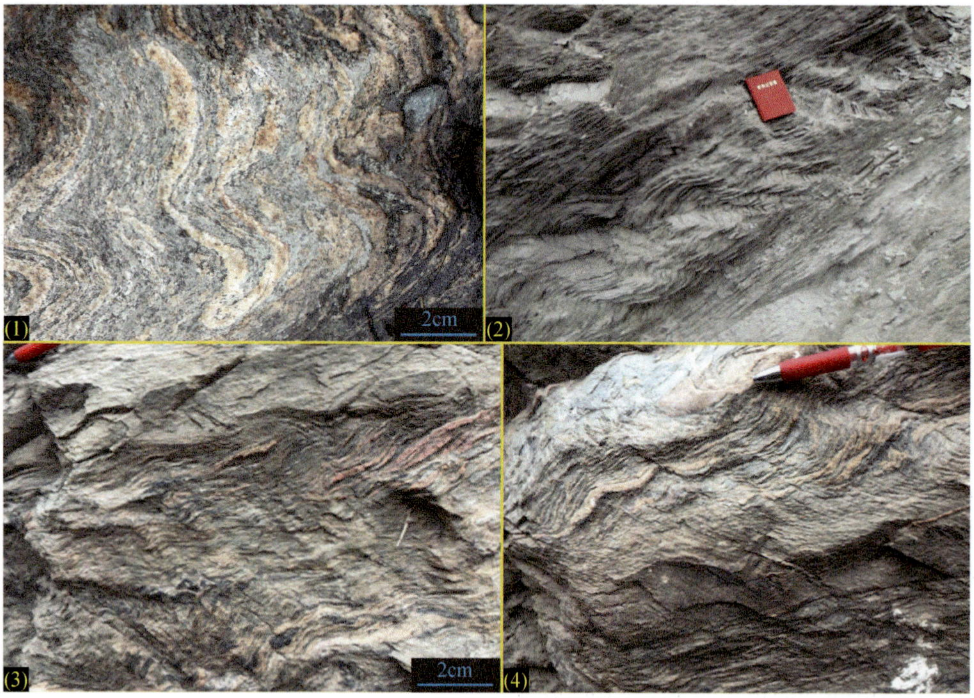

图 5.36　运动方向分析实践

5.6.2　分析参考

图 5.37 为运动方向分析参考。

图 5.37　运动方向分析参考

照片说明：（1）面理叠加，片麻岩石英脉（S_1）褶成褶皱（S_2），S_2 再褶成 S_3，加拿大安大略 Sudbury（侯泉林摄于 2019 年）；（2）板岩中褶劈理指示剪切指向；（3）面理、褶劈理指示两期变形，河南嵩山九龙潭（侯泉林摄于 2017 年）；（4）褶劈理指示剪切指向，河南嵩山九龙潭（侯泉林摄于 2017 年）；（5）硅质泥岩中的轴面劈理，指示主应力 σ_1 方向，大别山（侯泉林摄于 2001 年）；（6）片麻岩中的轴面劈理指示主应力 σ_1 方向，韩国杨坪（侯泉林摄于 2008 年）

思 考 题

1. 构造面理和劈理的差异及其类型。
2. 伸展褶劈理是褶劈理吗？为什么？
3. 伸展褶劈理的形成机理及有关问题。
4. 主动面理与被动面理。
5. 斜面理、S- 面理的含义及其联系。
6. 面理与褶皱的关系。
7. 面理与应变和体积损失问题。
8. 如何识别面理置换？
9. 如何看待“破劈理”问题？

参考文献

胡玲，刘俊来，纪沫等 . 2009. 变形显微构造识别手册 . 北京：地质出版社，1 ～ 96

罗金海，梁文天，于在平 . 2018. 构造地质学 . 北京：高等教育出版社，1 ～ 371

李忠权，刘顺 . 2010. 构造地质学 (第三版). 北京：地质出版社，1 ～ 285

徐开礼，朱志澄 . 1984. 构造地质学 . 北京：地质出版社，1 ～ 243

朱志澄 . 1999. 构造地质学 (第二版). 武汉：中国地质大学出版社，1 ～ 262

朱志澄，宋鸿林 . 1990. 构造地质学 . 武汉：中国地质大学出版社，1 ～ 331

朱志澄，曾佐勋，樊光明 . 2008. 构造地质学 (第三版). 武汉：中国地质大学出版社，1 ～ 226

Alvarez W, Engelder T, Lowrie W. 1976. Formation of spaced cleavage and folds in brittle limestone by dissolution. Geology, 4(11): 698 ～ 701

Barnhoorn A, Bystricky M, Burlini L, *et al*. 2004. The role of recrystallisation on the deformation behaviour of calcite rocks: large strain torsion experiments on Carrara marble. Journal of Structural Geology, 26(5): 885 ～ 903

Behrmann J H. 1987. A precautionary note on shear bands as kinematic indicators. Journal of Structural Geology, 9(5 ～ 6): 659 ～ 666

Bell T H. 1986. Foliation development and refraction in metamorphic rocks: reactivation of earlier foliations and decrenulation due to shifting patterns of deformation partitioning. Journal of Metamorphic Geology, 4(4): 421 ～ 444

Beutner E C, Charles E G. 1985. Large volume loss during cleavage formation, Hamburg sequence, Pennsylvania. Geology, 13(11): 803 ～ 805

Bhagat S S, Marshak S. 1990. Microlithon alteration associated with development of solution cleavage in argillaceous limestone: textural, trace-elemental and stable-isotopic observations. Journal of structural geology, 12(2): 165 ～ 175

Blenkinsop T G, Treloar P J. 1995. Geometry, classification and kinematics of S-C and S-C′ fabrics in the Mushandike area, Zimbabwe. Journal of Structural Geology, 17(3): 397 ～ 408

Cobbold P. 1976. Mechanical effects of anisotropy during large finite deformations. Bulletin de la Société géologique de France, 7(6): 1497 ～ 1510

Cobbold P R, Cosgrove J W, Summers J M. 1971. Development of internal structures in deformed anisotropic rocks. Tectonophysics, 12(1): 23 ～ 53

Cosgrove J W. 1976. The formation of slaty cleavage. Journal of the Geological Society of London, 262: 153 ～ 176

Darwin C. 1846. Geological Observations on South America: Being the Third Part of the Geology of the Voyage of the Beagle, under the Command of Capt. Fitzroy, RN during the Years 1832 to 1836. London: Smith Elder & Co

Davidson S G, Anastasio D J, Bebout G E, *et al*. 1998. Volume loss and metasomatism during cleavage formation in carbonate rocks. Journal of Structural Geology, 20(6): 707 ～ 726

Davis G H, Reynolds S J, Kluth C F. 2012. Structural Geology of Rocks and Regions(3th edition). Hoboken: John Wiley and Sons

De Bresser J H P. 1989. Calcite c-axis textures along the Gavarnie thrust zone, central Pyrenees. Geologie en Mijnbouw, 68(3): 367 ～ 375

Dennis A J, Secor D T. 1987. A model for the development of crenulations in shear zones with applications from the Southern Appalachian Piedmont. Journal of Structural Geology, 9(7): 809 ～ 817

Ellis M A. 1986. The determination of progressive deformation histories from antitaxial syntectonic crystal fibres. Journal of Structural Geology, 8(6): 701 ～ 709

Engelder T. 1984. The role of pore water circulation during the deformation of foreland fold and thrust belts. Journal of Geophysical Research: Solid Earth, 89(B6): 4319 ～ 4325

Engelder T, Marshak S. 1985. Disjunctive cleavage formed at shallow depths in sedimentary rocks. Journal of Structural Geology, 7(3 ～ 4): 327 ～ 343

Erslev E, Mann C. 1984. Pressure solution shortening in the Martinsburg Slate, New Jersey. Proceedings of the Pennsylvania Academy of Science, 1984: 84 ～ 88

Etheridge M A. 1983. Differential stress magnitudes during regional deformation and metamorphism: upper bound imposed by tensile fracturing. Geology, 11(4): 231 ～ 234

Fossen H. 2010. Structural Geology. New York: Cambridge University Press

Fossen H. 2016. Structural Geology (Second Edition). New York: Cambridge University Press, 1 ～ 510

Goldstein A, Knight J, Kimball K. 1998. Deformed graptolites, finite strain and volume loss during cleavage formation in rocks of the taconic slate belt, New York and Vermont, USA. Journal of structural geology, 20(12): 1769 ～ 1782

Goldstein A, Pickens J, Klepeis K, *et al*. 1995. Finite strain heterogeneity and volume loss in slates of the Taconic Allochthon, Vermont, USA. Journal of Structural Geology, 17(9): 1207 ～ 1216

Goodwin L B, Tikoff B. 2002. Competency contrast, kinematics, and the development of foliations and lineations in the crust. Journal of Structural Geology, 24(6 ～ 7): 1065 ～ 1085

Gray D R. 1978. Cleavages in deformed psammitic rocks from southeastern Australia: their nature and origin. Geological Society of America Bulletin, 89(4): 577 ～ 590

Gray D R. 1979. Microstructure of crenulation cleavages; an indicator of cleavage origin. American Journal of Science, 279(2): 97 ～ 128

Gregg W J. 1985. Microscopic deformation mechanisms associated with mica film formation in cleaved psammitic rocks. Journal of structural geology, 7(1): 45 ～ 56

Groshong Jr R H, Pfiffner O A, Pringle L R. 1984. Strain partitioning in the Helvetic thrust belt of eastern Switzerland from the leading edge to the internal zone. Journal of Structural Geology, 6(1 ～ 2): 5 ～ 18

Hafner M, Passchier C W. 2000. Development of S-C′ type cleavage in paraffin wax using a circular shear rig. Journal of Virtual Explorer, 2(1): 16 ～ 17

Harris L B, Cobbold P R. 1985. Development of conjugate shear bands during bulk simple shearing. Journal of Structural Geology, 7(1): 37 ～ 44

Herwegh M, Handy M R. 1998. The origin of shape preferred orientations in mylonite: inferences from in-situ experiments on polycrystalline norcamphor. Journal of Structural Geology, 20(6): 681 ～ 694

Hobbs B E, Means W D, Williams P F. 1976. An Outline of Structural Geology. New York: Wiley

Hobbs B E, Means W D, Williams P F. 1982. The relationship between foliation and strain: an experimental investigation. Journal of Structural Geology, 4(4): 411 ～ 428

Holl J E, Anastasio D J. 1995. Cleavage development within a foreland fold and thrust belt, southern Pyrenees, Spain. Journal of Structural Geology, 17(3): 357 ～ 369

Ishii K. 1988. Grain growth and re-orientation of phyllosilicate minerals during the development of slaty cleavage in the South Kitakami Mountains, northeast Japan. Journal of Structural Geology, 10(2): 145 ～ 154

Kanagawa K. 1991. Change in dominant mechanisms for phyllosilicate preferred orientation during cleavage development in the Kitakami slates of NE Japan. Journal of Structural Geology, 13(8): 927 ～ 943

Kisch H J. 1991. Development of slaty cleavage and degree of very-low-grade metamorphism: a review. Journal of Metamorphic Geology, 9(6): 735 ～ 750

Knipe R J. 1981. The interaction of deformation and metamorphism in slates. Tectonophysics, 78(1 ～ 4): 249 ～ 272

Kreutzberger M E, Peacor D R. 1988. Behavior of illite and chlorite during pressure solution of shaly limestone of the Kalkberg Formation, Catskill, New York. Journal of structural geology, 10(8): 803 ～ 811

Lee J H, Peacor D R, Lewis D D, *et al*. 1986. Evidence for syntectonic crystallization for the mudstone to slate transition at Lehigh Gap, Pennsylvania, USA. Journal of Structural Geology, 8(7): 767 ～ 780

Mancktelow N S. 1994. On volume change and mass transport during the development of crenulation cleavage. Journal of Structural Geology, 16(9): 1217 ～ 1231

Mattauer M. 1973. Les Déformations des Matériaux de l′ écorse Terrestre. Paris: Hermann

Mawer C K, Williams P F. 1991. Progressive folding and foliation development in a sheared, coticule-bearing phyllite. Journal of Structural Geology, 13(5): 539 ～ 555

McCaig A M. 1987. Deformation and fluid-rock interaction in metasomatic dilatant shear bands. Tectonophysics, 135(1 ～ 3): 121 ～ 132

Means W D. 1981. The concept of steady-state foliation. Tectonophysics, 78(1 ～ 4): 179 ～ 199

Mitra G, Yonkee W A. 1985. Relationship of spaced cleavage to folds and thrusts in the Idaho-Utah-Wyoming thrust belt. Journal of Structural Geology, 7(3 ～ 4): 361 ～ 373

Norrell G T, Teixell A, Harper G D. 1989. Microstructure of serpentinite mylonites from the Josephine ophiolite and serpentinization in retrogressive shear zones, California. Geological Society of America Bulletin, 101(5): 673 ～ 682

Passchier C W. 1991. Geometric constraints on the development of shear bands in rocks. Geologie en Mijnbouw, 70: 203 ～ 211

Passchier C W, Trouw R A J. 2005. Microtectonics (Second Edition). Berlin: Springer-Verlag, 1 ～ 366

Platt J P, Vissers R L M. 1980. Extensional structures in anisotropic rocks. Journal of Structural Geology, 2(4): 397 ～ 410

Platt J P. 1984. Secondary cleavages in ductile shear zones. Journal of Structural Geology, 6(4): 439 ～ 442

Rajlich P. 1991. Kinematics of crenulation cleavage development: example from the Upper Devonian rocks from northeast of the Bohemian Massif, Czechoslovakia. Tectonophysics, 190(2 ～ 4): 193 ～ 208

Ree J H. 1991. An experimental steady-state foliation. Journal of Structural Geology, 13(9): 1001 ～ 1011

Ramsay J G, Wood D S. 1973. The geometric effects of volume change during deformation processes. Tectonophysics, 16(3 ～ 4): 263 ～ 277

Saha D. 1998. Local volume change vs overall volume constancy during crenulation cleavage development in low grade rocks. Journal of Structural Geology, 20(5): 587 ～ 599

Schmid S M, Zingg A, Handy M. 1987. The kinematics of movements along the Insubric Line and the emplacement of the Ivrea Zone. Tectonophysics, 135(1 ～ 3): 47 ～ 66

Sedgwick A. 1835. Remarks on the structure of large mineral masses, and especially on the chemical changes produced in the aggregation of stratified rocks during different periods after their deposition. Transactions of the Geological Society of London, 2(3): 461 ～ 486

Siddans A W B. 1977. The development of slaty cleavage in a part of the French Alps. Tectonophysics, 39(4): 533 ～ 557

Sorby H C. 1849. On the origin of slaty cleavage. Proceedings of the Geological and Polytechnic Society of the West Riding of Yorkshire, 3(1): 300 ～ 312

Southwick D L. 1987. Bundled slaty cleavage in laminated argillite, north-central Minnesota. Journal of structural geology, 9(8): 985 ～ 993

Sorby H C. 1853. On the origin of slaty cleavage. Edinb New Philos J 55: 137 ～ 148

Stewart L K. 1997. Crenulation cleavage development by partitioning of deformation into zones of progressive shearing (combined shearing, shortening and volume loss) and progressive shortening (no volume loss): quantification of solution shortening and intermicrolithon-movement. Tectonophysics, 281(3 ～ 4): 125 ～ 140

Tan B K, Gray D R, Stewart I. 1995. Volume change accompanying cleavage development in graptolitic shales from Gisborne, Victoria, Australia. Journal of Structural Geology, 17(10): 1387 ～ 1394

Treagus S H. 1983. A theory of finite strain variation through contrasting layers, and its bearing on cleavage refraction. Strain Patterns in Rocks. Pergamon, 351 ～ 368

Treagus S H. 1999. Are viscosity ratios of rocks measurable from cleavage refraction? Journal of Structural Geology, 21(8 ～ 9): 895 ～ 901

Tullis T E. 1976. Experiments on the origin of slaty cleavage and schistosity. Geological Society of America Bulletin, 87(5): 745 ～ 753

Van der Wal D, Vissers R L M, Drury M R, *et al*. 1992. Oblique fabrics in porphyroclastic Alpine ～ type peridotites: a shear-sense indicator for upper mantle flow. Journal of structural geology, 14(7): 839 ～ 846

Waldron H M, Sandiford M. 1988. Deformation volume and cleavage development in metasedimentary rocks from the Ballarat slate belt. Journal of Structural Geology, 10(1): 53 ～ 62

Weber K. 1981. Kinematic and metamorphic aspects of cleavage formation in very low-grade metamorphic slates. Tectonophysics, 78: 291 ～ 306

White S H, Johnston D C. 1981. A microstructural and microchemical study of cleavage lamellae in a slate. Journal of structural geology, 3(3): 279 ～ 290

White S H, Knipe R J. 1978. Microstructure and cleavage development in selected slates. Contributions to Mineralogy and Petrology, 66(2): 165 ～ 174

Williams P F. 1972. Development of metamorphic layering and cleavage in low grade metamorphic rocks at Bermagui, Australia. American Journal of Science, 272(1): 1 ～ 47

Williams P F. 1985. Multiply deformed terrains-problems of correlation. Journal of Structural Geology, 7(3 ～ 4): 269 ～ 280

Williams M L, Scheltema K E, Jercinovic M J. 2001. High-resolution compositional mapping of matrix phases: implications for mass transfer during crenulation cleavage development in the Moretown Formation, western Massachusetts. Journal of Structural Geology, 23(6 ～ 7): 923 ～ 939

Wintsch R P, Kvale C M, Kisch H J. 1991. Open-system, constant-volume development of slaty cleavage, and strain-induced replacement reactions in the Martinsburg Formation, Lehigh Gap, Pennsylvania. Geological Society of America Bulletin, 103(7): 916 ～ 927

Woodland B G. 1982. Gradational development of domainal slaty cleavage, its origin and relation to chlorite porphyroblasts in the Martinsburg Formation, eastern Pennsylvania. Tectonophysics, 82(1 ～ 2): 89 ～ 124

Wright T O, Henderson J R. 1992. Volume loss during cleavage formation in the Meguma Group, Nova Scotia, Canada. Journal of Structural Geology, 14(3): 281 ～ 290

Wright T O, Platt L B. 1982. Pressure dissolution and cleavage in the Martinsburg Shale. American Journal of Science, 282(2): 122 ～ 135

Zhang S, Karato S. 1995. Lattice preferred orientation of olivine aggregates deformed in simple shear. Nature, 375(6534): 774

Zheng Y, Wang T, Ma M, *et al*. 2004. Maximum effective moment criterion and the origin of low-angle normal faults. Journal of Structural Geology, 26(2): 271 ～ 285

第6章 线　　理

线理是描述性术语，泛指岩石中平行排列的线状构造，既有原生的，也有次生的，但构造地质学中通常指构造作用下形成的次生线理，与面状构造密切相关。我们应知道如何在滑动面上观察线理，并运用它揭示古应力和运动学特征。在变质岩中，线理更为常见，它往往与应变、物质迁移，以及剪切方向密切相关。大学教材中对线理均有详细介绍，本章简要整理变形岩石中常见的主要线理类型，并讨论其成因和构造意义。

6.1　基本术语与类型

线理是一种组构要素，其中一个维度比另外两个维度长得多。Piazolo 和 Passchier（2002）重新定义了“线理（lineation）”术语，首先分为物线理（object lineation）和迹线理（trace lineation）两类，其中物线理包括颗粒线理（grain lineation）和集合线理（aggregate lineation）；迹线理包括皱纹线理（crenulation lineation）和交面线理（intersection lineation）（图 6.1）。

颗粒线理（grain lineation）由一系列长形的单个晶粒的定向平行排列构成。这些颗粒可以是变形的等轴状矿物，如石英和方解石，或者是长条形的自形、半自形矿物，如角闪石、电气石和硅线石等（颗粒形态优选取向）。**集合线理**（aggregate lineation）是由等轴或略长形颗粒的集合体的优选取向构成，常见的例子是动态重结晶颗粒的集合体代替了一个大变形的旧晶体，更可能的是只有岩石中的一部分限定了物线理（图 6.1）。

交面线理（intersection lineation）由面理相交叉构成；**皱纹线理**（crenulation lineation）由微褶皱面理面的枢纽线构成（图 6.1）。

有关“线理”，文献中还有一些其他的常见术语。如果构成线理的颗粒为变形的各向同性矿物颗粒集合体或单晶颗粒，那么通常用**拉伸线理**（stretching lineation）泛指集合线理或颗粒线理。然而，“拉伸线理”一词具有成因寓意，有时会造成误导。长形的晶粒或集合体可能形成于拉伸作用，平行于拉伸方向，而有些线状构造，如石香肠构造以及一些脉体等，也形成于拉伸作用，但线理的展布方向垂直于拉伸方向（Passchier and Trouw，2005）。因此，拉伸线理仅指平行于应变椭球 *X*- 轴（*a*- 轴）方向的线理（图 6.1、图 6.2），也称为 **a- 型线理**。**矿物线理**（mineral lineation）是指由不变形或变形很小的自形或半自形的各向异性矿物颗粒（如角闪石、电气石和硅线石等长条形矿物）的优选定向，是一种特殊的颗粒线理，即由各向异性矿物定向排列构成的线理。**碎裂线理**（cataclastic lineation）由碎裂岩基质中长形的碎块或碎块集合体组成（Tanaka，1992）。

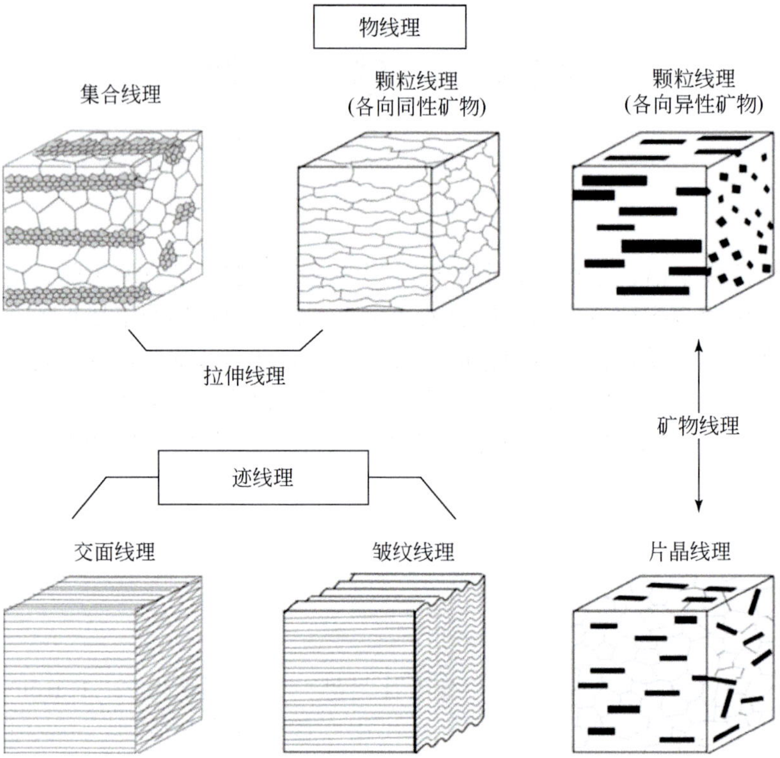

图 6.1　透入性线理分类示意图（据 Passchier and Trouw，2005）

说明见正文

以上所述线理均属于透入性的线状构造，此外还有一类非透入性的线理，称为**面线理**（surface lineation），仅限于发育在某个面（如擦痕面）上的线状构造，如擦痕线等。也有人认为这些非透入性的线状构造不属于线理范畴（Passchier and Trouw，2005）。

此外，应注意，透入性线理应在面理上；非透入性线理应在特定的构造面（如断层面、擦痕面）上。交面线理应为面理与面理或层理的交线，与其他任意面的交线不属于线理范畴。

6.2　与塑性变形有关的线理

透入性线理几乎全部发育于塑性变形岩石中。当线理成为主导组构要素，以致 S- 组构很弱或缺失的岩石属于 L- 构造岩。大部分 L- 构造岩应变标志的测量结果投于弗林图解的典型收缩区域，即 $X>>Y>Z$（第二卷第 1 章 1.2 节图 1.34）。面理（S- 组构）与透入性线理（L- 组构）的平衡组合更为普遍，这类岩石称为 LS- 构造岩，其在弗林图解中的投点多集中于对角线（k=1）附近。没有或很少有线状组构的构造岩属 S- 构造岩（参阅本卷第 1 章 1.4 节），在弗林图解中落入典型的压扁区域，即 $X > Y >> Z$（第二卷第 1 章 1.2 节图 1.34）。

6.2.1　物线理

物线理（object lineation）是一种透入性线性组构，通常由整齐排列的棱柱形矿物（如角闪岩中的角闪石）、拉长的矿物或集合体（如片麻岩中的石英－长石集合体）构成（图 6.1）。其形成过程大致如下：

变形过程中，软弱基质中相对刚性棱柱形矿物的旋转，如云母片岩中的角闪石或绿帘石晶体，其中静态生长的角闪石在局部化的变形带中整齐化排列。多数情况下，长条形矿物与其基质之间的能干性差异不足以使矿物发生旋转，取而代之的是通过塑性变形使矿物发生同步重结晶或溶解－沉淀过程来改变矿物或矿物集合体的形状。此外，在压力影或应变影中石英沉淀是矿物或矿物集合体向有利方向生长的一种常见方式。即使是脆性矿物和矿物集合体的破碎或碎裂，也能将矿物集合体重塑成线性组构要素。总之，变形过程中的碎裂、压溶和重结晶作用都可以改变矿物和矿物集合体的形状，加之刚体旋转，共同形成变形岩石的线理组构。

均匀应变岩石中，如果矿物集合体在变形开始时呈球形，变形后的形状将代表应变椭球体（参阅第二卷第 1 章 1.2 节图 1.24；图 6.2）。大多数情况下，原始颗粒形状并不清楚，以致最后的形状只是给我们一个有关应变椭球形状的定性印象。尽管如此，片麻岩中的变形矿物集合体常被用于应变分析，尽管集合体与围岩之间的黏度差异可能会增加结果的不确定性。在矿物集合体初始形状已知且能干性差异较小的情况下，这种分析尤其有效。典型的实例就是变形的砾石或鲕粒，岩石中的线形构造可用于应变定量分析（参阅第二卷第 1 章 1.2 节）。这种由变形物体或集合体形状所限定的线理又通常称为拉伸线理（图 6.1、图 6.2），在塑性变形岩石，如糜棱岩中，非常普遍。因此，**在变形变质岩中，矿物和矿物集合体伸展形成的透入性拉伸线理是最为常见的线理类型，又称为 a- 型线理，在糜棱岩中发育于 S- 面上**（图 6.2）。

图 6.2　糜棱岩中的拉伸线理

（a）显示明显的 L- 组构（L- 构造岩），挪威造山带西部片麻岩区（Fossen，2016）；（b）北京云蒙山（侯泉林摄于 2016 年）

石英、方解石和其他一些常见矿物可以生长出排列良好的纤维状晶体，这些晶体限定了线性要素。这种矿物生长形成的线理又称为**矿物纤维线理**（mineral fiber lineation）（Fossen，2016），属物线理的颗粒线理。矿物纤维可以沿最大瞬时拉伸方向（ISA_1）生长，但也可以垂直于脉壁张开的方向生长。此外，一旦形成，它们可能会因递进变形而旋转偏离这个方向。矿物纤维除了在退变质岩和未变质沉积岩（如过压泥岩）中的矿脉中存在外，还普遍发育于低变质阶段变质岩中的残碎斑晶以及鲕粒等的应变阴影（压力影）中（图 6.3）。但当压力和温度过高时，不会形成纤维，如很少在超过中绿片岩相条件下形成此类纤维（Fossen，2016）。这一如此有限的条件使得纤维线理与其他类型的线理相比显得不够常见，也不太具有透入性。

图 6.3 鲕粒应变影（据胡玲等，2009）

对称型阴影部分为方解石纤维；正交偏光

杆状构造（rodding）用来描述岩石变形过程中拉长的能干性强的矿物（如石英、方解石等）平行排列的集合体（图 6.4），它很容易与岩石的其他部分区分开来，在云母片岩和片麻岩等变质岩中非常常见。它与窗棂构造（mullion）的主要区别在于，杆状体是由变质作用过程中产生的析离物组成。石英脉的来源可以是早期的石英脉，随着围岩的褶皱作用而透镜化，进而碾滚成石英棒。一般说来，与碾滚作用有关的石英棒与褶皱枢

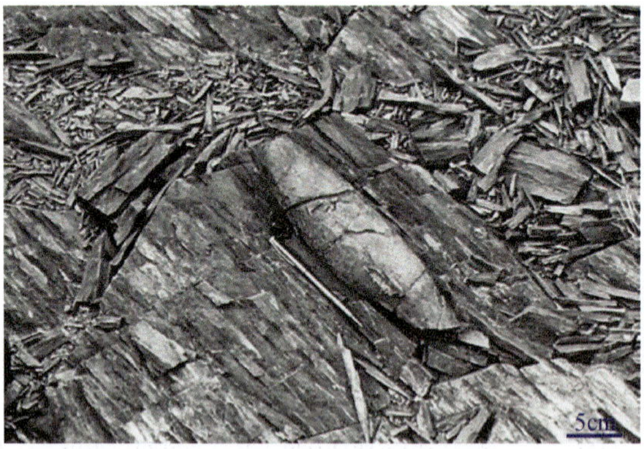

图 6.4 秘鲁中安第斯山泥盆系千枚岩中的杆状构造（据 Davis *et al.*，2012）

纽平行，属 b- 型线理，其规模可大可小，从数厘米至数米不等，横断面呈圆形、扁圆形或长圆形。因此，杆状构造是强烈变形与变质分异作用的联合产物。也有人认为，杆状构造可以是拉伸线理，只是往往受到其他构造形成过程的影响（Fossen，2016）。杆状构造的形成方式多种多样，大学教材中通常有比较详细介绍，这里不再赘述。

还有一种与杆状构造类似的物线理，即由拉长的紧密堆积的砾石构成的线形构造。被拉长的砾石具有各种形状，如雪茄形（图 6.5）、鸭舌形等。岩石基质中的矿物线理的存在以及从拉伸碎屑尖端生长的矿物晶体纤维的发育，使得拉伸砾石线形构造表现得更为明显，其长度可达几十厘米甚至更长。砾石延长方向多平行于应变椭球 a- 轴，应属 a- 型线理。也可能会有例外，例如，如果其成因类似于杆状构造，则会形成 b- 型线理。

图 6.5　雪茄形的砾石拉伸线理

（a）美国 Raft River 拆离带（Fossen，2016）；（b）朝鲜黄海北道飞浪洞（侯泉林摄于 2011 年）

6.2.2　皱纹线理

褶皱轴一般被认为是线性构造，尽管它是与褶皱面的几何形状有关的理论线。在平行排列的褶皱轴足够密集的情况下，就构成了一种组构，这些小规模（数毫米至数厘米）、低振幅的褶皱或褶纹枢纽就构成了**皱纹线理**（crenulation lineation）（图 6.1），属典型的迹线理，通常形成于多期变形的富含片状硅酸盐矿物的变质岩中，如千枚岩、片岩、片麻岩和糜棱岩等。需要强调的是，皱纹线理是由褶皱枢纽构成的（图 6.6），这点与交面线理不同。

在层状岩石褶皱过程中，褶劈理和皱纹线理首先形成，然后才形成较大型的褶皱。因此，可以将稍早皱纹线理的方向与稍年轻的但相关的褶皱轴进行比较。如果取向不同，可能与岩层在变形过程中的旋转有关，如横切褶皱（transected fold），即劈理与褶皱轴面

图 6.6　皱纹线理（据 Davis *et al.*，2012）

石英绢云母片岩中小褶皱限定的皱纹线理

斜交的褶皱，其上皱纹线理与枢纽斜交（图 6.7）。

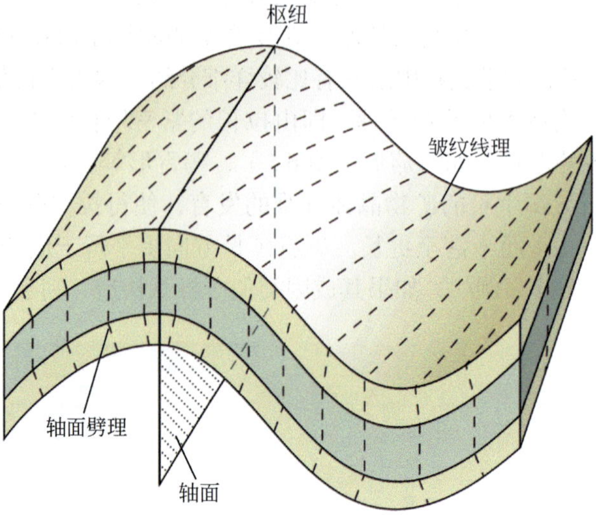

图 6.7　横切褶皱（transected fold）的轴面、劈理、线理和枢纽关系示意图（据 Fossen，2016）

注意：劈理与轴面斜交；皱纹线理与枢纽斜交

6.2.3　窗棂构造

“窗棂（mullion）”这个词再次让我们想起了构造地质学与建筑学的亲缘关系。在建筑上，窗棂是分隔哥特式教堂相邻窗口的长而笔直的石条［图 6.8（a）］（Hobbs *et al.*，1976），朝外石面向外凸出。如果按图 6.8（b）所示的方式排列在地面上，那么这组石头看起来就像地质学中的窗棂构造了。地质学家用“窗棂构造”（mullions structure）来表示能干岩层与非能干岩层界面的线性变形构造。

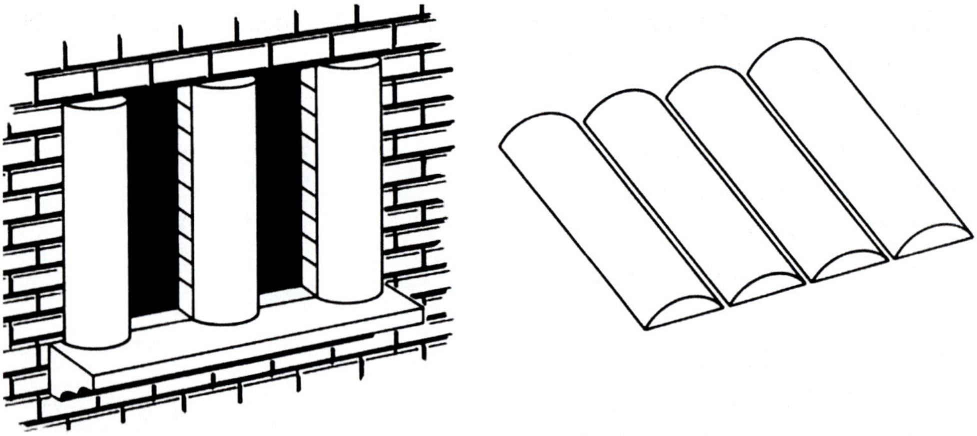

(a)　　(b)

图 6.8　建筑学上的窗棂与构造地质学的窗棂构造示意图（据 Davis *et al.*，2012）

（a）哥特式教堂上的窗棂（mullions）；（b）平放类似地质学的窗棂构造（mullions）

在能干岩层与非能干岩层相间的岩层中，由于平行于层面的缩短作用，使岩层失稳形成一系列尖舌形褶皱（cuspate-lobate fold），形似一排棂柱的大型线理构造，褶皱波长从数厘米至数米不等（图 6.9）。实验表明，波长大小由能干岩层和非能干岩层的黏度比决定。尖舌形褶皱形状非常独特，由能干性岩层（如石英岩）构成相连的圆形或椭圆形的弧，凸向软岩层（如板岩），而软岩层形成紧闭褶皱，尖端指向能干岩层[图 6.9（b）]。需要注意的是，窗棂构造并非由新注入的矿物（如石英）组成，而是由寄主岩石自身塑造而成。

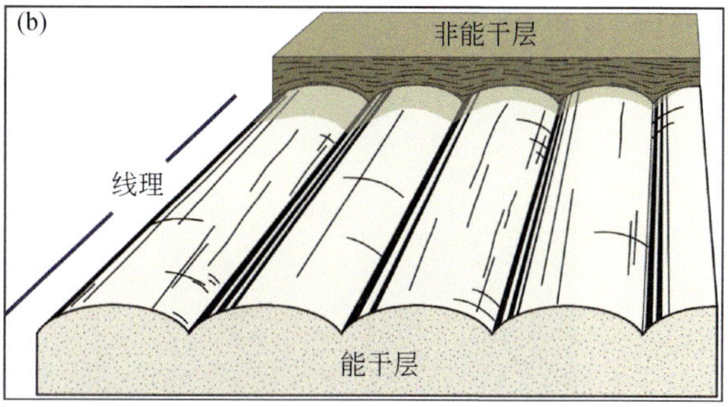

图 6.9　窗棂构造及形成模式图

（a）沿石英岩与板岩表面形成的一系列尖舌形褶皱而显示的窗棂构造，美国亚利桑那州 Mazatzal 山脉（转引自 Davis *et al.*，2012）；（b）能干性（黏度）显著不同的岩层表面形成的窗棂线理构造模式图（Fossen，2016）

棂柱体的边界可以是层理面或先存面理，也可以是新生面（如节理、劈理等），也就是说窗棂构造是形成在一个面上，表面常被磨光并蒙有一层如云母片等的矿物薄膜。一般认为，窗棂延长方向代表了应变椭球体的 Y 轴（b- 轴），属 b- 型线理，但在地壳深部的塑性变形中延长方向可与 X 平行，属 a- 型线理。

在有些文献中，将窗棂构造描述为多种成因，如将断层面上的条纹称为“断层式窗棂构造”，由节理控制的称为“节理式窗棂构造”等，为了避免混乱，建议尽量避免使用。

石香肠（补丁）构造将在下节专门介绍。此外，还有铅笔构造、交面线理等，大学教材中都有具体介绍，这里不再赘述。

6.3　与脆性变形有关的线理

有的线理仅发育于断裂表面，它们不是组构要素，而更多的是上地壳脆性体制下的特征。这些线理可由伸展裂隙中的矿物生长而成，如剪破裂或断层壁上的擦痕；也可由不同破裂交汇而成。

6.3.1　矿物纤维线理

脆性域的矿物线理往往仅限于纤维线理（fiber lineation），矿物在裂隙面上沿着有利生长的方向生长（图 6.10）。矿物在裂隙上的生长通常要求裂隙在一定程度上开放，要么是真正的伸展裂隙，要么是具有伸展成分的剪裂隙。此外，矿物必须在优选的方向上生长，方可形成线理，如石英、蛇纹石、阳起石、石膏和硬石膏等矿物，均可在裂隙中形成纤维状线理。

图 6.10 蛇纹岩断层面上的两组近于垂直的矿物线理（据 Fossen，2016）

白色线代表线理方向；两个方向表明在两个不同应力场下的运动

在许多伸展性裂隙中均可发现矿物纤维（如图 6.11），矿物纤维的方向通常代表伸展的方向。有时也会看到弯曲的纤维，表明在变形过程中伸展方向发生了变化，或者在纤维形成过程中或形成之后发生了剪切作用（图 3.22、图 3.23）。

图 6.11 伸展裂隙中的滑石纤维线理（据 Fossen，2016）

注意：当裂隙打开后矿物纤维垂直于裂隙壁生长

尽管伸展作用参与了矿物纤维线理的形成，但这并不意味着这种线理仅限于伸展裂隙。因为大部分剪破裂的形状是不规则的，在伸展性台阶构造处可能会产生伸展作用，矿物可能会随着两盘的分离而生长（图 6.12）。也就是说，**非平面性剪破裂可以包含伸展（拉**

分）段，矿物纤维可以在其中生长并形成局部的纤维线理。由于裂隙网中流体的循环沉淀，矿物纤维生长在台阶或其他不规则物的背面。因此，根据纤维生长与裂隙几何形状的关系可以判断滑动方向。

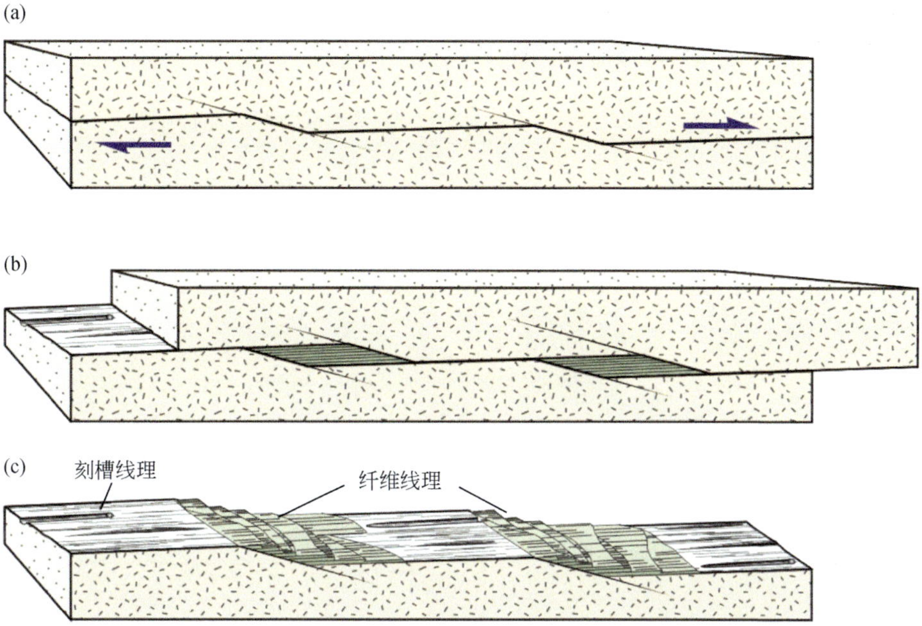

图 6.12　不规则剪破裂中纤维线理的形成（据 Fossen，2016）

（a）早期阶段；（b）终极阶段；（c）移去上盘，以便观察。注意：断层面上有擦痕

6.3.2　擦痕或擦面线

擦痕（striation，striae）或擦面线（slickenline）是在剪破裂（断层）面上由于上下盘之间的互相物理摩擦而形成的一种线理（图 6.13）。这种光滑的摩擦滑动面本身称为擦痕面（slickenside）。擦痕面是由厚度≤ 1mm 的破碎固结的断层岩上覆盖着的一层抛光面。硬物体或凹凸不平的面可能刻出线性的轨迹或沟槽，称为断层刻槽（fault groove），构成擦面线（图 6.14）。

图 6.13　方解石擦痕面上的擦面线（据 Fossen，2016）

纽约卡茨基尔灰岩中的小断层

这种机械形成的擦痕面可能与冰川擦痕表面有相似之处。对许多擦痕滑动表面的仔细观察发现，它们形成于矿物充填物上，或者实际上就是纤维线理。因此，有两种主要的擦面线（slickenline）类型：

一类是机械刮擦形成的擦痕（striation）；另一类是矿物纤维生长形成的滑动纤维线理（slip fiber lineation）。

矿物可能在断层运动过程中生长，因此常观察到纤维线理与擦痕组合发育情景。这种线理也许具有相同或不同的年龄，有时有两种或多种不同矿物组成的线理存在，机械摩擦也许使其剥落，也许不剥落而得以保存。

图 6.14 灰岩与砂岩间断层面上的断层刻槽（fault groove）（据 Fossen，2016）

美国犹他州莫阿布断层（Moab fault）

面理化和线理化岩石在地质填图和详细构造分析中均会面临一些特殊的挑战，我们必须要识别和描述各种各样的物理和几何形态的面理和线理，并测量它们的方向。然而，有些岩石拥有复杂的和叠加的面理和线理，要理清彼此之间的关系有时是非常困难的。

6.4 线理与运动学问题

地质学家总是觉得线性构造可以以某种方式指示变形过程中的运动学或运动模式。本节分别讨论上地壳脆性体制下和韧性体制下线理的运动学意义。

6.4.1 有关断层的运动学

线理是认识单个滑动面运动方向以及断层群运动学的重要结构。纤维线理、擦面线（slickenline）以及所谓几何线理（geometric lineation）均可以给出很好的运动学指示，尽管准确确定还需要其他信息。擦面线、擦痕以及与断层有关的其他一些线理平行于断层的运动方向，但无法给出断层的剪切指向。

为了区分正断层与逆断层，或者左旋滑动与右旋滑动，我们需要与矿物生长有关的断裂形貌、次级断裂的几何学、滑动面标志的相关性或断层附近牵引构造观测的详细信息。那种用手在断层面上来回轻轻移动来“感觉”断层的运动方向的传统方法，已被许多野外地质学家证明是不可靠的。反而，我们应该仔细观察滑动面上及其周围的任何不规则现象和构造，努力分析它们的几何形状和成因，进而判断其滑动方向。这就要求我们充分懂得断裂作用过程中所产生的各种伸展性破裂与剪破裂的差异和含义（如图 4.2）。

经常会在同一个滑动面上发育两组甚至多组线形构造（如图 6.10）。这种不同线性构造组合记录了不同时间的不同运动情况，暗示了不同滑动事件应力场的变化，或者在断裂作用过程中局部的几何形态的复杂性扰乱了应力场。有时断层面上矿物的生长历史和成分可用来指示运动事件的先后顺序。

6.4.2 拉伸线理与运动学

拉伸线理是韧性剪切带和糜棱岩带中的常见构造，包括伸展剪切带、走滑剪切带以及逆冲剪切带。一个非常好的实例是在苏格兰北部基底冲断层之上的莫因推覆体（Moine nappe）上观察到的线性构造分布（图 6.15）。早在 19 世纪就认识到这是一种重要的运动

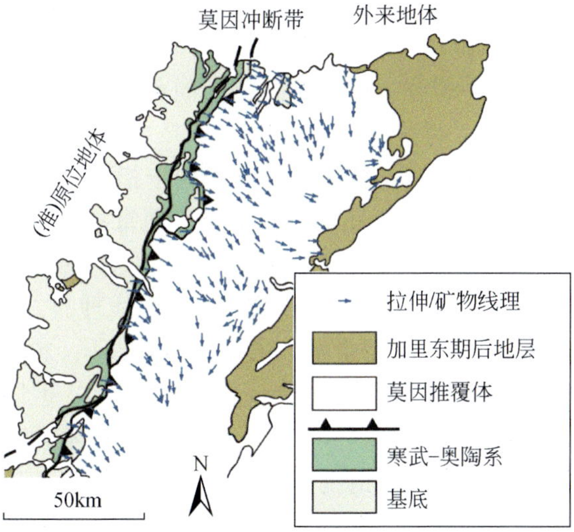

图 6.15 荷兰北部加里东造山带莫因冲断带（Moine thrust zone）之上莫因推覆体的线理分布（据 Fossen，2016）

蓝色小箭头代表线理倾伏向；莫因冲断带附近的大部分线理几乎与冲断带走向垂直，与 WNW 向的逆冲作用方向一致；远离冲断带，线理分布发生较大变化，移动方向难以解释

学标志，而关于这种线理与整体运动方向平行还是垂直的讨论，一直持续到19世纪中叶。有关拉伸线理与运动方向之间的关系至今仍有争论（Lin *et al.*，2007）。

大约20世纪50年代，奥地利地质学家Bruno Sander以其对坐标系和对称性的研究，提出了一个新的思想（Sander，1950）。他引入了运动轴的概念，由*a*、*b*、*c*三个互相垂直的轴组成，*a*-轴代表运动方向，*c*-轴垂直于剪切面（图6.16）。问题是：线理和褶皱轴平行于该运动轴系的*a*-或*b*-轴吗？ Sander及其同事坚持线理代表*b*-方向，即不代表运动方向。其他一些地质学家，如英国的Anderson和挪威的Anders Kvale等反对Sander的观点。后来，发现加里东造山带的拉伸线理（图6.15）平行于区域运动方向（剪切方向）。线理同样也平行于紧闭褶皱的枢纽（可能是a-型褶皱）。因此，Anderson和Kvale等一些地质学家认为，**大部分情况下线理平行于Sander的*a*-轴方向（剪切方向）**。这也是很快被接受的观点。

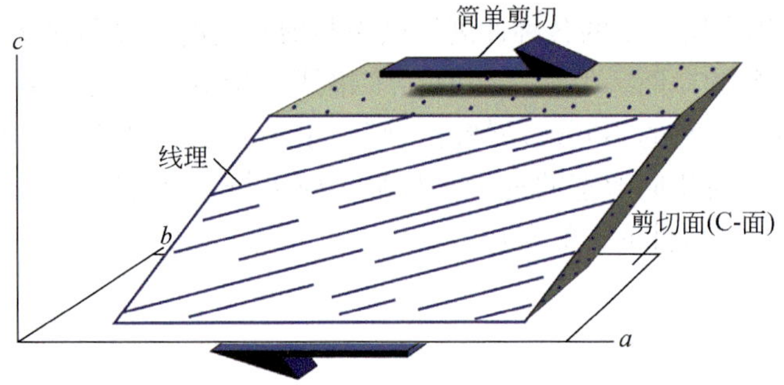

图6.16 简单剪切的拉伸线理与Sander的运动轴系关系图（据Fossen，2016）

a-轴代表剪切方向；*c*-轴垂直于剪切面。随着应变增加，线理向*a*-轴（剪切方向）方向旋转

运动轴系的概念很快被淘汰，取而代之的是应变轴系（strain axes），即应变椭球的三个主轴*X*、*Y*、*Z*。对简单剪切来说，拉伸线理位于应变椭球的*XY*-面（即S-面）上，而且从起初与剪切面（C-面）夹角45°的位置逐渐向剪切方向旋转（图6.16）。因此，线理的方向取决于应变的大小，对于高应变简单剪切带，拉伸线理会比较接近于剪切方向。对于冲断带或透入性变形的推覆体，意味着线理趋向于指示了运动方向。因此，**对于简单剪切来说，当拉伸线理投影到剪切面（C-面）上后通常指示运动方向（剪切指向）**。然而，近期研究表明，拉伸线理方向与剪切带的剪切方向之间的关系并没那么简单，即使在剪切方向比较稳定的近简单剪切的高应变带中，拉伸线理的方向也会发生显著变化。因此，通常很难用拉伸线理的方向来推断剪切方向（Lin *et al.*，2007）。

对于共轴变形（如纯剪切），运动方向判别的意义不大，但即使在这种情况下，也可以预测出典型的运动方式。试想，刚性基底上的较软的推覆体的垮塌，还有热穹窿或变质核杂岩的隆升过程可能也有类似情况，预计会有一致排列的拉伸线理，对于完全纯剪切，这些线理会平行于运动方向。如此，这些线理便成了Sander运动学轴系术语中完全的a-线理（即运动方向）。

对于其他变形类型，如转换拉张情形，无论变形多么强烈，线理总是与剪切方向斜交（参阅本卷第1章1.4节）。事实上，线理甚至还可能以相当戏剧性的方式发生改变。

其他一般变形情形，如纯剪切和简单剪切的结合（其中剪切面与纯剪切压扁面斜交）（参阅第二卷第 1 章 1.1 节），可能给出全方位的线理方向。这样，线理与运移方向之间的关系可能变得更为复杂，无论是简单剪切、纯剪切，还是两者的某种组合，即一般剪切或次简单剪切，重要的是要认识到线理的意义取决于变形类型。

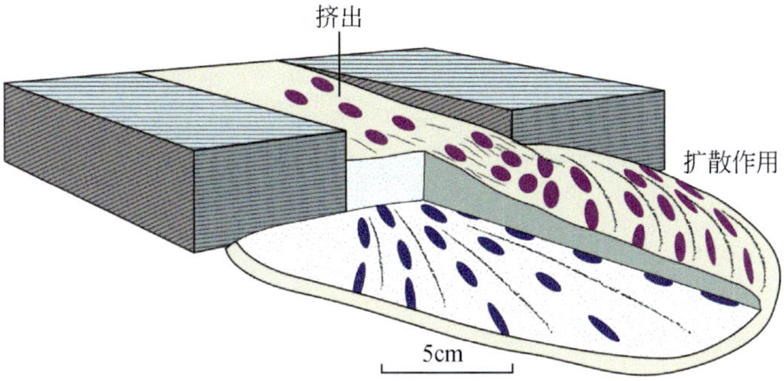

图 6.17　两个刚体盒之间的挤出变形实验（据 Fossen，2016）

注意：一旦材料离开盒子的约束，扩散作用在材料的下部产生径向应变样式，而在材料上部产生同心拉伸作用（如应变椭圆所示）

平面上的线性构造分布也与应变和运动学有关。典型例子就是三维上的重力垮塌所产生的线理分布（图 6.17）。看到如此线理分布样式表明该变形远不是平面应变。然而，许多地方线理在很大的范围内又是平行的，而且运用应变数据可以看出这些应变是否是平面应变（平面应变就是没有垂直于线理方向的物质运动；参阅第二卷第 1 章 1.2 节）。如果应变椭球接近于平面（位于弗林图解对角线 $k=1$ 附近；见第二卷图 1.34），我们就有很好的理由假定是平面应变，其线理可以指示运动方向；如果应变远非平面应变，运动方向与线理之间可能存在更为复杂的关系。然而，一般来说，假设线理指示运动方向是一种有用的工作假设，诸如图 6.15 所示的模式通常被假定至少反映了运动方向，即在苏格兰的例子中线理与莫因冲断层高角度相交，尽管细节上可能更为复杂。

需要强调的是，自然界完全的纯剪切或简单剪切是十分罕见的，大多数情况是二者不同程度的结合，即一般剪切或次简单剪切（参阅第二卷第 1 章），所以拉伸线理与运动方向的关系也会相当复杂，因此直接运用拉伸线理的统计来反映剪切带的剪切方向的作法往往会有风险。此时，结合剪切带的应变测量和运动学涡度（W_k）分析，在确认应变类型以及线理与剪切指向之间关系的基础上，再行运用会更加可靠。

6.4.3　C- 面上的条纹线理与运动学

前已述及，利用拉伸线理（位于 S- 面上，记为 Ls）来判断剪切方向通常比较困难，而且鞘褶皱的方向与剪切方向之间关系也是个复杂的问题（Lin *et al.*, 2007）。Lin 等（2007）提出，剪切面（C- 面）上的条纹线理[①]（striation；Lc）与剪切方向平行，如果不被后期

①这里的“striation”是指韧性剪切带或糜棱岩 C- 面上的擦痕线理，为了与脆性断层面上的擦痕相区别，这里译为“条纹线理”。

的构造旋转所改变，可以有效地指示剪切方向。因此，识别 C- 面上的条纹线理（Lc），并注意与 Ls 的区别非常重要。

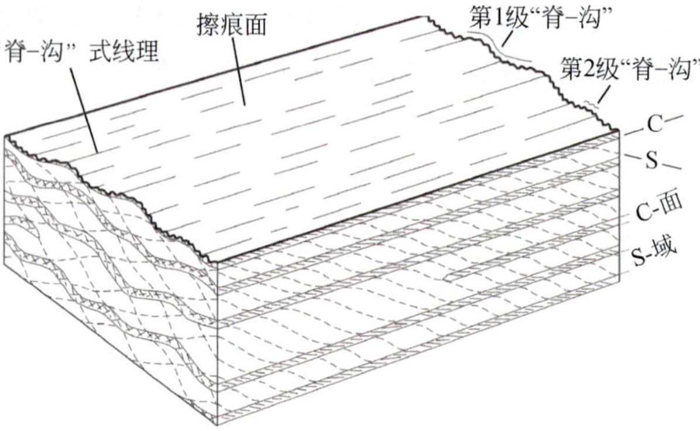

图 6.18 S-C 糜棱岩 C- 面（带）上脊－沟式条纹线理（Lc）示意图（据 Lin *et al.*，2007）

摩擦面 C 上的条纹线理（striations；Lc）平行于剪切方向；拉伸线理（stretching lineations；Ls）发育于 S- 面上（未显示）

我们知道，S- 面理及其上的线理（Ls）由一些变形的标志体，如椭圆形的颗粒、矿物集合体以及砾石等构成。相比之下，C- 面是剪切面，更常见的是窄的剪切带，构成的颗粒通常比 S 域要小（图 6.18），主要是一些细粒硅酸盐（如云母）等沿 C- 带中心分布。C- 带是应变局部化的产物，它经历了比相邻的 S- 域更大的剪应变。因 C- 面多有片状硅酸盐矿物碎片，易于剥离，所以多数露头更可能是 C- 面而不是 S- 面。这种面（实际是韧性擦痕面）上的条纹线理（相当于脆性断层面上的擦痕）常表现为小的"脊－沟"式线理，反映 C- 面由不同级别的曲面构成（图 6.18、图 6.19）（参阅 Lin and Williams，1992）。

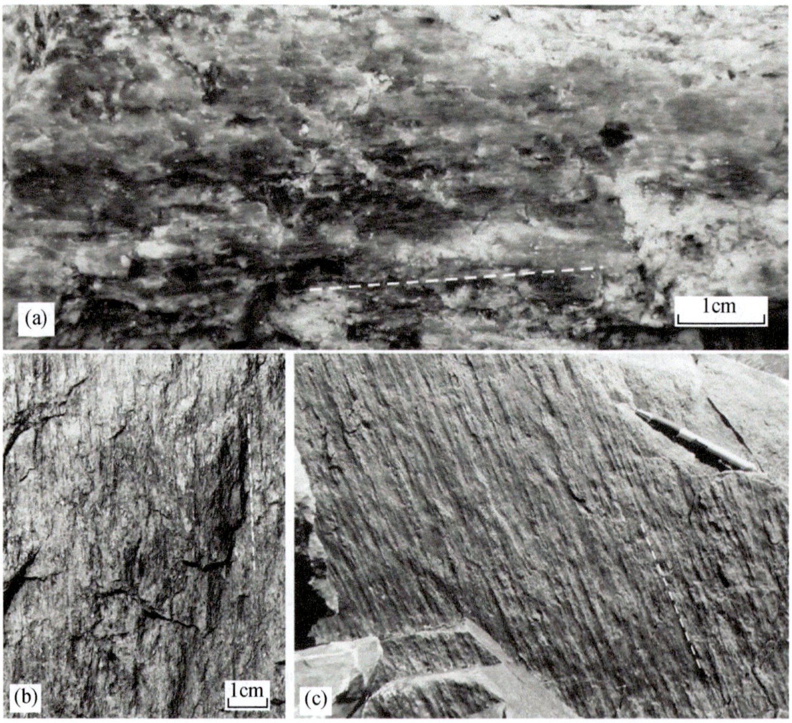

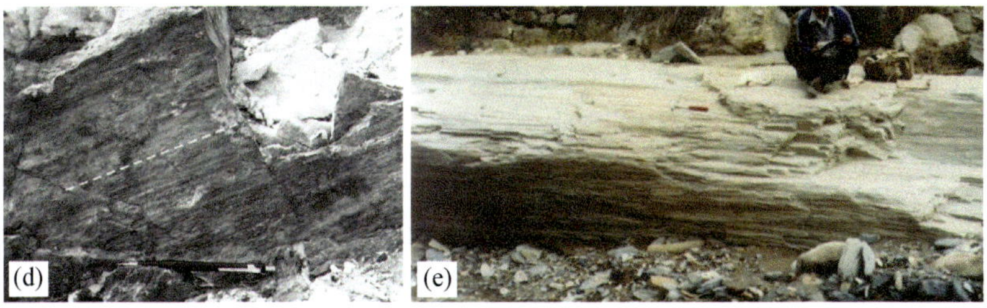

图 6.19　C- 面（韧性擦痕面）上脊－沟式条纹线理露头实例

（a）南美剪切带的变形花岗岩；（b）加拿大阿巴拉契亚山脉的罗珀湖剪切带变形花岗岩；（c）加拿大苏必利尔克拉通上 Pukaskwa 侵入杂岩北缘剪切带的变形花岗岩；（d）加拿大苏必利尔省剪切带的变形石英脉［（a）、（b）、（c）、（d）转引自 Lin *et al.*，2007］；（e）滇西无量山剪切带的变形片岩，C- 面由不同级别的曲面构成（侯泉林摄于 1990 年）。（a）～（c）发育 S- 和 C- 面理；（d）和（e）发育 C- 面理

C- 带本身是一个微尺度剪切带，其内部组构可以与 S- 域内的组构基本相同，发育面理和线理。因此，如果在高剪切应变下，形态面理与 C- 面理近于平行，则 C- 带中的拉伸线理将与剪切方向近于平行。在 C- 面上一级脊－沟线理上发育的较细的二级线性构造可以是拉伸线理和（或）次级脊－沟线理的痕迹［图 6.18、图 5.33（e）］（Lin and Williams，1992；Lin *et al.*，2007）。

总之，条纹线理（Lc）与拉伸线理（Ls）具有不同的运动学意义。条纹线理平行于原位剪切方向，而拉伸线理大致平行于有限应变椭球的长轴（X）。这两种线理之间通常没有简单的固定关系。因此，在高应变带的运动学解释中注意区分这两种线理是很必要的。

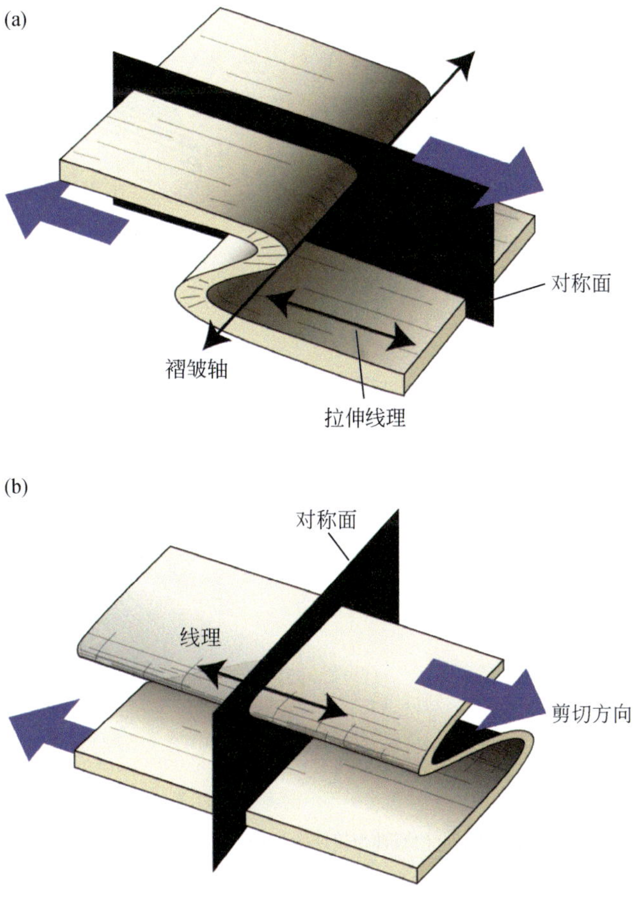

图 6.20　褶皱轴与拉伸线理的关系（据 Fossen，2016）

（a）褶皱轴与拉伸线理垂直，称为 b- 型褶皱；（b）褶皱轴与拉伸线理平行，称为剪切褶皱或 a- 型褶皱

6.4.4　褶皱枢纽和相关线理

在解释运动学方向问题上，拉伸线理是最好用的一种线理类型。而褶皱轴、皱纹线理和交面线理可能比较模棱两可。这种线理可能是后期叠加变形的结果，

与主运动状况并无关系。另外一种情况，它们可能代表了递进变形过程的最后阶段的记录，若如此可以提供运动学的重要信息，如在糜棱岩中有时就属于这种情况，即在糜棱岩化过程中面理持续褶皱，新的劈理不断形成。

褶皱轴和交面线理通常与拉伸线理不同，它与运动方向的关系更为复杂。有的情况，褶皱轴与拉伸线理和矿物线理呈高角度相交［图 6.20（a）］，这类褶皱称为 b- 型褶皱；有的情况，褶皱轴与拉伸线理和矿物线理斜交或平行［图 6.20（b）］，近于平行的褶皱称为剪切褶皱或 a- 型褶皱。在高应变带中，通常会发现褶皱轴线和交面线理与拉伸线理和矿物线理大致平行［图 6.20（b）、图 6.21］。

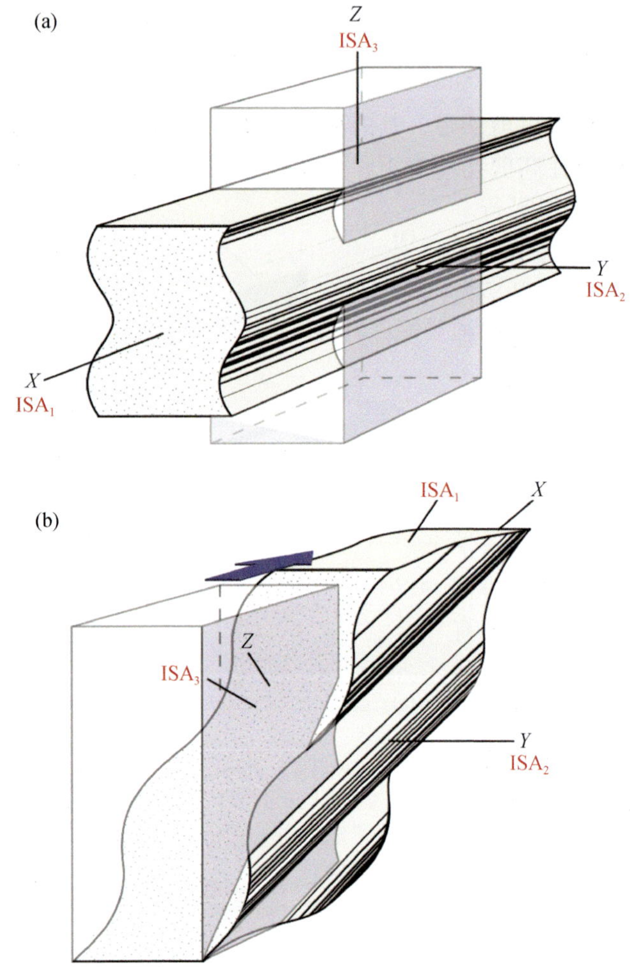

图 6.21　纯剪切（a）和简单剪切（b）状态下褶皱与拉伸线理关系（据 Fossen，2016）

两种情况下褶皱轴与拉伸线理均近于平行，其中纯剪切情况下完全平行（水平方向的高应变带）

与其他线理平行的褶皱轴在 19 世纪中叶一直是个问题，现在有了很好的解释。例如，剪切作用过程中褶皱轴显然向平行于剪切的方向旋转，如果是枢纽被弯曲且高应变的情况，会发生枢纽与拉伸线理的平行，如鞘褶皱；还有，如果局部有走滑运动分量也可以形成；此外，如果是沿高度拉长的更为能干性材料的透镜体，也可以形成平行于拉伸或剪切方向的褶皱。图 6.21 显示了水平高应变带中的垂直分层受纯剪切（a）和简单剪切（b）影响的模型。图 6.21（a）中，褶皱轴与 *X*（拉伸方向）平行而不旋转；图 6.21（b）中，也形成与 *X* 和拉伸线理平行的褶皱轴，但随着应变的增加，褶皱轴向水平的运动方向旋转，褶皱也更加紧闭。

总之，褶皱轴可以与运动方向呈任何角度相交，而且随着应变增加，褶皱通常向剪切方向旋转，同时愈加紧闭。

6.5 布丁构造

岩层缩短会形成褶皱，但岩层拉伸会形成布丁构造（boudin）或石香肠（sausage）。经典的布丁构造是挤压褶皱的对应物，为平行于岩层的伸展作用提供了坚实证据，即使岩层后期经历缩短和褶皱作用也能被保存下来。正如褶皱那样，布丁构造有不同的形成方式，可为我们提供不同类型的信息。

6.5.1 布丁构造与缩胀构造

“布丁”（boudin）一词来自法语，意为“香肠”，由 Max Lohest（1908）首次使用。Boudin 和 boudinage 的定义和含义经过 20 世纪的演变，现在统一为：boudin 指由平行岩层的伸展作用形成的伸展构造，这里译为**“布丁”**、**“布丁构造”**或**“石香肠构造”**；而 boudinage 是指导致原来连续的岩层形成布丁构造的过程，这里译为**“布丁化”**。

经典的布丁构造是指在塑性、脆性或塑－脆性结合的变形机制下，将单个能干岩层伸展成不同的块段（图 6.22），布丁化的岩层被包裹于塑性变形的基质中。如图 6.22 所示，布丁可以由脆性伸展破裂以及对称或不对称的剪切破裂形成，除了破裂外，布丁化岩层还可以由窄的韧性剪切带分割而成。总之，布丁构造或多或少是由能干层或面理伸展而成的有规则形状的间隔碎块构成。

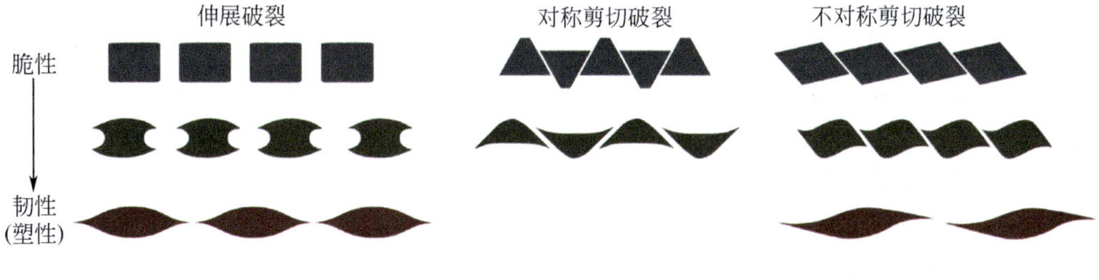

图 6.22 布丁构造的几何形态和形成机理示意图（据 Fossen，2016；说明见正文）

布丁构造的几何形态很大程度上取决于是由伸展分割还是剪切分割，以及是塑性还是脆性变形机理；不对称的布丁构造可能指示了非共轴变形还有一种情况，一些伸展的能干层中形成了规则地变薄的间隔域，但没有分离，这种构造称为**缩胀构造**（pinch-and-swell structure）（图 6.23），其形成过程叫细颈化（necking）。缩胀构造中，细颈化部位几乎不相连［图 6.23（b）］。布丁构造和缩胀构造主要由温度、应变速率和黏度差所控制，高的温度有助于能干层的塑性变形机理，而高的黏度差和应变速率则有助于能干层的破裂。这些因素同样影响布丁的几何形态。

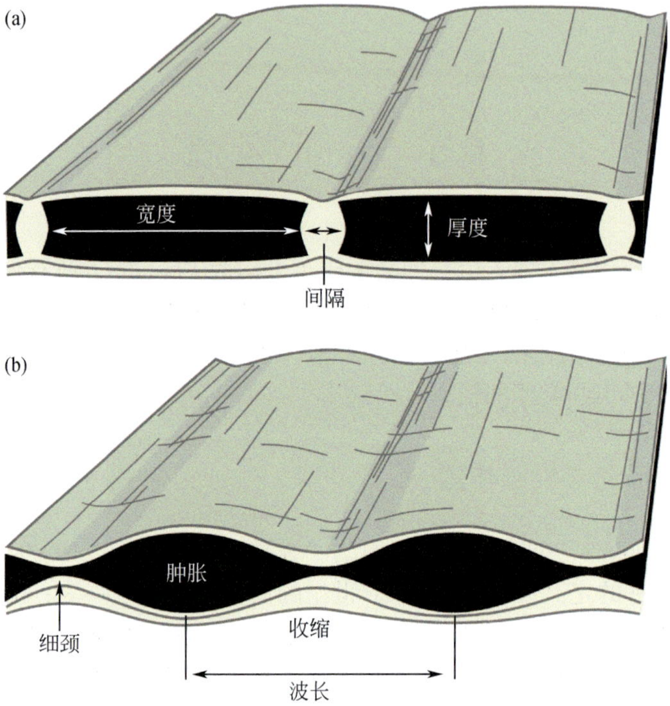

图 6.23 布丁构造（a）与缩胀构造（b）的比较（据 Fossen，2016）

6.5.2 几何形态、黏度和应变

一个布丁有厚度和宽度，布丁构造有可测量的间隔［图 6.23（a）］。实验表明，正如厚岩层褶曲波长比薄岩层长一样，布丁构造中厚岩层形成的布丁宽度较薄岩层宽度大。在布丁化过程中，能干层被破裂成越来越多的布丁，直到达到一个特定的宽厚比，或长宽比。通常特征长宽比范围为 2 ～ 4（图 6.24、图 6.25），平行于岩层的进一步伸展作用仅增加了各布丁间的距离。

布丁的间隔（布丁之间的距离）与布丁的长宽比不同，它不依赖于布丁化层与邻近层或基质之间的黏度差，而是取决于应变，具体地讲，是取决于平行于岩层的伸展程度。因此，布丁间隔的变化比布丁长宽比大得多。

实验研究表明（Ramberg，1955），能干性相对较弱的基质中的能干岩层发生伸展时形成布丁构造或缩胀构造，能干性最强的岩层形成最规则的矩形布丁构造［图 6.26（a）、（b）；图 6.27（a）］，能干性较弱的岩层形成缩胀构造［图 6.27（b）］，而且布丁的

图 6.24 布丁化的角闪石晶体（据 Fossen，2016）

晶体厚度 2mm

图 6.25 巴西元古代片麻岩中的镁铁质岩墙（变质达角闪岩相）（据 Fossen，2016）

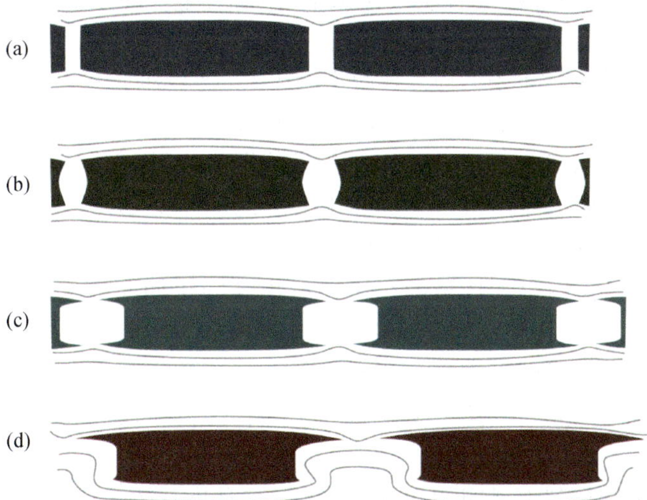

图 6.26 布丁的不同几何形态（据 Fossen，2016；说明见正文）

（a）矩形；（b）弱的塑性成分；（c）沿边缘明显塑性成分；（d）上侧边缘明显的塑性成分，而下侧边缘则很弱，表明下侧黏度差较上侧边缘大形状反映了变形过程中岩石的黏度差。布丁的圆角或拉出状角［如图 6.27（b）、图 6.28］分别表明布丁的边缘主要是塑性变形机理，类似于邻近岩层，有时会看见只有一侧边缘为塑性变形［图 6.26（d）］。实验还告诉我们，布丁两侧边缘的黏度差是不一样的，较小的一侧（或角上）发生塑性变形。

图 6.27　不同几何形态布丁构造实例（据 Fossen，2016）

（a）混合岩中的角闪岩矩形布丁构造，表明布丁本身与混合岩化的围岩之间具有高的黏性差，相当于图 6.26（a）的情况；（b）石英片岩中角闪岩层（变质的玄武质岩墙）的布丁化构造，布丁明显受塑性变形的影响，起初可能是缩胀构造；（c）片麻岩中的布丁构造，环布丁边缘明显的塑性变形，相当于图 6.26（c）中的鱼嘴状几何形态

许多模型表明，应力最集中的地方在布丁的角上，这解释了为什么角上最先发生变形。应力集中导致布丁变形的地方，会形成鼓状布丁构造［图 6.26（b）］、鱼嘴状布丁构造［图 6.26（c）、图 6.27（c）、图 6.28］和学位帽状布丁构造［图 6.26（d）］。总之，矩形布丁比鼓状布丁具有更高的能干性差异和更多的脆性变形。

理论分析表明，引起布丁化的拉伸应力从角到边缘中部逐渐增加（Ramberg，1955），这就是说，长的布丁比短的布丁具有更高的拉伸应力。因此，先期形成的长的布丁构造会继续分割，一直持续到布丁中部的拉应力降到一个临界值以下，只要布丁长度小于某一临界值就可以实现。当布丁长度低于这个临界长度时，布丁的拉张应力就会小于材料的拉伸强度。这一模式解释了为什么同一层的布丁其长度表现出一定的变化。

缩胀构造与纵弯褶皱具有更大的相似性。在黏度比有意义的情况下，可以直接应用主波长（L_d）和厚度（h）之间的数学关系，即有比奥特经典公式（Biot′s classic formula）：$L_d/h=2\pi(\mu_L/6\mu_M)^{1/3}$。

图 6.28 布丁内部与外侧显示不同的变形机制（据 Fossen，2016）

布丁外侧边缘显示剪切塑性变形，而布丁内部更为刚性，从而产生鱼嘴状布丁构造

这里，L_d/h 代表这种构造的长宽比。当黏度比较小，但 L_d/h 值趋于在 4 ~ 6 范围内时，往往会形成缩胀构造。

纵弯褶皱可以形成于非线性和线性材料介质。然而，缩胀构造只能形成于具有非牛顿特性的介质。这一限制是解释为什么变形岩石中褶皱比缩胀构造和布丁构造更丰富的原因之一，二是在平行岩层缩短过程中，由于初始岩层不规则而形成纵弯褶皱。褶皱可以形成于有黏性差的岩层中，相比之下，没有黏性差的岩层中布丁构造的发育仅限于剪切带中面理发育好的岩石。

6.5.3 不对称的布丁化及其旋转

在此之前，我们可能一直认为布丁是对称构造，但变形变质岩中同样普遍发育不对称的布丁构造（图 6.22、图 6.29）。不对称布丁构造由剪破裂或剪切条带（shear bands）所分隔，一旦离开布丁化层，剪切条带就会消失。如果布丁化层在变形过程中表现为脆性，则该能干层的差异应力或强度将决定是形成剪破裂还是伸展破裂。一般来说，当（σ_1-σ_3）< $4T_0$ 时，形成伸展破裂，T_0 为该岩层的伸展强度（参阅第二卷第 2 章 2.2 节）。

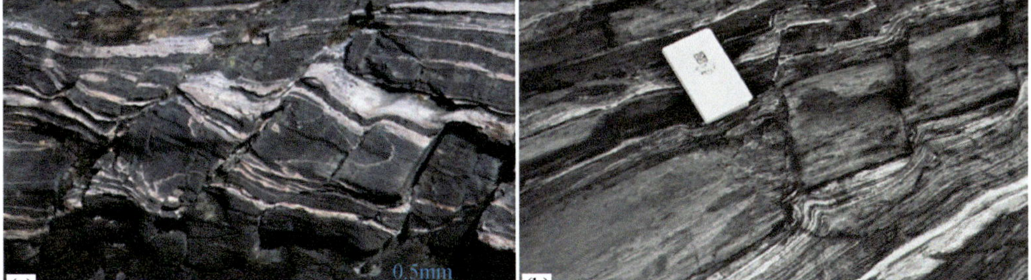

图 6.29 不对称的布丁构造

（a）角闪片麻岩中的不对称布丁构造，被角闪岩中的剪破裂所分隔；剪破裂在布丁构造外侧转变为韧性剪切带，然后迅速消失，表明黏性差较小，反向旋转，左旋剪切（Fossen，2016）；（b）由正断层所围限的布丁构造（Davis *et al.*，2012），布丁外缘没有显示明显的韧性变形，说明黏性差较大，布丁正向旋转，右旋剪切

由剪破裂分隔的布丁构造有时并没有太多的旋转或剪切［图 6.30（a）、（b）］。这些布丁构造与周围面理相平行，剪破裂以伸展开裂模式隔开。这种行为通常出现在混合片麻岩中的角闪岩层被拉开，新形成的空间（体积）被熔体或新矿物充填之时。

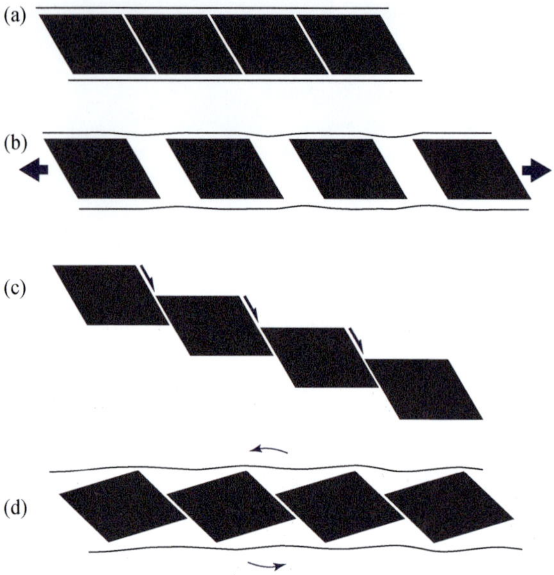

图 6.30 不对称布丁构造的形成（据 Fossen，2016）

（a）～（b）横跨剪破裂的伸展作用；（c）沿剪破裂的剪切作用；（d）由沿剪破裂的剪切作用与布丁旋转结合

当布丁构造由剪切构造所补偿时，就会发生明显的旋转［图 6.30（d）］。这一过程类似于断层的多米诺骨牌模式，它不仅适用于不对称布丁构造体系，也适用于伸展背景下断块的旋转（图 6.31）。旋转使布丁构造与面理整体保持一致。

图 6.31 断层的多米诺骨牌模式

旋转的不对称布丁构造可以由对称的布丁构造经非共轴变形形成。实验表明，平行于岩层的简单剪切会导致先存布丁构造旋转。但是，这些布丁构造会向什么方向旋转呢？简单地说，短而能干性强的布丁随刚性物体向剪切方向旋转，也就是说，如果是顺时针剪切，布丁构造的旋转同样是顺时针的。然而，长的即具有大的长宽比，以及黏性差小的布丁，将沿剪切方向的反方向旋转。黏性差是关键。

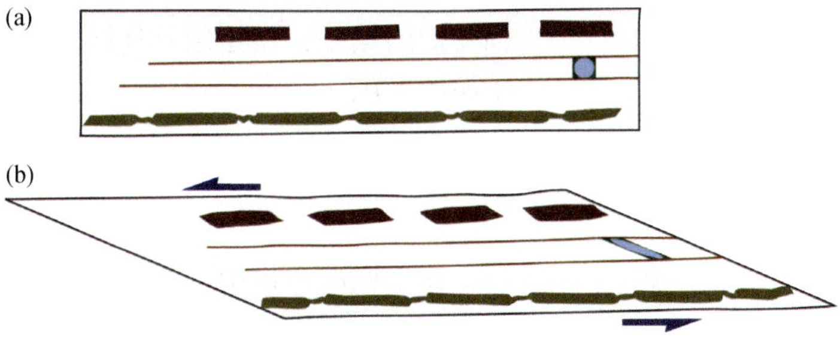

图 6.32 剪切作用过程中布丁长宽比对布丁旋转方向影响的实验研究（据 Hammer，1986；转引自 Fossen，2016）

短的布丁旋转方向与剪切方向一致，而长的布丁则反向旋转

因此，对于剪切方向而言，布丁是反向旋转还是顺向旋转取决于布丁的形状或长宽比（图 6.32）。同时，也取决于运动学涡度（W_k）（参阅第二卷第 1 章 1.3 节）、布丁构造中是否发育面理、沿布丁边界是否有滑动发生、分隔布丁的是伸展破裂还是剪切条带，以及变形时的黏度差或能干性差。通常情况下，能干性差越大，布丁就越刚性，刚性物体就越容易随剪切方向旋转。如果布丁是不对称的，各布丁间由剪切条带隔开，它们趋于向后的反向旋转。野外观察表明，大部分（并非全部）布丁构造的旋转与剪切方向相反（如图 6.33）（Fossen，2016）。总之，短的、对称的和刚性的布丁倾向于顺着剪切方向旋转，而长的布丁则向后旋转。

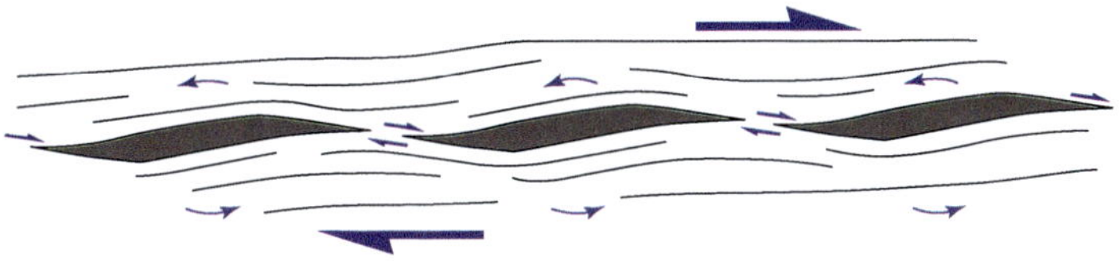

图 6.33 简单剪切过程中布丁构造的典型旋转方向（据 Fossen，2016）

注意：布丁构造的旋转与剪切方向相反

另一个常被忽略的因素是变形前布丁化岩层的取向。目前为止，我们隐含着布丁化岩层或多或少与伸展方向平行的假设，而实际上伸展方向并不一定如此。显然，在瞬时拉伸的范围内，任何方向都可以形成布丁构造。图 6.34 展示了在共轴变形条件下，岩层如何从与压扁面（*XY* 面）高角度相交向与之平行的方向旋转的变形历史。刚性物体旋转较其周围面理慢，从而导致不对称布丁发育。实验表明，越正方形的布丁构造，布丁与面理旋转的差异也就越大（Fossen，2016）。如果共轴变形持续得足够长，这个差异将逐渐减小，但通常在达到准平行之前，这个过程就会停止。

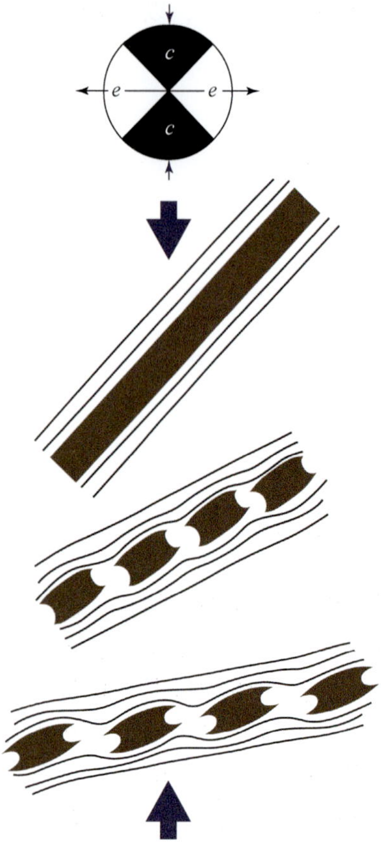

图 6.34 纯剪切作用下与压扁面相交岩层的不对称布丁构造形成过程（据 Fossen，2016）

非共轴变形又将如何呢？从单个旋转布丁构造的产状观察，不可能确定变形是共轴的还是非共轴的。旋转的布丁构造不是共轴变形的结果就是非共轴变形的结果，需运用其他构造现象来估计其运动学涡度（W_k）。

6.5.4 面理布丁化

在上面的讨论中，我们考虑了各个单个岩层的布丁化，这是经典意义上的布丁化。但是，我们知道，岩石，尤其是强变形的岩石，往往是多层或面理化的。当不同岩层足够接近时，在纵弯作用过程中会相互干扰和影响，与之类似，密集岩层也可以干扰并产生厚度比单个岩层厚度大得多的布丁化构造。

无论面状各向异性是在介观尺度的分层还是显微尺度上的片岩或糜棱岩面理，均可形成一种特殊的布丁化类型，即**面理布丁化**（foliation boudinage）。面理布丁构造（foliation boudin）厚度相当于面理所代表的分层厚度的一个甚至几个数量级，但在许多方面类似于经典的布丁构造。所以，面理布丁化形成于强烈面状各向异性（面理化）的变形岩石中（图 6.35）。

图 6.35 角闪岩相片麻岩中的对称面理布丁构造（据 Fossen，2016）

对称的面理布丁构造是由张破裂所分割。破裂往往被石英或其他热液矿物，以及临近岩层的流动所充填（图 6.36）。布丁中的面理向伸展破裂中收缩（图 6.35）。破裂本身可能相当不规则，给人的感觉是面理被撕裂了。

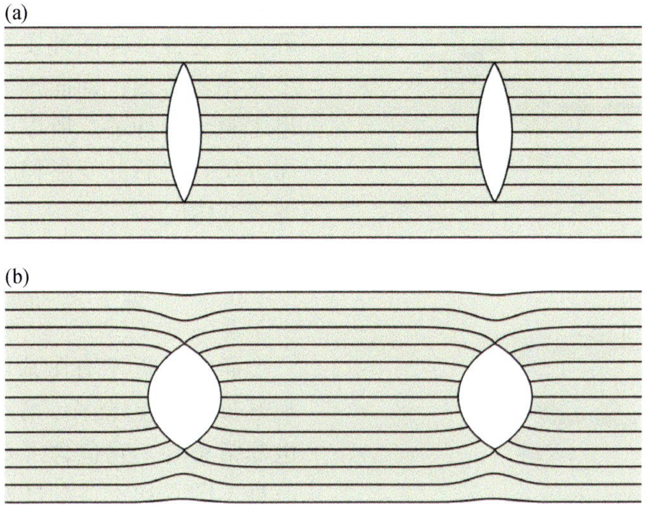

图 6.36 对称面理布丁化原理（据 Platt and Vissers，1980；转引自 Fossen，2016）

（a）张破裂的形成；（b）破裂垂直方向的闭合作用和水平方向的打开

不对称的面理布丁构造由脆性剪破裂或韧性剪切条带分割（图 6.37），可发育于各种尺度下，可以是单个或共轭发育，与剪切条带类型有诸多相似之处，其矿物充填情况相对不如对称面理布丁构造普遍。与剪切条带相似，当只形成一组剪破裂或剪切条带时，它们是相对可靠的运动学指示标志，至少比普通的布丁构造可靠，因为布丁与围岩之间没有那么大的黏性差，因此刚体旋转效应被消除。

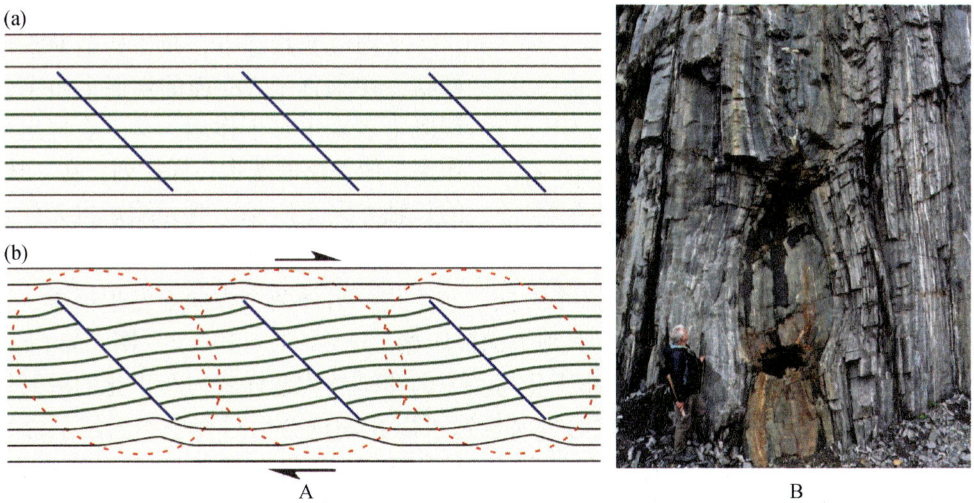

图 6.37 不对称面理布丁化（据 Fossen，2016 补充修改）

A. 不对称面理布丁形成原理：（a）剪破裂形成，（b）沿剪破裂或剪切条带的位移使破裂间的面理发生旋转（Platt and Vissers，1980），指示右旋剪切，侧生构造；B. 不对称的面理布丁构造露头

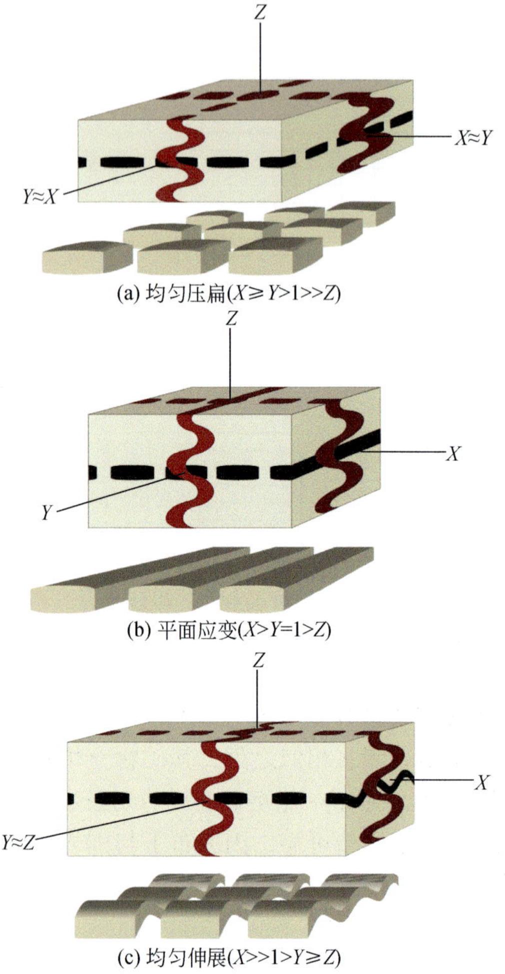

图 6.38　布丁构造与应变的几何关系（据 Fossen，2016）

褶皱和布丁构造通常会出现在不同取向的岩层中，但如果应变较大，同一岩层可能会在一个截面上表现为布丁构造，而在另一个截面上会因收缩而表现为褶皱

通常认为，许多构造岩的强烈面理化造成了平行于面理均匀伸展的困难。这就解释了为什么在面理发育的岩石中面理布丁化相当普遍，即面理的简单“撕裂”满足了更大的伸展。所以，面理布丁化是在面理发育之后的变形稍晚期阶段形成的一种典型构造。

6.5.5　布丁化与应变椭圆

通常在近于有限应变椭球的 XZ 面上观察布丁构造。然而，第三个方向（Y- 方向）也非常重要，它包含了有关应变场的重要信息（图 6.38）。在野外获得三维控制可能是一种挑战，但我们总是试图在 Y- 方向上寻找应变的证据。

如果岩层在两个方向上布丁化，即在两个方向上受到拉伸，表明为压扁应变。如果两个方向的伸展量相等，表明为均匀压扁作用，即为扁椭球体，$X \geqslant Y > 1 \gg Z$（参阅第二卷第 1 章 1.2 节）。此种布丁构造称为巧克力片式布丁构造［图 6.38（a）、图 6.39］。

平面应变状态下，布丁构造通常形似杆状，在垂直于 XZ- 面的切面上布丁化岩层既不表现出布丁作用，又不表现出褶皱作用，像铁路的枕木一样排列，在“枕木”的长轴方向（Y- 轴）既无缩短也无伸长，$X > Y=1 > Z$［图 6.38（b）］。

有的情况下，可以发现岩层在一个方向上布丁化，另外两个方向上发生褶皱，这说明在平行于岩层的一个方向被伸展，其他方向被压缩，$X >> 1 > Y \geqslant Z$［图 6.38（c）］。

应注意，岩层同时在一个方向布丁化另一方向褶皱的构造样式与布丁化的褶皱构造或褶皱的布丁构造相区分。布丁化的褶皱构造可以在递进变形过程中当岩层从缩短区域旋转到伸展区域时形成（参阅第二卷图 1.9 和图 1.10）。相比之下，褶皱的布丁构造（图 6.40）不会在一个单一的稳态变形中形成，因为岩层只可以从缩短区域旋转到伸展区域，但绝不会反之（参阅第二卷第 1 章 1.1 节 8 ～ 12 页）。总之，**布丁化的褶皱构造可以在一次递进变形过程中形成，而褶皱的布丁构造（图 6.40）通常则需两期变形的叠加方可形成**。

图 6.39 褶皱翼部的巧克力片式布丁构造（据 Fossen，2016）

能干的砂岩层在两个方向上布丁化，形成正交的石英脉；平层面的两个方向的拉伸（两组脉系）的形成可能是在翼部递进旋转过程中应力（应变）方向变化的结果；图为葡萄牙阿尔莫格罗维（Almograve）石炭系浊积岩

图 6.40 片麻岩中花岗质岩层的褶皱布丁构造（据 Fossen，2016）

这种构造不可能由一期变形形成，除非 ISA 方向发生旋转，否则须由两期变形叠加

然而，在递进变形过程中，在构造透镜体周围或剪切带内的其他不均匀区域，当面理旋转至缩短区域时，布丁化的岩层也会发生褶皱。因此，在将褶皱的布丁构造作为多期变形的最终证据之前，也必须考虑其他的可能性。

思 考 题

1. 线理的基本类型及特征。
2. 拉伸线理与 S-C 面理的关系及其运动学意义。
3. 条纹线理（Lc）的特征及运动学意义。
4. 褶皱枢纽与拉伸线理的关系及其运动学意义。
5. 布丁构造类型及其与黏性差的关系。

6. 不对称布丁构造的运动学意义。
7. 布丁化褶皱与褶皱布丁的形成过程比较。

参考文献

胡玲，刘俊来，纪沫等．2009．变形显微构造识别手册．北京：地质出版社，1 ～ 96

Davis G H, Reynolds S J, Kluth C F. 2012. Structural Geology of Rocks and Regions (Third Edition). Hoboken: John Wiley and Sons, 1 ～ 839

Fossen H. 2016. Structural Geology (Second Edition). New York: Cambridge University Press, 1 ～ 510

Lin S, Jiang D, Williams P F. 2007. Importance of differentiating ductile slickenside striations from stretching lineations and variation of shear direction across a high-strain zone. Journal of Structural Geology, 29(5): 850 ～ 862

Lin S, Williams P F. 1992. The origin of ridge-in-groove slickenside striae and associated steps in an SC mylonite. Journal of Structural Geology, 14(3): 315 ～ 321

Hobbs B E, Means W D, Williams P F. 1976. An Outline of Structural Geology. New York: John Wiley and Sons, 1 ～ 571

Hammer，1986：Hanmer S. 1986. Asymmetrical pull-aparts and foliation fish as kinematic indicators. Journal of Structural Geology, 8: 111 ～ 122

Passchier C W, Trouw R A J. 2005. Microtectonics (Second Edition). Berlin: Springer-Verlag, 1 ～ 366

Piazolo S, Passchier C W. 2002. Controls on lineation development in low to medium grade shear zones: a study from the Cap de Creus peninsula, NE Spain. Journal of Structural Geology, 24(1): 25 ～ 44

Platt J P, Vissers R L M. 1980. Extensional structures in anisotropic rocks. Journal of Structural Geology, 2(4): 397 ～ 410

Ramberg H. 1955. Natural and experimental boudinage and pinch-and-swell structures. The Journal of Geology, 63(6): 512 ～ 526

Sander B. 1950. Einführung in die Gefügekunde der Geologischen Körper, Vol. 2. Vienna: Springer-Verlag

Tanaka H. 1992. Cataclastic lineations. Journal of Structural Geology, 14(10): 1239 ～ 1252

第 7 章　韧性剪切带

前面我们已经提到了一些脆性状态下的应变局部化构造，如剪破裂和断层；同样，韧性体制下也可以形成应变局部化构造即韧性剪切带，面理和一些剪切标志连续横穿剪切带。脆性和韧性剪切带是剪切带序列中的两个端元，其微观变形机制各不相同。脆性剪切带（brittle shear zone）实际上就是我们通常所说的断层，具有明确的剪切带边界，剪切带厚度可准确测定；而典型的韧性剪切带（ductile shear zone）内部从一侧穿到另一侧是连续的，不出现破裂面或不连续面，剪切带中间变形最强，向两侧逐渐减弱，两侧边缘与带外没有明显界面。两个端元之间有一系列过渡类型（semibrittle shear zone）（图 7.1）。剪切带的规模可以是数千米至手标本，乃至显微尺度。本章重点讨论韧性剪切带。

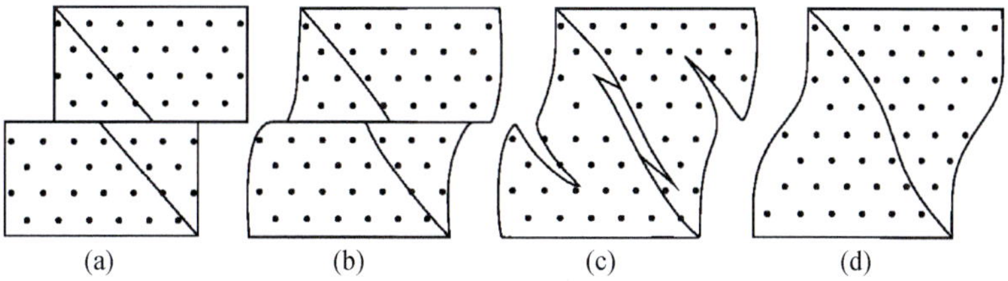

图 7.1　剪切带的成因类型图示（据 Ramsay，1987）

（a）脆性剪切带（断层）；（b）～（c）脆－韧性剪切带；（d）韧性剪切带

7.1　概念与类型

关于韧性剪切带的认识过程可大致分为如下阶段。

第一阶段：Clough（1897）在研究苏格兰寒武纪基底变形时提出了韧性断层（ductile fault）的概念。但当时人们普遍认为，断层属于岩石的脆性破裂现象，褶皱才是岩石的韧性变形现象，所以这一概念一直没有被普遍接受。

第二阶段：20 世纪 30 年代，以 Griggs 为首的一批岩石力学实验工作者的实验成果证明，岩石在高温、高压、低应变速率以及流体和化学作用下，具有韧性和流变性质，并以实验证明了韧性断层存在的可能性，从而承认了其存在。

第三阶段：20 世纪 70 年代初，Ramsay 和 Graham（1970）系统地介绍了他们对韧性剪切带研究的成果，受到普遍关注。给韧性剪切带赋予了与现在类似的含义。

第四阶段：1979 年西班牙国际剪切带会议，对剪切带研究进行了总结，推动了进一步研究工作的开展。

第五阶段：20 世纪 80 年代以后逐渐系统地介绍到国内（郑亚东和常志忠，1985），随之在国内发现了许多大规模的韧性剪切带，如著名的郯庐剪切带、阿尔金剪切带等。

我国学者对韧性剪切变形的认识也比较早，如李四光在 20 世纪 60 年代初就提出，非弹性的变形必然在岩石中永久地保存下来，这些永久变形的种类很多，不仅有不同性质的褶皱，而且有不同性质的断裂。这种非弹性、非褶皱的变形实际上就是指韧性剪切带，并做了著名的石梁实验。

韧性剪切带实际上是断层（脆性剪切带）在地壳深部的表现，二者均是应变局部化的结果，但一般而言，断层发育于地壳浅层次，而韧性剪切带多形成于地壳深层次（一般 10 ～ 15km 以下），因此构成断层和韧性剪切带的构造岩类型也相应不同，自下而上形成相应的构造岩类型，呈渐变关系（图 7.2；参阅第 1 章）。此外，不同岩石发生韧性变形的难易程度不同，也就是说不同矿物和岩石发生塑性变形所需要的条件不同，所对应的构造层次以及变质环境也不同，其从易到难的大致顺序为：云母→石英（中地壳）→斜长石（下地壳，麻粒岩相）→角闪石→辉石→橄榄石（上地幔）→金刚石。变形条件是复杂的，影响岩石（矿物）变形行为的因素也是多样的（参阅第二卷第 4 章），所以这只是一个参考顺序，为具体问题分析时提供参考。

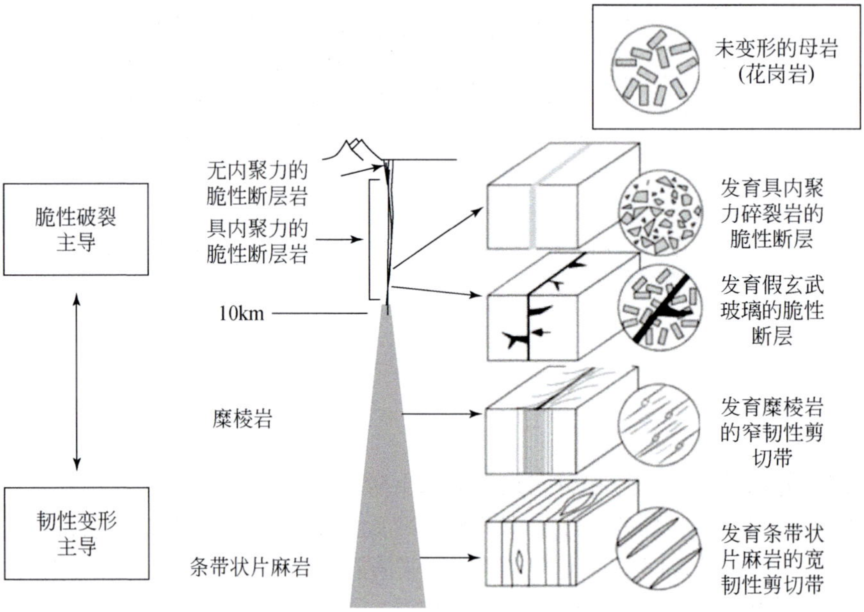

图 7.2 主要构造岩类型与地壳深度对应关系图示（据 Passchier and Trouw，2005 修改）

剪切带就是应变明显高于围岩的高应变带。许多教材中同时强调，至少应包含简单剪切成分，即有非共轴变形成分，两侧围岩有相对位移的高应变带称为剪切带（shear zone），或强调为高剪切应变带（如郑亚东和常志忠，1985；Passchier and Trouw，2005；Davis *et al.*，2012；朱志澄和宋鸿林，1990；朱志澄，1999；朱志澄等，2008；罗金海等，2018）。而 Fossen（2010，2016）则认为，剪切带应该与破裂、缝合线以及变形条带（band）相协调，提出局部共轴应变带也应被视为剪切带，于是提出了按变形类型划分剪切带的方法，如纯剪切带、次简单剪切带和简单剪切带等（图 7.3）。剪切带由两侧边界或剪切带壁所限定，剪切带中心变形最强，向两侧逐渐减弱，或者说应变向剪切带中心逐渐增强（图 7.4）。

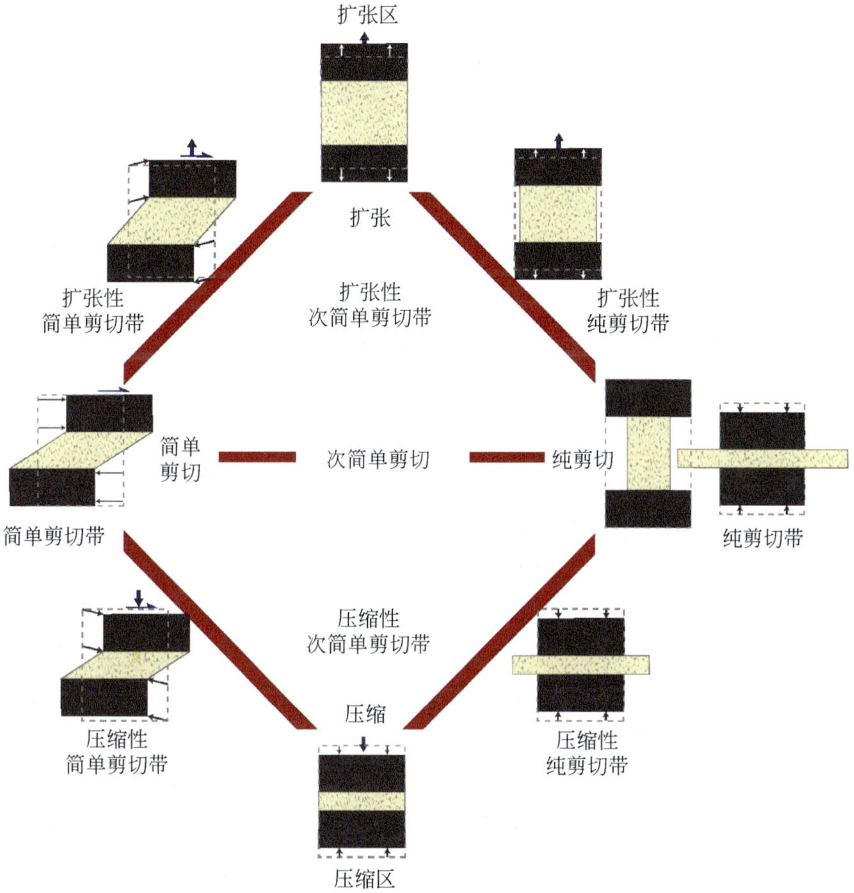

图 7.3　剪切带的运动学分类（据 Fossen，2016）

注意：纯剪切可能包括垂直于剪切带方向的缩短和扩展

值得注意的是，韧性剪切带可以同时包含塑性变形机制和脆性变形机制，而断层则完全由脆性变形机制所主导（参阅第二卷第 3 章 3.5 节）。

剪切带的分类可根据其运动学、显微变形机理（塑性或脆性）、变质级别、构造意义等进一步划分。还可以根据剪切带两盘相对运动方向、倾角大小等进行分类，大学教材均有介绍，这里不再赘述。

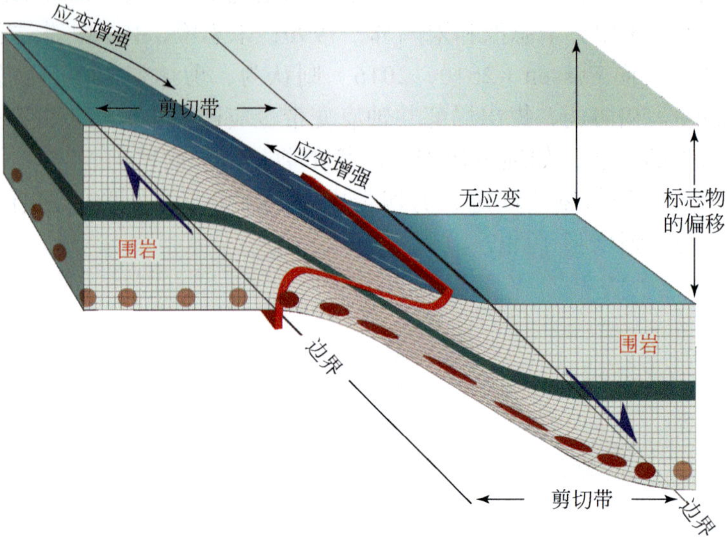

图 7.4 理想剪切带标记图示（据 Fossen，2016）

注意：正方形网格和应变椭圆形状的变化；平面标记的方向和厚度变化；剪切带中心部分应变最大

7.1.1 脆性与塑性剪切带比较

剪切带的变形机制是重要方面。剪切带可能既包含一些塑性变形要素，如矿物颗粒、透镜体以及某些岩层，同时也包含脆性变形要素。变形机制主要取决于变形的温度、压力、变质反应、应变速率、流体活动，以及岩性等（参阅第二卷第 4 章），而且随着剪切带物理条件的变化，变形机理也可能随之发生变化。在上地壳整体脆性体制下（图 7.2），脆性变形机制占主导地位，使该带的变形以碎裂流为主，即表现为破裂作用，以及颗粒边界或刚体旋转碎块边界的摩擦滑动等。主要由脆性变形机制形成的剪切带称为脆性剪切带（brittle shear zone）或断层（fault）。

在地壳深部层次的塑性体制下，塑性变形机制占主导地位，我们称之为塑性剪切带（plastic shear zone）。至于脆 - 塑性转换带，如果由多矿物岩石（如花岗岩）构成，则可能相当宽，此时脆性变形机制和塑性变形机制都很重要，则形成脆 - 塑性剪切带（brittle-plastic shear zone）。也常用半脆性剪切带（semi-brittle shear zone）来表示受塑性变形机制影响的脆性剪切带。大部分塑性剪切带包含一些脆性因素，除非温度特别高，否则破碎的长石或石榴石表现为残碎斑晶。

7.1.2 韧性剪切带特征

韧性剪切带是非常普遍的术语，但同样也很模糊，因为有些学者使用韧性这个术语来暗示塑性变形机制。尽管许多韧性剪切带确实是塑性的，但是也不建议将“韧性”与“塑性”等同化（Fossen，2016）。相反，我们往往把“韧性”这个术语与剪切带中原来的连续标记元素的连续性联系起来。内部没有不连续面的完全韧性剪切带，使横贯剪切带的标志层在介观尺度上仍可连续地追踪到其痕迹（图 7.4）。这种变形有时称为连续变形或连续应变，大多数塑性剪切带和一些脆性剪切带包括了这种被动变形标志的连续性。或者说，可以连续地追踪到这种被动标志体的剪切带即为韧性剪切带。图 7.5 所示的剪切带就是近地表条件下脆性变形机制形成的韧性剪切带的一个例子。因此，韧性剪切带可以通过脆性以及塑性的微观变形机制来实现。

图 7.5　砂岩中的小剪切带（据 Fossen，2016）

注意：带中砂质薄层的连续性；剪切带形成于岩化作用之前

野外观测表明，包括以塑性变形为主的剪切带在内的许多剪切带内部都存在明显的不连续性，表现为滑移面、伸展破裂、脉或压溶缝等，这种剪切带可称为半韧性。许多塑性剪切带中都发现了不连续性，但脆性剪切带更为突出。

许多断层很少或没有韧性变形，从几乎不变形的围岩迅速过渡到强剪切的角砾岩，以及断层核部的断层泥或碎裂岩。然而，另外一些断层沿断层中心方向则有断层拖曳，表现出连续变形与不连续性变形相结合的特征。断层前端的断展褶皱可视为韧性剪切带；在断层进入褶皱的地方或当断层进入褶皱的时候，该构造受到不连续变形的影响，成为半韧性（图 7.6）。因此，剪切带中的变形可以在空间和时间上从连续（韧性）到不连续（半韧性）变化。

总之，剪切带可以根据韧性（标记物的连续性）和塑性（塑性与脆性变形机理的相对程度）来分类。从图 7.7 可以看出，脆性剪切带（brittle shear zone）可以有两重含义：一是在微观尺度上为摩擦变形机制（非塑性）；二是完全的不连续构造（非韧性）。因此，脆性剪切带落在图 7.7 的左下角。而韧性剪切带，既可以是微观上的摩擦变形机制（脆性机制），也可以是微观上的塑性变形机制，但不管哪种变形机制，均表现为连续构造特征（图 7.7）（参阅第二卷第 3 章 3.5 节）。

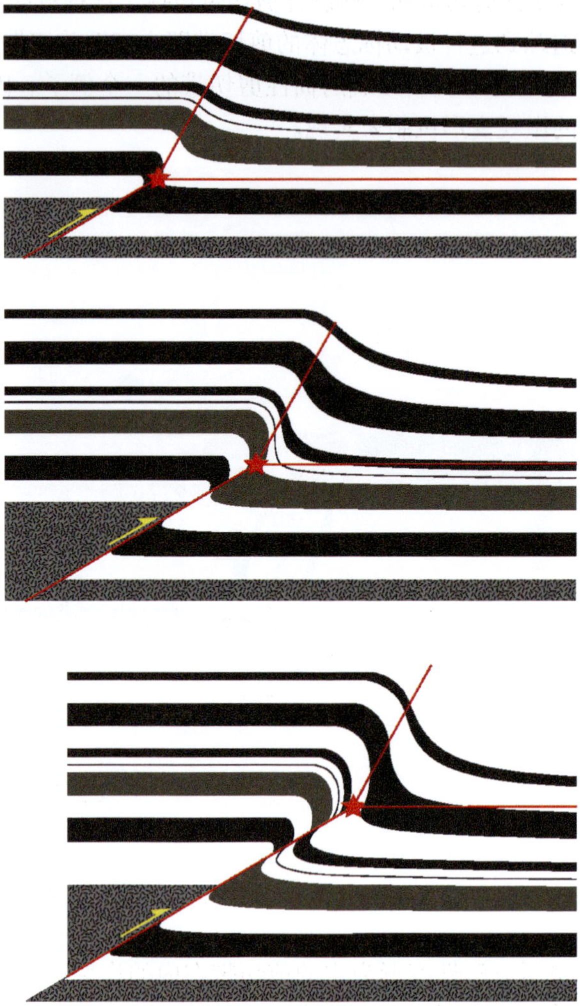

图 7.6 逆冲断层前端的断展褶皱（据 Fossen，2016）

连续性和不连续性相结合的剪切带

7.2 理想的塑性剪切带

理想剪切带是完全韧性的简单剪切，可以有或没有额外的体积压缩（compaction）/ 扩张（dilation），带内不存在滑移面或其他不连续构造，具有两个完整的边界，边界之外没有与剪切带有关的变形。理想的塑性剪切带剖面上，可以看到面理、线理以及反映应变变化的各种信息。

为了进行更深入的分析，可将一坐标系放置在沿剪切带边缘的水平轴上，并与剪切方向平行（图 7.8）。对于理想剪切带，运用岩石有限应变测量方法测得剪切带不同位置

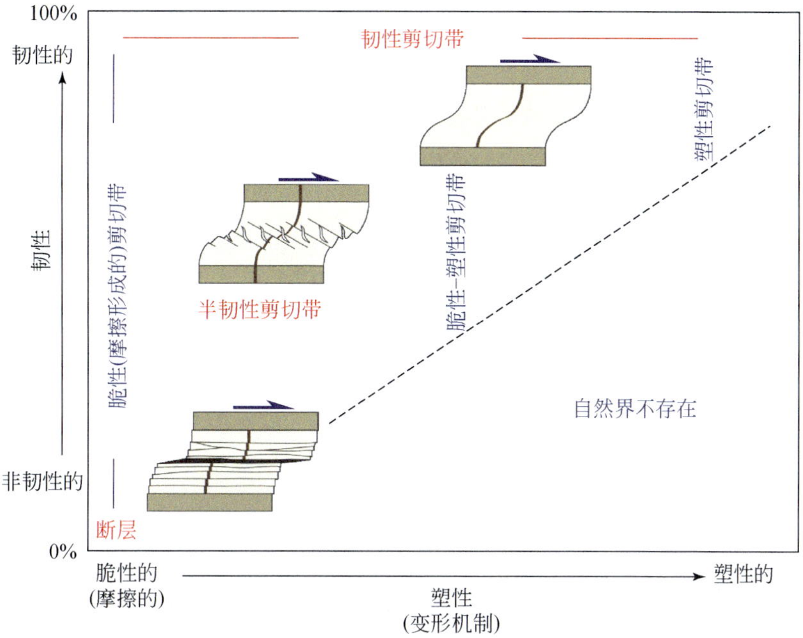

图 7.7　基于变形机制的剪切带分类图示（据 Fossen，2016）

脆性剪切带为微观上的脆性机制，非连续构造特征；韧性剪切带既可以是微观脆性机制也可以是塑性机制，连续构造特征

的剪应变（γ）（参阅第二卷第 1 章 1.2 节和下文），投于以垂直于剪切带方向（宽度 Y）为横坐标，γ 为纵坐标的坐标系中，构成一对称曲线，其阴影面积即为剪切带位移 [图 7.8（b）]

$$d=\int_A^B \gamma \mathrm{d}y \tag{7.1}$$

其中，d- 剪切带位移，AB- 剪切带宽度，γ- 剪应变（纵坐标），Y- 横坐标（横跨剪切带宽度方向）。

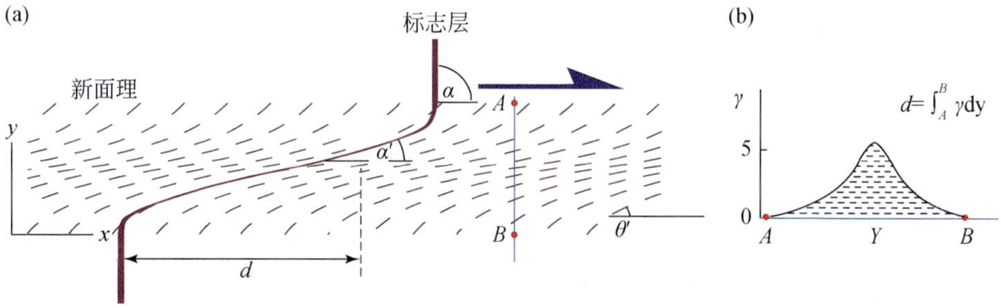

图 7.8　理想剪切带及其位移计算图示

（a）发育面理的剪切带，剪切带边界面理与剪切带呈 45°，向剪切带中心部位随着应变增强，夹角逐渐减小，设该夹角为 θ'；（b）剪切带位移计算：横坐标为 Y（剪切带宽度），纵坐标为剪应变（γ），可根据公式（7.1）求得剪切带位移

典型的理想塑性剪切带多发育于大致各向同性的岩石中，特别是岩浆岩（图 7.9）。如此，可以提供各种构造现象。

图 7.9　角闪岩中的韧性剪切带（据 Fossen，2016）

重结晶的斜长石斑晶进入剪切带（向下）应变逐渐增强；白色线表示了与剪切带相关的面理如何向趋于和剪切带平行的方向旋转

7.2.1　被动标志体的偏移与偏转

前已述及，对于简单剪切，可以通过横穿剪切带的剪应变来刻画剪切带的位移［图 7.8（b）］，这里不再赘述。有些情况下，会有横穿剪切带的标志体，如岩墙、岩脉或岩层等［图 7.8（a）］。这些标志体的偏移可以直观反映剪切带位移，其结果可以与图 7.8（b）所示的应变积分方法相比较。需要注意的是，应变积分方法假定面理代表 *XY* 面，剪切带为简单剪切变形。如果两种方法所得结果有显著不同，则暗示该剪切带偏离了简单剪切，也许垂直于剪切带有压缩或扩张，或者其他变形方式，如次简单剪切。我们还应该注意标志体在横跨剪切带方向的旋转问题。

一个初始垂直于剪切带的线形标志体则很好处理，因为旋转的角度就是角剪切。但是，多数情况是，标志体初始方位与剪切带有一夹角 α［图 7.8（a）］，变形后夹角为 α'，该角取决于变形程度和变形类型。对于简单剪切有如下关系式［参阅第二卷第 1 章 1.2 节公式（1.27）］：

$$\gamma=\cot\alpha'-\cot\alpha \tag{7.2}$$

7.2.2　面理和应变

在塑性剪切带中随着位移和应变的积累，逐渐发育一些特征结构，其方向性和几何特征取决于剪切带类型和应变强度。如果剪切带在接近各向同性的岩石中发育，那么在低剪切应变下就会出现微弱的面理，如沿着剪切带边缘可以看到微弱的面理（图 7.9、图 7.10）。在简单剪切情境下，初始面理与剪切带边界夹角 θ 接近 45°（图 7.8）。大部分情况下会略小于 45°，因为需要一定的应变才能形成可见的初始面理，而应变的初始增量会使面理发生一定量的旋转。

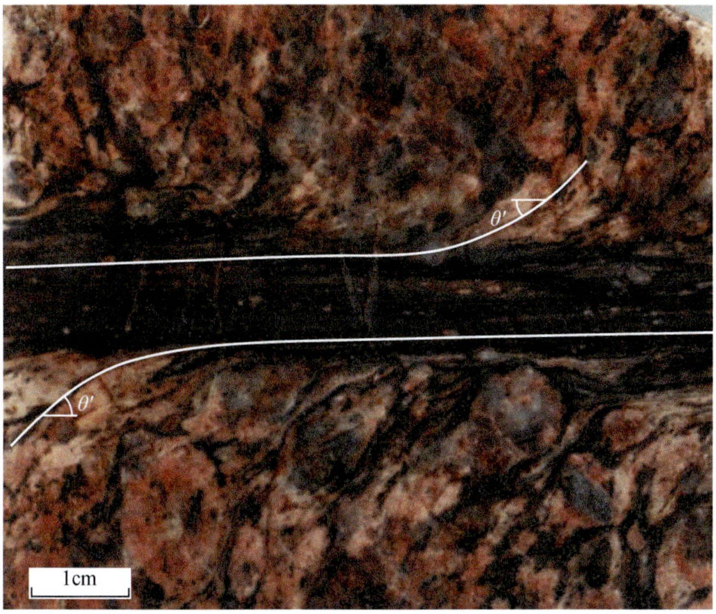

图 7.10　正长岩中的剪切带（据 Fossen，2016）

注意：向剪切带中心部位的超糜棱岩应变增加，面理方向相应变化和矿物细粒化

剪切带边缘同样可以看到微弱的初始面理，但追踪到该带应变较强的中心部分时，面理与剪切带的夹角（此处称为 θ'）减小了。面理起初垂直于最大的缩短方向（ISA_3），但由于简单剪切是非共轴变形，随着剪切的持续，面理将不断地向平行于剪切面的方向旋转。一般认为低至中等剪应变（γ=10 ～ 15），面理属压扁面理，代表应变椭球的 *XY* 面方向（注意：简单剪切过程中物质线的旋转速度通常比应变椭球的旋转速度快，所以面理并不总能代表 *XY* 面方向；参阅第二卷第 1 章 1.1 节）。剪切带面理方向与应变之间的这种密切关系是非常有用的，据此可绘制剪切带的应变图。对于简单剪切带，参照第二卷公式（1.24），可得到面理与剪切带（方向）的夹角 θ' 与剪应变的关系式：

$$\theta' = \frac{1}{2}\tan^{-1}(2/\gamma) \tag{7.3}$$

注意，该关系式只适用于简单剪切带，其中剪切带是发育于先前未变形的岩石中，面理是在剪切带形成过程中形成。

此外，对于简单剪切，剪应变（γ）与主应变（*X*，*Y*）之间也有相应关系式［见第二卷公式（1.25）、（1.26）］，这样，就可以建立面理方向分别与应变椭圆（*X*，*Y*）和 γ 之间的关系（图 7.11）。因此，在测得剪切带中不同位置面理与剪切带间的夹角（θ'）后，便可获得相应的剪应变（γ），绘得横穿剪切带的剪应变（γ）的变化曲线，按图 7.8 所示方法求得没有压缩或扩张情况下的理想塑性简单剪切带的位移。

如果横穿简单剪切带有压缩（或扩张）的成分，那么即使在剪切带边缘的弱线理与剪切带的夹角 θ' 也小于（或大于）45°，小多少取决于压实的量。这就意味着如果剪切带因压实而减薄，图 7.11 则不能使用，但是可以考虑压缩或扩张，以及次简单剪切情况进行扩展，以方便使用（图 7.12）。

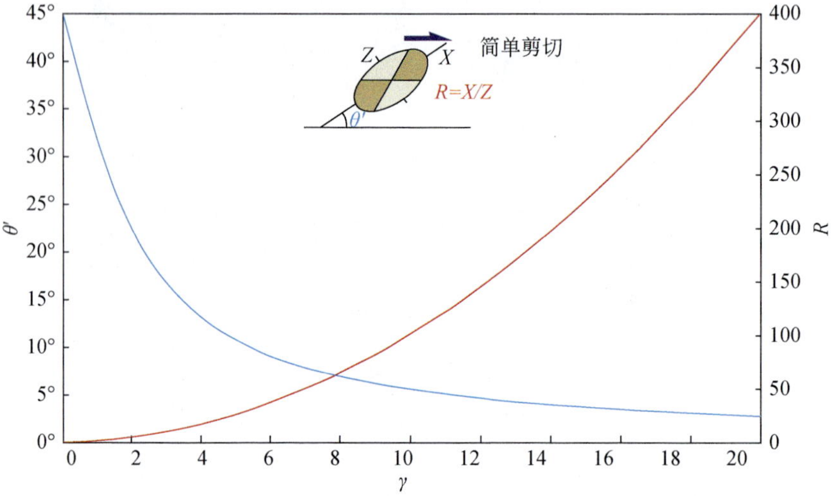

图 7.11 简单剪切情形下 θ'、γ、R 关系曲线图（据 Ramsay，1980；转引自 Fossen，2016）

θ' - 应变主轴（X）与剪切带（方向）间的夹角；γ- 剪应变；R- 应变椭圆轴率（X/Y）。蓝色曲线代表 θ' 与 γ 关系曲线；红色曲线代表 R 与 γ 关系曲线

7.2.3 线理

拉伸线理（a- 线理）沿塑性剪切带面理发育。理想情况下，简单剪切带中的线理指示应变椭球的 X 轴。拉伸线理在面理上发育，因此线理和剪切带的夹角与面理一样为 θ'（图 7.11），线理在剪切面上的投影可以指示剪切方向（图 7.12），也是简单剪切的流脊（flow apophysis）（参阅第二卷第 1 章 1.3 节）。

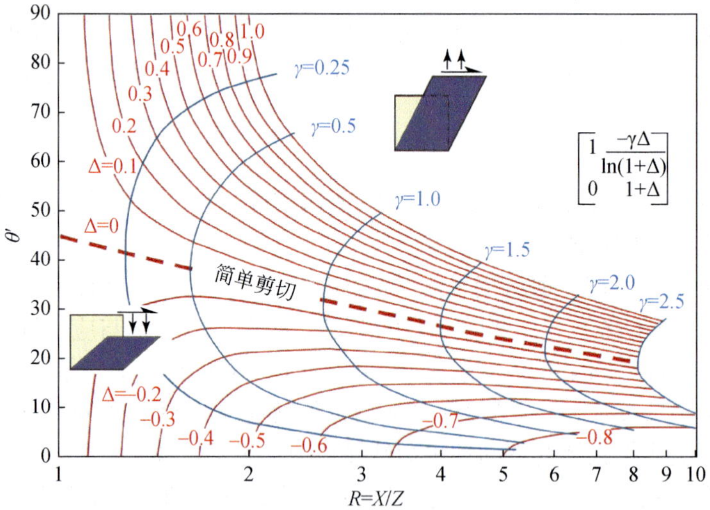

(a) 简单剪切/体积变化

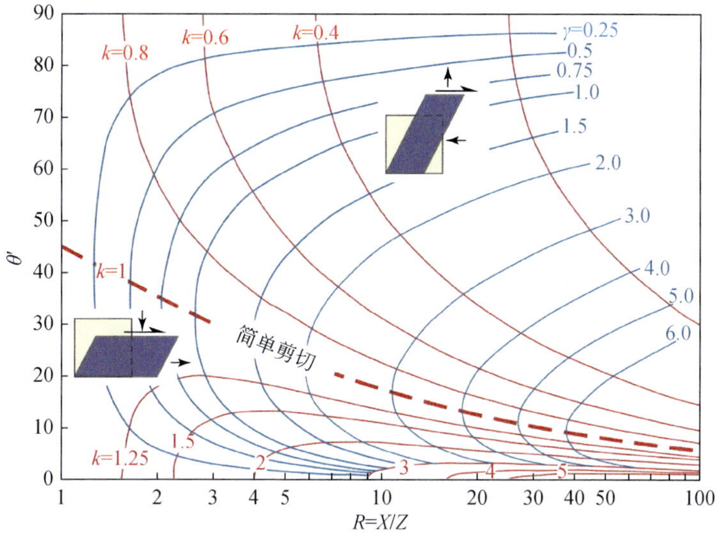

(b) 次简单剪切

图 7.12　*R*-*θ′* 关系曲线图（据 Fossen，2016）

（a）含体积压缩 / 扩张的简单剪切；（b）简单剪切与纯剪切的混合；Δ - 扩张应变［$\Delta=(V_1-V_0)/V_0$］；*k*- 弗林参数（参阅第二卷第 1 章 1.2 节）。注意：简单剪切曲线初始值 θ=45°；横坐标为对数值

7.2.4　简单剪切带

简单剪切带具有如下特征：

1）运动学涡度 W_k=1 的平面应变（有关涡度参阅第二卷第 1 章 1.3 节）；

2）平行或垂直于剪切带方向既无缩短也无伸长；

3）ISA_1 与剪切带（壁）呈 45° 方向；

4）应变椭球 *X* 轴与剪切带壁的初始方位为 45°，随着变形逐渐向平行于剪切面方向旋转，其关系如（7.3）式所示；

5）知道 θ'，可由（7.3）式求得剪应变 γ；

6）被动标志体与剪切方向初始夹角为 α，变形后为 α'，其间关系式如（7.2）式所示；

7）涡度（*W*）与剪应变速率完全相等，$W=\gamma$。

7.2.5　扩张 / 压缩带

压缩带或扩张带是垂直于带壁方向的纯压缩或扩张的变形带（图 7.3 底和顶）。大的纯压缩或扩张带的确少见，但毫米－分米厚度的可形成于多孔岩石，形成特殊的变形带。该类变形带有如下特征：

1）平面和非共轴变形，W_k=0 的平面应变；

2）垂直于带的方向缩短或伸长；

3）ISA 平行和垂直于带壁。

被动标志体与带壁的初始和变形后夹角关系式为（引自 Fossen，2016）：

$$\cot\alpha' = \frac{\cot\alpha}{1+\Delta} \tag{7.4}$$

其中，Δ - 变形带的体积变化。涡度 W=0。

7.2.6 扩张 / 压缩剪切带

简单剪切与扩张或压缩作用相结合的剪切带称为扩张 / 压缩剪切带。简单剪切作用和扩张 / 压缩作用同时进行的剪切带可能很普遍，其特征如下：

1）平面应变 $0 < W_k < 1$；

2）通常为非共轴变形；

3）缩短（压缩）或伸展（扩张）垂直于剪切带；

4）沿剪切带方向没有缩短或伸展；

5）ISA_1 方向与剪切带斜交（压缩剪切< 45°；扩张剪切> 45°）［图 7.12（a）］；

6）X 轴与剪切带斜交，且随着变形按下列式子（引自 Fossen，2016）旋转：

$$\tan 2\theta' = 2\frac{(1+\Delta)\Delta\gamma/\ln(1+\Delta)}{1-[\Delta\gamma/\ln(1+\Delta)]^2-(1+\Delta)^2} \tag{7.5}$$

7）对于压缩剪切 $\theta < 45°$，在一定的剪应变下 θ' 总是小于简单剪切情形；对于扩张剪切带，X- 轴方向取决于剪应变和扩张程度，但总是大于一定剪应变下的简单剪切情形；

8）被动标志体与剪切方向的初始夹角 α，变形后夹角为 α'，其关系符合下式（引自 Fossen，2016）

$$\cot\alpha' = \frac{\cot\alpha' + \Delta\gamma/\ln(1+\Delta)}{1+\Delta} \tag{7.6}$$

所有这些公式均可从变形矩阵导出，详见 Fossen（2016）教材。

7.3 一般剪切带

7.3.1 一般剪切带的特征

许多变形带并不符合理想剪切带条件，如剪切带壁并不平行、带内有滑动面或其他突然的不连续面、带壁可能变形，或沿剪切带不同位置的位移可能不同等等。以任何一种方式偏离理想剪切带的剪切带称为**一般剪切带**（general shear zone）。

由于变形过程中岩石的不均匀性或带内条件的变化，天然剪切带很少有完全平行的面状带壁。不平行或弯曲的带壁会使局部偏离简单剪切流模式。还有，在许多剪切带中都可以看到截然的不连续面或滑移面。这种内部的不连续性可能产生纯剪切成分。如果剪切带壁不变形，具有垂直剪切带方向缩短作用的纯剪切会使剪切带变薄，物质沿剪切带被挤出（图 7.3 右侧）。反之，如果具有缩短作用的纯剪切成分平行于剪切带，剪切带会变宽，岩石就会流向该带的加宽部位。

我们期望在剪切带变宽的地方看到岩层的变厚作用、叠瓦作用和褶皱作用。剪切带局部的变薄与岩层的减薄作用，以及伸展褶劈理的形成有关。图 7.13 展示了两种效果：刚性透镜体右侧岩层变薄；而透镜体的背侧，岩层变厚或褶皱（图中间部分）。沿走向变化的共轴变形可以导致不同厚度的剪切带，并具有局部滑移面。如图 7.14 所示，主体的塑性剪切带从最下部的完全韧性变形到中上部的半韧性变形。

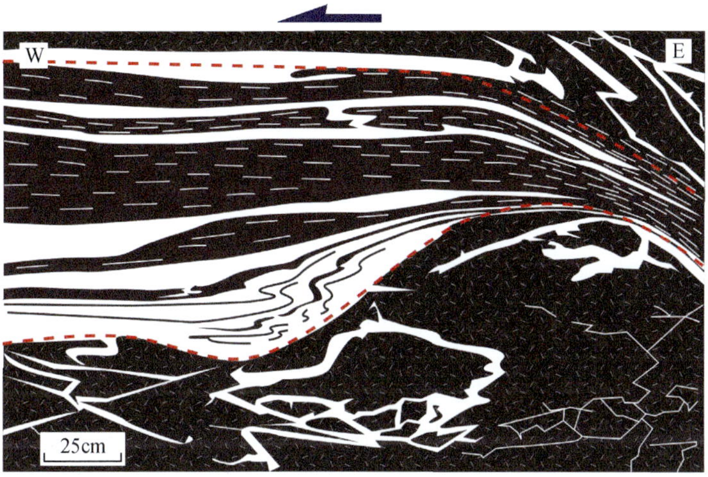

图 7.13 一般剪切带岩层薄厚变化关系（据 Fossen，2016）

构造透镜体的背侧（左侧）岩层变厚或褶皱，褶皱方向指示物质流向；对应右侧岩层变薄；红色虚线为剪切带轮廓

图 7.14 具有局部不连续性的塑性剪切带（据 Fossen，2016）

注意：下部为全韧性，中上部左侧有不连续面，表明变形偏离了简单剪切

如果剪切带中有摩擦滑动发生，可以在滑动面上形成与滑动有关的线理，它与剪切带可以平行也可以不平行，注意不要与拉伸线理相混淆（图 7.15）。

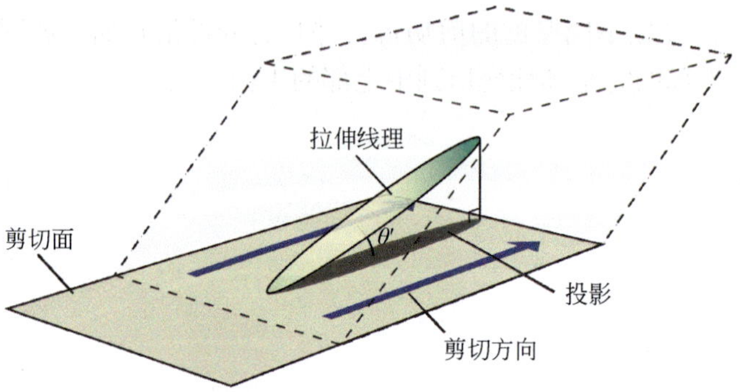

图 7.15　平面应变剪切带中拉伸线理的使用原则图示（据 Fossen，2016）

注意：理想情况下，拉伸线理在剪切面上的投影指示剪切方向；但如果线性元素与基质之间有黏度差，则会有偏差

在剪切作用过程中抬升并冷却的剪切带，即使主要是塑性剪切变形，通常也会形成滑移面和其他脆性变形形式。在整体塑性体制的下地壳，也会因非温度和压力变化因素，如当片状变质矿物并行排列形成机械薄弱面，或应变速率暂时局部增加等，而发生滑移。剪切带变窄，或带内有大的刚性夹杂物体扰乱物质流动都会使局部剪应变速率增加。还有，流体的作用也非常重要。

干的岩石对应力倾向于以脆性方式反映，所以即使在下地壳，变形岩石的“湿度”控制着其流变行为。因此，有数种因素可以控制剪切带瞬间不连续点的形成。值得注意的是，在原本塑性变形过程中瞬间形成的滑动面、假玄武玻璃，以及其他脆性要素有被随后的塑性剪切作用和变质重结晶作用所掩盖之可能。

有些剪切带壁会在剪切带的剪切作用过程中发生共轴应变。在这种情况下，如果整个剪切带壁和剪切带的共轴应变是均匀的，则保持应变协调性［图 7.16（c）］。这意味着不需要如图 7.16（b）中所示的不连续面，即带和壁一起被拉伸［图 7.16（c）］。

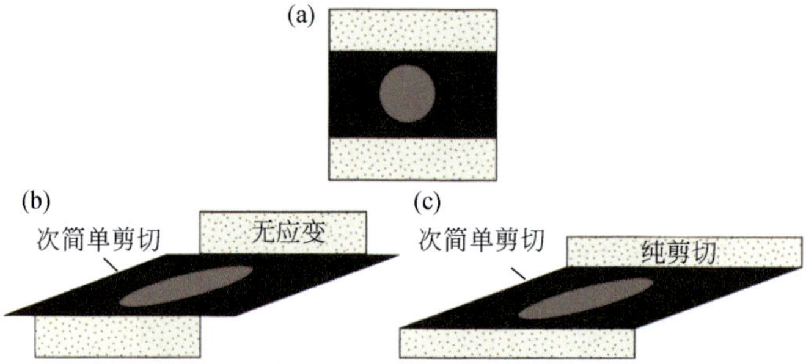

图 7.16　包含共轴变形的剪切带（据 Fossen，2016）

（a）未变形状态；（b）带壁无应变；（c）带和壁具有协调的共轴应变

7.3.2　次简单剪切带

从上面的讨论中可以看出，在平面应变剪切带系列中，存在简单剪切和纯剪切相结合情形，即次简单剪切（subsimple shear）（参阅第二卷第 1 章 1.1 节），由此形成的剪切带称为次简单剪切带（subsimple shear zones）。

对于此类剪切带，如果剪切带增厚，面理与剪切带边界的初始夹角 $\theta > 45°$；如果纯剪切引起剪切带伸展变薄，则 $\theta < 45°$。利用变形后面理与剪切带（边界）的夹角 θ' 与应变、变形类型之间的密切关系可以分析自然界的剪切带。具体做法，可以将相应数据投于 θ' -R（=X/Z）的图解中［图 7.12（b）］。这是专门针对次简单剪切的图解，所以如果有额外的体积变化，图解也要相应变化。任何情况下，凡偏离简单剪切曲线的数据必须通过额外的体积变化或共轴应变来解释，要寻找有无体积变化的证据。这种证据可能是剪切带中的缝合线、脉、新矿物，以及稳定矿物的聚集。

次简单剪切带中，拉伸线理在剪切面上的投影可以反映简单剪切部分的剪切方向（图 7.15）。需要注意的是，如果简单剪切部分所占比例比较小或是 0，线理指示的则是纯剪切的拉伸方向，而不能再称为剪切方向。

假设直角坐标系中的一个正方形，右上角坐标为（1，1）（图 7.17），如果简单剪切作用下，该角变到（3，1）位置，这一偏移（位移）对应于一定轴率的应变椭圆［图 7.17（a）］；以纯剪切方式使该角达到同样的水平位移。我们发现，纯剪切产生了更大的应变［比较图 7.17（a）、（b）］。一些次简单剪切变形需要较小的应变就能产生与简单剪切相同的平行于剪切带的位移［图 7.17（c）］。实际上，同样位移所需应变最小的是运动学涡度 W_k=0.82 的次简单剪切（Fossen，2016）。也就是说，W_k=0.82 的次简单剪切是产生平行剪切带方向位移的最有效方式。总之，**与纯剪切和简单剪切相比，次简单剪切实现给定位移（水平方向位移）所需要的应变较小**（图 7.17）。

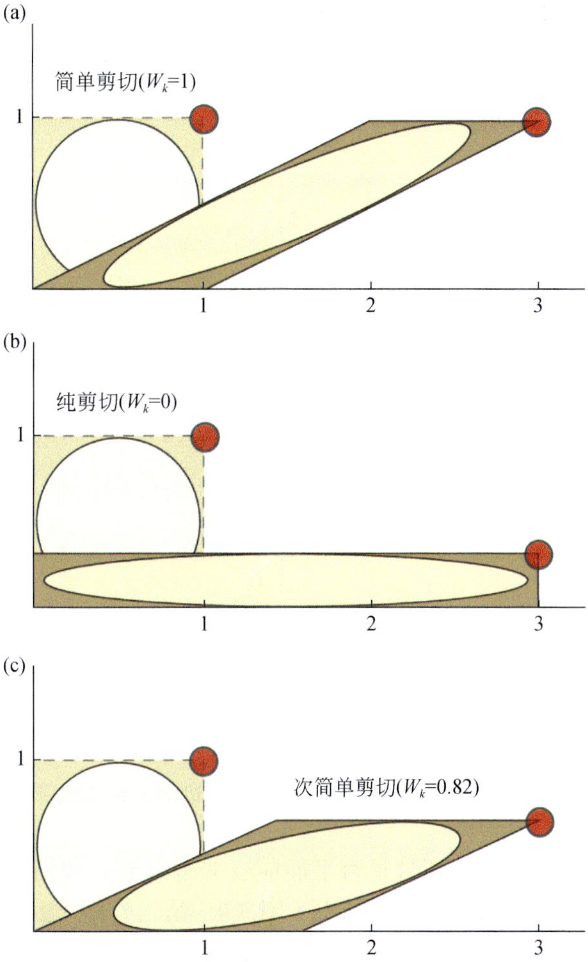

图 7.17　剪切带平行偏移与应变比较（据 Fossen，2016）

具有内切圆的正方形分别在简单剪切、纯剪切和次简单剪切下，右上角达到相同的水平位移，纯剪切产生的应变最大，次简单剪切产生的应变最小

7.4 非平面应变剪切带

到目前为止，我们一直从平面应变的角度来讨论剪切带，其中任何共轴（纯剪切）应变与简单剪切作用在同一平面上。任何平面应变（无各向异性体积变化）形成落在弗林（Flinn）图解对角线（k=1）上的应变椭球（Y=1）。然而，对许多剪切带的应变测量均显示明显偏离平面应变的结果（图 7.18），这意味着第三方向（Y 轴）上发生了与共轴和（或）简单剪切分量有关的伸展或缩短，即 $Y \neq 1$（参阅第二卷第 1 章 1.2 节图 1.34）。这就开辟了一类三维应变的一般剪切带。在这种一般剪切带中，面理和线理可以在新的方向形成，并以不同的方式旋转，且线理与剪切方向并不存在简单的相关关系。也就是说，**非平面应变剪切带具有压扁或收缩的应变椭球几何形态，线理并不代表运动方向**（Fossen，2016）。

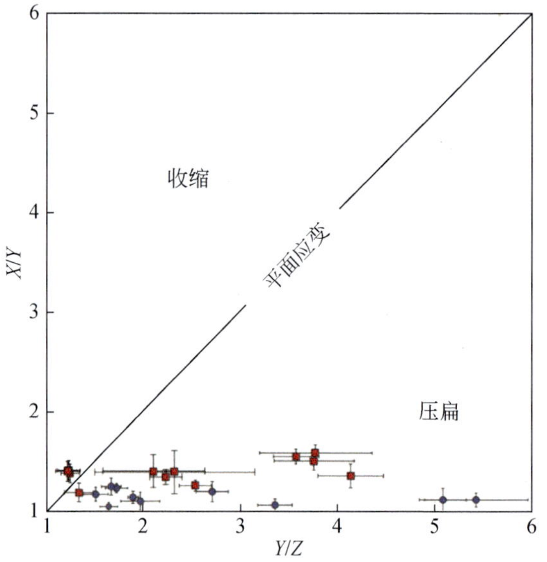

图 7.18 两个不同剪切带的应变测量弗林图解（数据据 Bhattacharyya and Hudleston，2001；转引自 Fossen，2016）

两个剪切带均受压扁作用影响，偏离简单剪切

确定剪切带是否平面应变非常重要。我们可以寻找厚度变化和多个流动方向的野外证据。如果有应变标志（图 7.9、第二卷图 1.24），可切薄片进行应变测量，并投于弗林图解上（图 7.18）。图 7.18 的数据来自于如图 7.9 所示的剪切带类型，尽管该剪切带看起来像简单剪切，但应变数据（图 7.18）表明其非平面应变。这也意味着图 7.9 所示的剪切带不可能是简单剪切带。

如果我们发现，剪切带应变是三维的，我们面临的挑战就是从三维角度考虑开拓更广泛的变形类型。我们仍然可以用纯剪切和简单剪切术语来思考，但现在我们需要在多个平面上将简单剪切和纯剪切的元素相结合。图 7.19 展示了如何将三维共轴应变与至多三个正交简单剪切系统结合起来，相应变形矩阵也变为三维：

$$\begin{bmatrix} k_x & \Gamma_{xy} & \Gamma_{xz} \\ 0 & k_y & \Gamma_{yz} \\ 0 & 0 & k_z \end{bmatrix} \tag{7.7}$$

其中，k_x、k_y、k_z 分别为沿 x、y、z 坐标轴的伸长或缩短量，为纯剪切和简单剪切矩阵中的纯剪切分量，亦即矩阵对角项；Γ 为次简单剪切变形矩阵的非对角项。这个矩阵可以用来模拟这种变形，但是计算通常需要计算机程序。还有一种情况，共轴应变与剪切分量斜交，这种情况会更为复杂。许多可能性使得非平面应变剪切带的三维分析具有挑战性，我们通常寻找最简单的模式来解释我们的数据。转化挤压和转换拉伸是两种比较普遍且密切相关的简单三维剪切带变形类型。

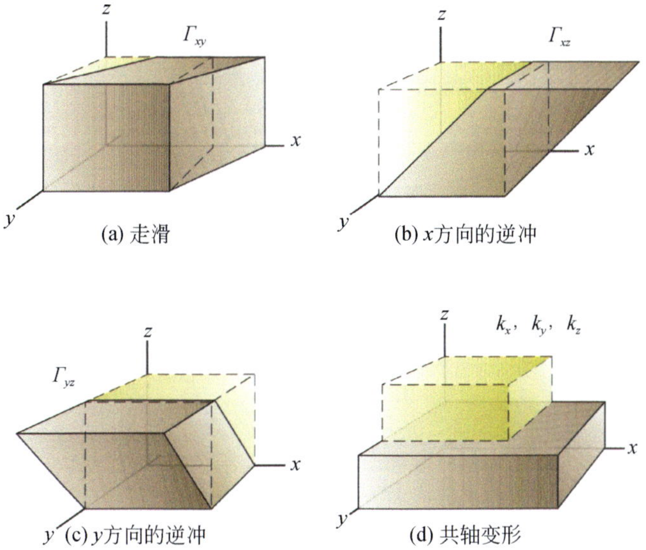

图 7.19　三维应变矩阵的正交变形分量（据 Fossen and Tikoff，1997；Fossen，2016）

与式（7.7）对应

7.5　糜　棱　岩

7.5.1　糜棱岩的特征和类型

在本卷第一章中已有关于糜棱岩的简单介绍，这里结合剪切带运动学进行讨论。

糜棱岩（mylonite）是韧性剪切带的特征岩石，因其形成的温度、压力、矿物学、颗粒大小、流体的存在，以及应变速率的不同而表现出不同的特征。一般来说，糜棱岩具有较其寄主岩石更细的颗粒（图 7.10），发育面理和线理，反映了强烈的韧性变形，通常含有单斜对称的组构要素（图 7.20）。糜棱岩是严格的构造术语，只与岩石的组构有关，不包含任何矿物组分信息，所以糜棱岩不能用作地层序列中的岩石名称。

图 7.20 不同类型的糜棱岩

（a）花岗质糜棱岩，强烈变形的石英和长石残斑显示糜棱岩面理，不对称眼球暗示右旋剪切，北京怀柔云蒙山白道峪（侯泉林摄于 2016 年）；（b）泥质片麻岩糜棱岩，含石英、长石、石榴子石和云母，富石英层（清亮）与富长石层（灰色），并含石榴子石残斑，共同构成糜棱岩面理；指向构造不甚明显，但从伸展褶劈理（C′，右倾小剪切带）指示了右旋剪切。切片平行于集合线理，垂直于面理；视域宽度 13mm；瑞典 Marsfjällen（Passchier and Trouw，2005）

糜棱岩作为高应变带的产物，常称为糜棱岩带，可以发育于任何类型的岩石中，带内岩石明显细粒化（图 7.10、图 7.21）。在野外，可以通过其细粒化颗粒，强烈的面理化（图 7.20、图 7.22）和线理（图 6.2）加以识别。在糜棱岩中常见的透镜体和细粒物质层通常被认为是粗粒母岩通过晶内变形和重结晶而成的。这种变形的透镜体通常具有类似“冲浪板”形状，以此确定了面状和线状组构要素。这种形态是在近似于平面应变状态下由诸如简单剪切作用形成的糜棱岩的共同特征。

许多糜棱岩含有比基质颗粒大的稳定矿物颗粒构成的残碎斑晶（porphyroclast），简称残斑（图 7.20），基质中的面理绕残斑而过（图 7.20、图 7.22、图 7.23）。之所以形成残斑是因为矿物流变性质的差异，相对较“硬”（黏性大）的矿物形成残斑，相对较“软”

图 7.21　粗粒寄主岩石中的超糜棱岩分层（左侧）（据 Passchier and Trouw，2005）

寄主岩石主要由石英、长石和云母构成，超糜棱岩带（左侧）明显细粒化；一条小的糜棱岩条带从照片中间穿过；围岩中面理沿该带的偏转指示了右旋剪切。切片平行于集合线理，垂直于面理；视域宽 8mm。巴西伯南布哥

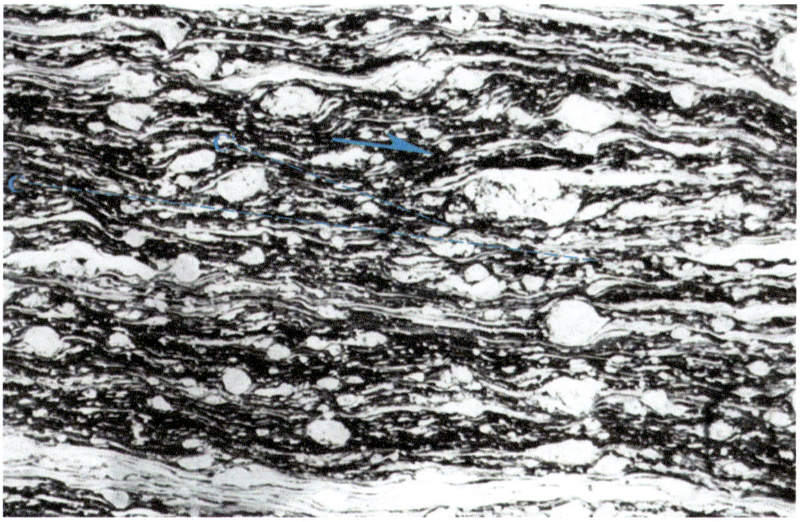

图 7.22　长英质糜棱岩（据 Passchier and Trouw，2005）

重结晶石英和长石透镜体组合构成了糜棱岩面理，面理围绕长石残斑，可见小的伸展褶劈理（C′），指示右旋剪切。切片平行于集合线理，平行于面理；视域宽 10mm。法国比利牛斯山（Pyrenees）St. Barthélemy

（黏性小）的矿物形成基质。然而，残斑并非总形成于同一种矿物，因为矿物的流变性取决于变质条件和初始颗粒大小。残碎斑晶也可以是细粒基质中较大的圆形多晶岩石碎块，其本意是碎屑破碎而成。因此，残碎斑晶是糜棱岩和碎裂岩所特有，形成残碎斑晶的矿物通常有长石、石榴子石、白云母、角闪石和辉石。在非常特殊的情况下，石英也可以形成残斑。注意不要将残斑与沉积岩中的岩屑碎块相混淆。

与残碎斑晶相对应的还有一种叫变斑晶（porphyroblast，“blasis”意为生长），都是

糜棱岩基质中较大的矿物颗粒，由特殊矿物相晶体在变形或变质作用过程中生长而成，而基质中的矿物生长不到如此程度。变斑晶在非糜棱岩的千枚岩和片岩中很常见。有些情况下，片岩或片麻岩中原来的变斑晶，在岩石糜棱岩化过程中又成为残碎斑晶。

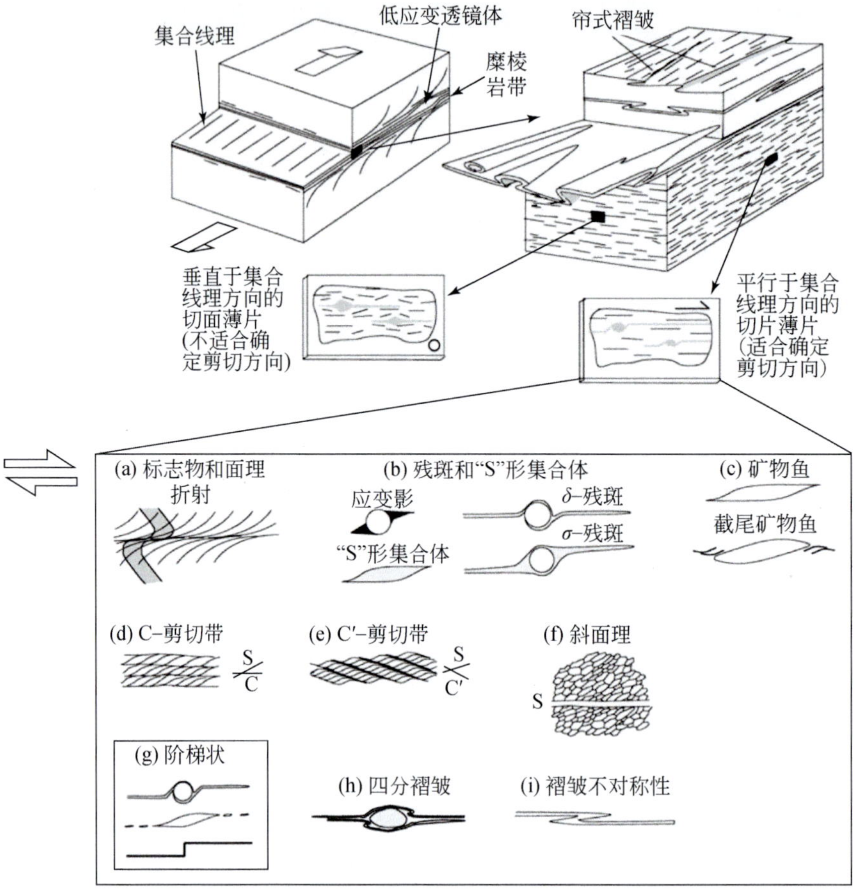

图 7.23 糜棱岩带的几何学和术语图示（据 Passchier and Trouw，2005）

切面平行于集合线理，垂直于面理；展示了大部分（并非全部）常用剪切指向标志，说明见正文

发育良好的集合线理主要发现于已经细粒化的多矿物岩石中；而原来就比较细粒的岩石，尤其是单矿物且没有细粒化的岩石，即使应变很强，也不发育集合线理。在高应变条件下，颗粒线理占主导地位。

糜棱岩通常发育两组甚至三组面理，趋于彼此小角度相交，一般认为它们是同时形成的（图 7.23）。糜棱岩中的面理局部会受到紧闭褶皱作用或等斜褶皱作用的影响（图 7.23）。大部分情况下，这些褶皱的轴面面理已无法与糜棱岩主面理相区分，如此表明，这种褶皱不应被视为影响老的糜棱岩组构的独立变形阶段的结果，而应视为糜棱岩形成过程中流场局部畸变的结果（Cobbold and Quinquis，1980）。有些褶皱是鞘褶皱（sheath fold），呈管状，与集合线理或颗粒线理平行（图 7.23）。另一种不是管状，而呈圆柱状，褶轴与线理平行（a- 型褶皱），称为帘式褶皱（curtain fold），通常随延伸振幅减小，侧向渐隐（图 7.23）。

许多糜棱岩的一个重要特征是平行与垂直于集合线理或颗粒线理切面的构造几何形状明显不同（图 7.23）。在垂直于线理的切面上，岩石似乎相对不变形或较弱，构造呈斜方对称（图 7.24）；在平行于线理（且垂直于面理）的切面上，变形组构相对强得多，呈单斜对称构造，可用于剪切方向判定指标（图 7.22）。从剪切带中心向外，糜棱岩面理呈曲线形状，且强度逐渐减弱（图 7.23 顶部左侧）。糜棱岩带及其组构元素的整体单斜对称性反映了剪切带内非共轴流动的单斜对称性。

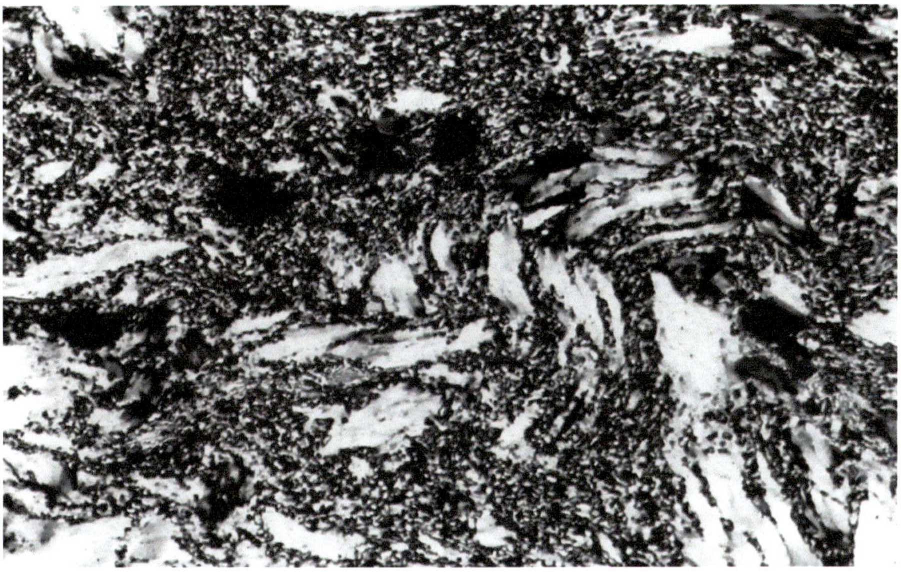

图 7.24　石英岩糜棱岩的垂直集合线理方向切面（据 Passchier and Trouw，2005）

原来的石英颗粒的褶皱残余，已基本完全被新的重结晶颗粒所取代；尽管线状组构为主，但在垂直线理的切面上并不显示强烈变形。视域宽 1.4mm，法国比利牛斯山

第 1 章中简要讨论了按照基质与残斑的比例进行糜棱岩分类的方法。实际上，糜棱岩还可以根据变形时的变质级别进行分类（如高级糜棱岩）；也可以根据岩石类型和矿物学特征进行分类（如石英岩 - 糜棱岩、花岗闪长岩 - 糜棱岩、长英质糜棱岩等）。如果糜棱岩在单矿物岩石中发育，可称之为方解石糜棱岩、石英糜棱岩等。

7.5.2　糜棱岩发育动力学

糜棱岩的有限应变相对较高，说明糜棱岩带的应变速率一定超过围岩的应变速率，且带中的物质一定比围岩“软”。但是，许多糜棱岩与围岩具有相同的化学和矿物成分。显然，韧性剪切带成核后物质的流变性发生了变化，即应变软化或应变硬化（参阅第二卷第 3 章）。造成软化的最主要机理如下（White *et al.*，1980；Tullis，1990）：

1）晶粒尺寸的减小，增加了扩散蠕变和晶界滑移等与颗粒尺寸有关的变形机制的活性。这种晶粒尺寸的减小是因为动态重结晶形成的新晶粒的大小是差异应力的函数。不过，de Bresser 等（1998）认为，这种机制可能并无太大效果；

2）高温晶界迁移（Grain Boundary migration，GBM）重结晶作用，以没有位错缠结的易变形的新晶体取代了硬化晶体而导致软化[图 7.25（a）]。但是，亚晶粒旋转（subgrain rotation，SGR）重结晶作用[图 7.25（b）]不会直接导致软化，因为新晶粒的位错密度与老晶粒相同（Tullis，1990）；

3）新生长的矿物比寄主岩石更容易变形（反应软化），如云母和石英的集合体取代长石；

4）粗颗粒的寄主岩石转化为新的细颗粒集合体，如后成合晶的形成。这种新形成的矿物集合体可能更软，因为更细的颗粒趋向于另一种变形机制，如钾长石变为蠕状石英构造（Tsurumi and Tunnicliffe，2003）；

5）矿物颗粒的晶格-优选取向发育，将其置于易于位错滑移的位置（几何软化；Ji *et al.*，2004）；

6）晶粒尺寸的减小以及孔裂隙的张开导致压溶作用增强（Rutter，1976；Stel，1981）；

7）由于水扩散到晶格而使矿物“水解”（Hydrolytic）弱化（Luan and Paterson，

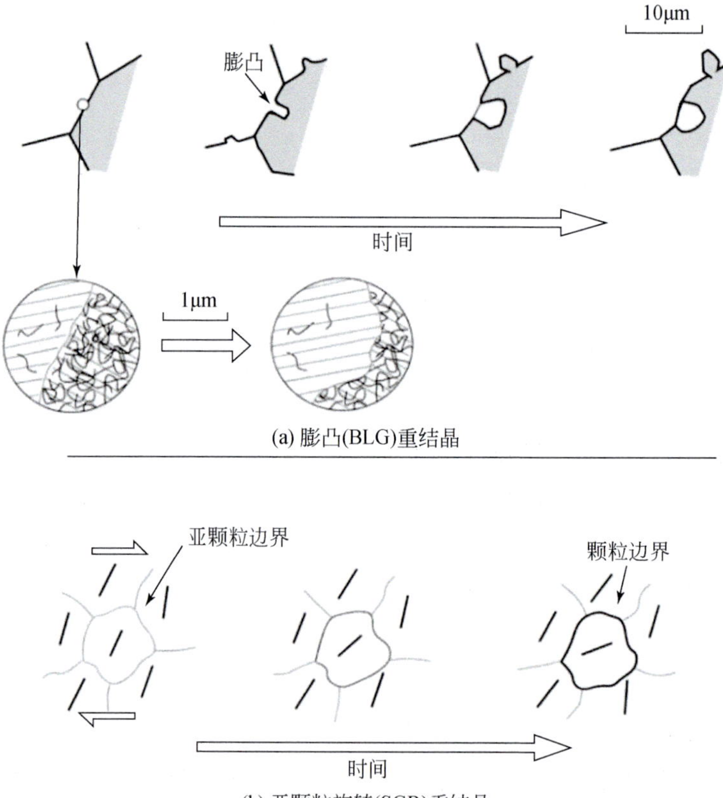

图 7.25　晶粒尺度的动态重结晶机理图示（据 Passchier and Trouw，2005）

（a）膨凸（bulging，BLG）重结晶：如果两个相邻的晶粒具有不同的位错密度，晶界可能向具有最高位错密度的晶粒中膨凸（小插图：晶体中的灰色直线表示晶体的晶面）；在单个晶粒的尺度上，较高位错密度（阴影）的晶粒被变形较弱的晶粒的膨凸所代替，削弱位错缠结。（b）亚颗粒旋转（SGR）重结晶：在渐变变形过程中，随着位错向亚晶壁的迁移，亚晶的旋转会引起大角度晶界的发育，从而产生新的晶粒，位错密度并无变化。亚晶粒中的线段表示晶格取向

1992；Kronenberg，1994；Post and Tullis，1998）。高变质条件下的石英几乎不含粒内水，且相对较强（如 Nakashima *et al.*，1995）。如果这么干的石英进入角闪岩相条件，并受孔隙流体水的影响，它可能会因水渗入晶格，通过晶体缺陷而迅速弱化（Kronenberg *et al.*，1990；Post *et al.*，1996；Post and Tullis，1998）。但在绿片岩相条件下，水渗入石英晶格的速度较慢，只有在粒度较小、颗粒破碎或晶界迁移的辅助下，才能影响石英的流变性质（Post and Tullis，1998）；

8）剪切条带或剪切带劈理的发育（Ji *et al.*，2004）。

7.5.3　糜棱岩发育的变质条件

尽管糜棱岩的组构强烈依赖于岩石类型和原始构造，但随着变质程度的增加，对所有类型的岩石都存在组构梯度（fabric gradient），这取决于组成矿物的流变性和熔融温度（例如，在 400°C 形成的花岗岩糜棱岩的构造可能类似于 800°C 下形成的橄榄岩糜棱岩的构造）。例如，考虑变质级别对包含有“硬”矿物 A 和低级条件下“软”的矿物 B 的复矿物岩石的糜棱岩化的影响（比较长石和石英集合体的变形条件；图 7.26）。

在非常低级别条件下，矿物 A 和 B 均发生脆性变形，形成脆性构造岩（图 7.26）。

在较低级别条件下，A 以脆性方式变形，而 B 则以位错蠕变方式变形（Handy *et al.*，1999）。差异应力高，糜棱岩发生细粒化作用，矿物 A 呈碎裂角砾状残斑镶嵌于围绕残斑的韧性变形的矿物 B 中，面理和线理发育良好，糜棱岩带窄而边界清晰（图 7.2、图 7.26）。

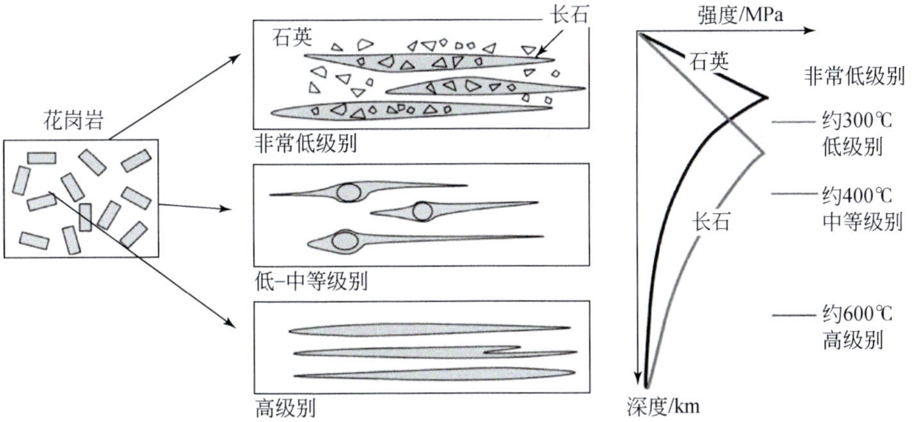

图 7.26　不同深度条件下石英－长石集合体的变形行为比较（据 Passchier and Trouw，2005）

右侧：深度－强度曲线图，展示了石英和长石的脆性（上部直线）和韧性（下部曲线）变形线段。非常低级条件下，石英和长石均为脆性，但长石显得更为脆弱；在低－中等条件下，石英以位错蠕变方式变形，长石则比较强硬，发育核幔构造和被幔残斑；在高级别条件下，长石和石英均以位错蠕变方式变形，二者强度类似

在中等变质级别，矿物 A 和 B 均以晶体塑性方式变形，但 A 仍比 B 强。结果形成糜棱岩面理发育良好的糜棱岩，其中包含矿物 A 部分重结晶的残斑碎片，有明确的剪切指向；面理和线理发育良好（图 7.26）。

在高级别条件下，剪切带趋于变宽，这是因为软化作用和局部化机理的效应比低级别条件下更低（Hanmer *et al.*，1995；Whitmeyer and Simpson，2003）。如此条件下，A 和 B 之间的流变性差异减小，扩散变得更重要，差异应力降低（图 7.2、图 7.26）。在低应变速率下，形成残斑很少、粒度相对较粗的层状岩石，基质中的颗粒可能呈网状。除组分层外，面理和线理的发育程度较弱。岩石也许表现为弱变形，但分层作用中的等斜褶皱可能展现出应变强度。这种高级别的糜棱岩可通过 B 矿物的带状伸长重结晶和少量通常近于对称的 A 矿物的残碎斑晶来识别（图 7.27）。这种糜棱岩叫条带状糜棱岩（ribbon mylonite），或者，如果石英－长石颗粒相对较粗，称为条纹片麻岩（striped gneiss）。在花岗类岩石中，这种条纹片麻岩中常见单晶石英带和多晶长石条带［图 7.27（b）］。有些高级别糜棱岩中含有拉长的辉石或石榴子石残碎斑晶（Hanmer，2000），这些斑晶由晶内变形，或可能由辉石晶体的膝褶断裂形成（参阅第 1 章 1.3 节）。

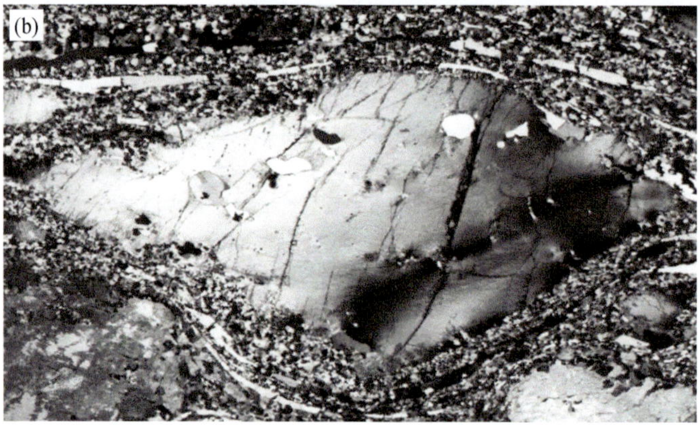

图 7.27 高级别长英质糜棱岩

（a）强烈伸长的带状石英，少量对称的长石残斑，切面平行于线理、垂直于面理，河南（侯泉林摄于 2016 年）；（b）具有波状消光的钾长石残碎斑晶，周围为重结晶的长石构成的幔和围绕残斑的孤立的多晶质石英条带。注意，强烈拉长的条带状石英单晶。切面平行于集合线理、垂直于面理。视域宽度 10mm，巴西（Passchier and Trouw，2005）

甚至在高变质程度下形成超糜棱岩，且应变速率可能较高。这些超糜棱岩可能含有残斑和明显的矿物鱼构造（图 7.28），周围有很薄的幔甚至有些情况下没有幔，这可能是由于碎屑与基质之间的内聚力有限（Kenkmann，2000），或差异应力太小，以及高的恢复速率限制了这些碎屑的重结晶作用（Pennacchioni *et al.*，2001）。

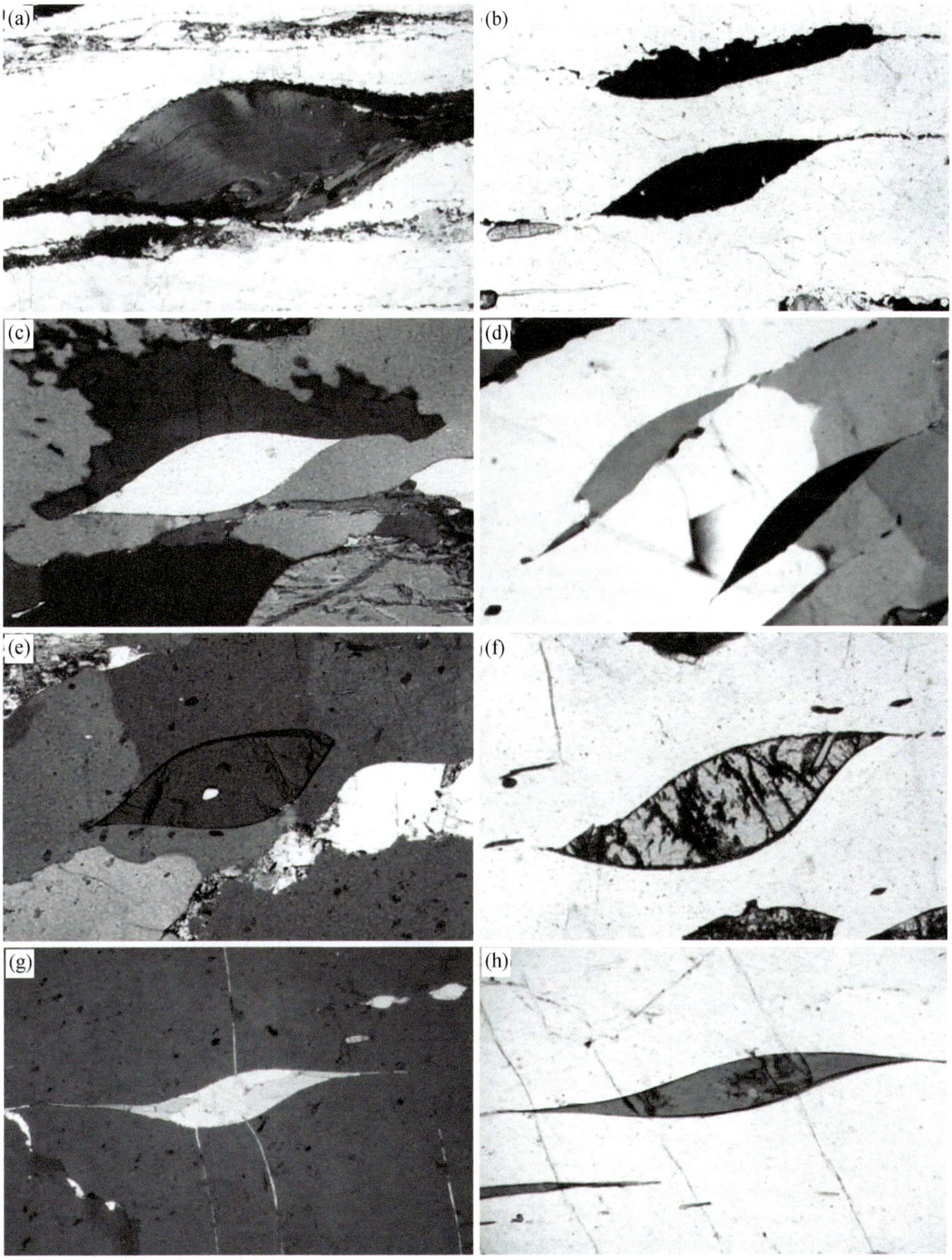

图 7.28　不同类型的矿物鱼构造（据 Passchier and Trouw，2005）

（a）黑云母鱼，周围有小的重结晶黑云母颗粒，美国加利福尼亚州圣罗莎糜棱岩带；（b）钛铁矿鱼，巴西米纳斯吉拉斯南部；（c）斜长石鱼；（d）钾长石鱼；（e）石榴子石鱼；（f）透辉石鱼；（g）斜长石和黑云母结合的鱼状共生；（h）角闪石鱼。（c）～（h）为取自高级片麻岩中的石英基质，巴西南部。视域宽（a）为 6mm，其他 1.5mm

上述的组构梯度对于多矿物岩石通常是有效的。然而，组构只是一个粗略的指示标志，不能仅用此来确定糜棱岩的变质程度；而应该使用在变形过程中生长或重结晶的矿物来确定。由于糜棱岩带可能具有较长的再活动历史，故在低应变透镜体中可能保存有较老的组构残余。可以利用这些低应变透镜体来确定糜棱岩发生的变质条件，因为它们含有较大的弱变形晶体，但其结果可能指示了糜棱岩化之前的变质条件。另一个必须考虑的因素是静态重结晶，它可能是在糜棱岩变形之后重新平衡的矿物。

7.6 剪切指向的判定

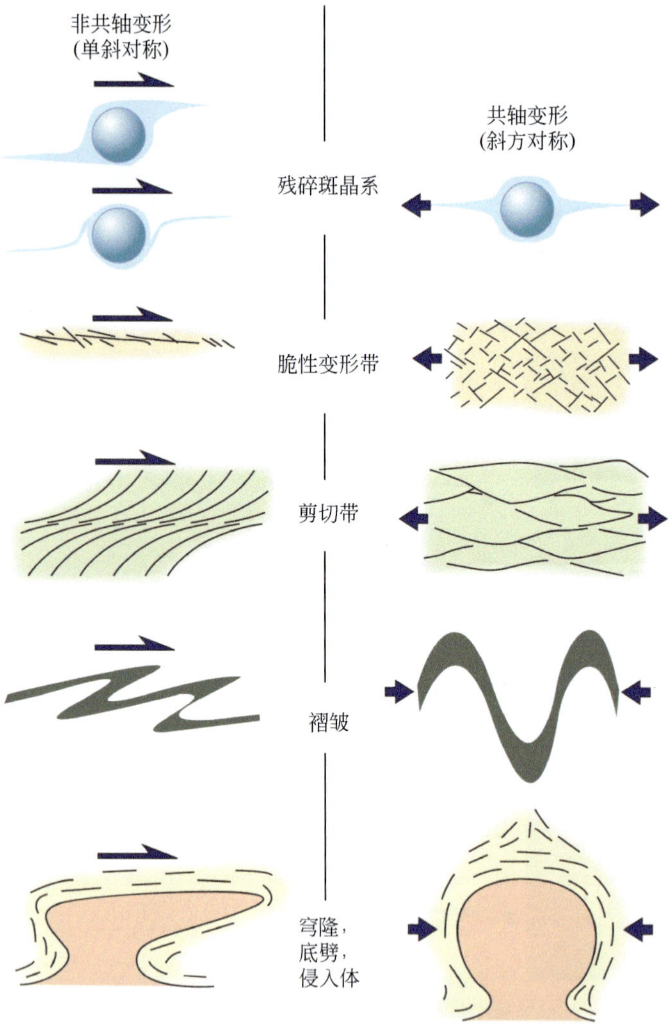

图 7.29 不对称性构造（左）和对称性构造（右）图示（据 Choukroune *et al.*，1987；转引自 Fossen，2016）

左侧：非共轴变形；右侧：共轴变形

20 世纪 70 年代和 80 年代，我们对剪切带和糜棱岩带中作为运动指示物，特别是显微构造标志的认识取得了很大进展。认识到构造的不对称性与运动学之间的关系，是对强剪切岩石研究的重要突破。关键是许多糜棱岩含有单斜（低）对称性的构造，简单地称为**不对称构造**（asymmetric structure）。这种不对称性与变形的旋转分量或非共轴性有关，或者与物体向一个优选方向旋转有关（如图 7.23、图 7.29 左侧所示）。这也反映在粒子路径上，非共轴变形是不对称的。共轴变形产生的构造几何形态表现出较高的对称性（正交性），这与其对称的粒子路径有关。图 7.29 右侧显示了各种构造的对称性和共轴性之间的联系。因此，在共轴流动中形成的构造有时称为正交构造。总之，糜棱岩构造的对称性与否可用来判断糜棱岩带的剪切指向和共轴度。

单斜构造可以提供糜棱岩带位移方向或剪切方向的信息，因此本节将重点讨论单斜或不对称结构。而且主要限定在垂直于面理、平行于线理方向的剖面上的构造标志（图 7.30），尽管垂直于线理的剖面也可用于三维变形的评价。

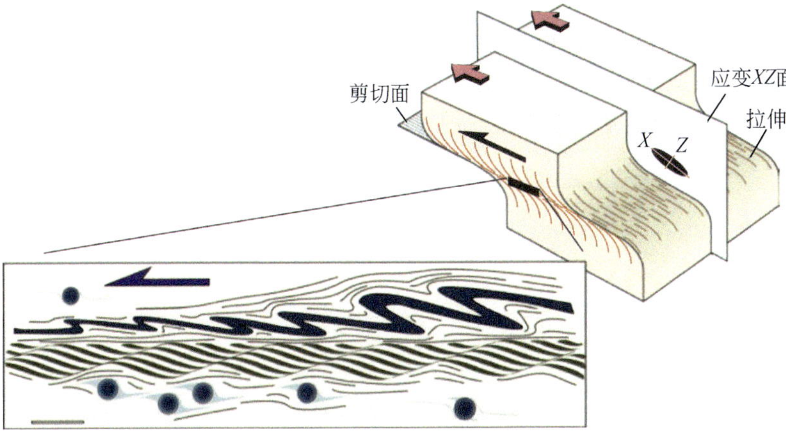

图 7.30　剪切带 *XZ* 面上的构造图示（据 Fossen，2016）

不对称构造可以指示剪切方向

7.6.1　标志体的错移

前面已经讨论了先存标志体（线或面）如何旋转成剪切带。标志体的错移是最简单和最直观的剪切指向标志，主要包括岩墙、脉、捕虏体和层理。穿过剪切带的标志体往往呈“S”形弯曲，造成标志体在剪切带两盘的明显位移，根据互相错开的方向可确定剪切方向［图 7.4、图 7.23（a）］。即使我们没有看到剪切带边缘，平面标志从低应变区到高应变区的旋转也可为剪切方向的确定提供非常可靠的标志（图 7.31）。应用这一方法时，要注意先存标志与剪切带之间的方位关系，否则可能得出错误的结论。

图 7.31　剪切带中的石英脉标志体

指示右旋剪切，北京密云（侯泉林摄于 2016 年）

7.6.2 面理和剪切条带

剪切带中的面理通常认为是应变椭球的 *XY* 面的痕迹，称之为剪切带内面理（S- 面理，意即 schistosity 或法语“schistosité”）。面理化的韧性剪切带中，面理从基本不变形的围岩到剪切带呈弧形渐变旋转，越靠近剪切带中心，越趋于剪切带方向，这一弧形旋转可以用来判别剪切指向［图 7.4、图 7.23（a）、图 7.32（a）］。

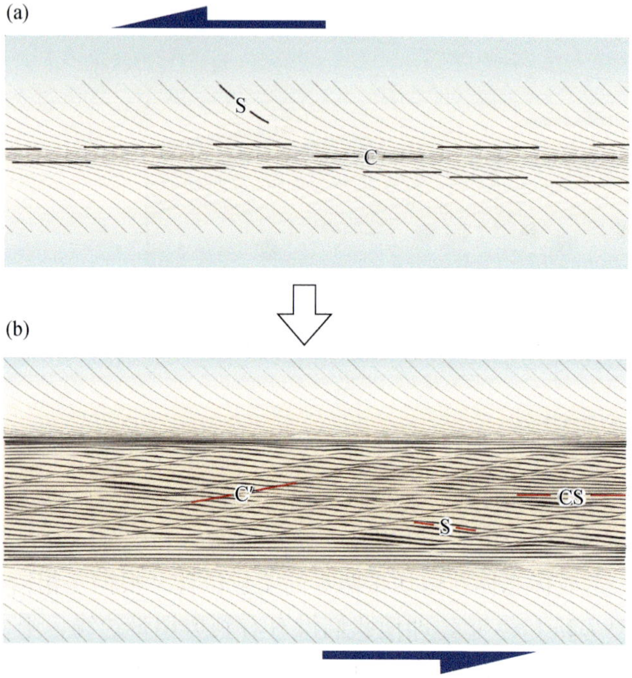

图 7.32 岩浆岩剪切带中 S-C-C′ 构造发育图示（据 Fossen，2016）

（a）新形成的 S- 面理被平行于剪切带边界的剪切面（C）所切；（b）连续变形使 S 旋转至与 C 近于平行，一起称为 CS- 面理。新的斜向的剪切条带（伸展褶劈理 C′）形成，并使 S- 面理向 C 方向旋转

随着应变累积，会形成一组通常与剪切带壁平行的滑移面或剪切带［图 7.32（a）］。这些剪切带称为 C（法语“cisaillement”，“剪刀”之意），也称糜棱岩面理（mylonitic foliation），有的教材称为剪切面理（李忠权和刘顺，2010）。C- 面并非是真正的面（surface），而是主剪切带内受影响的面理构成的小剪切带，由更细粒或小的片状矿物集中构成。具体地说，C- 面内、外的面理曲线和面理弯曲所显示的偏转方向指示了整个剪切带的剪切方向。C- 面在岩浆岩剪切带中尤为常见［图 5.16、图 7.32（a）、图 7.33］。

如果剪切应变较高，比如说大于 10，剪切带和面理（S）之间的夹角就变得难以分辨。然后就有一个由旋转的 S- 面理和 C- 面组成的复合面理［CS- 面理；图 7.32（b）］。此外，变形岩石的不均匀性以及面理中云母片的滑移干扰了其流动，并足以破坏在低应变情况下看到的简单图像。这种高应变的复杂性促进了用以揭示流动方向的新构造的形成。

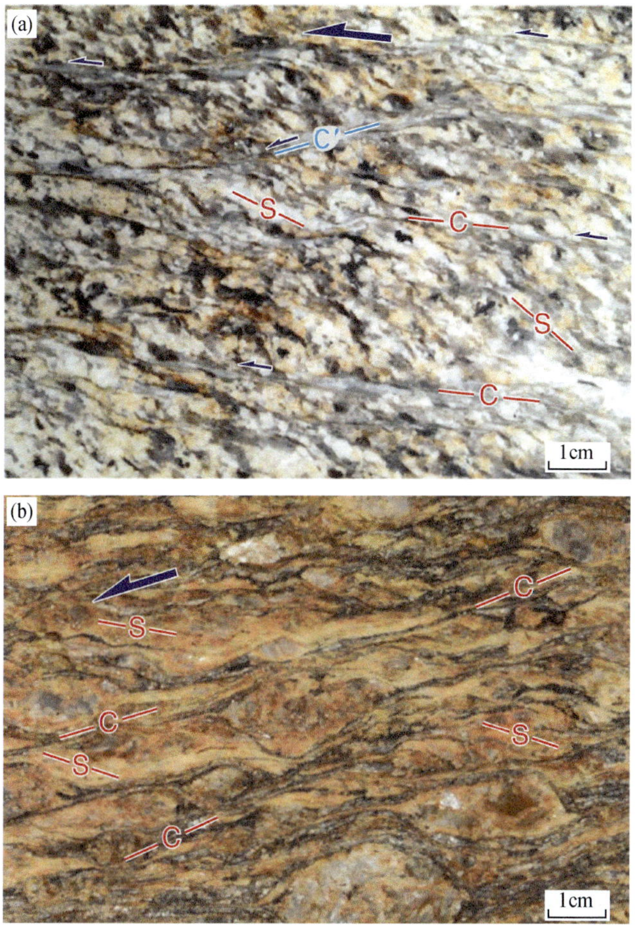

图 7.33　花岗岩中韧性剪切带的 S-C 构造（据 Fossen，2016）

（a）法国布列塔尼（Brittany）阿摩力克（Armorican，D-P）剪切带花岗质糜棱岩，这里是最早描述 S-C 构造的地方：S- 面代表面理（*XY* 面），C- 面是平行于剪切带走向的剪切条带，C′- 斜向的剪切条带（伸展褶劈理）；（b）粗粒花岗质糜棱岩中的 S-C 构造，指示左旋剪切。巴西伊帕内马

当应变足够高时，会形成一套与剪切带边界斜交的新的剪切条带（C′）[图 7.32（b）]（详见第 5 章 5.2 节），在富含板状矿物的糜棱岩中尤为常见。同时发育 S 和 C 两组斜交面理的糜棱岩通常称为 S-C 糜棱岩。换言之，**S-C 糜棱岩由两组面状构造即面理（S）和剪切条带（C）构成，二者斜交，且 S- 面理经常向 C- 面旋转**。

剪切作用过程中，S 与 C 的夹角是变化的，Fossen（2010，2016）认为通常为 25° ～ 45°。其实，野外经常看到小于 25° 的情形，这取决于变形程度和运动学涡度（W_k）。如果各处角度比较一致时，面理（S）与剪切带（C）的角度关系是可靠的剪切指向标志（图 7.34、图 7.35）。但如果共轴变形程度越高，角度的一致性程度就越低，而且共轴变形可以产生一系列反倾向的剪切条带。然而，在糜棱岩带中，剪切条带与面理的角度关系通常具有一致性。值得注意的是，在剪切带的演化过程中剪切条带的形成相对略晚，它反映了稍后阶段的变形。

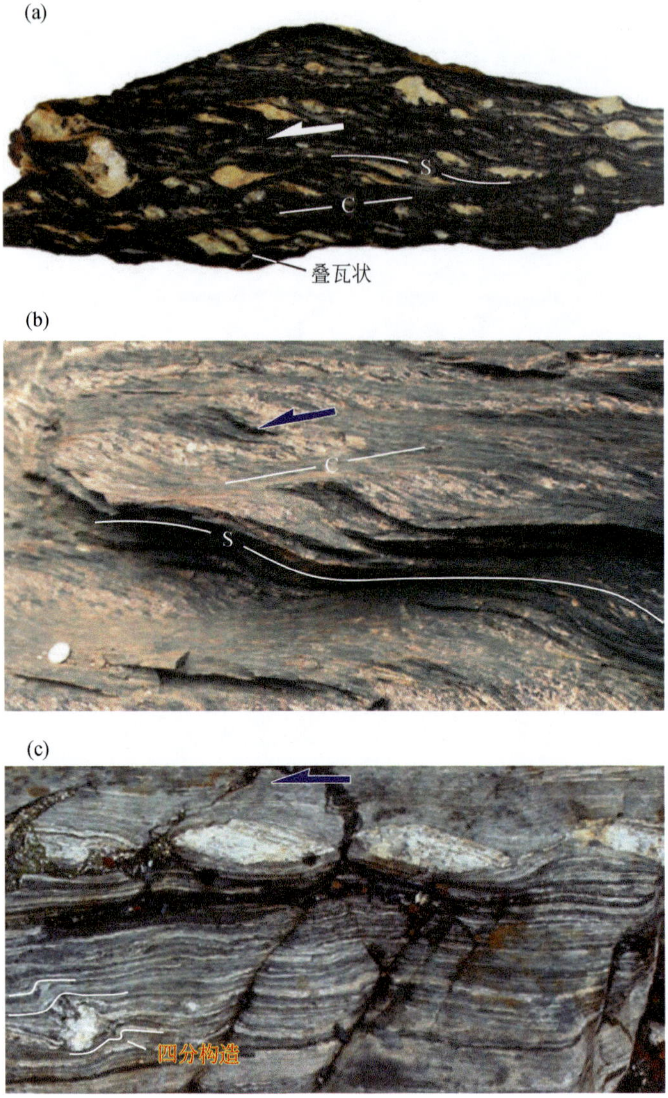

图 7.34 韧性剪切带不同的剪切指向判别标志（据 Fossen，2016 修改）

（a）花岗质初糜棱岩的 S-C 构造，注意长石残斑的拖尾，南极洲；（b）千枚岩中的剪切条带（C）和面理（S）的不对称褶皱，来自苏格兰基底滑脱构造；（c）花岗片麻岩中的不对称布丁，以及包体周边的不对称褶皱，来自挪威卑尔根（Bergen）东部的加里东造山带

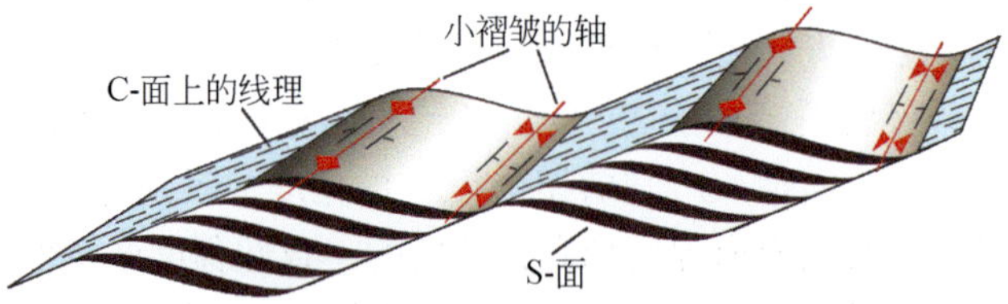

图 7.35 韧性剪切带 S-C 构造图示（据 Fossen，2016）

褶纹轴通常与剪切方向呈高角度相交（近于垂直），剪切方向由剪切条带（C- 面）上的线理标示；S- 面上可以有也可以没有滑动

7.6.3　斜面理

斜面理或斜向面理（oblique foliation，S_i）是显微尺度下的一种面理，也称斜向显微面理（oblique microscopic foliation），主要由定向排列的亚颗粒构成，与由较大颗粒构成的主面理（S）或有限应变椭球长轴斜交，它代表了变形历史的最后阶段的增量应变（平行于最大瞬时伸张轴 ISA_1）[图 7.23（f）]（详见第 5 章 5.3 节，图 5.23（c）、图 5.24）。斜面理主要形成于变形过程中动态重结晶的矿物集合体。有时，矿物集合体本身构成主糜棱岩面理（C- 面）的一部分，而其中次级颗粒（或亚颗粒）的长轴构成斜面理（S_i），与 C- 面理斜交，指示剪切指向（图 7.36、图 7.37）。晶粒集合体中，有两个竞争过程：一个是晶粒伸长产生的应变；另一个是动态重结晶和恢复，以消除这些晶粒中记录的应变。集合体中的斜面理（S_i）只反映了变形的最后增量，而主面理（S）是整个变形历史的结果，因此它接近于剪切面（C）的方向（图 7.38）。其实，主面理（S）本身也会有小的剪切位移，所以把晶粒集合体本身看作一个小的剪切带，其中晶粒的定向排列就相当于构成了这个小剪切带中的 S- 面理。

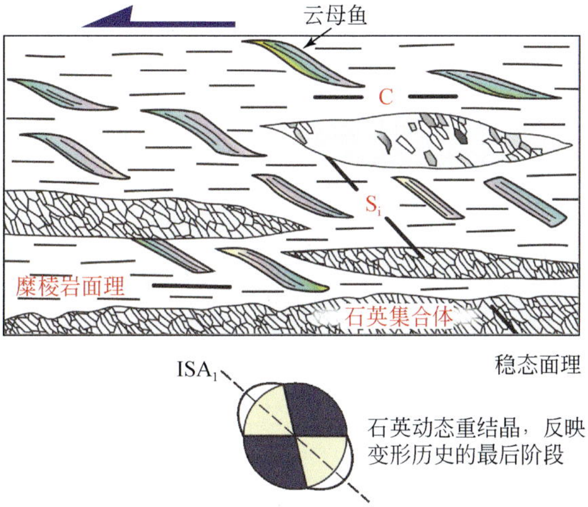

图 7.36　常见的石英 – 云母为主的 S-C 构造（据 Fossen，2016 修改）

云母鱼构造排列方向代表有限应变 S- 面理方向，其方向的差异，表明形成顺序有先后，先形成者与 C- 面夹角较小；颗粒集合体条带近于平行于糜棱岩面理（C- 面），其内动态重结晶颗粒定向排列构成斜面理（S_i），代表最后的增量应变方向（下插图），与集合体形态斜交，其锐角指示剪切方向

糜棱岩面理与矿物集合体中晶粒形态组构的夹角表明其为非共轴变形，不仅可以揭示剪切方向，甚至可以表明其非共轴程度和变形的运动学涡度（W_k，见第二卷第 1 章 1.3 节）。如果集合体中的晶粒只是轻微应变，对于简单剪切（W_k=1）来说，晶粒（S_i）与集合体的夹角应为 45°（图 7.36）；如果 $W_k < 1$，其夹角< 45°；若 $W_k << 1$，其夹角会出现不一致的情况，甚至发生混乱。

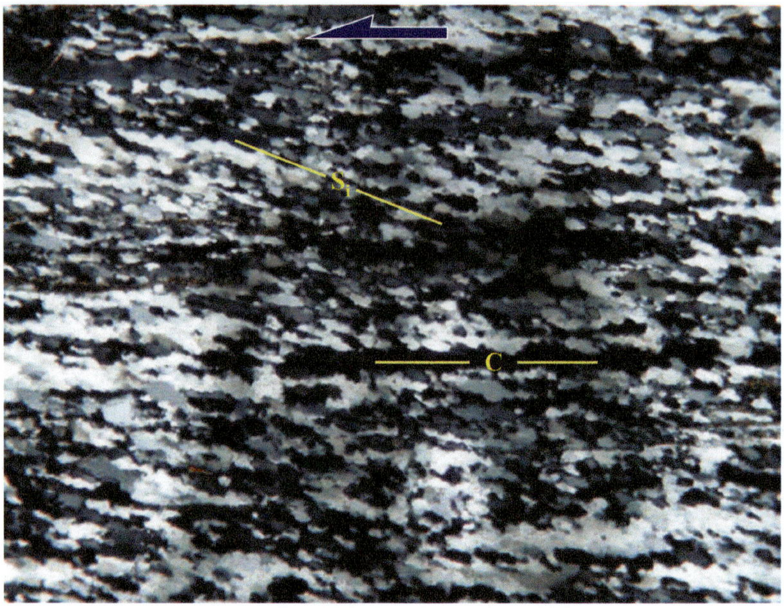

图 7.37 糜棱岩薄片（据 Fossen，2016）

近水平的糜棱岩面理（C）；其中拉长的动态重结晶石英颗粒构成斜面理（S_i），与 C- 面斜交，其锐夹角一致指示左旋剪切

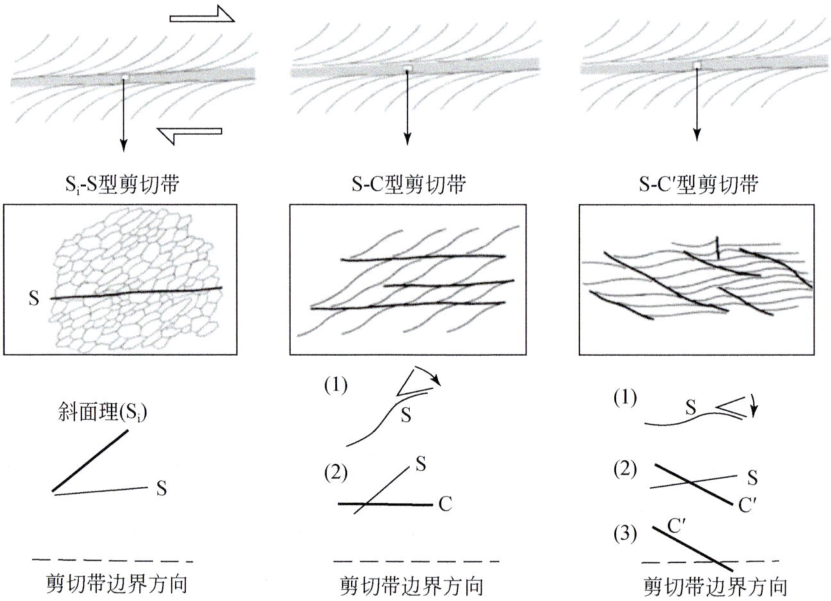

图 7.38 韧性剪切带的三种面理组合类型（据 Passchier and Trouw，2005 修改）

上面一排展示了具有典型面理曲线的剪切带；中间展示了不同类型面理组合的形态的差异；下面展示了判别剪切指向的要素

前面分别讨论了韧性剪切带中的 C-、S- 和 C′ - 面理，根据组合特征，可划分出三种面理组合类型（图 7.38）。

S_i-S 型：以发育斜面理（S_i）和剪切带内面理（S，//*XY* 面）为特征，S- 面理与剪切带边界近于平行，S- 和 C- 面理常难以区分。S_i 与 S 其锐夹角指示剪切方向。

S-C 型：以发育 S- 和 C- 面理为特征，S- 面理常呈"S"形，S 与 C 夹角＜45°，指示剪切方向。

S-C′ 型：以发育 S- 和 C′ - 面理为特征，S- 面理呈"S"形。C′ - 与 C- 面理的锐夹角指示反向剪切指向。

7.6.4　矿物鱼构造

1. 特征

矿物鱼（mineral fish）是糜棱岩中常见的细长的菱形或透镜状的单晶矿物，其最长的一边与糜棱岩面理呈小角度相交（图 5.24、图 7.28、图 7.36、图 7.39）。在云母石英质糜棱岩中，最常见的是大的白云母晶体的矿物鱼，称为云母鱼（mica fish）[图 5.24、图 7.23（c）、图 7.40、图 7.41]。通常，小的云母碎片的尾巴从云母鱼的顶端延伸到基质中，呈清晰的阶梯状（图 5.24、图 7.41）。ten Grotenhuis 等（2003）在对巴西绿片岩相糜棱岩晶体研究的基础上，将云母鱼构造形态学细分为 6 种（图 7.40）。

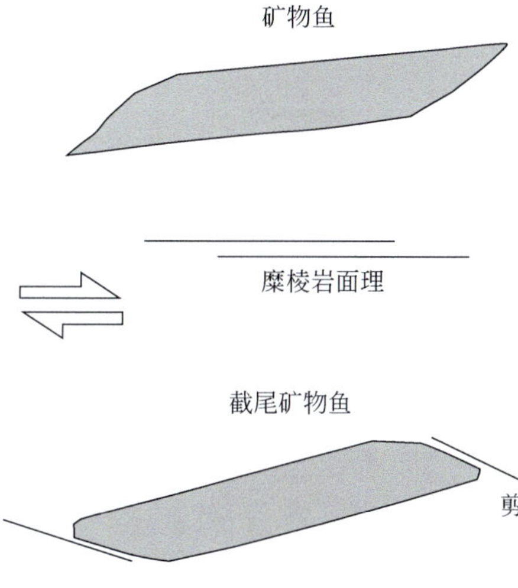

图 7.39　正常矿物鱼和截尾矿物鱼图示（据 Passchier and Trouw，2005）

除白云母外，在不同变质程度的糜棱岩中还可观察到，许多其他矿物也可以形成矿物鱼构造（图 7.28），如黑云母、电气石、钾长石、石榴子石、斜长石、十字石、蓝晶石、角闪石、紫苏辉石、透辉石、磷灰石、金红石、赤铁矿、葡萄石（Mancktelow *et al.*，2002; ten Grotenhuis *et al.*，2003）、白钛石（Oliver and Goodge，1996），硅线石（Pennacchioni *et al.*，2001；Mancktelow *et al.*，2002）、橄榄石（Mancktelow *et al.*，2002），以及石英[图 7.42（a）；Mancktelow *et al.*，2002]，相对于糜棱岩面理具有类似的取向。

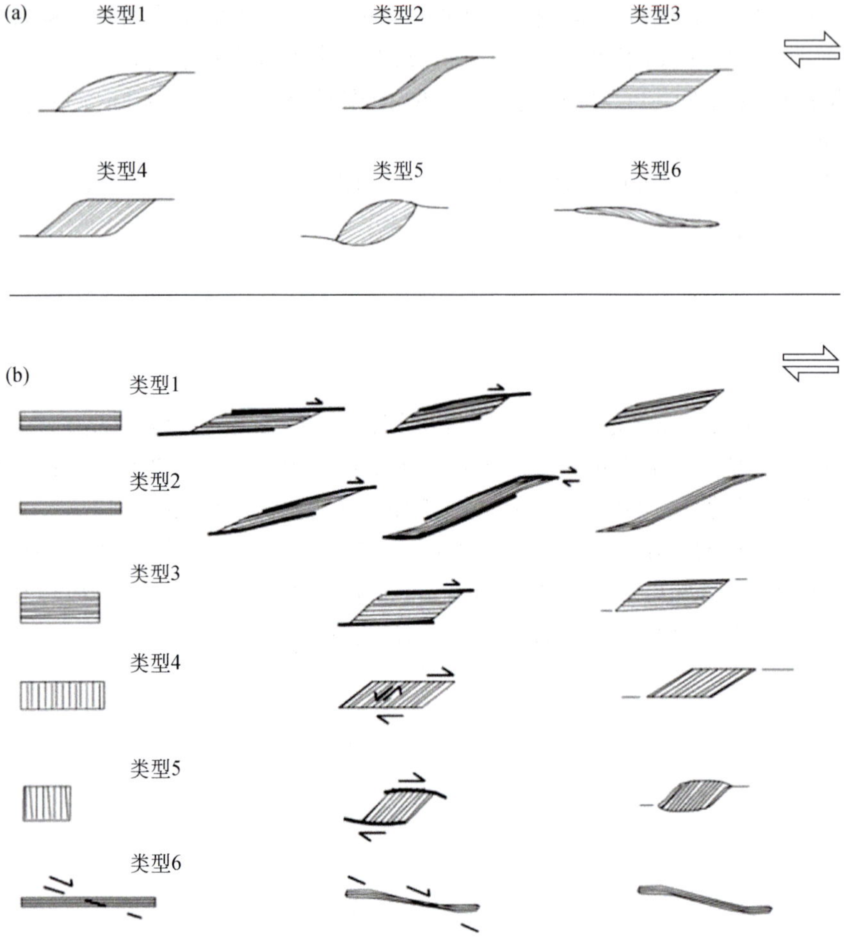

图 7.40 不同类型的云母鱼构造（mica fish）（据 ten Grotenhuis *et al.*，2003；转引自 Passchier and Trouw，2005）

（a）薄片中能识别的白云母鱼构造的主要类型；（b）不同类型云母鱼构造的发育推断

图 7.41 图 7.40（a）中的第 5 组云母鱼构造（石英岩糜棱岩）（据 Passchier and Trouw，2005）

注意：云母碎片的阶梯状翼；基质中的石英为动态重结晶，显示斜面理；右旋剪切；视域宽度 4mm。巴西米纳斯吉拉斯除了 Mancktelow（2002）描述的Ⅰ型的正常矿物鱼构造外，Pennacchioni 等（2001）描述了角闪岩相超糜棱岩中一种特殊的截尾矿物鱼——硅线石鱼（图 7.39 下），相当于 Mancktelow（2002）描述的Ⅱ型。这种硅线石鱼构造与正常矿物鱼构造一样，相对于面理向后倾，但与正常鱼构造具有镜像的菱形几何形状［图 7.42（b）］。这种几何形状是由小的剪切条带（shear bands）在硅线石鱼的截尾处拉长削弱所形成的［图 7.39 下、图 7.42（b）］。

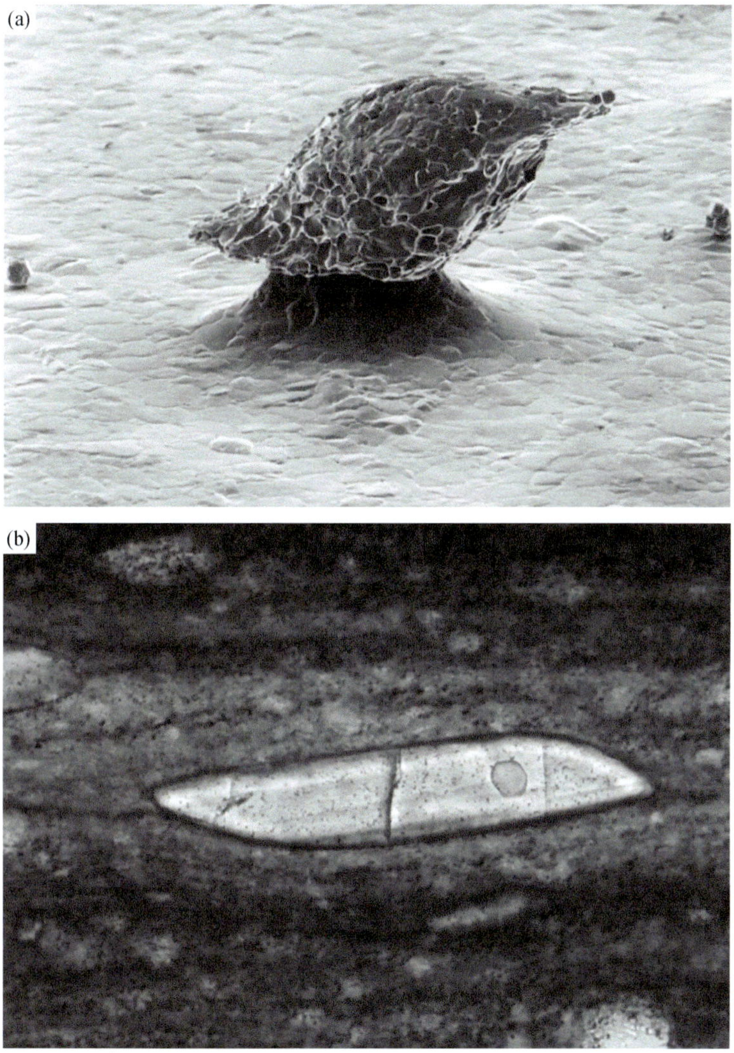

图 7.42　矿物鱼构造（据 Passchier and Trouw，2005）

（a）扫描电镜下大理岩中的石英鱼，视域宽 0.8mm，右旋剪切；（b）超糜棱岩中的截尾硅线石鱼构造，基质中的细粒钛铁矿显示了与糜棱岩面理斜交的斜面理，硅线石中的包体为磷灰石，右旋剪切，意大利玛丽蒙特

面理鱼（foliation fish）是一种特殊的构造。当剪切带的某一部分位于不连续的剪切条带、裂隙或其他类型的不连续构造之间时，在构造上变得相对独立，这就表现为一种特殊类型的包裹体。这种包裹体一旦形成，其不连续的边界物质可能具有与周围基质不

同的机械行为，会形成透镜状或“S”形包裹体，称为构造鱼(tectonic fish)或面理鱼(foliation fish) ［图 7.43（a）、（b）］（Davis *et al.*，2012）。在许多情况下，构造鱼中的面理经历了不同的旋转，相对于基质面理向后旋转（back-rotated）（Dennis and Secor，1987；Hanmer and Passchier，1991；Passchier and Trouw，2005）。石英岩或大理石中的多晶云母层也可形成菱形，构成面理鱼。由于它们通常受剪切条带的限制，可视为一种 S-C 构造，可以用来判别剪切指向［图 7.43（c）］（Passchier and Trouw，2005）。

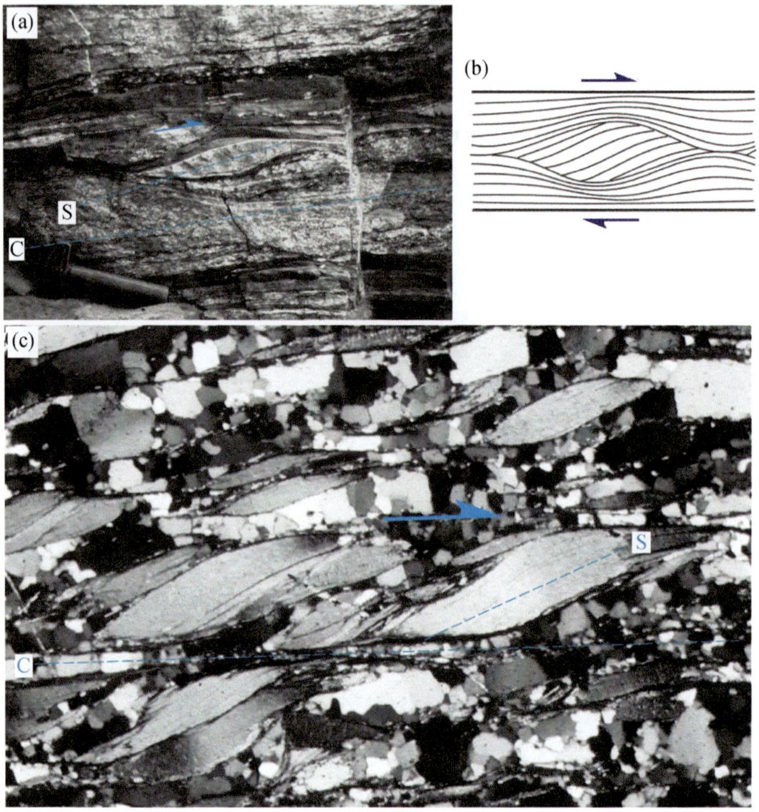

图 7.43　面理鱼

（a）糜棱状片麻岩中向后旋转的面理构成的面理鱼，右旋剪切，美国加利福尼亚东南部的 Chemihuevi 山脉；（b）鱼内面理向后旋转［（a）和（b）据 Davis *et al.*，2012 修改］；（c）S-C 型剪切条带中的云母鱼构造，糜棱岩中 S-C 构造，其中云母鱼构成了 S- 面理，指示右旋剪切；视域宽度 4mm（Passchier and Trouw，2005）

2. 矿物鱼的形成

所有矿物鱼的特征是典型的长的菱形或透镜状，表现为强的优选定向和缺少旋转的证据。这种菱形可能是由于内部变形、重结晶和压溶的侵蚀，以及溶解物沉淀形成的侧向生长。

实验表明，一旦长菱形的矿物鱼形成，并且如果矿物鱼至少沿长边与基质的黏合较弱，它们就可以在任何非共轴的流变中获得稳定的位置，即使在简单剪切下也是如此(Ten Grotenhuis *et al.*，2003；Mancktelow，2002；Ceriani *et al.*，2003）。这就可以解释为什么矿物鱼相对于糜棱岩面理强烈优选定向。此外，矿物鱼与基质的低黏合或软的幔物质意味着残斑边缘的差异应力较低，因此减少了重结晶核幔物质的形成。

白云母鱼是最常见的矿物鱼，ten Grotenhuis 等（2003）辨别出了一套白云母鱼的形状系列（图 7.40、图 7.44），其中每一组都有其特定的形成机制［图 7.40（b）］。第 1 组和第 2 组的云母可能从与面理近似平行的初始位置经反向旋转到达一个新的稳定的倾斜位置。由于沿碎斑上部和下部的小的重结晶或碎裂撕裂颗粒的去除作用（图 7.45），同时可能伴随溶解和（或）扩散转移作用以及沿（001）面的同向滑移等，从而形成了典型的透镜状矿物鱼［图 7.40（b）］。第 2 组可认为是由第 1 组经沿顶边和底边接触处进一步剪切拖拽拉长而成，类似于 σ- 型被幔残斑的形成。第 3 组云母鱼形状可以从平行于面理的位置开始沿（001）面上滑动获得［图 7.40（b）］。第 4 组云母鱼，初始云母的节理（001）与面理高角度相交，沿（001）面的相反滑移而成［图 7.40（b）］；或者，

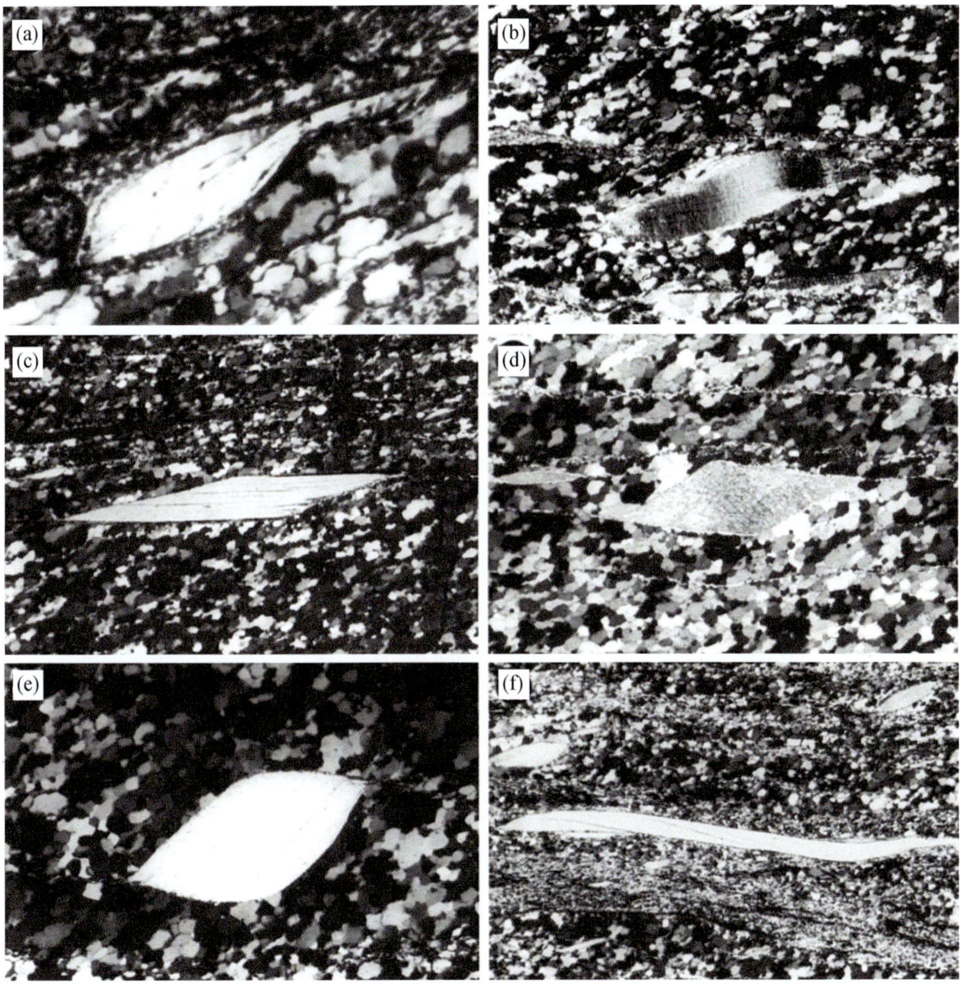

图 7.44　不同类型的云母鱼（据 Passchier and Trouw，2005）

（a）顶端微倾斜的透镜状云母鱼，显示波状消光，第 1 组和第 2 组的过渡型；（b）透镜状云母鱼，鱼头右端内部不连续；（c）长菱形云母鱼，鱼的长边平行于（001），第 3 组型；（d）长菱形云母鱼，鱼的短边平行于（001），第 4 组型；（e）小长宽比的云母鱼，第 5 组型；（f）大长宽比云母鱼，第 6 组型。剪切方向均为右旋；视域宽度（a）：3mm，（b）：0.7mm，（c）～（e）：3mm，（f）：6mm；与图 7.40 对照阅读

由第 1 组和第 2 组云母的上部和下部进一步切除形成。第 5 组云母鱼来源于短而厚的云母，与第 4 组相似，但沿与面理呈小的同向角的 C′ 剪切条带的去除作用作了额外的修饰［图 7.40（b）］。最后，第 6 组云母可能是沿 C′ 剪切条带的拖曳褶皱作用的结果［图 7.40（b）］。

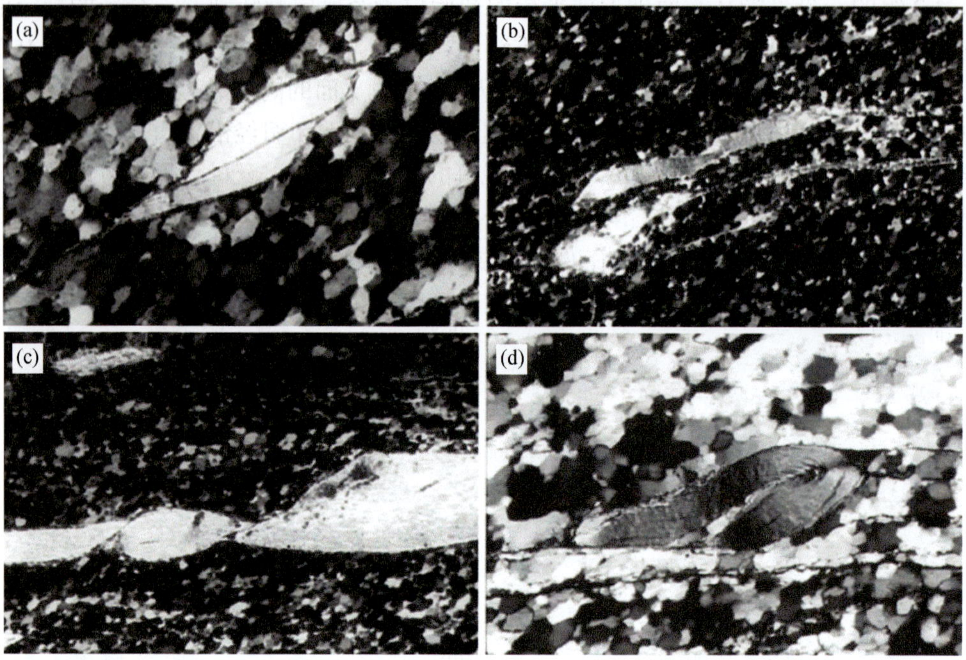

图 7.45 被小断层撕裂的云母鱼（据 Passchier and Trouw，2005）

（a）和（b）在同一过程中的不同阶段，云母鱼沿具有同向运动方向的基面被分成两部分；（c）与基面呈高角度相交的微断层穿过云母鱼，显示反向运动（向左侧下滑）（基面低角度右倾；小断层左倾）；（d）紧闭褶皱的云母鱼。剪切方向均为右旋，视域宽度（a）：1.5mm，（b）：6mm，（c）：3mm，（d）：1.5mm

黑云母鱼构造的形成与白云母鱼类似，只是黑云母容易重结晶，所以保存相对较少。此外，还有诸多其他矿物的矿物鱼构造，各有其形成机理，因篇幅所限，不再赘述，可参阅 Passchier 和 Trouw（2005）的 *Microtectonics* 一书。

3. 剪切指向作用

所有的矿物鱼，不论其发育机制如何，都是良好的剪切指向标志。鱼的长轴相对于面理的倾向和其单斜形对称性，有一个弯曲的和一个平的边，可以用作剪切方向的指示标志（图 5.24、图 7.40、图 7.46）。比较特殊的情况就是剪切条带限定的云母鱼第 6 组（图 7.40），以及截尾硅线石鱼［图 7.39、图 7.42（b）］，具有与其他类型不同的几何形状。

7.6.5 残碎斑晶系

1. 基本特征

糜棱岩基质中常保存有颗粒较大的残碎斑晶（porphyroclast），简称残斑或碎斑（图 7.46）。如果它们是等轴的，并且与基质有截然的边界，称为**裸斑**（naked clast）；或者，如果残斑为单斜对称的长形，称为**矿物鱼构造**（mineral fish）（图 7.46）。许多情况下，残斑附着有多晶边，其构造或组成与基质不同，这种组合称为**碎斑系**或**残斑系**（porphyroclast system）。碎斑系有许多特征形状，可用来判别剪切指向，以及其他运动学参数。许多情况下，碎斑周围相对的两侧边缘有一锥形，若其成分与残斑相同，则称该锥形为幔（mantle），这种构造叫**被幔残斑**（mantled porphyroclast）[图 7.23（b）、图 7.46]；若该锥形边成分与残斑不同，则称该锥形边为**应变影**（strain shadow）或**压力影**（pressure shadow）（图 7.46）。这种应变影通常由碳酸盐、石英、云母或不透明矿物组成，这些矿物显然不是与残斑反应形成的，而是由溶液沉淀而成。如果能够证明该环边物质是由残斑转化而成的，那么这个边称为**反应边**（图 7.46）。由基质中另一种矿物 A 构成“S”形矿物集合体，没有明确的残斑核，但具有与 σ- 型被幔残斑（见后）或矿物鱼类似的形状，称为**“S”形矿物集合体**（图 7.46）。

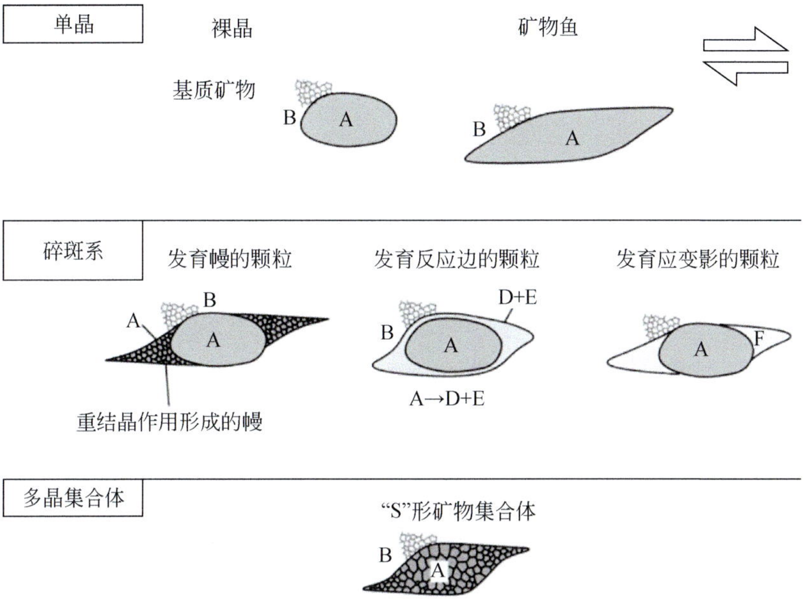

图 7.46　糜棱岩基质中主要残斑类型示意图（据 Passchiere and Trouw，2005）

残斑包括大的单晶形状，如裸斑和矿物鱼；带轮辋的单晶残斑，如核幔构造、反应边或应变影（压力影）；以及多晶集合体，如“S”形矿物集合体。注意区分核幔构造、反应边和应变影

有人习惯地将图 7.46 中的残斑类型不加区分地统称为“σ- 型残斑”。其实，这种表述方式并不科学，因为每一种残斑类型都有不同成因机制（见后），应具体情况具体分析。

在前一部分已经讨论了矿物鱼构造，下面主要讨论被幔残斑。

被幔残斑（mantled porphyroclast）由核部的单晶矿物及与其相同矿物成分的较细粒矿物构成的幔部共同构成，也称**核幔构造**（core-and-mantle structure）。通常有石英 - 长石 - 云母基质中的长石残斑，橄榄岩中的斜方辉石残斑，方解石基质中的白云石残斑。细粒的软的幔部物质可变形为碎斑两侧的翼（或尾）向平行于糜棱岩的形态优选方向延伸。在残斑核保持相对刚性或继续沿着与翼的接触处重结晶而缩小的同时，翼部因伸长而改变形状。翼部的形状可作为剪切指向的判别指标，同时包含丰富的基质流变和基质 - 残斑的黏结信息（图 7.47、图 7.48）。

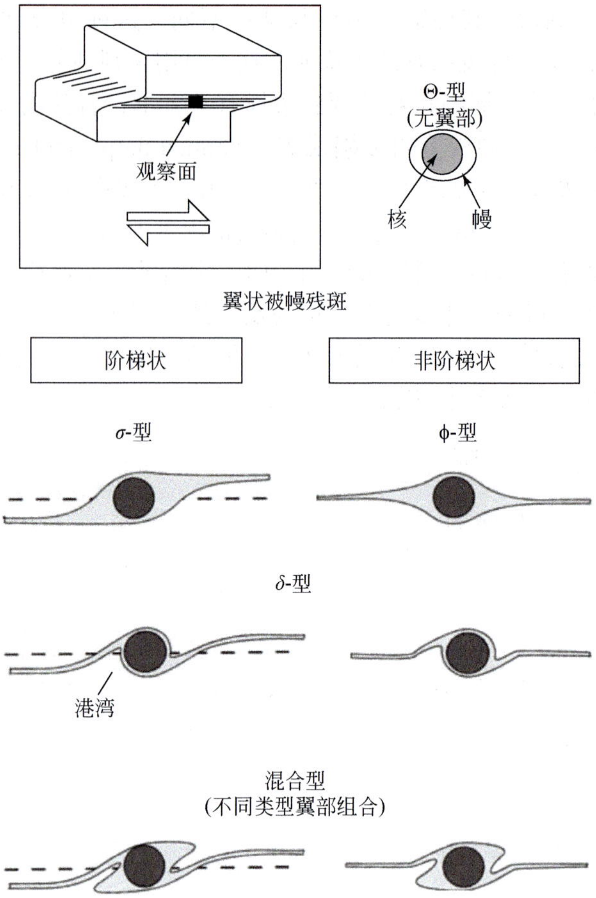

图 7.47 被幔残斑的类型（据 Passchier and Trouw，2005）

右旋剪切；注意尾巴与参考线（虚线）的关系（参见图 7.48）

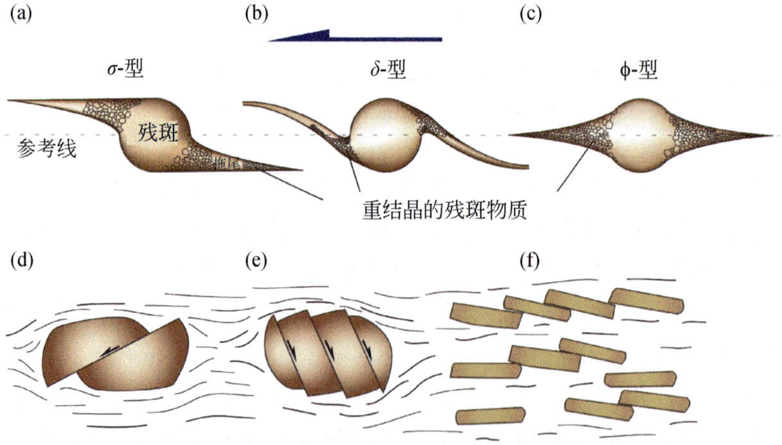

图 7.48 残斑系图示（据 Fossen，2016）

（a）～（c）具有重结晶尾巴的残斑，σ- 型残斑的尾巴不穿过参考线，而 δ- 型的尾巴则穿过参考线；（a）和（b）为单斜对称（具有垂直于纸面的旋转轴）；ϕ- 型残斑关于参考线对称；（d）剪切条带式破裂；（e）多米诺式破裂；（f）叠瓦式残斑。除（c）外均为左旋剪切基于翼部形状，可划分出 4 种类型的被幔残斑（Hanmer，1984；Passchier and Simpson，1986；Hooper and Hatcher，1988）：ϕ - 型，σ- 型，δ- 型，以及混合型（图 7.47）。不同的作者分法也不尽相同［图 7.48（a）、（b）、（c）］。Θ- 型被幔残斑缺乏翼部但具有斜方对称的幔（Passchier，1994）。ϕ - 型被幔残斑系的翼部拖尾关于糜棱岩面理对称，即斜方对称，一般认为系共轴变形的产物（如 Fossen，2010，2016）（其实不尽然，见后）。σ- 型、δ- 型以及混合型被幔残斑为单斜对称，系非共轴变形的产物，其最终形状取决于运动学涡度（W_k）和幔、核的相对厚度（重结晶速率）等。σ- 型被幔残斑在残斑附近有较宽的幔部（翼），由两个平面和两个弯曲面限定了其不对称性［图 7.47、图 7.48（a）、图 7.49（a）］。碎斑系翼部尖端分别位于参考线两侧的不同水平，称之为阶梯状旋转碎斑（图 7.47 至图 7.50）。δ- 型被幔碎斑系的拖尾（翼）在靠近碎斑处比较窄，而且两侧分别有一特征的港湾，两个翼部拖尾常分别穿过中间参考线后位于参考线两侧［图 7.47、图 7.48（b）、图 7.49（b）］。然而，并非所有的 δ- 型被幔碎斑系都是阶梯状（图 7.47）。混合型被幔碎斑系即 σ- 型与 δ- 型的结合，具有多个拖尾（翼）（图 7.47、图 7.50）。

图 7.49　糜棱岩中被幔旋转碎斑系（据 Fossen，2016）

（a）σ- 型旋转碎斑，具有长的拖尾；（b）δ- 型旋转碎斑；均指示左旋剪切。挪威加里东造山带西部片麻岩区

δ- 型和复合型被幔碎斑系主要发生于高应变糜棱岩，而 σ- 型被幔碎斑系可出现于低应变糜棱岩中。裸碎斑多见于超糜棱岩，特别是高级别的超糜棱岩（Whitmeyer and Simpson，2003；Pennacchioni *et al.*，2001）。ϕ - 型被幔碎斑系常见于高级别的相对粗粒糜棱岩中（Passchier and Trouw，2005）。注意，不要将 σ- 型被幔碎斑系与矿物鱼、“S”

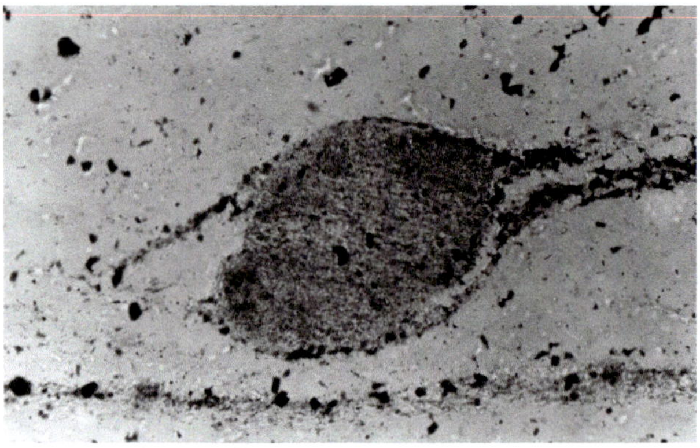

图 7.50　石英岩糜棱岩中钾长石的复合型被幔旋转碎斑系（据 Passchier and Trouw，2005）

平行于线理、垂直于面理方向的切片，指示右旋剪切。视域宽度 2mm。法国比利牛斯山脉

形矿物集合体混为一谈，也不应与不对称应变影和反应边混为一谈，因为每个类别都是由不同的形成机制所致（图 7.46）。

2. 残碎斑晶系的形成

真实的残斑系具有复杂的三维形态，而大多数模型都是二维的。然而，沿残斑系和云母鱼构造涡度的二维截面通常能很好地逼近三维形状。残斑可能是刚性的、可变形的，或比其周围的基质更弱；它们可能具有与基质相似或黏度更低的幔部，或由于晶体性质或高流体压力而使残斑与基体之间的结合减弱，这与接近刚性物体的薄弱带的效果类似。

一个孤立、刚性的没有幔部的残斑，与基质完全结合，没有重结晶也没有侵蚀，在一般的非共轴流变中可能会像刚体一样旋转，或者保持静止。如果残斑边缘存在较高的差异应力，则储存在该处的局部结晶变形和位错缠结会导致残斑边缘的动态重结晶，形成核幔构造（White，1976）。一旦重结晶物质形成，它通常比残余的残斑弱，会随着变形持续而不断变形。其形状可以提供有关残斑系整体的变形信息。如果结合不完全，且残斑被拉长，它可能在伸展象限中获得一个稳定的位置，并遭侵蚀后形成矿物鱼的形态（图 7.39、图 7.40）。如果流体压力高，残斑边缘的孔隙会张开，填充不同的物质，形成应变影（strain shadow）或应变边（strain fringe）。如此，中心物体的旋转行为受限，进而对边缘构造形状产生影响。还可以设想各种过渡情况（图 7.46）。

被幔残斑是残斑系的重要类型，其形成过程十分关键。如果等维残斑幔部的流变性与基质相同，则可预测其行为。流动的细粒基质中的残斑会引起流场扰动（图 7.51）。随着递进变形，与残斑相邻的粒子以椭圆轨迹运动，但残斑只会引起较远粒子位移路径的弯曲（Passchier *et al.*，1993）。在简单剪切中，可以确定远场位移路径与椭圆路径之间界限，称为分界线（separatrix）。实验和数值模拟（Passchier *et al.*，1993；Bons and Jessell，1997）表明，在简单剪切流中，与基质完美结合的球形残斑周围的分界线，在垂直于旋转轴的截面上，表现为眼球形或蝴蝶结形（图 7.51）。不同形状的残斑及斑 - 基之间的滑移会形成形状更为复杂的分界线。如果残斑周围的幔部比较软则会在流动中变形。对于球形残斑来说，变形幔的几何形状取决于幔的厚度和分界线的精确形状（图 7.32）。

宽的幔部在眼球形或蝴蝶结形分界线上会分别产生 ϕ - 型或 σ- 型残斑系［图 7.49（a）；图 7.52（c）、（f）］；较薄的残斑幔部会将两翼包裹在旋转的核部残斑上，形成 δ- 型残斑系［图 7.49（b）；图 7.52（b）、（e）］，非常薄的幔则不形成两翼［Θ- 型残斑，图 7.52（a）、（d）］。

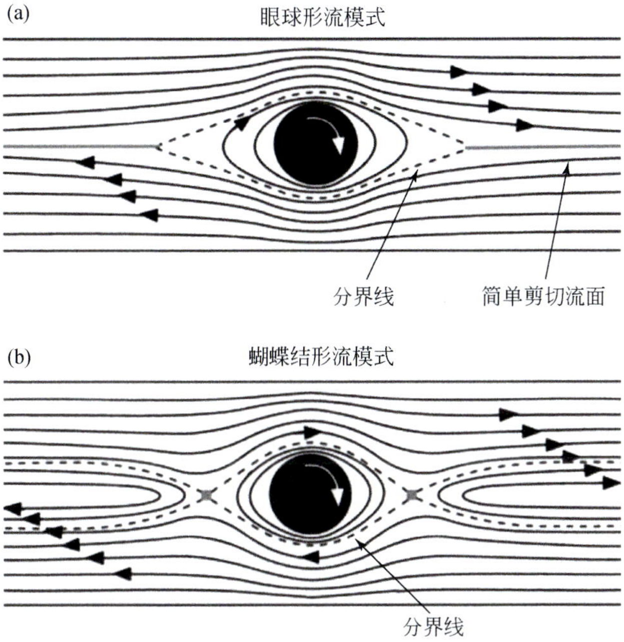

图 7.51　涡度切面上球状刚性体周围简单剪切流模式的扰动类型（说明见正文；据 Passchier and Trouw，2005）

（a）眼球形；（b）蝴蝶结形

从上面讨论可以看出，对于异常宽的幔和眼球状分界线，在高应变和高重结晶速率下，会形成近似正交对称性的 ϕ - 型残斑，即使在简单剪切情况下也是如此。因此，**ϕ - 型残斑并不一定代表共轴流变**（Passchier and Trouw，2005）。如果幔比基质更软，残斑的行为会发生变化。若为等维碎斑，中心碎块的旋转速度可能比预期的要快，形成 δ- 型残斑；如果残斑拉长，则可能表现为矿物鱼。

3. 剪切指向作用

从前面分析可以看出，如果残斑和基质之间的黏合是完美的，裸的或被幔残斑以及“S”形集合体系统形成；如果黏合减弱（内聚力减小），矿物鱼形成，或者如果残斑旁侧有空隙发育，则形成应变影（即压力影）（图 7.46）。

等轴的裸斑或 Θ- 型残斑不能指示剪切方向。σ- 和 δ- 型以及复合型被幔残斑，根据其内部的不对称性和阶梯式翼部，可用来指示剪切方向。阶梯式翼部是非常好的剪切指向标志，翼部顺着上方块体的运动方向上升（图 7.47 至图 7.50）。需要注意的是，在具有许多大的残斑或低应变透镜体的不均匀糜棱岩中，如果一个被幔残斑位于两个大的刚性体之间，其不对称性反映的是两个刚性体的相对运动，而不是整个剪切带的剪切方向。

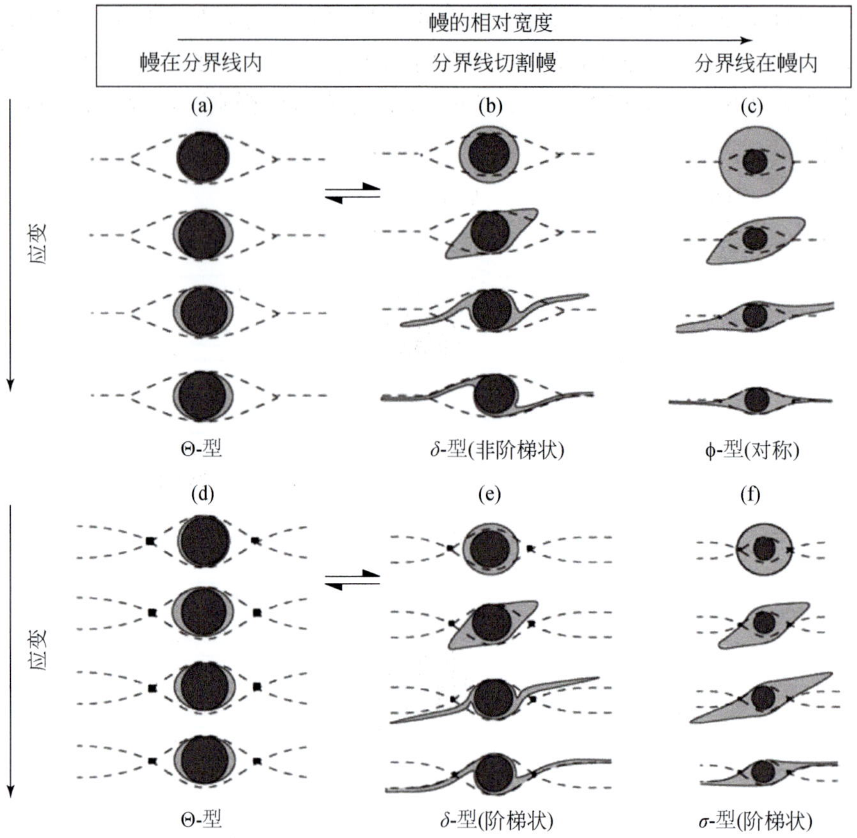

图 7.52　被幔残斑发育的理想过程图示（据 Passchier and Trouw，2005）

因此，分散于细粒糜棱岩，如超糜棱岩基质中的被幔残斑，是更为可靠的指示标志。

“S”形的集合体具有与 σ- 型被幔残斑一样的形状和方向，尽管其发育机理尚不完全清楚，但仍可按此确定剪切指向（图 7.46）。另外，发育压力影和压力边的残斑的几何形状与被幔残斑形成于不同的方式，二者不能混淆。被幔残斑是糜棱岩的“专利”，而应变影同样可以形成于低应变岩石中。

7.6.6　变斑晶系

上文介绍了残碎斑晶系［图 7.53（a）］。但是，如果这些大的斑晶颗粒确系在变形过程中或变形之后新生长的变质矿物颗粒，则称为**变斑晶**（porphyroblast）［图 7.53（b）］。如果是变形过程中边旋转边生长者称为同构造变斑晶（syntectonic porphyroblast）；如果是变形后生长的称为构造期后变斑晶（posttectonic porphyroblast）；也有在变形前形成的变斑晶，称为前构造变斑晶（pretectonic porphyroblast）。构造地质学家主要关心前者。有一类变斑晶一旦形成就非常刚性（相对基质而言），如石榴子石之类，在进一步的非共轴变形过程中很容易发生旋转；另一类变斑晶，如红柱石、白云母等，可能更容易变形，与基质行为类同。前者对指示剪切方向效果明显，故我们重点关注。

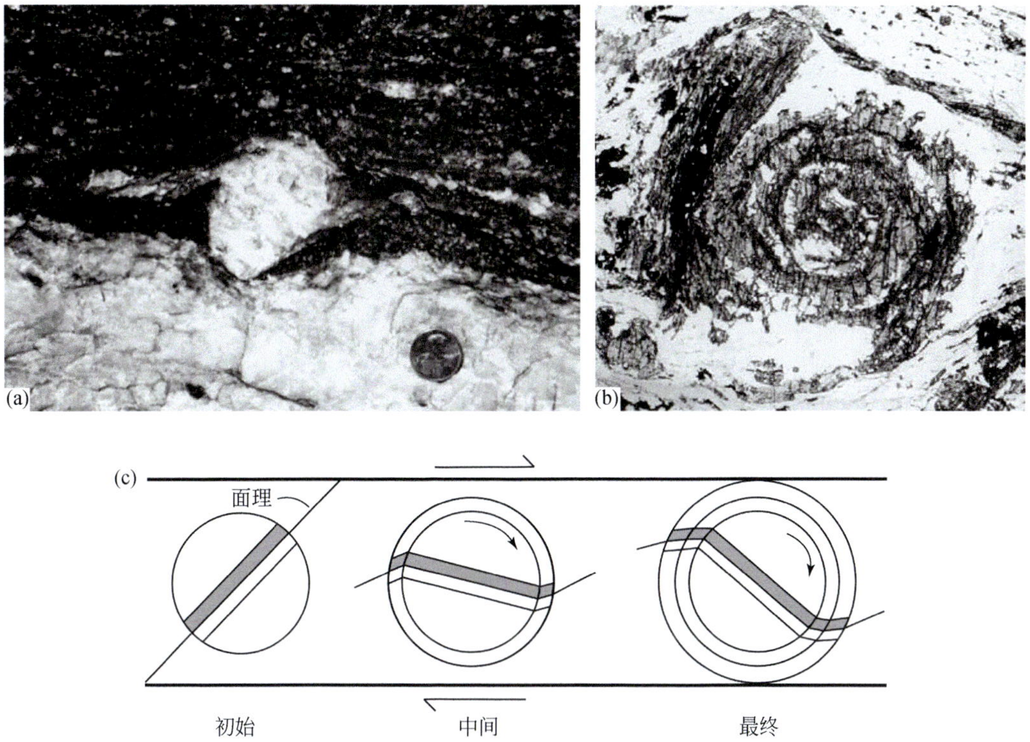

图 7.53　残碎斑晶与变斑晶的比较（转引自 Davis *et al.*，2012）

（a）花岗质糜棱岩中的长石残斑，右旋剪切，美国亚利桑那州圣卡塔利纳山；（b）具螺旋式拖尾的石榴变斑晶（Hanmer and Passchier，1991），左旋剪切，也称雪球构造（snow ball structure）；（c）雪球构造形成过程：变斑晶连续地边旋转边生长（右旋剪切）（Hanmer and Passchier，1991）。注意：残斑拖尾与变斑拖尾指示剪切方向的差异

相对刚性的变斑晶包含“S”形集合体或其他矿物的螺旋式包裹体拖尾［图 7.53（b）、（c）］。这些包体拖尾实际上是变形过程中变斑晶边旋转边生长而捕获的一系列先存面理的矿物小晶体。包裹体拖尾形状显示了对于基质的旋转路径，记载了剪切指向。这些变斑晶向四周生长过程中捕获较早变形事件或某一事件的连续增量变形形成的组构（先期面理），其形成过程犹如滚雪球［图 7.53（b）、（c）］，故常被俗称为**雪球构造**（snow ball structure）。如此，变斑晶内部捕获的早期组构（面理）的偏转方向不仅可以作为指示剪切方向的有效标志［图 7.54（a）］，而且在因持续的变形和变质作用而使基质中的大部分甚至全部组构（面理）消失的情况下，变斑晶内部可能成为保存先期组构的重要场所［图 7.54（b）］。在变斑晶足够大时肉眼也可识别。

需要注意的是，雪球构造拖尾与被幔残斑系拖尾以及压力影在指示剪切方向方面的差异（图 7.53、图 7.54、图 7.55）。有时，在雪球构造发育过程中，其本身也同时发育压力影（应变影）。对于右旋简单剪切，在变斑晶顺时针旋转长大的过程中，会分别在斑晶的右上侧和左下侧形成压力影，共同指示剪切指向（图 7.55）。由此可以看出，就其拖尾而言，相同的拖尾恰好指示了相反的剪切指向。如果雪球构造与压力影指示的剪切方向不同，则可能暗示了两期或多期构造变形事件（图 7.56）。

图 7.54　雪球构造

（a）片岩中石榴子石变斑晶的雪球构造，石榴子石变斑晶内石英包裹体的旋转方向指示右旋剪切，石榴子石右下角外侧的拉长石英颗粒排列方向似乎暗示了后期的左旋剪切。正交偏光，滇西无量山（侯泉林，1991）；（b）斜长角闪岩中的石榴子石变斑晶，基质中的面理因变质而消失，石榴子石变斑晶中的面理依然清晰可见（已发生旋转），雪球构造指示右旋剪切。河北邢台太行山（侯泉林摄于 2015 年）

既然雪球构造因剪切作用所致，那么雪球构造形态与剪应变应该存在必然联系。Masuda 和 Mochizuki（1989）通过数值模拟，建立了雪球构造形态与剪应变（γ）之间的对应关系（图 7.57）。据此，根据雪球构造形态可大致判断剪应变大小，如若假定先期面理与剪切方向平行，图 7.54 所示雪球构造，对应 $\gamma \approx 2$；图 7.55，$\gamma > 8$；图 7.56，$\gamma \approx 6 \sim 8$。至于先期面理与剪切方向不平行的情况，相对复杂，这里不再赘述，有兴趣者可参阅相关文献。

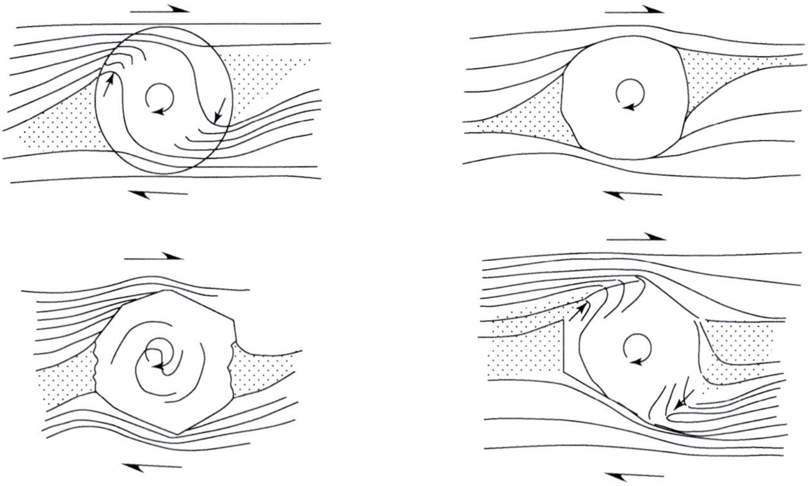

图 7.55　同时发育压力影的石榴子石（变斑晶）雪球构造（据 Simpson and Schmid，1983）

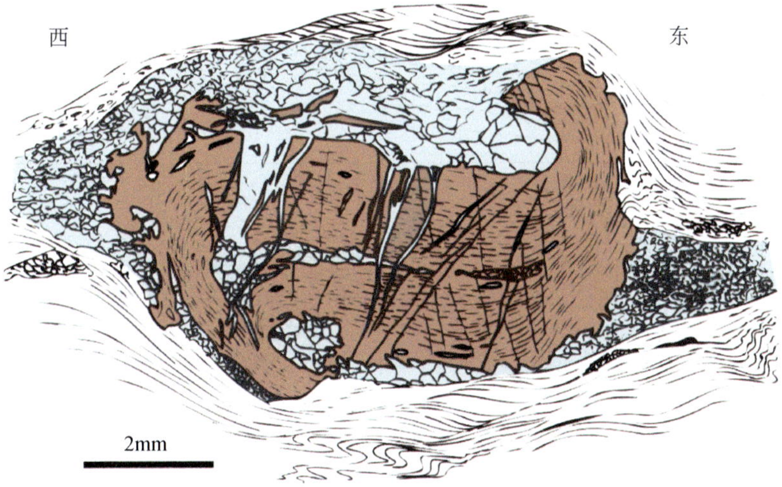

图 7.56　压力影 + 石榴子石雪球构造（据 Fossen，2016）

石榴子石内部包裹体（面理）的旋转方向指示了早期的右旋剪切（顶部向东）；基质中小石英颗粒组成的压力影（淡蓝色）、小的剪切条带、褶皱倒向，以及斑晶中伸展破裂指示了晚期的左旋剪切（顶部向西）

前已述及，变斑晶的发育过程是边旋转边生长，同时捕获周边先存面理的一些小颗粒矿物晶体，若其变质反应达到平衡，可借此求得斑晶自核心向外的温度和压力条件的变化规律，这样可以把变质作用与变形作用紧密地结合起来进行研究。所以说，同构造的石榴子石变斑晶形成的雪球构造是变形作用与变质作用的完美结合，可借此研究变形与变质作用。

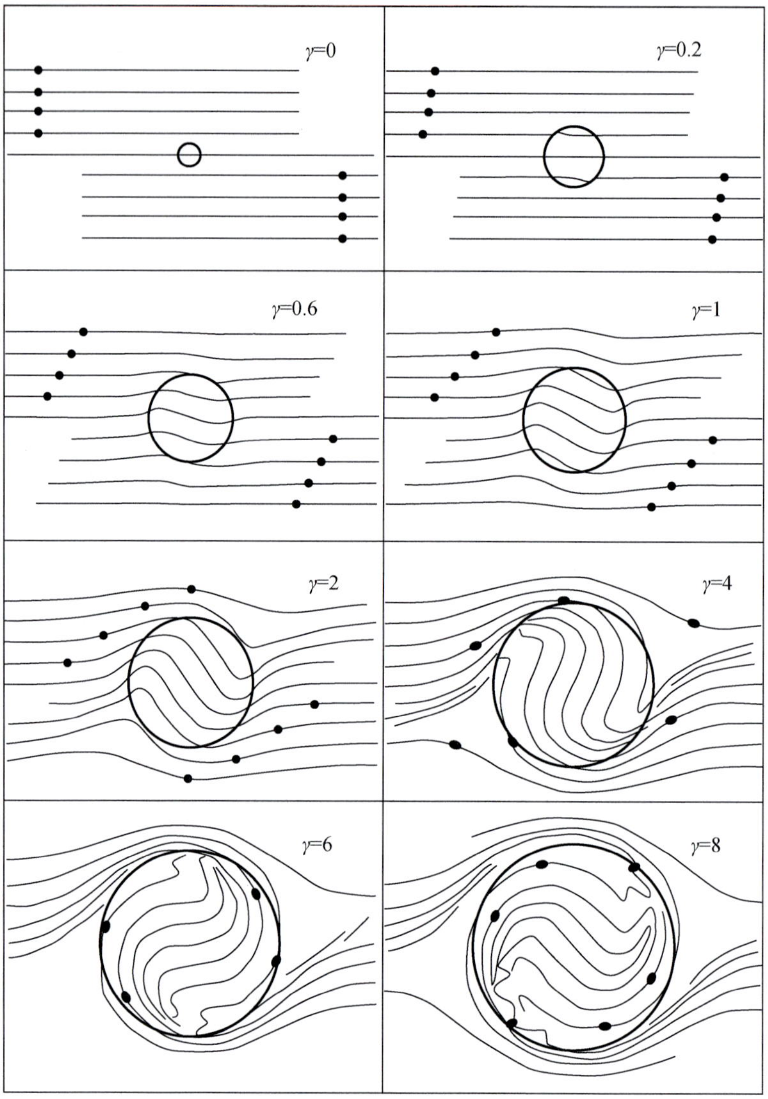

图 7.57 雪球构造形态与剪应变（γ）关系模式图（据 Masuda and Mochizuki，1989）

注：假定标志线（相当于早期面理）与剪切方向平行

7.6.7 褶皱和布丁

1. 不对称的褶皱构造

剪切带中会发育各种类型的褶皱，有些褶皱可用来判别剪切指向（图 7.58、图 7.59）。如果知道变形开始前褶皱岩层的大致方向，那么不对称褶皱和相关的轴面劈理就可以给出强烈变形岩石的剪切方向。在糜棱岩带中，我们经常发现，在变形过程中糜棱岩面理本身发生褶皱，表明面理经旋转进入收缩区域，轴面代表 S- 面（压性面）。如此不对称褶皱的轴面相对于剪切面（C- 面）的倾向指示剪切方向，即轴面（S）与剪切面（带）（C-

图 7.58　长英质糜棱岩中面理的非共轴变形褶皱（侯泉林摄于 2006 年）

不对称褶皱倾向指示右旋剪切。北京怀柔云蒙山

面）的锐夹角指示对侧运动方向［图 7.30、图 7.58、图 7.59（a）］。所有糜棱岩褶皱均是面理旋转至瞬时收缩区域所致，只要旋转几度就足够了。这在面理受到刚性包体或透镜体干扰的地方很容易形成［图 7.59（a）］。另外，不对称褶皱也可以由变形前就位于收缩区域的特征岩层（如交错层或横断岩墙）发展而来。如此情况下，特别是不知道其初始方位时，解释标志层倾向一定要特别小心。特殊情况下，不对称褶皱也会给出错误的剪切方向（图 7.60）。

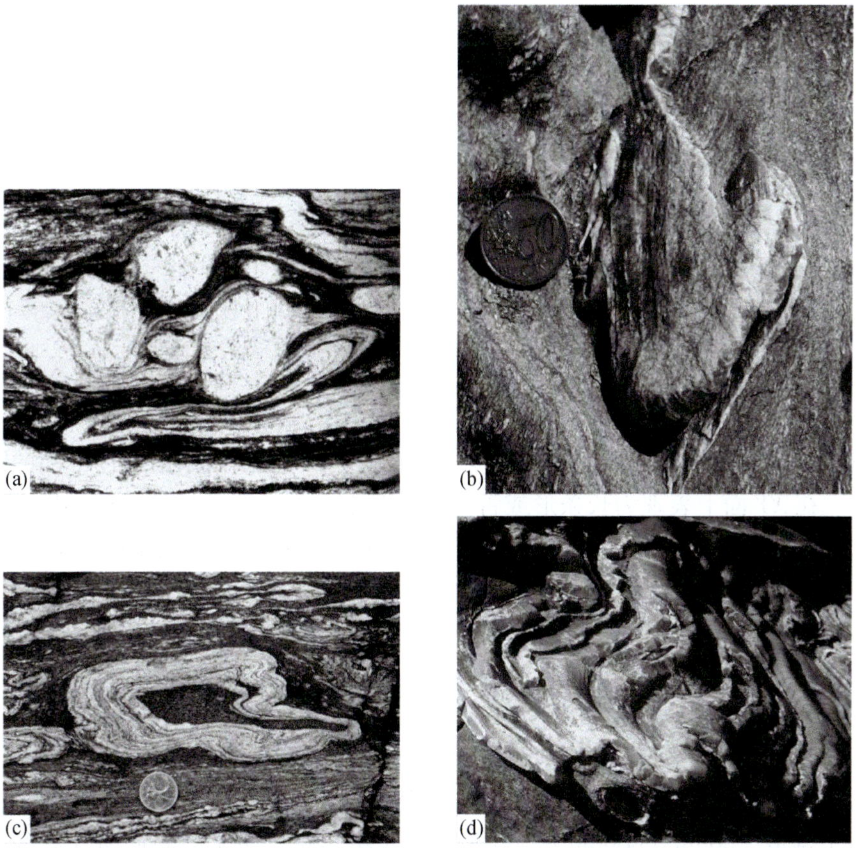

图 7.59　剪切带中的各种褶皱（据 Davis *et al.*，2012）

（a）花岗质糜棱岩中不对称面理褶皱，褶皱倾向指示右旋剪切，美国亚利桑那州圣卡塔利娜山（Santa Catalina Mountains）；（b）糜棱状石英脉的完美鞘褶皱作用，西班牙卡拉普罗纳（Cala Prona）；（c）条带状片麻岩中的眼球状褶皱，反映了弯曲的褶皱轴；（d）糜棱状石英脉的极端等斜鞘褶皱作用，注意眼球状褶皱，直径约 3cm，地点同（b）

图 7.60 简单剪切作用下褶皱的发育过程（据 Fossen，2016）

注：向左应变增强；这个特定的初始方向可以导致与剪切方向明显不一致的褶皱倾斜方向

不对称和强非圆柱状（枢纽强弯曲）是糜棱岩带中褶皱的特征（图 7.61）。有时，这种不对称褶皱的倒转翼被小的逆断层或逆冲断层所取代（图 7.61），这有助于确定剪切方向。

图 7.61 片麻岩中非共轴变形褶皱（据 Fossen，2016）

不对称褶皱倾斜方向指示左旋剪切；类似小的逆冲断层（单侧箭头）切过了褶皱倒转翼；也可以认为整体上是一个 S-C 构造，在两个 C 剪切条带间引起了面内褶皱应变

鞘褶皱（sheath fold）是一种枢纽强烈弯曲的非圆柱状褶皱，枢纽整体平行于 a- 型线理，属特殊的 a- 型褶皱，形似刀鞘而得名，其规模可大可小。鞘褶皱在不同的断面上的形态不同。在 *XY* 面上表现为长条形或舌形等，其上发育明显的拉伸线理，指示剪切方向［图 7.59（b）、（d）］；在 *XZ* 面上为不对称及不协调褶皱，轴面的倾向指示剪切方向；在 *YZ* 面上以封闭或近封闭的圆形、眼球形、豆荚状为特征［图 7.59（c）、图 7.62］。

2. 不对称的布丁构造

第 6 章 6.5 节讨论了不对称布丁构造的形成，其实据此可以判断剪切指向。大致有两种不同规模（毫米－米尺度）的不对称布丁构造类型（图 7.63）（Passchier and Trouw，2005）：一种是剪切条带型布丁构造（shear-band boudin），其布丁块较长，呈弯曲的透镜状，布丁间斜面向外缓倾，其间位移较大，发育同向牵引褶皱［图 7.63（a）］；另一种是多米诺型布丁构造（domino boudin），其布丁块呈棱角状，布丁间斜面向外陡倾，其间位移较小，形成独特的反向侧生褶皱（flanking folds，参阅第 2 章 2.2 节）而不是同向牵引褶皱［图 7.63（b）；Passchier and Trouw，2005］。究竟发育哪一种不对称布丁构造主要取决于布丁颈相对布丁体长轴的初始方向（即布丁颈与布丁体长轴是垂直还是斜交）、

图 7.62　鞘褶皱的 *YZ* 切面（侯泉林分别摄于 2004 年和 2005 年）

（a）北京怀柔云蒙山；（b）朝鲜金川郡园明里

布丁体的刚性或可变形性以及流变类型（图 7.64）。如果可以从形状上识别不对称布丁构造是剪切条带型或多米诺型，那么就可以作为判别剪切指向的标志（图 7.65）。剪切条带型布丁构造的各布丁块之间均为同向滑动，即布丁块间的相对位移方向与整体剪切方向一致。因此，剪切条带型布丁构造与伸展褶劈理一样，是可靠的剪切指向标志。而多米诺型布丁构造则解释起来要复杂一些，如果布丁与整体组构方向一致，通常接近糜棱岩中的糜棱岩面理方向，则布丁块间的滑移方向与整体剪切方向相反（图 7.65）；然而，如果布丁化岩层与组构（如面理）高角度斜交，布丁间的滑动也许与整体剪切方向同向（图 7.65）。由于并不是总能确定一组多米诺型布丁构造的方位，所以要谨慎使用。

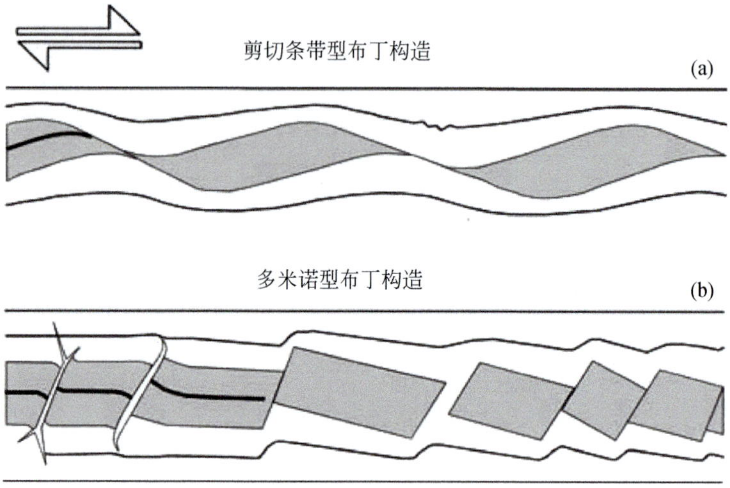

图 7.63　两种主要类型的不对称布丁构造（据 Goscombe and Passchier，2003；说明见正文）

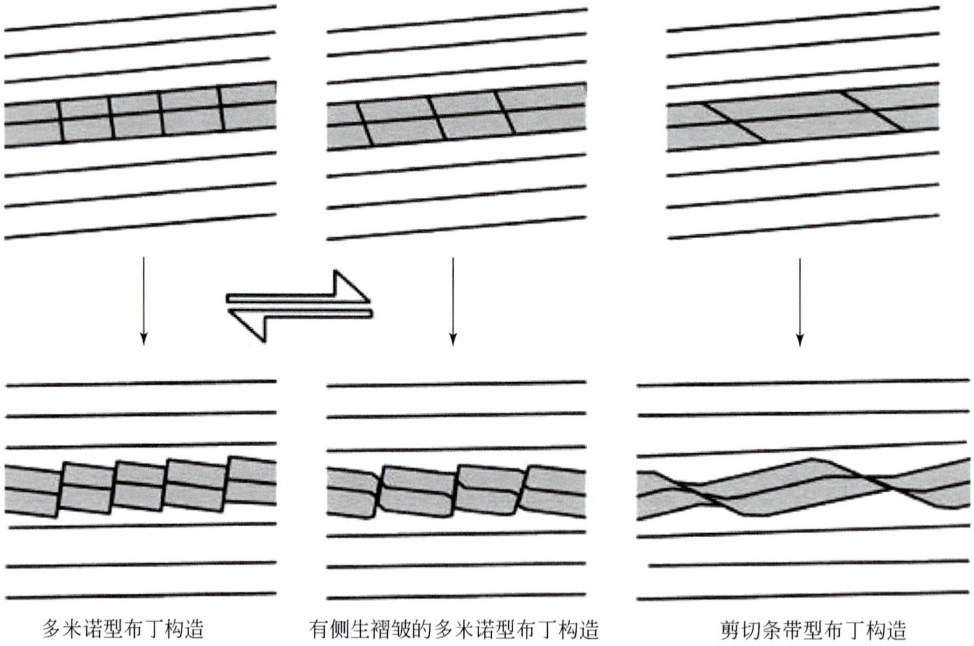

图 7.64　不对称布丁构造的发育简图（据 Passchier and Trouw，2005）

注意：在相同剪切作用下，布丁块的旋转方向不同（参阅第 6 章 6.5 节）

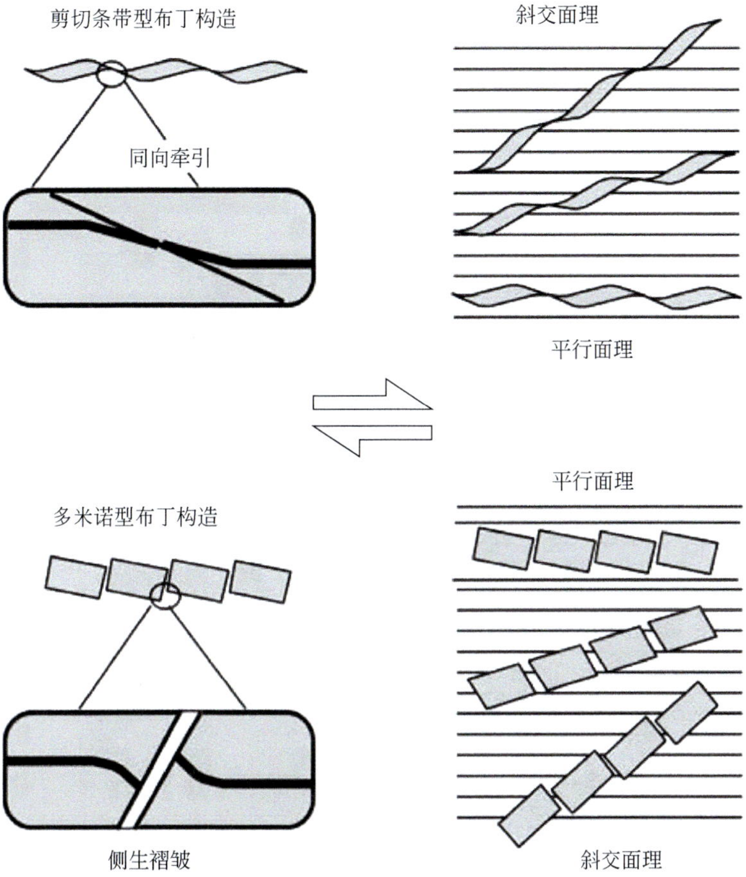

图 7.65　不对称布丁构造作为剪切指向标志应用图示（据 Passchier and Trouw，2005）

剪切条带型布丁构造在任何方向都是可靠的剪切指向标志；在与糜棱岩面理平行的情况下，多米诺式布丁构造也是可靠的，但如果与糜棱岩面理斜交，则可能有相反的几何形态，可能被错误地解释

前面讨论了如何运用褶皱构造和布丁构造来判别剪切方向。其实，我们通常可以通过比较被缩短的岩层或其他标志的方向与伸长的或布丁化的岩层方向来推测剪切指向［图 7.66（a）］。任何与 S_1 平行的标志都会通过布丁化或其他方式被伸长；而与之垂直的标志都会通过褶皱或以其他方式被缩短。所有被伸长的标志都会倾向于剪切方向［图 7.66（a）］。可以利用这些褶皱的和布丁化的岩层来恢复剪切带的应变类型和剪切指向［参阅第二卷第 1 章 1.1 节，图 1.10；本卷图 7.66（b）］。

7.6.8　碎裂的残斑

由角闪石、辉石或长石颗粒构成的长条形刚性残碎斑晶，在几何形态上与不对称布丁构造类似，可被切割成一系列碎块集合体（图 7.67）。与布丁构造情况类似，可分为多米诺式和剪切条带式碎裂残斑［图 7.48（d）、（e）；图 7.68］。残斑的几何形状取决于整体的剪切方向和残斑中微断层的初始方位，这些微断层可能在一定程度上取决于

图 7.66 褶皱的和布丁化的岩层（据 Davis *et al.*，2012）

（a）共轴变形和非共轴变形下褶皱线与布丁化线的相对位置。共轴变形条件下，布丁化线与褶皱线关于剪切带对称；非共轴变形则不对称；（b）与片麻理高角度相交的伟晶岩脉发生褶皱，而平行于面理方向的基性岩层和伟晶岩脉则被布丁化，美国亚利桑那州北部大峡谷元古代片岩（结合第二卷图 1.10 分析）

残斑的晶体方向和流变类型。残斑碎块的几何形状也取决于颗粒的原始形状。当残斑经历较小的内应变时，简单的裂缝往往占主导地位，但在高应变下，残斑会分裂成马赛克式碎裂残斑（Duebendorfer and Christensen，1998；Babaie and LaTour，1998）（图 7.68）。多米诺式和马赛克式碎裂残斑比剪切条带式更为普遍。在高变质级别下，很可能是重结晶颗粒条带来分割残斑碎块而不是破裂带。

图 7.67　花岗质糜棱岩中被微断层切割的长石残斑（据 Passchier and Trouw，2005）

残斑中的小断层并未进入残斑周围重结晶的幔部；右上角多米诺式碎裂残斑，左下为剪切条带式碎裂残斑；右旋剪切。平行于集合线理，垂直于面理的切面。法国比利牛斯山

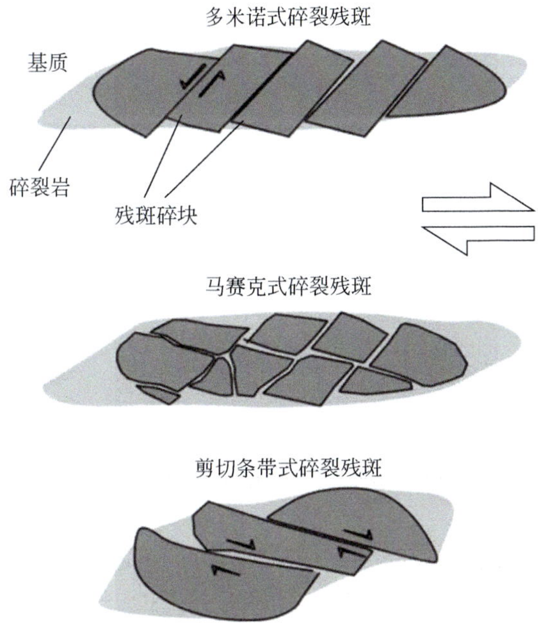

图 7.68　三种碎裂残斑示意图（据 Passchier and Trouw，2005）

注意：大箭头代表整体剪切方向

尽管努力将碎裂残斑作剪切方向判别标志，但有时并不可靠。解释方法如图 7.68 所示，残斑集合体的整体形状通常是“S”形，这种整体形状与残斑内部断裂系统（多米诺式或剪切条带式）相结合来判断剪切指向。

7.6.9　应变影

韧性剪切带中，刚性物体会引起应力场和流场的局部扰动。在低温变形和高流体压力情况下，在刚性体的 ISA_3 一侧附近会发生压溶作用，而在刚性体的 ISA_1 一侧会发生拉

伸作用，并在刚性体与基质接触处形成裂缝。新的晶体物质可能在这些裂缝中生长，并在刚性的核心物体的两侧形成应变影（strain shadow）（图 7.69、图 7.70）。如果这种应变影中的晶体是拉长的或纤维状的，称为应变边（strain fringe）。核心物体和边部合称为边缘构造（fringe structure）（图 7.69、图 7.70）。应变影通常又被称为压力影（pressure shadow），但由于集合体的形状主要提供了关于物体周围应变分布的信息，而不是关于力的信息，所以提倡使用应变影（strain shadow）或应变边（strain fringe）的说法。

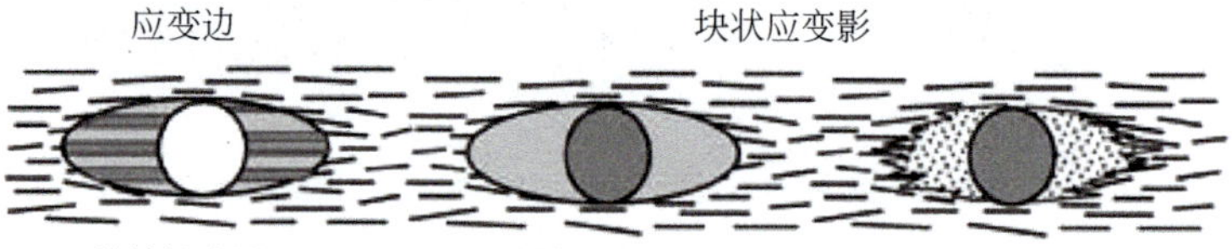

图 7.69 不同类型的应变影图示（据 Passchier and Trouw，2005）

应变影中充填了具有花岗变晶组构的多晶集合体

图 7.70 黄铁矿颗粒旁侧发育的石英组构的应变影（据 Passchier and Trouw，2005）

单个纤维并未变形，但表现出弯曲，这被解释为 ISA 方向变化所致。法国比利牛斯山

应变影构造包含丰富的流动和变形历史信息，因此可以作为运动学标志。应变边（strain fringe）中矿物纤维生长与脉的生长类似（参阅第 3 章 3.2 节），可分为同生（syntaxial）、异生（antitaxial）和复合（complex）三种类型。同生边（syntaxial fringe）物质来源于核部，生长面位于生长边与围岩之间；异生边（antitaxial fringe）物质来源于围岩，生长面位于生长边与核心物体之间（图 7.71）。这些术语似乎与脉的术语相反，注意不要混淆。

确实在灰岩中以海百合茎片段为核心物体的周围观察到了同生边的存在（海百合型边缘；Ramsay and Huber，1983），但毕竟相对罕见。也有关于黄铁矿晶体周围有方解石和石英组成的复合边的报道，但大多数是异生边（黄铁矿型；Ramsay and Huber，1983），可能是因为核心物体通常是一种矿物，其性质与基质形成对比，如泥质、碳酸盐岩或长英质岩石中的黄铁矿。所以，下面主要讨论异生边。

异生边通常由石英、方解石和局部绿泥石组成。如果非共轴流动中的刚性物体旁侧发育应变边，则应变边和核心物体将相对于运动参考轴以不同的和变化的速率旋转，且应变边从核心物体向外延伸。应变边的外部和内部几何形状取决于核的整体形状、表面

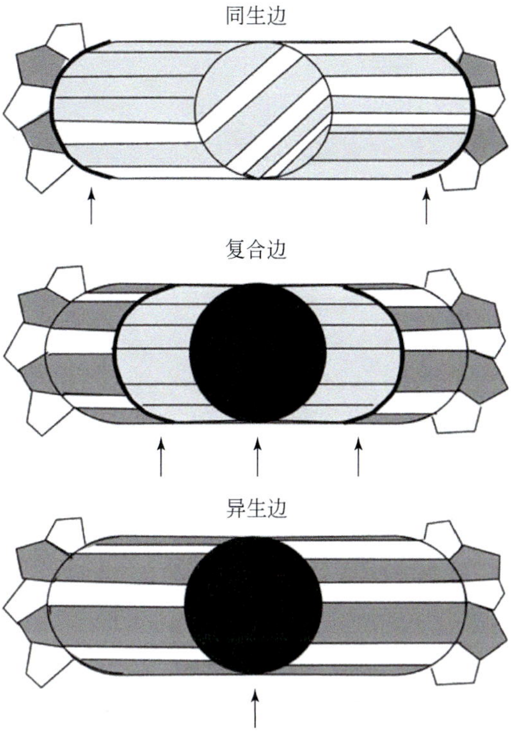

图 7.71　自然界应变边的三种类型图示（据 Passchier and Trouw，2005）

同生边的核心物体是一个具有变形孪晶的海百合茎片段；箭头指示生长面的位置

的粗糙度，及其相对运动轴的初始取向、周围基质中的流动状态以及沿边缘与核接触处晶粒的生长条件（Köhn *et al.*，2003）。以前，人们认为边缘的纤维生长要么全部由位移控制（图 7.72、图 7.73；Choukroune，1971；Ramsay and Huber，1983；Etcheckopar and Malavieille，1987），要么由核的表面（形状）控制（图 7.73、图 7.74），而且位移控制

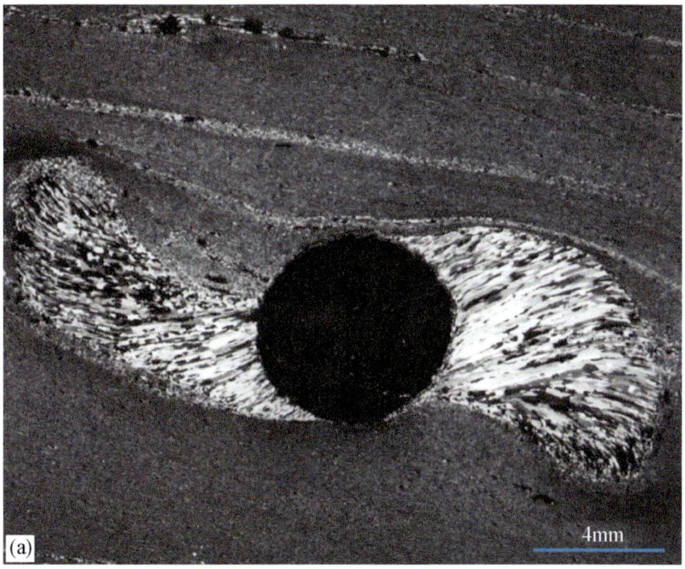

图 7.72　硅质岩中球形黄铁矿的石英应变影（边）（据 Passchier and Trouw，2005）

（a）应变边和纤维形状类似于简单剪切递进变形模式，右旋剪切；（b）黄铁矿微球粒的石英应变边细节。大部分纤维相互平行，似乎是位移控制；但一些小的纤维从中心球粒向外呈放射状，显示表面控制，右旋剪切。（a）、（b）均来自西澳大利亚伊尔冈（Yilgarn）克拉通

晶粒沿 ISA_1 方向生长。然而应变边远比岩脉要复杂得多，因此不能用同样的简单方式处理。条纹中的单个晶粒的追踪与否取决于条纹生长与核之间裂隙张开速度的相互关系，以及边缘中晶粒之间的竞争生长。计算机和模拟实验表明，如同岩脉一样，只有在晶粒生长与张开速度保持同步，而且核的表面粗糙的情况下，晶粒可能追踪应变边的张开方向。纤维生长过程中，其生长方向取决于边缘与核心物体的相对旋转，通常会偏离 ISA_1 方向，甚至达 90°。因此，条纹可以包含跟踪纤维、非跟踪纤维和混合纤维，而跟踪纤维一般不会在 ISA 方向上张开。

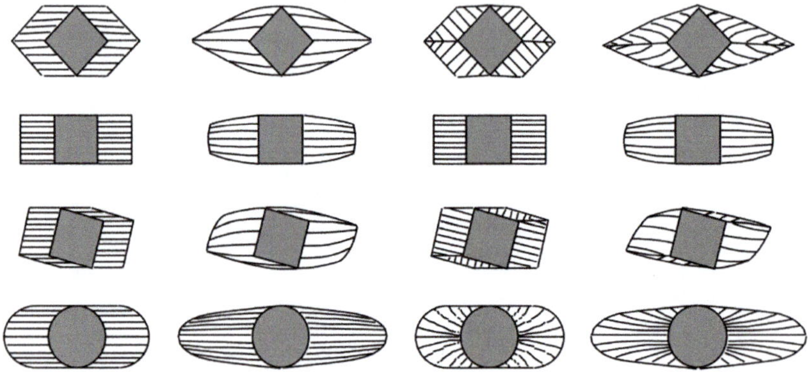

图 7.73　共轴递进变形立方体核和球形核的应变边发育模式图（据 Passchier and Trouw，2005）

分别展示位移控制和表面控制的生长纤维，以及刚性的和变形的生长边。对于立方体核，应变边的形状强烈依赖于核相对于应变边张开方向的初始取向

应变影的核和边的旋转行为与韧性流变中单个孤立的刚性物体的旋转行为有很大的不同，因为这三个物体相互影响。每个要素以及作为整体的边缘物质的旋转都比根据其纵横比预期的慢，并且旋转速率通常随着边缘的生长而降低。事实上，边的旋转和生长非常复杂，以致无法真正解释，只能通过数值模拟建模来预测，但其整体形态可以指示剪切方向。

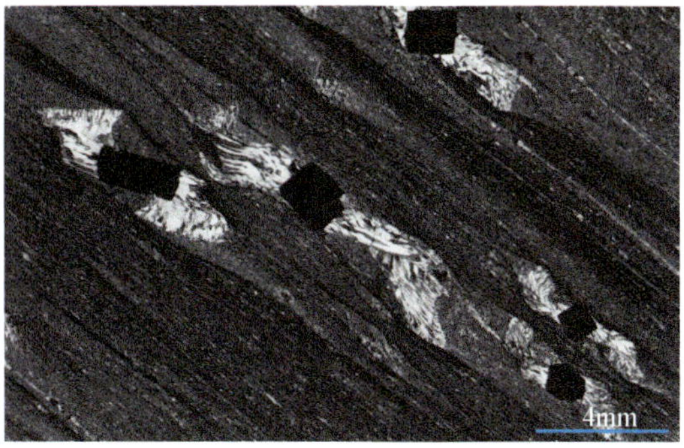

图 7.74　碳质板岩中黄铁矿核的石英和方解石应变边（据 Passchier and Trouw，2005）

右旋剪切，法国比利牛斯山

最简单的应变边类型就是发育于球形核上的应变边。图 7.75 展示了应变边生长、旋转和变形间相互作用的预测模型

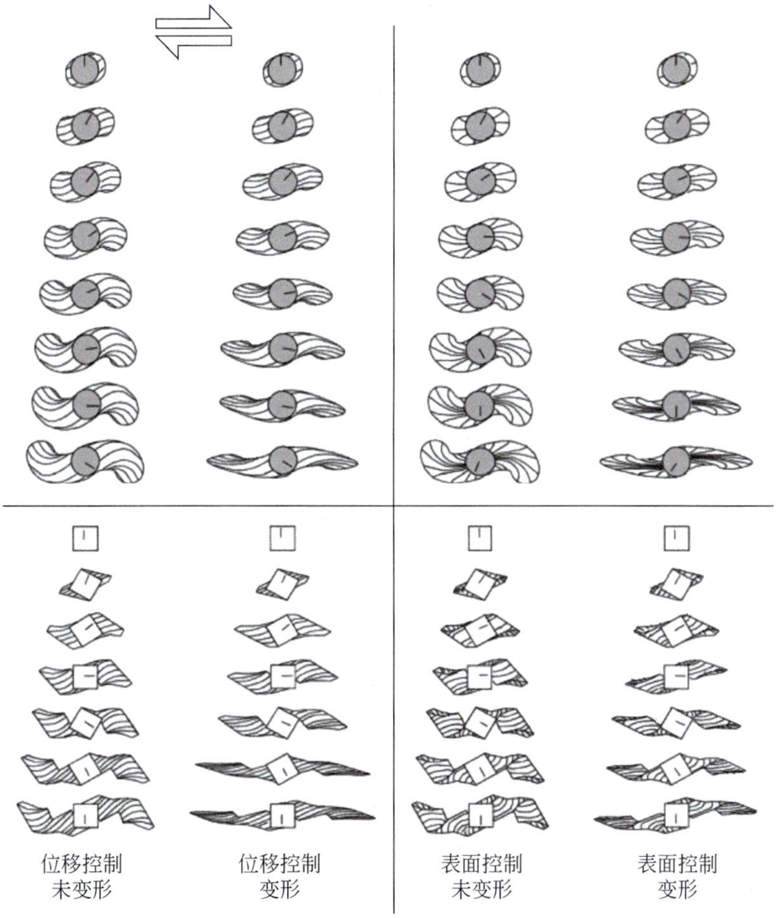

图 7.75　简单剪切下纤维边发育的几何形态示意图（据 Passchier and Trouw，2005）

分别展示球形的和立方形的核；刚性的和可变形的边。立方体核的情况只显示了一个初始方向，其他初始方向则可能有所不同（图 7.73）

（Choukroune，1971；Malavieille *et al.*，1982；Etchecopar and Malavieille，1987；Köhn *et al.*，2000）。无论哪种情况，右旋剪切作用下，应变边纤维弯曲成“S”形螺旋状（图 7.75）。如果大多数纤维追踪发育，它们将显示出与应变边轮廓相似的弯曲（图 7.72、图 7.75）。如果只有很少纤维追踪发育，那么大部分纤维是表面控制，呈向外辐射状。纤维的弯曲率与应变边的曲率基本相同，但汇聚于核物体上。纤维的曲率在很大程度上取决于核相对于（应变）边的旋转速率。

然而，大多数应变边是发育在具有平面的棱角状核心物体上，如低变质的细粒变质泥岩或碳质板岩的黄铁矿或磁铁矿晶体（图 7.70、图 7.74）。由于这种核具有光滑晶面，大多数细长的晶体或纤维在相邻的边中往往是不跟踪的。然而，一个、两个或更多的晶面可以在任何时候接触到（应变）边。因此，在具有不同取向的纤维或细长晶体边群间可能存在分界线或缝合线。中缝合线位于核的两个面之间的角上（图 7.74）。图 7.73 和图 7.75 展示了共轴和非共轴递进变形下，棱角状核周围应变边的发育情况。在位移控制生长和非共轴递进变形的情况下，（应变）边的外侧即最早形成的部分强烈弯曲，而内侧则比较平直，这是因为（应变）边旋转的角速度随长宽比的增大而减小。在表面控制生长的情况下，纤维的弯曲比较复杂，并指向缝合线，因此比位移控制的纤维弯曲更为显著。缝合线的形状通常比纤维的形状要简单得多，更易作为剪切方向指示标志；如果两个（应变）边的缝合线均为“S”形，剪切方向为右旋；如果是“Z”形，剪切方向是左旋（图 7.75）。

（应变）边的外部形状通常是弯曲的，甚至是“钩”状的，其与缝合线和球形核边的外部几何形状的指向意义相似。然而，棱角状核的应变边的外部几何形状作为剪切方向指标不如球形核可靠；棱角核在（应变）边生长开始时的方向决定了（应变）边的最终形状。

长形核的应变边可以再细分为四个几何类型：nw、n、w 和 wn 型，取决于核在（应变）边开始生长时的取向和随后的旋转（图 7.76）。另外，长形核长宽比同样会影响（应变）边的几何形状。

此外，岩脉中纤维的生长也可作为剪切指向的标志，详见第 3 章。

7.6.10 四分构造

糜棱岩中构造透镜体和刚性体（如残斑周围的收缩和伸展构造）的组合特征可以反映剪切方向。所谓四分构造（quarter structure）是指在非共轴变形过程中围绕相对刚性物体周围可分为四个不同的扇区，对应不同的变形行为［图 7.77（a）］，以及岩层增厚 / 减薄，即不同扇区物质经历缩短 / 伸长。该种构造按照面理如何围绕物体旋转而变化。在减薄的四分之一扇区，岩层必然变薄，就像粒子经加速从物体的角绕过。除了岩层变薄外，还可能使石英等矿物发生溶解，造成云母等富集，形成四分垫构造（quarter mat；Hanmer and Passchier，1991）。而在加厚扇区，岩层增厚和褶皱，有人称为四分褶皱（quarter fold；Hanmer and Passchier，1991），犹如粒子经历了减速一样。

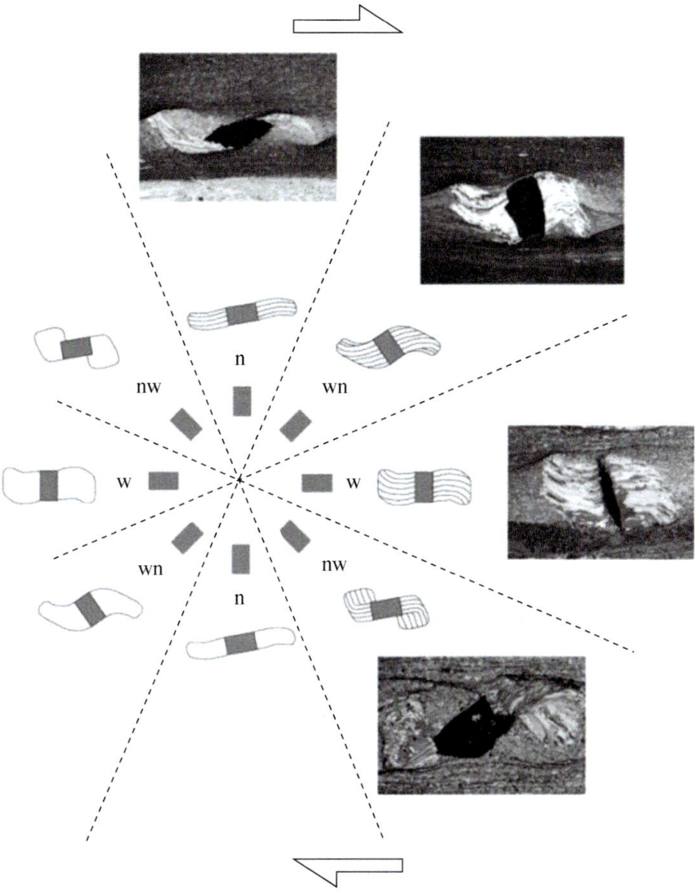

图 7.76　长形核应变边的四种类型（据 Köhn *et al.*，2003；转引自 Passchier and Trouw，2005）

应变边和纤维的几何形状取决于纤维开始生长时核的取向；nw、wn……指核的初始和旋转后的方向上的宽（wide）或窄（narrow）。显示几何形状的样品来自法国卢尔德（Lourdes），视域宽度 8mm

(a)

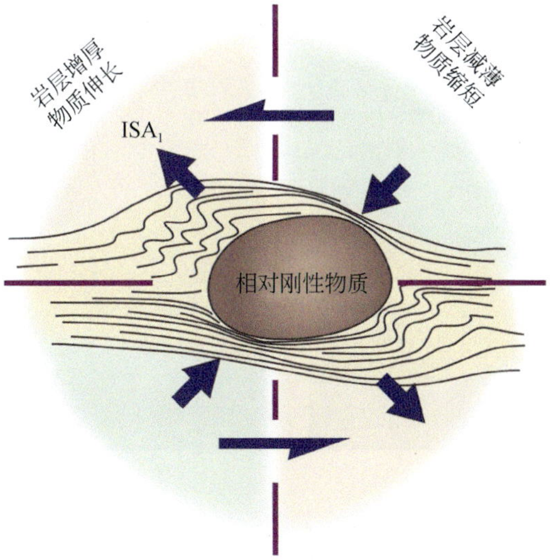

图 7.77　四分构造（quarter structure）图示和实例（据 Fossen，2016）

（a）糜棱岩带中围绕刚性体的岩层变薄 / 增厚或物质缩短 / 伸长的扇区（四分法）可指示剪切方向，反映这些扇区中不同应变场的构造称为四分构造（quarter structure），如褶皱或变薄；（b）在垂直于最大缩短方向的扇区形成蠕状石英构造（myrmekite structure）（箭头），尼泊尔昆布（Khumbu）糜棱岩

在较小的尺度下，蠕状石英（myrmekite）①可能在缩短扇区（加速区）的钾长石外围优先形成［图 7.77（b）］。蠕状石英在该扇区的形成也与高的差异应力有关。

还有一些其他指向标志，可参照上述各标志形成的基本原理进行判断，这里不再一一列举。

7.7　观察与实践

7.7.1　实践训练

分析下列照片（图 7.78）中构造现象，并判别剪切指向。

①蠕状石英：常因钾长石交代斜长石或斜长石交代钾长石等过程中所形成的，与高钠斜长石共生，且产于斜长石与毗邻的钾长石之间或多个碱性长石颗粒之间的蠕虫状石英。

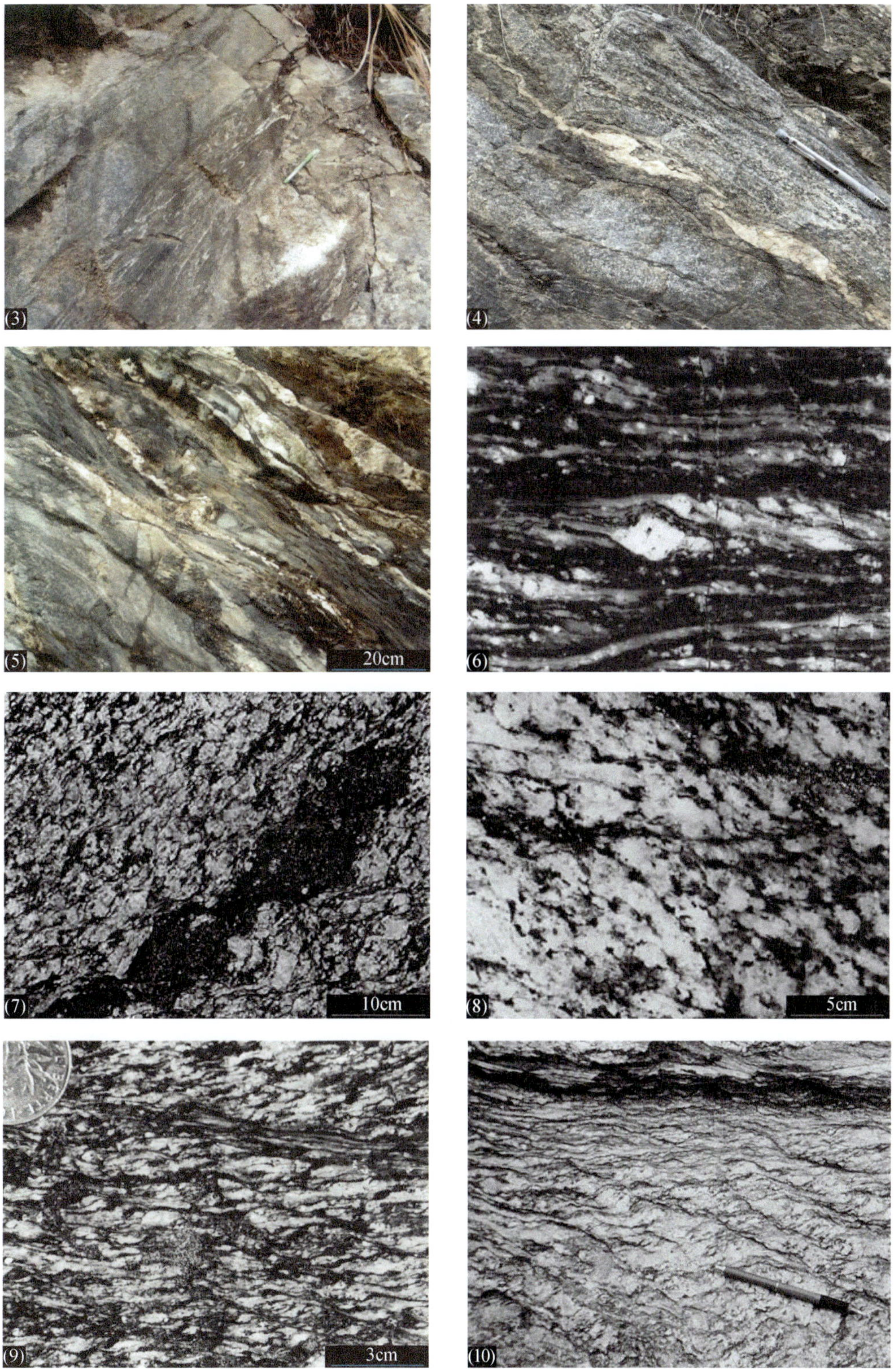
(3)
(4)
(5)
20cm
(6)
(7)
10cm
(8)
5cm
(9)
3cm
(10)

(11)

(12)

(13)

(14)

(15)

(16)

(17)

(18)

(19)

(20)

(21)

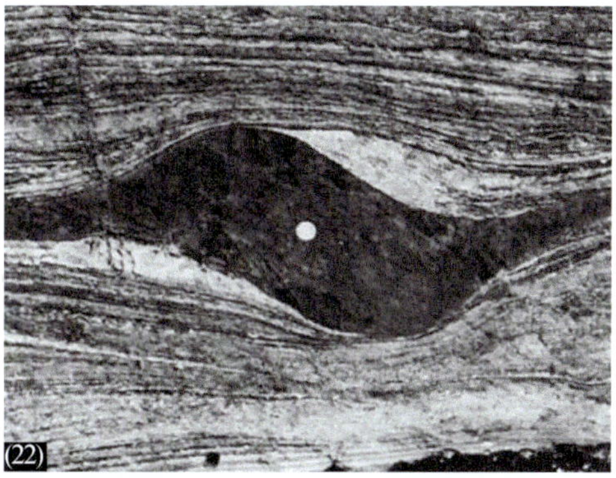
(22)

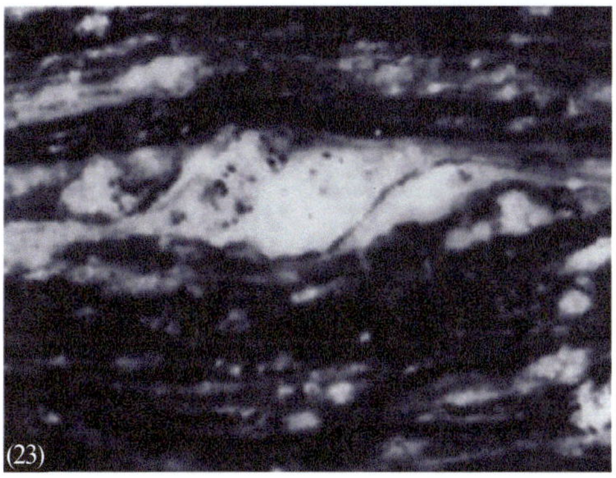
(23)

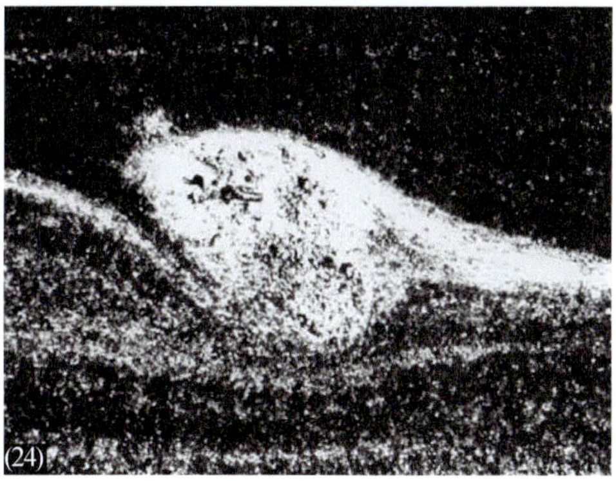
(24)

(25)

(26)

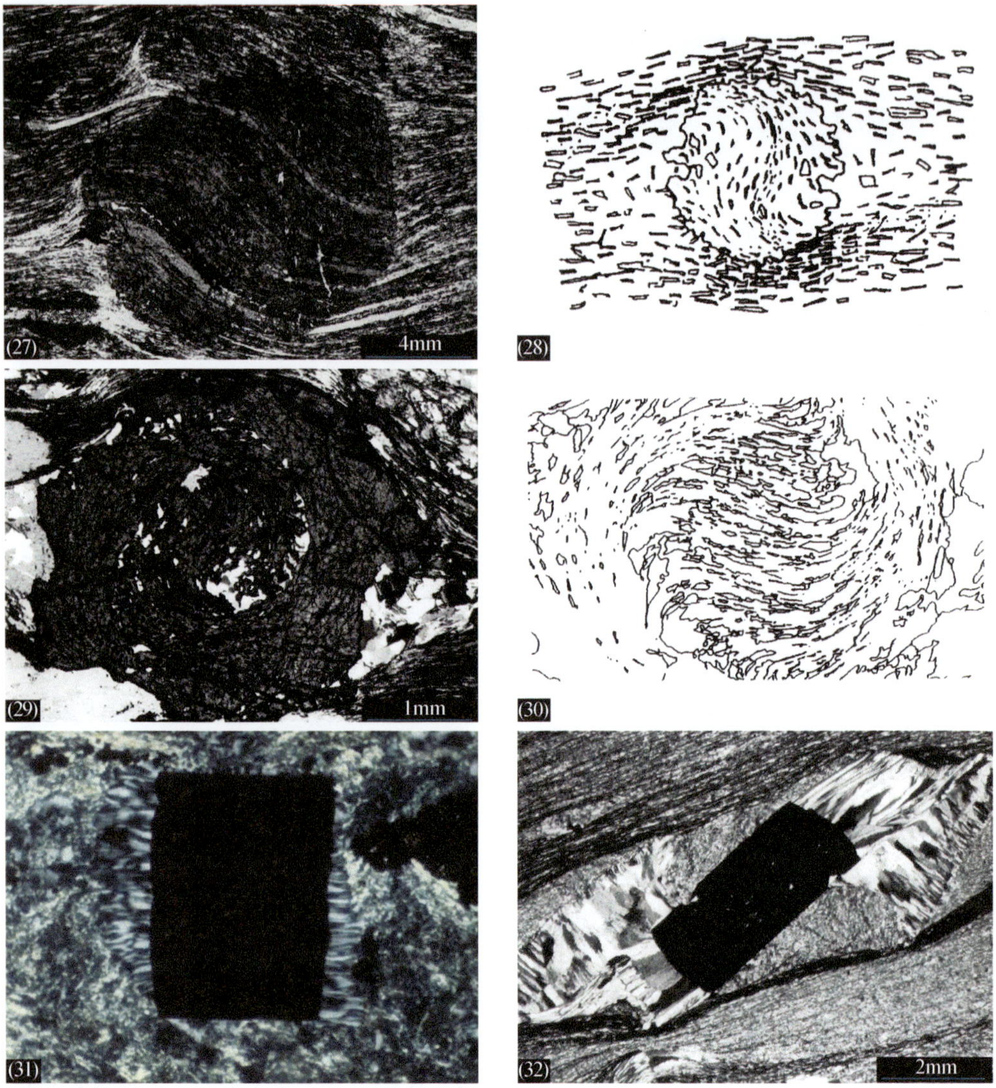

图 7.78　野外构造现象与剪切指向分析实践

7.7.2　分析参考

图 7.79 为野外构造现象与剪切指向分析参考。

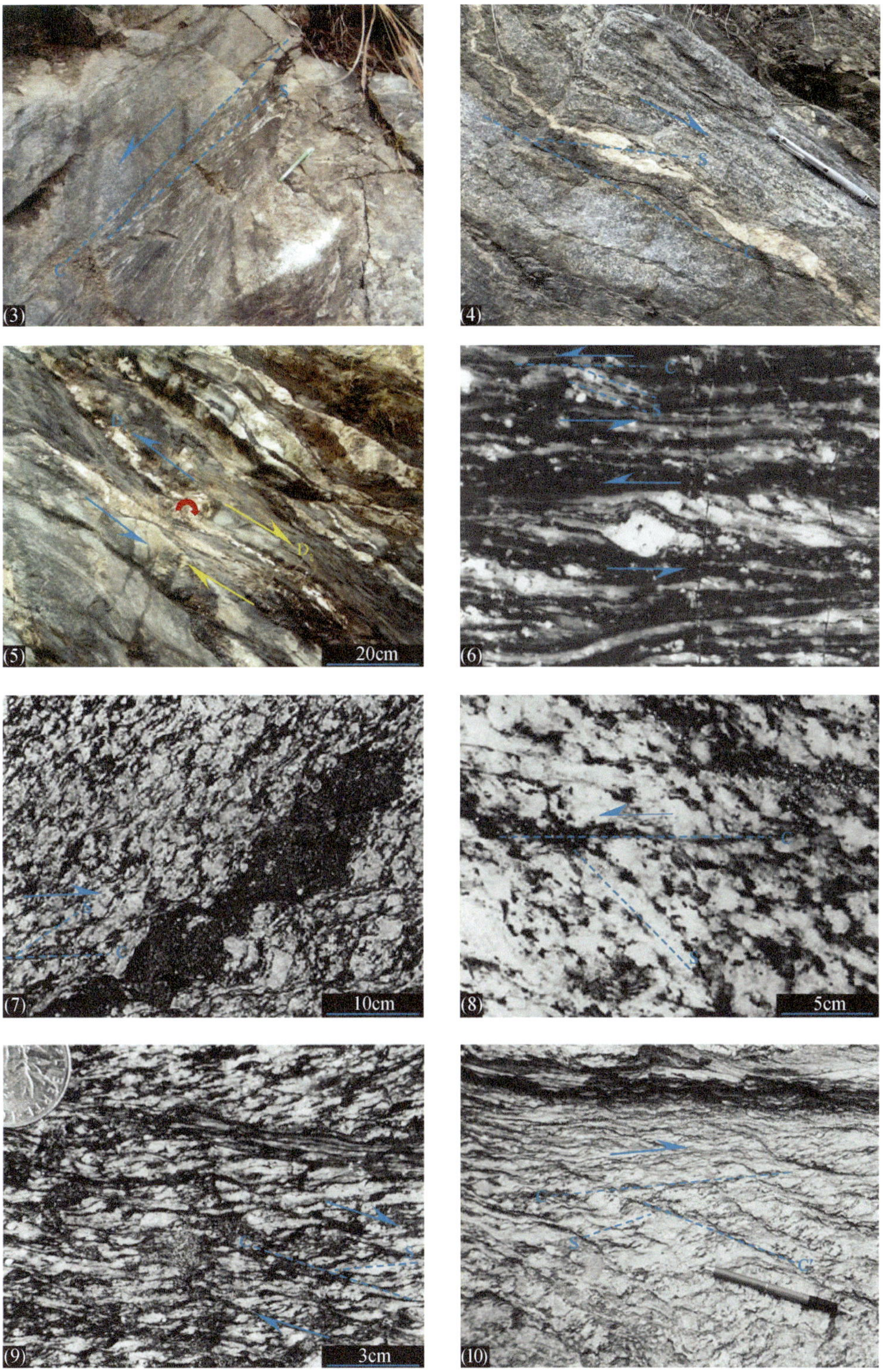
(3)
(4)
(5)
20cm
(6)
(7)
10cm
(8)
5cm
(9)
3cm
(10)

(11)
中国科学院地质与地球物理研究所
Institute of Geology and Geophysics
(12)
(13)
(14)
(15)
20cm
(16)
(17)
(18)

(19)

(20)

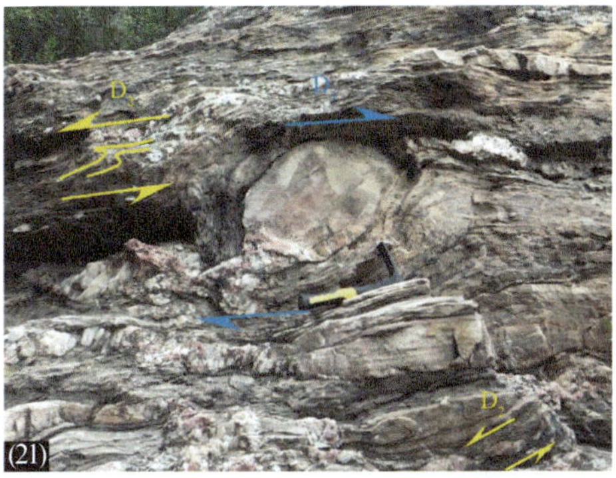
(21)

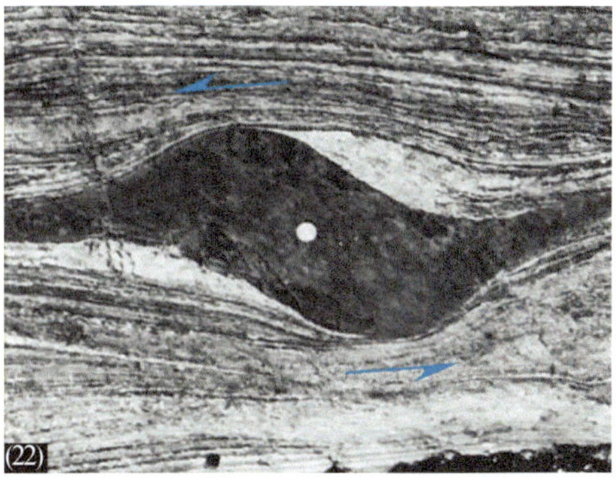
(22)

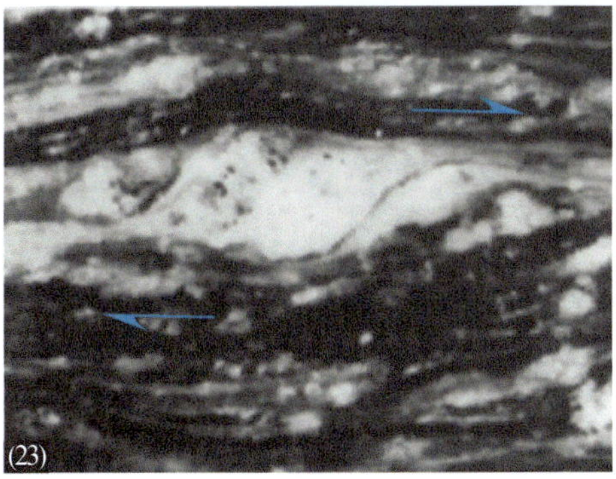
(23)

(24)

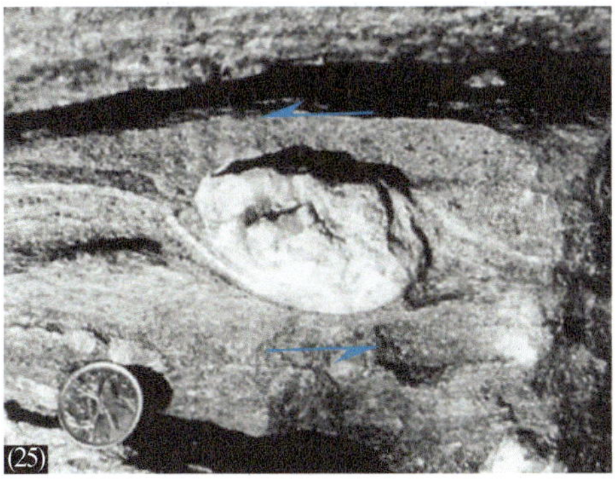
(25)

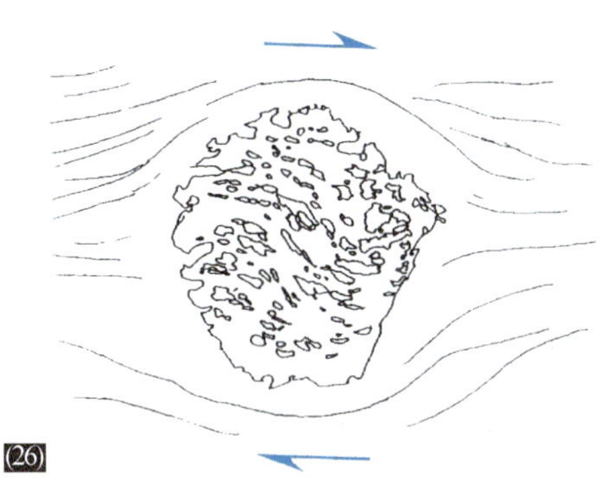
(26)

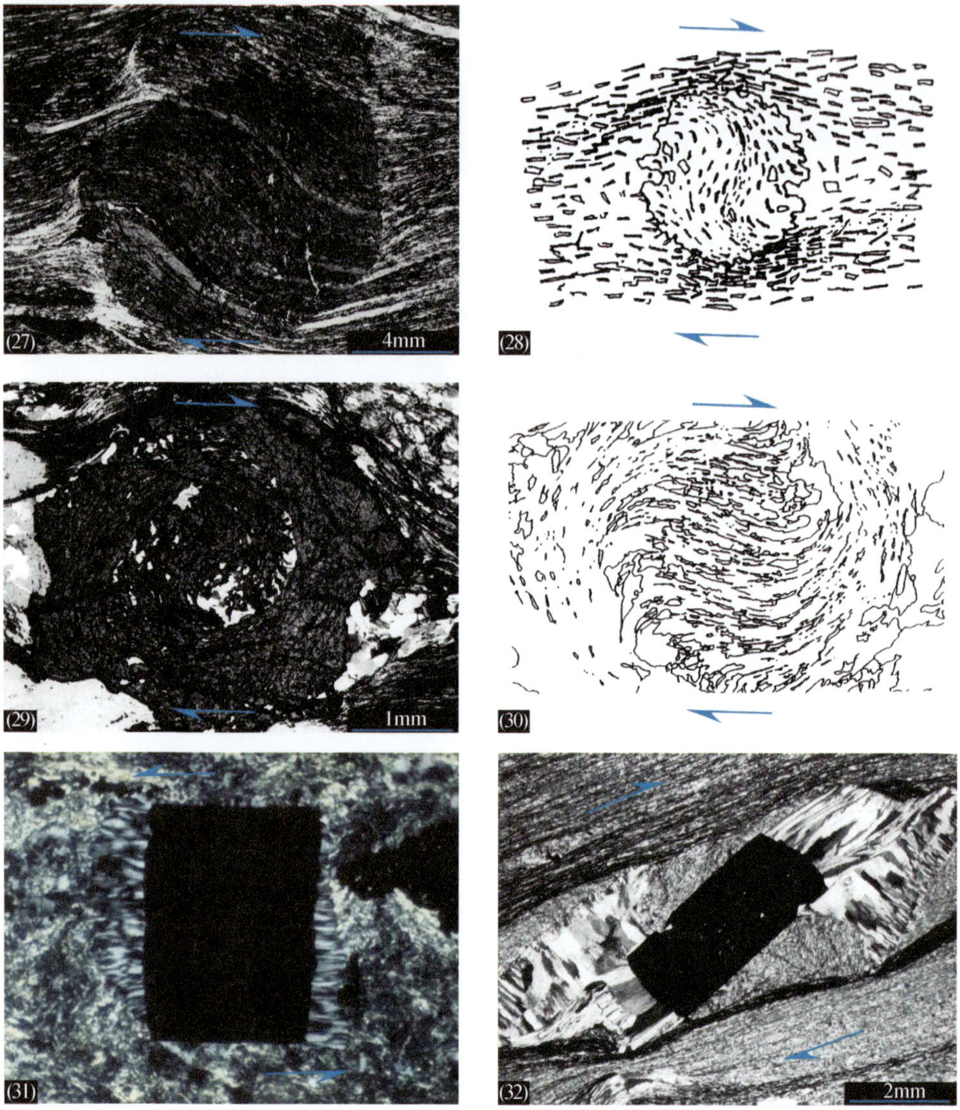

图 7.79　野外构造现象与剪切指向分析参考

照片说明：（1）～（4）北京怀柔云蒙山不对称褶皱（侯泉林摄于 2006 年）；（5）大别山不对称褶皱与残斑（注意两期变形，侯泉林摄于 2000 年）；（6）～（9）糜棱岩中发育的 S-C 组构（据 Davis *et al.*，2012）；（10）糜棱岩中发育的 S-C-C′组构（据 Davis *et al.*，2012）；（11）北京怀柔白道峪花岗质糜棱岩的 σ- 型残斑（侯泉林摄于 2016 年）；（12）～（14）北京怀柔云蒙山中发育的 S-C-C′组构（侯泉林摄于 2016 年）；（15）湘东老山坳剪切带中发育的 S-C 组构（侯泉林摄于 2014 年）；（16）朝鲜平安南道甑山郡片麻状糜棱岩 S-C 组构和不对称眼球构造（侯泉林摄于 2014 年）；（17）朝鲜端川初糜棱岩中的 S-C-C′组构，S 中的刚性体发育 T- 破裂（侯泉林摄于 2015 年）；（18）韩国泉州大昌里糜棱岩中的 S-C-C′组构（侯泉林摄于 2008 年）；（19）河南嵩山九龙潭韧性剪切带［两期变形叠加：能干层发育双重构造（蓝线），反映早期右旋逆冲剪切；软弱层发育褶劈理（黄线），反映晚期左旋拆离］（侯泉林摄于 2017 年）；（20）河南嵩山九龙潭韧性剪切带［能干层发育断展（左）和断弯（右）褶皱（蓝线），右旋剪切；后期发育褶劈理（黄线），左旋剪切］（侯泉林摄于 2017 年）；（21）河南嵩山九龙潭 σ- 型眼球（两期变形叠加）（侯泉林摄于 2017 年）；（22）～（25）σ- 型与 δ- 型残斑（据 Davis *et al.*，2012）；（26）～（30）雪球构造（据 Masuda and Mochizuki，1989；Passchier and Trouw，2005）；（31）不对称应变影，指示左旋剪切（据侯泉林等，1995）；（32）不对称应变影，指示右旋剪切（据 Passchier and Trouw，2005）

思考题

1. 韧性剪切带概念及其特征。
2. 一般剪切带的特征。
3. 造成应变软化的主要机理。
4. 矿物鱼构造的类型及特征。
5. 应变影的类型及特征。
6. 残碎斑晶与变斑晶的类型与特征。
7. 剪切指向的判定标志。

参考文献

侯泉林 . 1991. 滇西无量山地区的构造特征及变形和变质作用探讨 . 中国科学院地质研究所硕士学位论文 , 1 ～ 74

侯泉林 , 李培军 , 李继亮 . 1995. 闽西南前陆褶皱冲断带 . 北京 : 地质出版社 , 1 ～ 107

李忠权 , 刘顺 . 2010. 构造地质学 (第三版). 北京 : 地质出版社 , 1 ～ 285

罗金海 , 梁文天 , 于在平 . 2018. 构造地质学 . 北京 : 高等教育出版社 , 1 ～ 371

郑亚东 , 常志忠 . 1985. 岩石有限应变测量及韧性剪切带 . 北京 : 地质出版社 , 1 ～ 185

朱志澄 , 宋鸿林 . 1990. 构造地质学 (第三版). 武汉 : 中国地质大学出版社 , 1 ～ 331

朱志澄 , 曾佐勋 , 樊光明 . 2008. 构造地质学 (第三版). 武汉 : 中国地质大学出版社 , 1 ～ 225

Babaie H A, LaTour T E. 1998. Semi-brittle deformation and cataclastic flow of hornblende-quartz rock in a ductile shear zone. Fault Related Rocks—A Photographic Atlas. New Jersey: Princeton University Press, 180 ～ 183

Bhattacharyya P, Hudleston P J. 2001. Strain in ductile shear zones in the caledonides of northern sweden: a three-dimensional puzzle. Journal of Structural Geology, 23(10): 1549 ～ 1565

Bons P D, Jessell M W. 1997. Experimental simulation of the formation of fibrous veins by localised dissolution-precipitation creep. Mineralogical Magazine, 61(404): 53 ～ 63

Ceriani S, Mancktelow N S, Pennacchioni G. 2003. Analogue modelling of the influence of shape and particle/matrix interface lubrication on the rotational behaviour of rigid particles in simple shear. Journal of Structural Geology, 25(12): 2005 ～ 2021

Choukroune P, Gapais D, Merle O. 1987. Shear criteria and structural symmetry. Journal of Structural Geology, 9(5 ～ 6): 525 ～ 530

Choukroune P. 1971. Contribution a l′ etude des mecanismes de la deformation avec schistosite grace aux cristallisations syncinematiques dans les zones abritees (pressure shadows). Bulletin de la Societe Geologique de France, 7(3 ～ 4): 257 ～ 271

Clough C T, Gunn W. 1897. The Geology of Cowal. Mem. Geological Survey, 98

Cobbold P R, Quinquis H. 1980. Development of sheath folds in shear regimes. Journal of Structural Geology, 2(1 ～ 2): 119 ～ 126

Davis G H, Reynolds S J, Kluth C F. 2012. Structural Geology of Rocks and Regions (3rd ed.). Hoboken: John Wiley and Sons, 1 ~ 839

De Bresser J H P, Peach C J, Reijs J P J, *et al*. 1998. On dynamic recrystallization during solid state flow: effects of stress and temperature. Geophys Research Letters, 25: 3457 ~ 3460

Dennis A J, Secor D T. 1987. A model for the development of crenulations in shear zones with applications from the Southern Appalachian Piedmont. Journal of Structural Geology, 9(7): 809 ~ 817

Duebendorfer E M, Christensen C H. 1998. Plastic-to-brittle deformation of microcline during deformation and cooling of a granitic pluton. Fault-Related Rocks—A Photographic Atlas. Princeton: Princeton University Press, 176 ~ 179

Etchecopar A, Malavieille J. 1987. Computer models of pressure shadows: a method for strain measurement and shear-sense determination. Journal of structural Geology, 9(5 ~ 6): 667 ~ 677

Fossen H. 2010. Structural Geology. New York: Cambridge University Press. 21 ~ 239

Fossen H, Tikoff B. 1997. Forward modeling of non-steady-state deformations and the ' minimum strain path' . Journal of Structural Geology, 19(7): 987 ~ 996

Fossen H. 2016. Structural Geology (Second Edition). New York: Cambridge University Press: 1 ~ 528

Goscombe B D, Passchier C W, Hand M. 2004. Boudinage classification: end-member boudin types and modified boudin structures. Journal of Structural Geology, 26(4): 739 ~ 763

Goscombe B, Passchier C W. 2003. Asymmetric boudins as shear sense indicators – An assessment from field data. Journal of Structural Geology, 25: 575 ~ 589

Gottschalk R R, Kronenberg A K, Russell J E, *et al*. 1990. Mechanical anisotropy of gneiss: failure criterion and textural sources of directional behavior. Journal of Geophysical Research: Solid Earth, 95(B13): 21613 ~ 21634

Handy M R, Mark R. 1990. The solid-state flow of polymineralic rocks. Journal of Geophysical Research, 95(B6): 8647

Handy M R, Wissing S B, Streit L E. 1999. Frictional-viscous flow in mylonite with varied bimineralic composition and its effect on lithospheric strength. Tectonophysics, 303(1): 175 ~ 191

Hanmer S, Passchier C W. 1991. Shear-sense indicators: A review. Geological Survey of Cannda Paper, 90: 1 ~ 71

Hanmer S, Williams M, Kopf C. 1995. Modest movements, spectacular fabrics in an intracontinental deep-crustal strike-slip fault: striding-athabasca mylonite zone, NW Canadian shield. Journal of Structural Geology, 17(2): 412 ~ 424

Hanmer S. 1984. Strain-insensitive foliations in polymineralic rocks. Canadian Journal of Earth Sciences, 21(12): 1410 ~ 1414

Hanmer S. 2000. Matrix mosaics, brittle deformation, and elongate porphyroclasts: granulite facies microstructures in the striding–athabasca mylonite zone, western canada. Journal of Structural Geology, 22(7): 947 ~ 967

Hanmer S, Passchier C W. 1991. Shear sense indicators: A review. Geological Survey of Canada Paper, 90: 1 ~ 71

Hooper R J, Hatcher Jr R D. 1988. Pine Mountain terrane, a complex window in the Georgia and Alabama Piedmont: evidence from the eastern termination. Geology, 16(4): 307 ~ 310

Ji S, Jiang Z, Rybacki E, *et al*. 2004. Strain softening and microstructural evolution of anorthite aggregates and quartz–anorthite layered composites deformed in torsion. Earth and Planetary Science Letters, 222(2): 377 ～ 390

Kenkmann T. 2000. Processes controlling the shrinkage of porphyroclasts in gabbroic shear zones. Journal of Structural Geology, 22(4): 471 ～ 487

Köhn D, Bons P D, Hilgers C, et al. 2003. Development of antitaxial strain frings during non-coaxial deformation: An experimental study. Journal of Structural Geology, 25: 263 ～ 275

Köhn D, Hilgers C, Bons P D, et al. 2000. Numerical simulation of fibre growth in antitaxial strain fringes. Journal of Structural Geology, 22: 1311 ～ 1324

Kronenberg A K. 1994. Hydrogen speciation and chemical weakening of quartz. Reviews in Mineralogy, 29: 121 ～ 176

Kronenberg A K, Kirby S H, Pikston J C. 1990. Basal slip and mechanical anisotropy of biotite. Journal of Geophysical Research, 95: 19257 ～ 19278

Luan F C, Paterson M S. 1992. Preparation and deformation of synthetic aggregates of quartz. Journal of Geophysical Research, 97(B1): 301

Mancktelow N S. 2002. Finite-element modelling of shear zone development in viscoelastic materials and its implications for localisation of partial melting. Journal of Structural Geology, 24(6): 1045 ～ 1053

Malavieille J, Etchecopar A, Burg J P. 1982. Analyse de la géométrie des zones abritées: simulation et application à des examples naturels. CR Acad Sci Paris, 294: 279 ～ 284

Masuda T, Mochizuki S. 1989. Development of snowball structure: numerical simulation of inclusion trails during synkinematic porphyroblast growth in metamorphic rocks. Tectonophysics, 170(1 ～ 2): 141 ～ 150

Nakashima S, Matayoshi H, Yuko T, *et al*. 1995. Infrared microspectroscopy analysis of water distribution in deformed and metamorphosed rocks. Tectonophysics, 245(3 ～ 4): 263 ～ 276

Oliver D H, Goodge J W. 1996. Leucoxene fish as a micro-kinematic indicator. Journal of Structural Geology, 18(12): 1493 ～ 1497

Passchier C W, Simpson C. 1986. Porphyroclast systems as kinematic indicators. Journal of Structural Geology, 8(8): 831 ～ 843

Passchier C W, Trouw R A J. 2005. Microtectonics (Second Edition). Berlin: Springer-Verlag. 1 ～ 366

Passchier C W. 2001. Flanking structures. Journal of Structural Geology, 23: 951 ～ 962

Passchier C W, ten Brink C E, Bons P D, Sokoutis D. 1993. Delta-objects as a gauge for stress sensitivity of strain rate in mylonites. Earth and Planetary Science Letters, 120: 239 ～ 245

Pennacchioni G, Di Toro G, Mancktelow N S. 2001. Strain-insensitive preferred orientation of porphyroclasts in Mont Mary mylonites. Journal of Structural Geology, 23(8): 1281 ～ 1298

Post A D, Tullis J, Yund R A. 1996. Effects of chemical environment on dislocation creep of quartzite. Journal of Geophysical Research: Solid Earth, 101(B10): 22143 ～ 22155

Post A D, Tullis J. 1998. The rate of water penetration in experimentally deformed quartzite: implications for hydrolytic weakening. Tectonophysics, 295(1): 117 ～ 137

Ramsay J G, Graham R H. 1970. Strain variation in shear belts. Canadian Journal of Earth Sciences, 7(3):

786 ～ 813

Ramsay J G, Huber M I. 1983. The Techniques of Modern Structural Geology: Strain Analysis (Vol. 1). London: Academic press

Ramsay J G, Huber M I. 1987. The Techniques of Modern Structural Geology: Folds and Fractures (Vol. 2). London: Academic press

Ramsay J G. 1980. Shear zone geometry: a review. Journal of Structural Geology, 1 ～ 2: 83 ～ 99

Rutter E H. 1976. A discussion on natural strain and geological structure—the kinetics of rock deformation by pressure solution. Philosophical Transactions of the Royal Society of London. Series A, Mathematical and Physical Sciences, 283(1312): 203 ～ 219

Simpson C, Schmid S M. 1983. An evaluation of criteria to determine the sense of movement in sheared rocks. Geological Society of America Bulletin, 94: 1281 ～ 1288

Stel H. 1981. Crystal growth in cataclasites: diagnostic microstructures and implications. Tectonophysics, 78(1 ～ 4): 585 ～ 600

Ten Grotenhuis S M, Trouw R A J, Passchier C W. 2003. Evolution of mica fish in mylonitic rocks. Tectonophysics, 372(1 ～ 2): 1 ～ 21.

Tsurumi M, Tunnicliffe V. 2003. Tubeworm-associated communities at hydrothermal vents on the juan de fuca ridge, northeast pacific. Deep Sea Research Part I Oceanographic Research Papers, 50(5): 611 ～ 629

Tullis J. 1990. Experimental studies of deformation mechanisms and microstructures in quartzo-feldspathic rocks. Deformation Processes in Minerals, Ceramics and Rocks. Springer, Dordrecht, 190 ～ 227

White S H, Burrows S E, Carreras J, *et al*. 1980. On mylonites in ductile shear zones. Journal of Structural Geology, 2(1 ～ 2): 175 ～ 187

White S H. 1976. The role of dislocation processes during tectonic deformation with special reference to quartz. The physics and chemistry of minerals and rocks, 75 ～ 91

Whitmeyer S J, Simpson C. 2003. High strain-rate deformation fabrics characterize a kilometers-thick paleozoic fault zone in the eastern sierras pampeanas, Central Argentina. Journal of Structural Geology, 25(6): 909 ～ 922

第 8 章　逆冲推覆构造

逆冲推覆构造是造山带广泛发育的构造形式，近 100 年来一直得到广大地质学家的高度重视。对逆冲推覆构造的几何结构、形成机理的研究，是了解造山作用过程的重要方面之一。

大约在 1880 年以前，欧洲阿尔卑斯（Alps）的大部分岩石被认为是原地的（autochthonous），至少没有迁移很远的距离，尽管也有人认识到其曾卷入巨大的平卧褶皱中。19 世纪晚期才认识到，阿尔卑斯的许多岩石曾从原地迁移了相当大的距离（几百至上千千米），即认为它们是外来的（allochthonous），并认识到这种长距离的位移与大规模的冲断作用和平卧褶皱作用有关。此后 nappe 一词才被赋予了其现今的含义，即经历了长距离位移的大致水平的岩席，即推覆体。中国地质学家最早提出并描述逆掩断层（推覆构造）的应属翁文灏（1919）发表于《地质汇报》第 1 号的文章《大青山南部逆掩断层》。这一发展过程反映了研究推覆构造在地质学中的重要位置，同时推覆构造的发现客观上构成了对“固定论”的挑战。

当代地质学的重要研究进展之一就是发现了岩石圈是一个多级滑脱的层圈体系。浅层次层圈结构和组成易于观察，界面性质易于确定；而深层次的层圈及其界面一般不能直接观察，只能根据各种地球物理方法确定，或根据天然地震震源的空间展布分析判定。这些界面究竟是物性的、物态的，还是构造的，曾经有不同看法。通过地质、地球物理的综合分析，现在测得的大多数界面都是构造性质的，其中多数界面是滑动面。这些滑动面的一部分或大部分可能向上延伸，与近地表的逆冲推覆构造过渡联合。岩石圈的层圈性质具有如下特点：

1）岩石圈包含着一个近水平的层圈系列。自深层次至表层，界面间距越来越小，分界密度增大。各个界面侧向展布变化大，延伸距离不等。

2）顺层滑脱是其基本构造属性，表层的顺层滑脱形成大规模的推覆构造。

3）界面的结构构造特征、构造岩的组成和变形，以及界面上下变形的差异，是鉴定界面存在及产出深度、性质、构造属性的基本标志。

4）顺层剪切常常引起顺层重复或切削，造成地层厚度增减。剖面上常常表现为地层的局部重复或不均匀缺失。往往逆冲推覆造成重复，伸展拆离造成缺失。

5）沉积岩石圈中的滑脱面主要局限于不整合面、岩性（岩系）界面、高塑性层、高孔隙压带。

因此，地表的大量逆冲推覆构造是岩石圈层圈性在浅层次的表现；反之，研究逆冲推覆构造是认识岩石圈乃至地球层圈结构的重要途径。

8.1　有关术语

逆冲推覆构造（thrust nappe）包括**逆冲断层**（thrust fault，overthrust fault）和**推覆体**（nappe）。逆冲断层是一低角度（< 30°）的逆断层或剪切带（shear zone），上盘在下盘之上运动，且主要为逆倾向滑动。通常认为，逆冲断层的水平位移在 5km 以上。实际上，许多造山带中的逆冲构造都非常发育，逆冲也远远超过这个距离，而且构建了一幅美妙的逆冲推覆构造画卷（图 8.1），如欧洲阿尔卑斯山、北美落基山，以及苏格兰的莫因逆冲断层（Moine thrust）等。然而，大部分地质学家将露头尺度的低角度逆断层（low-angle reverse faults）也称为逆冲断层（thrust）（图 8.2）。**逆冲断层的主要特征是将老的岩石（或地层）覆于年轻的岩石（或地层）之上；将变质程度高的岩石覆于变质程度低的岩石之上，造成地壳在水平方向上的缩短以及在垂向上的加厚**。如此，地层和岩石变质程度是两个用来识别和描绘逆冲断层的重要依据，尤其是地层，在描绘冲断带的逆冲断层中更为重要。即使如此，也应注意一个前提，那就是在岩石经历了早期阶段的变形或变质作用的情况下，将不一定符合上述条件。

逆冲断层将下伏地层与上覆逆冲推覆体相分离。**逆冲推覆体**（thrust nappe）是地图尺度上的岩石单元，它已经在逆冲断层上运移了数十千米或更多。逆冲推覆构造是收缩型造山带的特征，如加里东－阿巴拉契亚造山带、落基山造山带、阿尔卑斯造山带以及喜马拉雅造山带等均发育大量逆冲推覆构造（图 8.1）。因此，当涉及逆冲推覆体内构造的方位和方向时，一般会说指向腹陆或前陆。腹陆（也称后陆，hinterland）是指造山带的核心部位，与前陆不同的是基底参与其中，局部有高级变质；前陆（foreland）是指造

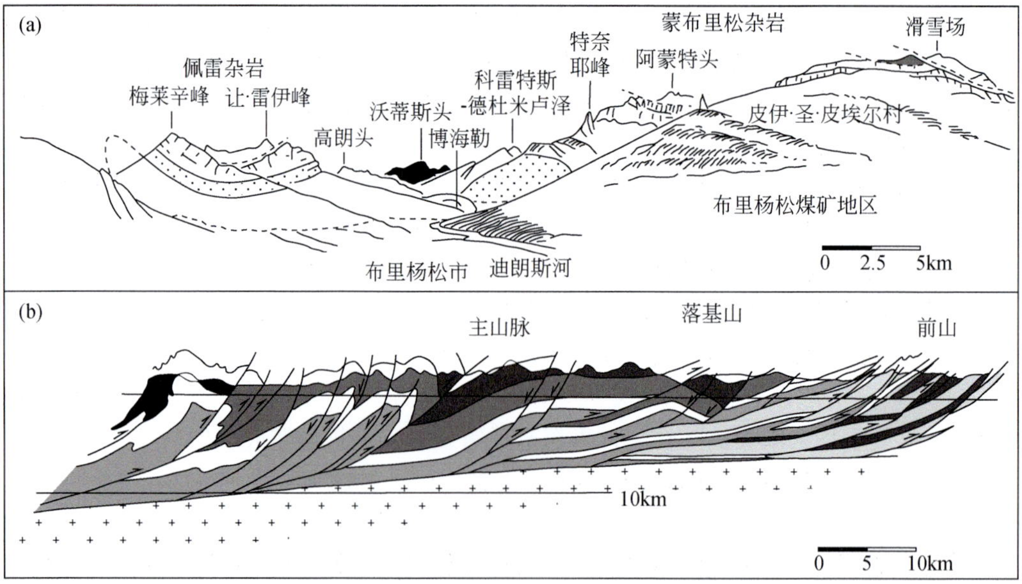

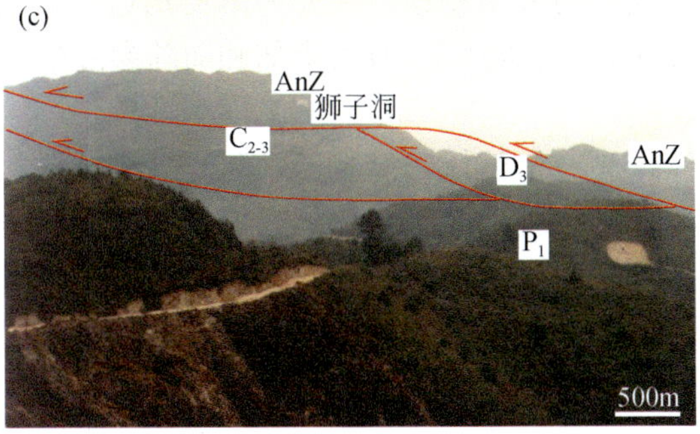

图 8.1　造山带中逆冲构造剖面图

（a）法国阿尔卑斯局部构造剖面图（Debelmas，1983）；（b）加拿大落基山局部构造剖面图（Price and Mountjoy，1970；转引自 Davis *et al.*，2012）；（c）闽西南早中生代前陆褶皱冲断带局部推覆构造剖面（侯泉林摄于 1993 年）

图 8.2　露头尺度的逆断层和逆冲断层（据 Fossen，2016）

（a）碎屑沉积岩中较陡的逆断层，美国犹他州的圣拉斐尔；（b）小逆冲断层使古近纪沉积层缩短，智利北部阿塔卡玛（Atacama）

山带的周缘或前缘部位，远方与大陆相连，主要为薄皮构造，低变质甚至不变质。在碰撞造山带中，每个大陆的前陆被腹陆分开（有关腹陆和前陆参阅第一卷第3章3.2节66页，第4章4.7节232页）。

尽管有些逆冲推覆体作为一个整体，但其通常包含若干内部构造岩片，各岩片间由逆冲断层分开。逆冲推覆体中最基本的单元称为**断夹块**或**夹块**（horses）。一组具有共同岩性和构造特征的逆冲推覆体称为**推覆体群**（nappe complex）。

逆冲推覆构造由位于底部的**底板逆冲断层**（sole thrust；floor thrust）和上覆的**顶板逆冲断层**（roof thrust）所限定。通常在**堆垛（叠）式推覆体**（stacked nappes）中，一个推覆体的顶板逆冲断层同时又是上覆推覆体的底板逆冲断层。然而，堆垛于最浅部的推覆体上部可能由自由侵蚀面限定。底板逆冲断层分割推覆体垛与弱变形或不变形的基底，称为**拆离断层**（detachment）或**滑脱面**（décollement）——这一术语同样用于低角度伸展断层，以及运动方向不确定的主断层或剪切带。这种变形仅限于滑脱面之上，而之下的基底几乎不参与变形的构造称为**薄皮构造**（thin-skinned tectonics），常发育于前陆带，其典型样式是侏罗山式褶皱；反之，若基底一同参与变形，没有明确的滑脱面的构造称为**厚皮构造**（thick-skinned tectonics），多见于后陆，特殊情况可见于前陆，如拉拉米造山带弧背前陆（详细讨论见后面有关部分）。

出露于地表的推覆体可能并不连续，因为选择性剥蚀作用使推覆体的有些部分不复存在，仅部分得以保存。推覆体的剥蚀残余部分称为**飞来峰**（klippe，法语；outlier）；同样，推覆体被剥蚀，并使下伏岩石单元出露的“窗口”称为**构造窗**（fenster，法语；window）（图8.3）。将推覆体岩石与下伏的尚未逆冲的基底岩石进行比较，可以确定推覆体与之是否属于同一单元，同时对推覆位移的估算也会有一定启发。有一表述其间关系的专用术语：一开始就位于底部的基底称为**原地单元**（autochthonous，希腊语，意即“形成于发现地”）；基底岩片及其沉积盖层仅逆冲数千米的岩石单元，称为**准原地单元**（parautochthonous），理想情况下，准原地单元很容易与基底岩石联系起来；经远距离（数十至数百千米）搬运，位于准原地单元或原地单元之上的构造单元称为**外来单元**（allochthonous，希腊语，allo意即“不同”）（图8.1、图8.3）。一套推覆体垛中可能有若干个外来单元，如瑞士阿尔卑斯赫尔维推覆体垛至少由三个外来单元构成，每个推覆体的底部比顶部变形强（图8.4；Ramsay，1981）。

图8.3　逆冲推覆构造剖面图（据Davis *et al.*，2012）

展示了飞来峰、构造窗，以及外来系统和原地系统

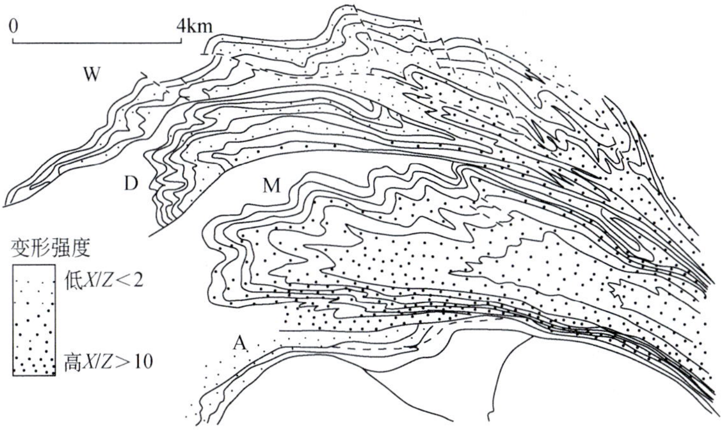

图 8.4　瑞士阿尔卑斯赫尔维推覆体垛（据 Ramsay，1981）

自下而上有三个外来单元（推覆体）：M（莫尔克列）、D（迪亚布勒莱）和 W（维尔得霍恩）；M 褶皱推覆体倒转下翼岩石变形十分强烈，个别部位应变轴率 $X/Z>100:1$，远离根带的正常翼明显减弱，X/Z 只有 4:1；逆冲断层接触面上变形最强，上盘底部强于下盘顶部

8.2　逆冲构造的几何学

8.2.1　叠瓦状逆冲断层系

造山带前陆的收缩断层（contractional faults）往往形成典型的叠瓦式逆冲断层带（简称叠瓦带，imbrication zones）（图 8.5）。每个叠瓦带由一系列倾向相同的逆断层构成，这些逆断层总体上构成下缓上陡、凹面向上的铲状，并由一低角度的底板逆冲断层相连，并在其上滑动，没有顶板逆冲断层。

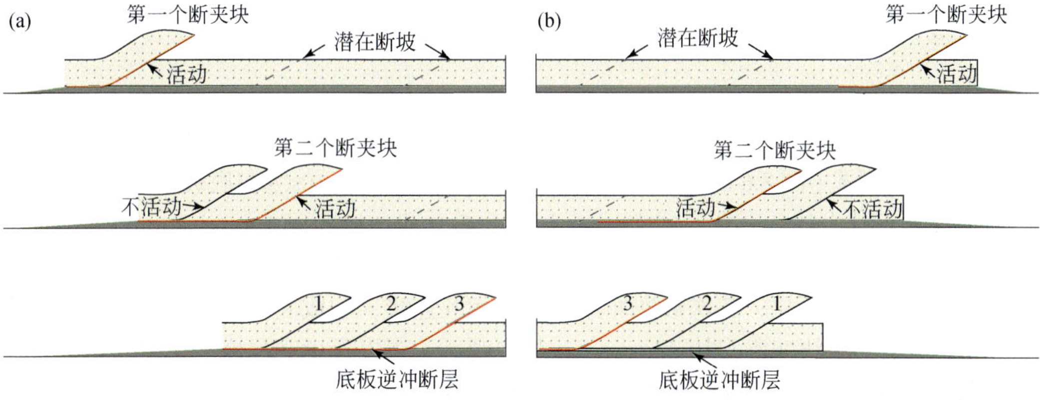

图 8.5　叠瓦状逆冲断层系发育过程示意图（据 Fossen，2016 修改）

（a）从 1 到 3 依次变新，称为顺序逆冲作用（in-sequence thrusting），也称为前展式（forward）或背驮式（pigg-back），向前陆方向（右）断夹块依次变新，红色线代表正在活动的断层；（b）从 1 到 3 依次变新，称为反序逆冲作用（out-of-sequence thrusting），也称为后展式（backward）或上叠式（overstep），向后陆方向（左）断夹块依次变新

根据叠瓦状逆冲断层的扩展方式可分为：

前展式（forward）或**背驮式**（piggy-back）：在已存逆冲断层的下盘依次发育较新的逆冲断层，下部逆冲断层运载着上部逆冲断层进一步位移。在逆冲系列中，上部的断层反映早期的位移，下部的断层代表后期的位移［图 8.5（a）］。该扩展方式称为**顺序逆冲作用**（in-sequence thrusting）。

后展式（backward）或**上叠式**（overstep）：在已有逆冲断层的上盘依次发育新的逆冲断层，即逆冲系统沿着与推覆的反方向演化［图 8.5（b）］。该扩展方式称为**反序逆冲作用**（out-of-sequence thrusting）。

Boyer 和 Elliott（1982）与 Woodcock 和 Frischer（1986）在分析了世界上主要造山带后指出，自然界的逆冲系统一般为背驮式演化模式。背驮式逆冲推覆构造中，越早形成的逆冲断层变形也越强烈，位移也越大，早期的台阶式结构被一次次后期的逆冲作用所变形和破坏。比较各主要逆冲断层变形的强弱程度和切割关系，可以确定逆冲顺序。并强调，双重构造（duplex，见后）只能由背驮式逆冲作用产生，它是背驮式逆冲构造发展演化的特有产物。

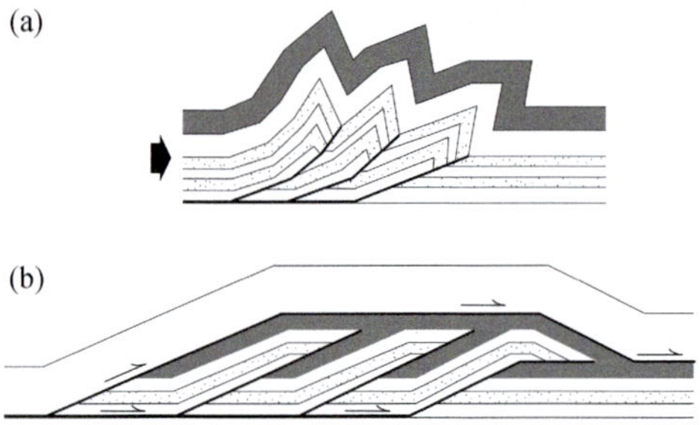

图 8.6　两种类型的逆冲系统（据 Nickelsen，2009；转引自 Davis *et al.*，2012）

（a）叠瓦扇（imbricate fan）；（b）双重构造（duplex）

逆冲断层通常发育于一个系统中，以叠瓦扇（imbricate fans）形式表现出来［图 8.6（a）］。叠瓦扇由一组弯曲的三角形逆冲岩片组成，它们汇聚于底板逆冲断层，当断层向上转换成褶皱时，扇体向上张开［图 8.6（a）］（Boyer and Elliott，1982）。

如果叠瓦状逆冲构造发育顶板逆冲断层，整个体系称为**双重构造**（duplex structure）［图 8.6（b）］。

8.2.2　双重构造

1. 特征

双重构造（duplex）是由 Dahlstrom 于 1970 年提出的，是逆冲推覆构造中具有普遍性的重要结构型式［图 8.6（b）］。它由顶板逆冲断层（roof thrust）与底板逆冲断层（floor thrust）及夹于其中的一套背驮式（piggy-back）叠瓦状逆冲断层（imbrication thrusts）和断夹块 (horse) 组合而成［图 8.6（b）］。次级叠瓦式逆冲断层向上互相趋近并且相互连接，共同构成顶板逆冲断层；各次级逆冲断层向下相互连接，构成底板逆冲断层。各次级逆冲断层所围限的断块叫断夹块（horse），超宏观、宏观以及微观尺度下均可发育双重构造（图 8.7 至图 8.9）。双重构造中的断夹块由背驮式逆冲断层构成，犹如倾斜的一叠卡片。断夹块通常在剖面上呈“S”形（或反“S”形）［图 8.6（b），图 8.7 至图 8.9］，往往倾向后陆。值得注意的是，在逆冲作用过程中，断夹块可以被褶皱、断裂和旋转，使其初始的几何形状和方向发生改变。

图 8.7　白云质砂岩中的双重构造（据 Fossen，2016）

注意，“S”形断夹块、顶板逆冲断层和底板逆冲断层

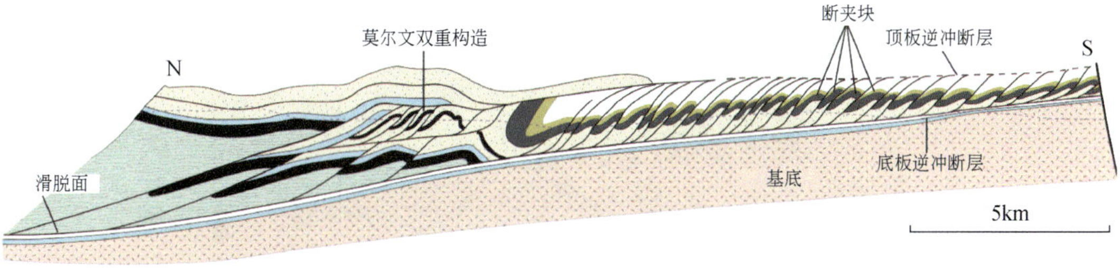

图 8.8　挪威奥斯陆（Oslo）北部的加里东前陆带剖面图（据 Morley，1986；转引自 Fossen，2016）

底板逆冲断层（floor thrust；sole thrust）位于基底之上的弱的页岩层中；对顶板逆冲断层（roof thrust）的解释使南部的叠瓦式逆冲构造成为双重构造（duplex）

图 8.9　显微尺度的双重构造和相关褶皱（据 Fossen，2016）

与宏观尺度一样，包括了顶板逆冲断层（roof thrust）、底板逆冲断层（floor thrust）和断夹块（horse）。挪威斯瓦尔巴特群岛（Svalbard）石炭系页岩中的古近纪冲断带

需要说明的是，国内关于 duplex 的翻译不尽一致，在逆冲构造体制下有双重构造、双重逆冲构造、逆冲双重构造、双冲构造，以及冲褶席构造等。然而，duplex 构造样式

并非仅形成于逆冲构造体制，也可以形成于走滑（见第 9 章）乃至伸展构造体制，仍用这些译法恐词不达意。因此，建议可只翻译为“双重构造”，这样不含构造体制含义，可在任何环境下使用。Detachment 一词也有类似问题。

从前面的描述也可以看出，对于一个双重构造，一套逆冲断层通过断坪和断坡连接在一起，从而使各断夹块互相隔离［图 8.6（b）］。由断层围限的岩块即**断夹块**（horse）。有的教材和文献顾名思义地将“horse”翻译为“马石”，其实“horse”在地质上是一个古老的采矿术语，意思是指完全被断层包围的岩块，这些断层围绕着岩块分叉合并，但有一个大致相同的倾向（Bailey，1938）。沿单个逆冲断层的运动量可能不大，但从整体来说，剖面上的缩短量可能是相当可观的（图 8.7、图 8.9）。

双重构造中的断夹块呈叠瓦状一块块互相叠置，每个叠瓦之间不仅被断坡冲断层隔开，而且在下面和上面分别由断坪隔开［图 8.6（b）］。下面的断坪即为底板逆冲断层，上面的断坪即为顶板逆冲断层（图 8.6 至图 8.9）。每个断夹块由背斜 / 向斜褶皱对组成［图 8.6（b）］，这取决于断夹块的大小和沿两侧逆冲断层的位移量（Boyer and Elliott，1982）。断夹块褶皱是双重构造发展的自然过程，是否发生褶皱与双重构造的规模无关（图 8.7 至图 8.10）。

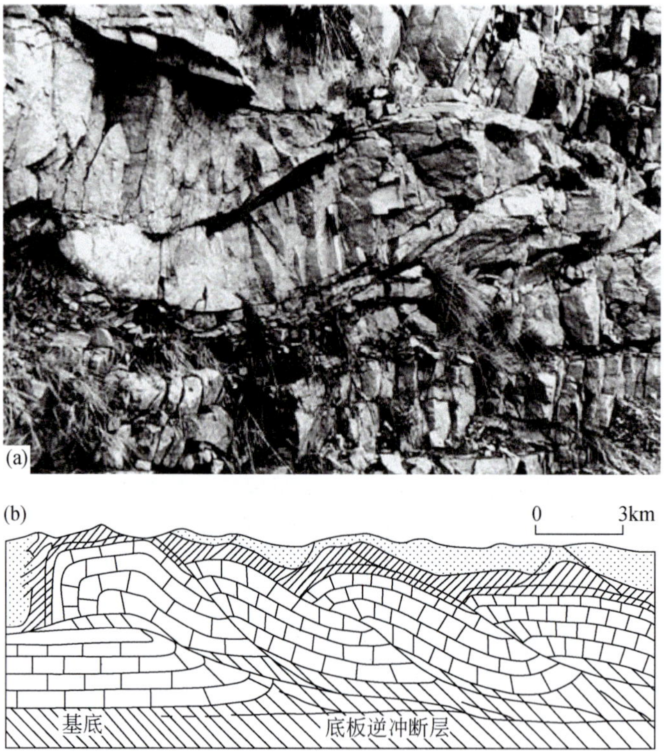

图 8.10　双重构造及其褶皱作用图示（据 Davis *et al.*，2012）

（a）露头尺度的双重构造及其中的断夹块（小刀为比例尺），取自莫因逆冲断层（Moine thrust）；（b）阿巴拉契亚中部的双重构造及其褶皱

双重构造的实际效果与大平板货车上背靠背排放的小卡车很相似［图 8.11（a）］，

与首尾相接的排放相比，这种方式大大地缩短了小卡车的排放长度（Davis *et al.*, 2012）。双重构造的露头实例可能与之有惊人的相似［图 8.7、图 8.11（b）］。

图 8.11　双重构造的图示与露头（据 Davis *et al.*，2012）

（a）皮卡的双重式排放（duplex），比较节省空间，不仅商业如此，地质学也如此；（b）由数十个断夹块构成的逆冲双重构造（thrust duplex）。重复冲断的岩层是一套出露于南克里特岛（southern Crete）伦达斯（Lendas）以东的平多斯群（Pindos Group）中薄层深水浊积岩层序的一部分。浊积岩系白垩纪—始新世地层，双重构造夹于岩层中间，形成于渐新世

2. 类型

某一逆冲断层的滑移量与下伏逆冲岩片（断夹块）长度的相对大小，决定了双重构造的客观形态和几何形状（图 8.12）。断夹块长度大于断层位移时，形成正常的双重构造形式，断夹块整体向后（后陆）倾，即倾向与整体逆冲方向相反，称之为**倾向后陆（腹陆）式双重构造**（hinterland-dipping duplex），或**正常双重构造**（normal duplex）［图 8.12（a）］；逆冲岩片长度与断层位移大致相当时，断夹块呈弓形或更复杂，形成**背形双重构造**（antiformal duplex）或叫**背形堆垛式双重构造**（antiformal stack duplex）［图 8.12（b）］；

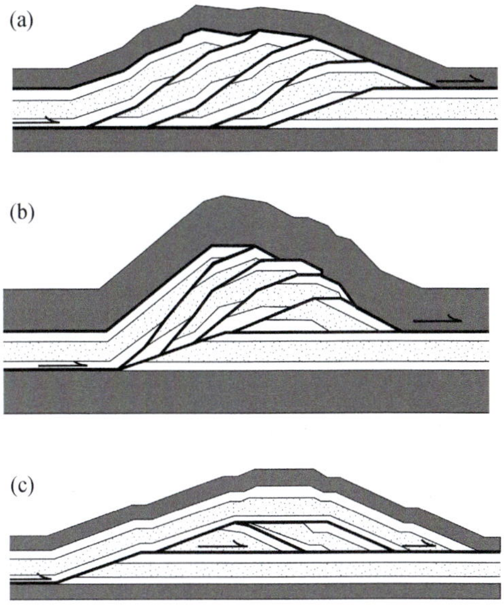

图 8.12　双重构造的三种类型（据 Boyer and Elliott，1982；转引自 Davis *et al.*，2012）

（a）倾向后陆（腹陆）式双重构造（hinterland- dipping duplex），或正常双重构造（normal duplex）；（b）背形双重构造（antiformal duplex）或背形堆垛式双重逆冲构造（antiformal stack duplex）；（c）前倾双重构造（forward-dipping duplex），或倾向前陆式双重构造（foreland-dipping duplex）

断层位移超过逆冲岩片长度时，断夹块整体向前（前陆）倾，即倾向与整体逆冲方向相同，形成**前倾双重构造**（forward-dipping duplex），或叫**倾向前陆式双重构造**（foreland-dipping duplex）[图 8.12（c）]（Boyer and Elliott，1982；Mitra，1986）。

持续剪切作用（递进变形）或多次活动中，双重构造中的各分支逆冲断层、断夹块以及顶、底板逆冲断层互相叠置、褶皱，呈背形，有时会形成非常复杂的背形堆垛式双重构造（图 8.13）。反映了长期或多次构造活动，多发育于造山带的前陆冲断带。

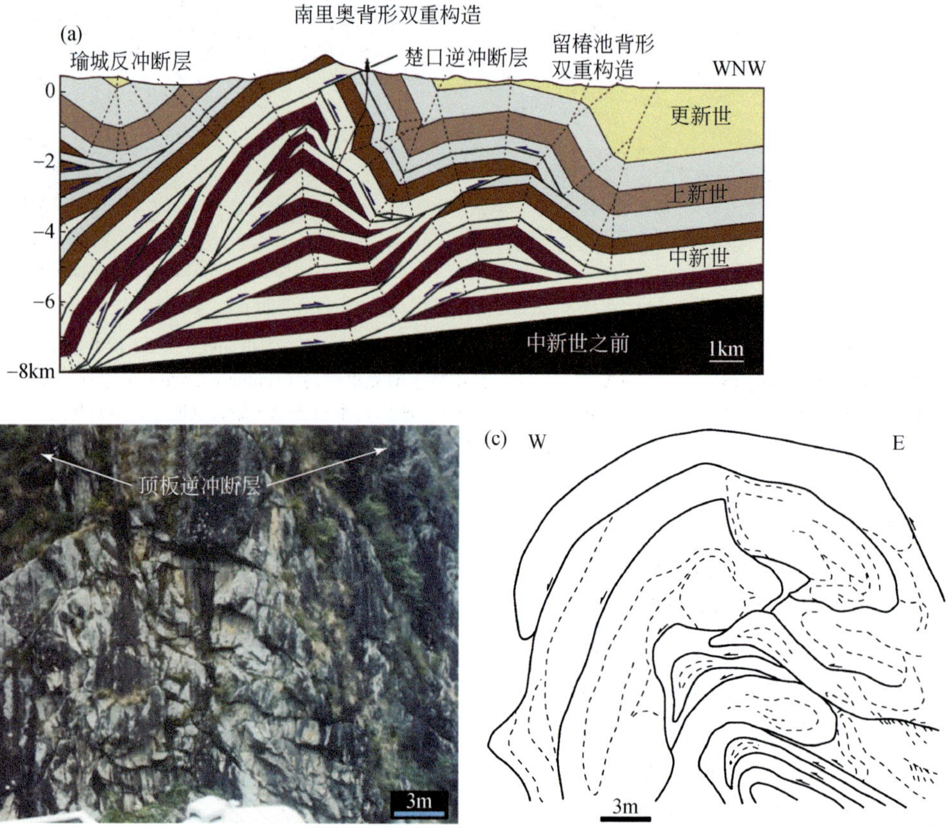

图 8.13 造山带前陆带中的背形堆垛式双重构造（antiformal stack duplex）

（a）台湾中央山脉前陆褶冲带前锋的背型堆垛式双重构造和反冲断层，据地表露头和钻孔资料，台湾南部（据 Suppe，1983；转引自 Fossen，2016）；（b）和（c）闽西南前陆冲断带的背形堆垛式双重构造，外貌形态与同心状“背斜”类似，长期以来被认为是“泥盆系大背斜”，实际上，其中的许多界面并非岩层面，而是逆冲断层面。逆冲断层之间的岩层并不能沿断层面延伸，而多以紧闭平卧褶皱出现，并被冲断层切割。地层为泥盆系灰岩，双重构造形成于 T_3 ～ J_3，（c）为（b）的素描图（侯泉林等，1995）

3. 被动顶板双重构造

以上所讲的双重构造通常指主动顶板双重构造（active roof duplexes），即顶板逆冲断层的上盘随着逆冲作用的进行不断向前陆方向移动（图 8.12）。还有一种类型，称为被动顶板双重构造（passive roof duplexes）。这种情况是，由于双重构造下冲（underthrust）于前陆岩层之中，顶板逆冲断层“被动”式形成（Banks and Warburton，1986；McClay and Buchanan，1992）。顶板逆冲断层上盘的地层序列并未向前陆方向移动，而是因地层下冲而抬升到双重构造之上（图 8.14）。

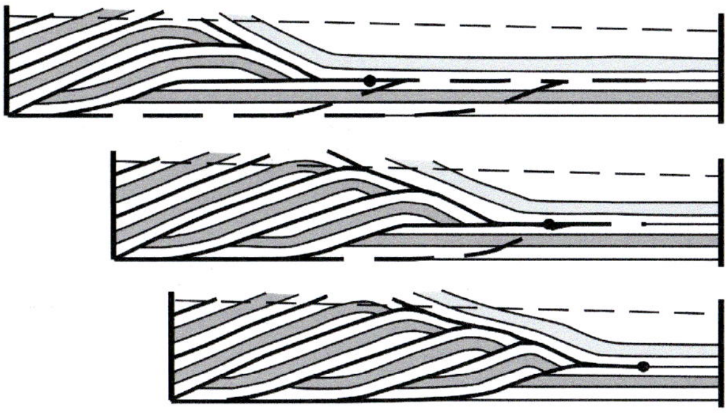

图 8.14　被动顶板双重构造示意图（据 Couzens-Schultz *et al.*，2003；转引自 Davis *et al.*，2012）

前陆的平坦地层只是“简单”地下冲（underthrust），而且随端线（tip line，即位移为 0 的边界线，图中黑点）的推进而抬升

Couzens-Schultz 等（2003）认为，在滑脱带强硬、滑脱面与上覆岩层耦合紧密、有利于下冲（underthrusting）的情况下，下冲作用发生，形成被动顶板双重构造。如果滑脱带比较弱，断夹块长距离运移，主动顶板双重构造占主导地位。主动顶板双重构造的断夹块的内部变形比被动顶板双重构造弱。我们在第一卷第 3 章中曾提到增生楔底部双重构造的底垫（underplating）方式（第一卷图 3.44），其中被动顶板双重构造可能发挥了重要作用（参阅第一卷 78 ～ 80 页）。

Yin（2006）曾用被动顶板双重构造模式解释喜马拉雅造山带藏南拆离系的形成（图 8.15）。

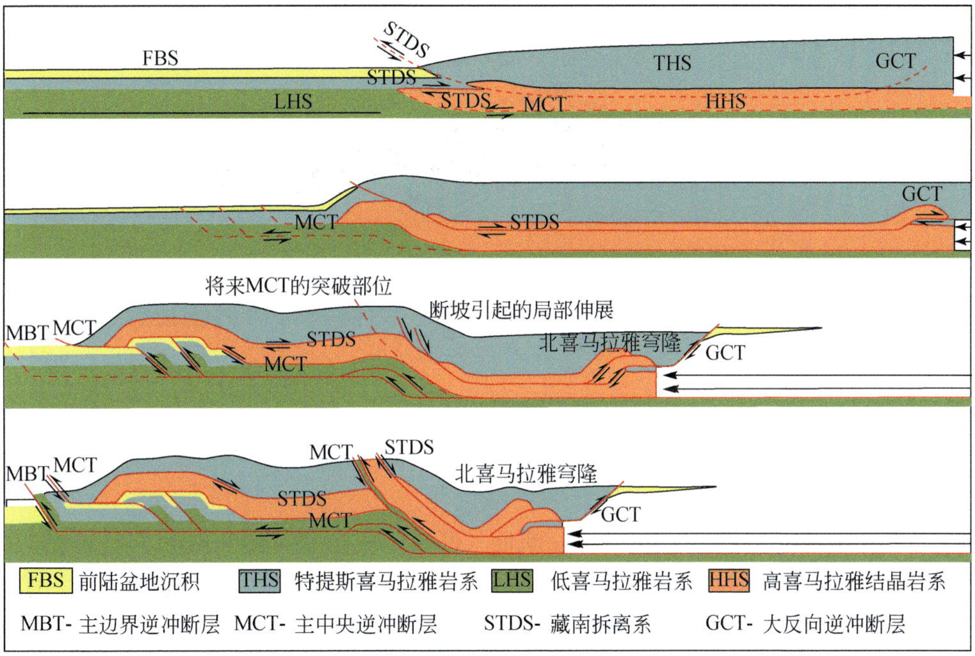

图 8.15　藏南拆离系的被动顶板双重构造（passive roof duplexes）模式（据 Yin，2006；转引自张进江，2007）

此外，双重构造的几何模型可能不仅仅是 Boyer 和 Elliott（1982）与 Mitra（1986）提出的那样，总是上盘主动，使顶板逆冲断层向上抬升［图 8.16（a）］，还应考虑与之呈镜像对称的情况，即下盘主动，底板逆冲断层向下弯曲［图 8.16（b）］（Ramsay，1992）。

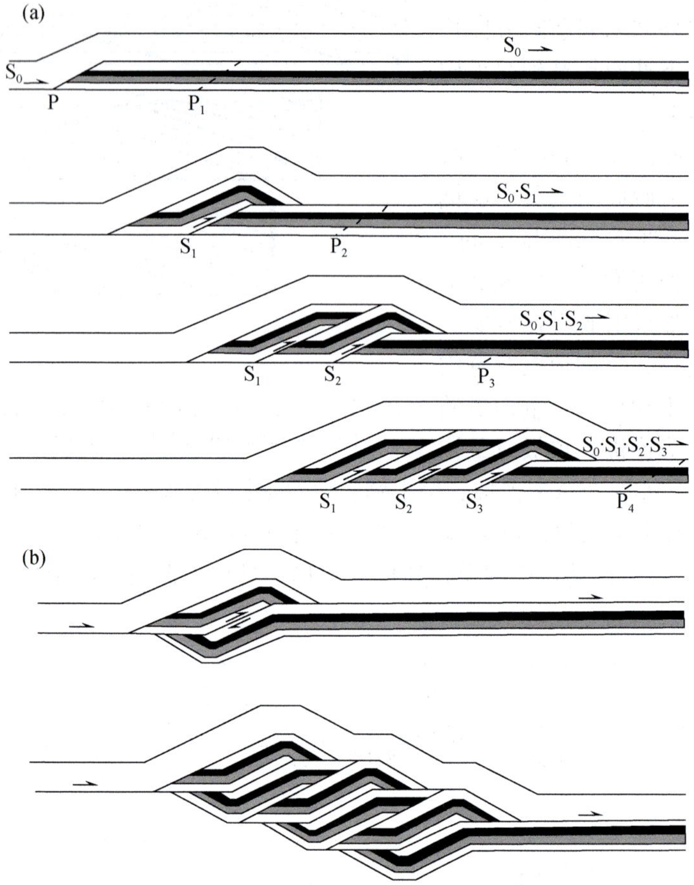

图 8.16　上盘主动和下盘主动的双重构造

（a）具有主动上盘的双重构造发育过程（Boyer and Elliott，1982）；（b）在（a）中第三阶段后具有主动下盘的双重构造（Ramsay，1992）

8.2.3　断坡－断坪的几何学和运动学

1. 几何学特征

逆冲断层通常呈台阶状，或断坪－断坡－断坪几何形状（图 8.17）。每个断层面在软弱的、非能干的层段内顺层发育，与岩层平行，称**断坪**（flat）；在通往下一个有利的非能干单元的过程中，斜切穿过坚硬的能干岩层，形成**断坡**（ramp）。总之，断坪顺层发育，产于相对软弱的岩层或岩性差异显著的界面，为一低强度高应变带；断坡切层发育，产于较强硬的岩层中，总体构成下缓上陡凹面向上的铲状。需要注意的是，断坪不一定水平，断坡不一定倾斜，关键是看切层还是顺层。当一个逆冲断层的“断坡”穿过岩层时，它会产生两个锐切截角和切截长度，一个在上盘，另一个在下盘［图 8.17（a）］。切截角（cutoff angle）是岩层与断层的夹角；切截长度（cutoff length）是断层斜切岩层的长度。这些特征强烈地影响变形地层的几何形状［图 8.17（b）］，若假定变形地层长度（截面积）

守恒，其间存在定量关系。随着断层作用的持续，上盘切截逐渐向上移动并越过下盘切截，最终结果是老地层覆于年轻地层之上的关系反复再现［图 8.17（b）］。

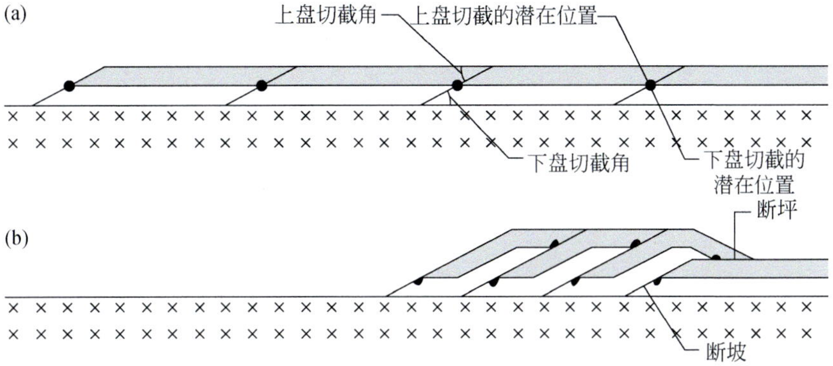

图 8.17　典型逆冲断层的断坡 - 断坪几何结构（据 Boyer and Elliot，1982；转引自 Davis *et al.*，2012）

（a）逆冲作用开始之前，展示了切截角（cutoff angle）、上盘切截（hanging-wall cutoff）和下盘切截（footwall cutoff）的潜在位置；（b）逆冲作用的最终结果

根据断坡上下盘岩层的产状关系，断坡可分为上盘断坡和下盘断坡，断坪亦如此。上盘断坡，为与下盘岩层平行而斜切上盘岩层的部分；下盘断坡，为与上盘岩层平行而斜切下盘岩层的部分；下盘断坪，为与下盘岩层平行的部分；上盘断坪，为与上盘岩层平行的部分（图 8.18）。我们设想逆冲断层的逐步发展过程，逆冲断层的前缘（端线）沿水平岩层（断坪）运动，然后直接横穿岩层（断坡），然后再返回岩层（断坪）。基于上盘相对于下盘中岩层与断层面的相互关系，逆冲断层的“断坡 - 断坪 - 断坡”组合有助于我们描述三种可能的断层与岩层的关系：①位于下盘断坪上的上盘断坪，称为“坪上坪”（flat on flat）；②位于下盘断坡上的上盘断坪，称为“坡上坪”（flat on ramp）；③位于下盘断坪上的上盘断坡，称为“坪上坡”（ramp on flat）（图 8.18）。这种台阶式逆冲断层形成过程中，会在断坡处的上覆岩层形成无根褶皱，称冲断褶隆（thrust-culmination）（图 8.18）。需要注意的是，“断坡 - 断坪 - 断坡”几何结构也适用于伸展拆离断层。

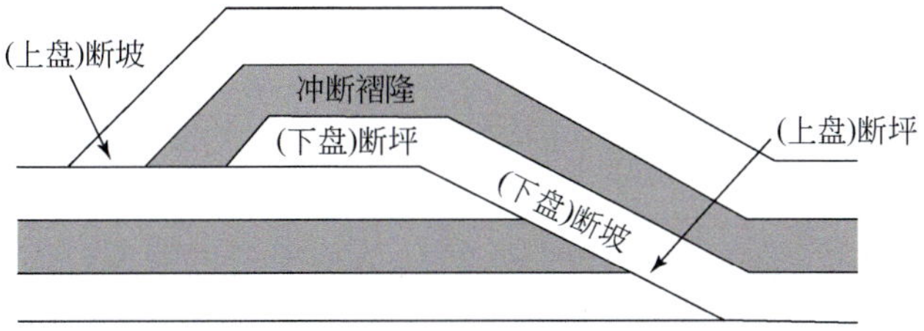

图 8.18　逆冲断层的断坡 - 断坪几何结构示意图

自左向右：坪上坡，坪上坪，坡上坪；断坡上面形成冲断褶隆（thrust-culmination）

许多断坡的走向大致垂直于断层运动方向，称之为**前断坡**或**前缘断坡**（frontal ramps），表现为逆冲滑动（逆倾向滑动），以挤压应力为主，沿倾向发育逆冲擦痕。断坡走向也可能与运动方向斜交，称为**斜断坡**或**斜向断坡**（oblique ramps），表现为斜向滑动断层，连接前断坡与侧断坡，具有倾滑与走滑相结合的特征，处于压剪应力状态，发育斜向擦痕。走向平行于逆冲岩席运动方向的断坡称为**侧断坡**或**侧向断坡**（lateral ramps），许多情况下表现为连接前断坡之间的走滑断层，产状较陡，处于剪切应力状态（图 8.19），发育近走向擦痕。实际上，侧断坡是将一个前断坡的滑动转移到另一个前断坡，所以也称**转移断层**（transfer faults），或**撕裂断层**（tear fault）。

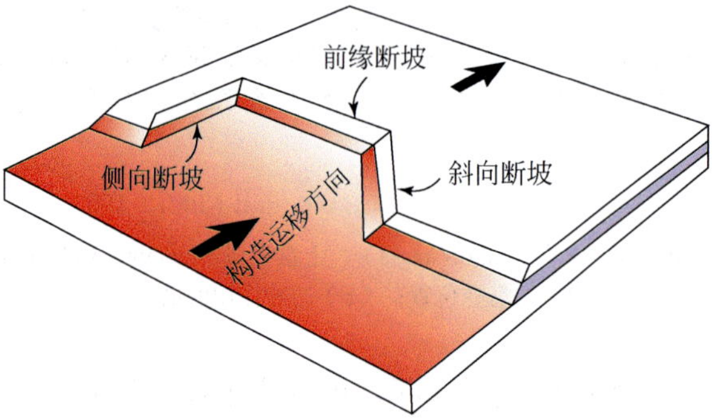

图 8.19 不同类型断坡图示

在逆冲断层系中，往往发育与总体逆冲方向相反的逆冲断层，称为**反冲断层**（back-thrusts）。主要发生于逆冲断层的前锋部位和断坡的后侧，发育于主要逆冲断层的上盘，主要因为逆冲滑动中受断坡或锋缘前侧阻挡产生反作用而成［图 8.13（a）、图 8.20 至图 8.22］。有时在应变较弱的断坪上也可能发育。

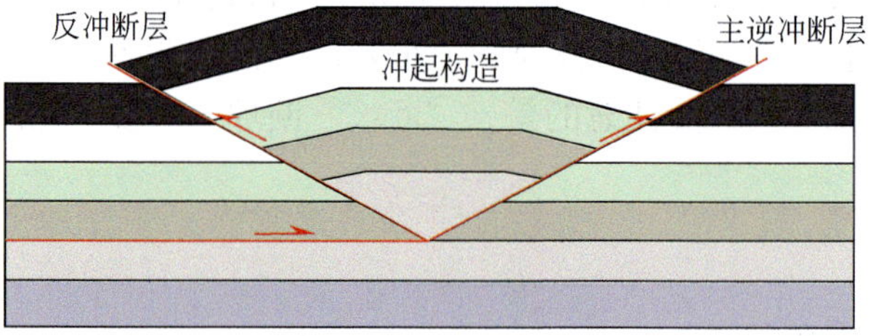

图 8.20 逆冲断层的反冲断层（back-thrusts）和冲起构造（pop-up）示意图

在逆冲作用过程中，反冲断层与同时形成的逆冲断层围限部位因强烈挤压而上冲，构成背冲式构造，形成强烈变形的隆起。常表现为断层切割岩层扭曲的背斜形式，称为**冲起构造**（pop-up）（图 8.20）。反冲断层与其后侧的断坡和底板逆冲断层三者所限定的三角形地带称为**构造三角带**（tectonic triangle zone）（图 8.22），其构造变形十分强烈。

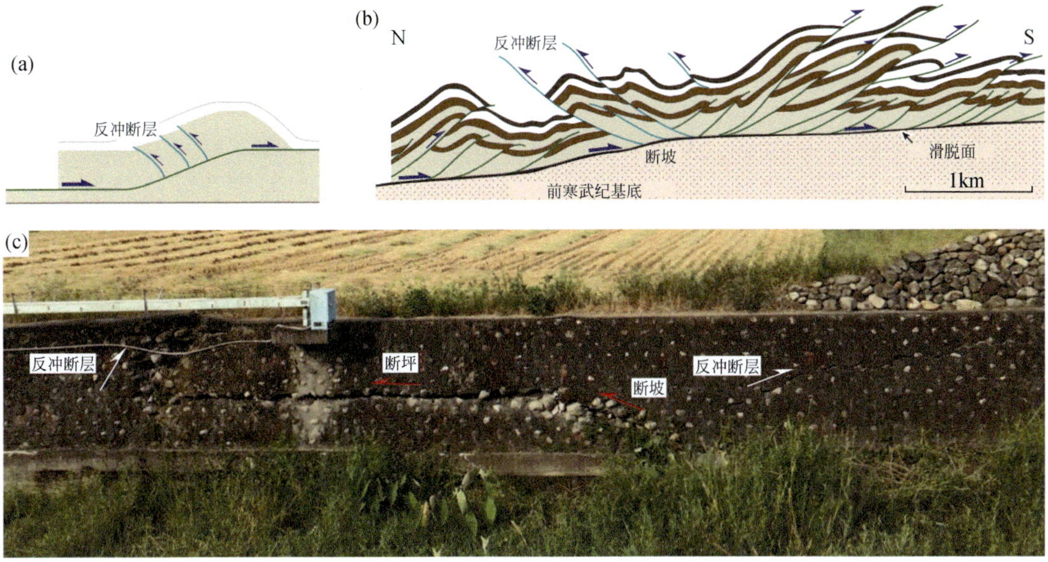

图 8.21　不同类型的反冲断层

（a）反冲断层（back-thrust）形成简图（Fossen，2016）；（b）加里东底板逆冲断层（sole thrust）的断坡后侧的反冲断层系，主要逆冲方向向南，挪威奥斯陆北侧（Morley，1986；转引自 Fossen，2016）；（c）现在仍在活动的台湾池上逆冲断层及其反冲断层的地表表现，欧亚大陆与菲律宾板块汇聚所致（侯泉林摄于 2015 年）

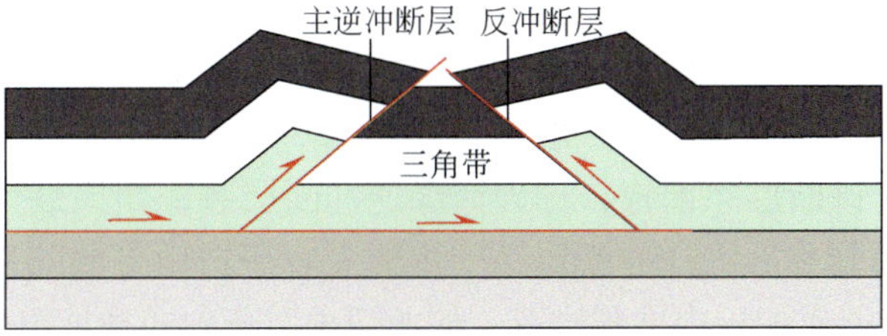

图 8.22　逆冲断层的构造三角带（tectonic triangle zone）示意图

图 8.23 展示了前陆冲断带叠瓦式逆冲构造，及其各类双重构造、反冲断层、冲起构造，以及构造三角带等构造现象。

2. 扩展方式

在叠瓦带中，各个岩片或断夹块依次形成，从而沿逆冲方向逐个形成年轻的断层。这种双重构造和叠瓦带向前陆的定向扩展称为**顺序逆冲作用**（in-sequence thrusting）［图 8.5（a）］。前陆最前方的逆冲断层最年轻，而且驮着一个断夹块向前陆前行。总之，顺序扩展作用使收缩变形带向前陆方向扩展，这与活动的碰撞带逐渐变宽相一致。

不按此扩展方式的逆冲断层系统称为**反序逆冲作用**（out-of-sequence thrusting）［图 8.5（b）］。反序扩展作用会影响双重构造或叠瓦带的整体几何结构，并使地层关系复杂化。即使按顺序逆冲，结果也可能因每个断夹块累积的位移大小而变化。随着断夹块位移的增加会分别形成倾向后陆、背形堆垛，以及倾向前陆的双重构造（图 8.12）。

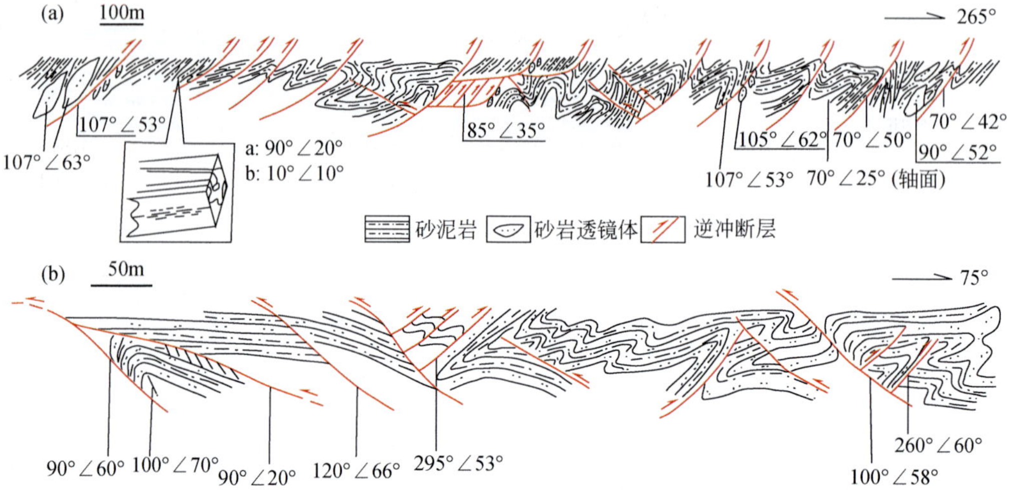

图 8.23 闽西南前陆冲断带局部实测构造剖面图（据侯泉林等，1995）

（a）变形地层为下三叠统溪口组板岩，变形时代为 T_2 ～ J_3，福建龙岩地区；（b）变形地层为上二叠统砂泥岩互层，变形时代同（a），福建永安地区。注意，以叠瓦式逆冲断层为主，整体向西逆冲，同时发育反冲断层、构造三角带、冲起构造等

8.2.4 逆冲推覆构造的组合形式

1. 单冲式

一套产状相近、向一个方向逆冲的若干条逆冲断层，构成叠瓦式的组合形式。叠瓦式逆冲断层系中各条断层倾向一致，形态、规模也基本相同。如果逆冲断层系中最大滑动量的主干断层位于该断层系前锋，称为锋缘逆冲断层系；如果最大滑移量的主干断层位于该断层系后缘，则称后缘逆冲断层系。主要发育于造山带前陆冲断带（图 8.23），以及造山带远程效应造成的板内推覆构造，如龙门山、燕山逆冲推覆构造（图 8.24）。

2. 背冲式

自一个构造单元的两侧，分别向外缘逆冲的两套叠瓦式逆冲断层，构成背冲式逆冲推覆构造（图 8.25）。背冲型中两套分别向相反方向逆冲的逆冲断层，一般形成于统一的构造应力场，且大致同时形成。大型背冲式逆冲断层带常与造山带复背斜（阿尔卑斯式褶皱）共同产出，分别自核部向两翼逆冲，主要发育于腹陆。

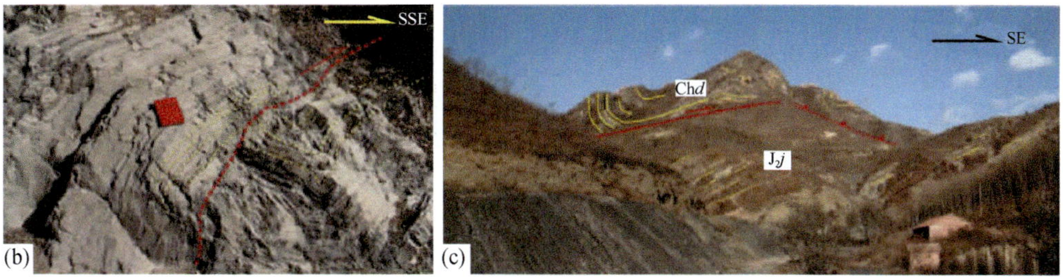

图 8.24　燕山叠瓦状逆冲推覆构造（据张长厚等，2012）

（a）大营子乡北营子村北部上盘向南的逆冲断层；（b）承德县三道河子北部向南逆冲断层上盘中的小型褶皱构造；（c）承德县石灰窑子乡影北山上盘向南逆冲的主逆冲断层；Є- 寒武系；Chc- 常州沟组；Chd- 大红峪组；J_2j- 九龙山组

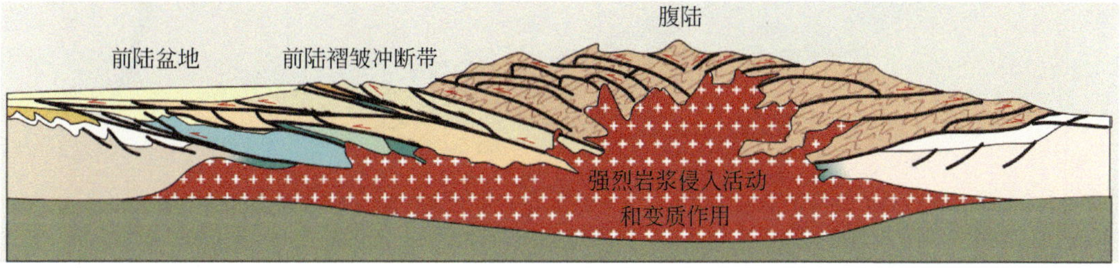

图 8.25　背冲式逆冲构造（据 Frisch *et al.*，2011）

3. 对冲式

两套叠瓦式逆冲断层系，对着一个中心相向逆冲。对冲式逆冲断层常常与盆地伴生，自盆地两侧边缘向盆地中心逆冲，多发育于前陆盆地（图 8.26）。

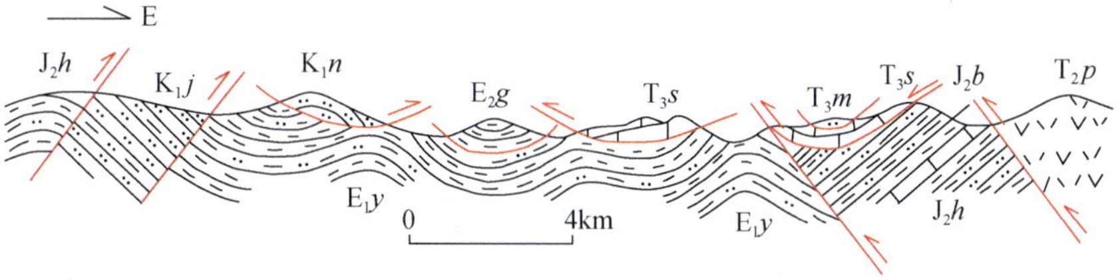

图 8.26　滇西北新生代对冲式逆冲构造（据沙邵礼等，2004）

E_2g- 始新统宝相寺组，E_1y- 古新统云龙组，K_1n- 下白垩统南新组，K_1j- 下白垩统景星组，J_2b- 中侏罗统坝注路组，J_2h- 中侏罗统花开左组，T_3m- 上三叠统麦初箐组，T_3s- 上三叠统三和洞组，T_2p- 中三叠统攀天阁组

4. 楔冲式

产状相近的一条（套）逆冲断层与一条正断层，共同构成上宽下窄的楔状冲断体，其本身由较老的盆地基底地层组成。逆冲断层下盘、正断层的上盘，由较新地层构成。这种构造多产于盆地内部或两盆地之间；造山带中的挤出构造也可造成楔冲式逆冲构造（图 8.27），如有人认为喜马拉雅造山带的藏南拆离系则因挤出构造所致（图 8.28）。

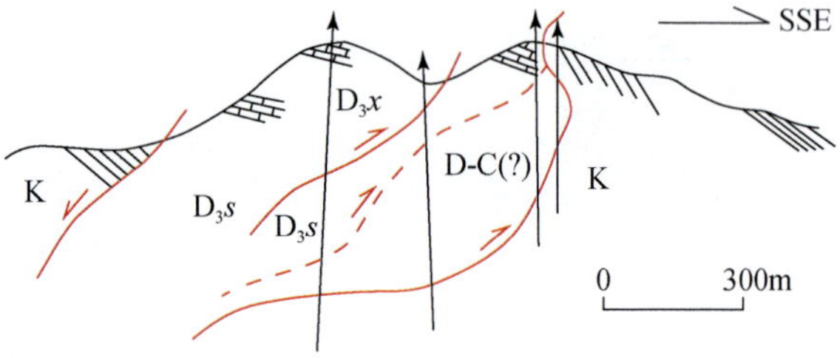

图 8.27 湖南衡阳探山岭楔冲构造（据朱志澄等，1982）

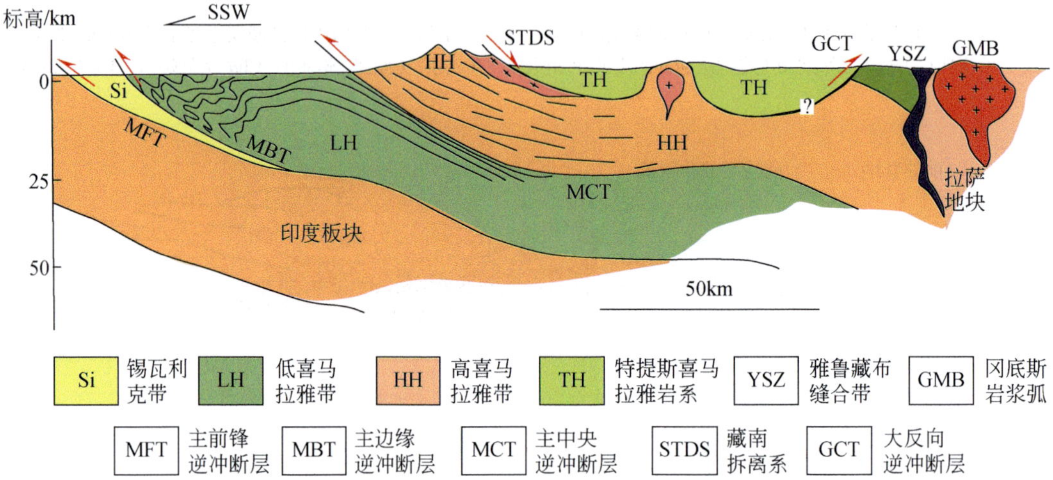

图 8.28 喜马拉雅造山带构造剖面示意图（据 Le Fort，1996；转引自张进江，2007）

8.3 逆冲推覆构造与褶皱的关系

自 Bertrand（1884）否定阿尔卑斯格拉鲁斯“双褶皱”，确定为推覆体之时起，地质学家已认识到逆冲推覆与褶皱相伴生。它们构成“**运动方向上具有一致性，成因上具有统一性，几何上具有对应性**”的逆冲褶皱系统。褶皱作用与断裂作用的关系，一直是地质学家关注的问题，焦点是逆冲推覆与褶皱形成中何者居主导地位的问题。

8.3.1 褶皱推覆体

有关问题的认识有一个长期发展过程。Bertrand（1884）和 Heim（1919）最早提出了褶皱推覆体（fold nappe）的概念。Heim（1921）在对瑞士阿尔卑斯 Helvetic 推覆体长期野外观察的基础上提出了一个模型，基本论点是强烈的挤压引起岩层褶皱，褶皱变形由弱到强，在倒转翼的拐点处因拉伸变薄而断裂，进而在断裂面上逆冲推覆，形成褶皱推覆体，进而划分了七个发展阶段：（a）具有倒转翼的褶皱；（b）倒转翼变薄；（c）倒转翼进一步变薄；（d）冲断层取代倒转翼；（e）上翼开始发生褶皱；（f）仰冲褶皱

（nappe）；（g）具有指状翘起的"倾伏（plunging）"推覆体（图 8.29）。认为真正的推覆体是沿平卧褶皱的下翼剪开发展而成，即先褶皱后逆冲，褶皱－逆冲－推覆过程。尽管这一理论有些陈旧，但在褶皱中，特别是下盘为向形而呈镜像的上盘为背形强烈发育的地区，这种模型还是值得考虑的。

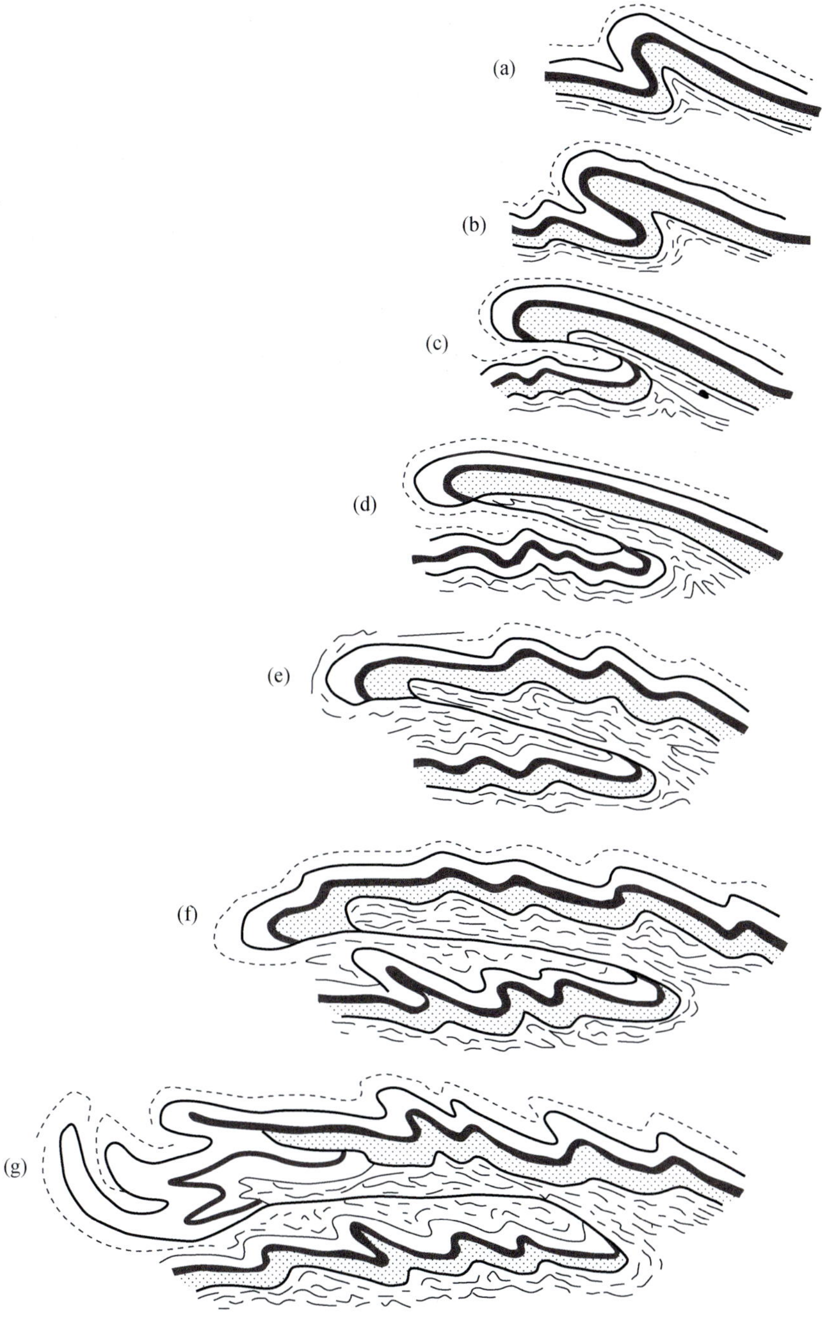

图 8.29　褶皱推覆体（fold nappes）的发育过程（据 Heim，1921；转引自 Ramsay，1992）

说明见正文

8.3.2 逆冲断层与褶皱

20 世纪 70 年代之后，随着对前陆冲断带和造山带逆冲推覆构造与褶皱作用的全面研究，认识到逆冲推覆引起了褶皱作用，形成冲断推覆体（thrust nappe），即冲断－褶皱－推覆过程，尤其在造山带的前陆带，而且断坡在褶皱形成中起重要作用，并进一步划分为三种类型。

1. 断弯褶皱

逆冲岩席在爬升断坡过程中引起的褶皱，称为**断弯褶皱**（fault-bend fold）。该类与断坡密切相关，在断坡之后形成。褶皱的几何形态反映了断坡的几何形态。棱角状的断坡形成棱角状、膝褶式的褶皱，而宽缓弧形的断坡形成滚圆状褶皱（图 8.30）。断坡与褶皱的几何关系可以用简单的计算机程序进行建模。因此，知道了褶皱的几何形态便可预测断坡的几何形态，反之亦然。也就是说，**随着断层位移量的增加，断弯褶皱规模逐渐加大，但断弯褶皱几何学形态及其与断层几何学形态之间的定量关系保持不变**。棱角状断坡和膝褶状褶皱尤其普遍，因为它们在几何结构上相对简单。断弯褶皱发育于区域宏观尺度［图 8.10（b）］、露头尺度（图 8.31），甚至显微尺度（图 8.9）。

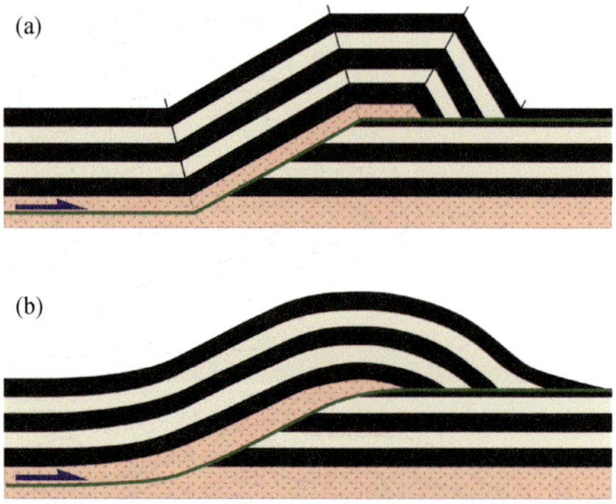

图 8.30 断坡与褶皱的几何关系——断弯褶皱（据 Fossen，2016）

（a）棱角状褶皱；（b）滚圆状褶皱

图 8.31 露头尺度的断弯褶皱（侯泉林摄于 2017 年）

河南嵩山九龙潭

有趣的是，与断弯褶皱有关的变形历史实际上就是上盘岩层进入并通过断坡所经历的变形历史。首先，上盘岩层向上弯曲以适应断坡的形状；然后，当它们通过坡道后，会恢复到原来的通常为水平的方向上（图 8.32）。因此，在较短的位移距离内，这些岩层发生了两次变形。从这个意义上说，断坡是一个在上盘向前陆方向运移到较高层次之前进行“加工”的区域。同样有趣的是，当断弯褶皱稳定后，断夹块或岩片后缘的褶皱被动地向前陆方向运送。该机理通常被认为是挠曲滑移或剪切，它保持了岩层原来的厚度和长度，并允许剖面上存在简单的运动学结构（如图 8.32）。

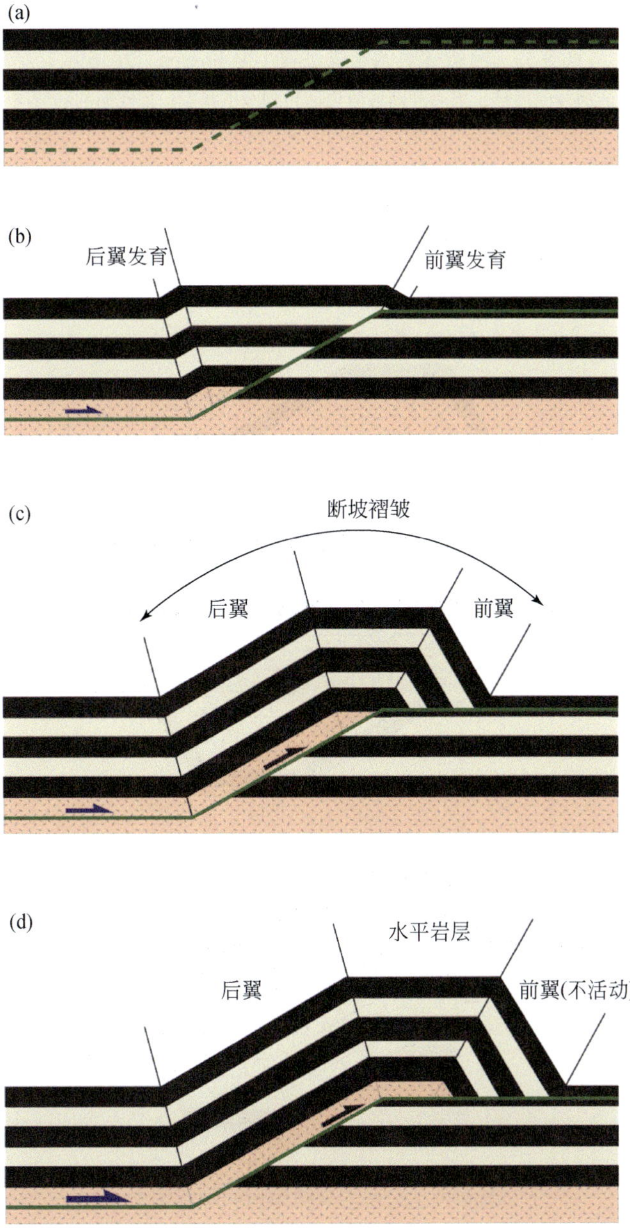

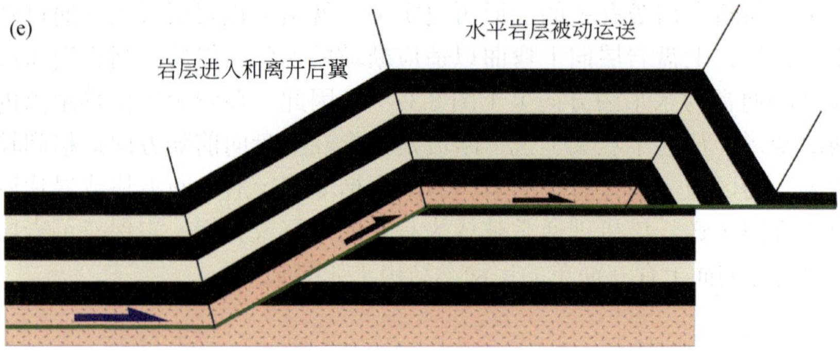

图 8.32　断弯褶皱的形成过程（据 Fossen，2016）

注意：在断坡段，上盘岩层倾向后陆，当离开断坡时再回转到水平状态；前翼向前陆方向（右）移动，而后翼保持不动

除此之外，断弯褶皱还有其他可能模型［图 8.33（b）、（c）］。逆冲断层面两侧岩层即上下盘具有不同的行为；被动的下盘和运动学上主动的上盘以及构造上抬升的上盘形成明显对照［图 8.33（a）］。为什么总是这样？这似乎是假设下盘向下挠曲比较困难，

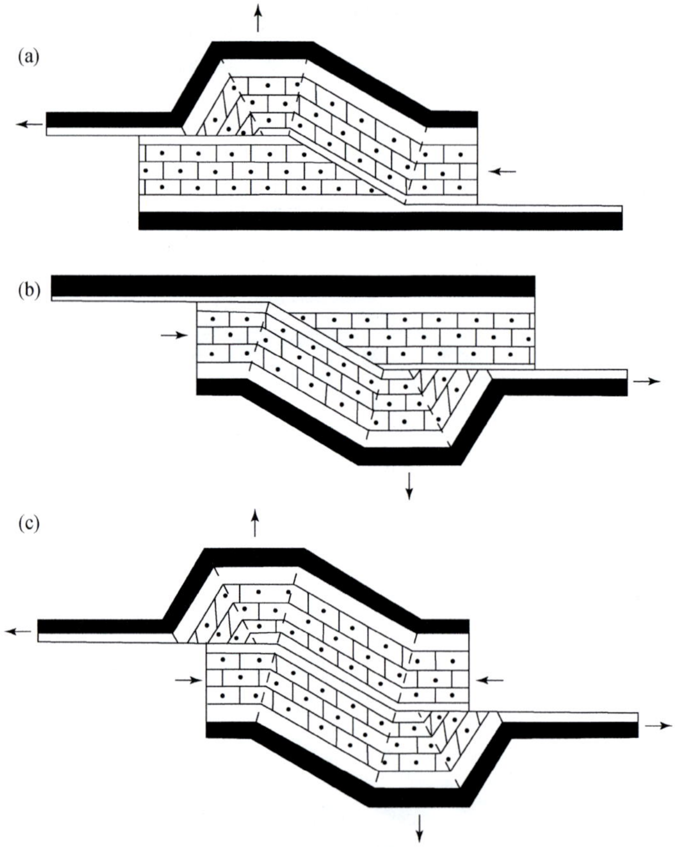

图 8.33　不同类型断弯褶皱模式图

（a）上盘主动变形式断弯褶皱（据 Supper，1983）［对应图 8.16（a）］；（b）和（c）分别相当于下盘主动和上下盘同时活动的断弯褶皱［对应于图 8.16（b）］

大概是因为体积或空间的限制。然而，如果逆冲断层上方和下方的岩石具有相似的流变学性质，并且地面在逆冲断层面之上相当高，则几何学上可能存在除图 8.33（a）所示位移方式之外的其他方式。例如，可以通过被动式上盘和褶皱的下盘实现逆冲断层的两侧同样的整体缩短量［图 8.33（b）］，或者逆冲断层两侧镜像式的变形缩短［图 8.33（c）］（Ramsay，1992）。这似乎不太好理解，但自然界却有其例。图 8.34 展示了一个 50m 高的采石场剖面，褶皱的侏罗系灰岩（能干层）和泥灰岩（非能干层），这似乎完全符合图 8.33（b）的几何学；而基默里奇湾（Kimmeridge Bay）逆冲构造似乎是图 8.33（c）的模式占主导地位（图 8.35）。不禁要问，为什么会发生下盘向下的弯曲位移？这其中几何形状似乎意味着断层两盘不会"感觉到"重力的作用（因为它们深深嵌入岩层中，或者逆冲作用相对于系统总体来说较小），或者下盘位移并没有受到刚性材料（如能干的结晶基底）的限制（Ramsay，1992）；还有就是如前所说的构造底垫作用（underplating），可能发育下盘主动的断弯褶皱。

图 8.34　灰岩与泥灰岩中上盘被动和下盘变形的断弯褶皱（Ramsay，1992）

瑞士苏黎世北西西 30km；参阅图 8.16（b）

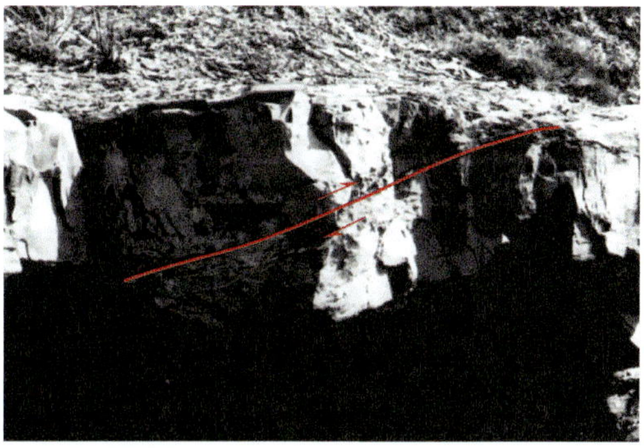

图 8.35　白云岩中逆冲断坡上下盘镜像对称式断弯褶皱（Ramsay，1992）

参阅图 8.16（b）

2. 断展褶皱

与正断层和走滑断层一样，许多逆断层和逆冲断层在形成或扩展时会在其端点（线）（tip）周围形成韧性褶皱带。在断层向前部浅层次扩展过程中，断层端点前方断层位移逐渐被褶皱变形所替代而形成的褶皱称为**断展褶皱**（fault-propagation fold），因与断层端点（线）有关，故也称为端点褶皱（tip fold）（图 8.36）。断展褶皱与断弯褶皱一样，也与断坡密切相关，但不同的是断展褶皱形成于逆冲断层的终端，在断坡形成的同时或近于同时发生，意味着逆冲断层沿着断坡的位移逐渐消失以至停止。断展褶皱与断弯褶皱和其他类型的褶皱不同，它随断层端线（tip）的扩展而前移；而断弯褶皱位于断坡之上保持不动，岩石进入并通过褶皱，前翼岩层趋于陡倾甚至倒转。

典型的断展褶皱形成于断层向上扩展的近水平地层中。图 8.37 展示了断展褶皱形成过程的简单模型。如果岩层厚度保持不变，可以简单地构建一个褶皱的几何形态，该几何形态是位移梯度、断层倾角和断层几何形态的函数。据此，可以根据褶皱要素对隐伏滑脱层深度及几何样式进行预测。

图 8.36 断展褶皱

（a）断展褶皱模式图；（b）加拿大落基山南部灰岩中的断展褶皱（McCklay，2004）；（c）变质岩中的断展褶皱（据张长厚资料，2019）

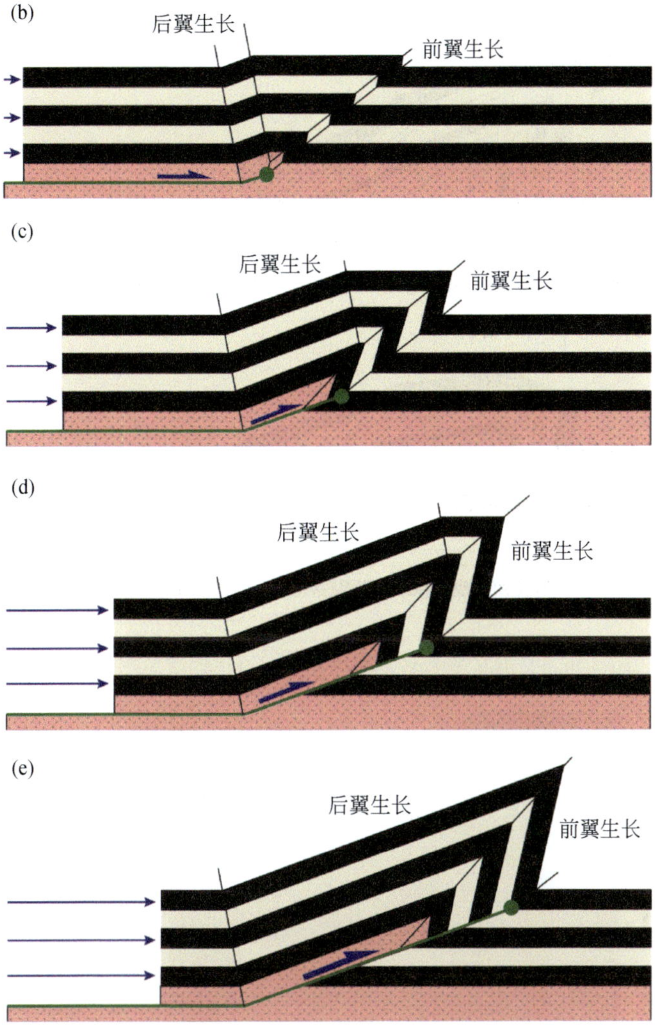

图 8.37　断展褶皱发育过程图示（据 Fossen，2016）

一般来说，如果位移不断积累，逆冲断层会突破断展褶皱（图 8.38）。结果沿断层会形成牵引褶皱，尤其是上盘，有时下盘也可形成。逆冲断层往往会突破陡倾的短翼或低位的向斜，造成断层与上盘岩层之间的大角度关系（图 8.39）。

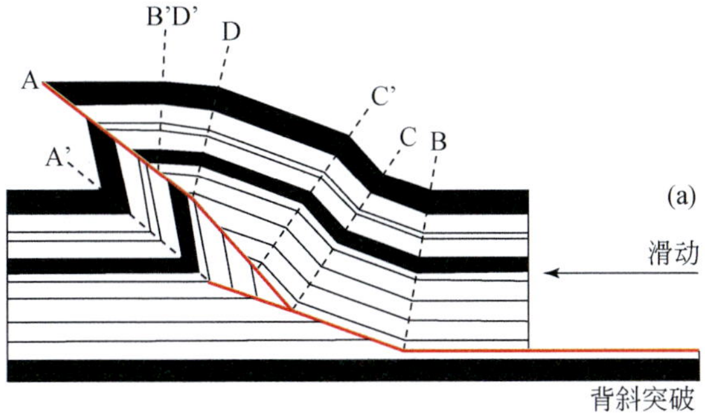

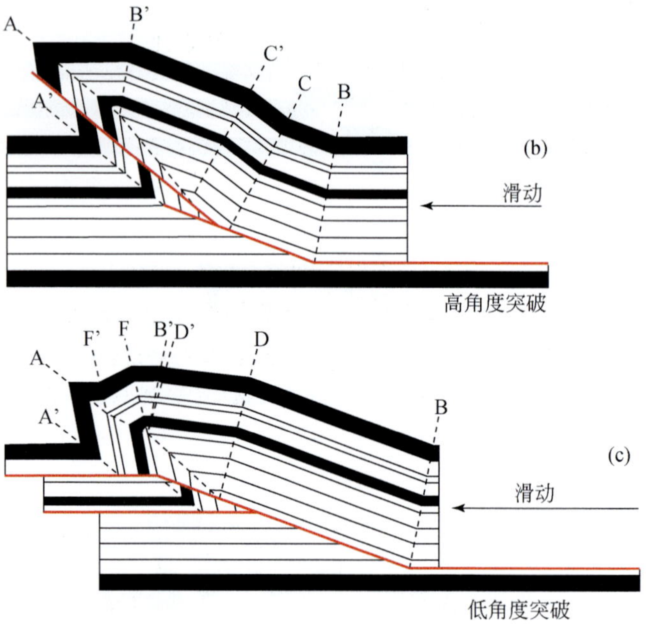

图 8.38　断展褶皱的突破图示（转引自张长厚资料，2019）

图 8.39　挪威斯瓦尔巴特古近纪冲断褶皱带中的断展褶皱（据 Fossen，2012）

断弯褶皱、断展褶皱可共同发育于同一构造系统的不同部位（图 8.40）。

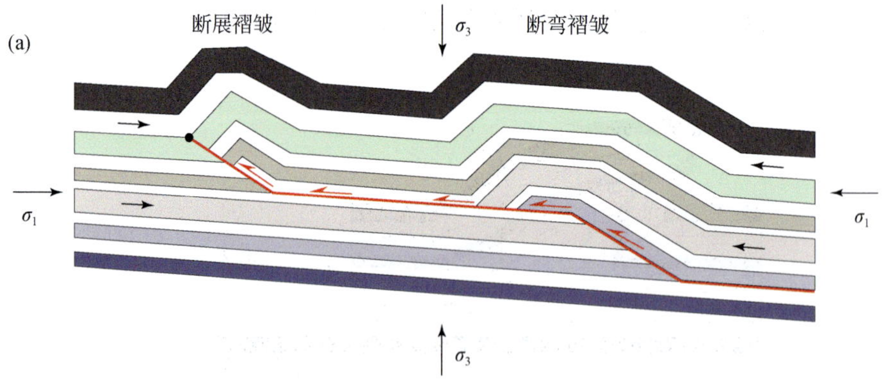

图 8.40　发育于同一构造不同部位的断展褶皱和断弯褶皱

（a）断展褶皱和断弯褶皱同时发育于同一构造的不同部位示意图；（b）河南嵩山九龙潭断展褶皱和断弯褶皱（侯泉林摄于 2017 年）

3. 断滑褶皱

前已述及，断弯褶皱和断展褶皱均与断坡有关，还有一种与断坡无关的褶皱类型。沿着水平滑脱面发生的顺层断层滑动，在断层上盘运动的前方逐渐被褶皱变形所取代，这种褶皱叫做**断滑褶皱**或**滑脱褶皱**（décollement folds），也称为**拆离褶皱**（detachment folds）。该种褶皱产于逆冲断层终端，与断坡无关，完全是顺层滑脱的结果（图 8.41）。褶皱之下的顺层滑脱带的位移向前陆方向逐渐消减以至消失（图 8.42），易发生于其下有能干层垫伏的柔性层（如页岩和蒸发岩）中。如果层状岩系的韧性差异不够显著，则易于发生断展褶皱。总之，断滑褶皱形成于滑脱面之上，可以是任何尺度，并且滑脱面上方变形的岩层与下方不变形的岩层通常发生解耦（图 8.42），褶皱过程中上覆的生长地层厚度从顶端向两翼发生规律性变化，一般向两翼逐渐变厚［图 8.41（b）］。

断滑褶皱通常是直立平行褶皱（层厚恒定），有时具有箱状褶皱几何形状和相反的轴面倾向（图 8.43）。褶皱岩层与其周围岩石之间的大的黏度差有利于一系列纵弯褶皱（褶皱列车）的形成。沿拆离断层向前陆方向变形逐渐减弱，最终以盲断层（blind fault）终止。有时会形成一种特殊类型的由拆离断层控制的褶皱，其中拆离面从一个薄弱层向上转移到更高层位的薄弱层［图 8.42（b）］。从原理上讲，这些褶皱类似于逆冲断坡，只是两

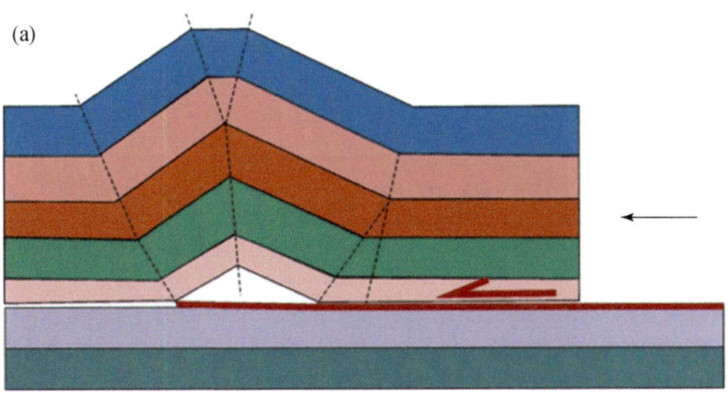

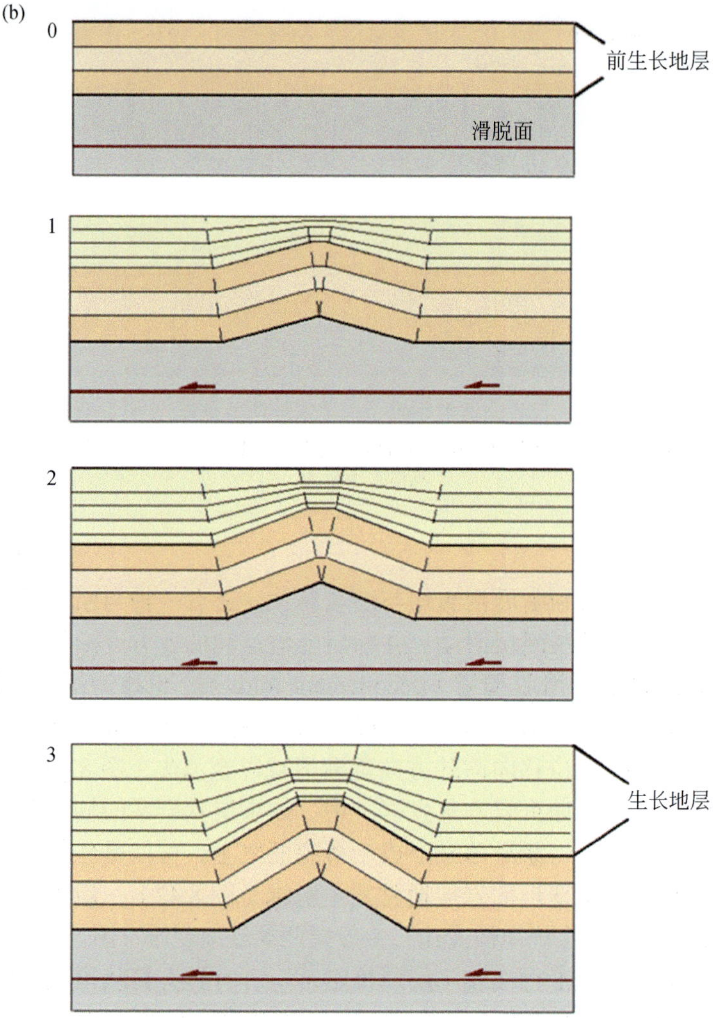

图 8.41　断滑褶皱及其形成过程图示（转引自张长厚资料，2019）

（a）断滑褶皱图示；（b）断滑褶皱形成过程图示，注意褶皱形成过程中上覆同沉积地层的厚度变化

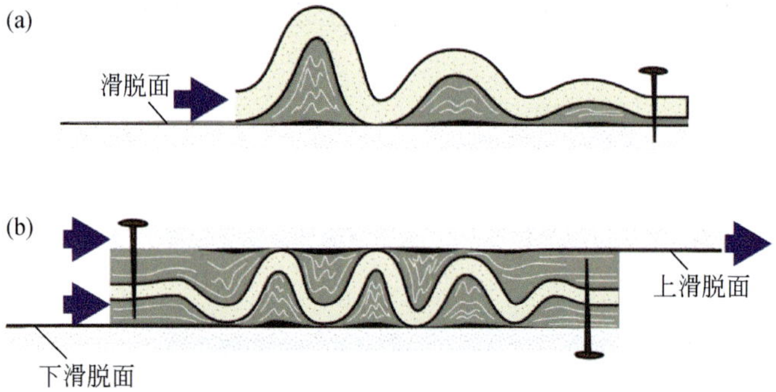

图 8.42　不同形式的断滑褶皱（据 Fossen，2016）

（a）缩短过程中发育于滑脱面之上的断滑褶皱；（b）当位移沿运动方向向上传递时，在两个滑脱面（带）之间形成相关类型的褶皱

个滑脱层之间是纵弯褶皱作用而不是叠瓦式断层作用或构成双重构造。位移的垂直传递可能是由于软弱层终止的缘故［图 8.42（b）］。

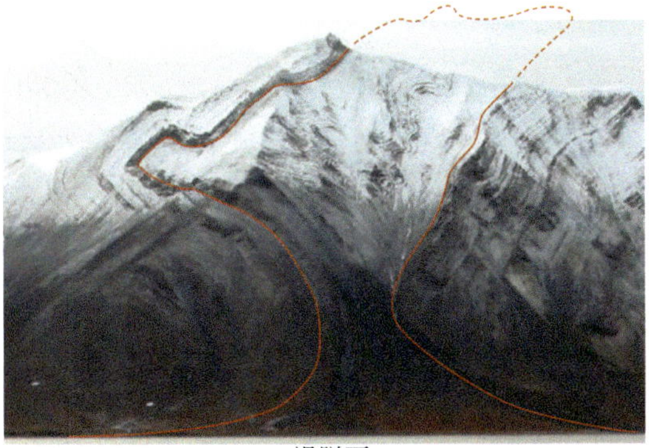

图 8.43　大尺度的拆离褶皱（据 Fossen，2016）

挪威 Spitsbergen 古近纪冲断褶皱带拆离褶皱；位于海平面以下

典型的拆离褶皱是直立的，但由于简单剪切作用也可以使之倒转，甚至断层突破褶皱形成断展褶皱，随着位移的进一步积累可发展为断弯褶皱，也就是说，随着位移量的增大，三种不同类型的断层相关褶皱之间可能形成递进演化过程（图 8.44）。

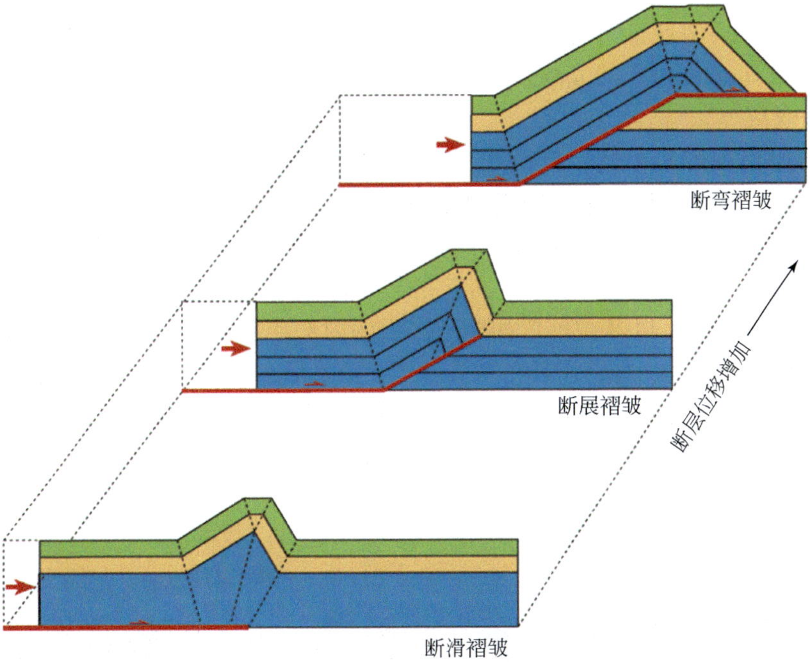

图 8.44　断滑褶皱－断展褶皱－断弯褶皱的转换示意图（转引自张长厚资料，2019）

注意：断展褶皱被置换为断弯褶皱

阿尔卑斯前陆带的侏罗山是拆离褶皱的经典例子，也就是说，造山带的前陆褶皱冲断带的前陆褶皱带主要表现为侏罗山式褶皱，多为拆离褶皱（即断滑褶皱）（图 8.45），而前陆冲断带的褶皱多表现为断弯褶皱。

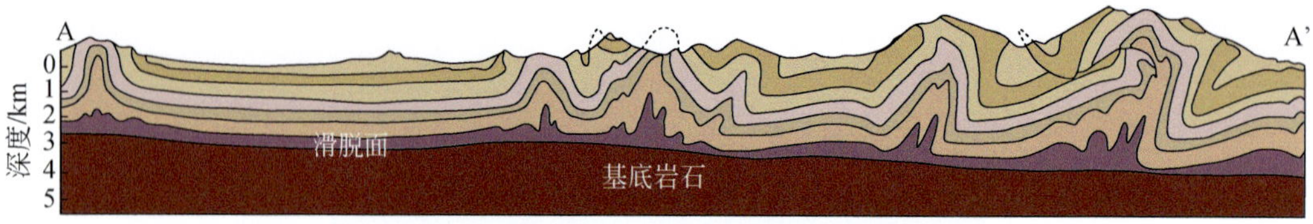

图 8.45 阿尔卑斯造山带侏罗山的构造剖面图（据 Heim，1921）

主要由拆离褶皱构成的侏罗山式褶皱；注意：剖面位于阿尔卑斯前陆褶皱冲断带的褶皱带上

8.4 薄皮构造

8.4.1 薄皮构造特征

加拿大落基山的构造剖面［图 8.1（b）］表明，强烈的褶皱和断裂的地层仅限于基底之上，而基底却没有参与其中。像这种强烈的变形仅限定在基底之上，而基底本身不变形，期间存在一滑脱面（décollement）或拆离面（detachment）的构造称为薄皮构造（thin-skinned structure）。实际上，基底滑脱面本身通常是一个薄弱的层位，如黏土、页岩或盐甚至煤层等。

尽管滑脱面很容易描述，但很难解释。19 世纪，地质学的先驱们在侏罗山和阿尔卑斯山填图时，首先认识到了滑脱断裂作用（décollement faulting）和薄皮逆掩断层作用（thin-skinned overthrusting）的存在。他们绘制出了一些巨大的地层被强烈褶皱和断裂的推覆体（nappes），这些推覆体位于具有完全不同构造特征的结晶岩之上。图 8.46 是一个巨大规模的推覆体，以及被推覆如此距离后的内部变形情况。推覆体内的褶皱作用不仅在山脉的尺度上如此壮观，而且在露头尺度乃至手标本尺度上也如此壮观（图 8.47）。推覆构造给我们展示了一种新的理念——“柔如磐石”！或者说“万物皆可流”，只要时间够。近些年来常用的“隧道流”（channel flow）实际上也是这个理念。

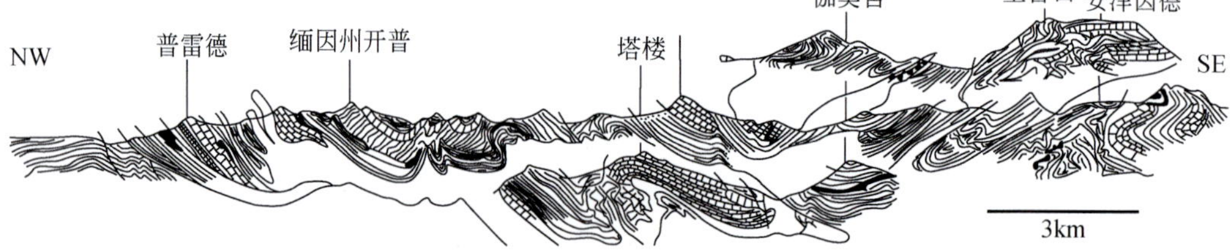

图 8.46 阿尔卑斯山的局部剖面（据 Truümpy，1960；转引自 Davis，2012）

展示了与推覆体有关的褶皱作用、逆冲作用和变形特征

图 8.47　小尺度的推覆构造（据 Davis，2012）

展示了平卧褶皱以及分隔上部的褶皱岩石与下部未褶皱岩石的滑脱面。取自挪威北部的加里东推覆体

构想薄皮逆掩推覆作用和推覆体的变形困扰了地质学家几十年，特别是关于逆冲作用的动力学问题：如果逆冲断层由挤压缩短作用形成，为什么基底不受影响？还是其他？如果变形的盖层作为整体移动，需要多大的力才能将其移动上百千米？这一难题被称为“逆冲作用悖论”（paradox of overthrusting），因为将逆冲岩片水平移动如此大的距离，所需要的力远大于岩石的抗压强度。

8.4.2　前陆和后陆的构造样式比较

1. 前陆带构造样式

前已述及，前陆带的典型构造样式是叠瓦式逆冲构造和双重构造。这种构造主要发育于基底之上的沉积盖层中。阿尔卑斯侏罗山提供了前陆构造样式的绝佳例证（图 8.48），J-K 沉积层被褶皱和叠置。挪威奥斯陆北部加里东前陆褶冲带展示了更为广泛的逆冲叠瓦构造和双重构造（图 8.8）。这两个例子中，基底几乎没有变形，而且底板逆冲断层或滑脱带将缩短的沉积盖层与基底相分离。这就是前陆地区的构造变形特征——薄皮构造。这与碰撞造山带核心部位的构造相比，相对比较简单。

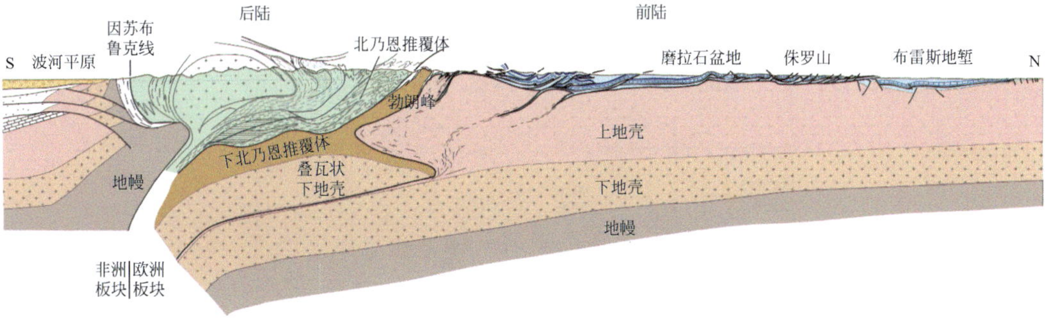

图 8.48　阿尔卑斯造山带剖面图（据 Schmid and Kissling，2000；转引自 Fossen，2016）

展示了北侧（右）前陆带的薄皮变形特征，以及更为复杂的后陆的变形特征

2. 后陆带的构造样式

后陆带中，基底也卷入变形，故称为厚皮构造（thick-skinned tectonics）。后陆的推覆体较前陆更厚，而且大部分由变质岩和岩浆岩组成。阿尔卑斯碰撞造山带的解释剖面展示了整个下地壳被叠置（图 8.48）。后陆的另一特征是岛弧或外来地体（terranes）在碰撞过程中仰冲到大陆边缘。后陆推覆体的变形变化较大，可以从内部不变形到透入性变形。它们的透入性褶皱被称为褶皱推覆体（fold nappes）。从内部到外部整体表现出糜棱岩组构的推覆体可称为糜棱岩推覆体（mylonite nappes）。有些情况下，先存的基底断层在缩短和垂向构造隆升过程中被重新激活时，也可在远离强烈的碰撞区域（后陆）处形成厚皮构造，例如，拉拉米造山带的弧背前陆带也发育厚皮构造（见 8.4.3 节）。

总之，薄皮收缩性构造形成典型的双重构造和叠瓦式逆冲构造及其相关褶皱，而厚皮构造则形成更大的应变更复杂的推覆体。

8.4.3 北美西部的两个构造带比较

北美西部科迪勒拉造山带发育两个几何特征不同的构造带，尽管二者均与东太平洋法拉龙板块（Farellon plate）向北美大陆西侧边缘的俯冲有关[图 8.49（a）]，均属于科迪勒拉造山带的弧背前陆冲断带。一个是早白垩世—古近纪的塞维尔构造带（Sevier belt），其特征是具有薄皮构造性质的褶皱和冲断构造。其东侧卷入了古生代—中生代的沉积岩层，逆冲岩片就位于寒武系页岩中弱的基底滑脱面之上[图 8.49（b）]。往西，随着基底滑脱面向后陆方向往下切，新元古代地层和一些基底被卷入逆冲岩片中。塞维尔带的地层经历了早期近 W-E 向的顺层缩短，然后是整体向东大规模逆冲，并随着时间的推移向前陆推进，形成了典型的褶皱 - 冲断楔（fold-thrust wedge）。向板块边缘和腹

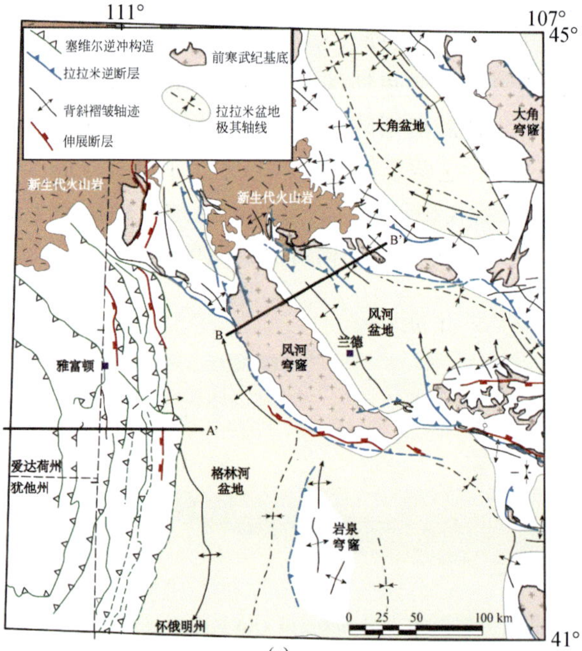

(a)

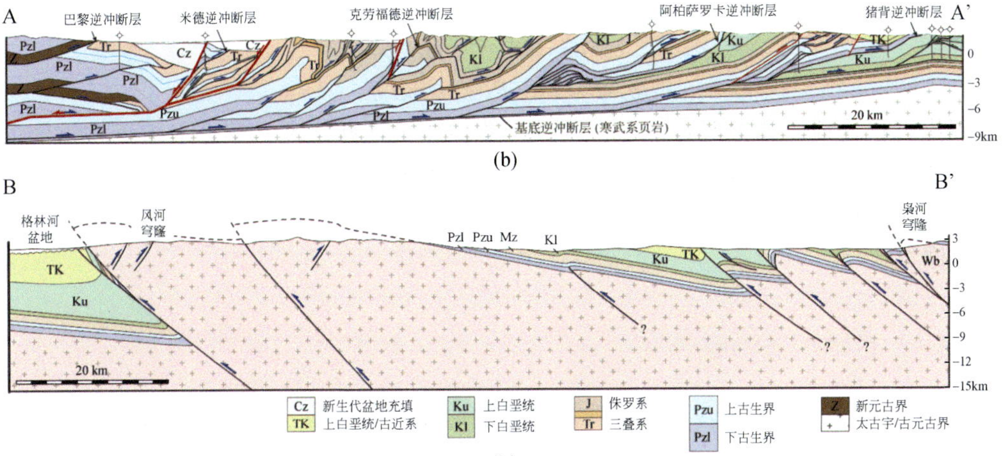

(c)

图 8.49　北美西部科迪勒拉造山系（据 Yonkee *et al.*，2013；Coogan *et al.*，1992；转引自 Fossen，2016）

陆方向的高地形岩浆弧以高角度方式缩短。

另一个构造带，即拉拉米（Laramide）前陆带主要形成于晚白垩世—古近纪，时间上与塞维尔带部分重叠，但是以厚皮构造式的深入基底的断层为特征［图 8.49（c）］。拉拉米带的沉积地层比较薄，形成于克拉通地壳，没有形成扩展式冲断楔。拉拉米带的岩石经历了早期近 SW-NE 向的顺层缩短，随后是大规模的逆断层作用和以基底为核心的隆升。所以，前陆带尽管常常发育薄皮构造，但此处因先存断层的再活动也形成了厚皮构造。

8.5　逆冲推覆作用的力学悖论

8.5.1　Hubbert 和 Rubey 的突破

有关逆冲推覆作用力学机理研究方面的突破性成果之一恐怕是 Hubbert 和 Rubey（1959）的文章。他们计算了推动如加拿大落基山脉、美国西部科迪勒拉山脉，以及阿巴拉契亚山脉中已知类似大小的外来逆冲地体大致所需要的力的大小。但这个力如果作用于这块地壳的后部，大大超过了花岗岩的破裂强度。实际上，他们的结论是，在水平表面上能够推动的最长的逆冲岩片不过 10km 左右。考虑到逆冲岩片不是被推动，而是在重力作用下向坡下滑动的可能性，他们也计算了重力模型的动力需求。结果一样，即使是重力推动机理，也不可能存在大规模的逆冲岩片。

解决这一逆冲悖论的方案包括修改库仑破裂准则（库仑准则参阅第二卷第 2 章 2.2 节）。他们的结论是，能使逆冲岩片在一个没有内聚力（τ_0）的逆冲断层上滑动的临界剪应力（σ_c），仅简单地等于内摩擦系数（$\tan\phi$）与有效正应力（σ_n^*）的积，其中 $\sigma_n^*=\sigma_n-$

P_f，有

$$\sigma_c=\tau_0+(\sigma^*_n)\cdot\tan\phi$$

$$\sigma_c=\tau_0+(\sigma_n-P_f)\cdot\tan\phi$$

现代沉积盆地（如墨西哥湾），其顺层流体压力如此之高，接近上覆沉积盖层的静岩应力值。如此，流体压力实际上支撑着所有上覆岩石的重量！当有效正应力（σ^*_n）几乎为 0 时，阻止逆冲作用的力将无关要紧。这样，移动一个逆冲岩片所需要的就是克服滑动摩擦力。

8.5.2 著名的啤酒罐实验

Hubbert 和 Rubey（1959）通过啤酒罐实验论证了他们的公式。这一著名的实验是在办公室完成的，只是花费了两罐啤酒钱。拿两个刚喝完的啤酒罐（最好非铝质的），一个放在冰箱里，另一个倒置在水平、干净的湿玻璃板上。然后慢慢抬起玻璃板的一端，同时用量角器随时测量当啤酒罐开始滑动时玻璃板的倾斜角度，大约为 17°，相应求得金属在湿玻璃板上的滑动摩擦系数约为 0.3。在冰箱里的啤酒罐冷冻后，迅速取出并做同样的实验，发现玻璃板仅倾斜约 1° 时啤酒罐便开始滑动。这是因为罐内冷空气受热膨胀增加了流体压力（P_f），抵消了啤酒罐与玻璃板之间的正应力，使有效正应力（σ^*_n）大为降低，甚至接近于 0。据此提出了超孔隙流体压力理论（Hubbert and Rubey，1959）。另一方面，这一实验过程也告诉我们，有些实验尽管能够解决重大问题，甚至产生重要理论，但并不复杂，也不需要花费科研经费，只要勤于观察，善于思考。其实，留意观察，现实生活中有许多类似现象，如我们在食堂刚盛一碗热饭菜，放在湿的饭桌上，碗会自己滑移一段距离，尽管我们看不出桌面的倾斜；相反，如果我们盛的是一碗常温饭菜，放在同样的桌面上则不会滑动。

啤酒罐实验给了我们许多启示。然而，几乎与 Hubbert 和 Ruby（1959）提出高流体压力可以解决逆冲作用悖论的同时，许多地质学家担心，冲断带的高流体压力在逆冲作用发生的地质时间跨度内能持续多长时间。这一困惑在某种程度上似乎可以理解：试想，一个在深部破裂的活动逆冲断层会在其传播前缘形成挤压应力环境。当这一受压的前缘作用于尚未破裂的平伏沉积岩层时，其中的孔隙流体必然经历流体压力的增加过程。随着孔隙流体压力（P_f）的增加，有效正应力（$\sigma^*_n=\sigma_n-P_f$）随之减小，使得冲断前缘犹如漂浮在下盘之上的气垫船向前推移。

8.5.3 逆冲岩片并非整体移动

Price（1988）研究发现，区域逆冲岩片不是作为一个整体同时向前推进的。相反，一次特定的逆冲地震只是区域逆冲推覆系统中某些极小部分局部的应变能释放的结果。整个逆冲岩片的运动犹如小的蠕虫运动一样。断层面上某一段的滑动将释放一个位置上的应变能，并且将应变能向前传递，为下一滑动增量做准备。

激活整个断层中某一小部分所需的应力当然大大小于将整个逆冲岩片向前推进一次所需应力。看来，原来假设的整体一次移动是错误的。流体压力提升可能在逆冲作用中起着重要作用，但其作用和表现方式通常可能是在相当瞬间和局部地方达到某种临界水平，在整个逆冲断层的某一小块触发滑移，然后随着滑移发生而消散。如此往复触发滑移的过程称为液压泵作用（hydraulic pumping）。这种机制与地震学家在地震 / 滑移事件中“看到”的情况是一致的。

8.6　楔形模型与造山楔

8.6.1　楔形模型的提出

然而，最终完全解决逆冲作用力学悖论的当属逆冲作用楔形模型的提出。20 世纪 70 年代末，杰出的构造质学家 Chappel（1978）指出，薄皮褶皱和冲断带实际上是楔形，向后端变厚，而不是平板状［图 8.1（b）］。此外，Chappel 还强调了这种区域性楔形体形成于一个下伏的弱滑脱面上方，楔形体内部强烈变形（Chappel，1978）。在此基础上，Chappel 构建了薄皮逆冲作用力学模型。既不是整个块体在桌面上滑动，也不是啤酒罐在玻璃板上向下移动。

Davis（1983）和 Dahlen 等（1984）针对楔形几何模型构建了薄皮褶皱作用和逆冲作用的数值和实验模型。进而 Davis（1983）针对冲断带提出了临界楔形体（critical taper）的概念。他们假设楔形冲断带为“库仑材料”，完全符合库仑破裂准则。设想冲断楔或造山楔的形成和演化均类似于推土机前面积累的砂或砾石或雪的楔形体（图 8.50）。仔细观察推土机作业过程会发现，没有黏性的材料（如沙子）在楔形体形成之前不会整体移动（图 8.50）。在整体移动之前，楔形体必须达到临界楔角，临界楔角与被推材料的内摩擦系数和材料表面的外部滑动摩擦有关。**只有楔角小于临界楔形角时，楔形体才处于稳定状态。而当某种原因导致楔角超过临界楔形角时，楔形体将通过不同方式使楔形角恢复到临界楔形角以下。**

图 8.50　冲断楔形体的形成和演化图示（据 Dahlen *et al.*，1984；转引自 Fossen，2016）

冲断楔以及造山楔的形成和发育过程非常类似于推土机前面的雪或碎石楔形体的积累过程；楔形体表面与滑脱面间的夹角称为楔形角

8.6.2 造山楔

造山带的褶皱和冲断带在剖面上整体呈楔形几何形状，向前陆方向逐渐变薄。这种构造楔通常发生在造山带和增生楔中。无论是前陆剖面，还是从前陆到后陆的整个造山带剖面，二者都趋于呈楔形几何形态，故称为“造山楔”（orogenic wedges）。

往往将构造楔的形成与上述楔形模型类比（图 8.50）。在浅层地壳层次的脆性变形域，楔体形状不仅取决于施加力和重力，而且还取决于：①基底冲断层或滑脱面的摩擦力；②楔体物质的内部强度和内摩擦系数；③楔体表面的各种剥蚀作用［图 8.51（a）］。原则上，楔体的几何形状与楔体的实际大小无关，因此当楔体的长度随着前部叠瓦式生长变长时，其内部也会变形，以保持稳定的形状。总之，造山楔或增生楔的形状由基底摩擦力、楔形材料的强度和侵蚀作用控制。基底摩擦力较小的弱的楔形体在剖面上显得长而薄。

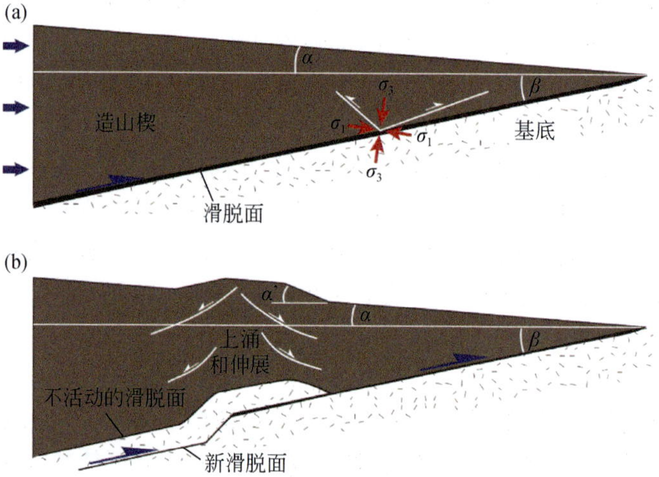

图 8.51 造山楔作用原理示意图（据 Fossen，2016）

（a）造山楔的形成与楔体的倾角、摩擦力、尾部作用力、重力与楔形体的内部强度或流变性质密切相关；（b）构造地垫作用（tectonic underplating）造成隆升和失稳。相应楔体产生正断作用而减薄。因此，正断层可以在活动的造山带中形成

基底摩擦力是楔形模型的主要控制因素，基底摩擦力较小时，楔形体更低更长。造山楔的基底摩擦力受控于相对较弱的基底滑脱面。这个滑脱面（带）通常由富含层状硅酸盐矿物的岩石构成，升高的流体压力可能更为重要。流体在俯冲带中发挥着特别重要的作用，其中滑脱带可作为湿沉积物、变质带的重结晶和脱水反应等释放流体的通道。升压的流体大大减弱了其间的摩擦力。我们可以模拟除雪机：当底部摩擦因地下不规则而增大时，所需要的推力也增大，雪或沙堆积的也更高、坡更陡，如前陆带构造楔因构造底垫作用（underplating）而隆升，进而失稳，产生正断作用而减薄［图 8.51（b）］。这说明楔体形状取决于基底摩擦力。

楔体内的应力必须与变形材料的强度一致，即对于楔体内的每个点，应力都必须是

临界状态。这就是为什么造山楔模型被称为临界锥或临界楔形模型的原因。当应力升高时，材料会立即变形，直到恢复平衡为止。在数学模型中，库仑破裂准则被用于模拟临界楔形，这对于楔体浅部（上地壳）的部分至关重要。这一模型被称为库仑楔（Coulomb wedges）。大型的和更深的造山楔，例如挪威西南部加里东造山楔（图 8.52），由塑性流变律控制，为此已发展了黏性和塑性介质的简单楔形模型。

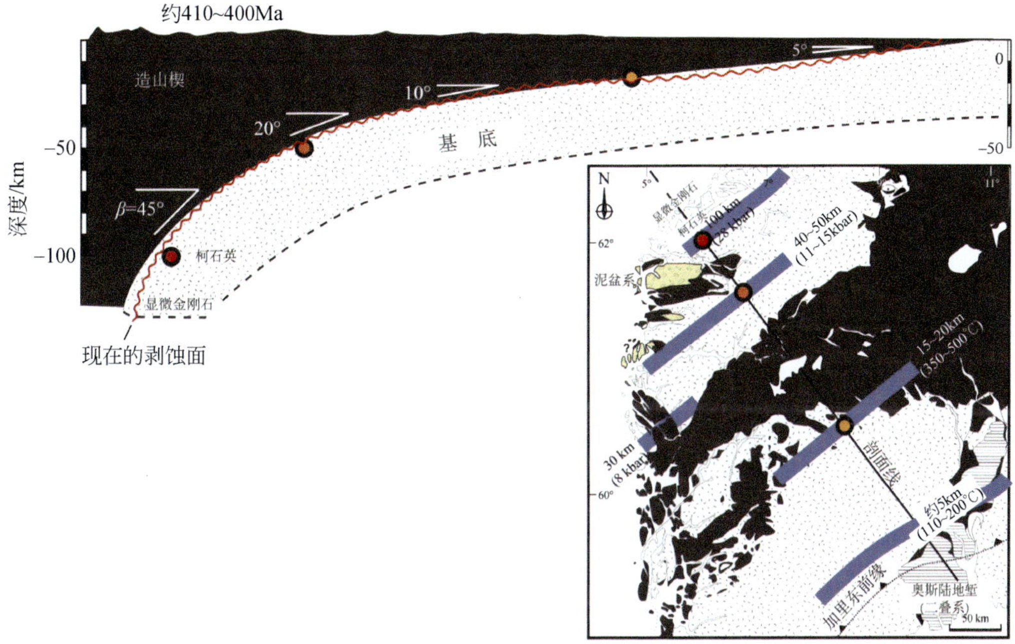

图 8.52　加里东造山运动末期挪威西南部造山楔简图（据 Fossen，2016）

基于古地形和温度资料构建

楔体表面的侵蚀和沉积作用，物质被移除、添加或重新分配，都会降低表面坡度，使楔体变得不稳定。结果使楔体中的物质通过岩石和沉积物的内部再分布而垂向上升。实际上，通过逆冲作用以及褶皱作用可以达到平衡，使地表坡度趋于稳定。在此过程中，岩石垂直运动，以致变质岩被带到近地表。

当楔形体各处都处于临界角、濒临崩溃时，会构成典型的稳定楔形体几何形状。前端通过叠瓦作用和双重构造变形方式叠置，楔体浅部保持不变形。然而，造山楔的后陆区域，基底岩石可能被卷入楔形体，引起滑脱带位置和摩擦力的改变，造成楔体垂向生长。如图 8.51（b）所示，基底岩片被撕裂并入楔形体，造成局部增厚。这种局部加厚造成了斜坡不稳，再次通过局部拉伸减薄得到补偿。这种减薄是通过楔体上部的正断作用实现的，而沿滑脱带向前陆方向的运动则继续进行。

8.7 观察与实践

8.7.1 实践训练

分析下列照片中的逆冲推覆构造（图 8.53）。

(3)
(4)
(5)
(6)
(7)

图 8.53 野外逆冲推覆构造分析实践

8.7.2 分析参考

逆冲推覆构造分析参考（图 8.54）。

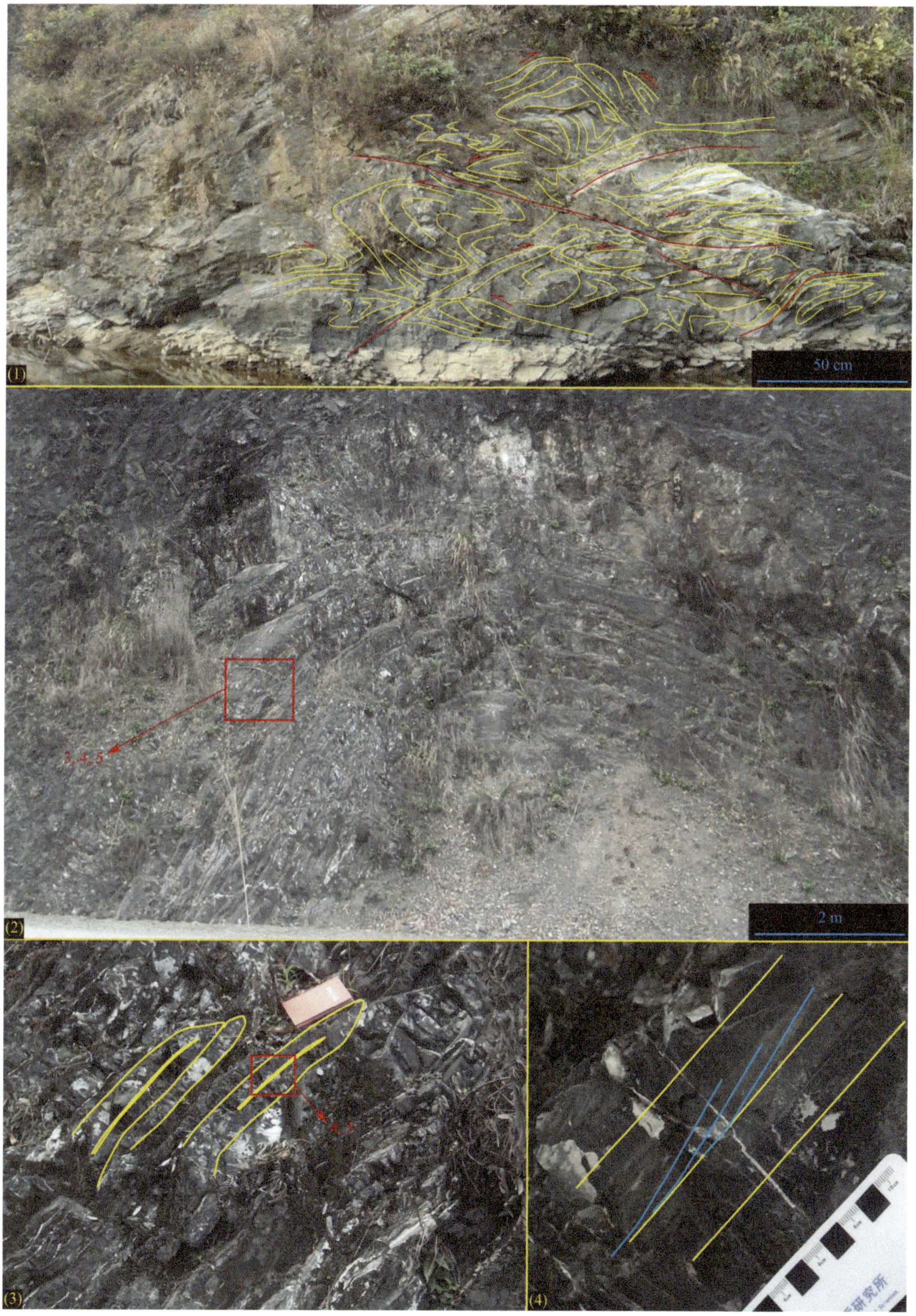

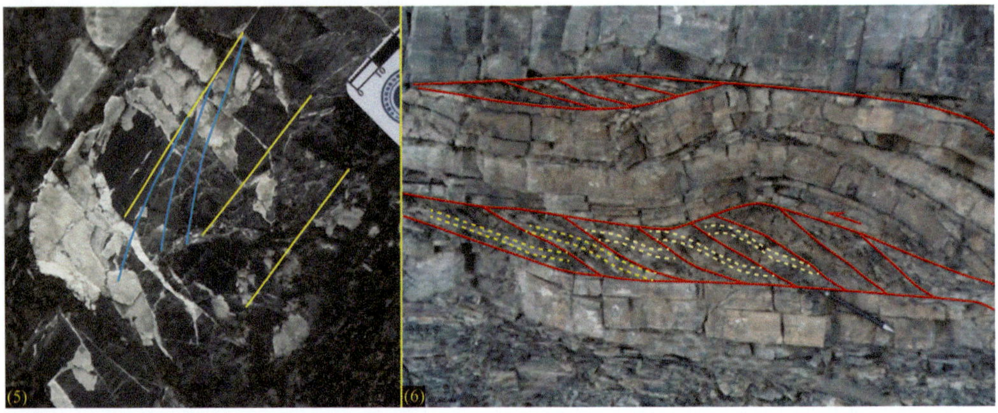

(7)

图 8.54 野外逆冲推覆构造分析参考

照片说明：（1）朝鲜瑞兴郡泛雁里长寿山剪切带中的背形堆垛双重构造（侯泉林摄于 2015 年）；（2）～（5）广西那坡褶冲带背形堆垛双重构造及局部放大照片，交错层理指示正常层序［图 8.54（4）］；紧闭褶皱作用倒转翼，层理指示岩层倒转［图 8.54（5）］（侯泉林摄于 2016 年）；（6）河北兴隆方框子沟双重构造（张长厚提供）；（7）～（10）广西那坡 P_2 灰岩中背形堆垛双重构造及局部放大照片；（11）朝鲜凤山郡天德里双重构造（侯泉林摄于 2005 年）；（12）敦煌造山带冲断构造（断展褶皱）（侯泉林摄于 2016 年）；（13）法国阿尔卑斯造山带断展褶皱（侯泉林摄于 2010 年）；（14）加拿大落基山断展褶皱（据 Fosson，2016）

思 考 题

1. 岩石圈的圈层性与逆冲推覆构造的关系。
2. 叠瓦状逆冲构造及其扩展方式。
3. 双重构造的类型和特征。
4. 逆冲构造的组合形式及其对应的构造环境。
5. 逆冲推覆构造与褶皱的关系。
6. 薄皮构造与厚皮构造及其对应的构造环境。
7. 如何看待逆冲推覆作用的力学悖论问题?

参考文献

侯泉林 . 1993. 闽西南前陆褶皱冲断带初步研究 // 李继亮 . 东南大陆岩石圈结构与地质演化 . 北京 : 冶金工业出版社 , 1 ～ 33

侯泉林 , 武昱东 , 吴福元等 . 2008. 大别 – 苏鲁造山带在朝鲜半岛可能的构造表现 . 地质通报 , 27(10): 1659 ～ 1666

侯泉林 , 李培军 , 李继亮 . 1995. 闽西南前陆褶皱冲断带 . 北京 : 地质出版社 , 1 ～ 107

沙绍礼 , 殷质豫 , 夏抱本 . 2004. 滇西北新生代逆冲推覆构造 . 云南地质 , 23(2): 154 ～ 163

翁文灏 . 1919. 大青山南部逆掩断层 . 地质汇报 .

张进江 . 2007. 北喜马拉雅及藏南伸展构造综述 . 地质通报 , 26(6): 639 ～ 649

张长厚 , 邓洪菱 , 李程明等 . 2012. 燕山板内造山带中部"承德逆冲构造"的褶皱相关断裂构造模型 . 地学前缘 , 19(5): 27 ～ 40

朱志澄 , 纪克诚 , 樊光明 . 1982. 我国南方某些红盆地中楔状冲断体初探 . 地球科学 - 中国地质大学学报 , 1: 77 ～ 86

Banks C J, Warburton, J. 1986. 'Passive-oof' duplex geometry in the frontal structures of the Kirthar and Sulaiman mountain belts, Pakistan. Journal of Structural Geology, 8(3 ～ 4): 229 ～ 237

Bailey E B. 1938. Eddies in mountain structure. Geological Society of London Quarterly Journal, 94: 607 ～ 625

Bertrand M. 1884. Rapports de structure des Alpes de Glaris et du bassin houiller du Nord. Bulletin Society of Geology, 3: 318 ～ 330

Boyer S E, Elliott D. 1982. Thrust systems. Aapg Bulletin, 66(9): 1196 ～ 1230

Chapple W M. 1978. Mechanics of thin-skinned fold-and-thrust belts. Geological Society of America Bulletin, 89(8): 1189 ～ 1198

Chappel W M. 1978. Mechanics of thin-skinned fold-and-thrust belts. Geological Society of America, 89: 1189 ～ 1198

Coogan J C, Link P K, Kuntz M A, *et al*. 1992. Structural evolution of piggyback basins in the Wyoming-Idaho-Utah thrust belt. Regional Geology of Eastern Idaho and Western Wyoming. Geological Society of America Memoir, 179: 55 ～ 81

Couzens-Schultz B A, Vendeville B C, Wiltschko D V. 2003. Duplex style and triangle zone formation: insights from physical modeling. Journal of Structural Geology, 25(10): 1623 ~ 1644

Dahlen F A, Suppe J, Davis D. 1984. Mechanics of fold-and-thrust belts and accretionary wedges: cohesive Coulomb theory. Journal of Geophysical Research: Solid Earth, 89(B12): 10087 ~ 10101

Dahlstrom C D. 1970. Structural geology in the eastern margin of the Canadian Rocky Mountains. Bulletin of Canadian Petroleum Geology, 18(3): 332 ~ 406

Davis G H, Reynolds S J, Kluth C F. 2012. Structural Geology of Rocks and Regions (3rd ed.). Hoboken: John Wiley and Sons, 1 ~ 839

Davis G H. 1983. Shear-zone model for the origin of metamorphic core complexes. Geology, 11(6): 342 ~ 347

Debelmas, J. 1983. Alpes du Dauphiné Guides Géologiques Régionaux, Masson Ed. Paris, 1 ~ 198

Frisch W, Meschede M, Blakey R. 2011. Plate Tectonics-Continental Drift and Mountain Building. London New York Berlin Heidelburg: Springer-Verlag, 1 ~ 217

Fossen H. 2016. Structural Geology (Second Edition). New York: Cambridge University Press, 1 ~ 528

Heim A. 1919. Geologie der Schweiz: Leipzig. CH Tanchnitz

Heim A. 1921. Geologie der Schweiz, II. Die Schweizer Alpen, Tauchnitz, Leipzig

Hubbert M K, Rubey W W. 1959. Role of pore fluid pressure in the mechanics of overthrust faulting. I: Mechanics of fluid-filled porous solids and its application to overthrust faulting. Geological Society of America Bulletin, 70: 115 ~ 205

King Hubbert M, Rubey W W. 1959. Role of fluid pressure in mechanics of overthrust faulting: I. Mechanics of fluid-filled porous solids and its application to overthrust faulting. Geological Society of America Bulletin, 70(2): 115 ~ 166

Le Fort P. 1996. Evolution of the Himalaya. In: Valdiya K S (Eds). The Tectonic Evolutioin of Asia. New York: Cambridge University, 95 ~ 106

McClay K R, Buchanan P G. 1992. Thrust Faults in Inverted Extensional Basins. In: McClay K R (Eds). Thrust Tectonics. Dordrecht: Springer, 93 ~ 104

McClay, K. R. 2005. Thrust Tectonics and Hydrocarbon Systems: Introduction. AAPG Memoir, 82: ix ~ xx

McClay K R. 2012. Thrust Tectonics. Springer Science and Business Media

Mitra S. 1986. Duplex structures and imbricate thrust systems: geometry, structural position, and hydrocarbon potential. Aapg Bulletin, 70(9): 1087 ~ 1112

Morley C K. 1986. A classification of thrust fronts. AAPG Bulletin, 70(1): 12 ~ 25

Nickelsen R P. 2009. Overprinted strike-slip deformation in the southern Valley and Ridge in Pennsylvania. Journal of Structural Geology, 31(9): 865 ~ 873

Price R A, Mountjoy E W. 1970. Geologic structure of the Canadian Rocky Mountains between Bow and Athabasca Rivers: a progress report. Geological Association of Canada Special Paper, 6: 7 ~ 25

Price R A. 1988. The mechanical paradox of large overthrusts. Geological Society of America Bulletin, 100(12): 1898 ~ 1908

Ramsay J G. 1981. Tectonics of the Helvetic nappes. London: Geological Society, Special Publications, 9(1): 293 ~ 309

Ramsay J G. 1992. Some geometric problems of ramp-flat thrust models. In: McClay K R (Eds). Thrust

Tectonics. Dordrecht: Springer, 191 ~ 200

Schmid S M, Kissling E. 2000. The arc of the western Alps in the light of geophysical data on deep crustal structure. Tectonics, 19(1): 62 ~ 85

Suppe J. 1983. Geometry and kinematics of fault-bend folding. American Journal of science, 283(7): 684 ~ 721

Trümpy R. 1960. Paleotectonic evolution of the Central and Western Alps. Geological Society of America Bulletin, 71(6): 843 ~ 907

Woodcock N H, Fischer, M. 1986. Strike-slip duplexes. Journal of structural geology, 8(7): 725 ~ 735

Yin A. 2006. Cenozoic tectonic evolution of the Himalayan orogen as constrained by along-strike variation of structural geometry, exhumation history, and foreland sedimentation. Earth-Science Reviews, 76(1 ~ 2): 1 ~ 131

Yonkee A, Weil A B, Mitra G. 2013. Transect of the Sevier and Laramide orogenic belts, northern Utah to Wyoming: evolution of a complex geodynamic system. Field Guides, 33, 83 ~ 137

第9章 走滑构造

走滑断层（strike-slip fault）犹如正断层和逆断层一样，构成了最为重要的断层类型之一。最初，它们是在美国加州、日本和新西兰被注意到，这些地区发育了长且位移量相当大的走滑断层，因其与大的地震密切相关而著名。因此，认识这些断层及其发生的构造机制无论在学术层面，还是公众层面都具有重要意义。此外，转换挤压和转换拉张会产生各类不同构造，而且存在应变分配等现象，这些内容一并在本章简单介绍。

9.1 走滑断层与转移断层概念

9.1.1 走滑断层

走滑断层（strike-slip faults）是指位移矢量平行于断层走向从而平行于地球表面的断层（图 9.1）。走滑剪切带（strike-slip shear zones）是指塑性变形机制占主导地位的较深层次的断层，但也有走滑断层的趋势。走滑断层具有以下特征：

1）走滑断裂带包括一系列与主断裂带相平行或以微小角度相交的次级断层，单条断层一般延伸不远，各级断层分叉交织，构成发辫式；

2）常伴生有褶皱、断裂以及断隆和断陷盆地等构造；

3）断层两侧地层－岩相带呈递进式依次错移，时代越老移距越大；

4）断裂带常呈直线延伸，甚至穿过起伏很大的地形仍保持直线形状，航、卫片上可有清楚显示。

沿走滑断层走向，尤其是垂直于位移的剖面上也会出现不规则弯曲和几何形状。走滑断层可以是任何规模尺度，如世界上最著名的两个最大规模的走滑断层：美国加州的圣安德烈斯断层和土耳其的北安纳托利亚断裂。

走滑断层可以是左旋的或右旋的，理想情况下基本

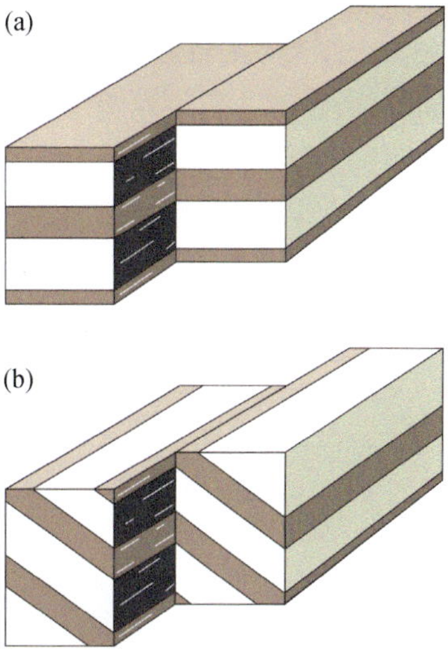

图 9.1 走滑断层图示（据 Fossen，2016）

（a）岩层水平的走滑断层；（b）岩层走向与断层平行。均为左旋剪切

不涉及岩石的垂向运动。逆断层和正断层的延伸范围受到地壳厚度的强烈限制，但走滑断层可以延伸到整个地球，从理论上讲，它积累了无限大的位移，尽管这种跨越地球规模的走滑断层还尚未被发现。因此，著名的陡倾断层和剪切带，如苏格兰的大峡谷断层（Great Glen fault）、北欧的 Tornquist 带、挪威 Spitsbergen 的 Billeforden 断层、加拿大的大奴隶湖剪切带、格陵兰西南部的 Nordre Strömford 剪切带和新西兰的阿尔卑斯山断裂，已被认为有几百或数千千米的横向位移。

9.1.2 转移断层

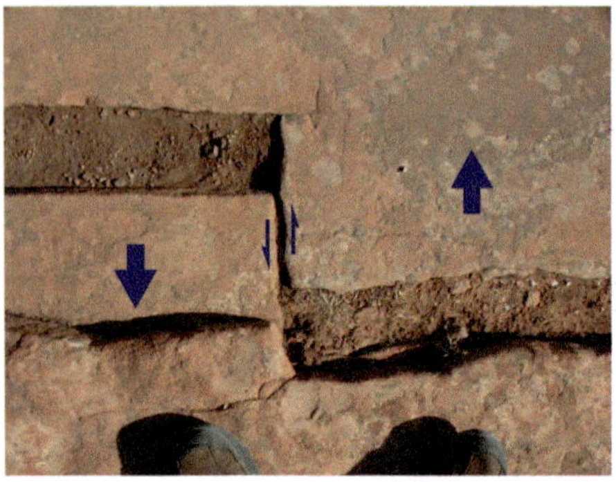

图 9.2 两个张破裂间的左旋转移断层（据 Fossen，2016）

走滑断层因其不同的运动学特征而赋予不同的名称。转移断层（transfer faults）是一种特殊的走滑断层，它将位移从一个断层转移到另一个断层。一般来说，与至少一条其他断层相连的任何类型的断层都涉及位移转移，但这里“转移断层”术语具体指一种特定类型的走滑断层，即其末端终止于其他断层或伸展破裂。因此，转移断层是有边界的，不能自由生长，这就影响了其位移-长度关系。总之，转移断层是通过走向滑动来转移两个伸展或收缩断层间的位移。

转移断层可以发育于任何尺度规模，连接一系列构造。转移断层可以连接张开的或被矿物充填的张裂隙（图 9.2）、岩脉、岩墙、同倾向或反倾向的正断层［图 9.3（a）、图 9.4］、斜向断层、逆断层［图 9.3（b）］等。在更大的尺度下，转移断层错移大陆裂谷轴，局部发育反倾向裂谷断层。在大洋中脊，大洋裂谷沿转移断层发生错移，形成板块边界的一种类型——转换断层（transform faults）（详见第一卷第 3 章 3.2 节和第一卷图 3.17、图 3.18），所以也可以说转换断层是转移断层的一种。

有些陆内大型走滑断层（如横推断层，transcurrent faults）在浅部切过地表，在深部，它们可能终止于逆冲断层、伸展断层，以及俯冲带（图 9.5），或者可能穿过脆性-塑性过渡带，继续向下形成陡倾的韧性剪切带。

(a)

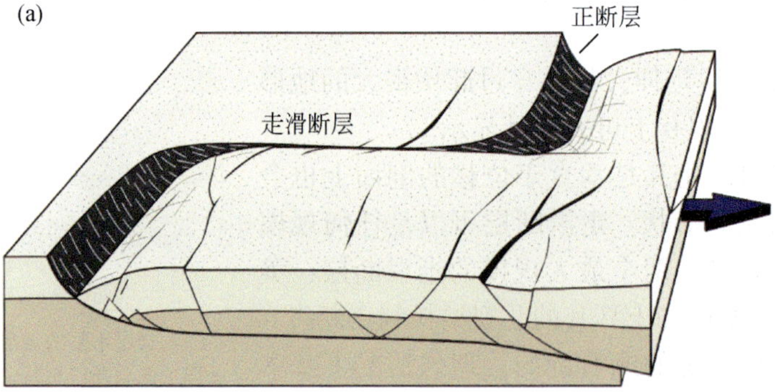

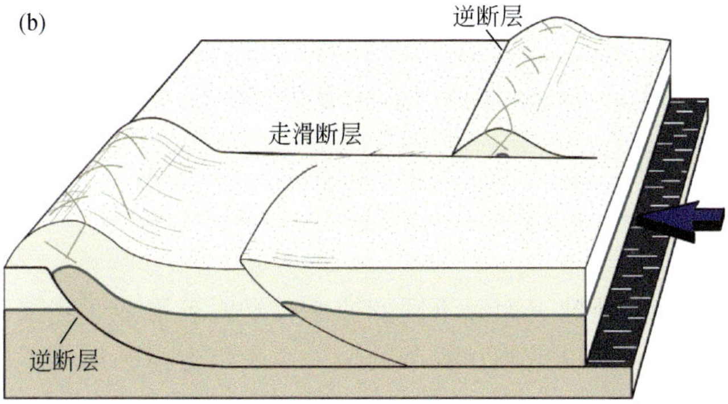

图 9.3　沿侧断坡的走滑运动图示（据 Fossen，2016）

（a）伸展背景；（b）收缩背景。该走滑断层属于转移断层，可以有显著的偏移距，也可以在走向上有很小或没有位移量。转移断层末端与伸展或收缩断层相连

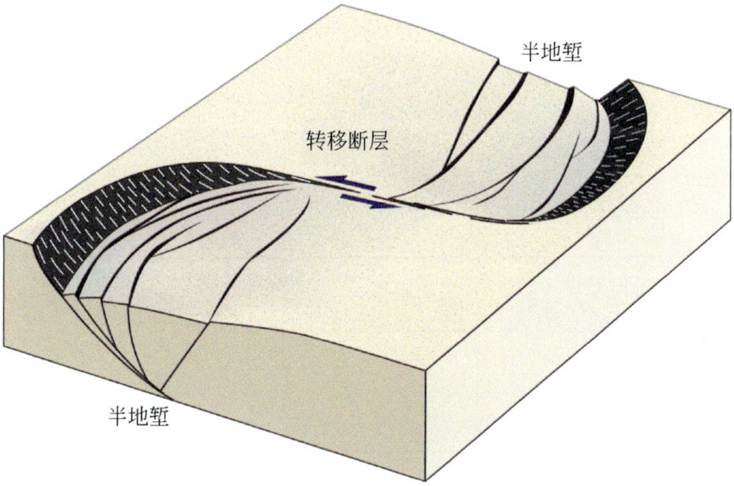

图 9.4　连接反向半地堑的转移断层图示（据 Fossen，2016）

这种转移断层在东非裂谷以及北海裂谷非常常见

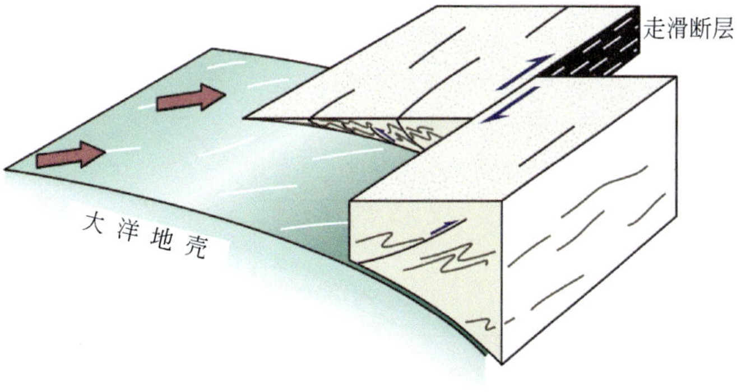

图 9.5　植根于斜向俯冲带的大型走滑断层图示（据 Fossen，2016）

该模式已应用于美国圣安德烈斯断层：俯冲的大洋板块为太平洋板块；拆离的块体为萨莱纳（Salina）地块

9.2 走滑构造的发育过程

9.2.1 走滑构造的实验研究

当地壳的各个部分沿着地球表面以不同的速率移动时就形成了走滑断层。与正断层和逆断层一样，走向滑移构造也是非常复杂的，一系列与走滑断层有关的次级构造十分发育，实验有助于我们了解这些重要的次级构造。最著名的是里德尔（Riedel）20 世纪初的黏土实验，影响深远。他的实验装置很简单，两个坚硬的木块上覆盖一层黏土。错动两个木块，应力传递到上覆黏土层，并逐渐变形（图 9.6）。里德尔很快意识到，黏土层并没有形成清晰的单一断层，而是由一排小的破裂构成的变形带。

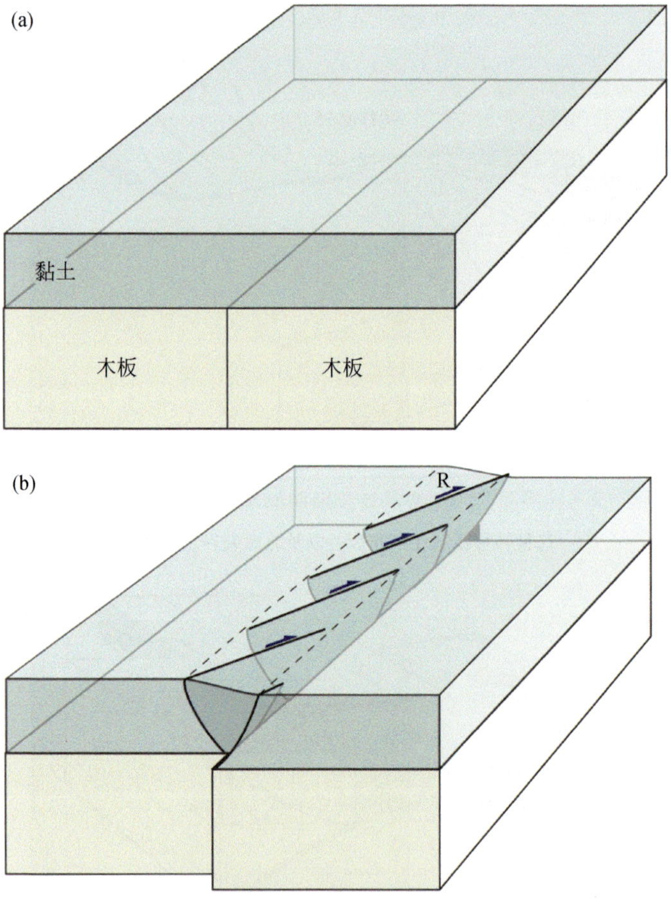

图 9.6 里德尔实验的物理模型（据 Fossen，2016）

两块木板上覆盖一层黏土（a），错动两块木块（b）。注意，里德尔破裂的几何形状，以及剪切带向上变宽的特征

Wilcox 等（1973）设计了一些黏土饼实验，以评价由于走滑断层作用发育的构造模

式（图 9.7）。黏土饼在金属面板上制作，金属面板可以相对均匀移动。金属面板之间的接触线决定了上覆黏土中发育的由走滑断层作用形成的线状构造带的位置和方向。实验前，预先在黏土饼上印上参考圆，以便评价变形过程中的应变、平移和旋转［图 9.7（a）］。金属面板的初始走向滑动导致黏土变形，使得参考圆变为椭圆［图 9.7（b）］。进而，黏土沿与下伏金属面板接触线方向开始断裂［图 9.7（c）～（f）］。

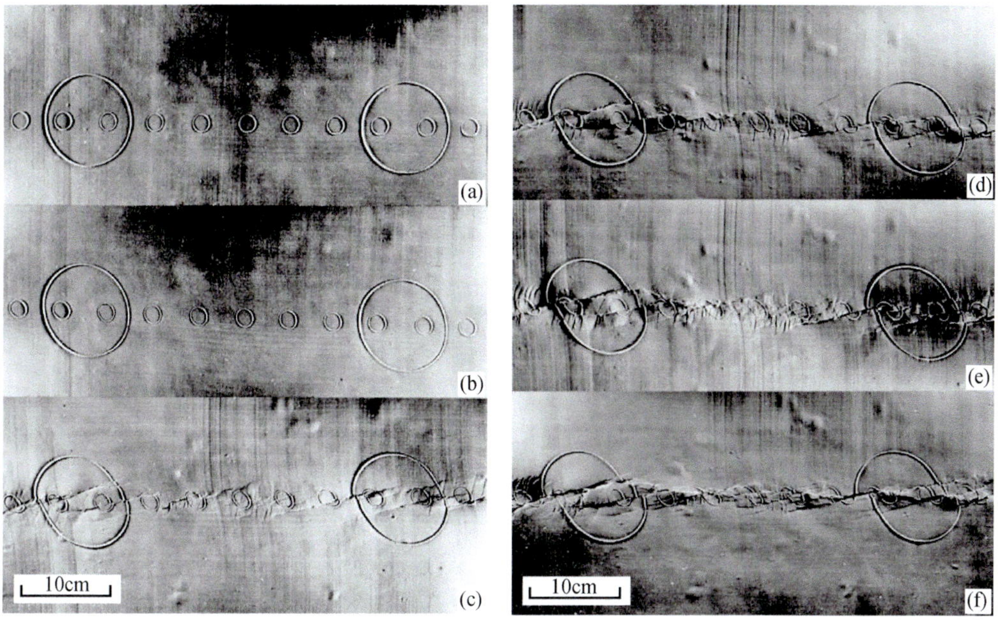

图 9.7　走滑断层作用的黏土饼变形实验（据 Wilcox *et al.*，1973；转引自 Davis *et al.*，2012）

走滑断层作用是通过水平移动黏土饼下伏的两块金属面板而实现。（a）实验装置；（b）黏土的初始变形；（c）断裂作用启动，同向和反向断层形成；（d）～（f）断层作用持续进行。褶皱与最大有限拉伸方向平行

Waldron（2005）总结了黏土变形实验中形成的走滑断裂带内的断层作用和褶皱作用。他以右旋走滑为例（图 9.8），描述了随着断裂带的发生，带内一系列构造所组成的系统：①共轭走滑断层；②褶皱轴；③逆断层；④正断层［图 9.8（a）］。走滑断裂带中显著的标志是初始夹角为约 60° 的共轭断层［图 9.8（a）］（注意，不同材料和岩石该角度会有所变化）。两个共轭断层系中，一组的滑动方向与主断裂带滑动方向相同，称为同向断层系，如图 9.8（a）在右旋背景下发育的右旋走滑的次级断层即为同向断层系；另一组的滑动方向与主断裂带滑动方向相反，称之为反向断层系，如图 9.8（a）在右旋背景下发育的左旋次级断层即为反向断层系。同向断层与主断层（裂）带呈小的锐夹角（约 15°），反向断层与主断层带呈大锐夹角（约 75°）［图 9.8（a）］。最初形成的褶皱和逆断层垂直于最大瞬时缩短方向而平行于最大瞬时伸长方向。相比来说，正断层垂直于最大瞬时伸展方向，其走向平行于最大瞬时缩短方向［图 9.8（a）］。

Waldron（2005）强调，持续的走滑剪切作用会导致系统中各次级构造要素的旋转，正如在非共轴剪切中所看见的那样。当这些先前形成的元素旋转到新的方向时，一些要素旋转到了需重新活动的断层方位［图 9.8（b）、（c）］。例如，在旋转的中间阶段，

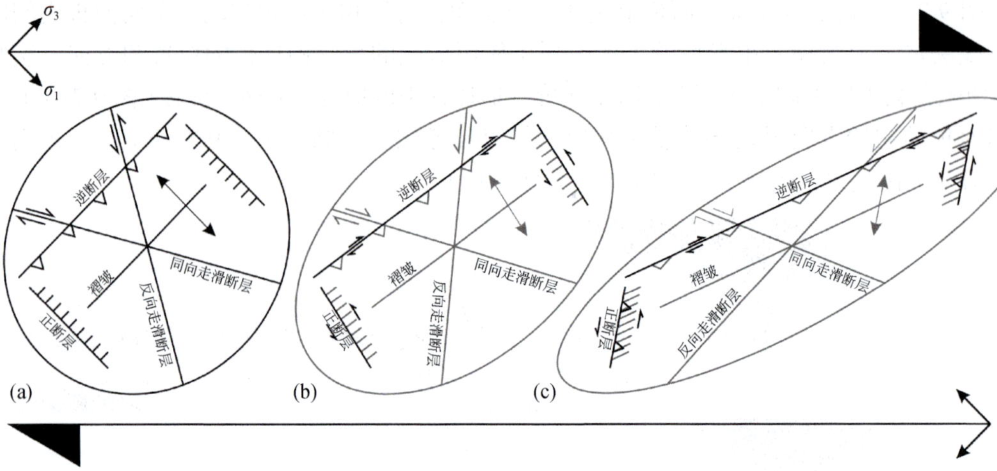

图 9.8 右旋简单剪切作用下走滑断层带的应变图示（据 Waldron，2005；转引自 Davis，*et al.*，2012；说明见正文）

早期形成的正断层同时具有左旋走滑运动，而逆断层则同时具有右旋走滑运动[图 9.8(b)]。再进一步旋转，正断层具有斜向滑动，表现为左旋逆冲断裂作用［图 9.8（c）］。走滑断裂带内的褶皱将呈雁列式排列，单个褶皱的轴线与最大有限拉伸方向（*a* 轴）平行（图 9.9）(Wilcox *et al.*，1973)。

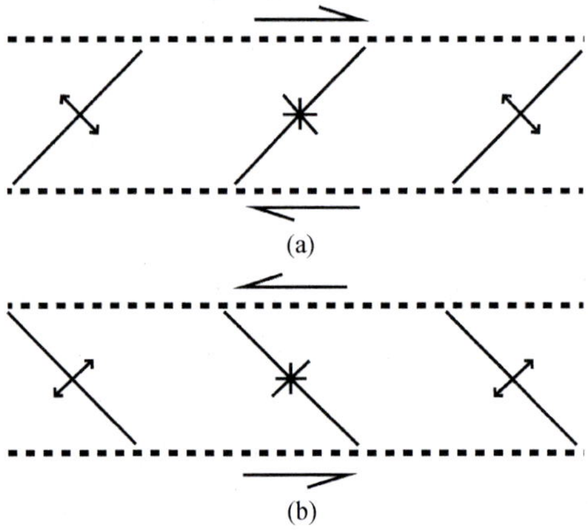

图 9.9 走滑剪切带中的雁列式褶皱（据 Davis *et al.*，2012）

（a）右旋；（b）左旋

9.2.2 走滑剪切带中的各类构造

1. 单条走滑断层（简单剪切条件下）

从前面所述的实验结果可以看出，走滑剪切带与其他类型剪切带一样（参见第 4 章），带中发育各类次级构造。根据其性质和方位，冠以不同的名称。剪切作用过程中，首先形成两组共轭剪破裂。其中一组称为里德尔剪破裂（Riedel shear fractures），或 R- 破裂（或

R- 剪切），与主剪切带呈小角度相交，且具相同剪切方向［图 9.6（b）］。另外一组剪破裂是反向破裂，与主体剪切带呈高角度相交，称为 R′ - 剪破裂［图 9.10（a）中的黑色虚线，也称 R′ - 破裂或 R′ - 剪切］，通常不如 R- 破裂发育。第三组与 R- 破裂具有相同剪切方向的破裂即为 P- 剪破裂（P- 破裂）［图 9.10（a）］。P- 破裂通常是在 R- 破裂形成之后发展起来的，其发育可能与沿剪切带局部应力场的瞬时变化有关（Fasson，2016）。所以，走滑构造带可能是由早期的各种小型脆性构造连接而成的。

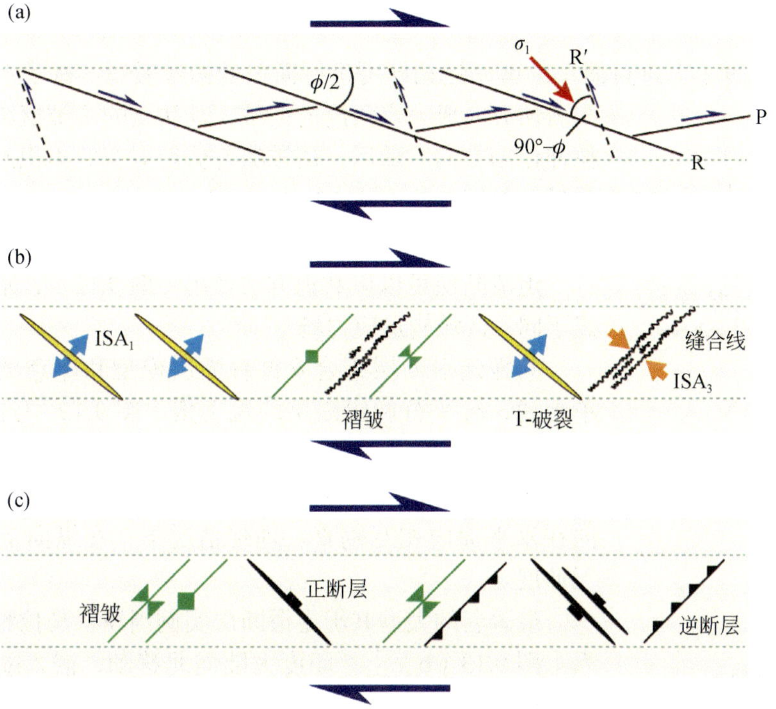

图 9.10 右旋走滑运动产生的各类构造（据 Fossen，2016 修改）

（a）里德尔模式，R 和 R′ 分别为同向和反向里德尔剪切；P- 剪切连接 R 和 R′；ϕ 是内摩擦角；（b）走滑带中的其他小型构造；（c）大型构造

除脆性的 R-，R′ - 和 P- 破裂外，也会形成伸展性质的 T- 破裂［图 9.10（b）］。在里德尔黏土实验中，T- 破裂垂直于最大瞬间伸长轴方向［ISA_1，图 9.10（b）中的蓝色箭头］。对于大走滑带，正向倾滑断层走向与 T- 破裂或多或少具有一致性，尤其在变形初期。在走滑剪切带中同样可以发育褶皱［图 9.10（b）、（c）中的绿色线条；图 9.11］，通常发育在变形局限于离散断层阶段之前。只要岩层近于水平，褶皱轴迹最初与最小瞬时伸长轴［ISA_3，图 9.10（b）橘黄色箭头］成高角度（约 90°）相交。此外，初始的褶皱枢纽与 ISA_1 近于平行，因此褶皱经历了近于平行枢纽的拉伸作用，表现为枢纽（近于）平行拉伸线理或与岩脉高角度相交。走滑带中倾斜的岩层同样可以发生褶皱，只是褶皱轴与 ISA 的关系更复杂些。其他类型的收缩构造（如缝合线和逆断层）同样可以在走滑带中形成，它们与褶皱轴具有大致相同的方向［图 9.10（b）、（c）］。

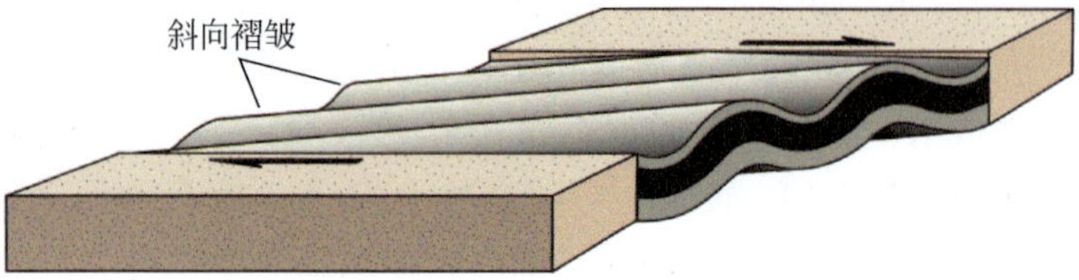

图 9.11 宽的走滑变形带中水平岩层形成的褶皱（据 Fossen，2016）

注意：褶皱轴迹和轴与剪切带呈锐夹角

用双手在裤子上进行简单的剪切运动即可进行简单的褶皱实验。裤子上会立即形成与剪切方向成一定角度的褶皱，其初始的褶皱枢纽反映了瞬时拉伸作用方向。随后，褶皱随着剪切应变的累积而旋转，逐渐趋近于剪切方向（图 9.11）。

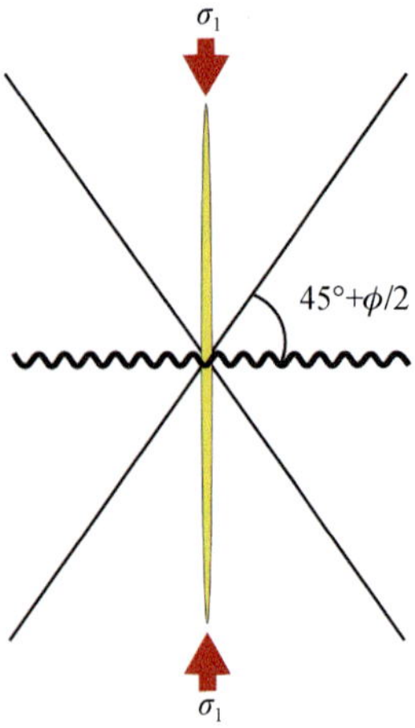

图 9.12 走滑断层的共轭纯剪模式

两组断层大致同时形成；竖直方向为张裂脉，水平方向为缝合线

2. 共轭走滑断层（纯剪切条件下）

走滑断层可以以共轭方式产出（图 9.12），暗示其同时形成于同一区域构造应力场。

共轭走滑断层符合安德森断层模型和库仑破裂准则。简单地说，σ_1 平分两组断层的锐夹角（图 9.12 中红色箭头），而锐夹角的大小由岩石的内摩擦性质决定。从运动学角度看，这类断层是水平面上的纯剪切作用形成，缩短方向与伸展方向在水平面内相互垂直。理想情况下，在纵向上既无缩短也无伸展。

最著名的大型共轭走滑断层实例当属喜马拉雅北侧的断层系［图 9.13（b）］。印度大陆向北移动，嵌入欧亚大陆，一些汇聚运动被活动的走滑断层所吸纳。这些走滑断层调节了碰撞带物质的侧向运移和垂直方向的缩短。Tapponnier 等（1986）的物理模型展示了这一思想［图 9.13（a）］，也表明喜马拉雅碰撞带北部区域比坚硬的印度板块柔弱。这一模型被广泛引用。

Zheng 等（2011）指出，喜马拉雅北侧的这些共轭走滑构造的钝夹角（约 115°）面对近南北的缩短方向，其变形（破裂）准则符合“最大有效力矩准则”，而非库仑准则和安德森模式（详见第二卷第 2 章和第 6 章）。

3. 弯曲部位的构造

Crowell 和 Dickinson（1974）强调，走滑断层的弯曲会引起应变的高度集中，且分布在各级构造中。如果走滑断层突然或缓慢地转弯，则其邻近的围岩会伸长或缩短以适应其应力状态（图 9.14）。围岩沿弯曲走滑断层的运动会导致汇聚或离散，这取决于断层运动方向和弯曲的方向（图 9.14）。释放（性）弯曲（releasing bends）倾向于产生开放空间，而阻制（性）弯曲（restraining bends）则位于挤压的位置。无论哪种情况，走滑断层的弯曲是将水平运动转换为垂向运动的有效方式（图 9.14）。

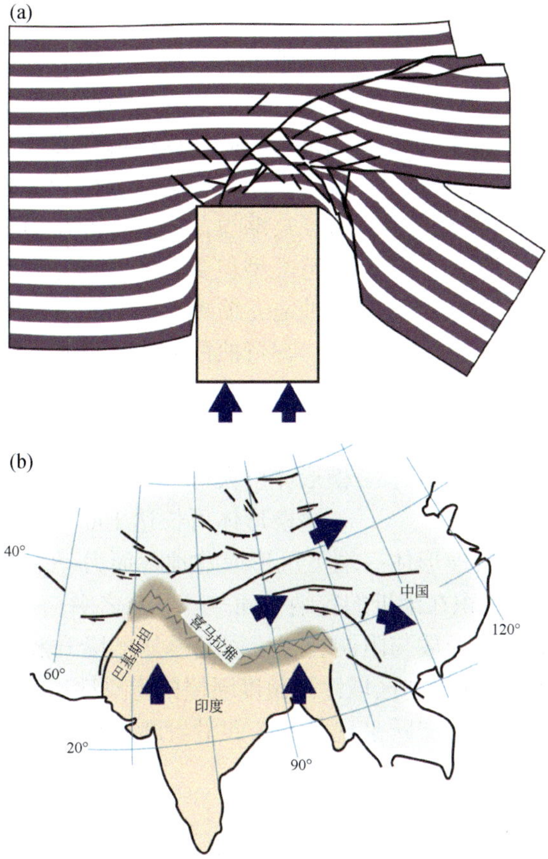

图 9.13 喜马拉雅造山带与其北侧大型共轭走滑构造关系模式图（据 Tapponnier *et al.*，1986；转引自 Fosson，2016).

（a）坚硬压体前侧走滑断层的形成，当物质侧向挤出时，两组共轭走滑断层形成；（b）该模型被认为与喜马拉雅山北侧情况类似

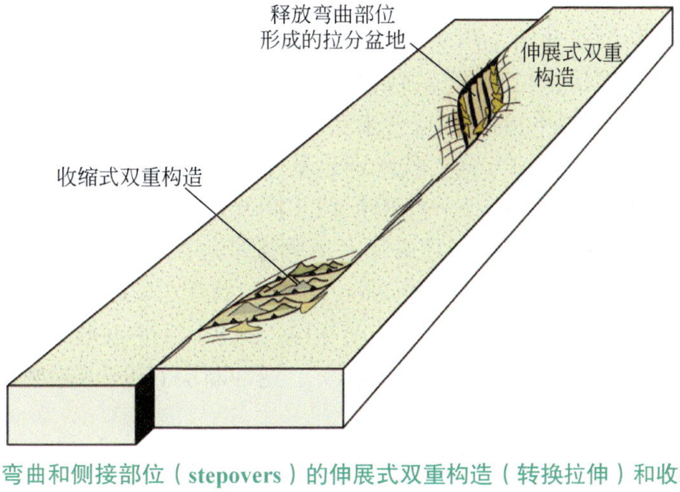

图 9.14 走滑断层弯曲和侧接部位（stepovers）的伸展式双重构造（转换拉伸）和收缩式双重构造（转换挤压）（据 Fossen，2016）

大规模走滑可形成盆地和局部造山带

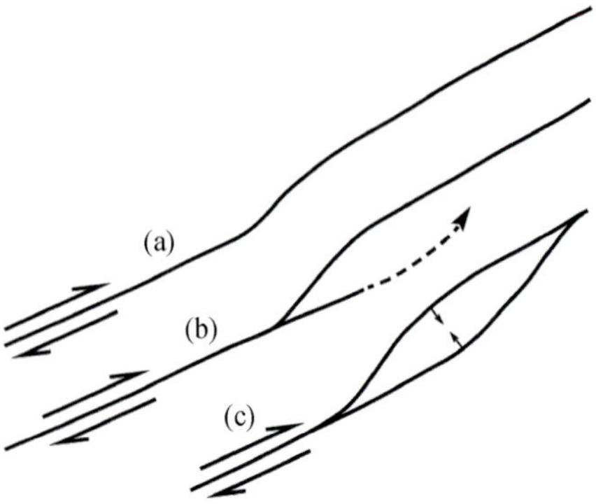

图 9.15 走滑断层受阻弯曲部位的断层限定的构造楔的形成过程（据 Crowell and Dickinson，1974；转引自 Davis *et al.*，2012）

释放弯曲部位的变形以伸展变形（如正断层和伸展破裂）为特征。随着应变由水平运动向垂向运动的转变，在释放弯曲部位迅速形成由断层圈闭的地堑。因此，这些构造能够在非常短的时间内接收数千米的碎屑盆地沉积物。相比之下，阻制弯曲的特征是缩短，通过逆冲作用和褶皱作用实现，主要构造类型包括缝合线、劈理、褶皱、逆断层等。与这种地壳缩短作用和加厚块体的垂直隆升相对应。

在弯曲的演化过程中，可形成由断层限定的岩石楔形体(图 9.15)。在阻制弯曲处的阻力可能很大，以致产生新的断层，从而形成孤立的围岩楔形体。楔形体可大可小，如与圣安德烈斯走滑断层有关的一些楔形体可长达 100km。在断层的持续运动中，楔形体可能发生旋转，以致楔形体一端下沉形成盆地，而另一端上升产生隆起。隆起区成为碎屑的物源区，碎屑沉积在最近的容纳空间——盆地之中。

沿走滑断层弯曲部位的释放与阻制会相应引起基岩的隆升和沉降。因此，在填图过程中，要确证被怀疑为走滑断层的区域性高角度断层的走滑性质往往难以直接获得证据。当我们看到相邻的地块似乎有“跃水现象”，即沿着断层轨迹上升然后下降，我们就可基本确定这是一条走滑断层。

4. 断层侧接带的构造转移

断层侧接（带）（fault stepovers），是指两条大致平行的不对齐断层间的联接部位，断层彼此接近，以致应力场互相干扰。可以是软连接，也可以是硬连接。国内也有“断层叠接带”或“断层阶区”等译法，但感觉似乎没有反映本意。

我们在本章第 1 节中曾提到过转移断层（transfer faults）。实际上，在走滑断层系中，断层侧接带的构造同样具有转移构造功能。在断层侧接处，一个走滑断层段结束，另一个走向基本相同的断层段开始（图 9.16）(Mann *et al.*，1983)。如果两个断层段在侧接部位没有实际上的互相连接，位移的转移则被认为是软侧接。软侧接系统中位移的实际转移是通过两个走滑断层段中间的地壳应变来实现的（图 9.16）。

侧接带有左阶和右阶两种方式。其区别是基于当我们向前通过给定的走滑断层段尖端时，我们是向左还是向右寻找下一个断层段（图 9.16）。通常一个给定的侧接带是以伸展 / 释放或收缩 / 阻制为特征，但还必须考虑侧接带是在右还是在左，断层滑动是右行还是左行(图 9.16)。在伸展 / 释放(extension/release)位置，可以看到拉分盆地(pull-apart basins）、正断层和其他地壳伸展的证据（图 9.14、图 9.17）。在收缩 / 阻制（contraction/restraint）位置，可以看到冲起构造（pop-ups）、逆冲断层（和 / 或逆断层）、褶皱等地壳缩短的证据（图 9.14）。

“拉分盆地”一词由 Burchfiel 和 Stewart（1966）在解释美国加州死亡谷的构造成因时引入(图 9.17)。死亡谷受圣安德烈斯走滑断层控制，恰位于走滑断层的释放性侧接部位，正断层使原本的山区降至接近海平面甚至局部低于海平面（图 9.17）。随着时间的推移，

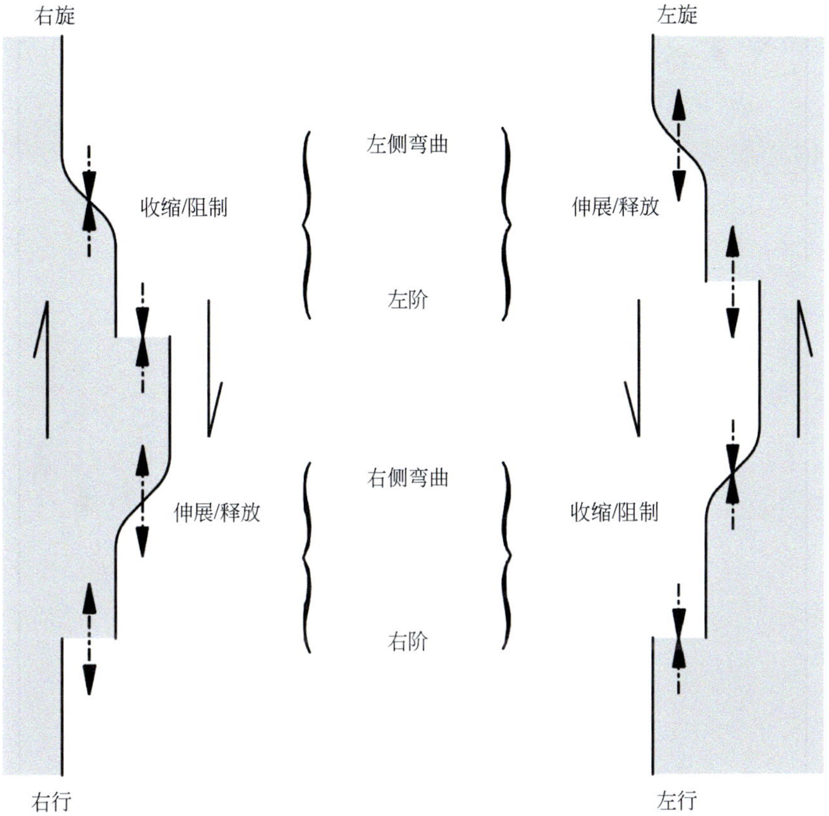

图 9.16　右行（旋）和左行（旋）走滑断层系中弯曲部位和侧接部位的比较（据 Twiss and Moores，1992；转引自 Davis *et al.*，2012）

这种盆地会随着新的正断层的形成而变宽或延长。死海是拉分盆地的另一个著名实例，它位于两个走滑转换断层之间的联接带中。拉分盆地两侧被正断层围限，似“掉了底”的深坑，可接受巨量沉积物，堆积巨厚沉积层。相比之下，冲起构造是地形和构造高点，是沉积物源区。在释放或阻制弯曲部位，侧接带的伸长量或缩短量与边界断层的走滑位移量有关。通过测量这种伸长或缩短，我们可以估算断层系的走滑位移量。

拉分盆地的形状与雁列走滑断层的位移、间隔和重叠、断层长度、活动持续时间和切割深度等密切相关。随着位移的不断增加，拉分盆地按窄的纺锤形—“S”（“Z”）形—菱形地堑—槽谷（troughs）模不断演化（图 9.18）。

与走滑断层作用有关的侧接构造（stepover structures）也可以在露头尺度上观察到。事实上，侧接带的变形可能是造成断层破坏的主要原因，因此通常能在断层带中观察到。Kim 等（2004）把“断层破坏带”看作断层面周围一定体积的岩石因断层滑动而变形，从初期发育的构造到沿断层面滑动形成的各种构造和组构。大部分破坏是在断层末端和断层段间的侧接部位。其特征包括翼状裂缝（Ⅰ型破裂）、拉分带、共轭断层、旋转块体、连接断层和反向断层等。Kim 等（2004）将破坏带细分为三个区域：尖端［图 9.19（a）］、侧接带［图 9.19（b）］和两盘［图 9.19（c）］。

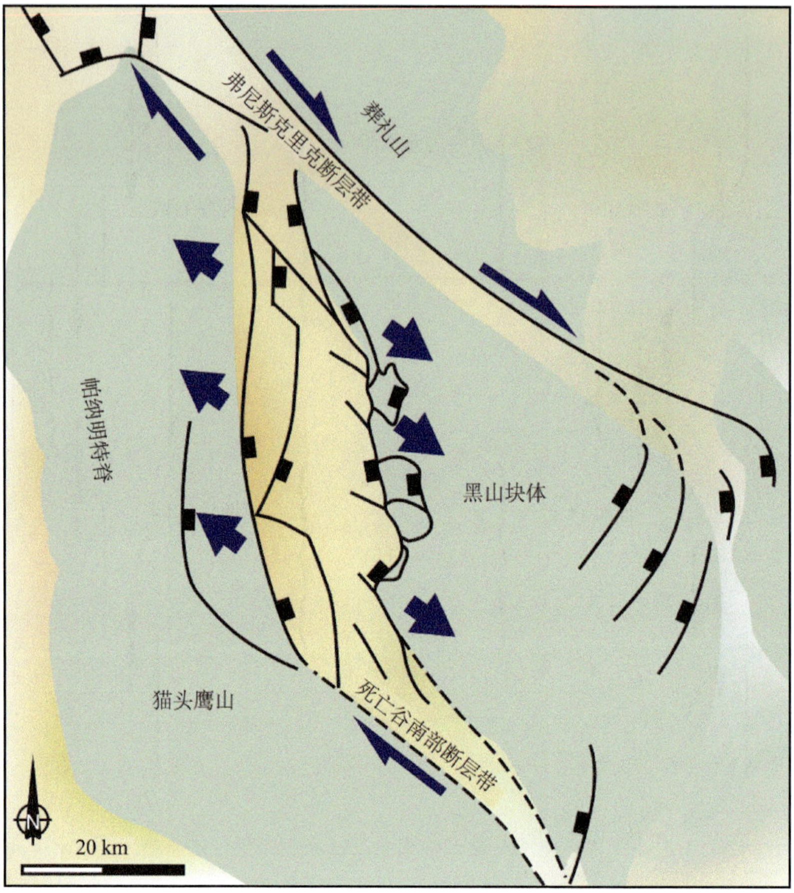

图 9.17　拉分盆地的典型实例——死亡谷（美国加州）（据 Burchfiel and Stewart，1966；转引自 Fossen，2016）

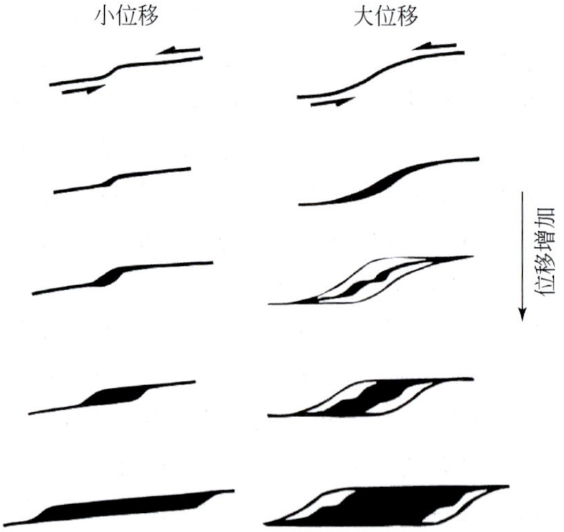

图 9.18　不同形状走滑拉分盆地演化过程图示

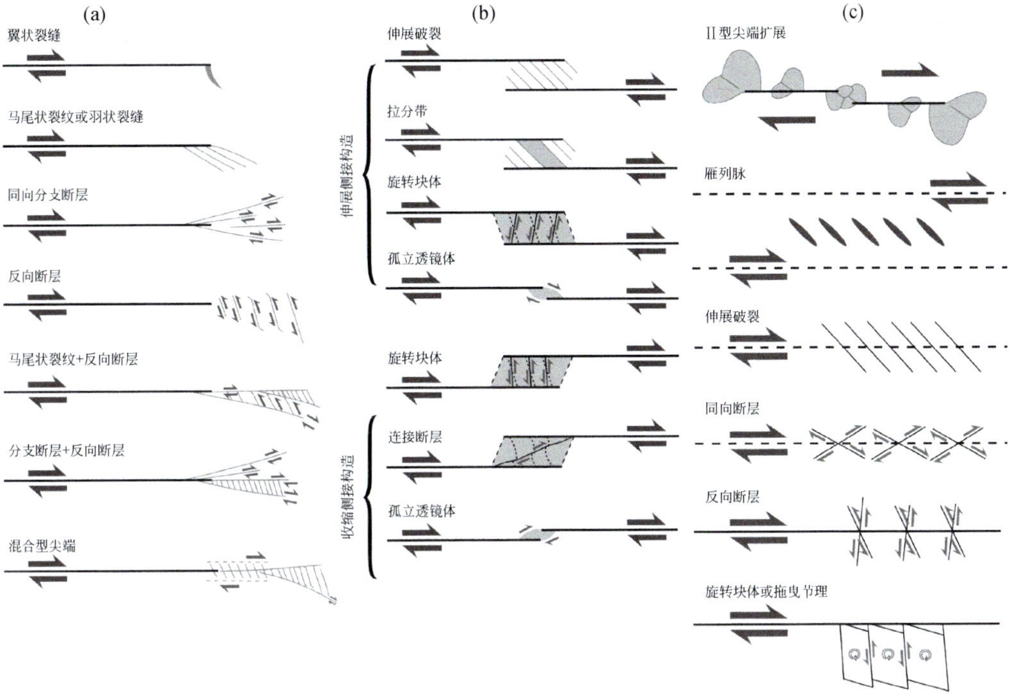

图 9.19 沿走滑断层的构造破坏带（据 Kim *et al.*，2004；转引自 Davis *et al.*，2012）

构造破坏带主要由小构造所致；（a）断层末端；（b）侧接带；（c）两盘

5. 走滑双重构造与花状构造

走滑断层的弯曲和连接必然引起走滑双重构造的形成。弯曲内或连接部位内的地壳逐渐断裂。沿主断层的运动转移为沿连接断层（犹如逆冲断层双重构造的断坡）的运动。随着双重构造的演化，连接断层一个接一个地死亡，新的连接断层不断形成（图 9.20）。每个断层在深部与主断层相连，从而保证了联动和运动组织。走滑双重构造的几何学特征与我们在剖面上看到的逆冲双重构造和正断双重构造相似。走滑双重构造是挤压还是伸展取决于该带是缩短还是拉长。

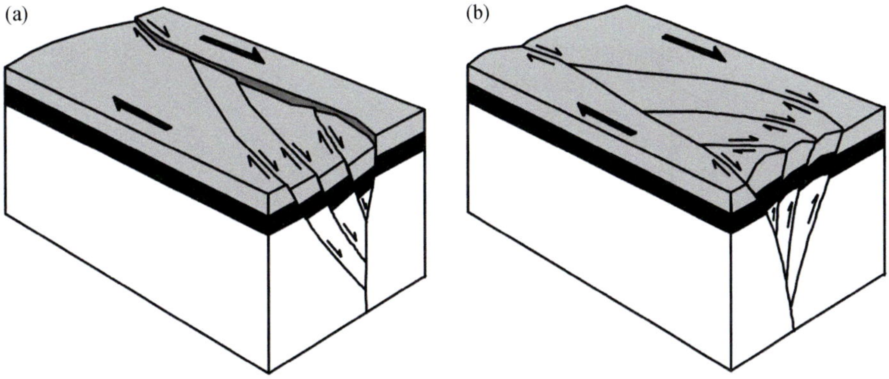

图 9.20 走滑双重构造图示（据 Twiss and Moores，1992；转引自 Davis *et al.*，2012）

发育于主走滑断层弯曲部位的走滑双重构造。（a）释放（releasing）弯曲部位的伸展型双重构造；（b）阻制（restraining）弯曲部位的压缩型双重构造走滑双重构造在剖面上的断层样式被表述为花状构造（flower structures）：一束陡倾的断层，向上散开。收缩性走滑双重构造通常称为正花状构造，因为岩石向上推出［图 9.21（a）］；伸展性的走滑双重构造通常称为负花状构造，因岩石向下掉落［图 9.21（b）］。无论是收缩性弯曲的走滑双重构造，还是伸展性弯曲的走滑双重构造，在剖面上识别的关键是看断层是否向上散开。花状构造向下汇入深部的陡倾主走滑断层带。

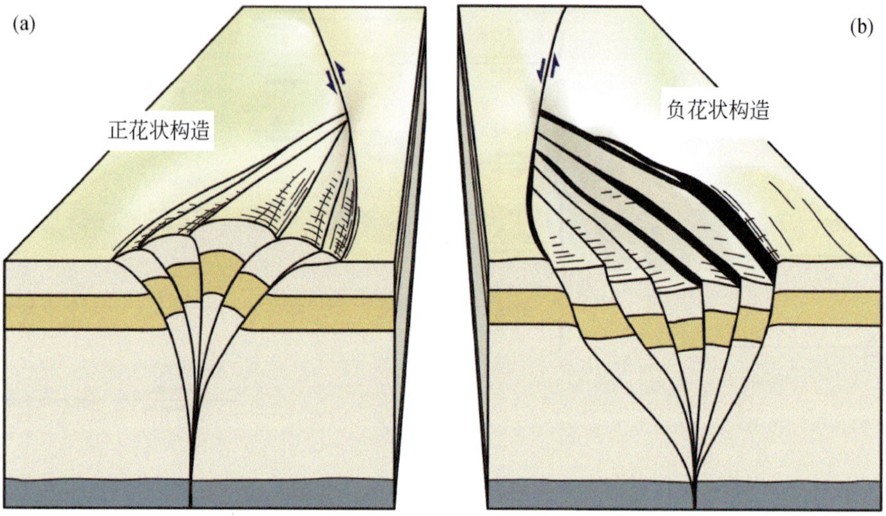

图 9.21 花状构造图示（据 Fossen，2016）

（a）发育于收缩性转弯部位的正花状构造；（b）发育于伸展性转弯部位的负花状构造

一个很好的走滑背景下形成的双重构造实例是 Woodcock 和 Rickards（2003）的工作。他们研究了英格兰（美丽）湖区东缘的 Dent 断层。断裂作用和有关变形发生于晚白垩世。Dent 断裂带是基底古断层再活化而形成的。高角度的逆断层形成了 Taythes 背斜，驱动了左旋走滑断裂作用［图 9.22（a）］。接下来是第二个主断层——Rawthey 断层形成［图 9.22（b）］。两条断层很快“达成谅解”：Dent 断层主要应对所有逆断层作用，而 Rawthey 断层主要应对所有的走滑位移。变形如此进行，形成了双重构造，其特征是在转换挤压

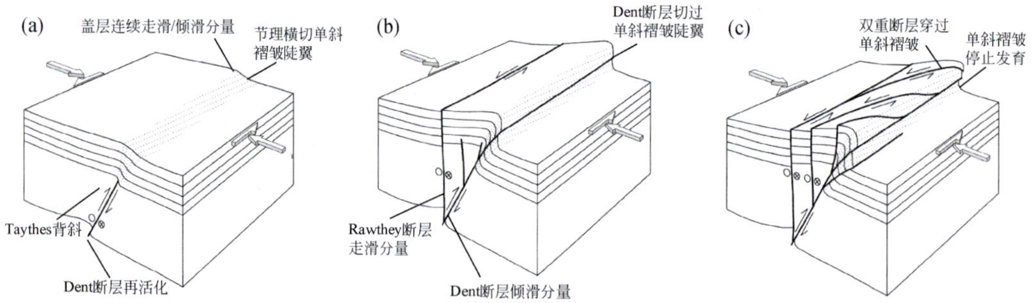

图 9.22 正花状构造和收缩性双重构造的立体图示（Woodcock and Rickards，2003；转引自 Davis *et al.*，2012）

英格兰湖区东缘的Dent断层的转换挤压作用。（a）基底断层的再活化和Taythes背斜的早期发育；（b）Dent断层的出现，切过单斜褶皱的陡翼；（c）双重断层的形成

断裂带内通过褶皱和逆断层作用形成了正花状构造［图9.22（c）］。至此，所有类型的断层一起“工作”！

国内也发育有各类花状构造（图9.23）。祁连山断裂呈走滑挤压性质，形成正花状构造［图9.23（a）］，导致祁连山、疏勒山和党河南山新生代的隆升。郯庐断裂晚中生代至新生代表现为走滑拉伸作用，形成负花状构造［图9.23（b）］。但我国有关花状构造的研究大多不如英格兰湖区东缘如此精细。

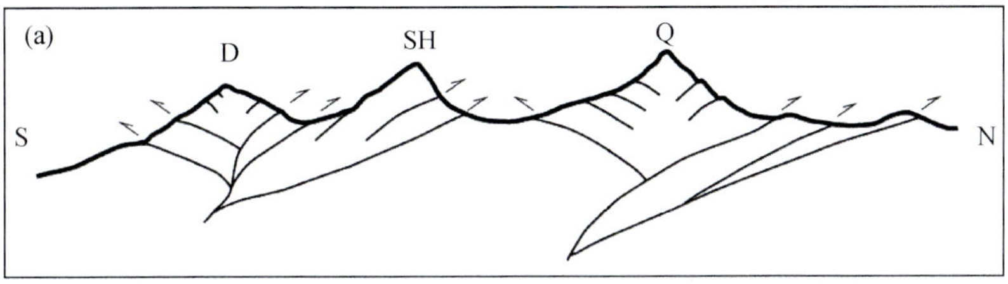

图9.23 中国部分典型花状构造

（a）中祁连断裂与北祁连断裂的走滑挤压作用形成的正花状构造，D-党河南山，SH-疏勒山，Q-祁连山；（b）苏鲁地区郯庐断裂的负花状构造（侯泉林摄于2000年）

9.3 转换挤压与转换拉张

前面分析表明，在走滑断层的弯曲部位能够产生局部的收缩或伸展组分。发生于这种弯曲部位的变形类型称为转换挤压（transpression）和转换拉张（transtension）。这些变形模式并非局限于断层的弯曲部位——如果断层或剪切带不是纯走滑的话，则可以支配整个走滑断层。对于剪切带，这意味着偏离了简单剪切。它包含了垂直于断层面方向的缩短或伸展的附加组分。

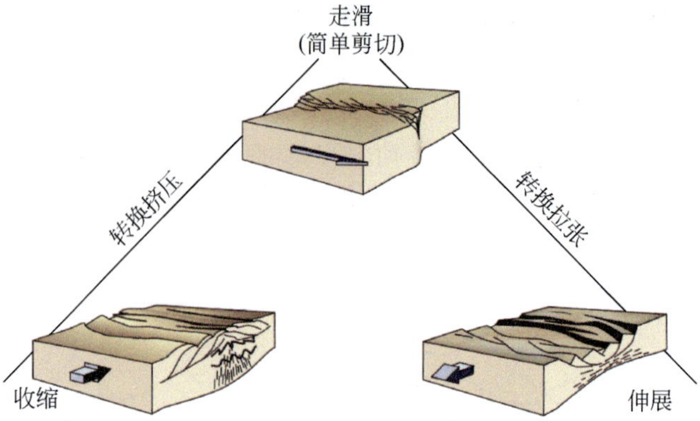

图 9.24　收缩、走滑、伸展与转换挤压和转换拉张关系图示（据 Fossen，2016）

一般来说，转换挤压是走滑和共轴应变相结合的连续图谱，包含了垂直于该带的缩短作用；转换拉张包含了走滑与垂直方向的伸展作用的结合（图 9.24）。也就是说，**转换挤压（转换拉张）是沿构造的走滑或简单剪切运动与垂直方向的缩短（伸展）同时作用的结合**。

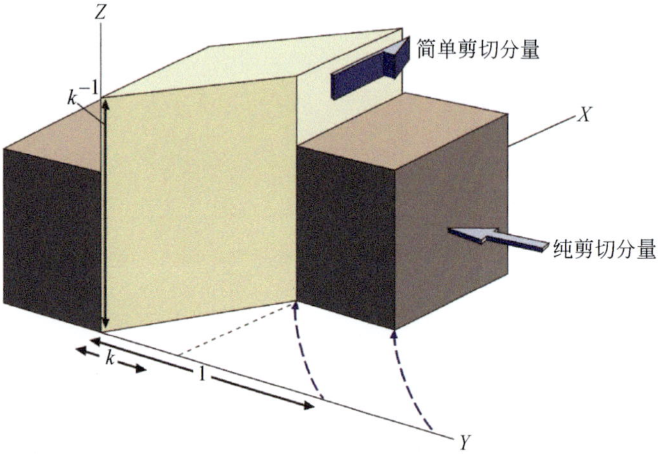

图 9.25　转换挤压的简单模型（据 Sanderson and Marchini，1984；转引自 Fossen，2016）

注意：两个刚体之间为均匀应变

对于有限宽度的垂向剪切带，转换挤压和转换拉张可以非常简单地建模。走滑组分是沿垂直带的水平简单剪切位移，而缩短作用可以建模为水平方向缩短作用和垂向上伸展作用的共轴变形。假定共轴部分成为垂向伸展的纯剪切（图 9.25）。Sanderson 和 Marchini（1984）首次提出了最简单的转换挤压的数学模型。运用变形理论，两个分量的同时应用可以用变形矩阵表示：

$$D=\begin{bmatrix}1 & \Gamma & 0\\ 0 & k & 0\\ 0 & 0 & k^{-1}\end{bmatrix}=\begin{bmatrix}1 & \dfrac{\gamma(1-k)}{\ln(k^{-1})} & 0\\ 0 & k & 0\\ 0 & 0 & k^{-1}\end{bmatrix} \tag{9.1}$$

这是一个三维矩阵，因为纯剪切分量和简单剪切分量同时作用在两个垂直的面上。γ 是简单剪切或走滑分量，而 k 值决定整个带的收缩或伸展的量。对于 k=0.7，意即该带减薄 30%，为转换挤压；k=1.2，意即该带厚度增加 20%，为转换拉伸变形。一旦建立了变形矩阵，就可以找到应变椭圆的方向和形状，以及 W_k 和 ISA。

9.3.1　应变椭球

在深部层次，应变主要是通过塑性变形积累而实现，剪切带内的应变标志可能发生韧性应变。运用上述变形矩阵［式（9.1）］，可以展示如图 9.26 所示的模型：转换挤压可产生扁椭球体（压扁作用），而转换拉张产生长椭球体。

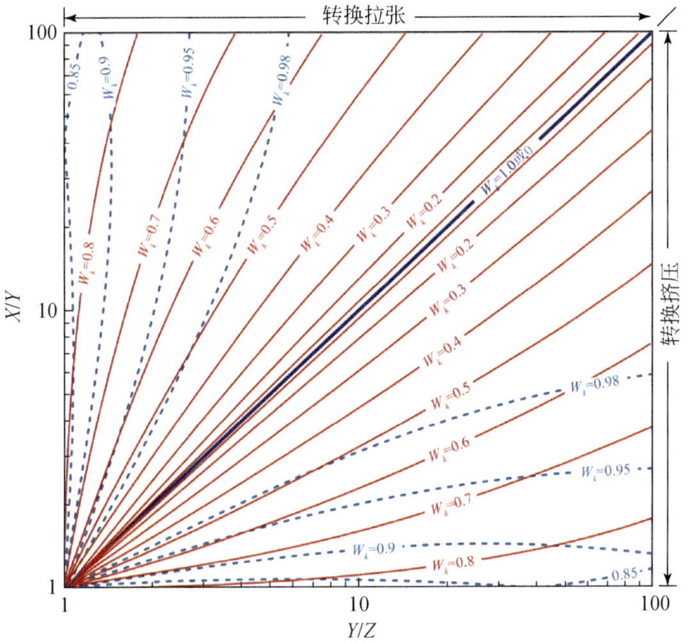

图 9.26　含运动学涡度（W_k）参数的弗林图解（据 Fossen *et al.*，1994；转引自 Fossen，2016）

对于转换拉张作用，应变椭球的长轴 X 总是水平的［图 9.27（a）、（b）］；而对于拥有强纯剪切分量（W_k < 0.81）的转换挤压作用，长轴是竖直的［图 9.27（c）］。对于纯剪切分量相对较小的以简单剪切主导的转换挤压作用，X 轴初始是水平的［图 9.27（d）］，后期变为竖直。当变形路径碰到并从弗林图解的水平轴反弹时，Y 与 X 轴发生转换（图 9.26 中压扁区域的蓝色点画线）。转换发生于 Y 比 X 的增长速度快的变形过程中，因此两者在某一点上的长度相等，然后转变角色。完全的压扁应变标志着角色开始转变。

对于转换拉张，也有一个 Y 与 Z 轴的类似转换，如此转换可通过一个完全收缩实现。在图 9.26 中，我们可以看到对于两条 W_k=0.85 线的转换，很显然，转换的实现通常需要高应变。如果运动涡度数值 W_k 在变形过程中发生变化，或选择了其他转换挤压模式，则会出现其他路径。然而，很好的经验法则是：纯剪切主导下的转换挤压带拥有竖直方向

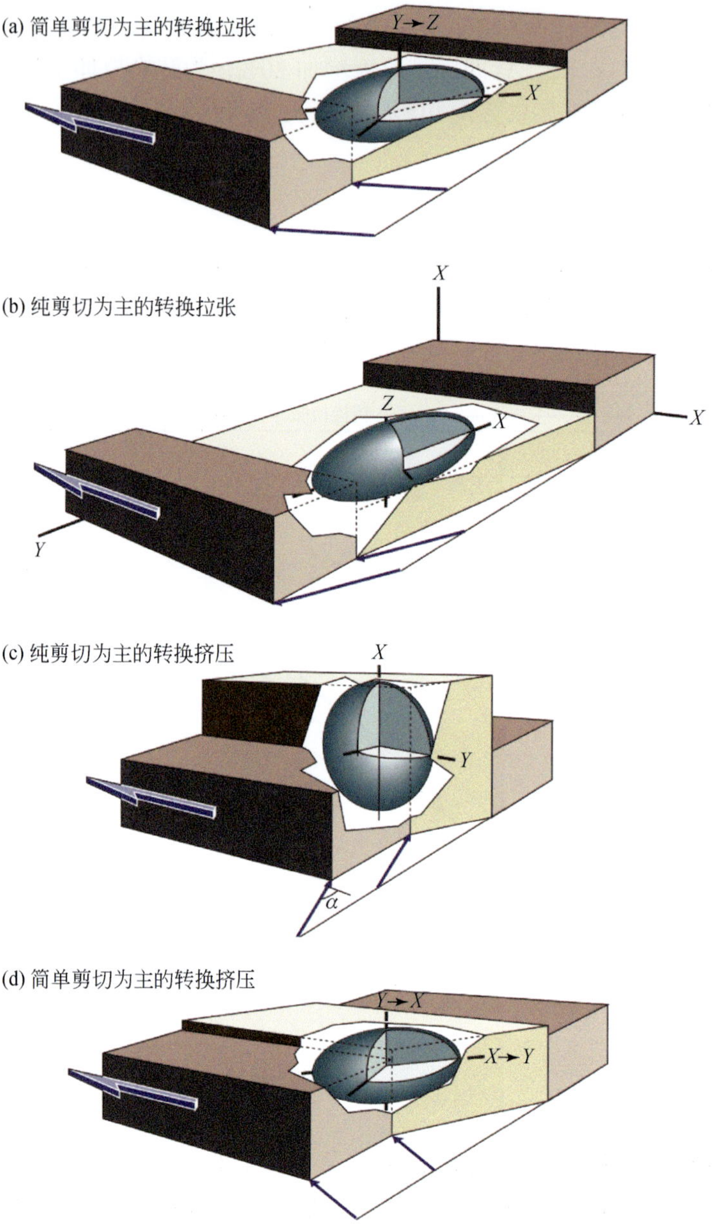

图 9.27 四种转换挤压 / 转换拉张下的有限应变椭球的方位和形状（据 Fossen *et al.*，1994；转引自 Fossen，2016）

的线理，而强简单剪切作用有利于水平线理的形成。

水平面上，应变椭圆的最长轴的方向，无论是 X 还是 Y，均可用如下方程求得：

$$\theta' = \tan^{-1}\left[\left(\lambda - \Gamma^2 - 1\right)/k\Gamma\right] \tag{9.2}$$

这里，θ' 是水平面上最长轴与直立的剪切带之间的夹角。知道了水平切面上的应变轴率 R，便可通过图 9.28 估算出运动学涡度 W_k。

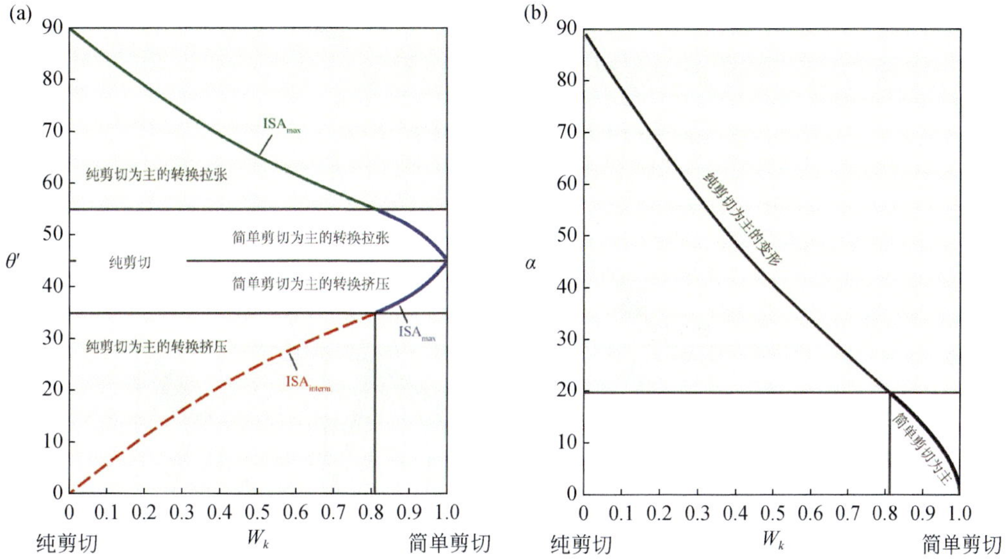

图 9.28 转换挤压和转换拉张下运动学涡度（W_k）分别与 θ′、α 关系图（Fossen and Tikoff，1993；转引自 Fossen，2016）

θ′- 最大水平瞬时伸长轴（ISA_1）与剪切带之间的夹角；α- 斜向流脊的方向

9.3.2 线性构造

我们已经注意到，转换挤压带中的线理与剪切带斜交（夹角为 θ′），或者，有大的纯剪分量时呈竖直方向。有时会有一些线和面在变形过程中或多或少地被动旋转。利用矩阵和小应变增量，我们可以计算直线和平面在递进变形过程中是如何旋转的（详见 Fossen，2016 第 2、9 章）。这里，我们主要关注线性标志，平面旋转可以用同样的方式探索。不同初始方向的线可为任何给定的变形类型勾勒出不同的路径，如图 9.29 左侧所示等面积投影图。对于简单剪切（完全的走滑剪切带），线沿大圆旋转（图 9.29，W_k=1）；对于纯剪切（W_k=0），表现为对称模型；对于转换拉张，路径由斜向流脊控制，线最终将平行于这个流脊（图 9.29）。这意味着变形的线性构造将集中在与剪切带和剪切方向斜交的方向上。在该模型中，流脊与剪切带之间的夹角 α 的表达式为

$$\alpha=\tan^{-1}[(\ln k)/\gamma] \tag{9.3}$$

该角在性质上与拉伸线理的角度相似，但不完全相同［式（9.2）］。因此，在转换拉张带中，利用线理来确定运动方向是不准确的。在实践中，如果我们能够确定应变梯度，例如从低应变边缘到剪切带中心，那么可将旋转模型与图 9.29 所示的理论模式进行比较，并且从中发现转换挤压和转换拉张的类型。如果能够增加应变数据，图 9.26 也可以运用。

重要的是要认识到，上述简单的转换挤压和转换拉张模型只是许多可能的模型中的一种。并非所有的走滑剪切带都是直立的，侧向挤出或其他运动学模型也是可能的。然而，图 9.25 所示的简单模型说明了如何模拟转换挤压，以及它如何涉及岩石的垂向迁移。

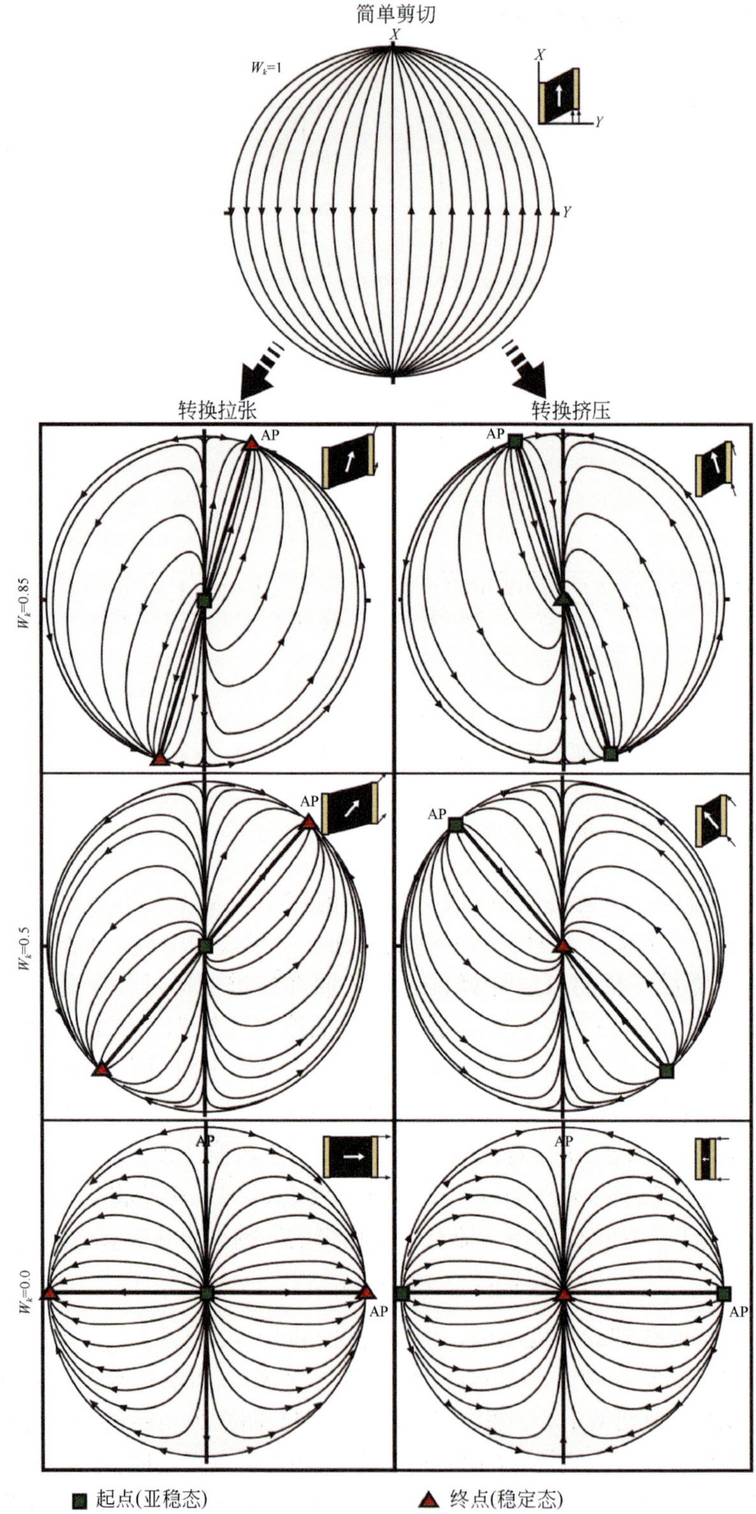

图 9.29 被动线性构造的旋转模式（等面积投影）（据 Fossen *et al.*，1994）

AP- 流脊

9.4 应变分配简介

9.4.1 概述

1. 概念

众所周知，地质体结构具有不均一性，包括原生不均一性和次生不均一性。原生不均一性主要指岩性及沉积构造的差异性。次生不均一性则主要由成岩后的变形变质等作用引起，如褶皱转折端、脉体、断层、面理、变斑晶、劈理域等。即使是相对均一的地质体，如结晶基底片麻岩和变质岩浆岩，它们受力后也会产生力学失稳而形成韧性剪切带，带内应变软化亦导致次生不均一性产生。

地质体结构的原生不均一性使其在递进变形过程中，不均一的各部分变形机制及变形量不同，产生应变不均一性。如果有变形或变质作用，则次生不均一性可使地质体结构不均一性进一步增强，从而使应变不均一性更容易发生。对于应变不均一的地质体，其中的应变有如下四种情况：①无应变（刚体）；②以递进缩短 / 伸展应变为主导（即递进共轴变形）；③既有递进缩短 / 伸展应变又有递进剪切应变（共轴变形 + 非共轴变形）；④只有递进剪切应变（非共轴变形）。一般说来，这四种可能性概括起来可以用递进伸缩应变分量和递进剪切应变分量来描述。**这种把横跨变形带的总应变分别分配到以不同应变类型（共轴变形与非共轴变形）为主导的带或域上的过程称为应变分配（strain partitioning）**（图 9.30）。有的文章将“strain partitioning”译为“应变分解”。这里之所以用“应变分配”而不用“应变分解”主要考虑“应变”（strain）并非矢量，而且“partitioning”与力的分解（resolution）的含义和规则并不相同，若使用“应变分解”容易引起误解。

现行文献中还常看到“deformation partitioning”，一般被译为“变形分配（分解）”的概念，而且认为与“strain partitioning”是相同的概念。这可能是因为长期以来，我们习惯于把“deformation”翻译为“变形”，而又把“变形”与“畸变（distortion）/ 应变”混同，顾名思义地将“变形”理解为物体形状和形态的变化。在不引起误解的情况下，这样使用也是可以的，因为有个语言习惯的问题。但是，实际上“deformation”不仅包括物体的畸变 / 应变，还包括物体的体变、刚体平移和旋转（详见第二卷第 1 章 1.1 节）。因此，北京大学郑亚东教授建议将“deformation”译为“变位形”，相应也把“deformation partitioning”译为“变位形分配（分解）”。由此可见，“deformation partitioning”的内涵要比“strain partitioning”更为宽泛，因此不能轻易将二者当作等同概念看待，除非有专门说明。

2. 提出背景和意义

Fitch（1972）在研究苏门答腊地区印度 – 澳大利亚板块和太平洋板块间的俯冲带时认识到，板块间的斜向汇聚变形被俯冲带和与之平行的弧前走滑带吸收，而不是板块间的斜向俯冲。该地区后来被作为典型的应变分配现象。Bell 等人（Bell，1981，1985，

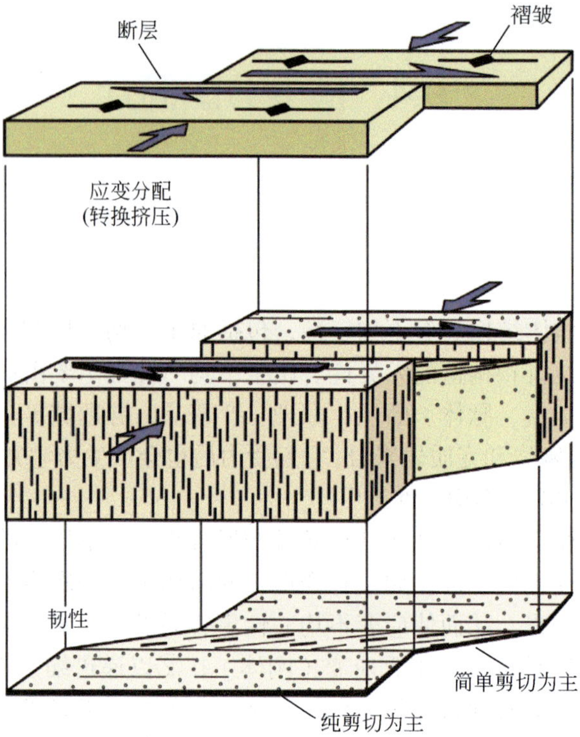

图 9.30 转换挤压带中的应变分配（strain partitioning）图示（据 Fossen，2016）

有些块体主要经历简单剪切，而另一些块体则以纯剪切为主；地壳上部层次的简单剪切带表现为一条或几条走滑断层

1986；Bell *et al.*，1986）从微观尺度研究了深变质岩的变质变形作用，认为岩石内由于结构的不均一性，在递进变形过程中，不均一的各个不同部分变形机制和变形分量不同，提出了变形分配（deformation partitioning）的概念。Ramsay 等（1983）在研究岩石应变时认为有限应变可分配于不同变形机制的应变分量，并称之为应变分配（strain partitioning）；Lister 和 Willians（1983）研究岩石塑性流动变形时，将岩石由于不均匀性和流变的不稳定性而使瞬间的速度场分解为平移、应变和旋转分量的现象称为变位形分配（deformation partitioning）。20 世纪 90 年代以来，围绕板块间的斜向汇聚（obligue convergence）和转换挤压带的研究，逐步确定了构造块体间斜向挤压的变位形分配的运动学模型，同时也开展了变形机制的分配作用等研究。国内学者也进行了综述和研究工作（王春增，1988；张建新等，1998；陈桂华和徐锡伟，2004）。

变形带内应变的这种选择性再分配可形成于多种方式和环境，例如在露头及显微尺度的韧性剪切带中，简单剪切被分配于和剪切带斜交的剪切条带（shear bands），以及剪切条带间的岩石反向旋转等。在构造块体间斜向相对滑移运动（oblique slip）如板块的斜向汇聚作用（oblique convergence）和转换挤压作用（图 9.30）时，应变通常分配到相互平行的走滑构造带和挤压逆冲构造带上，两者在空间上分离，构成走滑构造带与逆冲构造带平行同时发育格局，即形成空间上不同力学性质的构造，而很少出现单一的逆冲走滑构造。因此，应变分配概念解释了一些以往难以理解的构造现象，如逆冲剪切带与走滑剪切带大致平行同时发育，以及最大主应力方向与走滑断层近于垂直等。“应变分配”这一术语在认识斜向板块边界和增生楔的变形方面使用的非常广泛，如板块的斜向俯冲作用通常分解为板块接触带的正向俯冲和仰冲板块弧前的走滑作用。这方面的研究似乎是近年来应变分配相关研究的重点。

9.4.2　板块边界和大尺度的应变分配

斜向板块边界是指板块运动或板块速度矢量与板块边缘斜交。当板块边缘斜向汇聚时，板块边缘的变形整体上表现为转换挤压变形；当斜向离散时，板块边缘为转换拉张变形。如果我们知道一个板块相对于另一个板块的运动方向，那么我们也就知道了斜向水平流脊的方向，因为二者是一致的（见第二卷图 1.38）。这一事实对模拟板块边界变形带的构造非常有用。

沿走滑主导的板块边界的应变分配涉及走滑或简单剪切（非共轴变形）的量与垂直边界的缩短或伸展（共轴变形）的量的平衡。如果大部分为沿一条或几条走滑断裂的简单剪切，则该带其余部分将以共轴应变为主。总之，在板块边缘变形带内，只要总结出板块运动矢量和板块边缘方向所决定的总变形量，变形可以在其中自由分配。

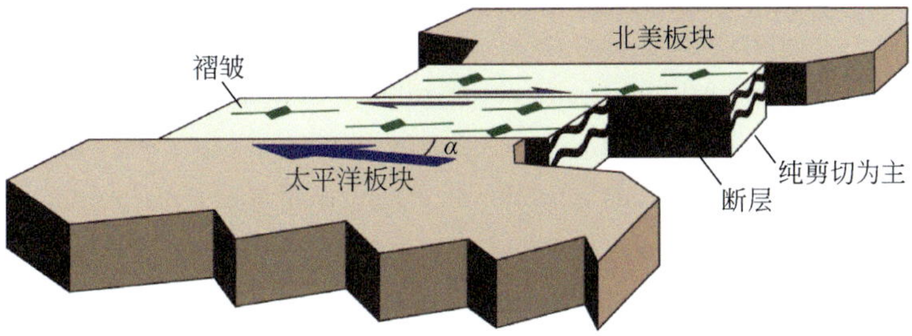

图 9.31　美国加州圣安德烈斯断裂带示意图（据 Fossen，2016）

两个流脊之间的夹角 α 仅为 5°，但是由于简单剪切是局限在断层上的，所以纯剪切控制了断层之间的变形，这就是为什么褶皱轴与断层是近平行的，而不是像图 9.11 中的褶皱，与剪切带呈锐角相交

美国加州圣安德烈斯断层系统，通常认为是走滑带，实际是轻微的转换挤压，因为板块的运动矢量与板块边界的夹角 α 只有 5°（图 9.31）。据此，按图 9.28（b）可以推出运动学涡度 W_k=0.985，非常接近于简单剪切（走滑）。可以推断出 ISA_1 与板块边界夹角为 42.5°。然而，由于简单剪切分量主要集中于走滑断层带上，所以断层之间的区域包容了大的水平缩短（纯剪切）分量。这就解释了为什么该区内 ISA_1（和 σ_1）并不在 42.5° 方向上，而是更小的角度（相对于板块边缘）（Fossen，2016）。这同样解释了为什么在纯剪切为主的情况下，褶皱轴向几乎与走滑断层平行。即使是年轻的、宽缓的褶皱也位于与板块边缘夹角 6° ～ 12° 的位置，而该区域的总应变预示着一个应该接近 40° 的初始褶皱方向。因此，在许多走滑构造带和板块边缘，应变分配发挥着重要作用。

思 考 题

1. 走滑断层与转移断层的区别。
2. 走滑作用的次生构造类型及其发育规律。
3. 走滑断层弯曲部位和侧接部位（fault stepover）的构造类型和特征。
4. 沿走滑断层的破坏带的特征和类型。
5. 走滑双重构造和花状构造的类型和特征。
6. 走滑挤压和走滑拉张的应变特征及相应的线状构造。
7. 应变分配（strain partitioning）的概念和意义。

参考文献

陈桂华，徐锡伟 . 2004. 变形分解作用研究综述 . 华南地震，24(4): 11 ～ 20

王春增 . 1988. 变形分解作用及其研究意义 . 地质科技情报，7(2): 13 ～ 19

张建新，许志琴，崔军文 . 1998. 一个韧性转换挤压带的变形分解作用：以阿尔金断裂带东段为例 . 地质论评，44(4): 348 ～ 356

Bell T H. 1981. Foliation development-the contribution, geometry and significance of progressive, bulk, inhomogeneous shortening. Tectonophysics, 75(3 ～ 4): 273 ～ 296

Bell T H. 1985. Deformation partitioning and porphyroblast rotation in meta-morphic rocks: a radical reinterpretation. Journal of Metamorphic Geology, 3(2): 109 ～ 118

Bell T H. 1986. Foliation development and refraction in metamorphic rocks: reactivation of earlier foliations and decrenulation due to shifting patterns of deformation partitioning. Journal of Metamorphic Geology, 4(4): 421 ～ 444

Bell T H, Rubenach M J, Fleming P D. 1986. Porphyroblast nucleation, growth and dissolution in regional metamorphic rocks as a function of deformation partitioning during foliation development. Journal of Metamorphic Geology, 4(1): 37 ～ 67

Burchfiel B C, Stewart J H. 1966. "Pull-apart" origin of the central segment of Death Valley, California. Geological Society of America Bulletin, 77(4): 439 ～ 442

Crowell J C, Dickinson W R. 1974. Tectonics and sedimentation. Ponca City: Society of Economic Paleontologists and Mineralogists Special Publication

Davis G H, Reynolds S J, Kluth C F. 2012. Structural Geology of Rocks and Regions (Third Edition). Hoboken: John Wiley and Sons, 1 ～ 839

Fitch J T. 1972. Plate convergence, transcurrent faults, and internal deformation adjacent to Southeast Asia and the Western Pacific. Journal of Geophysical Research, 77: 4432 ～ 4460

Fossen H, Tikoff B, Teyssier C. 1994. Strain modeling of transpressional and transtensional deformation. Norsk Geologisk Tidsskrift, 74(3): 134 ～ 145

Fossen H, Tikoff B. 1993. The deformation matrix for simultaneous simple shearing, pure shearing and volume change, and its application to transpression-transtension tectonics. Journal of Structural Geology, 15(3 ～ 5):

413 ～ 422

Fossen H. 2016. Structural Geology (Second Edition). New York: Cambridge University Press, 1 ～ 528

Kim Y S, Peacock D C, Sanderson D J. 2004. Fault damage zones. Journal of structural geology, 26(3): 503 ～ 517

Lister G, Williams P F. 1983. The partitioning of deformation in flowing rock masses. Tectonophysics, 92(1 ～ 3): 1 ～ 33

Mann P, Hempton M R, Bradley D C, *et al*. 1983. Development of pull-apart basins. The Journal of Geology, 91(5): 529 ～ 554

Moores E M. 1992. Structural Geology. New York: W. H. Freeman and Company, 1 ～ 539

Ramsay J G, Huber M I. 1983. The Techniques of Modern Structural Geology. In: Strain Analysis, vol. 1. Academic Press Inc., New York, 1 ～ 307

Sanderson D J, Marchini W R D. 1984. Transpression. Journal of Structural Geology, 6(5): 449 ～ 458

Tapponnier P, Peltzer G, Armijo R. 1986. On the mechanics of the collision between India and Asia. Geological Society, London, Special Publications, 19(1): 113 ～ 157

Waldron J W. 2005. Extensional fault arrays in strike-slip and transtension. Journal of Structural Geology, 27(1): 23 ～ 34

Wilson R E, Harding T P, Seely D R. 1973. Basic wrench tectonic. American Association of Petroleum Geologists Bulletin, 57: 74 ～ 96

Woodcock N H, Rickards B. 2003. Transpressive duplex and flower structure: dent fault system, NW England. Journal of Structural Geology, 25(12): 1981 ～ 1992

Zheng Y D, Wang E, Zhang J J, et al. 2011. A challenge to the concept of slip-lines in extrusion tectonics. Geoscience Frontiers, 2: 23 ～ 34

第 10 章　变质核杂岩

伸展构造是在岩石圈伸展变薄过程中形成的构造组合型式。伸展构造与挤压构造和走滑构造是全球构造中最为醒目的构造型式，它们在时间和空间上有密切关系。广义的伸展构造包括正断层、地堑和地垒、断陷盆地、裂谷等。考虑到其他相关内容大学教材已有介绍，本章重点介绍变质核杂岩（metamorphic core complex，MCC）。

10.1 概　　述

从加拿大到墨西哥北部，北美的科迪勒拉分布着超过 25 个独立的变质岩石单元。这些变质岩石单元早在 20 世纪 70 年代之前就已经在填图工作中识别出来（Coney，1980）。这些变质岩石单元叠加了糜棱岩化和片麻岩化组构，上覆未变质的沉积盖层，其间的构造不连续界面被称为滑脱面（décollement），被认为是拉拉米造山事件的产物，与褶皱冲断构造同期。在海西和阿尔卑斯造山带，这种构造组合被称为下层 - 上层构造（infrastructure-suprastructure）。Price 和 Mountjoy（1970）用重力扩展来解释 Shuswap 地区新盖老的滑脱断层，即前寒武纪的变质基底及变沉积岩在浮力作用下抬升，造成新的未变质地层覆盖在变质杂岩之上，并向前扩展形成落基山前陆褶皱冲断带。这一模式被推广至加拿大地区及美国内华达和犹他州的变质地体（Roberts and Crittenden，1973；Hose and Danes，1973）。但是对这些变质地体的 K-Ar 年代学的研究发现，这些变质岩的冷却年龄主要集中在古近纪（Damon *et al.*，1963；Moores *et al.*，1968）。由于低温热年代学数据（K-Ar 冷却年龄）的匮乏，这些古近纪的冷却年龄被认为是局部热事件改造的结果，并不具有区域构造意义。Armstrong（1972）第一次提出这些低角度的新盖老的滑脱断层为伸展正断层，它们切割了古近纪火山岩，应与盆岭省的形成同期，为区别于以往发育于逆冲推覆带的滑脱断层，而将其称为剥离断层（denudation faults）。剥离的含义在于断层上部和下部之间缺失的地层是通过剥离断层切除的。Coney（1974）、Davis（1973）、Davis 等（1975）和 Compton 等（1977）在之后的研究中也提出过类似的观点。从 1970 年开始经过十多年研究讨论，分布于北美科迪勒拉造山带中的一套独特的伸展构造和岩石组合被命名为变质核杂岩（metamorphic core complex，MCC；Crittenden *et al.*，

1978；Davis and Coney，1979）［图 10.1（a）］。科迪勒拉变质核杂岩主要由三个构造要素组成：从韧性向上逐渐转变为脆性的拆离断层（detachment），具有大规模位移的区域性低角度正断层；下部呈穹窿状或拱形的侵入岩体或前寒武纪结晶基底岩石；上部未变质的沉积盖层（Coney，1980；Davis and Coney，1979）。变质核杂岩的概念一经提出，便在全球兴起了研究热潮，如华北云蒙山变质核杂岩（Davis and Lister, 1988；Davis *et al.*，1996）、医巫闾山变质核杂岩（Lin *et al.*，2013a，2013b）、爱琴海地区变质核杂岩（Lister *et al.*，1984）等。

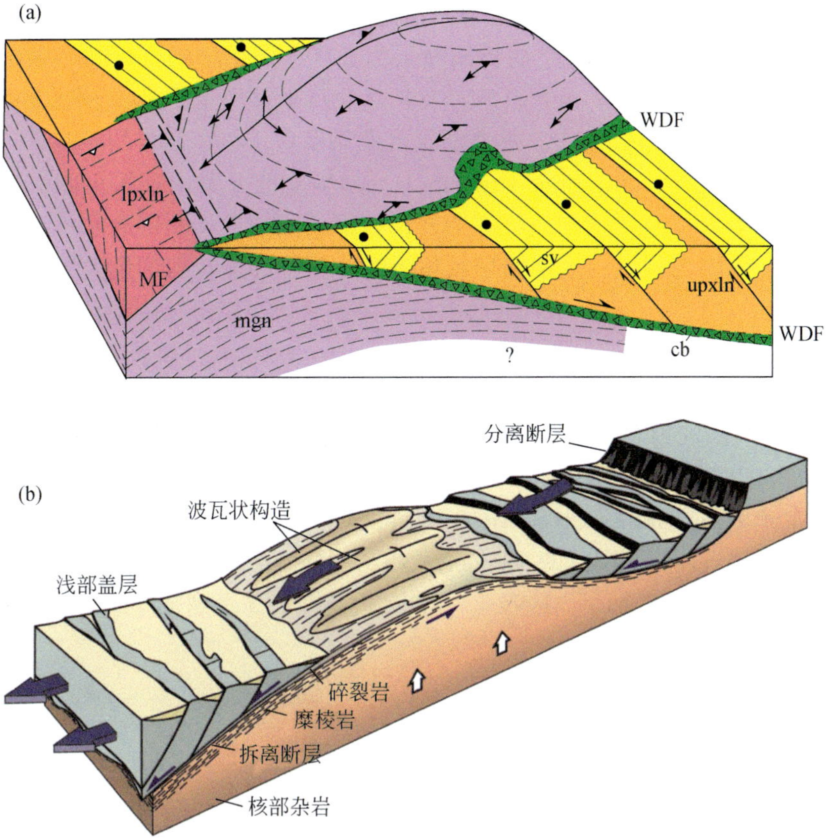

图 10.1　变质核杂岩图示

（a）美国加州东南部维普尔山变质核杂岩图示（Davis and Lister，1988）。WDF-Whipple 拆离断层；MF- 糜棱岩前锋；lpxln- 下盘结晶岩，主要为元古宙片麻岩；mgn- 糜棱片麻岩，具有糜棱岩面理和线理；cb- 绿泥石化角砾岩；upxln- 上盘结晶岩（主要为元古宙片麻岩和花岗岩，但与图中的下盘结晶岩不同）；sv- 中新世沉积岩与火山岩；（b）具波瓦状构造（或称褶纹构造，corrugations）的变质核杂岩图示（Fossen，2010）

10.2　变质核杂岩特征及过程

10.2.1　拆离断层特征及过程

拆离断层也叫剥离断层（Armstrong，1972）、低角度正断层（Axen，2007）或滑脱断层（Coney，1980）。与剥离断层强调地层的巨量构造剥蚀、低角度正断层强调几何学运动学特征不同，拆离断层强调断层上下迥异的 *P-T* 条件、变形特点及核部杂岩的隆升过程。拆离断层厚度一般从几米、数十到数百米宽不等，角度一般小于 30°，而且通常不止一条，而是多条并交织呈网状，向下汇聚成一条拆离断层（Wernicke and Burchfiel，1982）。其中主拆离断层的位移量可达数 10km 以上，规模可达区域或准区域级别（Davis and Lister，1988）。拆离断层通常呈铲式（犁式），向下达中地壳变为水平（Davis and Lister，1988）。一些变质核杂岩拆离断层呈外凸状，向下逐渐变陡，主要发育在大洋核杂岩中（Tremblay *et al.*，2009）。拆离断层在形成之初的浅表表现被称为分离断层[breakaway fault，图 10.1（b）]。一些 MCC 的拆离断层为面状，但更多的拆离断层面呈波瓦状，轴向平行于线理，振幅达数十至数百米，波长达几百米甚至上千米，被称为波瓦状构造（corrugations）[图 10.1（b）]。拆离断层可以只发育于核部杂岩的一侧，这时候可以称之为旋转枢纽构造（rolling ringe structure），如华北的云蒙山和医巫闾山。此外，拆离断层也可以呈环状或半环状围绕核部杂岩，核部两侧的拆离断层通常不对称分布，具有一翼陡、另一翼缓的特点，通常面理倾角缓的一侧位移量及剪切量大于面理陡的一侧（Coney，1980）。因为在核部杂岩隆起后主拆离断层还可以继续揭露核部杂岩，而另一侧的拆离断层已经衰亡，这个时候，核部杂岩具有一定的横向延展的特点，如 Whipple MCC（Davis and Lister，1988）。大多数 MCC 两侧的拆离断层具有统一的运动学，但是还有少量 MCC 两侧的拆离断层的运动学相反，它们可能为同期的，如北美科迪勒拉的 Santa Catalina MCC（Bykerk-Kauffman and Janecke，1987），或不同期的，如北美科迪勒拉的 Albion-Raft River-Grouse Creek MCC 和 Shuswap MCC（Parrish *et al.*，1988）。当然还有更复杂的，如土耳其西南部的 Menderes MCC（Gessner *et al.*，2001）和北美的 Priest River MCC（Doughty and Price，1999）。MCC 拆离断层从下到上或从老到新常具有如下结构[图 10.2（a）]：

1）糜棱岩（包括糜棱岩化片麻岩及花岗岩）；

2）遭受剪切并退变质的糜棱岩化的核部杂岩；

3）假玄武玻璃、绿泥石化角砾岩和微角砾岩；

4）断层泥和断层角砾。

拆离断层构成的岩石变形具有统一的运动学特征，反映了拆离断层由韧脆性转换带逐渐揭露至脆性域的过程（Davis and Lister，1988）。

拆离断层中的糜棱岩并不一定都是与核部杂岩揭露过程有关，也有可能是韧性变形的中下地壳被脆性拆离断层“捕获”，如 Whipple Mountain MCC（Lister and Davis，1989）。未糜棱岩化下盘的深处第一次出现糜棱岩组构被称为糜棱岩前锋（mylonite front）。糜棱岩前锋代表了局部展布的变形转换带（localized-distributed transition，LDT），即由局部的非共轴韧性变形（糜棱岩）转换到高温的透入性的共轴韧性流动，其深度取决于温度、压力、岩石类型及矿物水含量（Cooper *et al.*，2017）。LDT 之下的变形一般要早于 LDT 之上拆离断层的启动时间，而且变形运动学不一定一致。如 Snake Range MCC 拆离断层中存在两期运动学相反的变形，早期向东的高应变及低应力的高温变形（约 430℃），代表了 LDT 的变形行为，发生在 46 ～ 20Ma，并被后期发生在早中新世的与MCC剥露有关的上部向西的高应力的相对低温变形（约350℃）叠加改造（Cooper *et al.*，2010）。

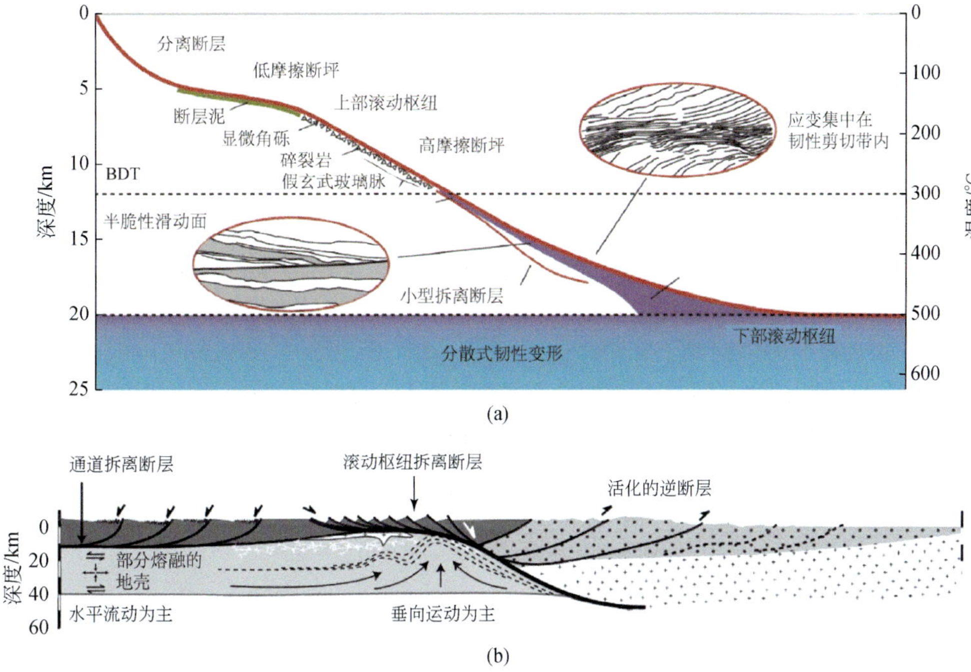

图 10.2　（a）拆离断层结构（据 Cooper *et al.*，2017）；（b）通道拆离断层和滚动枢纽拆离断层（据 Teyssier *et al.*，2005）

拆离断层为活跃的流体与围岩矿物之间发生物理－化学反应提供了场所，形成热液矿物（绿泥石、白云母等），造成局部岩石应变软化和应变集中，有利于拆离断层的进一步发展，但热液活动和应变集中之间通常是反馈关系（Grasemann and Tschegg，2012）。拆离断层也可以成为成矿流体的运移通道和沉淀场所，如铀矿（Yassaghi and Masoodi，2011）、金矿（程南南等，2018；Cheng *et al.*，2019）及大洋核杂岩中的热液 Cu-Zn-Co-Au 块状硫化物矿床（Fouquet *et al.*，2013）等。

根据拆离断层的几何型式和变质核杂岩的揭露过程，拆离断层可以分为通道拆离断层［Channel detachment；图 10.2（b）；Teyssier *et al.*，2005］，如藏南拆离系（Burchfiel and Royden，1985）和滚动枢纽拆离断层（rolling-hinge detachment）。通道拆离断层主要形成于造山带的腹地，构成了下部岩石部分熔融的通道流与上覆刚性较大的上地壳之间的剪切面［图 10.2（b）］。而滚动枢纽拆离断层通常形成于造山带前陆，能够引发核部杂岩的减压和部分熔融，从而造成混合岩穹窿的快速上升（Teyssier *et al.*，2005）。这两种拆离断层可以同时出现在同一个变质核杂岩中，如北美科迪勒拉的 Shuswap 变质核杂岩，其中通道拆离断层主要调节通道流向滚动枢纽拆离断层一侧运动，而滚动枢纽拆离断层将中下地壳的岩石揭露至地表［图 10.2（b）；Teyssier *et al.*，2005］。根据在 Snake

Range 拆离断层的观察，拆离断层中的糜棱岩可能来自通道拆离断层或滚动枢纽断层，但是二者的运动学是相反的（Cooper *et al.*，2010）。拆离断层可以作为识别变质核杂岩的必要条件而不是充分条件，因其亦可出现在挤压背景下，如藏南拆离系（Burchfiel and Royden，1985）。

10.2.2 下部岩石特征及过程

变质核杂岩的核部杂岩主要以片麻岩和花岗岩或混合岩为主（Teyssier *et al.*，2005），少量为变沉积岩（Brown and Murphy，1982），甚至出现榴辉岩残片（Lin *et al.*，2015）。核部杂岩最上部表现为同变形或隆升过程中形成的变质壳（metamorphic carapace），核部杂岩主体通常会叠加绿片岩相和角闪岩相的退变质作用，并发生强烈的构造变形，如紧闭的同斜褶皱、布丁构造、强烈压扁的团块等（Davis and Coney，1979）（图 10.3）。大多数核部杂岩呈穹窿状，被认为是拆离断层上部岩石遭受大规模的风化和剥蚀，导致下部岩石在重力均衡的作用下抬升所致（Buck，1988）［图 10.1（a）］。

图 10.3 云蒙山变质核杂岩下部岩石变形特征

（a）糜棱岩的碎裂岩化；（b）糜棱岩的脆韧性变形（北京怀柔青龙峡，侯泉林摄于 2016 年）

10.2.3 上部岩石特征及过程

拆离断层上部岩石在拆离前处于浅表构造层次，类型多样，主要为未变质或浅变质的沉积盖层（Coney，1980），其次为相关伸展构造发生前早已就位或剥露地表的花岗岩（Brown and Murphy，1982）、前寒武纪的变沉积岩或结晶基底（Foster and Fanning，1997），在复杂的造山带中也可以出现蛇绿混杂岩、高压－超高压变质岩（Brichau *et al.*，2008；Lin *et al.*，2015）等，因此其特征不能作为变质核杂岩的主要识别标志。上盘岩石以浅表的脆性变形为主，发育高角度正断层和重力垮塌相关的垂向缩短褶皱（Lin *et al.*，2013a，2013b）。拆离断层上盘通常在拆离断层形成不久后发育伸展盆地（supradetachment basin），其沉积过程与核部杂岩的隆升具有很好的相关性，并记录了核部杂岩抬升揭露的过程，物源为拆离断层构造岩及其下部的核部杂岩，或火山岩和火山碎屑岩，并发育高角度正断层（Oner and Dilek，2011）。

10.3　变质核杂岩、片麻岩穹窿与同构造岩浆穹窿

片麻岩穹窿由两部分组成，幔部为高级变沉积岩或变火山岩；核部为角闪岩相到麻粒岩相的高级变质岩，包括深熔混合岩、正片麻岩或花岗岩（Whitney *et al.*，2004）。因此，从定义来看，变质核杂岩只是片麻岩穹窿的一种。大多数片麻岩穹窿呈椭圆形，长轴通常平行于造山带，长短轴比为 2:1 ～ 3:1。片麻岩穹窿中通常包含次级穹窿，次级穹窿之间或存在较强的应变带，面理近直立，被认为是上地壳的应变集中导致中下地壳向应变集中区流动而发生的黏性条件下的相互作用（Rey *et al.*, 2011）。混合岩穹窿核部 *P-T-t* 轨迹通常记录了近等温降压，后期快速的近等压降温的过程，而幔部降压的同时也会降温。一个造山带中通常不止一个片麻岩穹窿，它们一般呈线性、雁列式或随机排列，华北地区的赞皇穹窿和阜平穹窿就是一个很好的表现（Faure *et al.*，2007；Trap *et al.*，2008；Trap *et al.*，2009）。片麻岩穹窿的形成机制很多，伸展作用和挤压作用，走滑或两者共同作用（Yin，2004）。挤压同造山背景下的机制包括褶皱干涉、纵弯作用、逆冲双重或被动顶板造成核部杂岩的剥露。伸展背景下的机制包括拆离断层作用和造山带垮塌过程中部分熔融地壳的底劈作用。

10.4　变质核杂岩的成因机制

10.4.1　变质核杂岩运动学模型与核部杂岩的揭露过程

低角度正断层的低角度被认为是初始低角度（Reynolds and Lister，1990；Spencer，1984；Wernicke，1985；图 10.4），或者高角度或中等角度正断层旋转而成低角度（Buck，1988；Wernicke and Axen，1988；图 10.5）。Spencer（1984）认为，地壳岩石沿低角度正断层发生大规模的伸展而减薄，导致下盘岩石均衡抬升，而使核部杂岩和拆离断层呈背形。该模型中拆离断层上盘的多米诺式正断层及沉积盆地是同时形成的，而且沿拆离断层运动方向野外变质梯度变化不大。美国亚利桑那州的 South Mountain MCC 古地磁结果显示拆离断层的初始角度就很低。在 Whipple MCC（Lister and Davis，1989）和 Buckskin-Rawhide MCC（Scott and Lister，1992），根据同构造沉积地层与拆离断层之间的夹角对拆离断层进行重建，表明拆离断层初始角度是低角度的。在 Black Mountain MCC，则表现为上部高角度正断层向下汇聚于低角度拆离断层，而该拆离断层切割了近水平的地层（Hayman *et al.*，2003）。这些证据都支持初始低角度拆离断层模型。

但初始低角度正断层不符合现代的断层力学理论，而且在低角度正断层上很少发生 $M > 6$ 的大地震（Jackson and White，1989）。而滚动枢纽模式比较符合岩石力学和地震学资料。滚动枢纽模式认为，初始高角度或中等角度的正断层通过下盘岩石在地壳均衡

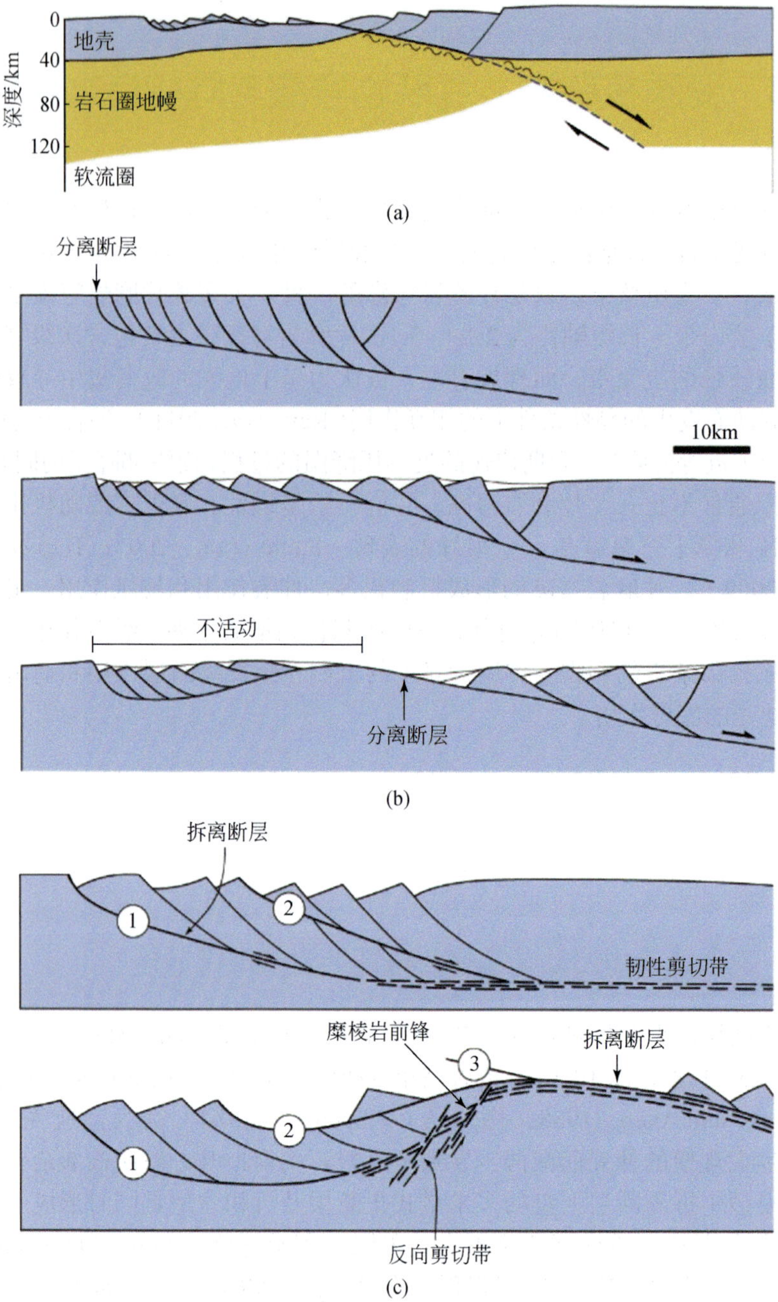

图 10.4　初始低角度拆离断层运动模型（据 Brun *et al.*，2017）

（a）岩石圈尺度的单剪模型（Wernicke，1985）；（b）上盘岩石被切除导致拆离断层及之下核部杂岩的均衡隆升（Spencer，1984）；（c）次序发育的拆离断层导致核部杂岩的揭露（Reynolds and Lister，1990）

调整下向上挠曲而在浅表被旋转为低角度正断层，并被遗弃而不再活动，而新的高角度正断层不断地在背形枢纽处形成，并依次循环（Buck，1988；Wernicke and Axen，1988）。背形的枢纽就像传输机里不断滚动的轮毂将高角度正断层转变成低角度正断层，并将深部

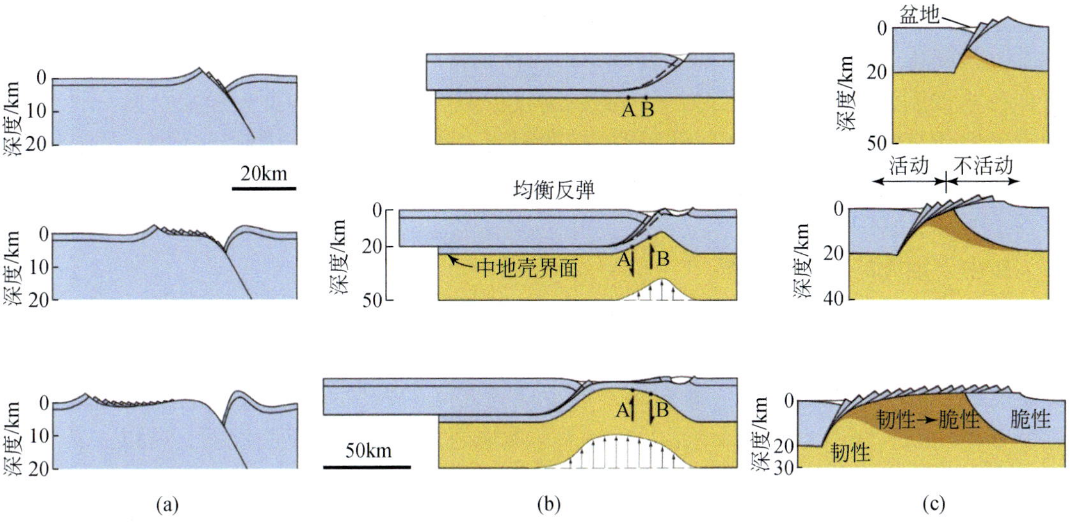

图 10.5　滚动枢纽模型（据 Brun *et al.*，2017）

（a）薄板挠曲模型（Buck，1988）；（b）双滚动枢纽模型（Wernicke and Axen，1988）；（c）变质核杂岩的不对称生长

的岩石依次揭露到地表（图 10.5）。因此，沿运动方向，变质级别逐渐增高，岩石的冷却年龄逐渐年轻，如 Central Menderes 变质核杂岩（Gessner *et al.*，2001），这是滚动枢纽模型的典型代表。上盘在靠近枢纽处发生挠曲形成断弯褶皱（fault bend），其可容纳空间接受核部杂岩及拆离断层的剥蚀物，盆地边缘断裂在枢纽处产生并不断新生，因此斜列式断层向上盘运移方向变年轻（Hoisch *et al.*，1997）。深部岩石在经过枢纽时发生旋转，例如美国犹他州的 Mineral Mountain 变质核杂岩的古地磁研究表明，Mineral Mountain 岩基及 Cave Canyon 拆离断层发生了 40° 的倾斜（Coleman and Walker，1994）。如果拆离断层向深部变为水平，那么应该存在两个滚动枢纽，一个位于 LDT，将近水平的韧性剪切带旋转为高角度脆性或韧脆性正断层；另一个位于近地表，即脆－韧性转换带（BDT）之上，将高角度正断层旋转至低角度正断层（Axen and Hartley，1997）。Snake Ranged MCC（Lee，1995）和 Buckskin-Rawhide MCC（Scott *et al.*，1998）的热年代结果似乎支持双滚动枢纽模式，但是很难找出可靠的构造地质学的观察证据来证明下部滚动枢纽的存在。

滚动枢纽模式适用于“冷”MCC，即核部杂岩无同构造岩体或混合岩。在“热”MCC 中，同构造花岗岩或混合岩产生的瞬时地温梯度会抬高 LDT 和 BDT 的位置，故先经历等温降压，在拆离断层作用下快速降温，核部杂岩并不会发生旋转（Lister and Baldwin，1993；Rey *et al.*，2009）。因此，在构造运移方向上，核部杂岩野外所表现的变质相变并不十分明显。

10.4.2　变质核杂岩的动力学机制及控制因素

1. 岩石圈伸展类型

根据岩石圈的流变学特点，Buck（1991）将大陆岩石圈伸展模式划分为窄裂谷、宽裂谷和变质核杂岩三种，而其中变质核杂岩被认为是地壳厚度较厚（约为 60 km）、地表热流值非常高（100 mW/m^2）的宽裂谷中的一种独特的表现形式。岩石圈在遭受伸展作用时存在两种端元表现的断层行为：一是数量较少但位移量巨大的拆离断层；另一种是数量较多但位移量较小的高角度正断层，如宽裂谷。模拟实验和数值计算表明，岩石圈越薄（地温梯度越高）越有利于形成变质核杂岩，而越厚（地温梯度越低）则有利于形成裂谷（Buck，1993）。

2. 中下地壳的流变学特征

黏－弹性流变学数值实验表明，刚性的上地壳和塑性的下地壳在遭受应力作用时会产生不同的应变反映（可参阅第二卷第 2 ～ 4 章），存在巨大的强度差异，有利于应变集中，形成变质核杂岩。在较“冷”地壳中，上下地壳之间的强度差异较小，岩石变形大多通过裂谷等弥散式变形（Wijns *et al.*，2005）。上地壳一般被认为是脆性的，所以，其与中下地壳之间的强度差异主要取决于中下地壳的流变学特征。

非常软弱的下地壳（湿石英蠕变域并发生一定程度的部分熔融）有利于形成混合岩穹窿，或以同构造岩体和混合岩为核的变质核杂岩［图 10.6（a）］。快速伸展的变质核杂岩的热历史一般先经历近等温减压，部分熔融并在区域伸展下底劈上升，后在拆离断层作用下非常快速地降温（通常大于 100℃ /Ma），能够将下地壳的岩石揭露（Lister and Baldwin，1993），如 Shuswap MCC 核部的 Thor-Odin 混合岩穹窿，从 1GPa 降到 0.5GPa 一直保持在 750℃到 800℃之间（图 10.7；Norlander *et al.*，2002）。核部混合岩或同构

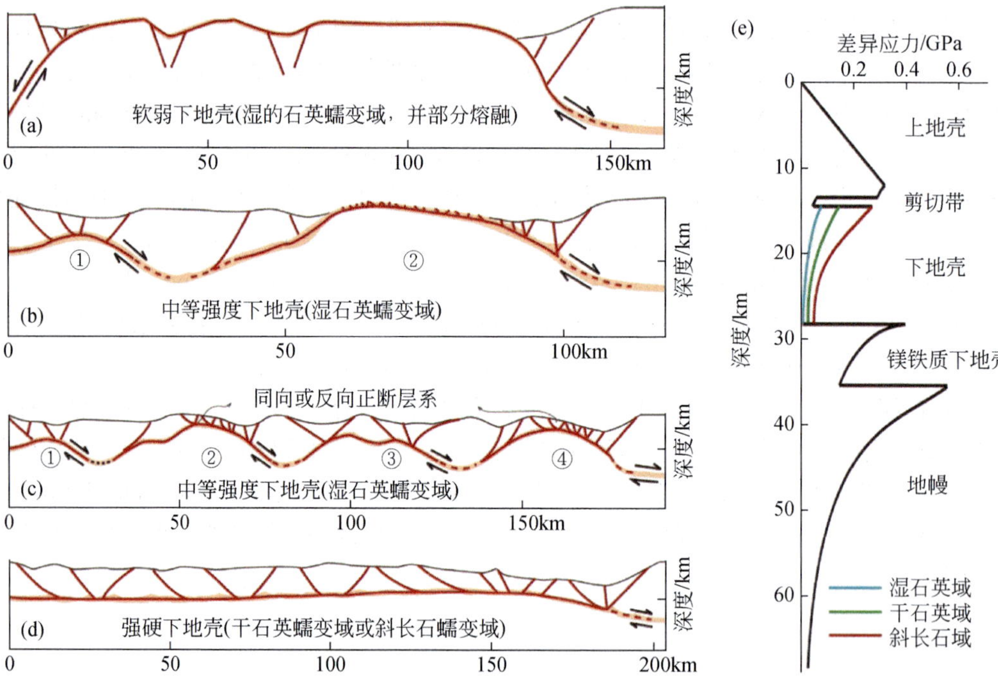

图 10.6 不同下地壳强度下，数值模拟产生的变质核杂岩与拆离断层系（据 Wu and Lavier，2016 修改）

（a）双向变质核杂岩；（b）典型的科迪勒拉变质核杂岩；（c）布丁构造，具有数个间隔分布的变质核杂岩，核部杂岩出露或者未出露；（d）近水平的拆离断层，未出露核部杂岩；（e）岩石圈强度剖面

造花岗岩具有相反的剪切指向，其中一条拆离断层位移量更大，起主导作用，另一条则被动调节整体的伸展（Wu and Lavier，2016），如土耳其的 Menderes MCC（Gessner *et al.*，2001），或与主拆离断层一致的剪切指向（医巫闾山南部同构造石山岩体；Lin *et al.*，2013a，2013b）。其核部杂岩的野外变质梯度在构造运移方向上一般变化不大。中下地壳更大程度的部分熔融造成其具有较低的黏滞度，应力无法达到其屈服极限，因而无法引发应变集中，而很难形成韧性剪切带，而是以透入性的塑性流动来调节伸展，形成具有相反剪切指向的片麻岩穹窿（Gessner *et al.*，2007）。

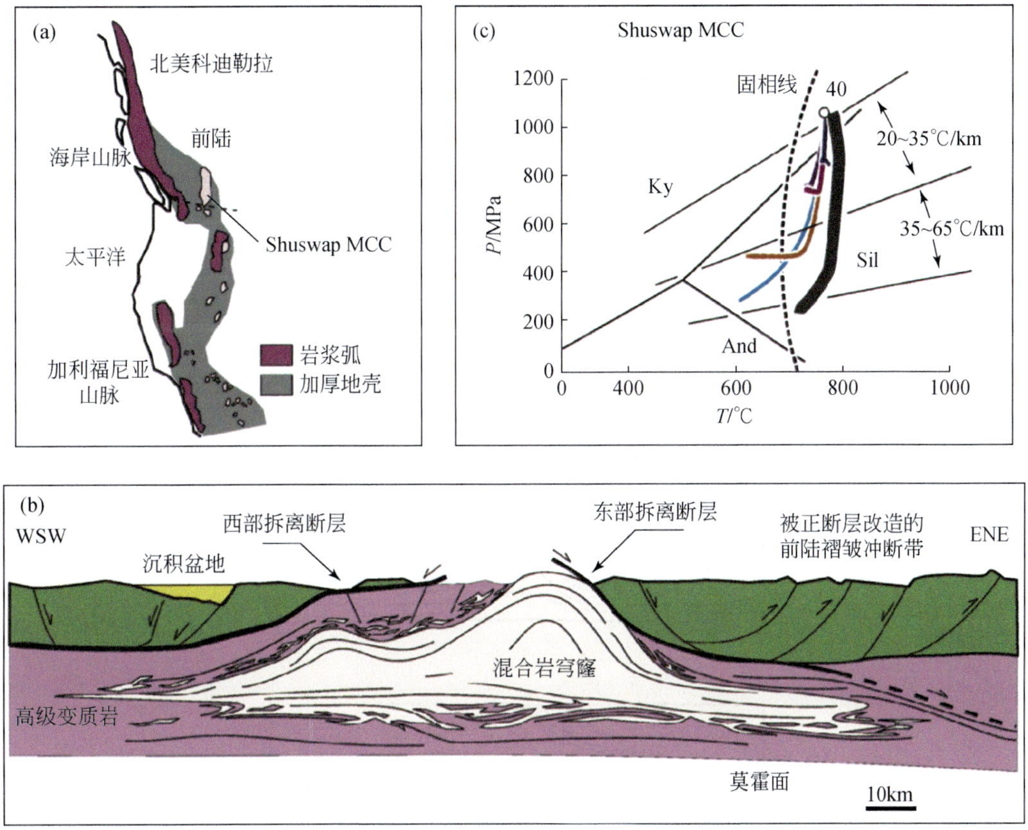

图 10.7　Shuswap MCC 中的 Thor-Odin 混合岩穹窿（据 Rey *et al.*，2009 修改）

（a）Shuswap MCC 位置；（b）Thor-Odin 混合岩穹窿剖面；（c）Thor-Odin 混合岩穹窿 *P-T* 轨迹（粗黑线），数值模拟实验得出快速伸展的 *P-T* 轨迹（彩色线）

中等强度下地壳（湿石英域）根据剪切带岩石强度分为两种类型：变质核杂岩［图 10.6（b）］和布丁构造［图 10.6（c）］。变质核杂岩剪切带的摩擦系数一般小于 0.2。布丁构造与变质核杂岩的区别在于，不能将中下地壳岩石揭露至地表，其韧性剪切带的摩擦系数介于 0.2 和 0.46 之间。

强硬的中下地壳（干的石英或斜长石蠕变域）具有较低的地温梯度，一般不会形成变质核杂岩［图 10.6（d）］。变形主要集中于上地壳，表现为对称展布的地堑和地垒，或者多米诺构造，而中下地壳岩石黏度很高，很难侧向和垂向运动，因此不易被揭露出来，或者揭露的速度很慢（图 10.6；Wu and Lavier，2016）。意大利亚平宁北部从中新世中期开始遭受区域性的伸展，其中低角度正断层对伸展量贡献最大，但是并未揭露出中下地壳岩石（Collettini *et al.*，2006）。

分散变形和集中变形通常具有先后关系。在造山带伸展中，开始以上地壳伸展过程中的细颈化（upper crust necking）、以分散式的对称变形为主；当第一条拆离断层到达地表时，开始了第二阶段的穹窿上隆与扩大，中下地壳向上流动，开始以共轭的韧性剪切带为主，当应变集中于穹窿的一侧时则快速冷却，形成变质核杂岩（Tirel *et al.*，2008；图 10.8）。这种分散变形和集中变形的先后关系及空间分布很普遍。泛贝加尔地区在中 - 晚侏罗世就开始发生强烈的伸展，形成幔源双峰式火山岩、A 型花岗岩、花岗正长岩，及陆内裂谷盆地，而直到早白垩世才发育变质核杂岩（Gordienko *et al.*，1997）。Iberia 板块与北美板块在裂解时，在早白垩世之前以纯剪的分布式裂谷为特点；在早白垩世，以缺乏火山岩浆活动，巨量的裂谷沉积为特点（Manatschal *et al.*，2001）。从大陆向大洋方向，伸展的模式不断变化：从大陆地壳上的分散式裂谷到大陆 - 大洋转换带的拆离断层。

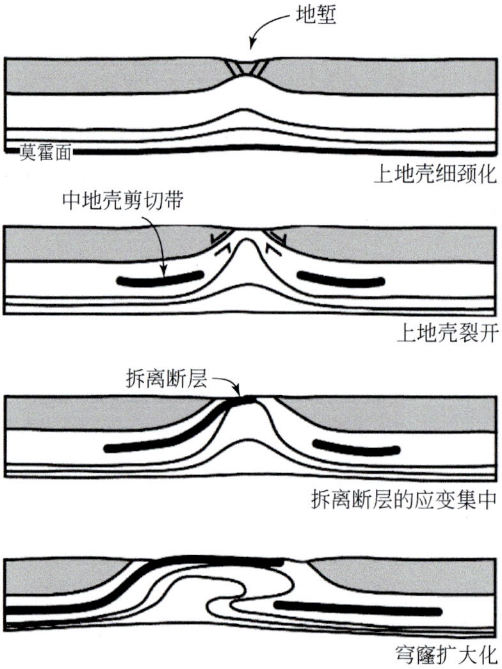

图 10.8　分散式变形与集中变形（变质核杂岩）关系（据 Tirel *et al.*，2008）

3. 地壳变形行为的深部机制

变质核杂岩之下的 Moho 面通常近水平，因此需要中下地壳和岩石圈地幔足够软弱以侧向流动来调节核部杂岩上升所留下的空间（Tirel *et al.*，2008）。Buck（1991）认为，大陆岩石圈伸展构造发育的方式（窄裂谷、宽裂谷、变质核杂岩）主要受控于岩石圈结构，即地壳和岩石圈地幔的耦合程度。随着莫霍面温度的升高，地壳和岩石圈地幔会逐渐解耦，并相继发育窄裂谷、宽裂谷和变质核杂岩等不同形式的伸展构造，且认为变质核杂岩发育的条件之一是莫霍面温度大于 800°C（Gueydan *et al.*，2008）。一般认为，莫霍面的温度主要取决于岩石圈的厚度、岩石圈底部的热流值，以及地壳的厚度。Tirel 等（2008）利用经验公式计算了一定岩石圈厚度下，不同地壳厚度和地幔热流值下的莫霍面温度，及地壳变形样式，认为初始莫霍面温度＞ 800°C 时，整个岩石圈具有较低黏度，中下地壳初始黏度小于 10^{20}Pa • s，岩石圈地幔初始黏度小于 10^{22}Pa • s，韧性地壳（中下地壳）的厚度要远大于脆性地壳（上地壳）的厚度，且地壳的强度要大于岩石圈地幔的强度，此时上地壳和中下地壳间存在着巨大的强度差异，地壳和岩石圈地幔是解耦的，有利于中下地壳侧向和垂向运动，并且可以维持莫霍面近水平（图 10.9）。较厚的地壳（60km）易于产生较高的莫霍面温度，而正常厚度地壳即使是在较高的地幔热流值条件下也很难达到上述莫霍面温度和中下地壳黏度。

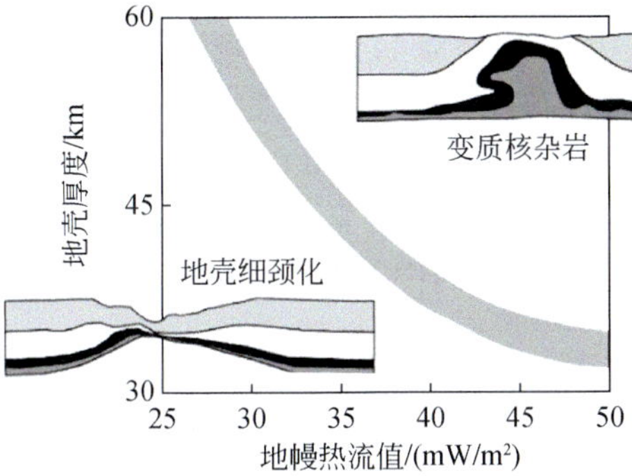

图 10.9　地壳初始厚度及地幔热流值决定的地壳伸展的两种形式——地壳细颈化和变质核杂岩（据 Tirel *et al.*，2008 修改）

4. 中下地壳应变集中

应变集中通常出现在以下几种情况：

1）中下地壳存在明显的各向异性，如花岗岩岩体、活动的岩浆房、同构造花岗质侵入体等低密度异常区（Tirel *et al.*，2006，2008）。

2）伸展构造发生前存在的中地壳韧性剪切带（Wu and Lavier，2016）。其作用主要体现在中等强度的地壳下，先存的韧性剪切带摩擦系数小于 0.2 情况下形成科迪勒拉型变质核杂岩，在 0.2 ～ 0.46 形成布丁构造。

3）脆性地壳断层。脆性地壳断层切穿脆性地壳，并有可能延伸到韧性地壳中。Koyi 和 Skelton（2001）通过物理模拟实验，提出在大陆伸展的过程中，脆性地壳断层的存在能够使应变集中，并转变为低角度正断层，而不论中下地壳是强硬的还是软弱的。根据数值模拟实验，相对于点状流变学异常体，脆性地壳断层的存在常造成不对称的变质核杂岩，而点状流变学异常体通常形成双向变质核杂岩（Rey *et al.*，2009）。

4）韧性地壳中的低黏滞度异常区。Brun 等（1994）通过物理模拟实验对比了中下地壳中无黏度异常各向同性和存在黏度异常两种情况下，地壳的伸展几何学特征。在前一模型条件下，上地壳形成斜列的断块，先形成高角度正断层，随着伸展持续进行，高角度正断层逐渐转变为低角度的拆离断层，中下地壳岩石随之出露，形成变质核杂岩。

5）应变速率。Schueller 等（2005）对脆性–韧性流变学分层的材料进行的二维有限元模型研究，揭示了韧性物质会对上覆的脆性物质产生黏滞阻力，起到阻止断层运动的作用，限制断层的最大位移量。在同样中下地壳黏度下，当应变速率比较高时，地壳必须通过不断形成新的断层来调节整体的伸展；而在同样的流变学条件下，应变速率的降低会降低韧性地壳的强度，会加速壳幔的脱耦（Brun，2001），因而会在脆性地壳中发生应变集中。当中下地壳发生部分熔融而十分软弱时，虽然都会形成双向的变质核杂岩，但是在不同的伸展速率下，核部杂岩的 *P-T* 轨迹截然不同（Rey *et al.*，2009）。在快速伸展下，核部杂岩先经历近等温降压，然后快速降温降压（图 10.7）。而在慢速伸展下，核部杂岩与中等强度地壳下科迪勒拉变质核杂岩的 *P-T* 轨迹类似。

综合上述探讨，变质核杂岩主要受控于两个直接因素，即中下地壳的流变学行为和应变集中（图 10.10）。要形成变质核杂岩，中下地壳初始黏度要小于 10^{20}Pa • s（Tirel *et al.*，2008），并且中下地壳存在能够引发应变集中的黏度（Brun *et al.*，1994）、密度（Tirel *et al.*，2006，2008）或韧性剪切带（Wu and Lavier，2016）等异常，两者似乎缺一不可。如果中下地壳各向同性缺乏上述异常，即便其黏度较低，上地壳会与中下地壳发生脱耦，上地壳以多米诺构造为主，而中下地壳为透入性的塑性流动为主，形成宽裂谷，

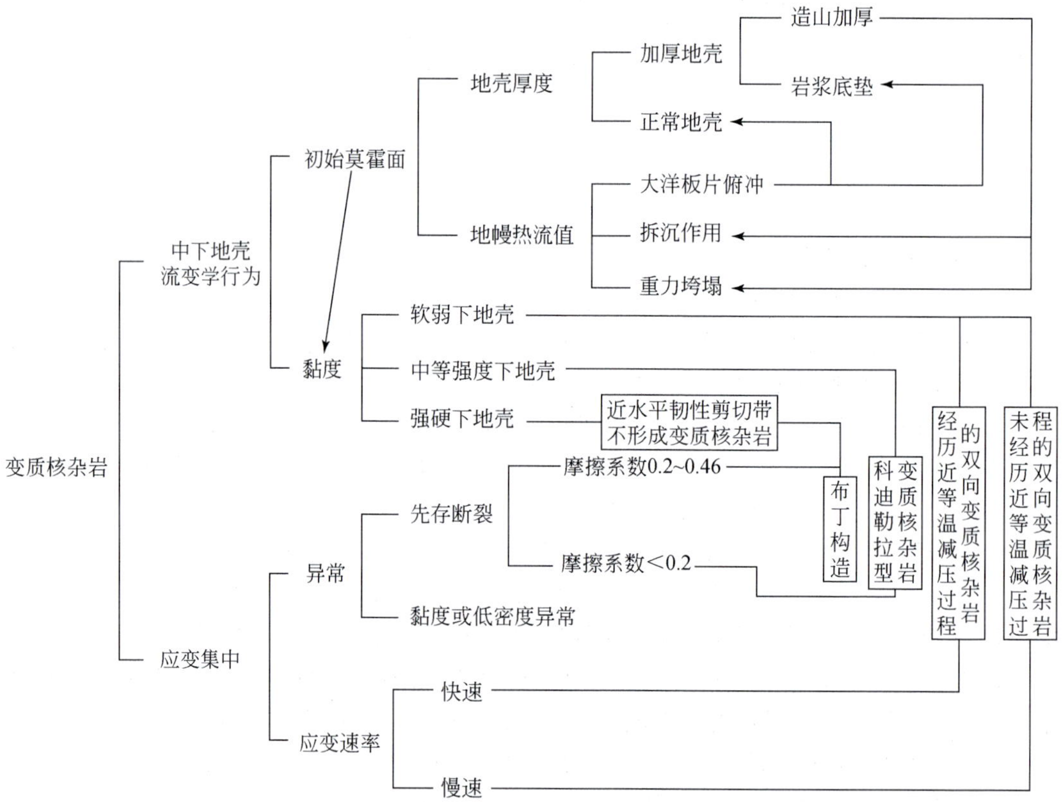

图 10.10 变质核杂岩的影响因素

而不是变质核杂岩（Brun *et al.*，1994；Tirel *et al.*，2006，2008）。物理模拟实验（Tirel *et al.*，2006）和数值模拟实验（Tirel *et al.*，2008）均表明，变质核杂岩与宽裂谷均在同一流变学分层条件下，不同的是变质核杂岩需要在韧脆性转换带之下存在应变集中（Brun *et al.*，2017）。如果中下地壳为强硬层，则整个岩石圈是耦合的，而无显著的侧向和垂向的运动，深部的物质很难揭露至地表（Wu and Lavier，2016），持续的伸展会形成窄裂谷（Gueydan *et al.*，2008）。中下地壳的流变学行为具体体现在黏度上，而黏度是温度的函数，即中下地壳黏度主要受控于莫霍面的温度。变质核杂岩需要莫霍面的温度达到800℃以上，而造山加厚地壳所引起的重力垮塌、岩石圈拆沉作用引发的软流圈上涌及俯冲大洋板片脱水熔融产生的岩浆底垫，容易达到此条件。

10.5　变质核杂岩的地球动力学背景

大陆变质核杂岩的年龄多在显生宙特别是中生代和新生代，如东亚地区包括华南、华北及贝加尔湖地区的早白垩世变质核杂岩（Lin *et al.*，2013a，2013b），北美科迪勒拉古近纪变质核杂岩（Coney，1980），爱琴海地区中新世晚期出现的变质核杂岩（Lister *et al.*，1984），少量出现在前寒武纪，如古元古代（1750 ～ 1760Ma）的 McGrath 变质核杂岩（Holm and Lux，1996）和埃及新元古代（580Ma）的 Meatiq 变质核杂岩（Neumayr *et al.*，1998）。变质核杂岩作为伸展构造可以出现在不同地球动力学背景下：造山后重力垮塌、克拉通破坏或岩石圈拆沉、大洋俯冲板块回撤、洋脊慢速 - 超慢速扩张等。还有少量变质核杂岩与走滑伸展有关，如北美科迪勒拉的 Clearwater MCC（Doughty *et al.*，2007）。D′ Entrecasteaux 岛上的变质核杂岩与 Woodlard 盆地的扩张中心向大陆延伸有关（Hill *et al.*，1992），这样的例子很少，故不作详细介绍。

10.5.1　造山后重力垮塌

重力垮塌是重力驱动的韧性流动以减少横向的重力势能差（Rey *et al.*，2001）。重力垮塌主要有两个外部的触发条件：全球板块运动矢量调整，使水平压应力降低；板块俯冲或岩石圈拆沉造成的热对流能够有效地降低中下地壳或岩石圈地幔岩石强度，从而有利于应变软化（Rey *et al.*，2001）。重力垮塌通常需要岩石圈强度强烈的降低，其在造山加厚后发生的热松弛阶段很容易达到，此时莫霍面的温度高于 700℃，如果高于 800℃，则会极大地降低中下地壳和岩石圈的黏度，并使中下地壳脱耦，有利于变质核杂岩的发育。重力垮塌常成为造山带造山后伸展的主要动力，如变质核杂岩（Ji *et al.*，2017）、片麻岩穹窿（Teyssier and Whitney，2002）和同构造岩浆穹窿（Daoudene *et al.*，2012）等。与造山后重力垮塌相关的变质核杂岩有很多，但为了避免大洋板块俯冲回撤等因素相互作用，仅以泛贝加尔地区发育的变质核杂岩为例。

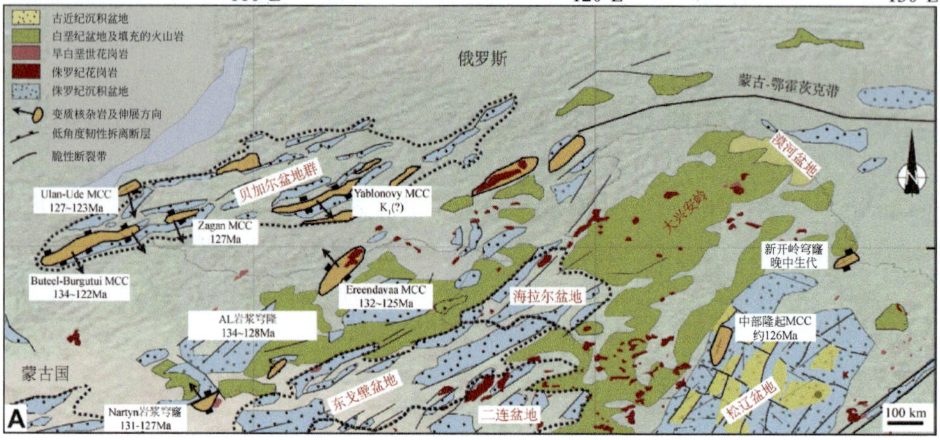

图 10.11 泛贝加尔地区变质核杂岩及伸展构造（据 Lin and Wei，2018）

泛贝加尔地区在早白垩世发育大规模的伸展构造（图 10.11），包括强烈陆内火山活动（Gordienko and Kuz' Min，1999）、断陷盆地、同构造岩浆穹窿（Daoudene *et al.*，2012）、变质核杂岩（Donskaya *et al.*，2008）等。其中变质核杂岩从 NW 到 SE 依次为 Selenga 变质核杂岩（Mazukabzov *et al.*，2011）、Buteel-Burgutui 变质核杂岩（Donskaya *et al.*，2008；Mazukabzov *et al.*，2006）、Zagan 变质核杂岩（Donskaya *et al.*，2008）、Yablonovy 变质核杂岩（Zorin，1999），以及 Ereendavaa 变质核杂岩（Daoudene *et al.*，2013）。变质核杂岩的核部杂岩为片麻岩和花岗岩，线理为 NW-SE 向，运动学特征指向 NW 或 SE（Wang *et al.*，2012）。角闪石及黑云母 $^{40}Ar/^{39}Ar$ 年龄为 134 ～ 123Ma（Daoudene *et al.*，2013；Donskaya *et al.*，2008）。泛贝加尔地区在早白垩世伸展之前经历了两期地壳增厚：三叠纪—早侏罗世蒙古 - 鄂霍茨克洋消减时在活动大陆边缘形成大量的钙碱性岩浆，造成地壳底垫增厚；其次在晚三叠世—早侏罗世发生闭合及在早—中侏罗世发生陆内褶皱冲断变形，形成第二次的造山增厚（Donskaya *et al.*，2008）。泛贝加尔地区在中—晚侏罗世就开始发生强烈的伸展，形成幔源双峰式火山岩、A 型花岗岩、花岗正长岩，及陆内裂谷盆地（Gordienko *et al.*，1997）。造山过程中地壳增厚为重力垮塌提供了先决条件，而造山后构造应力减小有利于深部岩石部分熔融，从而减小了有效弹性岩石圈厚度，有利于变质核杂岩的形成。因此，泛贝加尔地区以变质核杂岩为代表的伸展构造主要受控于造山后的重力垮塌（Donskaya *et al.*，2008）。此外，泛贝加尔地区远离周缘的俯冲带，如古太平洋板块和班公错 - 怒江洋，因此可以排除大洋俯冲的影响。

10.5.2 克拉通破坏

克拉通破坏是指原来稳定前寒武纪克拉通的岩石圈在物理和化学性质上发生根本的转变。如华北克拉通破坏在深部表现为大于 120 km 的岩石圈的丢失（Menzies *et al.*，1993），岩石圈地幔由难熔富集地幔转变为饱满亏损地幔，在浅部表现为克拉通内部大规模的早白垩世的岩浆活动（Wu *et al.*，2005）、断陷盆地（Ren *et al.*，2002）、同构造岩浆穹窿（Lin *et al.*，2011）、变质核杂岩（Lin *et al.*，2013a，2013b）等伸展构造（图 10.12）。地球物理证据表明，克拉通破坏主要发生在太行山以东（Chen，2009）。通常认为华北克拉通破坏始于侏罗纪或三叠纪末期（Yang and Wu，2009），在早白垩世（140 ～ 115Ma，主体在 125Ma）达到高峰（Wu *et al.*，2005）。华北克拉通破坏机制有许多模型，如岩石圈拆沉、交代－侵蚀作用、橄榄岩－熔体反应、岩浆提取、岩石圈地幔水化等（参见吴福元等，2008）。但是交代－侵蚀作用和拆沉作用由于其广泛的适应性而流行于地质学界。

华北克拉通东部的变质核杂岩从北向南依次为医巫闾山变质核杂岩（Lin *et al.*，2013a，2013b）、云蒙山变质核杂岩（Davis *et al.*，1996）、岫岩变质核杂岩（Lin *et al.*，2011）、辽南变质核杂岩（Lin *et al.*，2011），以及玲珑变质核杂岩（Charles *et al.*，2011）（图 10.12）。变质核杂岩的矿物拉伸线理均为 NW-SE 向，运动学上具有对称性（Lin and Wang，2006）。变质核杂岩的形成时间在 134 ～ 110Ma 范围内，快速冷却主要发生在 122 ～ 114Ma 范围内，与华北克拉通破坏的峰期一致（Lin *et al.*，2013a，2013b）。

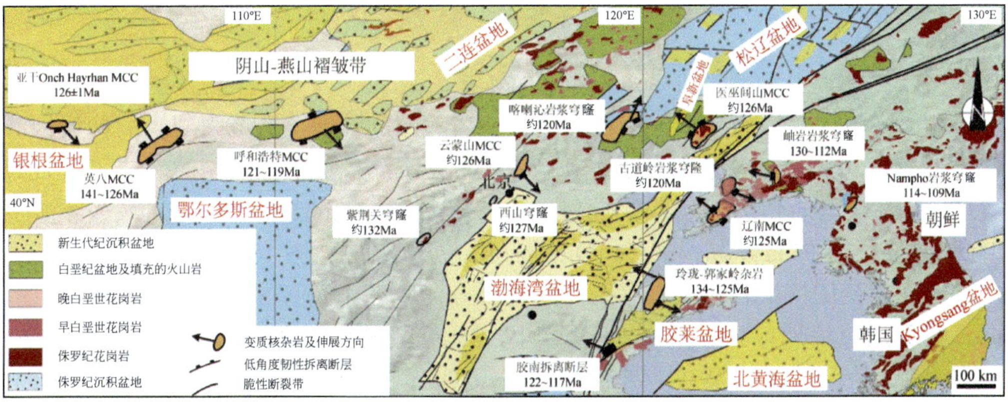

图 10.12　华北克拉通早白垩世伸展构造简图（据 Lin and Wei，2018）

华北克拉通变质核杂岩形成的地球动力学机制还存在诸多争议。有学者提出其与向 NW 俯冲的古太平洋板块的回撤有关（Zhu *et al.*，2015），但是华北克拉通变质核杂岩在时空关系上没有北美科迪勒拉变质核杂岩那样的递变规律，即冷却年龄向东变年轻，因此俯冲的古太平洋板块回撤很难解释欧亚大陆东缘发育的岩石圈尺度的巨型伸展构造。此外，造山后的重力垮塌也被认为是华北变质核杂岩形成的重要机制（Darby *et al.*，2004；Meng *et al.*，2003；Wang *et al.*，2012）。首先，华北克拉通北缘中生代未经历强烈地壳变形，相对克拉通内部，地壳加厚不明显。晚古生代—早三叠世古亚洲洋的闭合并未对华北克拉通北缘造成大规模的构造变形（Meng *et al.*，2014），其在中三叠世—中侏罗世以稳定沉积和区域弱伸展为主（Zhang *et al.*，2012）。华北克拉通最强烈的板内构造变形主要发生 170 ～ 135Ma，主要局限在阴山－燕山构造带（Dong *et al.*，2015），而阴山的地壳厚度为 47 ～ 48km，相对于鄂尔多斯盆地中部地壳厚度 45km 来说并不算太厚（Tian *et al.*，2011）。此外，据北美科迪勒拉的研究，造山后的热松弛需要 30 ～ 50Ma

的时间加热地壳以使其足够软化，进而为变质核杂岩的发育提供条件（Liu，2001）。燕山构造带形成后的中下地壳的软化不太可能在如此短的时间内完成。尽管辽东－胶东地区存在与中晚三叠世扬子－华北碰撞有关的变形（Lin *et al.*，2007），但是距该地区发育的变质核杂岩已逾 100Ma。因此，重力垮塌也很难解释华北变质核杂岩的形成，除非扬子－华北碰撞时间比现在认为的晚。拆沉作用似乎是最为可能的动力学机制。渤海湾盆地三叠纪—侏罗纪的地表热流值为 53 ～ 58mW/m^2，与典型克拉通的平均值（55 ± 17 mW/m^2）相当，而到早白垩世热流值才急剧升高，峰值为 81 ～ 87mW/m^2，由此得出华北在三叠纪—早中侏罗世缓慢减薄而不是增厚，而在晚侏罗世（约 160Ma）开始发生快速减薄并在早白垩世达到高峰（邱楠生等，2015）。变质核杂岩主要出现在高热流、薄的岩石圈和加厚地壳的地区，因为其较弱的中下地壳，使得中下地壳物质易于流动，从而有利于拆离断层将其揭露至浅表（Buck，1993）。华北克拉通的物理性质在经历早白垩世破坏的高峰时正好满足这一条件。鉴于变质核杂岩的发育时间与华北克拉通破坏峰期的时间和范围一致，岩石圈拆沉被认为是最可能的动力学机制（Lin *et al.*，2013a，2013b；Lin and Wang，2006）。

10.5.3 俯冲大洋板块回撤

俯冲大洋板片的回撤会造成上覆大陆板块岩石圈的伸展，形成大规模的伸展构造，如变质核杂岩、盆岭省构造及剧烈的岩浆活动。受大洋板块回撤控制的变质核杂岩的例子很多，如北美科迪勒拉古近纪变质核杂岩（Dickinson，2002；图 10.13）及爱琴海晚中新世变质核杂岩（Ring *et al.*，2010；Dickinson *et al.*，2002；图 10.14）。

科迪勒拉变质核杂岩并不具有统一的伸展方向，近于垂直 Sevier-Laramide 造山带的走向，在美加边境地区为近 E-W 向，或 NW-SE 向，在大盆地（Great Basin）为 NW-SE 向，在美墨边境为 NEE-SWW 向［Dickinson，2002；图 10.13（a）］。在形成时间上，科迪勒拉变质核杂岩具有穿时性，K-Ar、$^{40}Ar/^{39}Ar$ 及裂变径迹结果显示在美加边境地区为 60 ～ 40 Ma，在 Snake River 平原为始新世—渐新世和早—中中新世，在 Walker Lane 和加利福尼亚东部为 12 ～ 6 Ma，而在沙漠西南地区为 30 ～ 12 Ma，总体上具有向南先逐渐变年轻，而后变老的趋势［Dickinson，2002，图 10.13（c）］。Coney 和 Harms（1984）通过对北美西海岸古地壳厚度的重建，发现科迪勒拉地壳加厚区与变质核杂岩的分布范围一致，而且变质核杂岩的时间晚于 Sevier-Laramide 造山事件，因此提出科迪勒拉变质核杂岩的形成与 Sevier-Laramide 造山后的重力垮塌有关。但是该模型未能解释变质核杂岩的穿时性。Dickinson（2002）根据北美西海岸中酸性火山弧（55 ～ 20Ma）向南迁移的规律，与美加边境地区到 Snake River 平原的变质核杂岩（始新世—早中新世）逐渐变年轻的规律一致，因此提出变质核杂岩的穿时性与法拉龙板块的回撤有关［图 10.13（b）］。此外，北美科迪勒拉地区始新世—渐新世期间从北向南地形逐渐抬升（Mix *et al.*，2011）。

爱琴海地区变质核杂岩发育近 N-S 向的矿物拉伸线理，面理平缓，拆离断层呈半环状或仅发育在核部杂岩的一侧，运动学上 Syros-Paros-Amorgos 岛以南为上部向 S 或 SSW，以北为上部向 N 或 NNE（Brichau *et al.*，2008，Dickinson，2002；图 10.14）。

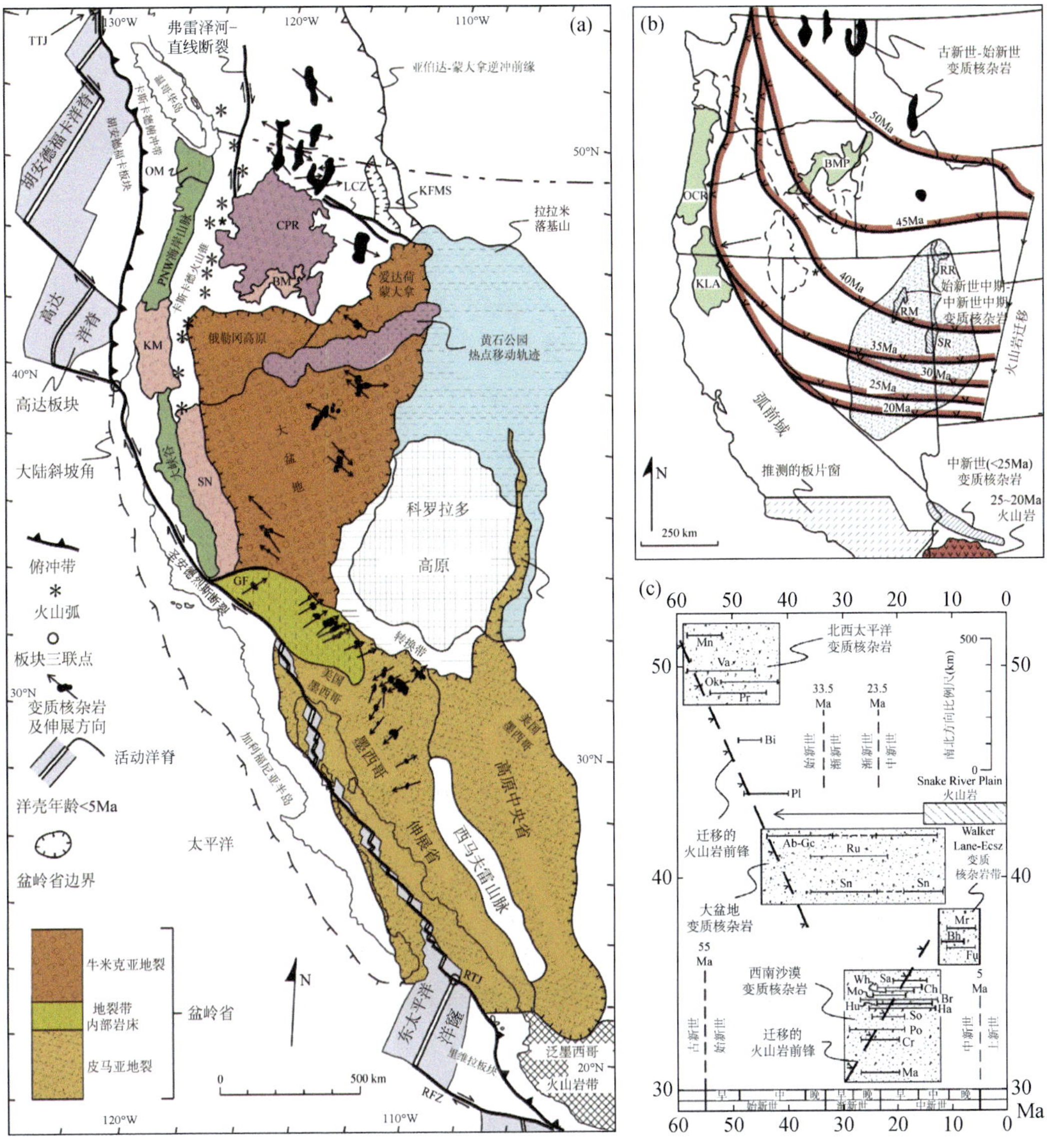

图 10.13　科迪勒拉变质核杂岩（据 Dickinson，2002 修改）

（a）科迪勒拉变质核杂岩及大地构造背景；（b）科迪勒拉古新世—中新世火山弧前锋迁移规律；（c）科迪勒拉变质核杂岩年龄变化趋势和火山弧前锋的迁移规律之间的耦合关系

核部杂岩分为三种类型：花岗岩或混合岩，高温低压变质岩及高压低温变质岩（Faure *et al.*，1991）。磷灰石和锆石裂变径迹表明变质核杂岩主要形成于 17 ～ 8 Ma（Brichau *et al.*，2008；Lee and Lister，1992），最早从 23 ～ 19Ma 就开始了，但是晚于该地区的高压变质事件（Ring *et al.*，2010）。因此有人提出该地区的变质核杂岩与始新世造山后的重力垮塌有关（Faure *et al.*，1991）。Angelier 等（1982）认为变质核杂岩与爱琴海弧后盆地的打开同时，而将变质核杂岩归因于 Hellenic 板块俯冲。爱琴海地区岩浆弧从古

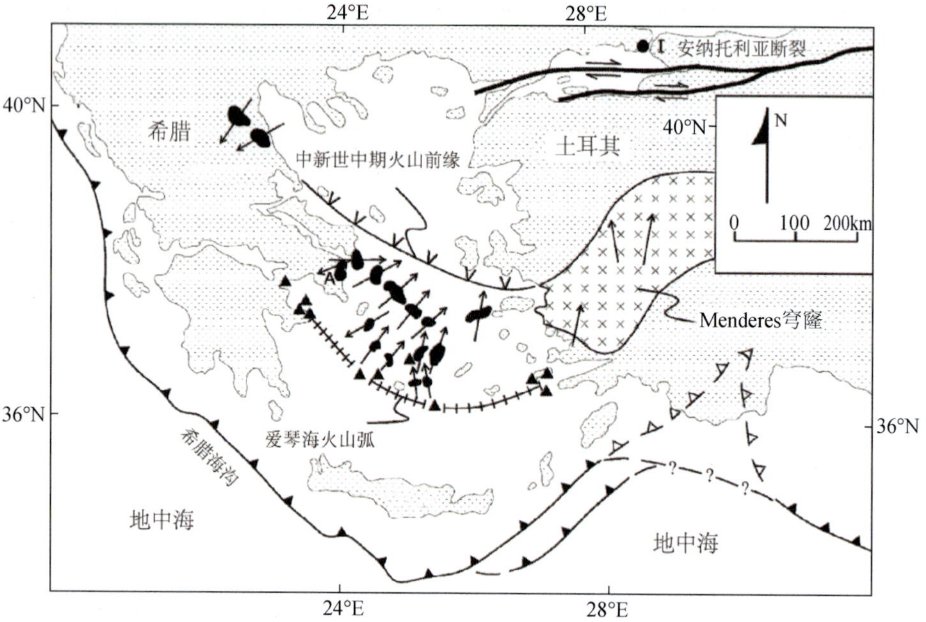

图 10.14 爱琴海地区变质核杂岩及大地构造背景（据 Dickinson，2002 修改）

近纪—第四纪期间不断向南迁移（Fytikas *et al.*，1984），与俯冲相关的高压变质岩的年龄向南逐渐变年轻，及非洲板块与欧洲板块之间的相对运动在 65 ～ 52 Ma 近乎停止（Rosenbaum *et al.*，2002）等证据表明，向北俯冲的 Hellenic 板块自 55 ～ 50 Ma 开始发生回撤（Ring *et al.*，2010），因此有关学者认为变质核杂岩的形成与 Hellenic 板块的回撤有关（Brichau *et al.*，2008；Keay *et al.*，2001）。但是变质核杂岩的冷却年龄并不具有向南变年轻的趋势，在空间上也无特定的分布规律，很难用板块回撤解释。值得注意的是在 25 ～ 20 Ma 期间，非洲板块与欧亚板块的汇聚速率减慢（Rosenbaum *et al.*，2002），同时爱琴海盆地被打开，而 Naxos 和 Paros-Ios 地区明显热异常，说明 Hellenic 板块的回撤幅度较之前大得多，从而造成上覆板块强烈的伸展（Ring *et al.*，2010）。Hellenic 板块在 50 ～ 23Ma 虽然发生回撤但是没有发育变质核杂岩似乎也说明了这一点。

在科迪勒拉地区和爱琴海地区发育变质核杂岩之前均有强烈的造山事件，因此不能否认造山过程造成的地壳重力不稳定性对造山后伸展的作用，但重力不稳定性也仅仅为变质核杂岩能否形成及形成的位置提供必要基础，真正控制变质核杂岩何时形成的是大洋板块俯冲（板块后撤）。

10.5.4 洋脊慢速－超慢速扩张

第一卷中曾对大洋核杂岩（oceanic core complex，OCC）做了简要介绍。这里从不同视角进一步解剖，以深化对大洋核杂岩的认识。可与第一卷相关部分结合阅读。大洋核杂岩是发育在慢速－超慢速（一般＜ 80km/Ma）扩张洋脊附近的一种伸展构造和岩石组合，其中大规模位移的低角度正断层将下地壳和地幔岩石揭露至海底（MacLeod *et al.*，

2009）。现今的 OCC 主要分布在大西洋洋中脊、西南印度洋洋脊、加勒比－北美洋脊及弧后扩张洋脊等（Blackman *et al.*，2009；图 10.15），一般位于洋脊和转换带层的内侧（图 10.16）。

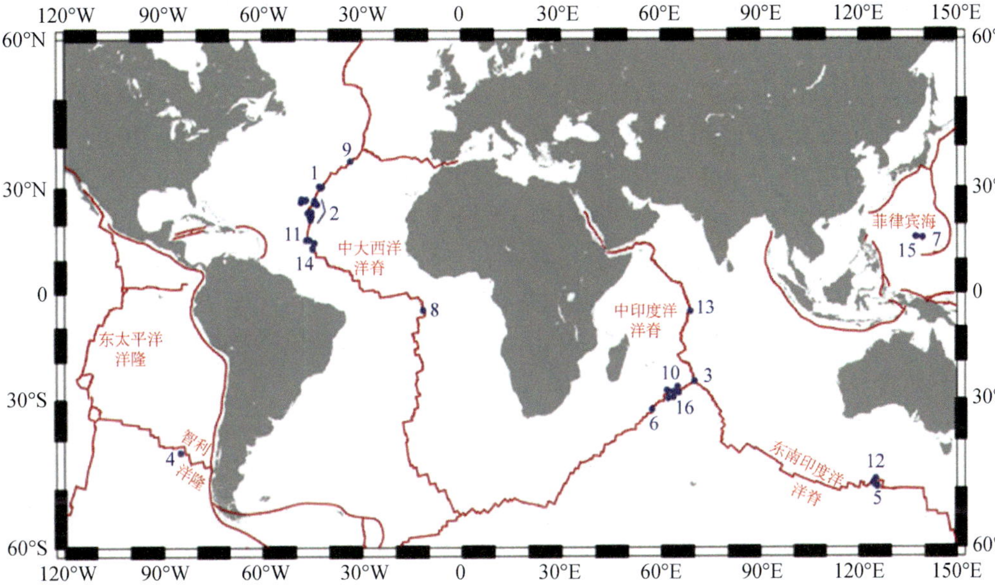

图 10.15　大洋核杂岩的全球分布（据 Blackman *et al.*，2009 修改）

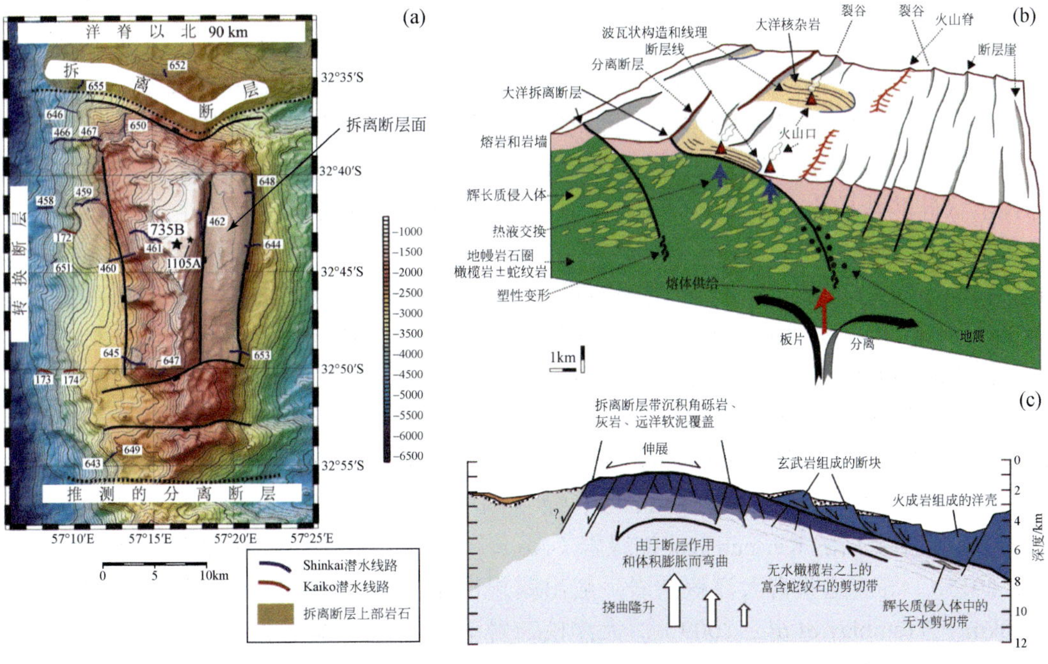

图 10.16　大洋核杂岩平面及成因剖面

（a）Atlantis Bank OCC 等深图（修改自 Miranda and John，2010）；（b）Chapman 型大洋岩石圈增生模式（修改自 Maffione *et al.*，2013）；（c）大洋核杂岩组成（修改自 Karson *et al.*，2006）

OCC 的核部杂岩呈穹窿状，主要由蚀变的下地壳和地幔岩石（辉长岩和超镁铁质岩石或辉绿岩墙）组成，由周期性活动的低角度拆离断层（活动周期一般为 1 ～ 3m.y.）揭露至洋底（Tucholke *et al.*，1998），但是变形微弱或没有变形（Escartín *et al.*，2003），具有与大陆变质核杂岩类似的特征（Miranda and John，2010）。上盘主要为深海沉积物、间歇式喷发的枕状玄武质岩浆和辉绿岩墙侵入体等。不对称伸展的 OCC 与相邻的对称伸展部分相比，玄武岩更原始，为低程度的部分熔融，演化程度较低，很少经历分离结晶，显示更高的结晶压力、更高的 Na_2O 和 FeO、较低的 CaO（Escartin *et al.*，2008）。拆离断层一般位移可达 30 ～ 40km，甚至可达 125km，可持续活动 1 ～ 3m.y.。拆离断层带内主要由通常未蚀变的具有高温变形组构的橄榄质糜棱岩，向上为强烈蚀变的构造片岩和碎裂岩（主要矿物为滑石、阳起石 - 透闪石、绿泥石和蛇纹石等）组成（Miranda and John，2010）。拆离断层通常呈穹窿状，靠近洋脊处面理倾角小于 20°，远离洋脊则变为近水平，向深部逐渐变陡（Escartín *et al.*，2003）。古地磁研究和古地形恢复表明拆离断层下部杂岩经历了显著的旋转（旋转轴平行于洋脊），如大西洋洋脊 1520 破裂带附近大洋核杂岩下盘旋转角度达 50° ～ 80°（Garcés and Gee，2007），Atlantis 核杂岩下部岩石逆时针旋转 46°（Morris *et al.*，2009），与 Buck（1988）提出的滚动枢纽模型预测一致。拆离断层上常发育波瓦状构造（或称大型褶纹构造，corrugations）或巨型窗棂构造（megamullion），在海底形成隆起的地形，主要形成于中速 - 超慢速扩张洋脊的岩浆活跃期（Ildefonse *et al.*，2007），可能是由于拆离断层的下盘在揭露至洋底的过程中发生辉绿岩墙的侵入和强烈的热液活动导致洋壳的挠曲强度变低，从而更易发生挠曲（Cannat *et al.*，2009）。大洋拆离断层的根部位于贫岩浆活动的洋脊轴部之下的橄榄岩脆性 - 韧性转换带（Tucholke *et al.*，1998），或岩墙 - 辉长岩转换带中富熔体的部位（Dick *et al.*，2010）或岩浆房，揭露出来的辉长岩含熔体且经历高温变形（Escartín *et al.*，2003）。Escartín 等（2003）提出一种“冷”拆离断层，根部位于岩石圈浅部的大洋岩石圈蚀变前锋（蚀变与未蚀变岩石圈边界），变形温度较低（绿片岩相），拆离断层内的矿物为各种层状硅酸盐矿物。大洋核杂岩由于其穹窿状的地形特征和波瓦状断层面而容易识别出来（图 10.16）。此外，由于拆离断层作用的构造切除，地球物理定义的地壳厚度显著低于周围地壳，而显示明显的正的布格重力异常（Nooner *et al.*，2003）和地震波速突变（Dannowski *et al.*，2010）。慢速 - 超慢速扩张洋脊在拆离断层作用下进行不对称的扩张，因此拆离断层两侧的磁条带具有不对称性（Blackman *et al.*，2009）。

大陆的增生造山带或碰撞造山带也报道有碰撞前形成的大洋核杂岩，如法意阿尔卑斯的 Chenaillet 蛇绿岩（Manatschal *et al.*，2011）、西阿尔卑斯 Pelavs-Taillante 蛇绿岩（Lagabrielle *et al.*，2015）、Mirdita 蛇绿岩（Maffione *et al.*，2013；Tremblay *et al.*，2009）、扎格罗斯的 Kermanshah 蛇绿岩（Ao *et al.*，2016）、日喀则蛇绿岩（Maffione *et al.*，2015b）等。这些古大洋核杂岩一般出露规模比较大，如 Mirdita 蛇绿岩出露面积达 4000km^2（Tremblay *et al.*，2009）。大洋核杂岩不具有 Penrose 蛇绿岩完整的序列，蛇纹石化地幔岩与枕状玄武岩或大洋沉积岩直接接触，之间为韧性剪切带，缺乏镁铁质堆晶岩和席状岩墙群（Lagabrielle *et al.*，2015；Manatschal *et al.*，2011；Tremblay *et al.*，2009）（参阅第一卷第 4 章 4.1 节）。大洋沉积物中通常有蛇纹石化或碳酸盐化的镁铁质和超镁铁质角砾（breccias）或巨型角砾（metabreccias），与枕状玄武岩、碳酸盐岩及硅质岩在空间上具有交互叠置的关系，被认为是核部杂岩顶部遭受高角度正断层作用而破碎，最终运移到拆离断层上方的半地堑盆地中所致（Lagabrielle *et al.*，2015）。大洋拆离断层是古大洋核杂岩识别的决定性证据。大洋拆离断层中镁铁质和超镁铁质岩石均遭受强烈的角闪岩相 - 麻粒岩相的构造变形，形成橄榄质和辉长质糜棱岩，向上转变为蚀变的构造片岩和碎裂岩，形成时间与下盘杂岩结晶时间近于一致或稍晚（Tremblay *et al.*，2009），而且从显微尺度到露头尺度上均能观察到拆离断层的韧性变形组构被高角度正断层切割（Ao *et al.*，2016）。蛇绿岩在就位过程中，在其底部，即俯冲板块顶部形成的变质底板处（metamorphic sole），会形成高温的韧性剪切带（参阅第一卷第 4 章图 4.12），与大洋拆离断层很相似。但变质底板厚度一般小于 500m，主要由遭受强烈剪切变形的麻粒岩相 - 绿片岩相岩石组成，具有倒转变质特点，即底部由低级变质或未变质的放射虫硅质岩、远洋碳酸盐岩及枕状玄武岩组成，向上变质级别增高，最高达麻粒岩相（850 ～ 900℃，10 ～ 15kbar），形成于蛇绿岩拼贴到仰冲板块之前（Maffione *et al.*，2015a）。变质底板从底到顶不同层次的年龄具有变老的趋势，其中角闪石 $^{40}Ar/^{39}Ar$ 年龄与 SSZ 型蛇绿岩洋壳的结晶年龄相近，说明两者近同时形成（Maffione *et al.*，2015a）。但是这种拆离断层通常经历了海底扩张和蛇绿岩就位过程中的蛇纹岩化，而蛇纹岩的 $\delta^{18}O$ 和 δD 可以揭示该过程。Troodos 蛇绿岩中的 Amiandos 断层就记录了这两种不同的蛇纹石化过程，一种是海底扩张时的局部热液蚀变（100 ～ 200℃），然后是蛇绿岩就位过程中广泛的低温水岩作用和成脉过程（veining）。从 Amiandos 断层到离断层 2km 处，$\delta^{18}O$ 由 5‰ 逐渐变为 10‰（Nuriel *et al.*，2009）。此外，拆离断层下盘的旋转也可以通过古地磁识别出来（Maffione *et al.*，2013，2015b）。

大洋核杂岩通常被认为出现在慢速扩张洋脊的岩浆平静期，但是数值模拟和越来越多的地质观测表明，岩浆供应太多或太少均不利于大洋拆离断层的形成（Buck *et al.*，2005；Tucholke *et al.*，2008；图 10.17）。例如，以 M 代表岩墙扩张速率与板块扩张速率之比。当 M=0.5 时，正断层上盘和下盘不会再形成新的断层，因而正断层会一直处于洋中脊附近，从而形成单条位移量很大的低角度正断层，进而调节洋中脊的扩张。而当 $M > 0.5$ 时，岩浆活动调节了大部分的伸展，因而新生的正断层随扩张而不断远离洋中脊，进而停止活动，新的正断层不断地在洋中脊附近新生。当 $M < 0.5$ 时，会在拆离断层上盘和下盘形成高角度正断层。当 M=0 时，即没有岩浆增生，伸展主要通过位移量有限的高角度正断层实现，而拆离断层不会形成。此外，越来越多证据表明，热液循环对 OCC 的出现具有至关重要的作用（Escartin *et al.*，2008）。

拆离断层造成大洋岩石圈的不对称增生，其伸展量可达总伸展量的 50%，甚至 75%（Escartin *et al.*，2008；Okino *et al.*，2004），这种大洋岩石圈的增生方式被称为 Chapman 型增生（图 10.16）。与 OCC 类似的伸展拆离构造被认为在大陆的不对称裂解过程中起到重要的作用（Lister *et al.*，1986）。它们通常出现在缺乏岩浆活动的大陆边缘（magma-poor rifted margin）裂谷发育的后期。此时地壳厚度已经大幅度减薄，伸展应变集中在几条拆离断层上，将地幔岩揭露至地表（Manatschal *et al.*，2001）。如伊比利亚（Iberia）大陆边缘是在北美板块与伊比利亚板块在早白垩世裂解时产生，以缺乏火山

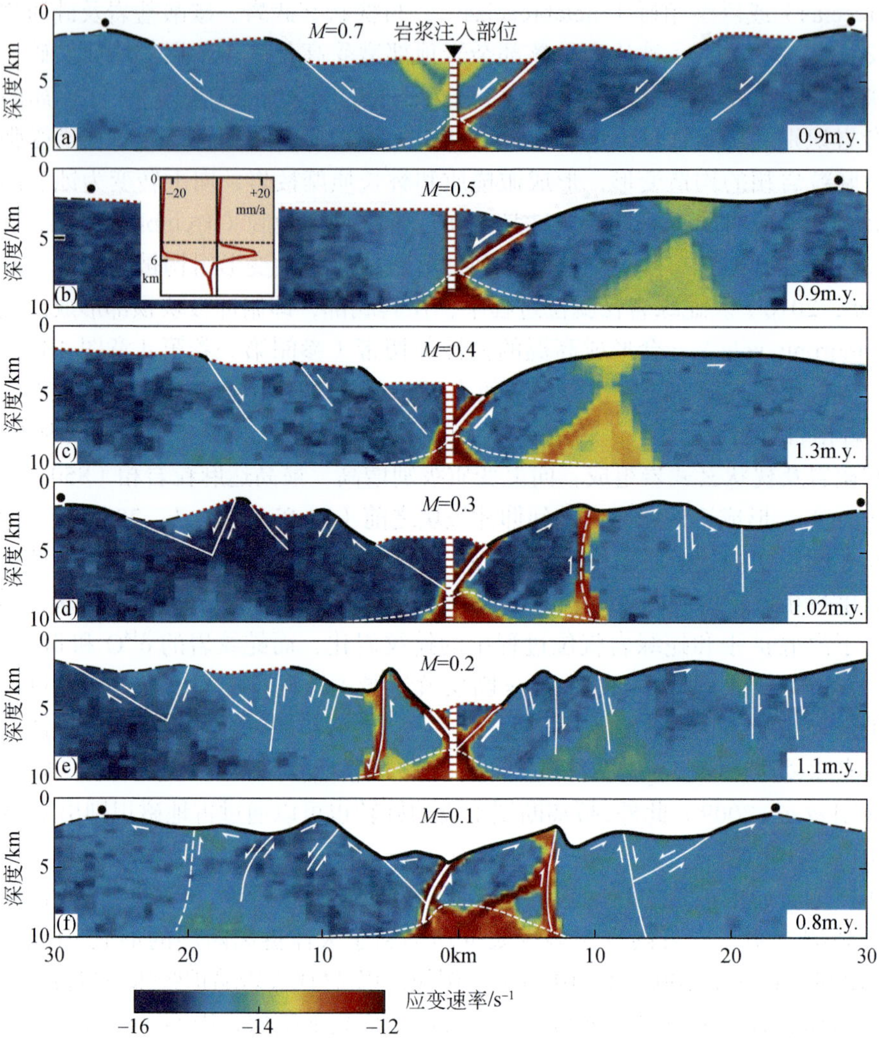

图 10.17 岩浆活动对海底伸展构造类型的影响（据 Tucholke *et al.*，2008 修改）

岩浆活动、巨量的裂谷沉积为特点（Manatschal *et al.*，2001）。从大陆向大洋方向，伸展的模式不断变化：从大陆地壳上的分布式裂谷到大陆 - 大洋转换带的拆离断层。钻孔资料揭示的伊比利亚深海平原拆离断层内下地壳岩石和地幔岩石经历麻粒岩相 - 角闪岩相 - 绿片岩相不同层次的构造变形。

中国中东部晚中生代伸展构造活动十分显著，表现为大量发育的伸展成因的穹窿（变质核杂岩、具有穹窿几何形态的同构造花岗岩、滚动枢纽构造等）和地堑 - 半地堑盆地。在区域上，这些伸展构造均具有 NW-SE 的伸展方向，与蒙古及俄罗斯的泛贝加尔 - 鄂霍茨克带一同构成了全球最大的大陆岩石圈伸展地区。这些伸展构造使中下地壳的结构发生了强烈的改造，并使一些中深变质岩出露到地表，为我们直接研究克拉通破坏过程中地壳不同层次的岩石变形特征和构造演化及相关的成矿过程提供了窗口，是揭示中国大陆中东部克拉通破坏、岩石圈减薄及地壳响应最为有效的途径。同位素年代学研究揭示伸展穹窿形成的峰期时间均十分相近：位于 130 ～ 120Ma 之间。高大地热流背景所代表的岩石圈伸展背景与地球化学研究结果所揭示的大规模壳 - 幔作用具有非常好的耦合性，并诱发了我国中东部晚中生代巨量的岩浆 - 热液活动及其相关的大规模成矿作用。这种环境非常有利于变质核杂岩的形成。

自 Davis 等（1988）确立了北京云蒙山变质核杂岩之后，相继在中国中东部地区发现了若干变质核杂岩，如内蒙古亚干变质核杂岩（郑亚东等，1990；郑亚东和张青，1993）、小秦岭变质核杂岩（张进江等，1998）等。特别是近些年来，林伟、张晓辉等人对阴山 - 燕山构造带的变质核杂岩如医巫闾山变质核杂岩等进行了深入解剖（Zhang *et al.*，2002；Lin *et al.*，2008，2011，2013a，2013b）。由于篇幅所限，这里不再赘述，有兴趣的读者可参阅相关文献。

思 考 题

1. 变质核杂岩的概念。
2. 拆离断层的特征。
3. 变质核杂岩的类型及形成机制。
4. 变质核杂岩形成的构造环境。
5. 你知道的中国变质核杂岩。

参考文献

程南南，刘庆，侯泉林等 . 2018. 剪切带型金矿中金沉淀的力化学过程与成矿机理探讨 . 岩石学报，34(7): 2165 ～ 2180

邱楠生，左银辉，常健等 . 2015. 中国东西部典型盆地中 - 新生代热体制对比 . 地学前缘，22(1): 157 ～ 168

吴福元，徐义刚，高山等 . 2008. 华北克岩石圈减薄与克拉通破坏研究的主要学术争论 . 岩石学报，24(6): 1145 ～ 1174

张进江，郑亚东，刘树文 . 1998. 小秦岭变质核杂岩的构造特征、形成机制及构造演化 . 北京：海洋出版社，1 ～ 120

郑亚东，王士政，王玉芳 . 1990. 中蒙边界区新发现的特大型推覆构造及伸展变质核杂岩 . 中国科学，12: 1300 ～ 1305

郑亚东，张青 . 1993. 内蒙古亚干变质核杂岩与伸展拆离断层 . 地质学报，67(4): 301 ～ 312

朱大岗，孟宪刚，冯向阳等 . 2003. 辽西医巫闾山变质核杂岩构造特征及其岩石组构的动力学分析 . 地球学报，24: 225 ～ 230

Angelier J, Lyberis N, Le P, *et al*. 1982. The tectonic development of the Hellenic Arc and the Sea of Crete: asynthesis. Tectonophysics, 86: 159 ～ 196

Ao S, Xiao W, Khalatbari J M, *et al*. 2016. U-Pb zircon ages, field geology and geochemistry of the Kermanshah ophiolite (Iran): from continental rifting at 79Ma to oceanic core complex at ca. 36Ma in the southern Neo-Tethys. Gondwana Research, 31: 305 ～ 318

Armstrong R L. 1972. Low-angle (denudation) faults, hinterland of the Sevier Orogenic Belt, Eastern Nevada and Western Utah. Geological Society of America Bulletin, 83: 1729 ～ 1754

Axen G J. 2007. Research focus: significance of large-displacement, low-angle normal faults. Geology, 35: 287

Axen G J, Hartley J. M. 1997. Field tests of rolling hinges: existence, mechanical types, and implications for extensional tectonics. Journal of Geophysical Research: Solid Earth, 102: 20515 ～ 20537

Blackman D K, Canales J P, Harding A. 2009. Geophysical signatures of oceanic core complexes. Geophysical Journal International, 178: 593 ～ 613

Brichau S, Thomson S, Ring U. 2008. Thermochronometric constraints on the tectonic evolution of the Serifos detachment, Aegean Sea, Greece. International Journal of Earth Sciences, 99: 379 ～ 393

Brown R L, Murphy D C. 1982. Kinematic interpretation of mylonitic rocks in part of the Columbia River fault zone, Shuswap terrane, British Columbia. Canadian Journal of Earth Sciences, 19: 456 ～ 465

Brun J P, Sokoutis D, Van Den Driessche J. 1994. Analogue modeling of detachment fault systems and core complexes. Geology, 22(4): 319 ～ 322

Brun J P. 2001. Deformation of the continental lithosphere: insights form brittle-ductile models. In: de Meer S, de Bresser J H P, Pennock G M. (Eds.). Deformation Mechanisms, Rheology and Tectonics: Current Status and Future Perspectives. London: Special Publications, 355 ～ 370

Brun J P, Sokoutis D, Tirel C, *et al*. 2017. Crustal versus mantle core complexes. Tectonophysics, 746: 22 ～ 45

Buck W R . 1991. Modes of continental lithospheric extension. Journal of Geophysical Research: Solid Earth, 96(B12): 20161 ～ 20178

Buck W R. 1993. Effect of lithospheric thickness on the formation of high- and low-angle normal faults. Geology, 21(20): 933

Buck W R. 1988. Flexural rotation of normal faults. Tectonics, 7: 959 ～ 973

Buck W R, Lavier L L, Poliakov A N B. 2005. Modes of faulting at mid-ocean ridges. Nature, 434: 719

Burchfiel B C, Royden L H. 1985. North-south extension within the convergent Himalayan region. Geology, 13: 679 ～ 682

Bykerk-Kauffman A, Janecke S U. 1987. Late Cretaceous to early Tertiary ductile deformation: Catalina-Rincon metamorphic core complex, southeastern Arizona. Geology, 15(5): 462 ～ 465

Candan O, Dora O, Oberhänsli R, *et al*. 2001. Pan-African high-pressure metamorphism in the Precambrian basement of the Menderes Massif, western Anatolia, Turkey. International Journal of Earth Sciences, 89: 793 ～ 811

Cannat M, Sauter D, Escartín J, *et al*. 2009. Oceanic corrugated surfaces and the strength of the axial lithosphere at slow spreading ridges. Earth and Planetary Science Letters, 288: 174 ～ 183

Charles N, Gumiaux C, Augier R, *et al*. 2011. Metamorphic core complexes vs. synkinematic plutons in continental extension setting: insights from key structures (Shandong Province, Eastern China). Journal of Asian Earth Sciences, 40: 261 ～ 278

Chen L. 2009. Lithospheric structure variations between the eastern and central North China Craton from S- and P-receiver function migration. Physics of the Earth and Planetary Interiors, 173: 216 ～ 227

Cheng N, Hou Q, Shi M, *et al*. 2019. New insight into the genetic mechanism of shear zone type gold deposits from Muping-Rushan Metallogenic Belt (Jiaodong Peninsula of Eastern China). Minerals, 9: 775

Coleman D, Walker J. 1994. Modes of tilting during extensional core complex development. Science, 263: 215 ～ 218

Collettini C, De Paola N, Holdsworth R E,*et al*. 2006. The development and behaviour of low-angle normal faults during Cenozoic asymmetric extension in the Northern Apennines, Italy. Journal of Structural Geology, 28: 333 ～ 352

Compton R R, Todd V R, Zartman R E, *et al*. 1977. Oligocene and Miocene metamorphism, folding and low-angle faultingin northwestern Utah. Geological Society of America Bulletin, 88: 1237 ～ 1250

Coney P J. 1974. Structural analysis of the Snake Range décollement, eas-central Nevada. Geological Society of America Bulletin, 85: 973 ～ 978

Coney P J. 1980. Cordilleran metamorphic core complexes: an overview. In: Crittenden M D, Coney P J, Davis G H. (Eds). Cordilleran Metamorphic Core Complexes. Geological Society of America Memoir, 153: 7 ～ 34

Coney P J, Harms T A. 1984. Cordilleran metamorphic core complexes: Cenozoic extensional relics of Mesozoic compression. Geology, 12: 550 ～ 554

Cooper F J, Platt J P, Behr W M. 2017. Rheological transitions in the middle crust: insights from Cordilleran metamorphic core complexes. Solid Earth, 8: 199 ～ 215

Cooper F J, Platt J P, Platzman E S, *et al*. 2010. Opposing shear senses in a subdetachment mylonite zone: implications for core complex mechanics. Tectonics, 29: 1 ～ 18

Crittenden M, Coney P J, Davis G. 1978. Tectonic significance of metamorphic core complexes in the North American Cordillera. Geology, 6: 135 ～ 151

Damon P E, Erickson R C, Livingston D.E. 1963. K-Ar dating of basin and range uplift, Catalina Mountains, Arizona. Nuclear Geophysics, National Academy of Sciences/National Research Council Publication, 1075: 113 ～ 121

Dannowski A, Grevemeyer I, Ranero C. R, *et al*. 2010. Seismic structure of an oceanic core complex at the Mid-Atlantic Ridge, 22°19′N. Journal of Geophysical Research, 115: 1 ～ 15

Daoudene Y, Gapais D, Ruffet G, *et al*. 2012. Syn-thinning pluton emplacement during Mesozoic extension in eastern Mongolia. Tectonics, 31: 1 ～ 23

Daoudene Y, Ruffet G, Cocherie A, *et al*. 2013. Timing of exhumation of the Ereendavaa metamorphic core complex (north-eastern Mongolia)-U-Pb and $^{40}Ar/^{39}Ar$ constraints. Journal of Asian Earth Sciences, 62: 98 ～ 116

Darby B J, Davis G. A, Zhang X, *et al*. 2004. The newly discovered Waziyu metamorphic core complex, Yiwulüshan, western Liaoning province, Northwest China. Earth Science Frontiers, 11: 145 ～ 155

Davis G H. 1973. Mid-Tertiary gravity-glide folding near Tucson, Arizona. Geological Society of America Abstracts with Programs, 5: 592

Davis G H, *et al*. 1975. Origin of lineation in the Catalina-Rincon-Tortolita gneiss complexes, Arizona. Geological Society of America Abstracts with Programs, 7: 602

Davis G A, Lister G S. 1988. Detachment faulting in continental extension: perspectives from the Southwestern U.S. Cordillera. Geological Society of America Special Papers, 218: 133 ～ 160

Davis G H, Coney P J. 1979. Geologic development of the Cordilleran metamorphic core complexes. Geology, 7:

6 ～ 9

Davis G, Qian X, Zheng Y, *et al*. 1996. Mesozoic deformation and plutonism in the Yunmeng Shan: a metamorphic core complex north of Beijing, China. World and Regional Geology, 1: 253 ～ 280

Dick H J B, Lissenberg C J, Warren J M. 2010. Mantle melting, melt transport, and delivery beneath a slow-spreading ridge: the paleo-MAR from 23 15′N to 23 45′N. Journal of Petrology, 51: 425 ～ 467

Dickinson W R. 2002. The basin and range province as a composite extensional domain. International Geology Review, 44: 1 ～ 38

Dong S, Zhang Y, Zhang F, *et al*. 2015. Late Jurassic-Early Cretaceous continental convergence and intracontinental orogenesis in East Asia: a synthesis of the Yanshan revolution. Journal of Asian Earth Sciences, 114: 750 ～ 770

Donskaya T V, Windley B F, Mazukabzov A M, *et al*. 2008. Age and evolution of late Mesozoic metamorphic core complexes in southern Siberia and northern Mongolia. Journal of Geological Society of London, 165: 405 ～ 421

Doughty P T, Price R A. 1999. Tectonic evolution of the Priest River complex, northern Idaho and Washington: a reappraisal of the Newport fault with new insights on metamorphic core complex formation. Tectonics, 18: 375 ～ 393

Doughty P T, Chamberlain K R, Foster D A, *et al*. 2007. Structural, metamorphic, and geochronologic constraints on the origin of the Clearwater core complex, northern Idaho. Geological Society of America Special Papers, 433: 211 ～ 241

Escartin J, Mével C, MacLeod C J, *et al*. 2003. Constraints on deformation conditions and the origin of oceanic detachments: the Mid-Atlantic Ridge core complex at 15°45′N. Geochemistry, Geophysics, Geosystems, 4: 1 ～ 37

Escartin J, Smith D. K, Cann J, *et al*. 2008. Central role of detachment faults in accretion of slow-spreading oceanic lithosphere. Nature, 455: 790 ～ 794

Faure M, Bonneau M, Pons J. 1991. Ductile deformation and syntectonic granite emplacement during the Late Miocene extension of the Aegean (Greece). Bulletin De La Societe Geologique De France, 162: 3 ～ 11

Faure M, Trap P, Lin W, *et al*. 2007. Polyorogenic evolution of the Paleoproterozoic Trans-North China Belt, new insights from the in Lüliangshan-Hengshan-Wutaishan and Fuping massifs. Episodes Journal of International Geoscience, 30: 95 ～ 106

Fossen H. 2010. Structural Geology. London: Cambridge University Press, 21 ～ 239

Foster D A, Fanning M C. 1997. Geochronology of the northern Idaho batholith and the Bitterroot metamorphic core complex: magmatism preceding and contemporaneous with extension. Geological Society of America Bulletin, 109: 379 ～ 394

Fouquet Y, Cambon P, Etoubleau J, *et al*. 2013. Geodiversity of Hydrothermal Processes Along the Mid-Atlantic Ridge and Ultramafic-Hosted Mineralization: a New Type Of Oceanic Cu-Zn-Co-Au Volcanogenic Massive Sulfide Deposit, Diversity Of Hydrothermal Systems On Slow Spreading Ocean Ridges. American Geophysical Union, 321 ～ 367

Fytikas M, Innocenti F, Piero M, *et al*. 1984. Tertiary to Quaternary evolution of volcanism in the Aegean region.

Geological Society London Special Publications, 17: 687 ～ 699

Garcés M, Gee J S. 2007. Paleomagnetic evidence of large footwall rotations associated with low-angle faults at the Mid-Atlantic Ridge. Geology, 35: 279 ～ 282

Gessner K, Ring U, Johnson C, *et al*. 2001. An active bivergent rolling-hinge detachment system: central Menderes metamorphic core complex in western Turkey. Geology, 29: 611 ～ 614

Gessner K, Wijns C, Moresi L. 2007. Significance of strain localization in the lower crust for structural evolution and thermal history of metamorphic core complexes. Tectonics, 26: 1 ～ 13

Gordienko I V, Kuz' Min M I. 1999. Geodynamics and metallogeny of the Mongolo-Transbaikalian region. Geologiya I Geofizika, 40: 1545 ～ 1562

Gordienko I, Klimuk V S, Ivanov V G, *et al*. 1997. New data on composition and age of bimodal volcanic series of the Tugnui riftogenic depression, Trans-Baikal region. Doklady Earth Sciences, 353: 273 ～ 276

Grasemann B, Tschegg C. 2012. Localization of deformation triggered by chemo-mechanical feedback processes. Geological Society of America Bulletin, 124: 737 ～ 745

Gueydan F, Morency C, Brun J P. 2008. Continental rifting as a function of lithosphere mantle strength. Tectonophysics, 460: 83 ～ 93

Hayman N W, Knott J R, Cowan D S, *et al*. 2003. Quaternary low-angle slip on detachment faults in Death Valley, California. Geology, 31: 343 ～ 346

Hill E J, Baldwin S L, Lister G S. 1992. Unroofing of active metamorphic core complexes in the D′Entrecasteaux Islands, Papua New Guinea. Geology, 20: 907

Hose R K, Danes Z F. 1973. Development of late Mesozoic to early Cenozoic structures in the eastern Great Basin. In De Jong K A, Scholten R. (Eds). Gravity and Tectonics. New York: John Wiley and Sons, 429 ～ 442

Hoisch T D, Heizler M. T, Zartman R E. 1997. Timing of detachment faulting in the Bullfrog Hills and Bare Mountain area, southwest Nevada: Inferences from $^{40}Ar/^{39}Ar$, K-Ar, U-Pb, and fission track thermochronology. Journal of Geophysical Research: Solid Earth, 102: 2815 ～ 2833

Holm D, Lux D. 1996. Core complex model proposed for gneiss dome development during collapse of the Paleoproterozoic Penokean orogen, Minnesota. Geology, 24: 343 ～ 346

Ildefonse B, Blackman D K, John B E, *et al*. 2007. Oceanic core complexes and crustal accretion at slow-spreading ridges. Geology, 35: 623 ～ 626

Jackson J A, White N J. 1989. Normal faulting in the upper continental crust: observations from regions of active extension. Journal of Structural Geology, 11: 15 ～ 36

Ji W, Lin W, Faure M, *et al*. 2017. The early Cretaceous orogeny-scale Dabieshan metamorphic core complex: implications for extensional collapse of the Triassic HP-UHP orogenic belt in east-central China. International Journal of Earth Sciences, 106: 1311 ～ 1340

Karson J A, Früh-Green G L, Kelley D S, *et al*. 2006. Detachment shear zone of the Atlantis Massif core complex, Mid-Atlantic Ridge, 30°N. Geochemistry, Geophysics, Geosystems, 7: 1 ～ 29

Koyi H A, A Skelton. 2001. Centrifuge modelling of the evolution of low-angle detachment faults from high-angle normal faults. Journal of Structural Geology, 23: 1179 ～ 1185

Keay S, Lister G, Buick I. 2001. The timing of partial melting, Barrovian metamorphism and granite intrusion in the Naxos metamorphic core complex, Cyclades, Aegean Sea, Greece. Tectonophysics, 342: 275 ~ 312

Lagabrielle Y, Vitale Brovarone A, Ildefonse B. 2015. Fossil oceanic core complexes recognized in the blueschist metaophiolites of Western Alps and Corsica. Earth-Science Reviews, 141: 1 ~ 26

Lee J. 1995. Rapid uplift and rotation of mylonitic rocks from beneath a detachment fault: Insights from potassium feldspar $^{40}Ar/^{39}Ar$ thermochronology, northern Snake Range, Nevada. Tectonics, 14: 54 ~ 77

Lee J, Lister G. 1992. Late Miocene ductile extension and detachment faulting, Mykonos, Greece. Geology, 20: 121

Lin W, Wang Q C. 2006. Late Mesozoic extensional tectonics in North China block-response to the lithosphere removal of North China Craton. Bulletin de la Société Géologique de France, 177: 287 ~ 294

Lin W, Faure M, Monié P, *et al.* 2008. Mesozoic extensional tectonics in Eastern Asia: the South Liaodong Peninsula Metamorphic Core Complex (NE China). Journal of Geology, 116: 134 ~ 154

Lin W, Monié P, Faure M, *et al.* 2011. Cooling paths of the NE China crust during the Mesozoic extensional tectonics: example from the south-Liaodong peninsula metamorphic core complex. Journal of Asia Earth Sciences, 42: 1048 ~ 1065

Lin W, Faure M, Chen Y, *et al.* 2013a. Late Mesozoic compressional to extensional tectonics in the Yiwulüshan massif, NE China and its bearing on the evolution of the Yinshan-Yanshan orogenic belt. Part I: Structural analyses and geochronological constraints. Gondwana Research, 23: 54 ~ 77

Lin W, Faure M, Chen Y, *et al.* 2013b. Late Mesozoic compressional to extensional tectonics in the Yiwulüshan massif, NE China and its bearing on the evolution of the Yinshan-Yanshan orogenic belt. Part II: Anisotropy of magnetic susceptibility and gravity modeling. Gondwana Research, 23: 78 ~ 94

Lin W, Faure M, Monie P, *et al.* 2007. Polyphase Mesozoic tectonics in the eastern part of the North China Block: insights from the eastern Liaoning Peninsula massif (NE China). Geological Society, London, Special Publications, 280: 153 ~ 169

Lin W, Ji W, Faure M, *et al.* 2015. Early Cretaceous extensional reworking of the Triassic HP-UHP metamorphic orogen in Eastern China. Tectonophysics, 662: 256 ~ 270

Lin W, Wei W. 2018. Late Mesozoic extensional tectonics in the North China Craton and its adjacent regions: a review and synthesis. International Geology Review, 1 ~ 29.

Lister G S, Davis G A. 1989. The origin of metamorphic core complexes and detachment faults formed during Tertiary continental extension in the northern Colorado River region, U.S.A. Journal of Structural Geology, 11: 65 ~ 94

Lister G S, Banga G, Feenstra A. 1984. Metamorphic core complexes of Cordilleran type in the Cyclades, Aegean Sea, Greece. Geology, 12: 221 ~ 225

Lister G S, Etheridge M A, Symonds P A. 1986. Detachment faulting and the evolution of passive continental margins. Geology, 14: 891

Lister G, Baldwin S. 1993. Plutonism and the origin of metamorphic core complexes. Geology, 21: 607 ~ 610

Liu M. 2001. Cenozoic extension and magmatism in the North American Cordillera: the role of gravitational collapse. Tectonophysics, 342: 407 ~ 433

MacLeod C J, Searle R C, Murton B J, et al. 2009. Life cycle of oceanic core complexes. Earth and Planetary

Science Letters, 287: 333 ～ 344

Maffione M, Morris A, Anderson M W. 2013. Recognizing detachment-mode seafloor spreading in the deep geological past. Science Report, 3: 2336

Maffione M, Thieulot C, van Hinsbergen D J J, *et al*. 2015a. Dynamics of intraoceanic subduction initiation: 1. Oceanic detachment fault inversion and the formation of supra-subduction zone ophiolites. Geochemistry, Geophysics, Geosystems, 16: 1753 ～ 1770

Maffione M, Van Hinsbergen D J J, Koornneef L M T, *et al*. 2015b. Forearc hyperextension dismembered the south Tibetan ophiolites. Geology, 43: 475 ～ 478

Manatschal G, Froitzheim N, Rubenach M, *et al*. 2001. The role of detachment faulting in the formation of an ocean-continent transition: insights from the Iberia Abyssal Plain. Geological Society London Special Publications, 187: 405 ～ 428

Manatschal G, Sauter D, Karpoff A M, *et al*. 2011. The Chenaillet Ophiolite in the French/Italian Alps: an ancient analogue for an Oceanic Core Complex? Lithos, 124: 169 ～ 184

Mazukabzov A M, Donskaya T V, Gladkochub D P, *et al*. 2006. Structure and age of the metamorphic core complex of the Burgutui ridge (southwestern Transbaikal region). Doklady Earth Sciences, 407: 179 ～ 183

Mazukabzov A M, Gladkochub D P, Donskaya T V, *et al*. 2011. The Selenga Metamorphic Core Complex (Western Transbaikalian Region). Doklady Earth Sciences, 440: 1212 ～ 1215

Meng Q, Hu J, Jin J, *et al*. 2003. Tectonics of the late Mesozoic wide extensional basin system in the China-Mongolia border region. Basin Research, 15: 397 ～ 415

Meng Q, Wei H, Wu G, *et al*. 2014. Early Mesozoic tectonic settings of the northern North China craton. Tectonophysics, 611: 155 ～ 166

Menzies M A, Fan W, Zhang M. 1993. Paleozoic and Cenozoic lithoprobes and the loss of ＞ 120km of Archaean lithosphere, Sino-Korean craton, China, In Prichard HM, Alabaster T, Harris N B W, Neary C R. (Eds). Magmatic Processes and Plate Tectonics. Geological Society Special Publication, 76: 71 ～ 78

Miranda E A, John B E. 2010 Strain localization along the Atlantis Bank oceanic detachment fault system, Southwest Indian Ridge. Geochemistry, Geophysics, Geosystems, 11: 1 ～ 33

Mix H T, Mulch A, Kent-Corson M L, *et al*. 2011. Cenozoic migration of topography in the North American Cordillera. Geology, 39: 87 ～ 90

Moores E M, Scott R B, Lumsden W W. 1968. Tertiary tectonics of the White Pine-Grant Range region, east-central Nevada, and some regional implications. Geological Society of America Bulletin, 79: 1703 ～ 1726

Morris A, Gee J S, Pressling N, *et al*. 2009. Footwall rotation in an oceanic core complex quantified using reoriented Integrated Ocean Drilling Program core samples. Earth and Planetary Science Letters, 287: 217 ～ 228

Neumayr P, Hoinkes G, Puhl J, *et al*. 1998. The Meatiq dome (Eastern Desert, Egypt) a Precambrian metamorphic core complex: petrological and geological evidence. Journal of Metamorphic Geology, 16: 259 ～ 279

Nooner S L, Sasagawa G S, Blackman D K, *et al*. 2003. Structure of oceanic core complexes: constraints from seafloor gravity measurements made at the Atlantis Massif. Geophysical Research Letters, 30: 1 ～ 29

Norlander B H, Whitney D L, Teyssier C, *et al*. 2002. Partial melting and decompression of the Thor-Odin dome, Shuswap metamorphic core complex, Canadian Cordillera. Lithos, 61: 103 ～ 125

Nuriel P, Katzir Y, Abelson M, *et al*. 2009. Fault-related oceanic serpentinization in the Troodos ophiolite, Cyprus: implications for a fossil oceanic core complex. Earth and Planetary Science Letters, 282: 34 ～ 46

Okino K, Matsuda K, Christie D M, *et al*. 2004. Development of oceanic detachment and asymmetric spreading at the Australian-Antarctic Discordance. Geochemistry, Geophysics, Geosystems, 5: 1 ～ 22

Oner Z, Dilek, Y. 2011. Supradetachment basin evolution during continental extension: the Aegean province of western Anatolia, Turkey. Geological Society of America Bulletin, 123: 2115 ～ 2141

Parrish R R, Carr S D, Parkinson D L. 1988. Eocene extensional tectonics and geochronology of the Southern Omineca Belt, British Columbia and Washington. Tectonics, 7(2): 181 ～ 212

Price R, W Mountjoy E. 1970. Geologic structure of the Canadian Rocky Mountains between Bow and Athabasca Rivers. Geological Association of Canada-Special Paper, 6: 7 ～ 25

Ren J, Tamaki K, Li S, *et al*. 2002. Late Mesozoic and Cenozoic rifting and its dynamic setting in Eastern China and adjacent areas. Tectonophysics, 344: 175 ～ 205

Rey P F, Teyssier C, Whitney D L. 2009. Extension rates, crustal melting, and core complex dynamics. Geology, 37: 391 ～ 394

Rey P F, Teyssier C, Kruckenberg S C, *et al*. 2011. Viscous collision in channel explains double domes in metamorphic core complexes. Geology, 39: 387 ～ 390

Rey P, Vanderhaeghe O, Teyssier C. 2001. Gravitational collapse of the continental crust: definition, regimes and modes. Tectonophysics, 342: 435 ～ 449

Reynolds S J, Lister G S. 1990. Folding of mylonitic zones in Cordilleran metamorphic core complexes: evidence from near the mylonitic front. Geology, 18: 216

Ring U, Glodny J, Will T, *et al*. 2010. The hellenic subduction system: high-pressure metamorphism, exhumation, normal faulting, and large-scale extension. Annual Review of Earth and Planetary Sciences, 38: 45 ～ 76

Roberts R J, Crittenden M D, Jr. 1973. Orogenic mechanisms, Sevier orogenic belt, Nevada and Utah. In De Jong K A, Scholten R. (Eds). Gravity and Tectonics. New York: John Wiley & Sons, 409 ～ 428

Rosenbaum G, Lister G S, Duboz C. 2002. Relative motions of Africa, Iberia and Europe during Alpine orogeny. Tectonophysics, 359: 117 ～ 129

Schueller S, Gueydan F, Davy P. 2005. Brittle-ductile coupling: Role of ductile viscosity on brittle fracturing. Geophysical Research Letters, 32(10): L1038

Scott R J, Lister G S. 1992. Detachment faults: evidence for a low-angle origin. Geology, 20: 833 ～ 836

Scott R J, Foster D A, Lister G S. 1998. Tectonic implications of rapid cooling of lower plate rocks from the Buckskin-Rawhide metamorphic core complex, west-central Arizona. Geological Society of America Bulletin, 110: 588 ～ 614

Spencer J. 1984. Role of tectonic denudation in warping and uplift of low-angle normal faults (USA). Geology, 12: 95 ～ 98

Teyssier C, Whitney D L. 2002. Gneiss domes and orogeny. Geology, 30: 1139

Teyssier C, Ferre E, Whitney D, *et al*. 2005. Flow of partially molten crust and origin of detachments during collapse of the Cordilleran Orogen. Geological Society London Special Publications, 245: 39 ～ 64

Tian X, Teng J, Zhang H, *et al*. 2011. Structure of crust and upper mantle beneath the Ordos Block and the Yinshan Mountains revealed by receiver function analysis. Physics of the Earth and Planetary Interiors, 184: 186 ～ 193

Tirel C, Brun J P, Sokoutis D. 2006. Extension of thickened and hot lithospheres: inferences from laboratory modeling. Tectonics, 25: 1 ～ 13

Tirel C, Brun J P, Burov E. 2008. Dynamics and structural development of metamorphic core complexes. Journal of Geophysical Research, 113: 1 ～ 25

Trap P, Faure M, W. Lin, *et al*. 2008. Contrasted tectonic styles for the Paleoproterozoic evolution of the North China Craton. Evidence for a similar to 2.1 Ga thermal and tectonic events in the Fuping Massif. Journal of Structural Geology, 30: 1109 ～ 1125

Trap P, Faure M, W. Lin, *et al*. 2009. The Zanhuang Massif, the second and eastern suture zone of the Paleoproterozoic Trans-North China Orogen. Precambrian Research, 172: 80 ～ 98

Tremblay A, Meshi A, Bédard J H. 2009. Oceanic core complexes and ancient oceanic lithosphere: insights from Iapetan and Tethyan ophiolites (Canada and Albania). Tectonophysics, 473: 36 ～ 52

Tucholke B E, Behn M D, Buck W R, *et al*. 2008. Role of melt supply in oceanic detachment faulting and formation of megamullions. Geology, 36: 455 ～ 458

Tucholke B E, Lin J, Kleinrock M C. 1998. Megamullions and mullion structure defining oceanic metamorphic core complexes on the Mid-Atlantic Ridge. Journal of Geophysical Research: Solid Earth, 103: 9857 ～ 9866

Wang T, Guo L, Zheng Y, *et al*. 2012. Timing and processes of late Mesozoic mid-lower-crustal extension in continental NE Asia and implications for the tectonic setting of the destruction of the North China Craton: mainly constrained by zircon U-Pb ages from metamorphic core complexes. Lithos, 154: 315 ～ 345

Wernicke B.. 1985. Uniform-sense normal simple shear of the continental lithosphere. Revue Canadienne Des Sciences De La Terre, 22: 108 ～ 125

Wernicke B, Axen G. 1988. On the role of isostasy in the evolution of normal-fault systems. Geology, 16: 848 ～ 851

Wernicke B, Burchfiel B C. 1982. Modes of extensional tectonics. Journal of Structural Geology, 4: 105 ～ 115

Whitney D L, Teyssier C, Vanderhaeghe O. 2004. Gneiss domes and crustal flow. Special Paper of the Geological Society of America, 380: 15 ～ 33

Wijns C, Weinberg R, Gessner K, *et al*. 2005. Mode of crustal extension determined by rheological layering. Earth and Planetary Science Letters, 236: 120 ～ 134

Wu F, Lin J, Wilde S, *et al*. 2005. Nature and significance of the Early Cretaceous giant igneous event in eastern China. Earth and Planetary Science Letters, 233: 103 ～ 119

Wu G, Lavier L L. 2016. The effects of lower crustal strength and preexisting midcrustal shear zones on the formation of continental core complexes and low-angle normal faults. Tectonics, 35: 2195 ～ 2214

Yang J, Wu F. 2009. Triassic magmatism and its relation to decratonization in the eastern North China Craton. Science in China Series D: Earth Sciences, 52: 1319 ～ 1330

Yassaghi A, Masoodi M. 2011. A metamorphic core complex model for the host of uranium mineralization in the Khoshoumi Mountain, Central Iran. Resource Geology, 61: 259 ~ 269

Yin A. 2004. Gneiss domes and gneiss dome systems. Geological Society of America Special Papers, 380: 1 ~ 14

Zhang S, Zhao Y, Ye H, *et al*. 2012. Early Mesozoic alkaline complexes in the northern North China Craton: implications for cratonic lithospheric destruction. Lithos, 155: 1 ~ 18

Zhang X, Li T, Pu Z. 2002. ^{40}Ar-^{39}Ar thermochronology of two ductile shear zones from YiwuLüshan,West Liaoning: age constraints on the Mesozoic tectonic events. Chinese Science Bulletin, 47(13): 1113 ~ 1118

Zhu G, Chen Y, Jiang D, *et al*. 2015. Rapid change from compression to extension in the North China Craton during the Early Cretaceous: evidence from the Yunmengshan metamorphic core complex. Tectonophysics, 656: 91 ~ 110

Zorin Y A. 1999. Geodynamics of the western part of the Mongolia-Okhotsk collisional belt, Trans-Baikal region (Russia) and Mongolia. Tectonophysics, 306: 33 ~ 56

第 11 章　构造分析新进展——从运动学到完备力学，从单尺度到多尺度

半个世纪以来构造地质学的发展可粗略地归纳为以下相互关联的三个方面：以构造分析为特征的运动学研究、建立在材料科学和岩石力学实验基础上的岩石力学性能和流变率的研究，以及以计算机数值模拟为特征的大尺度的地球动力学研究。这些方面的发展在很大程度上得益于力学特别是连续介质力学（continuum mechanics）的应用。本章简要描述构造地质学在运动学研究方面的发展，阐述构造分析从纯粹的运动学和应变分析到如今应用完备力学、从单尺度研究到多尺度分析发展的必要性。本章同时介绍一个建立在完备力学基础上的自洽多尺度模拟理论和方法。

11.1　大变形运动学分析概述

全世界多数地质学家认为 Ramsay（1967）的著作 *Folding and Fracturing of Rocks* 标志现代构造地质学的开端。在此之前，构造地质学虽然已经有了很多积累（Sander，1930，1970；Fairbairn，1949；De Sitter，1956；Goguel，1952，1962；Turner and Weiss，1963；Billings，1942，1954，1972），但 Ramsay（1967）首次系统地应用连续介质力学的概念和理论体系研究地质构造的形成和发展，最早准确定量地谈论大变形的几何学和运动学。例如，他把应力主轴与应变主轴概念严格区分，把无限小应变增量和积累的有限应变区分，理清了当时构造地质学中存在的许多混淆的概念。直到今天，仍然有人时常将应力应变的概念混淆（典型的例子包括将褶皱的轴面、变形岩石中的面理面这些与有限应变运动学相关的构造等同于最大主压应力面）。继 Ramsay（1967）之后，Hobbs 等（1976）出版的 *An Outline of Structural Geology* 是一本影响最深远的现代构造地质学综合教材。它集当时构造地质学之大成，系统地应用力学特别是连续介质力学，全面地阐述并发展构造地质学的各个研究领域。例如，该教材首次阐明了非共轴递进变形（non-coaxial progressive deformation）的概念（Hobbs *et al.*，1976，25 ～ 31 页），首次引入了流体力学中的涡度（vorticity）概念（参阅第二卷第 1 章 1.3 节）。Means（1976）进一步阐明了这些连续介质大变形的运动学概念及其在理解地质构造形成方面的意义。下面我们先简要总结一下连续介质力学中的运动学理论。

Ramsay 和 Graham（1970）及 Ramsay（1980）是应用连续介质大变形运动学研究韧性剪切带变形几何学的开山之作。这两篇文章给出了联系变形前状态（参考状态，reference state，图 11.1）和变形后状态（变形状态，deformed state 或 current state，图 11.1）的一般数学关系。当变形均匀时，连续体在变形前（reference state）的任意一物质点（用位置矢量 $\boldsymbol{X}$ 表示）与该物质点在变形状态的位置（用位置矢量 $\boldsymbol{x}$ 表示）的关系为：

$$\boldsymbol{x}=\boldsymbol{F}\boldsymbol{X} \text{ 或 } x_i=F_{ik}X_k \tag{11.1}$$

式中，黑体 $\boldsymbol{X}$ 和 $\boldsymbol{x}$ 分别表示变形前后同一物质点的位置矢量，$\boldsymbol{F}$ 是一个二阶张量，称为变形梯度（deformation gradients）或位置梯度（position gradients）张量。方程（11.1）的第二种用非黑体的表达是矢量、张量的坐标分量形式，我们使用了爱因斯坦的张量求和规范（重复的下标表示对该下标的求和，如 $F_{ik}X_k=\sum_{k=1}^{3}F_{ik}X_k$）。对于一般的非均匀变形，变形梯度张量的定义为$F_{ij}=\dfrac{\partial x_i}{\partial X_j}$，$F_{ij}$ 是一个场变量，是空间位置的函数。F_{ij} 包含了所有联系“两状态”（变形前和变形后）的运动学信息——应变椭球体的主轴方向、大小以及主轴从变形前状态到变形后状态的旋转都可从 $\boldsymbol{F}$ 求得，具体方法可参见 Jiang（2010）、Kuiper 和 Jiang（2010）。

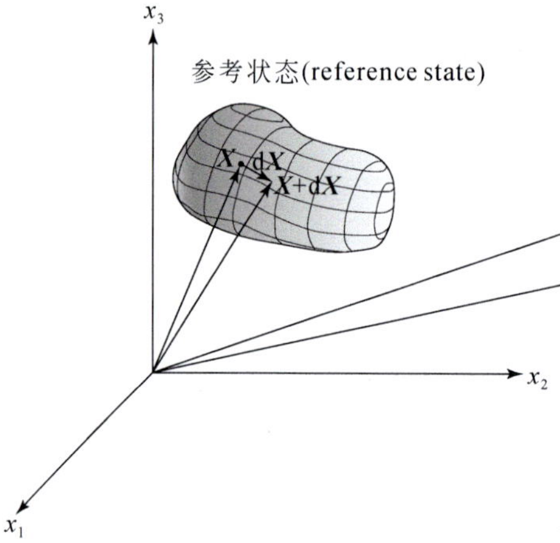

图 11.1 变形前（参考状态）和变形后（变形状态）的连续体

$\boldsymbol{X}$ 为参考状态下的任意物质点，$\boldsymbol{x}$ 为该点在变形状态下的位置

以上大变形的“两状态描述（two-state formulation）”不涉及变形的历史和路径。当连续体首先经历 $\boldsymbol{F}^1$ 变形然后又被 $\boldsymbol{F}^2$ 变形叠加时，总变形可通过以下方法获得：变形前（reference state）质点位置 $\boldsymbol{X}$ 先被 $\boldsymbol{F}^1$ 转换到位置 $\boldsymbol{y}$，即 $\boldsymbol{y}=\boldsymbol{F}^1\boldsymbol{X}$，继而 $\boldsymbol{F}^2$ 将 $\boldsymbol{y}$ 转换到最终位置 $\boldsymbol{x}$，即 $\boldsymbol{x}=\boldsymbol{F}^2\boldsymbol{y}$。显然 $\boldsymbol{x}=\boldsymbol{F}^2\boldsymbol{F}^1\boldsymbol{X}$，即 $\boldsymbol{F}=\boldsymbol{F}^2\boldsymbol{F}^1$。因此有限变形的叠加在数学表达上是张量的有序相乘。依此类推，当变形是 n 个变形增量叠加时，总变形为（参见 Elliott，1972）：

$$\boldsymbol{F}=\boldsymbol{F}^n\cdots\boldsymbol{F}^2\boldsymbol{F}^1 \tag{11.2}$$

在直角坐标系中 $\boldsymbol{F}$ 可作如下的极分解（Spencer，1980，12 页）：

$$\boldsymbol{F}=\boldsymbol{R}\boldsymbol{U}=\boldsymbol{V}\boldsymbol{R} \tag{11.3}$$

式中，$\boldsymbol{R}$ 满足 $R_{ik}R_{kj}=\delta_{ij}$（称为 Kronecker δ 符号，它的分量定义为$\delta_{ij}\begin{cases}1 & i=j\\0 & i\neq j\end{cases}$），$\boldsymbol{U}$ 和 $\boldsymbol{V}$ 都是对称张量，分别满足 $U_{ij}=U_{ji}$ 和 $V_{ij}=V_{ji}$。

从方程（11.2）对变形的理解，我们可以得到一个关于有限变形的统一的几何学解释（图 11.2，参考 Hobbs *et al.*，1976，25 页）：在几何意义上任何一个有限变形皆可以看作是 $\boldsymbol{F}=\boldsymbol{RU}$，即一个纯粹的形变 $\boldsymbol{U}$（改变形状，应变）然后叠加一个旋转 $\boldsymbol{R}$；或者等价地看作是 $\boldsymbol{F}=\boldsymbol{VR}$，即一个旋转 $\boldsymbol{R}$ 然后叠加一个纯粹的形变 $\boldsymbol{V}$。$\boldsymbol{U}$ 和 $\boldsymbol{V}$ 具有相同大小的特征值，对应于应变椭球的三个主轴的长度。$\boldsymbol{U}$ 和 $\boldsymbol{V}$ 具有不同的特征向量，$\boldsymbol{U}$ 的特征向量代表应变椭球三个主轴在未变形（或参考）状态下的方向，而 $\boldsymbol{V}$ 的特征向量则代表应变椭球三个主轴在变形状态下的方向。$\boldsymbol{R}$ 则定量表达从 $\boldsymbol{U}$ 的特征向量到 $\boldsymbol{V}$ 的特征向量之旋转。在实际计算中，由于从 $\boldsymbol{F}$ 极分解直接求 $\boldsymbol{U}$ 和 $\boldsymbol{V}$ 在数学上不够方便，在连续介质力学文献中常引入 $\boldsymbol{U}^2=\boldsymbol{F}^{\mathrm{T}}\boldsymbol{F}$ 和 $\boldsymbol{V}^2=\boldsymbol{F}\boldsymbol{F}^{\mathrm{T}}$ 两个张量，然后再通过求与 $\boldsymbol{U}^2$ 和 $\boldsymbol{V}^2$ 相对应的特征值

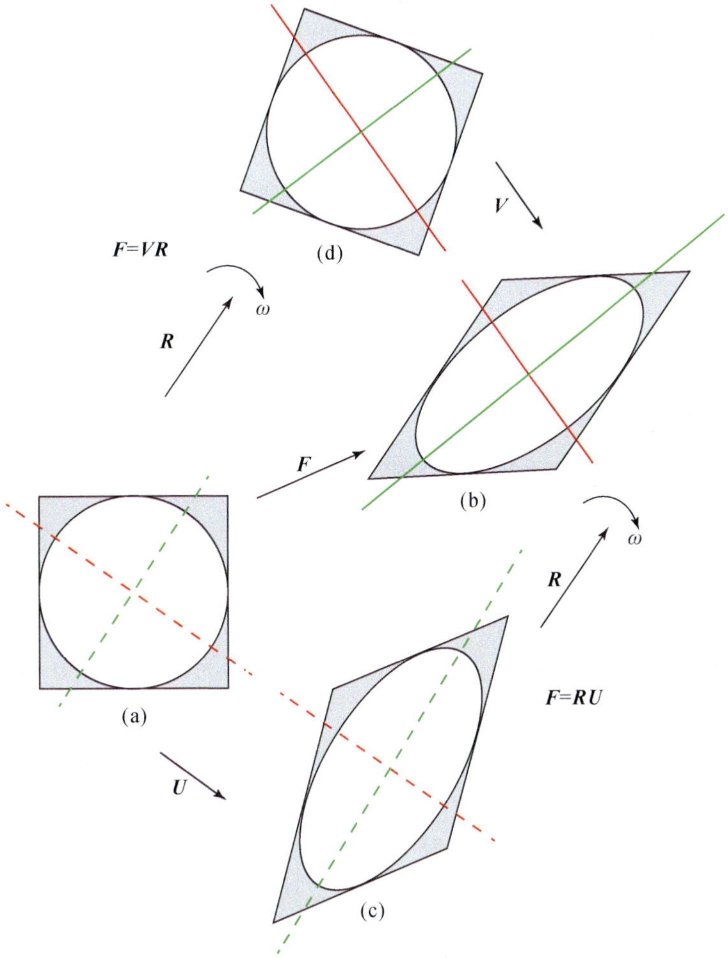

图 11.2　变形梯度张量 $\boldsymbol{F}$ 的几何学解释

（a）未变形（参考）状态，其中绿色和红色虚线为应变椭球的最大和最小拉伸主轴在该状态时的方向；（b）变形状态，其中绿色和红色实线为应变椭球的最大和最小拉伸主轴方向。变形梯度张量 $\boldsymbol{F}$ 可以解释为一个纯粹的变形 $\boldsymbol{U}$［从（a）到（c）］，然后叠加一个旋转 $\boldsymbol{R}$［从（c）到（b）］；同样，$\boldsymbol{F}$ 也可以解释为一个旋转 $\boldsymbol{R}$［从（a）到（d）］，然后叠加一个纯粹的变形［从（d）到（b）］得到。ω 表示应变椭球三个主轴从参考状态到变形状态的旋转，可从 $\boldsymbol{R}$ 求得

和特征向量来间接获得应变椭球的大小和主轴方向（详细见 Spencer，1980，70 ～ 71 页；Jiang，2010）。

特别需要强调的是，以上关于 $\boldsymbol{F}$ 的几何学解释没有任何变形历史的意义。在 Ramsay 和 Graham（1970）、Ramsay（1980）的剪切带论文中，$\boldsymbol{F}$ 是按“简单剪切”（simple shear）预先给出的。图 11.3（a）表示一个东西向的（x_1- 轴方向）右行“简单剪切带”，对应的 $\boldsymbol{F}^{\gamma}$ 为：$F_{ij}^{\gamma}=\begin{pmatrix}1&\gamma&0\\0&0&0\\0&0&1\end{pmatrix}$，其中 γ 为剪应变。由于在 x_3- 方向上没有应变，$\boldsymbol{F}^{\gamma}$ 可简化为如下二维形式：

$$F_{ij}^{\gamma}=\begin{pmatrix}1&\gamma\\0&1\end{pmatrix} \tag{11.4}$$

当剪切带有沿 x_1- 和 x_2- 方向的平面纯剪（pure shear）应变分量时，假设纯剪变形是等体积的，则对应的 $\boldsymbol{F}^{\varepsilon}$ 可写成：

$$F_{ij}^{\varepsilon}=\begin{pmatrix}s&0\\0&s^{-1}\end{pmatrix} \tag{11.5}$$

式中，s 为沿 x_1- 方向的伸长应变（stretch，定义为变形后长度与变形前长度之比）。

$\boldsymbol{F}^{\gamma}$ 和 $\boldsymbol{F}^{\varepsilon}$ 的叠加结果与它们的顺序有关，因为矩阵相乘不满足交换律。先纯剪后单剪导致的总变形为 $F_{ik}^{\gamma}F_{kj}^{\varepsilon}=\begin{pmatrix}1&\gamma\\0&1\end{pmatrix}\begin{pmatrix}s&0\\0&s^{-1}\end{pmatrix}=\begin{pmatrix}s&\gamma s^{-1}\\0&s^{-1}\end{pmatrix}$，有别于先单剪后纯剪导致的总变形 $F_{ik}^{\varepsilon}F_{kj}^{\gamma}=\begin{pmatrix}s&0\\0&s^{-1}\end{pmatrix}\begin{pmatrix}1&\gamma\\0&1\end{pmatrix}=\begin{pmatrix}s&\gamma s^{-1}\\0&s^{-1}\end{pmatrix}$。当 Sanderson 和 Marchini（1984）研究他们称为“转换挤压（transpression）”［图 11.3（b）］和“转换拉张（transtension）”的变形带时，他们用单剪 $F_{ij}^{\gamma}=\begin{pmatrix}1&\gamma&0\\0&0&0\\0&0&1\end{pmatrix}$ 和沿 x_2- 和 x_3- 方向的纯剪相乘来构建带内总变形。剪切缩短情形时的纯剪可表达为：$F^{TP}{}_{ij}=\begin{pmatrix}0&0&0\\0&s^{-1}&0\\0&0&s\end{pmatrix}$，剪切伸展的情形为：$F^{TT}{}_{ij}=\begin{pmatrix}0&0&0\\0&s&0\\0&0&s^{-1}\end{pmatrix}$。如上面所述，由于叠加顺序影响总变形梯度张量的分量，Sanderson 和 Marchini（1984）的应变场的几何学和运动学意义不够明确。

实际上早在此之前，Ramberg（1975）已经通过将单剪和纯剪分量共存的剪切带看成是无限多的单剪小增量和纯剪小增量的叠加途径成功地得到递进变形的全部运动学演化过程。当单剪和纯剪都为 x_1x_2- 面内的平面应变变形时，无限小单剪增量为 $\Delta F_{ij}^{\gamma}=\begin{pmatrix}1&\delta\gamma\\0&0\end{pmatrix}$；无限小纯剪增量为 $\Delta F_{ij}^{\varepsilon}=\begin{pmatrix}1+\varepsilon&0\\0&1-\varepsilon\end{pmatrix}$。当 $\delta\gamma$ 和 ε 都足够小时，$\Delta\boldsymbol{F}^{\varepsilon}{}_{i}\Delta\boldsymbol{F}_{i}^{\gamma}\approx\Delta\boldsymbol{F}_{i}^{\gamma}\Delta\boldsymbol{F}^{\varepsilon}{}_{i}$，总递进有限变形的积累可写成：

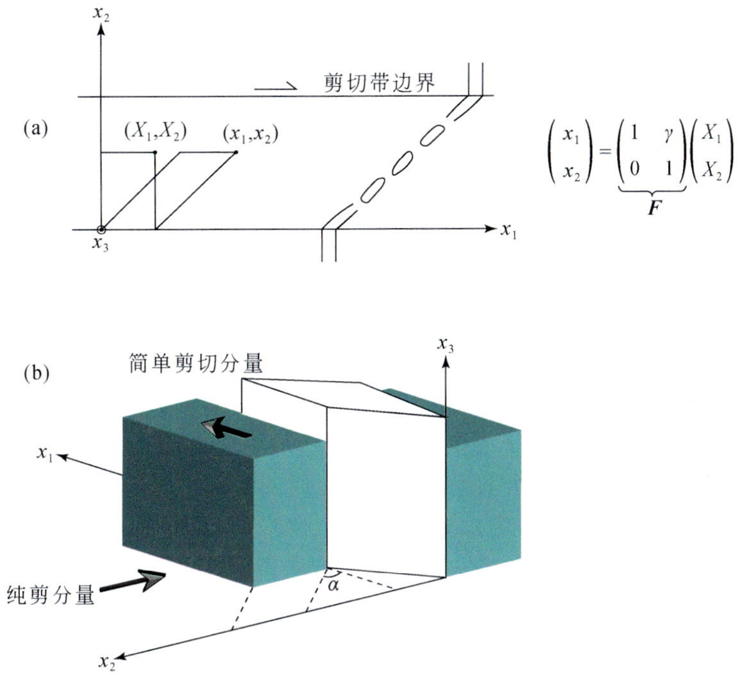

图 11.3　（a）简单剪切带示意图（Ramsay and Graham，1970；Ramsay，1980）；（b）剪切缩短变形带示意图（Sanderson and Marchini，1984）

图中的剪切带边界与坐标系 x_1x_3- 面平行，x_2- 轴与剪切带边界正交；（a）中剪切带内部变形为沿剪切带边界右行简单剪切。没有沿坐标轴的纯剪分量；（b）中剪切带内部为沿 x_1- 轴的简单剪切和沿 x_2- 轴的缩短；假设剪切带为恒定体积变形，剪切带沿 x_3- 轴伸长

$$\boldsymbol{F}=(\Delta \boldsymbol{F}^{\varepsilon}_{n}\Delta \boldsymbol{F}^{\gamma}_{n})\cdots(\Delta \boldsymbol{F}^{\varepsilon}_{2}\Delta \boldsymbol{F}^{\gamma}_{2})(\Delta \boldsymbol{F}^{\varepsilon}_{1}\Delta \boldsymbol{F}^{\gamma}_{1})$$

$$\text{或 } \boldsymbol{F}=(\Delta \boldsymbol{F}^{\gamma}_{n}\Delta \boldsymbol{F}^{\varepsilon}_{n})\cdots(\Delta \boldsymbol{F}^{\gamma}_{2}\Delta \boldsymbol{F}^{\varepsilon}_{2})(\Delta \boldsymbol{F}^{\gamma}_{1}\Delta \boldsymbol{F}^{\varepsilon}_{1}) \qquad (11.6)$$

如果我们应用应变速率的概念，剪应变速率 $\dot{\gamma}=\dfrac{\mathrm{d}\gamma}{\mathrm{d}t}$，纯剪应变速率 $\dot{\varepsilon}=\dfrac{\mathrm{d}\varepsilon}{\mathrm{d}t}$，则 $\Delta F^{\gamma}_{ij}=\begin{pmatrix} 1 & \dot{\gamma}\delta t \\ 0 & 1 \end{pmatrix}=\delta_{ij}+\begin{pmatrix} 0 & \dot{\gamma} \\ 0 & 0 \end{pmatrix}\delta t$，$\Delta F^{\varepsilon}_{ij}=\delta_{ij}+\begin{pmatrix} \dot{\varepsilon} & 0 \\ 0 & -\dot{\varepsilon} \end{pmatrix}\delta t$（$\delta t$ 代表时间增量）。因为 $\Delta F^{\gamma}_{ik}\Delta F^{\varepsilon}_{kj}=\Delta F^{\varepsilon}_{ik}\Delta F^{\gamma}_{kj}=\delta_{ij}+\begin{pmatrix} \dot{\varepsilon} & \gamma \\ 0 & -\dot{\varepsilon} \end{pmatrix}\delta t+O(\delta t^2)$，当增量变形足够小时，高阶无穷小 $O(\delta t^2)$ 可忽略，因而 $\Delta F^{\gamma}_{ik}\Delta F^{\varepsilon}_{kj}=\Delta F^{\varepsilon}_{ik}\Delta F^{\gamma}_{kj}\approx\delta_{ij}+\begin{pmatrix} \dot{\varepsilon} & \dot{\gamma} \\ 0 & -\dot{\varepsilon} \end{pmatrix}\delta t$。如果变形均匀且恒态，变形随时间的积累为：

$$F_{ij}(t)\approx\left[\delta_{ij}+\begin{pmatrix} \dot{\varepsilon} & \dot{\gamma} \\ 0 & -\dot{\varepsilon} \end{pmatrix}\delta t\right]^{n};\quad n=\frac{t}{\delta t} \qquad (11.7)$$

用类似途径考虑 Sanderson 和 Marchini（1984）的剪切缩短和剪切伸展，则有 $\Delta F_{ij}\approx\delta_{ij}+\begin{pmatrix} 0 & \dot{\gamma} & 0 \\ 0 & \pm\dot{\varepsilon} & 0 \\ 0 & 0 & \mp\dot{\varepsilon} \end{pmatrix}\delta t$。应变带内变形随时间的积累为

$$F_{ij}(t)=\left[\delta_{ij}+\begin{pmatrix}0 & \dot{\gamma} & 0\\ 0 & \pm\dot{\varepsilon} & 0\\ 0 & 0 & \mp\dot{\varepsilon}\end{pmatrix}\delta t\right]^{\frac{t}{\delta t}} \tag{11.8}$$

连续的递进变形虽然可以表达为无限小增量变形的矩阵相乘［如方程（11.8）］，在连续介质力学中描述变形的历史和有限应变演化的最直接、逻辑最简单的途径是考虑连续体所有质点的运动速度，也就是速度场（velocity field）。速度场对质点瞬时坐标的梯度（欧拉梯度，Eulerian gradients）是一个二阶张量 $\boldsymbol{L}$，定义为：

$$L_{ij}=\frac{\partial v_i}{\partial x_j} \tag{11.9}$$

式中，v_i（i=1, 2, 3）是速度矢量的坐标分量。当流动变形均匀时，L_{ij} 是常量张量，流动场不均匀时，L_{ij} 是位置的函数。$\boldsymbol{F}$ 是描述有限变形最重要的张量，因为它包含了应变的所有信息。$\boldsymbol{L}$ 是描述变形的瞬时状态运动学的最重要的变量，因为它包含了变形的速率和涡度的所有信息。更重要的是如果 $\boldsymbol{L}$ 的历史已知，则变形历史包括有限应变的演化的所有运动学信息都可求出。

第一，在微小的时间段 δt 以使得 $\left\|L_{ij}\delta t\right\|\ll 1$ ①时，增量变形为：$\Delta F_{ij}=\delta_{ij}+L_{ij}\delta t$，有限变形随时间的积累可类似方程 11.8 而表达为：

$$F_{ij}(t)=\left[\delta_{ij}+L_{ij}\delta t\right]^{\frac{t}{\delta t}} \tag{11.10}$$

第二，$\boldsymbol{L}$ 可以分解为一个对称的应变率张量 $\boldsymbol{D}$ 和一个反对称的涡度张量 $\boldsymbol{W}$ 之和（$\boldsymbol{L=D+W}$），其分量分别为：

$$D_{ij}=\frac{1}{2}(L_{ij}+L_{ji})\ \text{或}\ W_{ij}=\frac{1}{2}(L_{ij}-L_{ji}) \tag{11.11}$$

以上分解通常称为速度场的欧拉 - 柯西 - 斯托克斯分解（Truesdell，1991，118 页）。

Truesdell（1953）定义了一个无量纲的运动学涡度数（kinematic vorticity number，或简称 vorticity number；Truesdell，1991）W_k 以刻画流动的旋转量：

$$W_k=\frac{\|\boldsymbol{W}\|_E}{\|\boldsymbol{D}\|_E} \tag{11.12}$$

其中，$\|\boldsymbol{A}\|_E=\sqrt{A_{ij}A_{ij}}$ 代表张量 $\boldsymbol{A}$ 的欧几里得模（Euclidean norm）。

$\boldsymbol{L}$ 与 $\boldsymbol{F}$ 由如下的微分方程相联系（Spencer，1980，86 页；Truesdell，1991，118 页；Jiang，2010，方程 30）：

$$\frac{\mathrm{d}\boldsymbol{F}}{\mathrm{d}t}=\boldsymbol{LF} \tag{11.13}$$

利用通常的初始条件 $F_{ij}(0)=\delta_{ij}$（即初始状态为未变形状态），当变形均匀且恒态时，方程（11.13）有一个普适的形式解：

---

① $\left\|L_{ij}\right\|$ 为张量 $\boldsymbol{L}$ 的模，可定义为 $\left\|L_{ij}\right\|=\max\left\{\left|L_{ij}\right|\right\}$ 或下文用到的欧几里得模（Euclidean norm），定义为 $\left\|L_{ij}\right\|_E=\sqrt{L_{ij}L_{ij}}$。

$$F_{ij}(t)=\exp(L_{ij}t) \tag{11.14}$$

许多计算软件如 Mathematica 和 MATLAB 都支持矩阵的指数运算，从而使得由 $\boldsymbol{L}$ 计算 $\boldsymbol{F}$ 成为很方便的计算。

一般情况下，已知 $\boldsymbol{L}$ 而计算 $\boldsymbol{F}$ 需要先求解如下常系数线性微分方程：

$$\frac{\mathrm{d}x_i}{\mathrm{d}t}=L_{ik}x_k,\ \text{初始条件}\ x_i(0)=X_i \tag{11.15}$$

然后通过$F_{ij}=\dfrac{\partial x_i}{\partial X_j}$求出 F_{ij}。

11.2　韧性剪切应变带的运动学模拟

以下我们以均匀恒态变形的一般高应变带为例，给出方程（11.15）的分析解。图 11.4 显示为一般情形的剪切带。剪切带边界与坐标系 x_1x_3- 面平行，带内变形速度场梯度张量可以看作由一个以坐标轴为主轴的纯剪分量 L^{ε}_{ij} 和一个与 x_1x_3- 面平行的简单剪切分量 L^{γ}_{ij} 构成：

$$L_{ij}=L^{\varepsilon}_{ij}+L^{\gamma}_{ij} \tag{11.16}$$

其中，$L^{\varepsilon}_{ij}=\begin{pmatrix}\dot{\varepsilon}_1 & 0 & 0\\ 0 & \dot{\varepsilon}_2 & 0\\ 0 & 0 & \dot{\varepsilon}_3\end{pmatrix}$，$L^{\gamma}_{ij}=\begin{pmatrix}0 & \dot{\gamma}\cos\phi & 0\\ 0 & 0 & 0\\ 0 & \dot{\gamma}\sin\phi & 0\end{pmatrix}$；$\dot{\varepsilon}_1$，$\dot{\varepsilon}_2$ 和 $\dot{\varepsilon}_3$ 分别为沿 x_1-，x_2- 和 x_3- 轴的应变率，$\dot{\gamma}$ 为剪应变率，ϕ 为剪切方向与 x_1- 轴的夹角（图 11.4）。

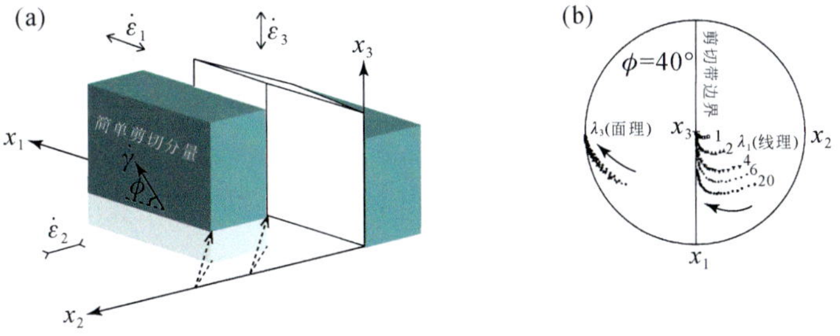

图 11.4　（a）一般剪切带示意图（Jiang and Williams，1998）和（b）剪切带内部的有限应变的演化（Lin et al.，1998）

（a）剪切带边界与坐标系 x_1x_3- 面平行，x_2- 轴与剪切带边界正交。剪切带内部变形包含沿剪切带边界的简单剪切和沿三个坐标轴的纯剪切。ϕ 为简单剪切方向与 x_1 轴夹角，$\dot{\gamma}$ 为剪切变率。$\dot{\varepsilon}_1$，$\dot{\varepsilon}_2$和$\dot{\varepsilon}_3$分别为沿 x_1-，x_2- 和 x_3- 轴的应变率。（b）作为一个例子给出了一个三斜剪切带（$\dot{\varepsilon}_1=0$，$\dot{\varepsilon}_2=-\dot{\varepsilon}_3\neq 0$，$\phi=40°$）中运动学模拟的结果。$\lambda_1$ 为最大应变主轴方向（线理方向），λ_3 为最小应变主轴方向（面理法线方向）。其中 1、2、4、6、20 为剪切分量和纯剪分量的比值（$\dot{\gamma}/\dot{\varepsilon}$），该比值越大表示剪切分量越多。箭头方向表示随应变增加，线理、面理方向的演化。（b）为等面积下半球投影方程（11.16）描述了一个最一般情形的、三斜对称的高应变带变形（Jiang and Williams，1998）。当$\dot{\varepsilon}_1=\dot{\varepsilon}_2=\dot{\varepsilon}_3=0$时，它代表Ramsay式的简单剪切带（单斜对称）；$\dot{\varepsilon}_1=0$，$\dot{\varepsilon}_2=-\dot{\varepsilon}_3<0$，$\phi=0$代表Sanderson和Marchini的剪切缩短（单斜对称）；$\dot{\varepsilon}_1=0$，$\dot{\varepsilon}_2=-\dot{\varepsilon}_3>0$，$\phi=0$代表Sanderson和Marchini的剪切伸展（单斜对称）；$\dot{\varepsilon}_1=0$，$\dot{\varepsilon}_2=-\dot{\varepsilon}_3\neq 0$，$\phi\neq 0$是Lin等（1998）研究的三斜剪切带。$L_{ij}$有5个独立变量（$\dot{\varepsilon}_1$，$\dot{\varepsilon}_2$，$\dot{\varepsilon}_3$，$\dot{\gamma}$和$\phi$）。如果假设带内变形为恒定体积变形，则$\dot{\varepsilon}_1+\dot{\varepsilon}_2+\dot{\varepsilon}_3=0$，$L_{ij}$有4个独立变量。

对应方程（11.16）的F_{ij}的分析解具有如下形式：$F_{ij}=\begin{pmatrix}F_{11} & F_{12} & 0\\ 0 & F_{22} & 0\\ 0 & F_{32} & F_{33}\end{pmatrix}$。在各种可能情况下，$F_{ij}$非零的分量分别为（Kuiper and Jiang，2010）：

$$F_{11}=e^{\dot{\varepsilon}_1 t} \tag{11.17a}$$

$$F_{22}=e^{\dot{\varepsilon}_2 t}\text{，}F_{12}=\dot{\gamma}\cos\phi\frac{e^{\dot{\varepsilon}_2 t}-e^{\dot{\varepsilon}_1 t}}{\dot{\varepsilon}_2-\dot{\varepsilon}_1}\text{，如果}\dot{\varepsilon}_1\neq\dot{\varepsilon}_2\neq\dot{\varepsilon}_3\text{或}\dot{\varepsilon}_1\neq\dot{\varepsilon}_2=\dot{\varepsilon}_3 \tag{11.17b}$$

$$F_{22}=e^{\dot{\varepsilon}_1 t}\text{，}F_{12}=\dot{\gamma}\cdot t\cdot\cos\phi\cdot e^{\dot{\varepsilon}_1 t}\text{，如果}\dot{\varepsilon}_1=\dot{\varepsilon}_2\neq\dot{\varepsilon}_3\text{或}\dot{\varepsilon}_1=\dot{\varepsilon}_2=\dot{\varepsilon}_3 \tag{11.17c}$$

$$F_{33}=e^{\dot{\varepsilon}_3 t}\text{，}F_{32}=\dot{\gamma}\sin\phi\frac{e^{\dot{\varepsilon}_2 t}-e^{\dot{\varepsilon}_3 t}}{\dot{\varepsilon}_2-\dot{\varepsilon}_3}\text{，如果}\dot{\varepsilon}_1\neq\dot{\varepsilon}_2\neq\dot{\varepsilon}_3 \tag{11.17d}$$

$$F_{33}=e^{\dot{\varepsilon}_3 t}\text{，}F_{32}=\dot{\gamma}\sin\phi\frac{e^{\dot{\varepsilon}_1 t}-e^{\dot{\varepsilon}_3 t}}{\dot{\varepsilon}_1-\dot{\varepsilon}_3}\text{，如果}\dot{\varepsilon}_1=\dot{\varepsilon}_2\neq\dot{\varepsilon}_3 \tag{11.17e}$$

$$F_{33}=e^{\dot{\varepsilon}_2 t}\text{，}F_{32}=\dot{\gamma}\cdot t\cdot\sin\phi\cdot e^{\dot{\varepsilon}_2 t}\text{，如果}\dot{\varepsilon}_1\neq\dot{\varepsilon}_2=\dot{\varepsilon}_3 \tag{11.17f}$$

$$F_{33}=e^{\dot{\varepsilon}_1 t}\text{，}F_{32}=\dot{\gamma}\cdot t\cdot\sin\phi\cdot e^{\dot{\varepsilon}_1 t}\text{，如果}\dot{\varepsilon}_1=\dot{\varepsilon}_2=\dot{\varepsilon}_3 \tag{11.17g}$$

应用以上的分析解，读者可以得到剪切带内有限变形演化的完整历史。有关剪切带包括三斜对称剪切带内的变形几何学的详细描述可参见Lin等（1998）、Jiang和Williams（1998）。以上研究的理论基础就是方程（11.17）的分析解。

Fossen和Tikoff（1993）重新研究了Sanderson和Marchini（1984）型的单斜对称的剪切缩短和剪切伸展。他们将L_{ij}的分量用F_{ij}表达。对于一般的高应变带（Jiang and Williams，1998），L_{ij}的分量亦可以用F_{ij}表达（详见Kuiper and Jiang，2010）：

$$L_{11}=\frac{\ln(F_{11})}{t} \tag{11.18a}$$

$$L_{22}=\frac{\ln(F_{22})}{t}\text{，}L_{12}=\frac{F_{12}}{F_{22}-F_{11}}\frac{\ln(F_{22}/F_{11})}{t}\text{，如果}F_{11}\neq F_{22}\neq F_{33}\text{或}F_{11}\neq F_{22}=F_{33} \tag{11.18b}$$

$$L_{22}=\frac{\ln(F_{11})}{t}\text{，}L_{12}=\frac{F_{12}}{F_{11}\cdot t}\text{，如果}F_{11}=F_{22}\neq F_{33}\text{或}F_{11}=F_{22}=F_{33} \tag{11.18c}$$

$$L_{33}=\frac{\ln(F_{33})}{t}\text{，}L_{32}=\frac{F_{32}}{F_{33}-F_{22}}\frac{\ln(F_{33}/F_{22})}{t}\text{，如果}F_{11}\neq F_{22}\neq F_{33} \tag{11.18d}$$

$$L_{33}=\frac{\ln(F_{33})}{t},\quad L_{32}=\frac{F_{32}}{F_{33}-F_{11}}\frac{\ln(F_{33}/F_{11})}{t},\quad \text{如果 } F_{11}=F_{22}\neq F_{33} \tag{11.18e}$$

$$L_{33}=\frac{\ln(F_{22})}{t},\quad L_{32}=\frac{F_{32}}{F_{22}\cdot t},\quad \text{如果 } F_{11}\neq F_{22}=F_{33} \tag{11.18f}$$

$$L_{33}=\frac{\ln(F_{11})}{t},\quad L_{32}=\frac{F_{32}}{F_{11}\cdot t},\quad \text{如果 } F_{11}=F_{22}=F_{33} \tag{11.18g}$$

用方程（11.17）和（11.18），我们可以研究均匀恒态高应变带内的完整的运动学和有限应变几何学。

自从 Ramsay 和 Graham（1970）以来，构造地质学家将上述运动学研究结果与野外观测的构造组合相联系。一般做法是从自然剪切带的构造要素（如 S- 面理和拉伸线理）得到野外剪切带应变场的基本特征，再与理论研究结果相对比。现代构造地质学关于韧性剪切带内构造要素的几何模型（如 Passchier and Trouw，2005，126 ～ 156 页）即基于以上单斜对称剪切带运动学的研究成果。$F_{ij}(t)$ 所描述的递进变形为分析和理解线状和面状构造要素的演化（如褶皱轴的旋转和拉伸、鞘褶皱的形成）提供了有效的定量手段（如 Jiang and Williams，1999；Jiang，2010）。继 Sanderson 和 Marchini（1984）及 Fossen 和 Tikoff（1993）单斜对称的剪切伸展和剪切缩短带的研究后，Lin 等（1998）最早用三斜对称变形运动学模型解释了加拿大阿帕拉契造山带中 Roper Lake 剪切带中拉伸线理的变化。

11.3 运动学研究的局限性

上述关于高应变带的大变形运动学研究尽管对构造地质学的发展起到了极大的促进作用，但这个纯粹的运动学途径仍有一定的局限性。

以上运动学研究的变形场（$\boldsymbol{L}$ 或 $\boldsymbol{F}$）是预设的，而且在绝大多数情况下是均匀和恒态的。均匀恒态的假设使得 $\boldsymbol{L}$ 与 $\boldsymbol{F}$ 有简单的关系，数学上能够求解方程（11.13）。偶尔讨论的特殊情形的非均匀变形仅仅局限于剪应变率在与剪切带正交方向（x_2- 轴）上的简单变化。但即便如此仍然缺乏定量的、符合应变相容原则的数学描述（见 Jiang and Bentley，2012 的讨论）。由于自然变形的固有的非均匀性，现有研究在实际应用上有许多困难。

迄今为止的运动学结果没有尺度的概念。实际上，“连续介质”的假设总是与一定尺度关联的，因为任何材料都不是绝对连续的。连续介质的任何场变量，如应变、应力、密度、速度等，都需要一个代表尺度的代表体积元（representative volume element，RVE）（Lister and Williams，1983；Jiang and Williams，2004；Ranali，1987）。比如一个花岗岩的密度在空间的变形这样一个简单的连续介质场的概念就依赖于在该点的 RVE 尺度选择。从大体积的 RVE 得到的是该尺度上花岗岩的平均密度。选取小尺度 RVE 将更好地反映密度在小尺度上随空间的变化。但 RVE 也不是越小越好，因为选用过小的 RVE

可能得到的密度仅代表石英、长石或孔隙的密度，而非“花岗岩”的密度。可见，在一个临界 RVE 以下，花岗岩这个连续介质的概念没有意义了。如何选择恰当的 RVE 取决于问题的性质和可利用的计算资源。

现有的研究是单尺度的，而地质构造是多尺度的。从透入性的线理、面理构造（厘米级或更小）到连续露头的褶皱剪切带构造（千米以上）已经跨越了至少五个数量级的尺度范围。这就是说要理解线理、面理构造和上述的区域性褶皱剪切带构造，我们必须分别考虑不同的 RVE，前者的 RVE 在立方厘米级，而后者的 RVE 在立方千米级，两者体积相差多达十五个数量级！运用连续介质力学中场的概念（如应变场），则与上述区域性褶皱剪切带相关的应变场应当是立方千米大小体积元内的平均应变，而与线理、面理相关联的应变场则必须能反映厘米尺度上的应变变化。以上关于尺度的问题不仅存在于运动学研究，目前所有的大尺度地球动力学有限元模拟（如 Beaumont *et al.*，2001）一般使用的有限元都在数十平方千米级别（二维），这些模拟所产生的应力场、应变场和位移的结果显然不能用来理解像线理、面理这样的在野外露头上观测的构造或更小尺度的构造。实际上尺度分离和多尺度问题是联系小构造和大构造的根本问题（如 Jiang，2014a，2014b）。读者也许会设想，可以选取尽量小的有限元来进行模拟，使得模拟结果既可以反映小尺度的构造要素又能刻画区域规模的构造要素。但这样做的结果是计算量的指数增长。长度尺度上减少一个数量级意味着体积有限元三个数量级的增加。因此，为了顾及从厘米到千米级范围内的构造，如上所述我们至少需要 10^{15} 的计算元，这样巨大的计算量是当今计算科学的软硬件依然遥不可及的。我们需要全新的途径来处理以上的多尺度问题。

几乎在所有观测尺度上，岩石圈都可以看作由不同力学性能（rheological properties 或 constitutive relations）的单元组成的复合材料。当岩石圈受到板块尺度的边界条件作用时，不同的单元之间的相互作用导致了其内部变形特征的差异。Lister 和 Williams（1983）将这种现象称为变形分配（flow partitioning）。因此每一个具体单元内的变形特征将不可避免地是非恒态的（Jiang，1994）。在这种情况下，人们将无法预先给定变形的速度场或位移场（$\boldsymbol{L}$ 或 $\boldsymbol{F}$）。我们必须遵循一个完备力学的途径来求得每一个单元内的应力、应变场。换言之，要解决多尺度的问题，人们必须遵循完整的力学途径。

纯粹的运动学研究完全不考虑材料的力学性能和应力，也招致许多地质学家的批评（如 Fletcher and Pollard，1999）。但是目前的状况是，完整的力学途径能成功地解决小应变的变形。建立在完备力学基础上的许多地球动力学模拟虽然能达到大的有限应变，但是大多都是二维的研究，并且他们计算单元的大小远远大于理解岩石圈中小型构造所需要的分辨率（如上所述的尺度差别）。Robin 和 Cruden（1994）考虑了一个剪切带的力学模型，但是他们的模型是建立在极端简单的关于材料力学性能的假设之上。他们假设剪切带材料是完全均匀的牛顿流体。这些简单力学模型的野外实际应用也十分有限。

11.4　自洽多尺度模拟理论和方法

以下将介绍一个近 10 年来发展的建立于完备力学基础上的多尺度模拟理论和方法（Jiang and Bentley，2012；Jiang，2013，2014a，2016）。该方法有效地解决了上述运动学研究在地质学应用时遇到的种种问题。首先，我们用一个岩石圈尺度上的高应变带（图 11.5）作为例子阐述这个多尺度模拟方法的基本思路。在宏观尺度（macroscale）上，高应变带的材料可以看作是一个由很多岩石力学性能不同的单元（rheologically distinct element，RDE）组成的连续体。当受到剪切带边界条件作用时，宏观尺度对应的代表体积元简称宏观 RVE（M-RVE）。一个 M-RVE 中包含了很多 RDE［图 11.5（c）］。在 M-RVE 尺度上定义的宏观应力应变场将不同于各个 RDE 内的应力应变场。我们称后者为微观场（或局部场）。显然宏观场可以看作是包含在 M-RVE 内所有微观场的某种平均值。宏观尺度（M-RVE）上的材料力学性能也是由其内部所有的 RDE 的力学性能和它们之间的空间关系即显微构造所决定的。在微力学中（micromechanics），从微观组分（即各个 RDE）的力学性能和显微构造状态计算宏观尺度（M-RVE）的力学性能的过程叫“均匀化”（homogenization；如 Mura，1987；Nemat-Nasser and Hori，1999；Qu and Cherkaoui，2006），而从已知宏观变形应力应变场求解一个具体RDE内的微观应力应变场的过程叫“分配”（partitioning）或“局部化”（localization）。

显然，构造地质研究的对象即直接观测到的具体构造要素都发育于一定的 RDE 中。也就是说它们与 RDE 中微观场相关，而不是与宏观场相关［图 11.5（d）～（g）］。因此，为了理解小尺度的构造要素，我们需要建立宏观场与 RDE 内部的微观场的定量关系。要做到这一点，以往的纯粹运动学途径是行不通的。因为每一个具体的 RDE 与周围介质相互作用，RDE 的形状和空间方位在变形过程中不断变化，并且周围介质的力学性能也随着变形而演化。这意味着人为定义一个 RDE 内的变形场（如局部 $\boldsymbol{L}$）是不可能做到的。我们必须遵循完整的力学途径求得 RDE 内的应力应变场及其随时间的变化。

2012 年以来，Jiang 和 Bentley（2012）及 Jiang（2013，2014a，2016）发展了一套建立在微力学（micromechanics）基础上的理论和模拟方法，将多尺度的变形联系起来。这套理论的核心基础是广义化的 Eshelby 包体理论（下文将详细介绍）。首先，广义化的 Eshelby 包体理论给出了宏观场与微观场的定量关系，建立了多尺度变形的联系。其次，上面提到的均匀化（homogenization）和分配（partitioning）模拟运算都是应用广义化的 Eshelby 包体理论自洽地（self-consistently）求得宏观的岩石力学性能和微观场的变形特征。

以上叙述考虑了两个尺度，即宏观（macroscale）和微观（microscale）尺度。这两个尺度的绝对大小可因问题的性质而定。在图 11.5 这样的剪切带中，macroscale 对应于通常意义上的区域尺度，而 microscale 可看做是露头和更小的尺度。在研究诸如石英岩内石英光轴组构形成这类问题时，macroscale 可对应于石英集合体（石英岩标本）尺度，而 microscale 则代表单一的石英颗粒。如果需要考虑两个以上的尺度，那么我们可以在一

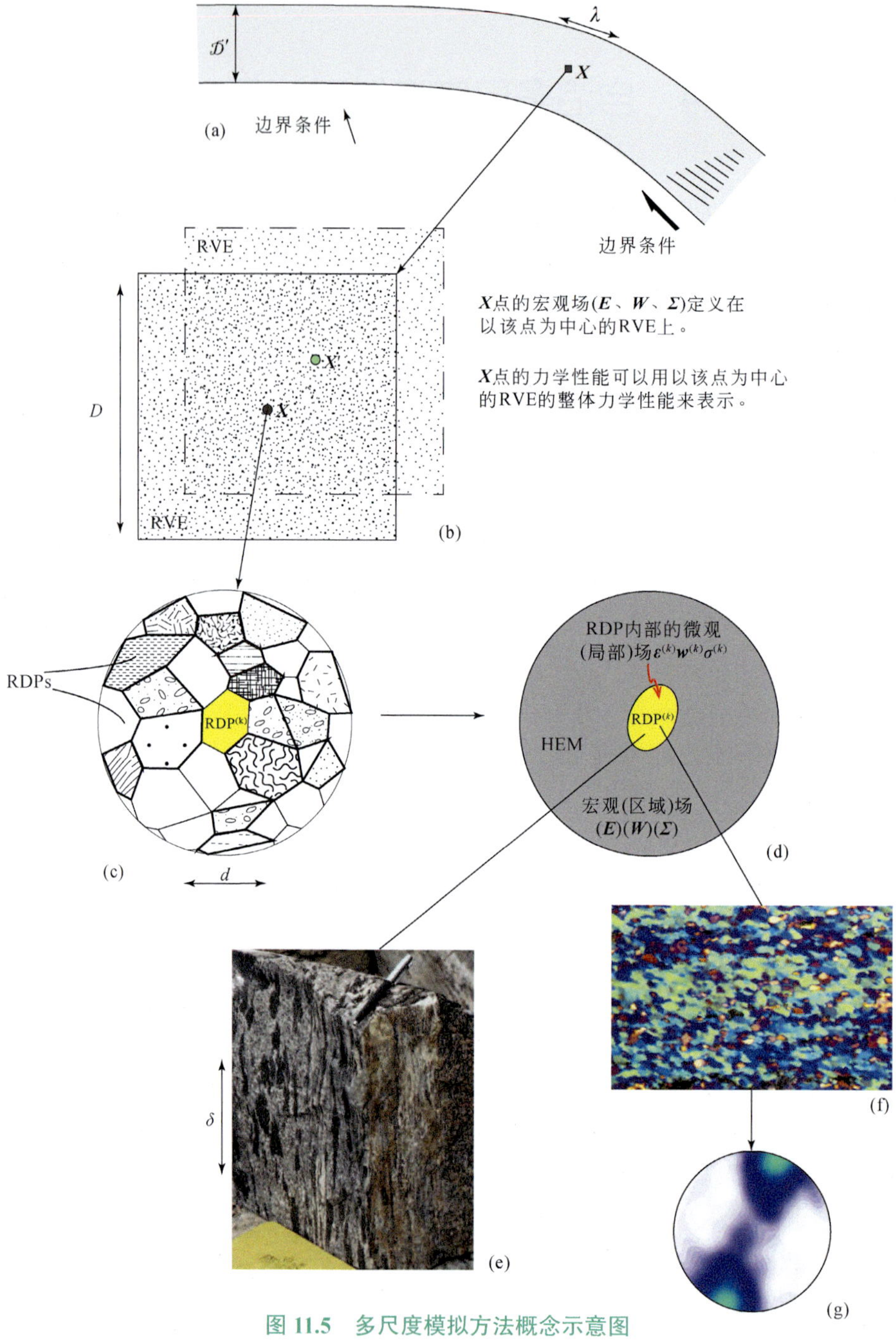

图 11.5 多尺度模拟方法概念示意图

（a）为整个岩石圈尺度的高应变带，其特征长度为 $\mathcal{D}$。边界条件在 λ 尺度上波动。受到边界条件作用时，整个高应变带内场为宏观（区域）场；（b）高应变带内任意点（$\boldsymbol{X}$）的宏观场定义在以该点为中心的一个代表体积元（representative volume element，RVE）内。$\boldsymbol{E}$、$\boldsymbol{W}$、$\boldsymbol{\Sigma}$ 分别为宏观应变速率、涡度和应力场。RVE 的特征长度为 D；（c）每个 RVE 内包含许多岩石力学性能不同的单元（rheologically distinct element，RDE）。这些 RDE 的平均特征长度为 d；（d）RVE 中的每一个 RDE 可以看作一个包体在一个均匀对等基质（homogeneous equivalent medium，HEM）中。HEM 的力学性质可以由 RVE 的整体力学性质代替。RDE 内部的场为微观（局部）场。$\boldsymbol{\varepsilon}^{(k)}$、$\boldsymbol{w}^{(k)}$、$\boldsymbol{\sigma}^{(k)}$ 为 RDE 内部的微观（局部）应变速率、涡度和应力场。每个 RDE 内部的局部场决定其内部的构造组构，如拉伸线理（e），矿物晶体光学组构［（f）、（g）］（lattice preferred orientation，LPO）等。注意，这里所考虑的不同尺度的绝对大小没有限制，但其特征长度必须满足尺度分离，即 $\delta \ll d \ll D \ll \mathcal{D}$ 且 $\mathcal{D} \ll \lambda$

级包体内部放入二级包体［即元素内放元素（element within element）的方法；Jiang and Bentley，2012；Jiang，2014a］。先求得一级包体内部的变形场，再继续应用以上思路来计算二级包体内部的场。

以上方法中，宏观变形场可以像传统运动学分析那样是人为预设的（Ramsay and Graham，1970 以来的运动学模拟），也可以是相对简单模型的分析解（如 Robin and Cruden，1994），或者为大尺度的有限元模拟结果。

有关以上的理论和模拟的详细叙述可参考 Jiang（2014a，2016）。Jiang 和 Bentley（2012）称这一理论和方法为多尺度幂率方法（multiorder power law approach，简称 MOPLA），Jiang（2014a）使得该方法完全自洽（self-consistent）。“自洽”和“多尺度”已在上面叙述，“幂率”（power-law）指该方法考虑岩石变形的非线性黏性性能（如 Kohlstedt *et al.*，1995）。这里我们仅简要介绍这个基于完备力学基础上的 self-consistent MOPLA 方法。为此，我们先来回顾一些基本的力学概念，比如应力、应变的本构方程。这些概念在第二卷第 1、3 章都详细介绍，在这里仅进行一些补充和简要回顾。然后介绍 Eshelby 经典包体理论、Eshelby 理论的广义化以及如何应用到地球岩石圈的变形，最后叙述 MOPLA 及其在构造地质研究中的应用。

11.4.1　应力张量、应变张量和本构方程

之前的章节将应力和应变当作标量（scalar）来介绍。事实上，如果要在三维空间完整地描述某一点上的应力，需要引入柯西应力张量 $\boldsymbol{\sigma}$（Cauchy stress tensor）。在图 11.6 所示的卡文迪许坐标系中，σ_{ij} 表示张量在 i 面上沿 j 方向的分量：$\sigma_{ij}=\begin{pmatrix}\sigma_{11} & \sigma_{12} & \sigma_{13}\\ \sigma_{21} & \sigma_{22} & \sigma_{23}\\ \sigma_{31} & \sigma_{32} & \sigma_{33}\end{pmatrix}$。比如在垂直 x_1- 面（平行于 x_2x_3- 面）上，σ_{11} 垂直作用在该面上为正应力，而 σ_{12} 和 σ_{13} 是作用在该面上的剪切分量。柯西应力张量具有对称性，即 $\sigma_{ij}=\sigma_{ji}$。如果 $\sigma_{ij}\neq\sigma_{ji}$，比如说 $\sigma_{12}\neq\sigma_{21}$，那么图 11.6 中的小立方体将会绕 x_3- 轴旋转，无法保持稳定态。

柯西应力张量可以分解为各向同性的部分称为平均压力 σ_m（mean stress）以及偏应力张量 $\boldsymbol{\sigma'}$（deviatoric stress tensor）。平均压力（标量）为：$\sigma_m=\dfrac{1}{3}(\sigma_{11}+\sigma_{22}+\sigma_{33})$。偏应力张量定义为：$\sigma'_{ij}=\sigma_{ij}-\sigma_m\delta_{ij}$，其指标表示为 $\sigma'_{ij}=\begin{pmatrix}\sigma_{11}-\sigma_m & \sigma_{12} & \sigma_{13}\\ \sigma_{21} & \sigma_{22}-\sigma_m & \sigma_{23}\\ \sigma_{31} & \sigma_{32} & \sigma_{33}-\sigma_m\end{pmatrix}$。在弹性力学中，平均压力跟弹性材料的体积变化有关，而偏应力张量则与材料的形状改变相关。

作为一个对称二阶张量，柯西应力张量有三个特征向量（eigenvector）和三个特征值（eigenvalue）。这三个特征值对应三个主应力（principal stresses）的大小；三个特征向量的方向为三个主应力轴（principal stress axes）。

类似的，为了完整描述三维应变，需要引入柯西应变张量 $\boldsymbol{e}$（Cauchy strain tensor）

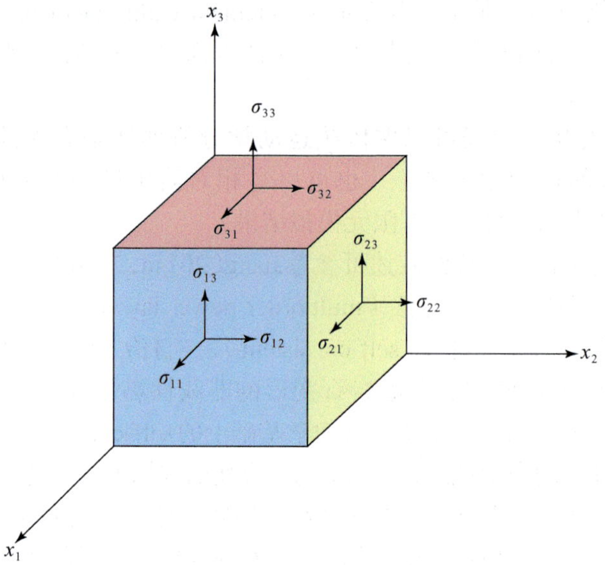

图 11.6　柯西应力张量分量

在 $x_1x_2x_3$ 坐标系中 σ_{ij} 表示某一点的应力在 i 面上沿 j 方向的分量

$e_{ij}=\begin{pmatrix} e_{11} & e_{12} & e_{13} \\ e_{21} & e_{22} & e_{23} \\ e_{31} & e_{32} & e_{33} \end{pmatrix}$。其中 e_{kk}，如 e_{11} 表示沿 x_1- 轴拉伸，类似于一维应变（参考第二卷第 1 章）。柯西应变张量同样具有对称性，即 $e_{ij}=e_{ji}$。类似于柯西应力张量，柯西应变张量也有三个特征向量和三个特征值。这三个特征值对应三个主应变（principal strains）的大小；三个特征向量的方向为三个主应变轴（principal strain axes）。

注意，柯西应变张量描述的是无限小应变，仅适用于无限小变形中。无限小应变可以看作是无限小变形的对称部分（symmetric），无限小变形的反对称（anti-symmetric）部分为无限小旋转 ω_{ij}（infinitesimal rotation，详情请参阅相关文献，如 Jaeger，1964，39 页；Ranali，1987，39 ～ 42 页；Karato，2008，8 页）。

在线性弹性力学中（也称为无限小变形理论），弹性柯西应变张量和弹性柯西应力张量满足胡克定律，即线性弹性行为的本构方程：

$$\boldsymbol{\sigma}=\boldsymbol{C}:\boldsymbol{e} \text{ 或 } \sigma_{ij}=C_{ijkl}\,e_{kl} \qquad (11.19)$$

其中，“:”表示双点积，$\boldsymbol{C}$ 为弹性模量张量，是一个四阶张量。在三维空间内四阶张量 C_{ijkl} 具有 $3\times3\times3\times3=81$ 个分量，由于 C_{ijkl} 具有大对称性（$C_{ijkl}=C_{klij}$）和小对称性（$C_{ijkl}=C_{jikl}=C_{ijlk}$），对于一般的弹性材料，$C_{ijkl}$ 只有 21 个独立的弹性常数。如果弹性材料为各向同性的（isotropic），那么 C_{ijkl} 只有两个独立的弹性常数，如体积模量 K、剪切模量 G、杨氏模量 E、泊松比 v 和拉梅常数 λ（只需其中任意两个即可）。一种比较常见的表示方法是使用体积模量和剪切模量：$\boldsymbol{C}=3K\boldsymbol{J}^m+2G\boldsymbol{J}^d$，其中 $\boldsymbol{J}^m$ 和 $\boldsymbol{J}^d$ 是分别是平均、偏四阶单位张量：$J^m_{ijkl}=\frac{1}{3}\delta_{ij}\delta_{kl}$ 和 $J^d_{ijkl}=\frac{1}{2}(\delta_{ik}\delta_{jl}+\delta_{jk}\delta_{il})-\frac{1}{3}\delta_{ij}\delta_{kl}$。

在牛顿流体（或线性黏性）材料中，应变速率张量和偏应力张量也具有相似的线性关系：

$$\boldsymbol{\sigma}'=\boldsymbol{C}:\dot{\varepsilon} \text{ 或 } \sigma'_{ij}=C_{ijkl}:\dot{\varepsilon}_{kl} \qquad (11.20)$$

其中，$\dot{\varepsilon}$为应变速率张量，是一个二阶张量。有些文献中会把应变速率张量中上面的“.”省去。在本章中，将使用 $\boldsymbol{\varepsilon}$ 表示应变速率张量。一般黏性材料被视为不可压缩材料（incompressible material），也就是说不考虑材料体积变化，只考虑形状改变。所以在不可压缩黏性材料的本构方程中只涉及偏应力张量，而不包含平均压力分量。$\boldsymbol{C}$ 为黏度张量（有时也用 $\boldsymbol{C}^v$ 表示），是一个四阶张量。与弹性模量张量相似同样具有大对称性和小对称性。但是对于各向同性的不可压缩线性黏性材料，C_{ijkl} 只有一个独立的常数，即 η 黏度系数（viscosity）：$\boldsymbol{C}=2\eta\boldsymbol{J}^d$。在这种情况下，线性黏性行为的本构方程可以简化成标量方程：$\sigma=2\eta\varepsilon$。

11.4.2　经典的 Eshelby 包体 / 异质体理论

Eshelby 经典包体 / 异质体问题考虑了一个包含子体积 Ω 的无限延伸的均匀弹性材料［图 11.7（a）］。Ω 以内的材料被称为包体 / 异质体，以外的材料被称为基质。严格来说，如果 Ω 以内的材料与基质的弹性性能一致，则称为包体（inclusion），不一致则称为异质体（inhomogeneity）。Eshelby 经典包体问题如下：考虑了一个均匀且无限延伸的线性弹性材料中包含一个与基质力学性能相同的包体，如何求得因这个包体形状改变［对等于经历了一个均匀应变 $\boldsymbol{e}^*$，Eshelby（1957，1959）称之为“转换应变”，Mura（1987）称之为特征应变，eigenstrain］而导致的包体内及包体周围基质中的弹性场？Eshelby 进行了以下一系列的“虚拟变换”（图 11.7），很巧妙地解决了这个问题。

1）将包体从基质中移除［图 11.7（b）］，包体将变形到无应力的状态 Ω^*。Ω^* 与 Ω 相比，包体内部应变为 $\boldsymbol{e}^*$。去除了包体的无限基质中应力、应变为零；

2）在 Ω^* 态的包体表面上施加一个表面力使其变回到 Ω 状态［图 11.7（c）］并放回基质中［图 11.7（d）］；

3）将包体与基质完美粘结（使边界无滑动），撤去施加在包体表面上的力；

4）包体试图恢复到 Ω^* 状态，但是由于存在基质的束缚，包体最终达到一个新的稳定状态 Ω^c。Ω^c 与 Ω 状态的差别是一个包体内部的应变 $\boldsymbol{e}^c$ 和旋转 $\boldsymbol{\omega}^c$［图 11.7（e）］。

Eshelby 证明了如下结论：如果包体为椭球体，那么 $\boldsymbol{e}^c$ 和 $\boldsymbol{\omega}^c$ 都是均匀的，并且与特征应变 $\boldsymbol{e}^*$ 的关系可表达为：

$$\boldsymbol{e}^c=\boldsymbol{S}:\boldsymbol{e}^*;\quad \boldsymbol{\omega}^c=\boldsymbol{\Pi}:\boldsymbol{e}^* \qquad (11.21)$$

式中，$\boldsymbol{S}$ 和 $\boldsymbol{\Pi}$ 称为“对称”和“反对称”Eshelby 张量。这两个 Eshelby 张量均为四阶张量。因为椭球体内部的应变与旋转场均为均匀场，$\boldsymbol{S}$ 和 $\boldsymbol{\Pi}$ 均为常量张量。Eshelby（1959）研究了以上问题中基质内的弹性场（称为 Eshelby 包体的外部解），给出了基质的弹性应变变形 $\boldsymbol{e}^c$（$\boldsymbol{x}$）和旋转 $\boldsymbol{\omega}^c$（$\boldsymbol{x}$）与特征应变 $\boldsymbol{e}^*$ 的关系：

$$\boldsymbol{e}^c(\boldsymbol{x})=\boldsymbol{S}^E(\boldsymbol{x}):\boldsymbol{e}^*;\quad \boldsymbol{\omega}^c(\boldsymbol{x})=\boldsymbol{\Pi}^E(\boldsymbol{x}):\boldsymbol{e}^* \qquad (11.22)$$

式中，$\boldsymbol{S}^E$ 和 $\boldsymbol{\Pi}^E$ 分别为外部问题的“对称”和“反对称”Eshelby 张量，它们都是空间的函数。

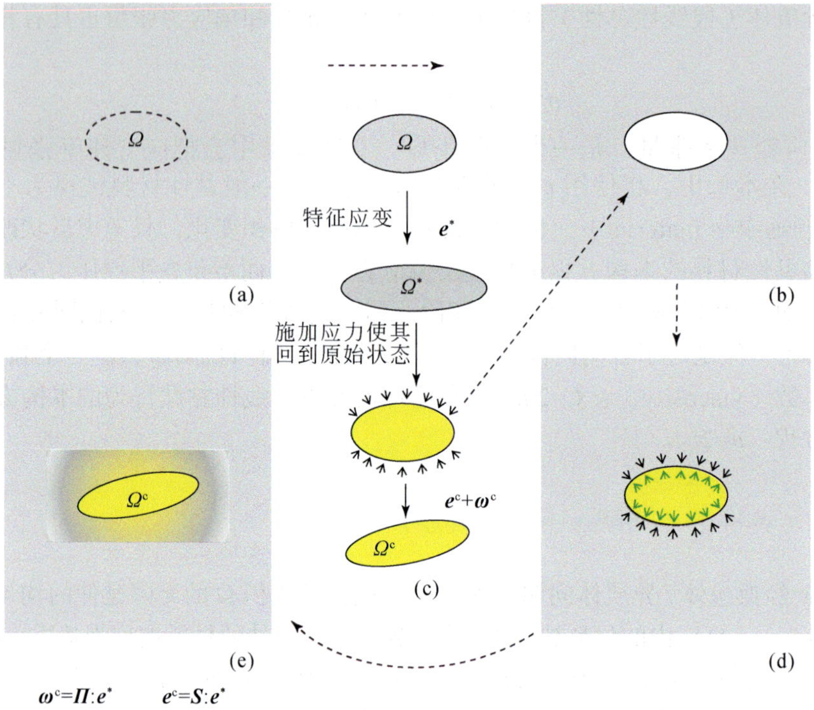

图 11.7 Eshelby 经典包体 / 异质体问题的求解过程（据 Jiang，2014a）

（a）处于零应变、零应力状态的无限延伸的均匀弹性基质。如果其中一个子区域 Ω（称为一个包体）改变形状将改变周围基质的应力应变状态；（b）将包体从周围基质中移除。中间存在一个空洞的无限基质将依然处于零应变、零应力状态；（c）被移除的包体将变形到 $Ω^*$ 状态。$Ω^*$ 态包体的内部应变为 $\boldsymbol{e}^*$，应力为零。在包体 $Ω^*$ 边界上施加一个表面力使其变回到 Ω 态，并放回（b）中的基质中；（d）撤去施加在包体边界上的表面力并粘连边界（无滑动）；（e）包体将与周围基质互相作用最终达到 $Ω^c$ 态，其内部应变为 $\boldsymbol{e}^c$，旋转为 $\boldsymbol{ω}^c$。Eshelby（1957）证明如果包体为椭球体，$\boldsymbol{e}^c$ 和 $\boldsymbol{ω}^c$ 为均匀的，而且与特征应变 $\boldsymbol{e}^*$ 通过两个 Eshelby 张量 $\boldsymbol{S}$ 和 $\boldsymbol{Π}$ 相联系

以上我们讨论了最基本的 Eshelby 包体问题，在该问题中包体与基质弹性性能一致，并且除了包体本身的特征应变外，包体 - 基质系统没有经历外部变形。如果这个系统变为一个包含异质体的无限均匀弹性基质，并在遥远处对其施加一个均匀变形，那么异质体内部的弹性场如何变化呢？这是 Eshelby 异质体问题。Eshelby（1957）绝妙地用一个“对等包体（equivalent inclusion）”的概念解决了这个问题。思路如下：每一个异质体都可以用一个唯一的“对等包体”来替代而不改变基质的应力应变场，只要这个对等包体具备特定的特征应变以使其内部的应力场与异质体存在时的应力场相等、其形状与异质体完全一致。这个概念的提出使得包体的解可以应用于异质体问题的解决。故包体、异质体问题可以合并在一起。因此在许多文献中（如 Jiang，2014a，2016），包体和异质体没有严格区分，一般统称为“包体”或者“力学性能不同的包体”（以下统称为包体，除非有必要区分）。那么在上述情景中，异质体内的弹性场就可以看作是一个由于遥远处施加的变形引起的弹性场和由于异质体的存在而引起的弹性场的叠加。Eshelby 对于包体 / 异质体问题的研究提供了一个十分有效的途径，把遥远处的弹性场和异质体内部的弹性场联系起来。虽然 Eshelby（1957，1959）的研究是建立在各向同性的弹性体，其方法

可以推广到一般线性弹性材料（Mura，1987）。对于一般线性弹性材料，包体内弹性场变量与遥远场变量的一般关系为（Jiang，2013）：

$$\boldsymbol{e}^{\text{inh}}=\boldsymbol{A}:\boldsymbol{e}^{M},\boldsymbol{A}=\left[\boldsymbol{J}^{s}+\boldsymbol{S}(\boldsymbol{C}_{M}^{-1}:\boldsymbol{C}_{\text{inh}}-\boldsymbol{J}^{s})\right]^{-1} \tag{11.23a}$$

$$\boldsymbol{\omega}^{\text{inh}}=\boldsymbol{\omega}^{M}+\boldsymbol{\Pi}:\boldsymbol{S}^{-1}:(\boldsymbol{A}-\boldsymbol{J}^{s})\boldsymbol{e}^{M} \tag{11.23b}$$

$$\boldsymbol{\sigma}^{\text{inh}}=\boldsymbol{B}:\boldsymbol{\sigma}^{M},\boldsymbol{B}=\boldsymbol{C}_{\text{inh}}:\boldsymbol{A}:\boldsymbol{C}_{M}^{-1} \tag{11.23c}$$

式中，$\boldsymbol{e}$、$\boldsymbol{\omega}$ 和 $\boldsymbol{\sigma}$ 分别为包体内的弹性应变、旋转和柯西应力场；$\boldsymbol{C}$ 为弹性模量张量，上标或下标“inh”表示包体中的场变量；“M”表示基质中的场变量。$\boldsymbol{A}$ 和 $\boldsymbol{B}$ 均为四阶张量，分别称为应变分配张量（strain partitioning tensor）和应力分配张量（stress partitioning tensor）。$\boldsymbol{J}^{s}$ 是对称四阶单位张量，定义为：$J^{s}_{ijkl}=\frac{1}{2}(\delta_{ik}\delta_{jl}+\delta_{jk}\delta_{il})$。

由于线性黏性（或牛顿黏性）材料的本构方程在形式上与线性弹性体的本构方程（胡克定律）相似（如 Fung，1965，3 页），Eshelby 包体问题的解［方程（11.23）］很容易立刻推广到线性黏性材料中，只需要将方程 11.23 中的弹性应变、旋转、柯西应力和弹性模量张量替换成应变速率、涡度、偏应力和黏度张量。线性黏性材料中的 Eshelby 包体 / 异质体问题的解可以总结为以下方程（Jiang，2014a）：

$$\boldsymbol{\varepsilon}=\boldsymbol{A}:\boldsymbol{E},\boldsymbol{A}=\left[\boldsymbol{J}^{s}+\boldsymbol{S}(\boldsymbol{C}_{M}^{-1}:\boldsymbol{C}_{E}-\boldsymbol{J}^{s})\right]^{-1} \tag{11.24a}$$

$$\boldsymbol{w}=\boldsymbol{W}+\boldsymbol{\Pi}:\boldsymbol{S}^{-1}:(\boldsymbol{\varepsilon}-\boldsymbol{E}) \tag{11.24b}$$

$$\boldsymbol{\sigma}=\boldsymbol{B}:\boldsymbol{\Sigma},\boldsymbol{B}=\boldsymbol{C}_{E}:\boldsymbol{A}:\boldsymbol{C}_{M}^{-1} \tag{11.24c}$$

式中，小写字母 $\boldsymbol{\varepsilon}$、$\boldsymbol{w}$ 和 $\boldsymbol{\sigma}$ 分别为包体 / 异质体内部的应变速率、涡度和偏应力场。相对应的大写字母 $\boldsymbol{E}$、$\boldsymbol{\Sigma}$ 和 $\boldsymbol{W}$ 则表示基质中对应的变量。$\boldsymbol{C}_{\mathrm{E}}$ 和 $\boldsymbol{C}_{\mathrm{M}}$ 代表包体 / 异质体中和基质中的黏度张量。这里 $\boldsymbol{A}$ 被称为应变速率分配张量（strain-rate partitioning tenors）。注意，这里仅总结了 Eshelby 包体 / 异质体问题中的重要公式，具体算法以及 Eshelby 张量的计算等，请参考相关文献（Jiang，2014a，2016；Qu *et al.*，2016）。

在 MOPLA 当中，每一个力学性能不同的单元（RDE）可以看作椭球体的 Eshelby 包体在均匀岩石圈基质中的无限延伸。岩石圈基质在宏观尺度上经历均匀变形（M-RVE 尺度）。通过方程（11.24），每一个 RDE 内部的微观场（应变速率、涡度和应力场）都可以得到。尽管在宏观尺度上，一点的变形一致，由于每一个 RDE 具有不同的力学性能和几何特征，其内部的微观场是不同的。

11.4.3　广义 Eshelby理论及其在多尺度问题中的应用

经典 Eshelby 理论的解［方程（11.24）］是建立在一个孤立的椭球体，包含在一个无限延伸、均匀且具有线性本构关系的基质中。这些假设不适用于自然岩石圈。后者在塑性变形域内的本构关系是非线性的（一般认为是幂律材料，如 Kohlstedt *et al.*，1995）；同时岩石圈也是一个力学性能不均匀的复合材料，并且一般自然界中变形也非无限延伸的。MOPLA 对于以上问题作如下处理，从而使得经典 Eshelby 理论的解［方程（11.24）］能够应用于岩石圈变形中。

1. 本构关系的线性化

岩石圈在塑性域内的本构关系遵循非线性幂律（Kohlstedt *et al.*，1995）。在一个应力应变速率状态（$\boldsymbol{\sigma}_0$，$\boldsymbol{\varepsilon}_0$）下，非线性本构关系可按泰勒级数展开并取其线性部分：

$\boldsymbol{\sigma}(\boldsymbol{\varepsilon}) \approx \boldsymbol{\sigma}(\boldsymbol{\varepsilon}_0) + \left.\frac{\partial \boldsymbol{\sigma}}{\partial \boldsymbol{\varepsilon}}\right|_{\varepsilon=\varepsilon_0} : (\varepsilon - \varepsilon_0)$。$C^{\tan}_{ijkl} = \frac{\partial \sigma_{kl}}{\partial \varepsilon_{ij}}$ 称为切线黏度（如 Hutchinson，1976；Molinari *et al.*，1987；Lebensohn and Tomé，1993；图 11.8）。也就是说在（$\boldsymbol{\sigma}_0$，$\boldsymbol{\varepsilon}_0$）状态邻近区域，本构关系可近似为如下线性关系：

$$\boldsymbol{\sigma} = \boldsymbol{C}^{\tan} : \boldsymbol{\varepsilon} + \boldsymbol{\sigma}^0 \tag{11.25}$$

式中，$\boldsymbol{\sigma}^0$ 为前应力项（pre-stress term）（图 11.8）。任何一个有限变形都是由很多小增量变形积累达到的。在每一个足够小的增量变形中，非线性幂律材料的本构关系都可近似为方程（11.25）的线性关系。应用这个线性本构关系，表达在方程（11.24）中的解即可适用于非线性材料的增量变形了。每一个增量变形对应着一对 $\boldsymbol{C}^{\tan}$ 和 $\boldsymbol{\sigma}^0$。

虽然幂律本构方程也可在形式上写成一个“线性”关系：$\boldsymbol{\sigma} = \boldsymbol{C}^{\sec} : \boldsymbol{\varepsilon}$。这里的 $C^{\sec}_{ijkl} = \frac{\sigma_{kl}}{\varepsilon_{ij}}$ 一般称为有效黏度（effective viscosity）（如 Ranalli，1987，79 页）。在材料科学文献中 $C^{\sec}_{ijkl}$ 称为割线黏度（secant viscosity）（图 11.8）。$C^{\sec}_{ijkl}$ 代表了当前应力与应变速率状态的本构关系。因为 $\boldsymbol{\sigma} = \boldsymbol{C}^{\sec} : \boldsymbol{\varepsilon}$ 实际上是非线性的，$\boldsymbol{C}^{\sec}$ 不能用在方程（11.24）中。图 11.8 显示了非线性幂律材料的有效黏度（割线黏度）和切线黏度的简单关系：$\boldsymbol{C}^{\tan} = \frac{1}{n}\boldsymbol{C}^{\sec}$，$n$ 为应力指数。

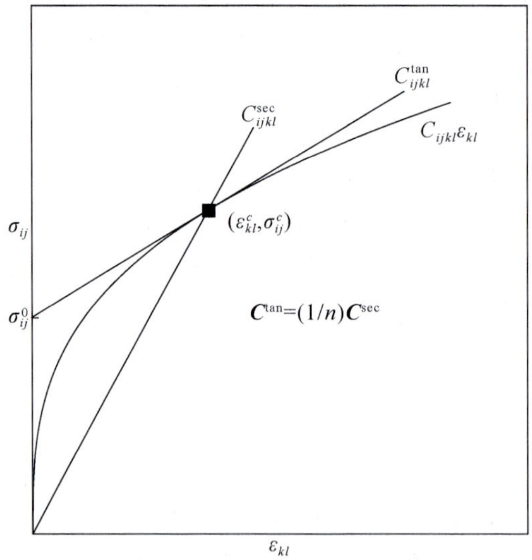

图 11.8 非线性幂律材料的割线黏度和切线黏度的简单关系（据 Jiang，2014a）

图中横轴为应变速率 ε_{kl}，纵轴为应力 σ_{ij}。应力张量的每一个分量 σ_{ij} 都是关于应变速率 ε_{kl} 的函数

2. 尺度分离和均匀化假设

图 11.5 中岩石圈尺度的高应变带的特征长度为 $\mathcal{D}$［图 11.5（a）］。它受到板块边界条件作用。边界条件在特征长度 λ 上波动。高应变带内的宏观场定义在以 D 为边长的一个代表体积元（M-RVE）上［图 11.5（b）］。M-RVE 内部 RDE 的平均长度为 d［图 11.5（c）］。如果上述特征长度满足 $d \ll D \ll \mathcal{D}$ 且 $D \ll \lambda$ 时，我们称这个现象为尺度分离（scale separation；Zaoui，2002；Qu and Cherkaoui，2006，99 ～ 102 页）。简单来说，就是每一个 RDE 相比于 M-RVE 必须足够小，而 M-RVE 的大小相对于遥远处的变形的尺度来说也足够小。这样 M-RVE 中的每一个 RDE 就无法感受到遥远处变形的边界效应。相对每一个 RDE 来说 M-RVE 就是一个无限延伸的基质。尺度分离是应用 Eshelby 理论模拟岩石圈变形的一个重要基础。

大陆岩石圈是非均匀的，由许多 RDE 组成。为了在非均匀基质中应用 Eshelby 理论，我们进行了均匀化假设，即采用一个均匀对等基质（homogenous equivalent medium，HEM）来代替 M-RVE［图 11.5（d）］。HEM 的整体力学性能（$\overline{\boldsymbol{C}}$，HEM 的黏度张量）则由 M-RVE 内部所有 RDE 的力学性能及其显微构造所决定。在这种情况下，每一个 RDE 都可以当作一个 Eshelby 包体，其周围的基质为 HEM［图 11.5（d）］。用 HEM 的力学性能 $\overline{\boldsymbol{C}}$ 替换方程（11.24）中基质的力学性能 $\boldsymbol{C}_M$，可以求得 RDE 内部微观场。HEM 的力学性能（$\overline{\boldsymbol{C}}$）可以使用自洽均匀化方法（self-consistent homogenization；如 Molinari *et al.*, 1987; Lebensohn and Tomé, 1993）来求得。均匀化的过程同样需要使用方程（11.24）。

3. 包体形状不规则

Eshelby 包体问题的解目前仅限于椭球体包体。但是自然界中的地质体往往呈不规则形状。对于形状不规则的包体，一般认为 Eshelby 包体问题的解可以当作一个近似解。尽管这是一种近似方法，许多晶体矿物的研究工作都将不规则的晶体当作 Eshelby 椭球来处理，并且成功应用 Eshelby 理论来模拟晶体集合体中晶体优选方位（如 viscoelastic self-consistent，VPSC 模型；Lebensohn and Tomé，1993），表明这种方法是有效的。除此以外，刚性或可变形的斑晶、位错、堆垛层错、裂隙、弱化带，以及其他不连续体都可当做 Eshelby 椭球体处理（Jiang，2016 及其参考文献）。这些工作表明将地质体近似为 Eshelby 椭球体来处理是可以接受并十分有效的。事实上，通过改变椭球体三个半轴长（$a_1 > a_2 > a_3$）的相对长度，如长杆状（$a_1 \to \infty$，$a_2 = a_3 \to 0$）- 球状（$a_1 \approx a_2 \approx a_3$）- 扁平状包体（$a_1 \approx a_2 >> a_3 \to 0$）能很好地近似绝大多数地质体的形状。

经过线性化、均匀化，经典的 Eshelby 理论被推广到非均匀、非线性幂律材料中。在给定的宏观边界条件下，经历增量变形，通过方程（11.24）求解各个 RDE 内的局部场。根据各个 RDE 的力学性能，通过方程（11.24）可以计算宏观的力学性能。至此，Eshelby 理论可以用来模拟研究宏观与局部两个尺度的变形场，如果将 RDE 置入次级包体，我们就可以模拟研究任意尺度的变形问题。例如，如果将一级包体视为高应变带，次级包体视为构成岩石的主要矿物，我们就可以模拟研究宏观尺度下剪切带内变形组构的发育；如果将 MOPLA 计算的局部场应用于 VPSC，研究矿物晶体（如石英）变形时光轴优选方位（LPO），从而实现从岩石圈尺度到显微光轴尺度的模拟研究。目前 MOPLA 的整套模拟算法已经在 MATLAB 平台中实现（详细参考 Qu *et al.*，2016；Lu，2020）。下节将系统介绍 MOPLA 模拟计算在 MATLAB 的程序实现过程。

11.4.4 MOPLA 模拟的 MATLAB 程序

MOPLA 程序总体思路为，每一步增量变形中，首先求解与 M-RVE 力学性质等效的均匀介质的力学性质，然后将 RDE 视为置于 HEM 中的包体，考察 RDE 的变形。计算流程的核心是求解 HEM 的力学性质。已知宏观场以及 RDE 的状态，RDE 内部的瞬时微观场就可以根据线性化的方程（11.24）求得。很显然要根据方程（11.24）求解微观场，必须知道 HEM 的整体力学性能（$\overline{\boldsymbol{C}}$）。但是 HEM 的整体力学性能是未知的，而计算 HEM 的整体力学性能又依赖于每一个 RDE 的瞬时力学性能。因此，这两个过程必须同时自洽地进行。在算法中我们使用了两个迭代循环来实现这个自洽的计算过程。外部循环来进行均匀化，内部迭代循环来计算 RDE 的内部场。当内、外循环都实现自洽时，输出增量为应变后 RDE 的变形特征与内部场。通过增量应变的叠加，就可以考察 RDE 的变形以及内部场随时间的演化过程。MOPLA 程序具体计算流程如图 11.9 所示。

建立一个有许多（如 300 个）椭球体 RDE 组成的 M-RVE 数值模型。每一个椭球状 RDE 的形状可以由三个半长轴的长度 a_1、a_2 和 a_3（$a_1 > a_2 > a_3$）来描述，其空间方位则由三个半长轴的方向来定义。所有 RDE 均为各向同性的非线性黏性材料，每一个 RDE 的力学性能可以用黏性系数 $\eta^{(k)}$ 和应力指数 $n^{(k)}$ 来表示（$\boldsymbol{C}^{\mathrm{sec}(k)}=2\eta^{(k)}\boldsymbol{J}^{\mathrm{d}}$，$\boldsymbol{C}^{\tan(k)}=\dfrac{1}{n^{(k)}}\boldsymbol{C}^{\mathrm{sec}(k)}$）。通过对所有 RDE 进行简单的体积平均，猜测 HEM 的初始力学性质 $\overline{\boldsymbol{C}}_{\mathrm{inital}}$。给定宏观场速度梯度 $\boldsymbol{L}$。$\boldsymbol{L}$ 可以通过多种方法获得，如大尺度有限元模拟，基于简单模型的分析解，或者是人为预先给定。给定时间增量 δt，开始一次增量应变。

模拟计算以 $\overline{\boldsymbol{C}}_{\mathrm{inital}}$ 为初始条件和宏观速度场 L 开始，首先开始外部迭代循环第一步。将 $\overline{\boldsymbol{C}}_{\mathrm{inital}}$ 和 RDE 的初始力学性能代入线性化的方程（11.24），求解 $\overline{\boldsymbol{C}}_{\mathrm{inital}}$ 下每一个 RDE 内部瞬时微观场（包括应变速率、涡度和应力）。而计算 RDE 内部应变速率又依赖于 RDE 的瞬时力学性能。因此，在计算每个 RDE 内部微观场时需要一个内部迭代循环。内部迭代循环从初始给定的 RDE 力学性能开始，应用线性化的方程 11.24 计算 RDE 的微观应变速率和应力，然后根据求得的应变速率更新 RDE 的力学性能（详细参考 Jiang，2013）。更新后的 RDE 的力学性能将作为新的输入变量来计算新的 RDE 内部应变速率和应力。直到输出的 RDE 力学性能与输入的 RDE 力学性能在容差范围内相等，该 RDE 的内部迭代循环终止。接下来对下一个 RDE 重复之前的内部迭代循环。当每一个 RDE 的内部迭代运算都终止，我们可以得出所有 RDE 内部的微观场和他们的力学性能。此时，一次内部循环结束，继续执行第一步外部循环计算，即根据新得到的所有 RDE 的瞬时力学性能和它们的空间关系，我们可以计算出新的宏观力学性能（$\overline{\boldsymbol{C}}$）。当 $\overline{\boldsymbol{C}}$ 与 $\overline{\boldsymbol{C}}_{\mathrm{inital}}$ 在容差范围内不相等时，第二步外部循环开始，将 $\overline{\boldsymbol{C}}$ 作为新的输入变量来更新所有 RDE 的微观场和力学性能，直到输入的宏观力学性能和输出的宏观力学性能在容差范围内相等，外部迭代循环终止。

当这两个迭代循环都终止，我们就完成了一个增量应变计算，得到了这一时刻所有 RDE 的瞬时微观场以及宏观力学性能。RDE 内部的应变速率和涡度可以用来更新下一个时刻的 RDE 的形状和空间方位（详细参考 Jiang，2013），同时也可以用来追踪其内部的构造组构。新的 RDE 的形状、空间方位以及力学性能将作为下一个计算步的输入变量。为了模拟大陆岩石圈中的大变形，我们可以进行很多步的计算，来不断追踪 RDE 的形状、空间方位、RDE 内部的微观场以及宏观力学性能的演变。RDE 内部的微观场也可以用来进一步模拟 RDE 内部的有限应变、形态组构、矿物的 LPO 等。

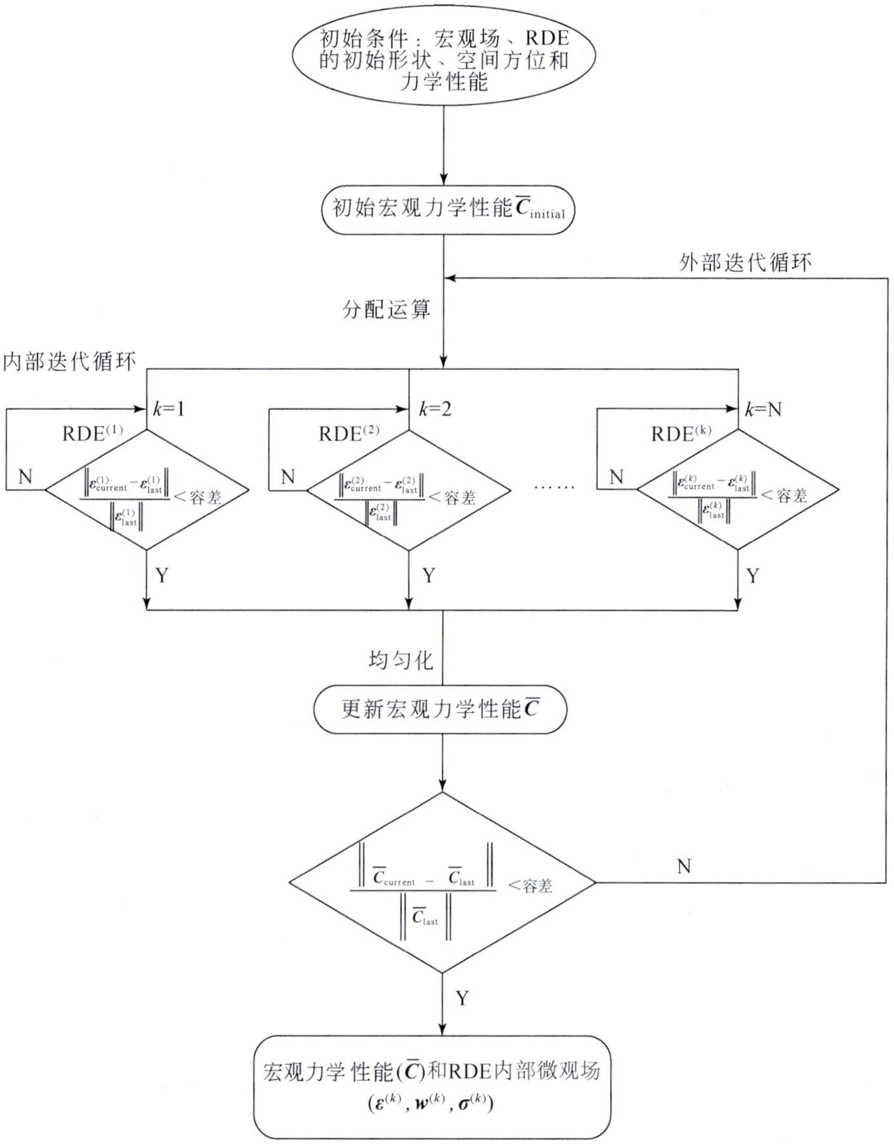

图 11.9　MOPLA 程序的流程图

11.5 MOPLA 的应用

目前为止，MOPLA 已成功应用到了不同有关岩石圈多尺度变形的研究中。Jiang 和 Bentley（2012）、Jiang（2014a）应用 MOPLA 计算美国加州东内华达山脉 Cascade Lake 剪切带中岩石力学性能不同的单元内部的有限应变以及剪切带整体宏观力学性能。并且他们将 RDE 内部的有限应变与野外观测的拉伸线理联系起来，用来理解剪切带中拉伸线理的差异。宏观力学性能的模拟结果也进一步证实：在变形过程中，剪切缩短变形带沿简单剪切分量方向强度变弱，沿纯剪分量方向上强度变强。

Xiang 和 Jiang（2013）认为自然界中的小型韧性剪切带是由先存的力学性能较弱的区域发展形成的。他们将力学性能较弱的区域作为 Eshelby 包体处理，应用广义化的 Eshelby 理论计算包体内运动场和有限应变随变形的演化。模拟结果表明，无论现存的力学性能较弱的区域的原始方位和形状如何，在宏观变形作用下都会演变成小型剪切带，并且弱包体内部的有限应变也与野外观测的小型韧性剪切带内部组构一致。

云母鱼（micafish）可以很好地指示剪切带的剪切指向，但是对于云母鱼在剪切带中的变形行为并没有很好地理解。Chen 等（2014）将云母鱼当作在一个均匀基质中的各向异性的岩石力学性能较弱包体。应用广义化的 Eshelby 理论来计算包体内微观运动场，追踪包体的变形和旋转过程并将模拟结果与自然观测结果相对比。研究结果表明，当云母鱼沿解理方向滑动的黏度系数比基质黏度系数小，而沿其他方向滑动的黏度系数大于基质黏度系数时，会形成自然界中常见的云母鱼的形态。

一直以来，关于岩石圈中岩石力学性能不同的岩石中构造压力差异的问题都存在争议。Jiang 和 Bhandari（2018）应用 MOPLA 计算了在变形中岩石力学性能不同的单元内部以及周围基质中的压力大小。他们的研究结果表明，假定岩石圈中的偏应力的大小在几百个 MPa 左右，岩石力学性能不同的单元内的构造压力差异很小，不足以引起变质作用。

Yang 等（2019）应用 MOPLA 求解岩石力学性能不同的单元内的变形场和有限应变。模拟结果表明，在简单剪切或剪切缩短宏观边界条件下，岩石力学性能较强的岩石内部容易形成拉伸型（也称为收缩型）变形场，其内部容易发育线理。岩石力学性能较弱的岩石内部容易形成压扁型变形场，其内部则更容易发育面理。并且解释了自然界中 L- 构造岩多发育在独立的、岩石力学性能较强的岩石中这一现象。

思 考 题

1. 有限变形可以看作 $\boldsymbol{F}=\boldsymbol{RU}=\boldsymbol{VR}$，其中 $\boldsymbol{R}$ 表示旋转变形。旋转变形与非共轴变形的本质区别是什么？

2. 为什么传统运动学分析只能是单尺度的，而无法解决多尺度的问题？

3. 元素中放元素的方法如何解决两个以上尺度的研究？

4. 经典 Eshelby 包体理论是建立在哪些假设之上的？

5. 广义 Eshelby 包体理论是如何推广的？

参考文献

Beaumont C, Jamieson R A, Nguyen M H, *et al*. 2001. Himalayan tectonics explained by extrusion of a low-viscosity crustal channel coupled to focus surface denudation. Nature, 414: 738 ～ 742

Billings M P. 1942. Structural Geology (1st edition). Englewood cliffs: Prentice Hall

Billings M P. 1954. Structural Geology (2nd edition). Englewood cliffs: Prentice Hall

Billings M P. 1972. Structural Geology (3rd edition). Englewood cliffs: Prentice Hall

Bilby B A, Eshelby J D, Kundu A K. 1975. The change of shape of a viscous ellipsoidal region embedded in a slowly deforming matrix having a different viscosity. Tectonophysics, 28: 265 ～ 274

Bilby B A, Kolbuszewski M L. 1977. The finite deformation of an inhomogeneity in two-dimensional slow viscous incompressible flow. Proc. R. Soc. Lond, A355: 335 ～ 353

Chen, Y., Jiang, D., Zhu, G, *et al*. 2014. The formation of micafish: a modeling investigation based on micromechanics. Journal of Structural Geology, 68: 300 ～ 315

de Sitter L U. 1956. Structural Geology (1st edition). New York: McGraw-Hill

Eshelby J D. 1957. The determination of the elastic field of an ellipsoidal inclusion, and related problems. Proceedings of the Royal Society of London. Series A. Mathematical and Physical Sciences, 241(1226): 376 ～ 396

Eshelby J D. 1959. The elastic field outside an ellipsoidal inclusion. Proceedings of the Royal Society of London. Series A. Mathematical and Physical Sciences, 252(1271): 561 ～ 569

Eshelby J D. 1961. Elastic inclusions and inhomogeneities. In: Snedden NI, Hill R. (Eds). Progress in Solid Mechanics, 2: 89 ～ 104

Elliott D. 1972. Deformation paths in structural geology. Geological Society of America Bulletin, 83(9): 2621 ～ 2638

Fairbairn H W. 1949. Structural Petrology of Deformed Rocks. Addison-Wesley Press

Fletcher R C, Pollard D D. 1999. Can we understand structural and tectonic processes and their products without appeal to a complete mechanics? Journal of Structural Geology, 21(8 ～ 9): 1071 ～ 1088

Fossen H, Tikoff B. 1993. The deformation matrix for simultaneous simple shearing, pure shearing and volume change, and its application to transpression-transtension tectonics. Journal of Structural Geology, 15(3 ～ 5): 413 ～ 422

Fung Y C. 1965. Foundations of Solid Mechanics. Englewood cliffs: Prentice-Hall

Goguel J. 1952. Tectonics (English translation from the French edition of 1952 by Hans E. Thalmann 1962). W.H. Freeman and Company

Hobbs B E, Means W D, Williams P F. 1976. An Outline of Structural Geology. New York: John Wiley and Sons

Hutchinson J W. 1976. Bounds and self-consistent estimates for creep of polycrystalline materials. Proceedings of the Royal Society of London. A Mathematical and Physical Sciences, 348(1652): 101 ～ 127

Jaeger J C. 1964. Elasticity, Fracture and Flow. London: Methuen and Company Ltd

Jiang D. 1994. Vorticity determination, distribution, partitioning and the heterogeneity and non-steadiness of natural deformations. Journal of Structural Geology, 16(1): 121 ～ 130

Jiang D. 2010. Flow and finite deformation of surface elements in three dimensional homogeneous progressive deformations. Tectonophysics, 487(1 ～ 4): 85 ～ 99

Jiang D. 2013. The motion of deformable ellipsoids in power-law viscous materials: formulation and numerical implementation of a micromechanical approach applicable to flow partitioning and heterogeneous deformation in Earth's lithosphere. Journal of structural geology, 50: 22 ～ 34

Jiang D. 2014a. Structural geology meets micromechanics: a self-consistent model for the multiscale deformation and fabric development in Earth′ s ductile lithosphere. Journal of Structural Geology, 68: 247 ～ 272

Jiang D. 2014b. A multiscale computational approach to link structural geology and tectonics. GAC/MAC Abstracts, 37: 128 ～ 129

Jiang D. 2016. Viscous inclusions in anisotropic materials: theoretical development and perspective applications. Tectonophysics, 693: 116 ～ 142

Jiang D, Bentley C. 2012. A micromechanical approach for simulating multiscale fabrics in large-scale high-strain zones: theory and application. Journal of Geophysical Research: Solid Earth, 117(B12): B12201

Jiang D, Bhandari A. 2018. Pressure variations among rheologically heterogeneous elements in Earth's lithosphere: a micromechanics investigation. Earth and Planetary Science Letters, 498: 397 ～ 407

Jiang D, Williams P F. 1998. High-strain zones: a unified model. Journal of Structural Geology, 20(8): 1105 ～ 1120

Jiang D, Williams P F. 1999. When do dragfolds not develop into sheath folds in shear zones? Journal of Structural Geology, 21: 577 ～ 583

Jiang D, Williams P F. 2004. Reference frame, angular momentum, and porphyroblast rotation. Journal of Structural Geology, 26(12): 2211 ～ 2224

Karato S I. 2008. Deformation of earth materials: an introduction to the rheology of solid earth. New York: Cambridge University Press

Kohlstedt D L, Evans B, Mackwell S J. 1995. Strength of the lithosphere: constraints imposed by laboratory experiments. Journal of Geophysical Research: Solid Earth, 100(B9): 17587 ～ 17602

Kuiper Y D, Jiang D. 2010. Kinematics of deformation constructed from deformed planar and linear elements: the method and its application. Tectonophysics, 492(1 ～ 4): 175 ～ 191

Lin S, Jiang D, Williams P F. 1998. Transpression (or transtension) zones of triclinic symmetry: natural example and theoretical modelling. Geological Society, London, Special Publications, 135(1): 41 ～ 57

Lebensohn R A, Tomé C N. 1993. A self-consistent anisotropic approach for the simulation of plastic deformation and texture development of polycrystals: application to zirconium alloys. Acta metallurgica et materialia, 41(9): 2611 ～ 2624

Lister G S, Williams P F. 1983. The partitioning of deformation in flowing rock masses. Tectonophysics, 92(1 ～ 3): 1 ～ 33

Lu X. 2020. A micromechanics-based multiscale approach toward continental deformation, with reference to ductile high-strain zones and quartz flow laws. Ontarioa: Western University Ph. D. Thesis

Means W D. 1976. Stress and strain: basic concepts of continuum mechanics for geologists. Springer-Verlag

New York
Molinari A, Canova G R, Ahzi S. 1987. A self-consistent approach of the large deformation polycrystal viscoplasticity. Acta Metallurgica, 35(12): 2983 ～ 2994
Mura T. 1987. Micromechanics of Defects in Solids. Dordrecht/Boston/Lancaster: Martinus Nijhoff Publishers
Nemat-Nasser S, Hori M. 1999. Micromechanics: Overall Properties of Heterogeneous Materials(Second revised edition) New York: Elsevier
Passchier C W, Trouw R A J. 2005. Microtectonics (Second Edition). Berlin: Springer-Verlag, 1 ～ 366
Qu J, Cherkaoui M. 2006. Fundamentals of Micromechanics of Solids. Hoboken: Wiley, 226 ～ 240
Qu M, Jiang D, Lu L X. 2016. An optimal scheme for numerical evaluation of Eshelby tensors and its implementation in a MATLAB package for simulating the motion of viscous ellipsoids in slow flows. Computers and geosciences, 96: 98 ～ 108
Ramberg H. 1975. Particle paths, displacement and progressive strain applicable to rocks. Tectonophysics, 28(1 ～ 2): 1 ～ 37
Ramsay J G. 1967. Folding and Fracturing of Rocks. Oxford: McGraw Hill Book Company
Ramsay J G. 1980. Shear zone geometry: a review. Journal of structural geology, 2(1 ～ 2): 83 ～ 99
Ramsay J G, Graham R H. 1970. Strain variation in shear belts. Canadian Journal of Earth Sciences, 7(3): 786 ～ 813
Ranalli G. 1987. Rheology of the Earth: Deformation and Flow Processes in Geophysics and Geodynamics (1st edition). Boston: Allen and Unwin
Robin P Y F, Cruden A R. 1994. Strain and vorticity patterns in ideally ductile transpression zones. Journal of Structural Geology,16(4): 447 ～ 466
Sanderson D J, Marchini W R D. 1984. Transpression. Journal of Structural Geology, 6(5): 449 ～ 458
Sander B. 1930. Gefügekunde der Gesteine. Vienna: Springer, 1 ～ 352
Sander B. 1970. An introduction to the study of the fabric of geological bodies. Translated by Phillips F C and Windsor G. New York: Pergammon Press, 1 ～ 641
Spencer A J M. 1980 Continuum Mechanics. New York: Longman
Truesdell C A. 1953. Two measures of vorticity. Journal of Rational Mechanics and Analysis, 2: 173 ～ 217
Truesdell C A. 1991. A first course in rational continuum mechanics (2nd edition). 1. Boston: Academic Press, Inc
Turner F J. Weiss L E. 1963. Structural Analysis of Metamorphic Tectonites. New York: McGraw Hill
Xiang B, Jiang D. 2013. Small-scale ductile shear zones as transposed rheologically weak domains: A numerical modeling investigation and practical application. Journal of Structural Geology, 54: 184 ～ 198
Yang R, Jiang D, Lu L X. 2019. Constrictional strain and linear fabrics as a result of deformation partitioning: a multiscale modeling investigation and tectonic significance. Tectonics, 38(8): 2829 ～ 2849
Zaoui A. 2002. Continuum micromechanics: survey. Journal of Engineering Mechanics, 128(8): 808 ～ 816

附录 1　造山带研究 28 问

1. 俯冲混杂带的主要岩石－构造组合特征是什么？

答：混杂带是识别造山带的关键大地构造单元，有关问题在第一卷第 3、第 4 章和第四卷中有详细论述。俯冲混杂带的典型特征是基质夹岩块（block-in-matrix），即俯冲混杂带的岩石组成包括两部分：①混杂带的基质，即原地岩系（autochthonous rock），主要由海沟以及海沟－斜坡盆地的浊积岩复理石和块体搬运沉积（mass-transport deposit，MTD）以及远洋沉积物组成，常含放射虫硅质岩；②包裹于复理石基质中的大小悬殊、岩性和时代各异的外来块体（allochthonous block），如洋岛（oceanic island）、海山（seamount）、洋底高原（oceanic plateau）、大洋岩石圈（蛇绿岩）等的残块，以及大陆碎片（continental fragments）、岛弧火山岩块、不同成因的碳酸盐岩（多变质为大理岩）块体等。由于俯冲深度和经历的温压条件不同，俯冲混杂带的基质和外来岩块经受不同的变质作用，从基本不变质到高压甚至超高压变质，这取决于其随俯冲带是否曾经俯冲下去过和俯冲深度以及随之折返情况。这些不同来源、不同成因和时代、不同变质程度的外来岩块（或构造岩块）与基质混杂在一起，构成俯冲混杂带。混杂带构造杂乱，变形强烈，尤其是基质，发育各类冲断构造（thrusts、duplex）、大型复式褶皱（阿尔卑斯式褶皱）和大型韧性剪切带，以及底劈构造等。此外，常发育 broken formation，地层呈现 out-of-sequence 特征。

2. 碰撞造山等挤压构造环境下能发育正断层和拆离断层等伸展构造吗？

答：造山过程的任何阶段都可以发育伸展构造。造山作用过程中，通常最大主压应力 σ_1 水平垂直于造山带方向，最小主应力 σ_3 从起初的铅直方向逐渐演化到平行于造山带的水平方向，从而引发垂直于造山带走向的正断层和伸展拆离断层以及平行于造山带的走滑逃逸构造，甚至形成变质核杂岩，如喜马拉雅造山带发育的一系列近南北走向的正断层和地堑，以及变质核杂岩；再者，以隧道流（channel flow）等方式可形成平行于造山带的大型伸展拆离断层，如喜马拉雅造山带的藏南拆离系（South Tibet Detachment，STD）；还有，碰撞作用过程中深部的构造底垫（underplating）顶托作用往往会引发浅部的伸展拆离作用。还有，如斜向俯冲和凸凹的碰撞边界的碰撞作用也会引起局部的伸展和走滑构造发育。因此，在碰撞造山带研究中，不能因为发现了一定规模的伸展构造就认为造山作用已经结束。

3. 俯冲混杂带中碳酸盐岩的可能形成环境有哪些？

答：俯冲混杂带中的碳酸盐岩有多种可能形成环境：①形成于洋中脊附近的 CCD 面（碳酸盐补偿深度）之上的远洋碳酸盐岩随洋壳扩张进入俯冲带并被刮削下来，多变质为薄层的条带状大理岩；②海山、洋岛和洋底高原顶部的碳酸盐岩在俯冲过程中进入混杂带；③变形隆起的增生楔构造高点也可堆积碳酸盐岩；④当不发育弧前盆地时，岛弧边缘的局限台地碳酸盐岩可垮塌滑落至增生楔中；⑤被动陆缘的台地碳酸盐岩会以孤立滑塌岩块方式进入深海环境，俯冲过程中进入混杂带。因此在造山带中会有形成于不同构造环境的碳酸盐岩的共存共生现象。应具体问题具体分析，确定其形成的构造环境和成因，不能看见碳酸盐岩就认为是碳酸盐台地环境，否则，会对造山带的研究造成误导（详见第一卷第 3 章有关讨论）。

4. 俯冲混杂带中局部会有老的陆壳物质，其可能原因有哪些？

答：大致有几种可能原因：一是大洋中往往残留有许多大陆碎片，在洋壳俯冲过程中这些带有陆壳的碎片难以俯冲下去而可能就位于增生混杂带中，或俯冲到一定深度后折返就位于俯冲混杂带中；二是洋－陆俯冲情况下，上行板片的陆壳物质可能会发生垮塌而掉入混杂带中；三是横切活动陆缘的巨大海底峡谷（canyon）会将大陆物质以碎屑形式输送到海沟以及增生楔中沉积下来，并再循环至俯冲混杂带中。也许还有其他原因。所以在造山带中发现有老的岩石或探测到老的年龄数据是正常现象，因此，在造山带中发现老的岩石或年龄，一是不要马上否定造山带的存在和时限；二是不要轻易在其前后划出两条造山带。另外，要注意区分大陆与洋中大陆碎片。洋中的大陆碎片几乎没有或只发育有很窄的陆缘沉积，而大陆却往往发育有宽阔的被动陆缘沉积。

5. 蛇绿岩的形成时代和就位时代能反映碰撞时限吗？其出露位置能代表缝合带位置吗？

答：俯冲混杂带中的任一蛇绿岩块的时代只代表该洋壳形成的时代，它既可以就位于俯冲阶段也可以就位于碰撞阶段，与俯冲作用和碰撞造山没有对应关系。大洋岩石圈从其在洋中脊处形成到在俯冲带处消亡，是一个四维连续演化过程，俯冲混杂带中不同时代的蛇绿岩残块仅表示不同时代的洋壳碎块以不同方式就位于俯冲混杂带中或其他位置。因此，蛇绿岩的形成时代和就位时代与大洋何时闭合、两侧大陆何时发生碰撞没有直接联系，不能代表碰撞造山的时代，尽管最年轻的蛇绿岩可作为大洋闭合和碰撞事件发生的下限，但往往误差较大。蛇绿岩就位有多种方式（见第一卷第 4 章），不同的就位方式会导致其位置不同，而且在碰撞造山作用过程中还可能经历远距离推覆，因此蛇绿岩出露位置并不能代表缝合带的位置。

6. 为什么大部分蛇绿岩都是 SSZ 型的？它代表什么含义？

答：蛇绿岩是大洋岩石圈残片，大洋岩石圈形成于大洋中脊，现在地球表面的大部分被大洋所覆盖，而造山带中的蛇绿岩却 90% 以上是 SSZ 型的，这一推论让人匪夷所思，无法用“将今论古”这一地质学基本原理予以解释。标准的 MOR 型蛇绿岩与 SSZ 型蛇绿岩往往见于同一套蛇绿岩中，如阿曼蛇绿岩中就可见到两种不同类型的蛇绿岩，而且两种类型蛇绿岩之间是过渡关系，仅仅是上部玄武岩的地球化学特征与弧有类似之处（钙碱性特征）。由此看来，SSZ 型蛇绿岩可能并不代表该洋壳形成于俯冲带之上，也就是说与构造环境没有直接联系，或者说没有任何构造意义（详细讨论见第一卷第 4 章 4.1、4.2 节）。

7. 何为增生型造山带？何为碰撞型造山带？

答：增生型造山带是 Sengör（1992）提出来的，又叫土耳其型或阿尔泰型造山带，是指因海沟不断向洋方向后撤，侧向上形成宽阔的消减—增生混杂带，其中常发育多条蛇绿岩带。随着海沟的后撤，岩浆弧也随之周期性地向洋方向跃迁，在增生楔上形成的岩浆弧即增生弧把增生楔和洋壳碎片等焊接起来的一类造山带，以发育增生弧为特征。这一类造山带可能属软碰撞。

碰撞型造山带，也叫特提斯型造山带，是以较窄的缝合带（增生混杂带）为特征，不发育增生弧。

然而，现阶段的一些文献中，将洋壳俯冲阶段即增生楔形成过程叫增生型造山带如环太平洋型造山带；而将大洋闭合，两侧大陆发生（间接或直接）碰撞作用形成的造山带叫碰撞型造山带。这种分类是按照演化阶段的纵向分类，与 Suess（1875）提出的“特提斯型造山带”和“太平洋型造山带”分类类似，即所谓“增生型造山带”就是“太平洋型造山带”，指大洋仍在俯冲、尚未闭合的情形。若如此，又如何称中亚造山带是增生型造山带呢？因为该洋早已闭合。如果按此划分，又有哪个造山带不是从增生型到碰撞型的呢？所以这种类型划分在研究古老造山带中不仅没有实际意义，而且还会造成混乱（详细讨论见第四卷）。因此，应将增生型造山带回归到 Sengör（1992）提出的本来面目。

8. 何为增生弧？有何岩石和地化特征？其大地构造意义如何？

答：增生弧（accretionary arc）是指形成于俯冲增生楔（又称俯冲混杂带、蛇绿混杂带或增生杂岩）之上的岩浆弧，是增生型造山带的重要标志。增生弧不同于洋内弧和陆缘弧，它是“岩浆弧与混杂带的共生体”，其岩浆主要来自增生楔物质（包括复理石基质和各类外来岩块）的高度不均匀混熔，这与经典的“岛弧拉斑玄武岩质岩浆以及钙碱系列岩浆来源于俯冲带之上的地幔楔的水致部分熔融”模式不同。这是因为在俯冲混杂带侧向长距离增生过程中，地幔楔不可能紧跟在俯冲消减带之上，所以增生弧的岩浆来源难以用地幔楔水致部分熔融机制来解释。有人认为，其部分熔融可能与增生楔中的大型逆冲断层的摩擦热和剪切带的剪切热有关；也有人认为地幔仍然是增生弧形成的主要热源。

因岩浆来源不同，岩石和地球化学特征必然有其特殊性。有研究发现，增生弧花岗岩普遍具有 Sr-Nd 同位素解耦现象，表现为 Nd 同位素亏损，Sr 同位素富集，这可能是因为增生弧花岗岩主要来自于增生楔复理石的部分熔融，海水富 Sr 之缘故。目前有关增生弧的研究比较薄弱。

9. 增生弧花岗岩中基性或超基性岩块的可能成因机制是什么？

答：增生弧的特征之一就是常含有来自蛇绿混杂带物质的顶垂体（roof pendant）。因由增生混杂带基质部分熔融形成的酸性或中酸性岩浆的黏度较大，但其温度往往较镁铁质和超镁铁质岩块的熔点低，所以在增生弧岩浆经过蛇绿混杂带时会把一些镁铁质、超镁铁质岩块以固体方式携带上来，形成顶垂体。这些镁铁质和超镁铁质岩块不乏大洋岩石圈残片即蛇绿岩，因此增生弧中的顶垂体是蛇绿岩就位的重要方式之一（详见第一卷第 4 章 4.1 节）。

10. 显著的退变质作用是碰撞作用的结果吗？退变质作用可以限定碰撞事件的发生吗？

答：退变质作用指的是变质岩石经历了温度（或压力）明显降低的过程。造山带中变质岩的退变质作用，通常与岩石变质环境的深度变小有关。尽管碰撞过程会发生抬升和拆离作用，从而引发退变质作用。但俯冲阶段，同样会有一些俯冲到一定深度的物质，因折返而发生退变质作用。所以，显著的退变质作用未必一定是碰撞作用的结果，因此不能用退变质的时间来限定碰撞事件的发生（详见第一卷第 3 章和第 4 章 4.4 节）。

11. 碰撞造山过程会形成显著的进变质作用吗？

答：进变质作用指的是变质岩石经历了温度（或压力）明显升高的过程。造山带中变质岩的进变质作用，通常与岩石变质环境的深度增大有关。碰撞造山过程以区域变质作用为主，可以造成进变质作用，但一般不会发生高压或超高压变质作用，因为两侧大陆碰撞过程中，再发生深俯冲的难度较大；俯冲过程更容易形成进变质作用，特别是高压和超高压变质作用。高压变质岩折返就位后形成高压变质带（详细讨论见第一卷第 4 章 4.4 节和第四卷）。

12. 高压变质峰期年龄与碰撞事件有关吗？

答：高压变质与俯冲作用关系密切，俯冲带可以将混杂带中的任何物质携带至深部发生高压变质，然后再折返就位，此时碰撞作用并未发生。所以高压变质与碰撞事件的关联并不密切（详见第一卷第 4 章 4.4 节讨论）。所谓“峰期”指的是变质岩石所经历温度或压力极大值的变质阶段，不能以此作为判别碰撞事件发生的依据。

13. 陆壳物质的高压变质作用是碰撞作用的结果吗？

答：需要具体情况具体分析，一般不是碰撞作用的结果。高压变质作用多发生于俯冲阶段，增生混杂带中的陆壳物质或者洋内的大陆碎片物质等均可能被俯冲带携带至深部，发生高压变质作用，然后再折返就位（详见第一卷第 4 章 4.4 节讨论）。相反，碰撞作用过程则很难发生深俯冲作用。因此，大陆物质的深俯冲更可能发生于俯冲阶段，而不是碰撞阶段。

14.“造山型 *P-T-t* 轨迹”代表的是碰撞造山过程吗？

答：“造山型 *P-T-t* 轨迹” 传统上指的是顺时针型 *P-T-t* 轨迹，其中退变质过程可以是近等温降压（或降温降压同时发生）的过程。许多情况下，随俯冲带进入深部发生变质的岩石在快速折返过程中，压力（*P*）随之降低；就温度（*T*）而言，如果折返速度快，加之岩石是热的不良导体，能够长期保持较高温度，形成近等温降压的 *P-T-t* 轨迹。所以“造山型 *P-T-t* 轨迹”表明岩石经历了俯冲阶段的升温（还包括升压）过程，之后在折返阶段经历降压（可能还包括降温）过程，不能代表顾名思义的碰撞造山过程。

15. 造山带中的最高海相地层能作为限定碰撞事件下限指标吗？

答：不可以。因为碰撞后仍可保留局部海相沉积，如周缘前陆盆地中的磨拉石底部仍可保留一定时间的海相沉积，但它是碰撞事件发生后的沉积。最好的实例就是台湾海峡，菲律宾海板块与欧亚板块在台湾已经发生碰撞，而且碰撞作用仍在持续，台湾东部海岸山脉与中央山脉之间的纵谷就是混杂带，但现在台湾海峡（前陆盆地）仍在接受海相沉积，它反而代表了碰撞事件的上限，而不是下限（详细讨论见第一卷第 3 章，第四卷）。

16. 复理石与磨拉石的含义及其大地构造意义是什么？

答：复理石是巨厚的海相浊积岩地层，常发育不完整的鲍马序列，可形成于被动陆缘、活动陆缘、岛弧等构造环境，是碰撞造山前的产物。需要说明的是，湖等陆相浊积岩不属于复理石范畴。磨拉石是一套下部为海相细碎屑沉积（如台湾海峡）和上部为陆相粗碎屑沉积的巨厚沉积组合，这一组合特征与山间盆地沉积形成明显对照。磨拉石往往堆积在较早形成的复理石的前锋部位，（周缘）前陆盆地中的磨拉石是碰撞造山过程的产物。所以它们可作为限定碰撞事件发生的上、下限标志。

17. 限定碰撞事件时限有哪些有效方法？

答：从洋壳俯冲到大洋闭合和碰撞作用发生是一个连续的过程，因此没有留下任何能直接反映碰撞事件发生的物质和年龄记录，或者说任何年龄都不能代表碰撞事件发生的时间，因此只能通过碰撞前与碰撞后环境、物质的改变以及年龄记录去限定其上、下限。限定碰撞事件发生的上、下限的方法很多，但往往误差都较大。最有效的方法是，碰撞前俯冲板块如被动大陆边缘（碰撞后进入前陆褶皱冲断带）最晚的复理石地层与其上覆的（周缘）前陆盆地中最早的磨拉石地层分别作为限定碰撞事件发生的下限和上限标志。两套地层有时为连续沉积，因此可以把碰撞事件限定在很小的时间范围之内（详细讨论见第一卷第 3 章，第四卷）。

需要注意的是，只有覆于最晚复理石地层之上，即晚于最晚复理石地层的周缘前陆盆地中最早的磨拉石地层方可作为限定碰撞事件发生的上限，其他类型的前陆盆地如弧背前陆盆地（retro-arc foreland basin）以及增生楔顶盆地等的磨拉石地层则不能用于限定碰撞事件发生的上限。

18. 造山带中地层的不整合与碰撞事件有对应关系吗?

答：造山带中地层的不整合，即使是较大规模的角度不整合，与碰撞事件也无必然对应关系。无论是俯冲还是碰撞造山均是连续的构造过程，都会形成大量不同规模地冲褶席（duplex）、冲断席（thrust）以及褶皱构造，自然会形成遭受剥蚀的高地和接受沉积的洼地。构造规模不同，遭受剥蚀的范围就不同，加之持续的构造作用会造成岩石的强烈变形，从而形成不同规模的不整合特别是角度不整合自然是造山过程中的普遍现象，与碰撞构造事件并无对应关系，也就是说不整合并不代表有重大构造事件发生。相反，如前所述的复理石向前陆盆地磨拉石地层的转变过程可能是连续沉积，但它指示了碰撞事件的发生。因此，造山带中地层的连续沉积并不代表没有重大构造事件发生。

19. 碰撞造山过程中的大规模成矿前景如何?

答：碰撞造山过程中的（内生）成矿作用一般比较有限，因为该过程地壳加厚，深部地幔物质难以上升至浅部，所以成矿的物质基础相对匮乏，形成大规模内生矿床的可能性较小。反而，在碰撞前的俯冲阶段，尤其是洋脊俯冲会有大量地幔物质上涌，成矿物质基础丰厚，有利于大规模成矿（见第一卷第 3 章 3.3、3.7 节）；碰撞造山后的拆沉作用会引发大规模地幔物质或能量上升，加之浅部伸展拆离作用的构造配套，有利于大规模成矿。总之，碰撞前和造山后是内生矿床成矿的关键时期，反而碰撞造山作用过程中不利于内生矿床的大规模形成。

20. 造山带中发育具有“大陆型”岩石圈地幔的可能成因有哪些?

答：这里的“大陆型”岩石圈地幔是指造山带中的富集型地幔，实际上是地球化学意义上的大陆地幔。大致有三种可能成因：一是洋内大陆碎片的岩石圈地幔；二是洋岛和海山的岩石圈地幔；三是大洋核杂岩（OCC）和大洋拆离断层直接将未经洋脊玄武质岩浆抽取或少量抽取后的未亏损或轻度亏损的岩石圈地幔拆离至洋底，其地球化学特征可能与大陆型岩石圈地幔有相似之处。此外，还有一种可能就是洋盆形成初期的洋 - 陆过渡性地幔（OCT）。对于慢速或超慢速扩张的大洋中脊普遍发育大洋核杂岩和大洋拆离断层，其岩石圈地幔的地球化学特征与快速扩张形成的岩石圈地幔会有明显不同（详细讨论见第一卷第 4 章第 4.2 节）。

21. 造山带中的淡色花岗岩与碰撞事件有关吗?

答：淡色花岗岩是一种暗色矿物含量极低（一般不超过 5%）的花岗岩，因其颜色较浅而得名。其化学成分以高硅、过铝、富碱为特征，富含白云母、石榴石等富铝矿物。一般认为淡色花岗岩来自陆壳熔融，特别是沉积岩的部分熔融。因此，碰撞造山作用会引起陆壳部分熔融形成同碰撞的淡色花岗岩；俯冲过程中，增生混杂岩复理石基质的部分熔融也可以形成淡色花岗岩，如增生弧花岗岩中的淡色花岗岩；碰撞造山期后或之后的伸展拆离过程也会引起陆壳部分熔融形成碰撞后的淡色花岗岩。所以淡色花岗岩既与碰撞作用有关系，但又没有必然联系。因此，造山带中淡色花岗岩的出现并不能反映碰撞事件是否发生。

22. 缝合带（suture zone）与深大断裂对应吗?

答：缝合带（suture zone）是板块构造学的术语，是以水平运动为主的活动论概念，指俯冲下盘与仰冲上盘的接触部位；而深大断裂则是槽台学说的术语，属以垂向运动为主的固定论概念，指垂向上切过地壳乃至岩石圈的大断层。所以，二者无论在概念还是内涵方面都不具有对应关系。

23. 角度不整合与造山幕有对应关系吗？板块构造理论如何理解这一问题？

答：造山幕（orogenic episode）又称褶皱幕（folding episode）、构造幕（tectonic episode）。这一概念最早是由 Stille（1936）提出来的，其含义是地槽转变为褶皱带的过程都经历了一系列短时间的褶皱幕；褶皱幕之间，为比较长的、相对静止的阶段所隔开；每一个褶皱幕在整个地槽区，乃至全球所有的地槽区都是近于同时发生的，而且褶皱幕是根据地层间的角度不整合来确定的。之所以用地层角度不整合来确定造山幕，是因为地槽学说认为，造山带是地槽褶皱回返抬升的垂向运动的结果，造山带的回返抬升造成整个造山带的强烈变形和剥蚀，然后再沉降接受沉积时，就会形成地层的角度不整合。

板块构造学说认为，从大洋岩石圈的俯冲到大陆岩石圈的碰撞，以及其后的持续碰撞造山作用是一个连续的过程。在此过程中，可以形成经历变形和遭受剥蚀的高地（如冲断岩席），也可同时形成接受沉积的洼地（盆地），也就是说在同一次造山作用过程中会形成若干个角度不整合，而且一个地方遭受剥蚀形成角度不整合和另一个地方接受连续沉积是同时进行的，并不存在统一的角度不整合；再者，角度不整合的成因也是多种多样的，即使同一个角度不整合的不同位置也可能是穿时的，如日本西南部石库岛增生楔顶盆地底部的不整合。因此，**造山作用过程中并不存在造山幕；造山带中的角度不整合也不与任何所谓的造山幕有对应关系**。

自 20 世纪 60~70 年代，地球科学革命取得成功，板块构造学说范式取代地槽学说范式之后（参阅第一卷第 1，2 章），全球性的造山幕、造山运动，如加里东运动、燕山运动、喜马拉雅运动等术语已不再使用，地质学教科书中也没有了这些概念。认识这个问题并非仅仅是概念和术语的使用问题，而是如何深层次理解和准确把握板块构造学说的内涵本质和理论体系的问题，也是正确认识板块构造学说与地槽学说两个范式间的不可通约性（incommensurability）问题。至于加里东期、燕山期、喜马拉雅期之类术语仍被广泛使用，其含义也仅代表时代的概念。

24. 山脉与造山带有何区别？

答：山脉是地貌学、地理学名词，强调的是现时状态和地貌特征，关键是具有一定的高程差。可形成于任何应力环境（挤压、拉张、剪切、垂向如地幔柱等）。高程差是山脉的充分必要条件。

造山带是地质学名词，强调的是板块汇聚作用的动态过程，关键是具有汇聚板块边缘的岩石构造组合（特征是混杂带），包括俯冲造山带和碰撞造山带，可以是高山，也可以是被夷平后的平原。形成于挤压应力环境。因此，混杂带（mélange）是造山带的充分必要条件。

山脉与造山带是两个完全不同的概念，不可混淆。不具备造山带特质的山脉不能称之为造山带，如板内造山带、裂融造山带等。

思考：南美安第斯山形成于汇聚板块边缘，是造山带，那么燕山也形成于汇聚板块边缘，是造山带吗？为什么？燕山主要由燕山期的弧岩浆岩（侵入岩和火山岩）及其围岩组成，没有混杂带，因此构不成完整的造山带。

25. 夭亡裂谷与拗拉槽有何区别？

答：夭亡裂谷（aborted rift）是“三叉裂谷”中那支没有发展到大洋阶段就夭折了的大陆裂谷盆地。底部为碱性岩，其上为逐渐变浅的沉积序列，如克里特 - 西西里的晚二叠世盆地、希腊和阿尔巴尼亚的爱奥尼亚带。

拗拉槽（aulacogen）是指被卷入碰撞造山作用的夭亡裂谷，强烈变形，并接受来自于造山带的沉积物，形成与造山带高角度相交的构造带。岩石组合上发育两套岩系：下部为碱性岩 + 夭亡裂谷沉积岩系；上部为来自造山带的粗碎屑沉积岩系，如美国阿纳达科拗拉槽。

夭亡裂谷是拗拉槽的前世。

26. 混杂带中能以岩性为基础建立“群 / 组”吗？

答：混杂带（mélange）的特征是基质夹岩块（block-in-matrix），由不同岩性（沉积岩、变质岩和岩浆岩）、不同时代（可相差悬殊）、不同变质程度（不变质至高压相系变质）、不同就位时间的岩石构成，且经历强烈构造改造，变形强烈，岩层失序（out of sequence），构造破碎，形成构造破碎组（broken formation）。同种岩石可能具有不同的成岩时代、变质时代和就位时代；同时代岩石具有完全不同的岩性；各类岩石彼此杂乱堆积，构造接触，横向延伸非常有限，横向上无法对比延伸。因此，混杂带中不宜以岩性为基础建立“群 / 组”。

以往造山带中的群 / 组均是在地槽理论的基础上建立的，如秦岭造山带的“流岭群”等，不宜继续沿用。

27. 混杂带中存在基底吗？

答：基底是相对于盖层而言的，是指早期形成的、下伏于盖层之下的古老变质岩层。而混杂带中则往往岩层失序（out of sequence），因底垫作用（underplating）造成下伏岩层新而上覆岩层老；因构造作用（thrusting）导致变质程度高的岩石覆于变质程度低或未变质的岩石之上。因此，混杂带中并不存在下部岩石老、上部岩石年轻，下部岩石变质程度高、上部岩石变质程度低的规律。即使混杂带中存在大的古老变质岩块，也多是以地体（terrane）方式增生拼贴于混杂带中，与周围呈构造接触，并非“基底”。造山带中“下面老上面新、下部变质程度高上部变质程度低”的认识是地槽理论的固定论思想；按照板块构造活动论思想，混杂带并非如此，因此混杂带中并不存在“基底”之说。

28. 蛇绿岩地幔岩（又称构造岩）的强烈变形是如何发生的？

答：我们知道，蛇绿岩的地幔岩，也称构造（橄榄）岩，主要由方辉橄榄岩构成，通常发生了强烈变形，形成了面理、线理和褶皱等，与上覆的地壳单元呈构造接触，这些地壳单元却几乎不变形。通常认为，蛇绿岩地幔岩的变形主要是随着洋脊扩张，在板块大规模移动过程中岩石圈地幔随之发生的变形（地幔岩在就位过程中也可能发生变形，但相对局部）。然而，这似乎与板块构造理论不甚协调。板块构造理论认为，相对刚性的岩石圈在相对塑性的软流圈之上作大规模移动，二者黏性系数相差 1~2 个数量级。因此，当岩石圈在软流圈上作大规模移动时，发生变形的应该是软流圈而不是岩石圈。如果如此，一种可能的解释是蛇绿岩地幔岩的变形是从软流圈继承来的。当软流圈地幔（二辉橄榄岩）在洋脊处减压熔融，抽取玄武质岩浆后的残余形成大洋岩石圈地幔（主体是方辉橄榄岩）的过程中保留了之前软流圈时的变形。所以，蛇绿岩地幔岩的变形可能并非是在大洋岩石圈形成之后的板块移动过程中发生的，而是在岩石圈化之前的软流圈中发生的。这只是一种推测，还有待探索。

Appendix 1　28 questions in the study of orogenic belts

1. What are the main rock-structure associations in the subduction mélange?

Answer: Tectonic mélange is a key tectonic unit to recognize the orogenic belts. Some related questions have been discussed in detail in the chapters 3 and 4 in Volume 1. The "block-in-matrix" fabric is the typical characteristic of a subduction mélange (SM), which usually consists of the two rock associations: ① the matrix, as the *in situ* rock series (autochthonous rock), is mainly composed of the turbidite deposited in the trench and trench-slope basins, the mass-transport deposit (MTD), and the pelagic sediment that usually contains radiolaria chert; ② the blocks enclosed within the flysch matrix, as the exotic blocks (allochthonous block), cropped out with different size, lithology, and age, such as the blocks derived from the intra-oceanic island, seamount, oceanic plateau, oceanic lithosphere (ophiolite), arc volcanic rock, carbonate rock of different origins (mainly as marble) and continental fragments. The matrix and blocks in the SM undergo different metamorphic level, from basically no metamorphism to high pressure and even ultra-high pressure metamorphism, which depends on whether they have ever been subducted, the subduction depth, and subsequent exhumation. These exotic blocks of different origins, ages, and metamorphic degrees are mixed in the matrix, forming the SM. Structurally, the SM is characterized by chaotic structure and strong deformation, especially the matrix, with various thrust structures (thrusts, duplex), large scale folds (Alpine-type folds), large ductile shear zones, and diapiric structures. Additionally, the broken formation and out-of-sequence structure are also commonly developed in the SM.

2. Can extensional structures such as normal faults and detachment faults be developed in the compressional regime such as the collision orogeny?

Answer: Extensional structures can be developed at any stage of the orogenic process. In the orogenic process, generally the maximum principal compressive stress (σ_1) is perpendicular to the orogenic belt in the horizontal dimension, while the direction of the minimum principal compressive stress (σ_3) is progressively changed from the vertical to the parallel to the orogenic belt. Consequently, the normal faults and detachment faults perpendicular to the orogenic belt and strike-slip escape structure parallel to the orogenic belt, even the metamorphic core complex (MCC), will be developed. For example, in the Himalaya orogenic belt, a series of N-S trending normal faults, grabens and MCC are developed during the orogenic process. Or, the large extensional detachment faults parallel to orogenic belts can be formed by channel flow, such as the South Tibetan Detachment in the Himalaya orogenic belt. Furthermore, the underplating in depth, oblique subduction and collision of convex and concave boundaries can also cause local extension and strike-slip structure development. Therefore, in the study of collision orogenic belt, the discovery of extensional structures of a certain scale should not be interpreted as the end of orogenesis.

3. What are the possible tectonic environments of carbonates in the subduction mélange?

Answer: The carbonates in the subduction zone perhaps derive from various tectonic environments: ① the pelagic carbonates formed above the carbonate compensation depth (CCD) surface near the mid-ocean ridge will be scrapped off from the subducting oceanic crust, usually metamorphosed as thin lamellar bedded marbles; ② the carbonates deposited on the top of the oceanic islands, seamounts and oceanic plateaus will be juxtaposed in the subduction mélange; ③ the topography high of deformed accretionary wedge can also accumulate carbonates; ④ when the fore-arc basin is not developed, the carbonates deposited in the limited platform at the edge of island arc which may collapse into the subduction mélange; ⑤ the passive continental margin platform carbonates will enter the deep-sea environment in the form of isolated slump blocks in olistostromes and then enter the subduction mélange during subduction. Therefore, in the orogenic belts, there will be the coexistence of carbonates formed in different tectonic environments. So, it should be specifically analyzed to determine the tectonic environments and origins of the carbonates in the subduction mélange before considering them as platform environment carbonates. Otherwise, the misleading will be obtained in the study of orogenic belts.

4. What are the possible reasons for old continental crust materials emerged in the subduction mélange?

Answer: It can be concluded as the following reasons: First, there are a lot of continental fragments in the ocean basin. During the oceanic lithosphere subduction, these continental crust fragments are difficult to subduct, and thus be accreted into the subduction mélange, or they may be subducted into a certain depth then exhumated in the subduction mélange. Second, in the ocean-continent convergent boundaries, the continental crust materials from the upper plate may collapse and fall into the subduction mélange. Third, the continental materials may be transported in the form of debris flow, through large submarine canyons across-cutting the active continental margin, into the trenches and accretionary wedges and then be recycled it into the subduction mélange. Of course, there may be other reasons. So, it is normal for the presence of old rocks or old age data in young orogenic belts. Thus, it is unnecessary to deny the existence of an orogenic belt or dividing one complete orogenic into several individual orogenic belts separated by the speculated "continent block". Furthermore, it is important to distinguish the continent plates and continental fragments in the ocean basin. Generally, the continental fragments in the ocean basin have little or only narrow continental margin deposits, while continents often have broad passive continental margin deposits.

5. Can the formation and emplacement ages of ophiolite reflect the collision time? Can the location of ophiolite represent the suture zone?

Answer: The age of any ophiolite block in the subduction mélange only represents the age at which the oceanic lithosphere was formed. The ophiolite can either be emplaced in the oceanic plate subduction phase or the collision phase, thus have no connection with subduction or collision event. The evolution of the oceanic lithosphere, from its formation at the mid-ocean ridge to its extinction at the subduction zone, is a continuous 4-demontion process. The ophiolite fragments of different ages in subduction mélange only indicate that oceanic lithosphere fragments of different ages are emplaced in subduction mélange through different mechanism, in different localities. Therefore, the formation and emplacement ages of ophiolite have no direct relation with the closure age of the ocean basin, or the collision age of the orogenic belt. Although the youngest ophiolite exposed in the orogenic belt could constrain the lower limit time of collision event, the error is often very large. Different emplacement ways of the ophiolite lead to their different location in the orogenic belts (see details in Volume 1, Chapter 4). Besides, the already emplaced ophiolite is possible to experience long-distance transport as a nappe during collision orogeny. So the ophiolite outcrops don't represent the location of the suture zone.

6. Why are most ophiolites SSZ-type, and what is the implication of the SSZ-type ophiolite?

Answer: The ophiolites are fragments of the oceanic lithosphere, and the oceanic lithosphere is formed at the mid-ocean ridge setting. The modern Earth surface is mostly covered by ocean, but the $>90\%$ ophiolites reported in the orogenic belts are considered as SSZ-type ophiolite. This is a paradox, and cannot be explained by the basic principle of geology of "the present is a key to the past". The standard MOR-type ophiolite and SSZ-type ophiolite are often found in the same suit of ophiolite. For example, in the Oman ophiolite, both types of ophiolite are existed. There is a transitional relationship between them, and the difference is just whether the basalt on the top of sequence have arc magma signature in geochemistry (calc-alkaline series rock). Therefore, the SSZ-type ophiolite may not represent that the oceanic crust formed above the subduction zone, in other words, the SSZ-type ophiolite makes no sense for indicating tectonic setting (see Volume 1, Chapter 4, Section 4.1 and 4.2 for details).

7. What are the accretionary orogeinic belt and collisional orogenic belt?

Answer: The accretionary orogenic belt was proposed by Şengör (1992), also known as the Turkey- or Altai-type orogenic belt, which refers to the orogenic belt developing a wide subduction-accretion complex laterally due to the continuous retreat of the trench to the ocean, in which multiple ophiolite belts are often developed. With the retreat of the trench, the magmatic arc also periodically jumps to the ocean and developed on the accretionary wedge, termed the accretionary arc. The accretionary arc linked the accretionary wedge materials and oceanic crust fragments together, which characterizes accretionary orogenic belt.

On the contrary, the collisional orogenic belt, also known as the Tethys-type orogenic belt, is characterized by the very narrow suture (mélange) zone between two continent plates without development of accretionary arcs.

However, in some literatures at present, the collage formed during the oceanic lithosphere subduction phase or during the forming process of accretionary wedge, is called accretionary orogenic belt, such as circum-Pacific orogenic belt. While the orogenic belts formed by collisions between the two continents (indirect or direct) following the closure of ocean basin are called collisional orogenic belts. This classification is according to the evolution stage, which is similar to the classification of "Tethys orogenic belt" and "Pacific orogenic belt" proposed by Suess (1875). In other words, the so-called "accretionary orogenic belt" is "Pacific orogenic belt", referring to the situation where the oceanic plate is still subducting and not yet closed. If so, how can we call the Central Asian Orogenic Belt accretionary orogenic belt, as the ocean basin has already been closed? This classification is therefore not only of no practical use in the study of ancient orogenic belts, but can also cause confusion (see volume 4 for a detailed discussion). Therefore, the term of accretionary orogenic belt should be returned to the original definition proposed by Şengör (1992).

8. What is the accretionary arc? What are the geochemical features of rocks in the accretionary arc? And what is the tectonic significance of it?

Answer: Accretionary arc refers to the magmatic arc formed on top of the subduction accretionary wedge (also known as subduction mélange, ophiolitic mélange belt or accretionary complex), which is an important symbol of the accretionary orogenic belt. The accretionary arc is a "combination of magmatic arc and mélange" , which is different from the oceanic island arc and the continental arc. The magma of the accretion arc mainly comes from the highly heterogeneous mixing of the partial melts from the accretionary wedge materials (including the matrix of flysch and various exotic rocks), which is different from the classic model that island-arc tholeiite magma and calc-alkaline series magma are derived from water-induced partial melting of mantle wedge above the subduction zone. This is because the mantle wedge could not migrate following the migration of the subduction zone during the process of the long-distance lateral accretion of the subduction mélange toward the ocean. So the magma source of the accretionary arc could not be explained by the process of water-induced partial melting of mantle wedge above the subduction zone. It has been suggested that the partial melting of the accretionary wedge materials may be caused by the frictional heat of large thrust faults developed in the accretionary wedge. On the other hand, it is believed that mantle is still the main thermal source for the formation of accretionary arc.

The special magma formation mechanism makes the rock association and its geochemical characteristics distinctive in the accretionary arc. It has been found that the accretionary arc granite is commonly characterized by depleted Nd isotopic composition and enriched Sr isotopic composition. This signature may be caused by the partial melting of accretionary wedge materials which carry the enriched Sr isotope in seawater. At present, the research on accretionary arc is very weak.

9. What is the possible genetic mechanism of mafic-ultramafic blocks in the accretionary arc granite?

Answer: One of the characteristics of an accretionary arc is the development of the roof pendant of materials from the ophiolitic mélange. The acid to intermediate accretionary arc magma formed by partial melting of accretionary complex matrix tends to have higher viscosity but lower temperature than the melting points of mafic and ultramafic blocks. When the accretionary arc magma passes through the ophiolitic mélange, it will carry up some mafic and ultramafic rocks in a solid way to form the roof pendant. These mafic and ultramafic rocks commonly including the oceanic lithospheric fragments known as ophiolite, so the roof pendant in the accretionary arc is one of the important ways for ophiolite emplacement (see Volume 1, Chapter 4, Section 4.1 for details).

10. Is the significant retrograde metamorphism the result of collision? Can it constrain the time of collision event?

Answer: The retrograde metamorphism refers to the process by which metamorphic rocks undergo a significant decrease in temperature (or pressure). Retrograde metamorphism of metamorphic rocks in orogenic belts is usually related to the decrease of the depth of the metamorphic environment. Although the uplift and detachment occurred in collision process can lead to the retrograde metamorphism, some materials subducted to a certain depth during the oceanic plate subduction process will also experience retrograde metamorphism when they are exhumed to shallower level. Therefore, the significant retrograde metamorphism is not necessarily the result of collision, and the time of retrograde metamorphism cannot be used to determine the occurrence of collision event (see Volume 1, Chapter 3 and Chapter 4, Section 4.4 for details).

11. Does the collision orogenic process result in significant prograde metamorphism?

Answer: The prograde metamorphism is the process by which metamorphic rocks undergo an obvious increase in temperature (or pressure). The prograde metamorphism of rocks in orogenic belts is usually related to the increase of the depth of the metamorphic environment. The metamorphism occurred during collision process is dominated by regional metamorphism. The collision process can result in the prograde metamorphism, but generally exclude high pressure or ultra-high pressure metamorphism, because deep subduction is more difficult to occur during continental collision. During the oceanic plate subduction process, the prograde metamorphism, especially high pressure and ultra-high pressure metamorphism are more likely to be occurred. The high pressure metamorphic belt on surface is generally formed by the exhumed high pressure metamorphic rocks from depth (see Volume 1, Chapter 4 and Volume 4 for details).

12. Is the age of peak period of high-pressure metamorphism associated with the time of collision event?

Answer: The high-pressure metamorphism is closely related to the oceanic plate subduction. Any materials in the mélange can be subducted into the depth to experience high-pressure metamorphism, and then be exhumed to the shallow level, when the collision has not happen. So the high-pressure metamorphism is not closely related to collision events (see details in Volume 1, Chapter 4, Section 4.4). The "peak period" refers to the stage of metamorphism in which the metamorphic rock experiences a maximum temperature or pressure, which cannot be used as an indicator for the collision events.

13. Is the high-pressure metamorphism of continental materials the result of collision?

Answer: It needs specifically studied, but commonly the high-pressure metamorphism of continental materials is generally not the result of collision. The high-pressure metamorphism occurs mainly in the oceanic plate subduction stage. The continental crust materials in the accretionary complex or continental fragments in the ocean basin may be carried into the depth of the subduction zone and experience the high-pressure metamorphism, followed by exhumation to surface (see details in Volume 1, Chapter 2, Section 4.4). Instead, the deep subduction is difficult to occur during collision. Thus, the deep subduction of continental material is more likely to occur during the subduction stage rather than collision stage.

14. Does the "orogenic *P-T-t* path" represent a collision process?

Answer: Traditionally, the "orogenic *P-T-t* path" refers to the clockwise-type metamorphic path, in which the retrograde metamorphism process can be a process of near-isothermal decompression (or simultaneous cooling and decompression). In many cases, the pressure (P) decreases during the rapid exhumation of metamorphosed rocks in the depth. For the temperature (T), as the rock is a poor conductor of heat, the fast exhumation will maintain the relative higher temperature for a long time, forming a *P-T-t* path of near-isothermal decompression. Therefore, the "orogenic *P-T-t* path" indicates that the rock underwent a process of temperature rising (including pressure rising) during the oceanic plate subduction stage, followed by a process of pressure decreasing (possibly including temperature decreasing) during the exhumation stage, which does not represent the collision process.

15. Can the youngest marine strata in orogenic belts be used as an indicator to constrain the lower limit time of collision events?

Answer: Generally, the answer is no. Locally, some marine sediments can still deposit after the collision. For example, the marine sediments can still deposit for a certain period at the bottom of the molasse formation in the peripheral foreland basin. But in fact it was deposited after the collision. The best example is the strata in Taiwan Strait, where the Philippine plate and Eurasian plate have collided and the collision is still ongoing. The longitudinal valley between the Coast mountains at east of Taiwan and the central mountain range is actually the mélange, but now the Taiwan Strait (foreland basin) is still receiving marine sediments. This fact indicates that the youngest marine strata in the Taiwan Strait represents the upper limit time of collision event, rather than the lower limit time (see details in Volume 1, chapter 3 and Volume 4).

16. What are the meanings and tectonic significances of flysch and molasses?

Answer: The flysch is extremely thick marine turbidite strata, generally with the development of incomplete Bouma sequence, which can be formed in passive continental margin, active continental margin, island arc and other tectonic environments, but generally as the products of pre-collision orogeny. It should be stated that lacustrine turbidites do not belong to the flysch. The molasses is a set of extremely thick sedimentary assemblage with marine fine clastic deposits at the lower part (such as the Taiwan Strait) and continental coarse clastic deposits at the upper part. This rock association is obviously different from intermountain basin deposits. The molasse tends to accumulate in the front position of the earlier formed flysch, and the molasse formed in the peripheral foreland basin is the product of the collision process. Therefore, the molasses and flysch can be used as indicators of the upper and lower limit time of collision events.

17. What are the effective methods to limit the time of collision events?

Answer: It is a continuous process from the oceanic plate subduction to the ocean basin closure and terminal collision. There are no material records can directly reflect the occurrence of the collision events. In other words, any age can't represent the time of the collision events. Therefore, the upper and lower limit time can only be defined by the changes of environment and material and the age records before and after the collision event, respectively. There are many methods to constrain the upper and lower limit time of the collision events, but the error is usually large. The most effective method is to use the latest flysch strata on the the passive continental margin of the subducted plates (involved in foreland fold and thrust belt after collision) and the overlying earliest molasses strata in the foreland basin as the lower and upper limit time constraining the collision events, respectively. In some cases, these two strata are continuously deposited, so the collision time can be limited to a very small range (see details in Volume 1, Chapter 3 and Volume 4). It is important to note that only the formation age of the earliest molasses strata in the peripheral foreland basin, which is overlying the latest flysch strata, can be used as the upper limit time of the collision events. On the contrary, the molasses deposited in other types of foreland basins, such as retro-arc basins and accretionary wedge-top basins, can't be used to constrain the upper limit time of the collision events.

18. Is there a correlation between stratigraphic unconformity and collision events in orogenic belts?

Answer: The stratigraphic unconformity in orogenic belts, even the large-scale angular unconformity, does not necessarily correspond to collision events. Both the oceanic plate subduction and collision are continuous tectonic processes. During these processes a large number of duplex, thrust, and fold structures of different scales will be developed, naturally forming the denuded uplands and depositional depressions. Different scales of tectonic activity can result in different ranges of denudation. Accompanied with the strong deformation by continuous tectonism, different scales of unconformity, particularly the angle unconformity, are commonly developed during the orogenic process. So, there is no directly corresponding relationship between angle unconformity and collision events, meaning that unconformity does not represent a major tectonic event. Instead, the transition process from flysch to molasses strata in the foreland basin, as discussed above, may be a continuous deposition process, yet it indicates the occurrence of the collision event. Therefore, the continuous deposition of strata in the orogenic belts does not mean that no major tectonic events have occurred.

19. What is the potential of large-scale mineralization in the process of collisional orogeny ?

Answer: In the process of collisional orogeny, the (endogenic) mineralization is generally limited. It is because the crustal thickening during this process makes it difficult for the deep mantle material to upwell to the shallow level, so the material basis for mineralization is relatively scarce and the possibility of forming large-scale endogenic deposits is relatively small. However, during the oceanic plate subduction stage before the collision, especially the oceanic ridge subduction, there will be a large amount of mantle material enriched with mineralization material upwelling, which is facilitated large-scale mineralization (see Volume 1, Chapter 3, Section 3 and 7). After the collision orogeny, the delamination will lead to a large scale mantle material or energy upwelling and extension detachment in the shallow level, which is conducive to large-scale mineralization. Therefore, the pre-collision and post-collision are the key period for the mineralization of endogenic deposits, but the process of collision orogeny is not conducive to the formation of large-scale mineralization.

20. What are the possible origins of "continental" lithospheric mantle in orogenic belts?

Answer: The "continental" lithospheric mantle here refers to the enriched mantle in the orogenic belt, actually the continental mantle in the geochemical sense. There are three possible origins: ① the lithospheric mantle of continental fragments in the ocean basin; ② the lithospheric mantle of the oceanic islands and seamounts; ③ the prime or slightly depleted lithospheric mantle without the extraction of basaltic magma or after a small amount of extraction, directly detached by the oceanic core complex (OCC) and oceanic detachment faults to the sea floor, with similar geochemical characteristics to those of continental lithospheric mantle. In addition, another possible origin is the ocean-continental transitional mantle (OCT) in the early stage of ocean basin formation. The OCC and oceanic detachment faults are generally developed in the slow or ultra-slow spreading mid-ocean ridge, and the geochemical characteristics of this kind of lithospheric mantle are significantly different from those of the lithospheric mantle formed by fast spreading mid-ocean ridge (see details in Volume 1, Chapter 4, Section 4.2).

21. Is there any relations between leucogranite in the orogenic belt and collision events?

Answer: The leucogranite is a kind of granite with very low dark mineral content (generally no more than 5%). It is characterized by high silicon, aluminum, alkali geochemically, and enriched in muscovite, garnet and other aluminum minerals. It is generally believed that the leucogranite is derived from the partial melting of continental crust, especially the sedimentary rocks. The leucogranite can be formed in three mechanisms: ① the collisional orogenesis can cause partial melting of continental crust and the formation of syn-collision leucogranite; ② during the oceanic plate subduction, the partial melting of the flysch matrix in accretionary complex can also form leucogranite, such as leucogranite in accretionary arc granite; ③ the process of extensional detachment post- or after collision also causes partial melting of continental crust to form post-collision leucogranite. So the leucogranite is related to the collision, but not necessarily. Therefore, the appearance of leucogranite in the orogenic belts can't suggest whether the collision event occurred or not.

22. Is the suture zone equal to deep faults?

Answer: The suture zone is a terminology in plate tectonics theory, which belongs to the concept of activity theory dominated by horizontal movement. It refers to the contact zone between the subducting and overriding plates. While the deep faults is a terminology of geosyncline-platform theory, which belongs to the concept of fixism dominated by vertical movement. It refers to a large fault cutting vertically through crust even lithosphere. Therefore, there is no correspondence between them either in terms of concept or significance.

23. Does angular unconformity correspond to orogenic episode? How to understand this question from the view of plate tectonics?

Answer: The orogenic episode is also called the folding episode and tectonic episode. This concept was first put forward by Stille (1936), and it means a series of short folding episodes during the transformation of geosynclinal into fold belt. These folding episodes are separated by long, relatively static stages. Every folding episode occurs nearly simultaneously in the whole geosynclinal region and even all geosynclinal regions around the world. The folding episode is generally determined by the angular unconformity, because the geosynclinal theory believes that the orogenic belt is resulted from the vertical movement of the returning uplift of the geosynclinal fold. This uplift causes the strong deformation and denudation of the entire orogenic belt, and then the angular unconformity of the stratum will be formed when the orogenic belt accepts deposition later.

Plate tectonics holds that the orogeny is a continuous process from the subduction of the oceanic lithosphere to the collision of the continental lithosphere and the subsequent continuous collision. During this process, high reliefs (e.g. thrust sheet) can be formed and suffered deformation and erosion, at the same time, a depression (e.g. basin) can also be formed to accept the deposition. In other words, many angle unconformities can be formed in the same orogenic process. What's more, erosion in one place and deposition in another occur simultaneously. So there is no a uniform angle unconformity. Moreover, the causes of angle unconformity are various, even though different positions in the same unconformity may be diachronous, such as the unconformity at the bottom of the Shiku Island accretionary wedge-top basin in southwestern Japan. Therefore, there is no orogenic episode in the process of orogeny, and the angular unconformity in orogenic belts does not correspond to any so-called orogenic episode.

Since the 60 ～ 70s of the 20th century, the Earth Science revolution has made success and the theory of plate tectonics paradigm has replaced the geosyncline theory paradigm. From then on, some terms of global orogenic episode or orogeny are no longer used, such as the Caledonian movement, Yanshan movement and Himalayan movement. These concepts are also missing from geology textbooks. This is a great question related to the usage of concepts and terminology, the deeply understanding of the essence and theoretical system of plate tectonics theory, and also the recognition of the incommensurability between the two paradigms of plate tectonics and geosynclinal theory. Terms such as Caledonian, Yanshanian, and Himalayan are still widely used and only represent epochal concepts.

24. What is the difference between the mountain and orogenic belt?

Answer: A mountain is a topographic and/or geographical term. Present mountain state and morphology, especially a certain elevation above surroundings are emphasized. Mountains can be formed in any stress environment (horizontal stresses of compressional, tensional, shearing, and vertical stresses such as mantle plume, etc.). Elevation difference is a necessary and sufficient condition to term a mountain.

An orogenic belt is a geologic term that the dynamic process of plate convergence is emphasized. The occurrence of rock-tectonics associations formed during the plate boundary convergence process (characterized by mélange) is the key. It can be classified into subductional and collisional orogenic belt, existing either as present high mountains or flattened plains. Orogenic belts are formed in compressive stress environment. Therefore, the mélange existence is a necessary and sufficient condition for an orogenic belt recognition.

Mountain and orogenic belt are two completely different concepts and should not be confused. A mountain that does not possess the typical characteristics of the orogenic belts, cannot be called an orogenic belt, such as the so called intraplate orogenic belts and rift-thaw orogenic belts.

Thinking: The South American Andes formed in the convergence plate boundary, which is an orogenic belt, then Yanshan Mountain also formed in the convergence plate boundary, is it an orogenic belt? Why? Yanshan Mountain is mainly composed of arc magmatic rocks (intrusive rocks and volcanic rocks) and their surrounding rocks of Yanshan Age, and no mélange exist there, so it is not a typical orogenic belt.

25. What is the difference between the aborted rift and aulacogen?

Answer: Aborted rift is the arm failed to develop into an ocean basin of the three-armed rift system in a continental rift basin. The basal portion of aborted rift is occupied by alkaline rocks, and above that it is gradually dominated by shallower sedimentary sequences, such as the Late Permian basin in Crete-Sicilia and the Ionian belt of Greece and Albania.

Aulacogen is an aborted rift involved in collision orogeny, strongly deformed and deposit sediments sourced from the orogenic belts. It generally present as a tectonic belt intersecting with the orogenic belt at a high angle. Two sets of rock series are developed: the lower part is aborted rift sedimentary rock series, and the upper part is coarse clastic sedimentary rock series from orogenic belt, such as the US Anadarko aulacogen.

The aborted rift is the predecessor of the aulacogen.

26. Can "group/formation" be established based on lithology in mélange?

Answer: Mélange is characterized by the typical fabric of block-in-matrix, which is composed of rocks of different lithology (sedimentary rocks, metamorphic rocks and magmatic rocks), different ages (can be very different), different metamorphic degrees (unmetamorphosed to high-pressure metamorphosed), and different emplacement times. It always experiences intense structural transformation and strong deformation. The rock formation is out of sequence and generally forms the broken formation. The same lithological rocks may have different diagenetic ages, metamorphic ages and emplacement ages. The contemporary rocks may have completely different lithology. All kinds of rocks stacked with each other tectonically contacted, which have very limited lateral extension, and their horizontal extension cannot be compared. Therefore, it is not suitable to establish "group/formation" based on lithology in mélange.

In the past, groups/formations in orogenic belts were established on the basis of geosynclinal theory, such as "Liuling Group" in Qinling orogenic belt, which should not be used any more.

27. Is there a basement in the mélange?

Answer: The basement refers to the relative older metamorphic rock layer formed in the early stage and underlying the cap layer. In mélange, strata are often out of sequence and the underplating often causes the underlying strata younger than the overlying strata. Besides, the thrusting generally causes high-grade metamorphic rocks to overlie low-grade metamorphic or unmetamorphic rocks. Therefore, there is no variation tendency of the lower rocks older, while the upper ones younger, nor the lower rocks being higher-grade metamorphosed and the upper ones lower-grade metamorphosed. In some cases, even if there are large scale old metamorphic rocks in the mélange, they are mostly accreted and collaged in the form of terrane. They are tectonically contacted with the surrounding rocks, not real "basement". The viewpoint that the lower part is older than the upper part and the lower part displays higher-grade metamorphosed than the upper part, is the fixed thought of geosynclinal theory. According to the plate tectonics theory, there is no "basement" in the mélange.

28. How does the strong deformation of ophiolite mantle rocks (also known as tectonic rocks) occur?

Answer: As we know, the ophiolite mantle rocks, also known as tectonic (peridotite) rocks, are mainly composed of harzburgite, which usually undergo strong deformation and form foliations, lineations, and folds. They are in tectonic contact with the overlying crustal units, which are hardly deformed. It is generally believed that the deformation of ophiolite mantle rocks is mainly due to the deformation of lithospheric mantle during the large-scale movement of plate with the expansion of oceanic ridge (mantle rocks may also deform during emplacement, but relatively local). However, this explanation seems to be inconsistent with the plate tectonics theory. According to the plate tectonics theory, the relatively rigid lithosphere moves on a large scale over the relatively plastic asthenosphere, and the viscosity coefficients of the two layers differ by 1–2 orders of magnitude. Therefore, when the lithosphere moves on the asthenosphere massively, the asthenosphere readily deforms instead of the lithosphere. If so, one possible explanation is that the deformation of ophiolite mantle rocks is inherited from the asthenosphere. When the asthenosphere mantle (lherzolite) is decompressed and melted below the ridge, the basaltic magma is extracted and residuals form the oceanic lithospheric mantle (mainly harzburgite), which retains the deformation of previous asthenosphere. Therefore, the deformation of ophiolite mantle rocks may not have occurred during the plate movement after the formation of oceanic lithosphere, but in the asthenosphere before the lithosphericization. This is only a speculation, remains to be explored.

附录 2　我国关键区域构造问题

李继亮（2010）在“求索地质学 50 年”一文中提出了我国亟待解决的一些地质问题，是对中国构造地质问题的很好总结。以此为基础，整理出几项我国关键的区域构造问题，以供思考和参考。

1. 中国大陆的组成

这个问题，不是说中国大陆由多少个板块构成，而是说中国大陆有多少个前寒武纪结晶基底单元？它们来自哪里？它们是什么时候、经过什么样的过程拼合在一起的？关于中国大陆有多少个前寒武纪结晶基底单元的问题，不难统计出来，至少就出露地表的前寒武纪结晶基底单元而言，不难统计。但它们的来源是个难题，不过只要下功夫去与有关地区作对比，还是可以解决的。为了研究我国活动论古地理，我们至少要搞清楚在早古生代时期，它们在什么位置？它们是什么时候拼合在一起的？可以把这个问题放在造山带问题研究中一并考虑，但通过走滑拼合的，应该另作研究。

2. 中国的显生宙造山带

中国是世界上的造山带大国，只计算显生宙时期的造山带的数量，世界上就没有一个国家可以相比。以下由北向南，简述各显生宙造山带及其存在的主要问题。

（1）天山－兴安造山带。东西走向，绵延 4000km 以上，类型属于中亚增生型造山带。这条造山带的碰撞时代不清楚，现在争议颇多。黄汲清先生曾认为西部于泥盆纪造山，东部为二叠纪造山。现在看来并不一定，因新近研究表明，其碰撞造山时间可能会晚些，西部可能为晚二叠世—早三叠世，东部更晚。造成不确定性的原因是前陆褶皱冲断带在哪里，尚不能确定。在西部，库尔勒一带尚有迹可寻；在东部，华北板块北缘哪里是前陆褶皱冲断带，无法定断，可能是埋在了二连盆地之下。

（2）那丹哈达造山带。在我国境内，沿乌苏里江的饶河－虎林地区出露蛇绿混杂带，在松辽盆地下伏着弧火山岩，在双鸭山附近出露有弧前盆地浊积岩。这条造山带的问题是：乌苏里江以东究竟是陆块还是岛弧？或其他？这个单元与北海道的中生代造山带有什么关系？有人认为同是白垩纪混杂带，还不能确定。

（3）昆仑－祁连－秦岭－大别造山带。绵延 4000km，也应属增生型造山带。这条造山带的仰冲陆块、蛇绿混杂带和前陆褶皱冲断带表现清楚，碰撞时代为三叠纪早－中期。遗留的问题是：①大别山为什么找不到蛇绿岩？②苏鲁造山带是什么性质的造山带，它与大别山怎样相接？③该造山带往朝鲜半岛如何延伸？侯泉林等（2008）、武昱东和侯泉林（2016）提出了其向朝鲜半岛的延伸方式，有其道理，但证据还需进一步加强。

（4）班公湖－怒江造山带。普遍认为是弧后盆地闭合形成的造山带。弧后盆地北侧是羌塘陆块，南侧是拉萨－冈底斯弧。遗留的问题是：①弧后盆地的洋壳向北还是向南俯冲消减？②北羌塘和南羌塘之间还有没有一条缝合带？如果有，是什么时代？近年来的研究已取得了一些进展，但证据还不够充分。

（5）喜马拉雅造山带。拉萨－冈底斯活动大陆边缘、雅鲁藏布江蛇绿混杂带和印度前陆带基本清楚。剩余的问题只是：①有几条蛇绿岩带？②印度前陆褶皱冲断带为什么如此复杂？是板块边界几何形状复杂所致，还是混杂带与前陆冲断带界线划分不确定，或是其他问题；③其碰撞作用究竟发生于何时？这一问题近年争论较多，肖文交等（2017）认为，印度与欧亚大陆最终的碰撞拼贴时间最早不早于 14Ma，与以往 60Ma 左右的认识相差较远。下一步应如何解决这些问题？

（6）三江造山带。这是一条非常复杂的造山带，在云南境内格局比较清楚。高黎贡山东侧有三台山蛇绿混杂带；保山陆块东侧有昌宁－孟连蛇绿混杂带，保山陆块的前陆褶皱冲断带向两侧俯冲。昌宁－孟连带东侧是兰坪－思茅陆块，它的前陆褶皱冲断带向东俯冲到哀牢山蛇绿混杂带之下，扬子板块仰冲到哀牢山混杂带之上。在四川境内，不清楚的问题很多。在金沙江蛇绿混杂带与甘孜－理塘－木里蛇绿混杂带之间，现在能够确定的只有义敦弧，其他地质格局不清楚。甘孜－理塘带与丹巴蛇绿混杂带之间，地质格局也不清楚。最近研究表明，丹巴以东则属于元古宙晋宁造山作用拼合的扬子板块的部分。所以，三江造山带还需要进行深入的研究。

（7）雪峰山造山带。这条造山带西侧具有清楚的前陆褶皱冲断带和覆于其上的前陆盆地，东侧有仰冲的湘中陆块。一个显著的问题是蛇绿岩时代与碰撞时代的协调问题。从西侧前陆褶皱冲断带看，碰撞作用应发生于三叠纪，但需要更多证据，应该通过混杂带中基质和硅质岩块的时代来解决。另一个问题是向东如何延伸。李继亮（2010）的看法是从黔阳经溆浦、常德到益阳，然后与赵崇贺等（1995）发现古生代放射虫的江西混杂带相接。看法相当简单，然而需要做的研究工作则十分繁重、复杂。

（8）那坡造山带。那坡位于广西境内，那坡及其东侧是从十万大山向西增生到此处的增生楔混杂带；西侧是云南境内的前陆褶皱冲断带。问题是这条蛇绿混杂带向哪里延伸？目前的资料很难解答这个问题，必须进行深入的研究工作。

（9）闽赣湘造山带。这是一条志留纪末期碰撞的造山带。造山带内部，从前陆褶皱冲断带到增生楔混杂带向东到前缘弧，再到弧后混杂带和仰冲的小陆块，单元十分齐全（李继亮，1993）。向北，这个带被萍乡－铅山断裂切断，不能延伸。向南可能延入广东，但是如何延伸，其地质格局如何，目前尚不清楚。

（10）浙西和闽西三叠纪造山带。这两条带具有相同的格局，西部是前陆褶皱冲断带，向东，浙江有芝溪头蛇绿混杂带；福建有戴云山混杂带。两者的仰冲陆块都不清楚。两者的碰撞时代都是早三叠世（侯泉林等，1995；肖文交，1995）。浙西带向北，过了长兴之后被太湖和第四系覆盖。向南，被浙江南部的中生代火山岩覆盖。以此，浙西和闽西造山带是否相连，目前尚不清楚。闽西带向南可能延伸到广东。到广东境内如何展布，目前也不清楚。

（11）福建沿海造山带。这条造山带出露了变质的前陆褶皱冲断带岩石和混杂带岩石（李继亮，1993）。在研究东海西湖凹陷天然气时，李继亮（1993）发现了一条向东俯冲的残留海沟的地震影像，其东侧经过该凹陷，见到一个由白垩纪安山岩组成的隆起。这说明：①福建沿海造山带延伸到东海海域；②海沟向东消减，以此不是太平洋向西俯冲的构造，应该属于特提斯构造域。还有待进一步工作。

（12）台湾海岸造山带。这里经过我国学者和美国、法国学者多年的研究，已经形成了习惯的看法：仰冲盘是菲律宾岛弧，混杂带是纵谷蛇绿混杂带，太鲁阁带是变质的前陆褶皱冲断带，台湾西部是前陆盆地。这里有很多问题，例纵谷蛇绿岩代表缝合带，恒春半岛蛇绿岩如何解释？太鲁阁变质岩已经达到角闪岩相，而海岸造山带的碰撞历史只有 3 ～ 5Ma，太鲁阁带的俯冲 - 变质 - 折返速率何其快哉？台湾的蛇绿岩为何都具有滑塌堆积的再沉积特点？这些问题目前都缺乏深入研究。

3. 中国前寒武纪造山带

我国的前寒武纪造山带，在南方，环扬子晋宁造山带已经有了比较系统的研究（Li，1993），但需要进一步精细化。我国北方的前寒武纪造山带，需要像 Hoffman（1988）研究加拿大前寒武纪造山带那样，每一个造山带都研究之后，再进行归纳。有学者开展了五台山的一些岩石地球化学工作，提出将前寒武纪造山带外推到整个华北克拉通等认识。前寒武纪，特别是早前寒武纪，陆块和岩浆弧的规模比显生宙小得多，因此必须开展相当密集地详细地质构造研究。现在华北地区的早前寒武纪造山带在五台山地区发育比较典型。需要静下心来，在五台山的相邻地区或者远离五台山的地区，一个一个均匀区去测量不同期次的面理和线理，一块一块露头地去恢复原岩，一个一个岩石组合去研究其大地构造功能及其与相邻岩石组合的构造关系，研究其大地构造指向和碰撞时代标志，研究大区域的变形特征、变形关系和岩石组合体的相互构造关系，才能厘清另一条造山带。也许用 10 年的时间，可以把华北究竟有多少条早前寒武纪造山带研究清楚。

4. 板内构造问题

华北板块的一个最引人注目的问题是缺失中奥陶统—下石炭统地层，是本来就没有沉积，还是沉积后剥蚀了？什么原因造成的？这个问题不仅对于华北的构造演化意义重大，对天然气烃源岩层也有经济价值，另外，对于华北与韩国京畿地块的构造对比及构造关系也很重要。花很多人力、物力和时间把走滑挤压造成的隆升作为板内造山去研究，远不如研究这个地层缺失事件的意义重大。

1986 ～ 1995 年，中国科学院的六个研究所与四所大学集中了地球物理、地球化学和地质学科的近 300 人的队伍，研究了我国东南地区岩石圈构造演化。其中一项重要成果就是证明了扬子板块没有出露过老于 2.0Ga 的岩石，并证明 850Ma 的晋宁造山作用中，扬子板块盖层向周边造山带下俯冲，使得扬子板块基底更加难以出露。扬子板块周边的太古宙、古元古代岩石都是晋宁造山作用期间外来的仰冲陆块（李继亮，1992，1993）。

近年来，塔里木板块的塔中隆起的深钻，证明塔中有一条元古宙的岩浆弧。在昆仑山北部也可以见到元古宙末—早古生代的岛弧残余。因此，塔里木盆地的塔中以南地区是一个弧间盆地。这个弧间盆地的靠近昆仑山的地方有一个高背斜，然后一个低背斜；继续向北，古生代和中生代地层一马平川，既无褶皱也无断层，所以给油气勘探造成了困难。所以，在塔中以南地区，要认识以洋壳为基底的盆地的岩性油气藏的特点和分布规律，才能突破困难，开拓塔里木油气区新的辉煌前景（李继亮，2010）。

5. 地幔柱问题

二叠纪峨眉山玄武岩的地幔柱成因，已经不存在疑义。需要进一步研究的是扬子板块和塔里木板块的岩石圈在峨眉山地幔柱上的运动轨迹。如果二叠纪时期，塔里木和扬子板块曾经在一个地幔柱上运动，运动距离可能相当大，时距易于超过误差范围。至少，从最远点开始定年，容易做出成果。另外两个可能的地幔柱：山东蒙阴和辽宁复县的金伯利岩，华北板块从熊耳群到大庙岩体，有待证实，更有待运动轨迹的验证。

6. 两个岛的复原

台湾岛和海南岛都已经做了详细的地质工作，积累了大量的资料。从已有资料看，它们与相邻地区的地质情况相差很多。因此，研究它们的来源，应该提上研究日程。

参考文献

侯泉林，李培军，李继亮 . 1995. 闽西南前陆褶皱冲断带 . 北京：地质出版社

侯泉林，武昱东，吴福元等 . 2008. 大别 – 苏鲁造山带在朝鲜半岛可能的构造表现 . 地质通报，27（10）：1660 ～ 1666

李继亮 . 1992. 中国东南海陆岩石圈结构与演化研究 . 北京：中国科学技术出版社 . 1 ～ 315

李继亮 . 1993. 东南大陆岩石圈结构与地质演化 . 北京：冶金工业出版社 . 1 ～ 263

李继亮 . 2010. 求索地质学 50 年 . 地质科学，45（1）：1 ～ 11

武昱东，侯泉林 . 2016. 大别苏鲁造山带在朝鲜半岛的延伸方式——基于 $^{40}Ar/^{39}Ar$ 构造年代学的约束 . 岩石学报，32（10）：3187 ～ 3204

肖文交 . 1995. 浙西北前陆褶皱冲断带的构造样式及其演化 . 中国科学院地质与地球物理研究所博士研究生论文

肖文交，敖松坚，杨磊等 . 2017. 喜马拉雅汇聚带结构 – 属性解剖及印度 – 欧亚大陆最终拼贴格局 . 中国科学：地球科学，47：631 ～ 656

赵崇贺，何科昭，莫宣学等 . 1995. 赣东北深断裂带蛇绿混杂岩中晚古生代放射虫硅质岩的发现及其意义 . 科学通报，40（23）：2161 ～ 2163

Hoffman P F. 1988. United plates of America，the birth of a craton. Annual Review of Earth and Planetary Sciences，16：543 ～ 603

Li J L. 1993. Circum-Yangtze Jinninide. Memoir of Lithospheric Tectonic Evolution Research，1：11 ～ 17

Appendix 2 The key regional tectonic problems in China

Li (2010) raised some urgent geological problems in China in his article "Seeking geological interpretations for 50 years" , which is a good summary of tectonic problems in China. From this article, several key regional tectonic problems in China are listed as followed for consideration and reference.

1. The composition of China continent

The question is not how many plates there are in China continent, but how many Precambrian crystalline basement units. Where are they from? When and how did they combine together? The question of how many Precambrian crystalline basement units in China continent is easy to count, at least for the well exposed ones. Although their origins are hard to tell, it can still be tracked with detailed comparing with relevant regions. In order to study the paleogeography in activity theory, we must at least find out their localities during the early Paleozoic. When did they combine together? This problem can be considered as part of the research on related orogenic belt, but it should be studied separately in the case of amalgamation by strike-slip.

2. Phanerozoic orogenic belts in China

China crops out abundant orogenic belts in the world. None of all the countries in the world can catch up with China if counting the number of orogenic belts in Phanerozoic Eon only. From north to south, a brief description of the Phanerozoic orogenic belts and their major problems are drawn below.

(1) Tianshan-Xingmeng orogenic belt. It strikes E-W, stretches over 4000km and belongs to the Central Asian accretionary orogenic belt. The time of collision of this orogenic belt is unclear and controversial. Jiqing Huang considered that the collision event happened in Devonian for the western part and Permian for the eastern part. It now seems imprecise, as recent studies have suggested that the collision time may be later, in late Permian to early Triassic for the western part and even later for the eastern part. The reason for the uncertainty is that it's still unclear for the locality of the foreland fold and thrust belt of this orogenic belt. Some evidence suggest the Kuerle area in the west may be the foreland fold and thrust belt; while in the east it cannot be determined that where to find the foreland fold and thrust belt in the northern margin of the north China plate, which possibly be buried under the Erlian Basin.

(2) Nadanhada Orogenic belt. In the territory of China, there crops out a combination of: ① an ophiolite mélange belt exposed in the Raohe-Hulin area along the Ussuri River; ② Arc volcanic rocks

under Songliao Basin; ③ Forearc basin turbidite exposed near Shuangyashan. The question about this orogenic belt is whether the tectonic unit to the east of the Ussuri River is a continental block or an island arc? Or other possibilities? What's the connection between this unit and the Mesozoic orogenic belt in Hokkaido? It is thought to be a Cretaceous mélange belt, but it is still uncertain.

(3) Kunlun-Qilian-Qinling-Dabie orogenic belt. This belt stretches for 4000km and should belong to the accretionary orogenic belt. The major characteristics of this belt as the overthrust block, ophiolite mélange belt and foreland fold and thrust belt are clearly exposed, and the collision time is determined as early-middle Triassic. The remaining questions are: ① Why there aren't any report for ophiolite in Dabie Mountain? ② What is the nature of Sulu orogenic belt, and how does it connect with Dabie Mountain? ③ How does this orogenic belt extend to the Korean Peninsula? Hou *et al.* (2008), Wu and Hou (2016) proposed the style on how this belt extend to the Korean Peninsula, which is meaningful, but the evidence need to be strengthened.

(4) Bangonghu-Nujiang orogenic belt. It is generally accepted that this belt is an orogenic belt formed by the closure of a backarc basin. The Qiangtang continental block is to the north of the backarc basin and the Lasa-Gangdisi arc is to the south. The remaining questions are as follows: ① The subduction polarity of the back-arc oceanic crust is under debate for northward or southward subduction? ② Is there a suture zone between the North and South Qiangtang? If so, what's the time? Some progress has been made in recent years, but the evidence is still not sufficient.

(5) Himalayan orogenic belt. The tectonic setting from the Lasa-Gangdisi active continental margin, the Yarlung Zangbo ophiolite mélange belt, and the Indian foreland zone is basically clear. The remaining questions are: ① How many ophiolite belts are there? ② Why is the Indian foreland fold and thrust belt so complicated? Is it because of the unique geometry of plate boundary, or because of some misunderstanding of the boundary between the mélange belt and the foreland fold and thrust belt, or other reasons? ③ When did the collision happen? This issue has been much debated in recent years. Xiao *et al.* (2017) suggested that the earliest time of collision between Indian and Eurasia plate is no earlier than 14Ma, which is much younger than the previous conclusion of about 60Ma.

(6) Sanjiang orogenic belt. This is a very complicated orogenic belt, and its tectonic setting is relatively clear in Yunnan Province. The Santaishan ophiolite mélange belt is located to the east of the Gaoligong Mountain; the Changning-Menglian ophiolite mélange belt crops out to the east of the Baoshan continental block; and the foreland fold and thrust belt of the Baoshan continental block subducted to both sides. The Lanping-Simao continental block is located to the east of the Changning-Menglian belt, and the foreland fold and thrust belt of this continental block subducted eastward under the Ailaoshan ophiolite mélange belt, while the Yangtze plate overthrust on top of the Ailaoshan mélange zone. In Sichuan Province, there are many questions. The only conclusion could be drawn from this area is that the Yidun arc develops between the Jinshajiang and the Ganzi-Litang-Muli ophiolite mélange belts. The tectonic framework of the area between the Ganzi-Litang belt and the Danba ophiolite mélange belt is still unclear. Recent studies suggest that the eastern side of Danba is a part of Yangtze plate amalgamated during the Proterozoic Jinning orogeny. Therefore, the Sanjiang orogenic belt needs to be further studied.

(7) Xuefengshan orogenic belt. The western side of this orogenic belt develops a clear foreland fold and thrust belt and a foreland basin overlying it, and the eastern side develops the overthrusted Xiangzhong continental block. An obvious problem is the conflicting ages of the ophiolite and the

collision event. Evidences drawn from the foreland fold and thrust belt of this orogenic belt show that the collision should have happened in Triassic, but more evidence is needed, especially with the help from ages of the matrix and the chert rocks preserved in the mélange belt. Another question is how to track this belt to the east. According to Li (2010), it was from Qianyang to Yiyang via Xupu and Changde, and then connected with Jiangxi mélange belt where Zhao *et al.* (1995) discovered some Paleozoic radiolarians. The model is quite simple, but heavy and complicated research work should be done.

(8) Napo orogenic belt. This belt is located in Guangxi Province. The Napo belt and its east side are the accretionary complex developed by the east-dipping subduction and westward accretion from the Shiwandachan; to its west side , in Yunnan Province, locates the foreland fold and thrust belt. The question is where does this belt extend. It is difficult to answer from the available information and further research is needed.

(9) Min-Gan-Xiang orogenic belt. This is a collisional orogenic belt closed in late Silurian. It has a complete set of tectonic units in the orogenic belt, from west to east including foreland fold and thrust belt, accretionary wedge mélange belt, front arc, retroarc mélange belt, and small-scale overthrust continental blocks (Li *et al.*, 1993). This belt is cut off by Pingxiang-Qianshan fault to the north and cannot extend. It may extend southward in Guangdong Province, but its geological framework is still unclear.

(10) Triassic western Zhejiang and western Fujian orogenic belts. These two belts have the same pattern: the foreland fold thrust belt is in the west, and the ophiolite mélange belt is in the east, as Zhixitou complex in Zhejiang Province and Daiyuanshan complex in Fujian Province. The overthrust blocks of both belts are not clear. The closure ages of both belts are all early Triassic (Hou *et al.*, 1995; Xiao, 1995). The western Zhejiang oragenic belt is covered by Taihu Lake and Quaternary system to the north of Changxing, and covered by Mesozoic volcanic rocks in southern Zhejiang. Therefore, it is unclear whether the western Zhejiang and western Fujian orogenic belts are connected. It is suggested that the western Fujian belt may extend southward to Guangdong Province. But its tectonic setting is still unclear at present.

(11) Fujian coastal orogenic belt. This orogenic belt crops out both metamorphic foreland fold and thrust belt and mélange belt (Li, 1993). While studying natural gas in Xihu sag, east China sea, Li (1993) found a remnant trench that subducted eastward from seismic image, which passed through the sag on the east side. An uplift composed of Cretaceous andesite could be seen there. These evidences indicate that: ① The Fujian coastal orogenic belt extended to the east China sea; ② The trench subducted to the east, so it is not originated by the westward subduction of the Pacific subduction, but belongs to the part of the Tethy tectonic domain. Further work is needed.

(12) Taiwan coastal orogenic belt. After years of study by researchers from Taiwan, United States, and France, a common view has been accepted: the Philippine island arc is the overthrust plate, the Vertical Valley belt is the ophiolite mélange belt, the Taroko zone is the metamorphic foreland fold and thrust zone, and the western Taiwan is the foreland basin. There are many problems here. For example, how to explain the ophiolite in Hengchun Peninsula if the Vertical Valley ophiolite represents a suture zone. Taroko metamorphic rocks have reached amphibolite facies, while the collision history of coastal orogenic belts is only 5 ~ 3Ma. Why is the rate of subduction-metamorphism-exposure of the Taroko belt so fast? Why are the ophiolites in Taiwan all characterized

by reworked olistostromes rather than tectonic mélange? Further study should be done on these issues.

3. Precambrian orogenic belts in China

Considering the Precambrian orogenic belts in China, the Jinning orogenic belt around Yangtze plate in the southern China has been systematically studied (Li, 1993), but it needs to be further refined. The Precambrian orogenic belts in the northern China need to be summarized after every orogenic belt has been carefully studied, as Hoffman's study on the Canadian Precambrian orogenic belt(Hoffman, 1988). Some researchers have carried out some lithological geochemistry work in Wutai Mountain and proposed to extend the Precambrian orogenic belt to the whole north China craton. In the Precambrian, especially the early Precambrian, the continental blocks and magmatic arcs were much smaller in scale than the Phanerozoic period, so dense studies in space of detailed regional structure-tectonic were necessary. Wutai Mountain is a typical early Precambrian orogenic belt in north China. To identify another orogenic belt in this area adjacent to or far away from the Wutai Mountain, the following work is needed: ① Collect the lineation and foliation of different stages ; ② Restore the protolith of the metamorphic rocks in different outcrops; ③ Study the tectonic role of different rock associations and their relationship with others; ④ Get the tectonic polarity and the collision time; ⑤ Confirm the structural relations between deformation features and rock combination in a regional scale. It may take 10 years to figure out how many Precambrian orogenic belts there are in north China.

4. Intra-plate tectonic problems

One of the most appealing questions in the north China plate is the reason of the missing Middle Ordovician - Lower Carboniferous strata. Was it originally missed on the deposition stage, or denuded after deposition? What is the reason of the erosion? This problem is of great significance not only for the tectonic evolution of north China, but also for the economic significance because the strata is natural gas source rocks. Additionally, it is very important for the comparison and relationship of the structural geology between north China and South Korea. It is of greater value to study this strata missing event, rather than spend much fanances and time to study the uplift caused by strike-slip compression as intra-plate mountain building.

During 1986 ~ 1995, six institutes of the Chinese Academy of Sciences and four universities, together teamed up by nearly 300 people from the disciplines of geophysics, geochemistry and geology, to study the lithospheric tectonic evolution in southeastern China. One of the important results is to prove that the Yangtze plate did not expose rocks older than 2.0Ga, and during the Jinning orogeny of 850Ma, the Yangtze plate cap sequence subducted beneath the surrounding orogenic belt, making it more difficult for the exposure of the base of Yangtze plate. The Archaean and early Proterozoic rocks around the Yangtze plate are all exotic overthrust blocks during the Jinning orogeny (Li, 1992, 1993).

In recent years, the deep drilling on the uplift in the central of the Tarim plate has proved that there is a Proterozoic magmatic arc. Remnants of late Proterozoic to early Paleozoic island arcs can also be found in the northern Kunlun Mountains. Therefore, the southern part of Tarim basin is an intra-arc basin. A high anticline and a low anticline develop in this intra-arc basin near the Kunlun mountain. Northward, the Paleozoic and Mesozoic strata are undeformed with no fault nor folds. This kind of structure makes the petroleum exploration difficult. Therefore, in the southern part of central

Tarim, it is necessary to know the characteristics and distribution patterns of lithologic oil and gas reservoirs in the basin with oceanic crust as the base, thus to break through the difficulties and open up new brilliant prospects of Tarim oil and gas field.

5. Mantle plume problems

There is no doubt about the mantle plume origin of the Permian Emeishan basalt. What needs to be further studied is the plate tectonic track of the lithosphere of the Yangtze plate and Tarim plate on the Emeishan mantle plume. If the Tarim and Yangtze plates had moved on top of the same mantle plume during the Permian, the distance could be rather large, enough to exceed the test error. At least, dating from the farthest point is easy to achieve. Two other possible plumes are: the kimberlite in Mengyin, Shandong Province and Fuxian, Liaoning Province. The Xiong'er group to the Damiao pluton in North China craton, needs to be confirmed, especially with the confirmation from plate migration track.

6. Restoration of two islands

Detailed geological works in Taiwan and Hainan islands have been done, which accumulaed a large number of data. According to the available data, they have different regional geology conditions from adjacent areas. Therefore, the study of their origin should be put on the research agenda.

References

Hoffman P F. 1988. United plates of America, the birth of a craton. Annual Review of Earth and Planetary Sciences, 16: 543 ~ 603

Hou Q L, Li P J, Li J L. 1995. The fold and thrust belt in southwest Fujian Province. Beijing: Geological Publishing House, 1 ~ 107

Hou Q L, Wu Y D, Wu F Y, et al. 2008. Possible tectonic manifestations of the Dabie-Sulu orogenic belt on the Korean Peninsula. Geological Bulletin of China, 27(10): 1659 ~ 1666

Li J L. 1992. Study on the structure and evolution of oceannic and continental lithosphere in southeast China. Beijing: Chinese Science and Technology Press, 1 ~ 315

Li J L. 1993. Circum-Yangtze Jinninide. Memoir of Lithospheric Tectonic Evolution Research, 1: 11 ~ 17

Li J L. 1993. Lithosphere structures and geological evolution of the southeastern continent. Beijing: Metallurgical Industry Press, 1 ~ 263

Li J L. 2010. Seeking geological interpretations for 50 years. Chinese Journal of Geology, 45(1): 1 ~ 11

Wu Y D, Hou Q L. 2016. The extension of the Dabie-Sulu orogenic belt in Korean Peninsula: Based on 40Ar/39Ar tectonic chronology. Acta Petrologica Sinica, 32(10): 3187 ~ 3204

Xiao W J. 1995. Tectonic pattern and evolution of the foreland fold and thrust belt in northwest Zhejiang Province. Beijing: Institute of geology and geophysics, Chinese academy of sciences. PhD Thesis.

Xiao W J, Ao S J, Yang L, et al. 2017. Anatomy of composition and nature of plate convergence: Insights for alternative thoughts for terminal India-Eurasia collision. Science China Earth Sciences, 47: 631 ~ 656

Zhao C H, He K Z, Mo X X, et al. 1995. Discovery and significance of late Paleozoic radiolarian siliceous rocks in ophiolite melange in the deep fault zone of northeast Jiangxi Province. Chinese Science Bulletin, 40(23): 2161 ~ 2163

附录3　糜棱岩与片岩和片麻岩的比较

岩石类型	糜棱岩	片岩、片麻岩
应力作用方式	剪应力	正应力（差异应力）
加载/卸载速率	加载速率＞卸载速率	加载速率≤卸载速率（松弛）
面理	S-C 面理	S- 面理
a- 线理	发育	不发育
变形特征	变形局部化	变形均一化
变形行为	塑性（弹黏性）	黏性
变形方式	位错蠕变	扩散蠕变
变质作用	动力变质	区域变质

附录 4　符号说明

a	微裂隙的半长；应变椭球长轴，等于 X，$\sqrt{\lambda_1}$
A	常数；试件顶或底面积
$\boldsymbol{A}$	应变速率分配张量；任意张量
b	应变椭球中间轴，等于 Y，$\sqrt{\lambda_2}$
B	形态因子
$\boldsymbol{B}$	应力分配张量
B^*	临界形态因子，等于运动学涡度
c	应变椭球短轴，等于 Z，$\sqrt{\lambda_3}$
C	与温度有关的材料常数；内聚强度（也可写为 τ_0）
$\boldsymbol{C}$	弹性模量张量，是一个四阶张量
$\boldsymbol{C}_E$	包体 / 异质体中的黏度张量
$\boldsymbol{C}_M$	基质中的黏度张量
C_p，μ_p，σ_n	界面的内聚力、（内）摩擦系数和正应力
C_w	先存断裂面的内聚力，等于 τ_0
$\boldsymbol{C}^{\sec}$	切线黏度张量
$\boldsymbol{C}^{\tan}$	有效黏度（割线黏度）张量
$C_{ijkl}^{\tan}$	切线黏度
$C_{ijkl}^{\sec}$	有效黏度
$\overline{\boldsymbol{C}}$	均匀对等基质 HEM 的黏度张量
$\overline{\boldsymbol{C}}_{\text{inital}}$	均匀对等基质 HEM 的初始力学性质
De	德波拉数
d	伸展位移量；剪切带位移；RDE 的平均特征长度
d'	各相邻标志体中心间的距离
D	代表体积元（RVE）的特征长度
$\mathscr{D}$	整个岩石圈尺度的高应变带的特征长度
$\boldsymbol{D}$	对称的应变率张量
e	伸长度，即线段长度改变量与原长度的比值（伸长为正，缩短为负）
$\boldsymbol{e}$	包体内的弹性应变；柯西应变张量
$\boldsymbol{e}^{\mathrm{c}}$	包体内部的应变张量

$\boldsymbol{e}^*$	均匀应变张量
$\bar{e}$	自然应变
$\bar{e}_{1,2,3}$	应变椭球三个主轴的自然应变
$\bar{e}_s$	单位八面体的自然剪应变
$\dot{e}$	应变速率
e_1，e_2，e_3	沿主方向的伸长度，也叫主应变
e_x，e_y，	横截面 x 和 y 方向的伸长度
e_z	轴向伸长度
$\dot{e}_x$，$\dot{e}_y$，$\dot{e}_z$	主应变速率，即平行于 ISA 的应变速率
$e_{z'}$	垂向对试件施压导致的轴向缩短应变
$e_{z''}$，$e_{z'''}$	相关的水平伸长应变产生的围压导致的垂向伸长应变
E	比例系数，称为杨氏模量或弹性模量
$\boldsymbol{E}$	宏观应变速率
E_0，E_i	主弹簧和附属 i 弹簧的弹性模量
f_a	先存构造活动性系数
f_{aF}	先存断裂活动性系数
f_{aW}，f_{aK}	先存构造面和库仑剪破裂面在临界库仑应力状态下的活动性系数
f_s	任意三轴应力状态下、任意方位界面的剪切活动趋势因子
f_F	断层面摩擦系数
F	试件所受轴向挤压力； 作用在预期将形成剪切带的有限小方块边界上的力
$\boldsymbol{F}$	变形梯度或位置梯度张量，是二阶张量
$\boldsymbol{F}^{\varepsilon}$	平面纯剪应变张量
$\boldsymbol{F}^{\gamma}$	简单剪切应变张量
$F_{ij}(x)$	位置梯度张量
F^i	第 i 个应变增量
$F^{TP}{}_{ij}$	剪切缩短情形时的纯剪应变分量
$F^{TT}{}_{ij}$	剪切伸展的应变分量
$\Delta F^{\gamma}{}_{ij}$	无限小单剪增量
G	刚性模量；剪切模量
h	缩胀构造厚度
H	作用在预期将形成剪切带的有限小方块边界上的力臂
$\text{ISA}_{1\text{-}3}$	最大 / 中间 / 最小瞬时伸长轴
$\boldsymbol{J}^d$	偏四阶单位张量
$\boldsymbol{J}^m$	平均四阶单位张量
$\boldsymbol{J}^s$	对称四阶单位张量
k	弗林参数，用以描述应变椭球体形态
k_x，k_y，k_z	沿 x、y、z 坐标轴的伸长或缩短量
K	Maxwell 体的松弛模量；体积模量

l_0，l_1	物体中某质点线段变形前后的长度
L	单位长线段
$\boldsymbol{L}$	速度场对质点瞬时坐标的梯度，是一个二阶张量
L_d	缩胀构造主波长
L_d/h	缩胀构造的长宽比
$L_{ij}(x)$	速度梯度张量，是一个关于空间位置 x 的函数
L^{ε}_{ij}	以坐标轴为主轴的纯剪分量
L^{γ}_{ij}	与 x_1x_3- 面平行的简单剪切分量
$\boldsymbol{M}$	基质中的场变量
M_{eff}	有效力矩
$M_{G\text{-}eff}$	泛有效力矩
M_x，M_n	碎斑长轴和短轴
n，$n^{(k)}$	应变速率敏感度；应力指数
P_c	三轴挤压实验中试件所受围压
P_f	孔隙流体压力
Q	活化能
r'	摩尔图解中椭圆的短半轴
R	气体常数；应变椭圆的长短轴比（轴率），或叫二长比
$\boldsymbol{R}$	旋转变形张量
R^*	临界二长比
R_c	临界二长比，等于刚性体最小二长比（R_m）
R_f	原始椭圆形的标志体变形后的最终轴率
R_i	椭圆形标志体变形前的原始轴率
R_m	碎斑最小轴比
R_s	应变椭圆的长短轴比（轴率），或叫二长比
s，S	长度比，线段变形后长度 l_1 与变形前长度 l_0 的比值，与 β 因子为同义语
$\boldsymbol{S}$	“对称”Eshelby 张量
$\boldsymbol{S}^E$	外部问题的“对称”Eshelby 张量
t	时间
t_m	Maxwell 松弛时间
t_r	黏弹材料的 Maxwell 松弛时间
t_{visc}	黏性流特征时间
T	温度（K 或℃）；表面张力；岩石的抗张强度
T_0	材料的单轴抗张强度；岩层的伸展强度
T_c	张应力临界值
T_H	材料的均一温度
T_m	材料熔点的绝对温度
$\boldsymbol{U}$	对称张量
v	速度；Lode 参数，具有与弗林参数（k）相似的作用
v_i（i=1, 2, 3）	速度矢量的坐标分量
$\boldsymbol{V}$	对称张量

$\boldsymbol{w}^{(k)}$	RDE 内部的微观（局部）涡度
W	涡度向量
$\boldsymbol{W}$	反对称的涡度张量
W_k	运动学涡度
$W_{k\max}$	运动学涡度最大值
W_m	平均运动学涡度
Y	剪切带宽度
$\boldsymbol{x}$	物质点在变形状态的位置矢量
X，Y，Z	最大 / 中间 / 最小应变轴
$\boldsymbol{X}$	连续体在变形前的任意一物质点的位置矢量
α	两个流脊的夹角； 膝褶带内长翼与膝褶边界的夹角，为外侧角； 界面在 σ_1-σ_3 平面上的交线与 σ_3 的夹角； 方块边界法线与 σ_1 间的夹角； 任意方位面的倾角； 标志层初始方位与剪切带的夹角
α'	先存构造面在特定的坐标系（坐标轴与三个主应力平行）中的方位，通过坐标转换可以求解 α； 标志体变形后与剪切带的夹角
$\dot{\beta}$	石英 C- 组构大环带的法线与糜棱岩面理间的夹角； 膝褶带内短翼与膝褶边界的夹角，为内侧角； 薄弱面上剪应力 τ 与 EF 的夹角，当 σ_1 直立时，是侧伏角
$\boldsymbol{\varepsilon}^{(k)}$	RDE 内部的微观（局部）应变速率
$\dot{\varepsilon}$	纯剪应变速率
$\dot{\boldsymbol{\varepsilon}}$	应变速率张量，是一个二阶张量
$\dot{\varepsilon}_1$，$\dot{\varepsilon}_2$ 和 $\dot{\varepsilon}_3$	分别为沿 x_1-，x_2-，和 x_3- 轴的应变率
Δ	变形带的体积变化；体积损失因子
Δt	时间增量
$\Delta\sigma$	差（异）应力
γ	断层走向与伸展方向（σ_3）的夹角； 剪应变
γ	剪应变速率
γ_0	断层走向与伸展方向（σ_3）夹角的临界值
$\bar{\gamma}_{\text{oct}}$	共轴变形中八面体［111］面上的剪应变
Γ	次简单剪切（一般剪切）变形矩阵的非对角项
η，$\eta^{(k)}$	黏度常数； 刚性体长轴分别在直角坐标中的取向
η^*	有效动力学黏度

η_i	阻尼的黏度
λ	平方长度比，长度比（S）的平方； 边界条件波动的特征长度；拉美常数
λ_1，λ_2，λ_3	应变椭球长、中、短轴平方长度比；变形矩阵的特征值
$\sqrt{\lambda_1}$，$\sqrt{\lambda_2}$，$\sqrt{\lambda_3}$	应变椭球体长、中、短轴轴长
μ	内摩擦系数，即摩尔包络线斜率（等于 $\tan\phi$）
μ_p	某一界面的内摩擦系数
μ_w	先存构造面或断面上的摩擦系数
ν	泊松比
θ	ISA_1 与剪切平面的夹角；长轴与剪切带的夹角，某质点线变形前与应变主轴 X 的夹角； 界面与 σ_1 的夹角； 任意方位面的倾向； 破裂面与 σ_1 的夹角，即剪裂角
2θ	共轭剪裂角
θ'	先存构造面在特定的坐标系（坐标轴与三个主应力平行）中的方位，通过坐标转换可以求解 θ； 应变椭球长轴 X 与剪切方向间的夹角； 某质点线变形后与 X 轴的夹角； 剪切带边界面理与剪切带夹角
$\theta^{\perp}$	三轴应力摩尔圆上先存断层的倾角
θ_r	先存断层的活化角
ρ	密度
σ	正应力
$\boldsymbol{\sigma}$	柯西应力张量
$\boldsymbol{\sigma}'$	偏应力张量
$\boldsymbol{\sigma}^{(k)}$	RDE 内部的微观（局部）应力场
σ_0	初始应力； 材料在各向等值拉伸条件下的抗张断裂极限
σ_1，σ_3	分别为最大和最小主应力（压应力为正）
σ_c	临界剪应力
σ_d	最大有效力矩准则的摩尔包络线与横坐标的交点
σ_H	水平主应力
σ_{ij}	张量在 i 面上沿 j 方向的分量
σ_m	平均正应力；平均压力
σ_n	受力岩石任一截面上的有效正应力； 先存断裂面上的正应力
σ^*_n	有效正应力
σ_v	垂向主应力

σ_z	垂向应力
σ_α	轴向压应力
τ	剪应力
τ_0	抗纯剪断裂极限，即抗剪强度，也称岩石的内聚力
$\tau_{\max}$	最大剪应力
τ_n	界面上的剪应力
τ_w	临界剪应力
τ_n^w	先存构造面上的临界剪应力
$[\tau_n]$	沿界面产生剪切活动时的临界剪应力
ϕ	内摩擦角； 刚性体长轴分别在极坐标系中的取向； 异质体（CE）与剪切带边界的夹角； 应力率； 剪切方向与 x_1- 轴的夹角
φ	刚性体原始长轴与应变椭圆长轴的夹角； 各向异性方向； 各向异性面与伸展方向（X 或 σ_3）间的夹角； 变形带与先存面理之间的夹角
φ'	最终椭圆长轴与应变椭圆长轴的夹角
ψ	变形前与剪切面垂直的线的旋转角度，即角剪切
ω	角速度； 应变椭球三个主轴从参考状态到变形状态的旋转，可从 **R** 求得
$\boldsymbol{\omega}$	旋转张量
$\boldsymbol{\omega}^c$	包体内部的旋转张量
$\boldsymbol{\omega}_{ij}$	无限小旋转，为无限小变形的反对称部分
ξ	变形带（剪切带）边界的法线与瞬时最小主长度或最大主应力轴的夹角； 糜棱面理或石英条带的与石英斜向面理或云母解理面的夹角
δ	剪切带与缩短轴（Z 或 σ_1）间的初始夹角
δ_d，δ_s	右行和左行断裂与施加主压应力 σ_1 间的夹角
δt	时间增量
δ_{ij}	克罗内克函数
$\boldsymbol{\Pi}$	“反对称”Eshelby 张量
$\boldsymbol{\Pi}^E$	外部问题的“反对称”Eshelby 张量
$\boldsymbol{\Sigma}$	应力场
Ω	无限延伸的均匀弹性材料包含的一个子体积
Ω^*	无限延伸的均匀弹性材料包含的一个无应力状态的子体积

附录5　中小构造研究25问

1. 如何认识剪节理概念问题？

答：国外现行教材大多对节理是这样定义的：节理是具有小的伸展位移但没有或几乎没有沿壁位移的破裂。也就是说并不把具有剪切性质的破裂当作节理，或者说节理仅指具有引张性质的破裂。国内现行教材是按照力学性质将节理分为张节理和剪节理两类，并强调剪节理是剪应力作用的结果，张节理是张应力作用的结果。由此可以看出，国内外教材对“节理”的认识有较大差异，读者应对此有清楚的认识（参阅第三卷第3章）。

2. 自然界存在共轭的正交破裂吗？

答：水平直线型包络线破裂理论在地质条件下无法实现，因为剪破裂面上的正应力（σ_n）不可能为0，因此要使剪裂角 θ=45° 夹角的截面发生滑动，剪应力不仅需要克服岩石的内聚力（τ_0），还需要克服该界面上的内摩擦力（内摩擦角 $\phi\neq0$）岩石才可能发生破裂。因此，剪应力仅达到内聚力（τ_0）时，岩石不可能发生破裂，也就是说不可能形成共轭的正交破裂。反之，如果要产生共轭的正交破裂，按照库仑－摩尔破裂准则，需要平行于横坐标（σ_n）的摩尔圆包络线，该包络线与横坐标的截距（抗张强度）为无限大，而自然界根本不存在抗张强度无限大的材料（包括岩石）。所以，野外看到的正交破裂往往并非共轭，而更可能是两组非共轭的节理或剪破裂（参阅第二卷第2章）。

3. 破劈理是劈理吗？

答：尽管岩石容易沿劈理面裂开，但劈理间仍具有内聚力；再者，劈理的四种成因类型包括机械旋转、重结晶、压溶作用和晶体塑性变形等。然而，破劈理完全是岩石的脆性破裂行为，与岩石中的矿物排列毫无关系，其间已不具有内聚力；而且形成劈理的四种机制均无法形成破劈理。因此，无论从劈理的特征，还是成因机制来看，破劈理并不属于劈理范畴，而仅仅是密集的破裂而已。故建议摒弃“破劈理”概念（参阅第三卷第5章）。

4. 何为主动面理和被动面理？

主动面理（active foliation）是指由剪切条带或应力活动面如糜棱岩中的C-面理和C′-面理等构成的面理，与应变积累无关，通常与有限应变的 *XY* 面不平行，递进变形过程中通常不旋转。

被动面理（passive foliation）作为物质的均匀流动面，应变过程中随着应变积累而被动旋转如糜棱岩中的S-面理等大部分连续面理。理想情况下，被动面理平行或近于平行于构造应变的 *XY* 面。

区分主动面理与被动面理有利于认识变形过程中不同面理的行为（参阅第三卷第5章）。

5. 伸展褶劈理（C′）在递进剪切过程中旋转吗？

答：有两种不同的观点：一是按照最大有效力矩准则，认为 C′ 为一材料不变量，不管变形程度如何，不管什么岩石和变形方式，C′ 始终与 σ_1 保持约 55° 的夹角关系，即 C′ 不会因持续的简单剪切作用而旋转。另一种观点认为，当 C′ 形成时，如果剪切带为简单剪切，则 C′ 必须是总体旋转的，微劈石必然正在变形。我认为，伸展褶劈理是主动面理，其方向与剪切带的运动学涡度（W_k）有关，随着递进剪切进行，其间的微劈石会反向旋转，C′ 的应变会随之增加，但其方向不会随之改变。这一问题还没有达成共识，有待研究（参阅第二卷第 2 章和第 6 章，第三卷第 5 章）。

6. 糜棱岩的 S- 面理与有限应变 *XY* 面平行吗?

答: 糜棱岩中的 S- 面起初与应变椭圆的 *XY* 面平行，即位于 ISA_1 方向。递进变形过程中，S- 面的旋转速度比 *XY* 面快，而变得不平行（参阅第二卷图 1.8）。所以通常情况下，糜棱岩的 S- 面理与有限应变的 *XY* 面不平行，但随着变形程度的增加，S- 面的旋转速度逐渐减慢，二者往往近于平行。因此，实际工作中假定平行，通常把 S- 面看作 *XY* 面（参阅第三卷第 5 章）。

7. 拉伸线理与剪切带的剪切方向一致吗?

答: 理论上拉伸线理（L）与有限应变椭圆的 *X* 轴平行，因糜棱岩的 S- 面理与 *XY* 面近于平行，因此拉伸线理位于 S- 面上，而不是 C- 面上。而我们的剪切方向是沿 C- 面的剪切方向，但拉伸线理并不在 C- 面上，因此 L 与剪切方向并不一致。在简单剪切情形下，拉伸线理在 C- 面上的投影与剪切方向一致，可用于指示剪切方向。然而，自然界完全的简单剪切却几乎不存在，所以通常情况下不能用拉伸线理判别剪切方向。

研究表明，拉伸线理方向与剪切带的剪切方向之间的关系比较复杂，即使在剪切方向比较稳定的近简单剪切的高应变带中，拉伸线理的方向也会发生显著变化。因此拉伸线理的方向通常与剪切方向不平行，故不能用拉伸线理判别剪切方向（参阅第三卷第 1，6，7 章）。

8. 斜面理（oblique foliation）与 S- 面理的关系及意义如何?

答：斜面理或斜向面理（oblique foliation）是显微尺度下的一种面理，也称斜向显微面理（oblique microscopic foliation），主要由定向排列的亚颗粒构成，仅代表构造应变最后阶段的增量应变。这些小颗粒的优选方向与应变椭球 *XY* 面（近似于有限应变 S- 面）斜交。递进变形过程中，斜面理保持相对固定的方向，一般与 C- 面理夹角 ≤ 45°，角度的大小与剪切带的运动学涡度（W_k）、重结晶机理等有关。有限应变的 S- 面理与斜面理之间的组构关系犹如河床与鹅卵石的关系，实际工作中应注意区分斜面理与 S- 面理。借此可判断剪切带运动方向，计算运动学涡度（参阅第二卷第 1 章 1.3 节；第三卷第 5、7 章）。

9. 何为侧生构造？有何意义?

答：应变带或糜棱岩带中，面理或层理等标志层［即寄主元素（host element，HE）］中常常发育斜切寄主元素的脉、裂隙、小断层及剪切条带等不连续面［称为“异质体”或“斜切元素”（crosscutting elements，CE）］。研究表明，这些异质体（CE）是在糜棱岩或应变带形成过程中侵入或发育的，它们与寄主元素（HE）的相互作用可以形成一些不对称构造，称为侧生构造（flanking structures），异质体两侧的相应褶皱称为侧生褶皱（flanking-folds）。尽管看上去好像侧生褶皱被异质体所切，但实际上侧生褶皱的形成晚于异质体（CE）。侧生构造有时可作为剪切指向的判别标志，但侧生褶皱的弯曲方向受控于诸多因素如 CE 的初始方位、与围岩的黏度差，以及应变大小等，运用时需谨慎（参阅第三卷第 2 章）。

10. 如何理解变形局部化与均匀变形问题?

答：变形局部化与均匀变形分属不同的变形领域，取决于加载速率与卸载（松弛）速率的相对大小。变形局部化和均匀变形的比较见下表：（参阅第二卷；附录 3）

变形局部化	加载速率＞卸载速率	剪应力控制	位错蠕变	间隔性	共轭性	最大有效力矩准则（～110°）
均匀变形	加载速率≤卸载速率	正应力控制	扩散蠕变	透入性	单方向	连续介质力学

11. 摩尔－库仑准则与最大有效力矩准则如何相容？

答：摩尔－库仑准则是表述岩石脆性状态下，破裂面发育的位置，即与主压应力（σ_1）的夹角（通常 θ=30°），受控于剪应力（$\tau=\tau_0+\sigma_n\tan\phi$），且岩石脆性破裂的强度随围压的增大而增大，因此摩尔圆包络线为正倾斜（$\tan\phi>0$）。

最大有效力矩准则是表述岩石塑性状态下，韧性剪切带或应变带发育的位置，即与主压应力（σ_1）的夹角（$\theta\approx 55°$），受控于力矩［$M_{eff}=\pm 1/2\cdot(\sigma_1-\sigma_3)L\sin 2\theta\sin\theta$］，且岩石塑性变形强度随围压的增加而减小，因此摩尔圆包络线为反倾斜（$\tan\phi<0$）。

可以看出，摩尔－库仑准则适用于浅层次脆性破裂面的发育，而最大有效力矩准则适用于深层次韧性剪切带的发育（参阅第二卷第 2 章）。

12. 伸展褶劈理（C′）是褶劈理吗？

答：尽管我们可能难以区分一般的伸展褶劈理（extentional crenulation cleavage，C′）与褶劈理（crenulation cleavage），但伸展褶劈理与褶皱并没有直接联系，它并非由先存面理（如 S- 面）经褶皱发展而成。S- 面在 C′- 面附近的轻度弯曲是牵引褶皱，属侧生褶皱（flanking folds），略晚于或与 C′ 近同期发育，而且 C′ 与最大缩短方向并不垂直，而褶劈理与最大缩短方向垂直。因此，伸展褶劈理（C′）既不是轴面劈理，也不是褶劈理。伸展褶劈理实际上是韧性剪切带中发育的一种平行的间隔性剪切条带，属主动面理，因此用“剪切条带”（shear bands）术语更为贴切（参阅第三卷第 5 章）。

13. 如何理解和认识应变（变位形）分配问题？

答：应变分配（strain partitioning）或变位形分配（deformation partitioning）概念的提出，是基于 20 世纪 70 年代末、80 年代初，大量的构造分析、震源机制解和水压致裂揭示，主压应力方向与走滑断层近垂直、走滑断层与逆冲推覆构造平行等。这种应力状态与运动学间的不相容导致不连续介质的变位形分配或应变分配理念的应运而生。

地壳乃至岩石圈中的不连续面几乎是随处可见，地质结构的不均一性包括原生不均一性和次生不均一性普遍存在。对于应变不均一的地质体，其应变可以用递进伸缩应变分量（共轴变形）和递进剪切应变分量（非共轴变形）来描述。这种把横跨变形带的总应变分别分配到以不同应变类型（共轴变形与非共轴变形）为主导的带或域上的过程即为应变分配。运用应变分配理论可以解释许多连续介质力学无法解释的现象，如美国加州圣安德烈斯断裂带中褶皱轴与走滑断层平行的问题（参阅第二卷第 1 章；第三卷第 9 章）。

14. 核幔构造的核与幔的矿物成分相同吗？其意义如何？

答：核－幔构造（core-and-mantle structure）也称被幔残斑（mantled porphyroclast）是由核部的单晶矿物及与其相同矿物成分的较细粒矿物构成的幔部共同构成。所以，一般情况下幔部是由核晶动态重结晶的细粒产物，理论上其矿物成分相同。但如果有流体等作用，动态重结晶会伴有化学反应，形成新的矿物，如长石会反应生成石英或云母。

核幔构造的不对称形态可指示剪切方向。不同类型的核幔构造与变形程度有关：δ- 型和复合型被幔碎斑系主要发生于高应变糜棱岩中；σ- 型被幔碎斑系主要出现于低应变糜棱岩中；裸碎斑多见于超糜棱岩，特别是高级别的超糜棱岩；ϕ- 型被幔碎斑系常见于高级别的相对粗粒糜棱岩中，但并不代表共轴流变。注意，不要将 σ- 型核幔构造与矿物鱼、S 形矿物集合体混为一谈，也不应与不对称应变影和反应边相混淆，因为每个类型都有其不同的形成机理（参阅第三卷第 7 章）。

15.（超）高压条件下能形成构造岩吗?

答：尽管高压 – 超高压构造岩与高压 – 超高压变质岩一样，是个非常重要的命题，然而与高压 – 超高压变质岩不同的是，高压 – 超高压构造岩的存在与否长期以来饱受争议。主要有两种观点：一种观点认为，在深俯冲带内，差异应力强度较低，只有几个兆帕（MPa），小于位错蠕变所需的应力强度，应变以溶解 – 沉淀（dissolution-precipitation）方式为主，因此无法形成（超）高压糜棱岩。另一种观点认为，在深俯冲带内差异应力强度可达几十个兆帕以上，位错蠕变仍然是矿物和岩石的主要变形机制之一，可以形成（超）高压糜棱岩。而且认为，高应变主要集中于韧性剪切带内，构成了超高压变质体的折返通道和润滑带。近期研究发现榴辉岩的强烈变形（如第一卷图 4.52）和蓝片岩的碎裂作用。这一问题尚未完全取得共识，国人应有进一步作为（参阅第三卷第 1 章）。

16. 同为长英质糜棱岩，为什么有的不发育不对称残斑构造?

答：在高级别条件下，剪切带趋于变宽，这是因为软化作用和局部化机理的效应比低级别条件下更低。如此条件下，不同矿物之间的流变性差异减小，扩散蠕变变得更为重要，差异应力降低。在低应变速率下，形成残斑很少、粒度相对较粗的层状岩石，基质中的颗粒可能呈网状，除组分层外，面理和线理的发育程度较弱。在高级别的糜棱岩中，能干性弱的矿物表现为带状伸长重结晶，而能干性强的矿物表现为对称的残碎斑晶，不显示不对称残斑构造，形成菱网状或条带状糜棱岩（参阅第二卷第 4 章图 4.8；第三卷第 1、7 章；附录 3）。

17. 韧性剪切带中会出现脆性破裂吗? 与成矿作用关系如何?

答：韧性剪切带中发育脆性破裂的最著名实例是加拿大魁北克卡迪拉克（Cadillac）构造带北侧的西格玛等著名剪切带型金矿。其近水平含金电气石石英脉主要赋存于高角度逆冲型韧性剪切带中及其旁侧。脉纤维与脉壁垂直，表明为张性脉。韧性剪切带与张性脉体现的应力状态相同而岩石的变形行为迥然各异。其脆、韧性变形共存，并非构造层次的变化，而可能是孔隙流体压力和应变速率的变化所致。韧性剪切带形成过程中，晶体塑性变形和动态重结晶作用会破坏孔隙结构并使剪切带发生愈合，封闭条件下孔隙体积逐渐缩小，造成局部流体压力累积并达到静岩至超静岩压力（即高压流体）。局部高压流体所造成的岩石强度的降低和应变速率的突然增加，以及岩石能干性的差异等因素可以引发脆性破裂，往往是 R、R′和 T 破裂。新近研究认为，非稳态变形是“常态”，因应变速率的变化而导致岩石韧、脆性变形交叉进行是常见现象。正是由于韧性剪切带发育过程中的脆性破裂构成了剪切带型矿床形成的根本原因，其成矿过程大致为：（多期）岩体 – 热液流体 – 韧性剪切 – 脆性破裂（R、R′和 T）– 应力骤降 – 流体闪蒸 – 元素析出成矿（参阅第二卷第 4 章，第四卷有关部分；及侯泉林和刘庆，2020，《剪切带型矿床成矿的岩石构造环境及力化学过程》）。

18. 韧性剪切带中未变形的岩石或矿物能作为限定变形时代的上限吗?

答：应具体情况具体分析，许多情况下不可以。因为韧性变形是非均匀变形，尽管其中的某些岩石或矿物未发生变形，但并不意味着它一定形成于变形之后。韧性剪切带成核后物质的流变性发生变化，即应变软化或硬化，这就是为什么韧性剪切带往往发育于狭长的带内（变形局部化）。其中塑性变形仅限于某些岩石或矿物，而另一些岩石或矿物并不发生变形，如糜棱岩中的残斑。这些未变形的岩石或矿物与变形的岩石和矿物并无时代差异，均形成于变形之前。因此不能用此作为限定变形时代的上限，就像不能用残斑的年龄作为变形时代上限一样。

21. 为什么伸展褶劈理（C′）常发育于强烈面理化的糜棱岩中，而不会在非面理化的均一岩层中发育？

答：研究表明，伸展褶劈理（C′）可能是递进变形过程中应变分配的结果（见问题 5 和 13），而应变分配发生的前提是各向异性的非连续介质。因此非面理化的均一岩层无法进行应变分配，也就无法发育伸展褶劈理。

22. 节理是一组张破裂，为什么常见水平节理，以及同期形成的直立正交节理系？

答：诚然，节理是一组张破裂，垂直于 σ_3 发育。我们知道，地表为一自由面，任何自由面上的剪应力 $\tau=0$，因此地表只有正应力。随着剥蚀卸载，垂向应力［$\sigma_v=\rho gz$，ρ 为密度、g 为重力加速度（常数），z 为深度］会逐渐减小而成为最小主应力（σ_3），而另外两个主应力（σ_1 和 σ_2）为水平方向。随着卸载回弹或孔隙流体压力（P_f）的作用，垂向的有效应力会逐渐减小并出现负值［（σ_v-P_f）<0，张应力］。如果该张应力值超过岩石抗张强度时导致与地表平行的节理（水平节理）发育。

当岩石处于一定深度且没有额外构造应力作用下，因泊松效应（见第二卷第 3 章）垂向主应力为最大主应力（$\sigma_1=\sigma_v=\rho gz$），而 σ_2 和 σ_3 处于水平方向。在流体孔隙压力的作用下会使水平某方向的有效应力变为负值［如（σ_3-P_f）<0］，即表现为张应力，当其数值超过岩石抗张强度时会发生破裂，形成一组直立节理；一旦岩石发生破裂，该方向的有效应力会迅速减小，从而可能导致 σ_3 与 σ_2 方向的有效应力互换，从而产生与第一组节理直交的另一组直立节理。

23. 为什么油气开采过程中优选强度大的砂岩层进行压裂（水压致裂），而不是选择强度低的页岩层？

答：砂岩强度较页岩大得多，因此能够承受比页岩更高的差异应力（$\sigma_1-\sigma_3$）。在同样的地质环境下砂岩和页岩的垂向主应力（σ_1）近于相同 ($\sigma_1=\sigma_v=\rho gz$)，而砂岩的 σ_3 要比页岩小，因此其应力莫尔圆较泥岩大。随着压裂的进行，孔隙流体压力不断增加从而抵消了部分围压，降低了平均应力，致使应力莫尔圆向左移动（见第三卷图 3.5）。因此，砂岩的应力莫尔圆先于页岩接触到格里菲斯破裂准则的莫尔圆包络线而产生破裂。当差异应力不太大（即应力莫尔圆大小适中）时，应力莫尔圆在左移过程中首先接触到的是莫尔包络线与横坐标轴（σ 坐标轴）的交点（抗张强度临界点），从而产生张破裂，形成节理［见第三卷图 3.5（b）］；当差异应力过大即应力莫尔圆足够大时，会优先接触到剪破裂临界点，在砂岩中产生剪破裂［第三卷图 3.1 和图 3.5（a）］。总之，尽管砂岩的强度较大，但产生节理或剪破裂所需的临界孔隙流体压力比页岩小，故更容易水压致裂，所以在油气开采过程中会优选砂岩层进行压裂。

这也是为什么强度大的砂岩比强度低的页岩（或泥岩）在抬升过程中更容易发育非构造成因节理的原因。

24. 劈理一般垂直于 σ_1 发育，那么为什么会发生折射？

答：劈理折射现象通常见于能干性有明显差异的岩层之间。如果岩层受到顺层挤压缩短，应力场(包括局部应力场)不发生变化,无论岩层能干性有多大差别,劈理均表现为与岩层垂直,不会发生折射。如果劈理形成后,岩层受到顺层剪切作用,劈理会发生旋转,旋转的量因岩层能干性不同而不同。按照应变分配原则(见问题 13),软弱岩层(非能干层)易于承担更多的简单剪切分量(非共轴变形),旋转量较大,劈理与岩层夹角较小;而能干层易于承担更多的纯剪切分量(共轴变形),旋转量较小,劈理与岩层夹角较大。因此,劈理在能干性岩层与非能干性岩层之间表现出折射现象,这种折射方式称为剪切折射效应。另一种是能干性不同的岩层在经受顺层挤压缩短过程中发生褶皱,能干性岩层的弯曲造成局部应力场的规律性变化,从而到导致劈理方向的规律变化而呈现出折射现象,称之为劈理的褶皱折射效应。可能还有其他的劈理折射效应,有待探索。

25. 片麻岩中为什么只发育 S- 面理,而不发育 C- 面理?

答:片麻岩是糜棱岩吗?这一常被问及的问题在附录 3 中有所讨论。之所以认为片麻岩不是糜棱岩主要是因为片麻岩中不发育 C- 面理。片麻岩也是强烈变形岩石,为什么不发育 C- 面理呢?一般而言,可能是因为岩石在高的温度、压力,低应变速率以及流体作用下会提升矿物的流变性能。麻粒岩的形成过程正是在此环境下,且与糜棱岩相比差异应力(σ_1-σ_3)更低,应力加载过程也比较缓慢,因此无论是石英还是长石等多发生扩散蠕变,更多地表现出黏性流变特性。这种黏性松弛作用便可以消耗掉其加载应力[即应力加载速率≤卸载速率(流变松弛)],从而形成了这种垂直于 σ_1 方向的(流变)面理(S- 面理),而无需发育 C- 面理来消耗剪应力(也许局部会有)。当然,如果片麻岩形成过程中,某一局部所承受的差异应力超过临界值,且加载速率足够大,也可产生更多的位错蠕变和塑性变形行为,从而发育 C- 面理,形成糜棱岩化片麻岩。总之,片麻岩表现出更多的黏性变形行为和扩散蠕变,而糜棱岩则表现出更多的塑性变形行为和位错蠕变,二者是不同变形类型的岩石。这一问题并未达成共识,有人认为片麻岩也是糜棱岩,其变形过程并不表现出更多的黏性行为,还有待研究。

Appendix 5 25 questions in small-scale structural study

1. How to understand the concept of shear joints?

Answer: The definition of joint in most abroad textbooks is as follows: a joint is a fracture with minute opening-mode displacement and little or no displacement along its walls. According to this definition, fractures with shear displacement are not joints. Only the tensional joints are true "joints" . In China, the current textbooks divide joints into tensional and shear ones according to their mechanical properties. It is also emphasized that shear joints are caused by shear stress and tension joints are led by tension stress. By comparison between the foreign and native textbooks, it can be noted that the understanding of the concept of the joint is different, that is, the foreign textbooks emphasize the strain of the fracture while the native one emphasize the stress which creates the fracture.The readers of this book should keep this difference in mind (see details in Volume 3, Chapter 3).

2. Does a pair of conjugate fractures which are orthogonal with each other exist in nature?

Answer: The Tresca criterion with horizontal envelope can not be applied to a real geological process. Because in compressive regime, the normal stress is positive ($\sigma_n > 0$) on the planes in the θ = 45° direction. The fracture can not be formed along this direction until the shear stress overcomes the cohesive strength (τ_0) and the internal friction of the rock at the same time (the internal friction angle $\phi \neq 0$). This means that the shear stress can not make rocks fracturing when it just achieves cohesive strength. This lead to a conclusion that the conjugate orthogonal fractures does not exist in nature. On the contrary, the conjugate orthogonal fractures can be formed only when the Mohr envelope parallels to the horizontal axis (σ_n) according to the Coulomb-Mohr criterion. At that time, the intercept (tensile strength) between the envelope and the horizontal axis is infinite. However, there are no materials with infinite tensile strength, including rocks. Therefore, the orthogonal fractures observed in the field are more likely to be two sets of non-conjugated joints or shear fractures rather than conjugated (see details in Volume 2, Chapter 2).

3. Does "fracture cleavage" belong to cleavage?

Answer: It should be noted that the cleavage cutting rock still has cohesion despite it tends to split along the cleavage surface, and the cleavage develops by means of grain rotation, recrystallization, pressure solution and plastic deformation of crystals. However, there are no cohesion inside the rocks cut by fracture cleavage, and it is created by the brittle deformation of rocks, not the re-arrangement of minerals in rocks indicated above. Therefore, it is better to consider the fracture cleavage as concentrated brittle fracture rather than cleavage in view of both morphology and the genetic mechanism. In this sense, we suggest to abandon the concept of fracture cleavage (see Volume 3, Chapter 5 for details).

4. What is active foliation and passive foliation?

Answer: Active foliation consists of micro shear zones or other active planes. It is normally independent with strain accumulation, not parallel to the *XY*-plane of finite strain and usually does not rotate during progressive deformation. Such as, the C-plane(from French 'cisaillement') and C′-plane(extensional crenulation cleavge) in mylonites.

Passive foliation act as material planes in a homogeneous flow, which is rotating passively towards the fabric attractor. It is parallel or subparallel to the *XY*-plane of finite strain in ideal conditions. Examples are most types of continuous foliations, like S-plane in mylonites.

It is helpful to distinguish the definition between active foliation and passive foliation to know the behavior of different foliations during deformation (see details in Volume 3, Chapter 5).

5. Does extensional crenulation cleavage (C′) rotate during progressive deformation?

Answer: There are two different points of view: one is according to the Maximum Effective Moment criterion (MEMC), C′ is a material invariant and always has an angle relationship of about 55° with σ_1, regardless of the deformation degree, rock type and deformation mode. In this theory, C′ is not expected to rotate even in the case of continuous simple shear. Another view is that C′ will generally rotate during its formation due to the microlithons' ongoing deformation and tilting if the shear zone is dominated by simple shear. In this book, it is considered that the extensional crenulation cleavage is an active foliation, whose direction is related to the kinematic vorticity (W_k) of shear zones. With the advance of progressive shear, microlithons may rotate reversely with respect to the shear sense. However, the direction of C′ will not change with the increase of the strain of C′. The readers need to be aware of that the consensus has not been reached on this issue, thus further study needs to be conducted (see Volume 2, Chapter 2 and 6; Volume 3, Chapter 5 for details).

6. Is schistosity (S-plane) in mylonites parallel to the *XY*-plane of finite strain?

Answer: The S-plane (from French 'schistosité') is initially parallel to the *XY*-plane of the strain ellipse, which is in the direction of ISA_1. During the progressive deformation, the rotation speed of S-plane is faster than the *XY*-plane, making them unparallel to each other (see Volume 2, Figure 1.8). In this sense, the S-plane in mylonites is generally not necessarily parallel to the *XY*-plane of finite strain. As the degree of deformation increases, the rotation of S-plane slows down gradually, making them nearly parallel. Therefore, parallel is assumed in practice and consider the S-plane as the *XY*-plane (see Volume 3, Chapter 5 for details).

7. Is the stretching lineation consistent with the shear direction in ductile shear zone?

Answer: Theoretically, the stretching lineation is parallel to the *X*-axis of the finite strain ellipse. Because the S-plane in mylonites is nearly parallel to the *XY*-plane, the stretching lineation is located on the S-plane, not C-plane. However, the shear direction is along the C-plane, while the stretching lineation is not on this plane. Hence this kind of lineation is not consistent with the shear direction. In the case of simple shear, the projection of the stretching lineation on the C-plane is consistent with the shear direction and can be used to indicate the shear direction. However, completely simple shear in nature is almost nonexistent, so it is usually impossible to use stretching lineation to determine the shear direction.

The previous studies show that the relationship between the direction of stretching lineation and shear direction of shear zones is complicated, and the direction of stretching lineation will change significantly even in the high-strain zone with relatively stable shear direction near simple shear. Therefore, the direction of the stretching lineation is usually not parallel to the shear direction, so it can not be used to determine the shear direction (see details in Volume 3, Chapter 1, 6 and 7).

8. How about the relationship between oblique foliation and schistosity(S-plane) in mylonite and its significance?

Answer: Oblique foliation is a type of grain shape preferred orientation that commonly develops in response to non-coaxial flow, which is also called as oblique microscopic foliation. It consists of oriented subgrains and represents only the incremental strain of the deformation history. These foliations are not normally parallel to the *XY*-plane (approximate to S-plane of finite strain) of tectonic strain. During progressive deformation, oblique foliation keeps a relative fixed direction, and the angle with C-plane is generally $\leqslant 45°$, which is related to the kinematic vorticity (W_k) and the recrystallization mechanism in shear zones. The fabric relations between S-plane of finite strain and oblique foliation is just like the relation between riverbed and cobbles, which should be distinguished carefully in practice. The direction of shear sense can be determined and the kinematic vorticity can be calculated based on this phenomenon (see details in Volume 1, Chapter 1, Section 1.3; Volume 3, Chapter 5 and 7).

9. What is flanking structure and its significance?

In the strain zone or mylonites zone, the veins, faults or shear bands generally transect the mylonitic foliation or layering. The foliation or layering is usually called "host elements (HE)", and the discontinuities is generally called "crosscutting elements (CE)". Previous studies have showed that the crosscutting elements were intruded or active during mylonite or strain zone generation. Their interrelationship with a foliation or other host element (HE) can give asymmetric structures known as flanking structures. Particularly, the asymmetric folds developed on both flanks of the CE are called flanking folds. Although it looks like the flanking folds was cut by the CE, in fact the formation of flanking folds is later than the CE. The flanking structures occasionally could be used as shear sense indicators. However, the curving-direction of the flanking folds is controlled by various factors, such as the initial orientation of the CE, viscosity differences between the CE and HE, and strain degree of the strain zone. So it needs to be cautious in application (see Volume 3, Chapter 2).

10. How to understand localization and homogenization of strain?

Answer: Localization and homogenization of strain belong to different deformation domain, which depend on the net balance of loading and unloading (relaxation) rate. The comparison of localization and homogenization of strain is shown in the table below (see details in Volume 2; Appendix 3) :

localization	loading rate > unloading rate	controlled by shear stress	dislocation creep	spaced	conjugate	MEMC(~ 110°)
homogenization	loading rate ≤ unloading rate	controlled by normal stress	diffusion creep	penetrative	single direction	continuum mechanics

11. How is the Mohr-Coulomb criterion compatible with MEMC?

Answer: The Mohr-Coulomb criterion is used to predict the location of factures (the angle θ

relative to principal compressive stress σ_1) developed in the brittle state of rocks. The angle (usually θ=30°) of these fractures with the principal compressive stress (σ_1) is controlled by shear stress ($\tau=\tau_0+\sigma_n \tan\phi$). The envelop of Mohr circle is normally tilted ($\tan\phi > 0$) because the strength of brittle fracture of rocks increase with the increase of the confining pressure.

MEMC is used to predict the location of ductile shear zones or shear bands developed in the plastic state of rocks. The angle (usually $\theta \approx 55°$) of these shear zones or shear bands with the principle compressive stress is controlled by maximum effective moment [$M_{eff}=\pm \frac{1}{2}(\sigma_1-\sigma_3) L \sin 2\theta \sin\theta$]. Because the strength of plastic deformation decrease with the increase of the confining pressure, the envelop of MEMC is inversely tilted ($\tan\phi < 0$).

It is obvious that the Mohr-Coulomb criterion is more applicable to the development of shallow brittle fractures, while MEMC is preferred to the development of deep ductile shear zones (see details in Volume 2, Chapter 2).

12. Is extentional crenulation cleavage (C′) a kind of crenulation cleavage?

Answer: Although it is hard to distinguish between extentional crenulation cleavage (C′) and crenulation cleavage, there are no direct relations between them. The former is not caused by folding of the pre-existing foliation (e.g. S-plane). The slight bending of S-plane near C′-plane is drag fold, which belongs to flanking folds and developed later than or contemporaneous with C′. What′s more, C′ is not perpendicular to the maximum shortening direction, while crenulation cleavage is. Therefore, C′ is neither axial-plane cleavage nor crenulation cleavage. It is actually a parallel and "spaced shear" bands developed in ductile shear zones and belongs to active foliation. So the term "shear bands" is more appropriate (see details in Volume 3, Chapter 5).

13. How to understand and recognize strain partitioning?

Answer: The concept of strain partitioning or deformation partitioning was proposed based on a large number of structural analysis, focal mechanism solutions and hydraulic fracturing during the late 1970s and early 1980s, which revealed that the direction of principal compressive stress was nearly perpendicular to the strike-slip fault, and the strike-slip fault was parallel to the thrust nappe structure. The incompatibility between the stress state and kinematics results in the development of the concept of strain partitioning or deformation partitioning in discontinuous media.

Discontinuities surface in the crust and lithosphere are widely distributed as a result of the heterogeneity of geological structure, including primary and secondary heterogeneity. For geological bodies with heterogeneous strain, their strain can be described by progressive expansion strain component (coaxial deformation) and progressive shear strain component (non-coaxial deformation). This process of distributing the total strain across a deformation zone to a band or zone dominated by different strain types (coaxial and non-coaxial) is known as strain partitioning. This theory can explain many phenomenon while continuum mechanics cannot, e.g., the problem of parallel fold axis and strike-slip fault in the San Andreas fault in California (see details in Volume 2, Chapter 1; Volume 3, Chapter 9).

14. Is the mineral composition homogeneous in the core-and-mantle structure of a deformed crystal in a shear zone? And their significance?

Answer: The core-and-mantle structure, also called as mantled porphyroclast, usually consists of a single crystal, surrounded by a mantle of fine-grained material of the same mineral. Therefore, mantle is the fine-grained deformation product by the dynamic recrystallization of core mineral. In theory, they have the same mineral composition. But if fluid is involved, the dynamic recrystallization can be accompanied by chemical reaction to form new minerals, e.g. feldspar, which can react to form quartz or mica.

The asymmetric morphology of the core-and-mantle structure can indicate shear direction. Different types of this structure are related to the degree of deformation. δ-type and complex mantled clasts mainly occur in high strain mylonites, while σ-type mantled clasts occur also at lower strain. Naked clasts occur commonly in ultramylonites, especially at high grade. ϕ-type mantled clasts are most common in high-grade relatively coarse-grained mylonites, but does not represent coaxial rheology. σ-type mantled clasts should not be confused with mineral fish or S-shape mineral aggregates, or with asymmetric strain shadows and strain fringes since each category is formed by different mechanisms (see details in Volume 3, Chapter 7).

15. Can tectonite form under (ultra-) high pressure?

Answer: Although high to ultra-high pressure tectonite ranks as an important scientific issue, similar with the high to ultra-high pressure metamorphic rocks, the existence of former has long been controversial. There are two main views: one is that, in deep subduction, the differential stress intensity is relatively small, only a few MPa, less than the stress intensity required for dislocation creep, and the strain is dominated by solution-precipitation mode. So the formation of (ultra-) high pressure tectonite is impossible. Another view is that the differential stress intensity in deep subduction zones can reach more than tens of MPa, dislocation creep is still one of the main deformation mechanisms of minerals and rocks. So (ultra-) high pressure mylonites can be formed under that condition. Moreover, it is believed that high strain is mainly localized in the ductile shear zones, which constitutes the exhumation channel and lubrication zone of the ultra-high pressure metamorphic rocks. Recent studies have found strong deformed eclogite (as shown in Figure 4.52 in Volume 1) and cataclasis of blueschist. This issue has not yet fully reached a consensus, and we should do more work (see details in Volume 3, Chapter 1).

16. Why don't some of the felsic mylonites develop asymmetrical porphyroclast?

Answer: At the higher strain level, shear zones tend to be wider because softening and localization mechanisms have smaller effects than that at the lower condition. Under the higher conditions, rheological differences between different minerals decrease, which result in the increase effect of diffusion creep and decease of differential stress. At lower strain rate, stratified rocks with few porphyroclast and relatively coarse-grains are formed, and particles in matrix may be reticulated. Except for the stratification, the development of foliation and lineation is rare. At higher strain mylonites, the minerals with low strength are characterized by ribbon-elongated recrystallization, while the minerals with high strength are characterized by symmetric porphyroclast, which do not show asymmetric porphyroclast structure and form rhomboids or banded mylonites (see details in Volume 2, Chapter 4, Figure 4.8; Volume 3, Chapter 1 and 7; Appendix 3).

17. Do brittle fractures occur in ductile shear zones? How is it related to mineralization?

Answer: The most famous example of brittle fractures in ductile shear zones is Sigma gold deposit in the north of Cadillac belt in Quebec, Canada. The subhorizontal auriferous tourmaline-quartz veins are commonly hosted in a high-angle reverse ductile shear zone and its side rocks. The vein fibers are perpendicular to the vein wall, indicating an extension condition. The ductile shear zone has the same stress arrangement with the extensional veins, however, the deformation behavior of rocks is very different. The coexistence of brittle and ductile deformation is rather caused by the change of pore fluid pressure and strain rate than the change of structural level. During the development of ductile shear zones, the interconnected porosity may be destroyed by ductile deformation and dynamic recrystallization and then parts of shear zones are sealed, which lead to the decrease of pore volume and the accumulation of fluid pressure to lithostatic or supralithostatic level (high-pressure fluids). Brittle fractures, usually R, R′ and T fracture, can be triggered by factors such as a decrease of rock strength and a sudden increase of strain rate caused by locally high-pressure fluids, as well as differences in rock strength. Recent studies suggest that unsteady deformation is normal, and it is common for the alternation of brittle and ductile deformation of rocks due to the change of strain rate. It is the brittle fractures during the development of ductile shear zones that cause the formation of shear zone type ore deposits, and the mineralization process is summarized as follows: (multi-stage) pluton emplacement, hydrothermal fluid action, ductile shearing action, brittle fracturing (R, R′ and T fracture), sudden reduction of stress, flash vaporization, mineralization (see details in Volume 2, Chapter 4; relevant parts in Volume 4; Hou and Liu, 2020, *Tectonic conditions and mechanochemical process of mineralization of shear zone type deposits*).

18. Can the undeformed minerals or rocks be considered as the upper temporal limit of deformation event in ductile shear zones?

Answer: It depends on the individual case. In most case, the undeformed mineral or rocks involved in shear zone can not provide a temporal limit of the deformation age due to the heterogeneity of ductile deformation. Although some of the minerals or rocks don’t experience deformation in shear zones, it doesn’t guaranteed that they are formed after the deformation event. Owing to the change of rheology of materials after the nucleation of ductile shear zones, which is also called strain hardening or softening, the strain of ductile shear zones is generally localized in narrow bands (deformation localization). This means that only some minerals or rocks have experienced the ductile deformation, while others not, such as the porphyroclast in mylonites. This undeformed minerals or rocks have no age difference from deformed ones, both of which are formed before the deformation event. Therefore, the age of undeformed minerals or rocks, just like the age of porphyroclasts, can’t be used as the upper temporal limit of deformation event in a ductile shear zones.

21. Why extensional crenulation cleavage (C′) often occurs in strongly foliated mylonites, rather than in non-foliated homogeneous rock layers?

Answer: Some researches have shown that the development of extensional crenulation cleavage (C′) may be the result of strain partitioning during progressive deformation (see questions 5 and 13). And the precondition for strain partitioning is an anisotropic discontinuous medium. Therefore, extensional crenulation cleavage cannot be developed in non-foliated homogeneous rock layers, where strain partitioning cannot occur.

22. Why horizontal joints and the vertical orthogonal joint system formed in the same period are common, since joints are a set of tension fractures?

Answer: Joints are a set of tension fractures, which form perpendicular to the minimum principal stress axis (σ_3). We know that the Earth ground is a free surface, where the shear stress (τ) is 0. So there is only normal stress on the ground. With the denudation unloading, the vertical stress

[$\sigma_v = \rho g z$; ρ-density, g-gravity acceleration (a constant), z-depth] will gradually decrease to become the minimum principal stress (σ_3), while the other two principal stresses (σ_1 and σ_2) become horizontal. With the effect of unloading rebound or pore fluid pressure (P_f), the vertical effective stress will gradually decrease to negative value [$(\sigma_v - P_f) < 0$, tensile stress]. Joints (horizontal joints) paralleling to the ground will occur when the tensile stress value exceeds the tensile strength of rocks.

When rocks stay at a certain depth with no additional tectonic stress, due to the Poisson effect (see details in Chapter 3, Volume 2), the vertical principal stress is the maximum principal stress ($\sigma_1 = \sigma_v = \rho g z$), while σ_2 and σ_3 are in the horizontal direction. The effect of pore fluid pressure will make the effective stress in one of the horizontal directions become negative [such as $(\sigma_3 - P_f) < 0$], then it becomes tensile stress. When its value exceeds the tensile strength, rocks fracture and form a set of vertical joints. Once rocks broken, the effective stress in this direction will decrease rapidly, which may lead to the exchange of effective stress in σ_3 and σ_2 directions, forming another set of vertical joints that are perpendicular to the first set of joints.

23. Why hydrofractures tend to be confined to high-strength sandstone layers rather than low-strength shales during oil and gas exploitation?

Answer: Sandstone is stronger and can sustain a higher differential stress ($\sigma_1 - \sigma_3$) than shale. Under the same geological environment, the vertical principal stress (σ_1) of layers is nearly the same ($\sigma_1 = \sigma_v = \rho g z$), while the minimum principal stress (σ_3) of sandstone is smaller than that of shale, so the Mohr circle of sandstone is larger. With the progress of hydrofracturing, pore fluid pressure increases continuously, which offsets part of confining pressure, reduces the average stress, and pushes the Mohr circle to move left (see Figure 3.5, Volume 3). Therefore, the Mohr circle of sandstone first touches the Mohr envelope of Griffith fracture criterion, and fractures occur. When the differential stress is not too large (e.g., the size of Mohr circle is moderate), the Mohr circle first touches the intersection tension point of the Mohr envelope and horizontal axis (the normal stress axis) during the left shift, forming tension fractures and joints [see Figure 3.5 (b), Volume 3]. When the differential stress is too large, that is, the Mohr circle is large enough, it will preferentially contact the critical shear point and produce shear fractures in sandstone layers [see Figures 3.1 and 3.5 (a), Volume 3]. In general, although the strength of sandstone layers is larger, the critical pore fluid pressure required to produce joints or shear fractures is smaller than shales, so hydrofracturing is easier to occur. Therefore, sandstone layers will be preferred for hydrofracturing in the process of oil and gas exploitation.

This is also the reason why non-structural joints are more likely to occur in stronger sandstones than lower-strength shales (or mudstones) during uplift.

24. Cleavage is generally developed perpendicular to σ_1, so why does refraction occur?

Answer: The phenomenon of cleavage refraction usually occurs across layers of contrasting competence. If rock layers are compressed and shortened by bedding compression, the stress field (including local stress field) will not change. No matter how high the contrast in competency is, the cleavage will always be vertical to rock layers and no refraction will occur. However, if rock layers are subjected to bedding shear after the formation of cleavage, the cleavage will rotate, and the amount of rotation varies with the rock layers' contrasting competence. According to the principle of strain partitioning (see question 13), weak layers (incompetent layers) are easy to bear more simple shear components (non-coaxial deformation). Therefore, the rotation is larger, and the angle between cleavage and rock layers is smaller. Competent layers are easy to bear more pure shear components (coaxial deformation), so the rotation is smaller, and the angle between cleavage and rock layers is larger. Therefore, cleavage shows a refraction phenomenon between competent and incompetent layers, which is called shear refraction effect. The other effect is that rock layers of contrasting competence are folded in the process of bedding compressing shortening. The folding of competent layers causes the regular change of local stress field, which leads to the regular change of the cleavage direction, and cleavage refraction occurs. We call it folding refraction effect of cleavage. There may be other cleavage refraction effects to be explored.

25. Why only S-foliation is developed in gneiss, but C-foliation is not developed?

Answer: Is gneiss mylonite? This frequently asked question is discussed in Appendix 3. The reason why gneiss is not mylonite is mainly because C-foliation is not developed in gneiss. Gneiss is also a strongly deformed rock, why not develop C-foliation? In general, it may be because the rheological properties of minerals will be improved under high temperature, high pressure, low strain rate and fluid action. The formation process of granulite is in this condition. Its differential stress ($\sigma_1 - \sigma_3$) is lower than that of mylonite, and the stress loading process is relatively slow. Therefore, diffusion creep often occurs in both quartz and feldspar, and shows more viscous rheological properties. This viscous relaxation can consume its loading stress [e.g. stress loading rate $\leqslant$ unloading rate (rheological relaxation)], thus forming this (rheological) foliation (S-foliation) perpendicular to σ_1 direction, without the need of developing C-foliation to consume shear stress (perhaps locally). Certainly, if the differential stress on a certain part exceeds the critical value during the formation of gneiss, and the loading rate is large enough, more dislocation creep and plastic deformation behavior can also occur, so as to develop C-foliation and form mylonitized gneiss. In general, gneiss shows more viscous deformation behavior and diffusion creep, while mylonite shows more plastic deformation behavior and dislocation creep. They are two different types of deformed rocks. It is noteworthy that this problem has not reached consensus. Some people believe that gneiss is also mylonite, and its deformation process does not show more viscous behavior, which remains to be studied.

跋

——编后感

二十余年的研究生教学经历告诉我，研究生与大学本科生的教学方式和培养内涵有着本质的不同。研究生阶段并不是大学本科的简单时间延续，即“研一不是大五”。研究生培养重点也不再只是传授知识，而是培养其如何运用知识和创新知识，是能力的培养。

研究生阶段没有统一的教材，因此授课老师一般都会给学生指定大量的参考书和文献。从这个角度看，研究生阶段似乎可以没有，或者也没有必要有相应的教材。然而，研究生（尤其是硕士研究生）的知识结构和思维方式并没有随着其身份的改变而相应改变。面对老师推荐的大量参考书和参考文献往往感到既无从下手，读起来又困难重重。因缺乏适合自己程度的教材或参考教材，大多数同学只能通过课堂或文献阅读学习一些专业知识，了解一些前沿科学问题，但对基本概念的把握仍欠准确，对基本理论的理解仍欠深入。由此造成解决问题的能力和基本功并未达到相应的程度，后天发展缺乏后劲。我的体会是，每门课程至少认真通读一本研究生教材或参考教材是搭建自身知识结构的基础。因此，一本适合不同程度学生的教材或参考教材对研究生来说乃十分重要和必要。

鉴于此，我在撰写这套《高等构造地质学》教材，特别是第三卷时，着重把握三个方面的问题：①注意与本科教材内容的衔接和区别；②教材内容既要满足一般学生的要求，又要能让优秀和拔尖的学生有可读和感兴趣的内容；③充分借鉴国外同类教材的特点，注重基本概念和理论的深入解剖，而不仅仅是知识点的介绍，尽可能激发学生的创新意识。

通过这套《高等构造地质学》教材的编撰，我越发感觉到我国高等教育特别是教材与欧美等发达国家的差距之大。尽管在编撰过程中我努力去缩短这一差距，但仍未达到自己的预期。这也从侧面反映了，为什么我们的论文（SCI）数已居世界第二，但我们的实际学术水平和创新能力与之并不相称。论文数量与学术水平之间究竟是什么关系？一位外国大学教授对我说：“如果你们的论文数量减少一半，你们的学术水平能提高四倍！”姑且不论这一说法是否正确或有失偏颇，我们应该本着“有则改之，无则加勉”的态度，静下心来自我思考和反思。特别是对研究生的教育，一定要扎实认真地锻炼和培养其理性的科学思维，培养其踏踏实实做学问的良好学风，决不能为发表论文而撰写论文，沦为论文“加工厂”的一分子。这也是我作为一名有 30 多年工龄的老教育工作者对研究生们的殷切希望！同时也希望我们的年轻学者能早日撰写出接近甚至超过国际先进水平的研究生教材！

上课期间，常有学生让老师多讲前沿。我觉得这可能是个误区。何谓前沿？不管是谁只要做得好，做到国际最好，那就是前沿，就是领跑者。如果自己不能做到前沿，而只是听别人讲前沿，那只能是个听“故事”者，最多是个跟跑者，并无实质意义，因为今日之前沿明日可能并非前沿。“知之者不如好之者，好之者不如乐之者。”所以，我认为，尽管向研究生介绍必要的前沿问题十分重要和必要，但当前研究生教育的关键问题仍然是培养其兴趣和解决前沿问题的能力，简单地说就是基本功的训练和内涵式培养，而不是听说过多少前沿“故事”，而又无力解决之。

以上是我撰写本套教材和二十多年研究生教学和培养的一些体会，仅供同行参考并欢迎批评指正！也与大家共勉！

作　者

于中国科学院大学 雁栖湖校区

2019 年 12 月 28 日